内容提要 □□□□□□

　　本书紧扣国家颁布的高等数学课程教学基本要求，在保持教材内容的系统性和完整性的前提下，增加了大量的应用实例，突出了高等数学的应用性；在文字表述上尽量贴近生活、贴近生产（如植物、动物、环境、经济问题等）．本书遵循由浅到深、循序渐进，力求简约、便于自学的原则．每章前加摘要或引言宜作导读之用，尽量做到重点突出、详略得当；部分节后增加有关阅读材料，是对本节内容的有益补充，对读者起到加深理解的作用；章后有对本章内容进行系统总结，突出重点和难点；每章附有自测题，分基本题（自测题 A）和考研题（自测题 B）两个层次供学习者选择，并附有著名数学家的传记与逸事作为课外阅读资料．对于标有"*"号的内容，可以根据学生的专业层次进行选讲.

　　全书共分七章内容，其中第一章函数、极限与连续；第二章导数、微分及其应用；第三章不定积分、定积分及其应用；第四章微分方程；第五章空间解析几何；第六章多元函数的微分法；第七章二重积分．既可供全国高等农林院校各专业（工科外）本科及专科教学使用，也可供农业技术人员、乡镇农业领导干部等学习参考.

GAODENG SHUXUE
JIQI YINGYONG

高等数学及其应用

王建林 主编

中国农业出版社

编写人员名单

主　　编　　王建林（西藏农牧学院）

副 主 编　　李冬云（西藏农牧学院）

　　　　　　刘秀丽（西藏农牧学院）

　　　　　　刘　铁（安康学院）

编写人员　　（按姓氏笔画排序）

　　　　　　王忠红（西藏农牧学院）

　　　　　　王建林（西藏农牧学院）

　　　　　　冯西博（西藏农牧学院）

　　　　　　刘　铁（安康学院）

　　　　　　刘秀丽（西藏农牧学院）

　　　　　　杨玉田（西藏农牧学院）

　　　　　　李冬云（西藏农牧学院）

　　　　　　吴玉东（哈尔滨商业大学）

　　　　　　张长耀（西藏农牧学院）

　　　　　　桑旦多吉（西藏农牧学院）

　　　　　　敬久旺（西藏农牧学院）

前　言

　　本书是为适应高等农林院校应用型本、专科高等数学教学改革而编写的．在编写时紧扣国家数学课程教学指导委员会于 2008 年提出的高等农林院校高等数学课程教学基本要求，使得本书的内容在深度和广度上完全达到该基本要求．目前，在高等农林院校中使用的高等数学教材版本很多，但是理论与应用脱节的现象严重，致使学生学习起来枯燥乏味，考虑到理论与实例密切结合的高等数学教材缺少的实际，我们基于多年的教学经验，组织相关院校的教师编写了这本《高等数学及其应用》．

　　本书在内容和体系编排上有以下几个特点：（1）既突出高等数学教学体系的完整性，达到了高等农林院校本、专科生应有的水平，又增加了大量的应用实例，突出了高等数学的应用性；（2）文字叙述贴近生活、贴近生产（如植物、动物、环境、经济问题等），针对性强、通俗易懂；（3）内容的编写，特色鲜明，注重问题的形式特点及解决问题的思想方法，由浅到深、循序渐进，力求简约、便于自学；（4）章前加有导读文字，章后有知识总结，脉络清楚，使得学生对所学知识的整体把握，理解加深，进一步学习有所帮助；（5）每章附有自测题，大多分基本题（自测题 A）和考研真题（自测题 B）两个层次，供学习者选做；（6）章节后附有著名数学家的传记与逸事等阅读资料，不但能调节学生学习枯燥的情绪，而且还能使学生体会数学的创造和发展的历程，拓宽学生的视野．

　　全书共分七章：第一章函数、极限与连续，由吴玉东、刘秀丽编写；第二章导数、微分及其应用，由张长耀、吴玉东编写；第三章不定积分、定积分及其应用，由杨玉田、敬久旺编写；第四章微分方程，由刘铁编写；第五章空间解析几何，由刘铁、刘秀丽、王建林编写；第六章多元函数的微分法，由刘铁编写；第七章二重积分，由刘铁、李冬云编写．附录由刘秀丽编写．冯西博、王忠红、桑旦多吉等同志为本书提供了部分实例资料．

　　全书由王建林、李冬云、刘秀丽审阅定稿．

本书在编写过程中得到西藏农牧学院各级领导的关心和支持．同时，参编单位安康学院和哈尔滨商业大学各级领导也对本书的编写给予了很多关心和支持，在此一并表示感谢．

本书可供全国高等农林院校各专业（工科外）本科及专科教学使用，也可供农业技术人员、乡镇农业领导干部等学习参考．

由于我们的水平有限，加之编写时间仓促，错误和不足之处在所难免，敬请读者批评指正．

编 者

2012 年 6 月

目　　录

第一章

函数、极限与连续

中学所学过的数学习惯上称之为初等数学，是人类 17 世纪以前所认知的数学，研究的数和形基本上是常量和不变的规则几何形体．到了 17 世纪，人们开始关注研究变量和不规则的几何形体，而且数和形开始紧密联系起来，此时，由英国科学家牛顿（Newton）和德国科学家莱布尼茨（Leibniz）各自独立地创立了微积分．微积分的创立是人类对自然界认识的一大飞跃，是数学发展中的一个转折点．微积分是高等数学课程的主要内容，函数是微积分的主要研究对象．极限是研究微积分的重要工具，是高等数学中最重要的概念之一．微积分中连续、导数、定积分等许多概念都是通过极限来定义的．因此，极限理论是微积分的基础．本章将在复习和加深函数概念有关知识的基础上，介绍极限和函数的连续性等基本概念以及它们的一些性质．

第一节　变量与函数

本节在中学数学基础之上对函数概念作进一步讨论．

一、常量与变量

在观察自然现象、科学试验或农业生产等过程中，经常会碰到各种不同的量．例如，质量、温度、速度、长度、面积、产量等等．在某一过程中，只取固定值的量称为**常量**，可以取不同值的量称为**变量**．

例如，一个密闭容器内的气体加热时，气体的体积和分子数保持不变，是常量，但气体的温度和压强一直在变，它们是变量；又如观察试验田里的作物生长，试验田的面积保持不变，是常量，作物的生长量、温度等是不断变化的，是变量．一个量是常量还是变量，不是绝对的，需要视具体情况而定，同一个量在某种情况下可以看成是常量，而在另一种情况下又可能是变量，例如重力加速度 g 的值是随着纬度和高度的变化而变化的，是一个变量，但是在地球表面附近的局部地区内，由于纬度和高度变化很小，g 值变化不大，可以把重力加速度 g 看作常量．

实际上，常量也可以看成一种特殊的变量，正如把静止看成运动的特例一样，把常量看成某一过程中始终取同一值的变量．常量通常用字母 a，b，c 等表示，变量用字母 x，y，z 等表示．本书讨论的变量的每一个取值，都限定在实数范围内，因而变量取的每个值都可以用数轴上的一个点来表示．如果一个量是常量，则用数轴上的一个定点 a 来表示；如果一个量是变量，则用数轴上的动点 x 来表示．

二、区间与邻域

一个变量能取到的全部数值组成的集合，叫做这个变量的**变化范围**（或**变域**）. 在高等数学中表达变域往往用区间，区间是常用的一类数集，可以分为有限区间和无限区间.

1. 有限区间 设 a,b 为实数且 $a<b$，通常有如下定义和记法：

(1) 闭区间 $[a,b]=\{x\mid a\leqslant x\leqslant b\}$；

(2) 开区间 $(a,b)=\{x\mid a<x<b\}$；

(3) 半开区间 $[a,b)=\{x\mid a\leqslant x<b\}$；

$(a,b]=\{x\mid a<x\leqslant b\}$.

以上区间称为**有限区间**，a,b 称为**区间端点**，a 为**左端点**，b 为**右端点**，数 $b-a$ 称为**区间的长度**. 从几何上看，这些区间是数轴上长度有限的线段，可以用图 1-1 (a)、(b)、(c) 和 (d) 在数轴上表示出来.

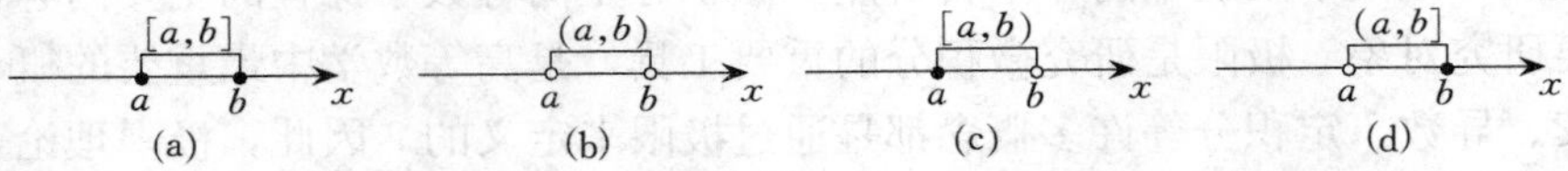

图 1-1

2. 无限区间 引进记号 $+\infty$（读作正无穷大）及 $-\infty$（读作负无穷大），则可类似地给出无限区间的定义和记法.

(1) $[a,+\infty)=\{x\mid x\geqslant a\}$；   (2) $(a,+\infty)=\{x\mid x>a\}$；

(3) $(-\infty,b]=\{x\mid x\leqslant b\}$；   (4) $(-\infty,b)=\{x\mid x<b\}$；

(5) $(-\infty,+\infty)=\{x\mid -\infty<x<+\infty\}$.

前四个无限区间同样可以在数轴上分别用图 1-2 (a)，(b)，(c)，(d) 表示，而 $(-\infty,+\infty)$ 就是整个实数轴.

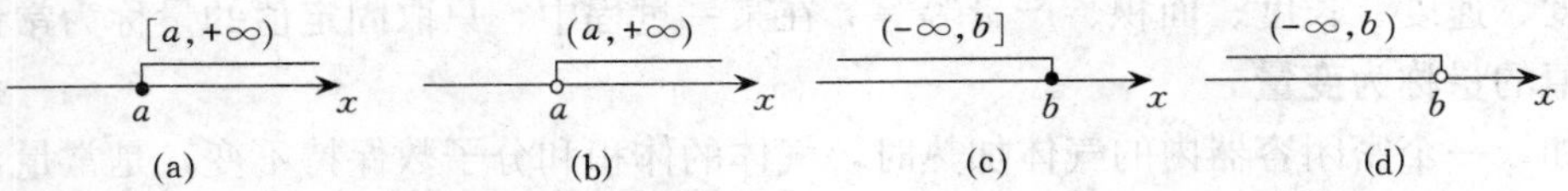

图 1-2

以后在不需要特别强调区间是开还是闭，以及有限还是无限的情形下，我们就简单地称之为**区间**，通常用字母 I 表示.

3. 邻域及去心邻域 邻域也是我们常用到的概念，设 $a,\delta \in R$，其中 $\delta>0$，称开区间 $(a-\delta,a+\delta)$ 为点 a 的 δ 邻域，记为 $U(a,\delta)$，即 $U(a,\delta)=(a-\delta,a+\delta)=\{x\mid a-\delta<x<a+\delta\}=\{x\mid |x-a|<\delta\}$，点 a 称为**邻域的中心**，δ 称为**邻域的半径**，$U(a,\delta)$ 可以在数轴上表示为图 1-3.

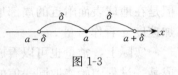

图 1-3

有时用到的数集需要把邻域的中心去掉，邻域 $U(a,\delta)$ 去掉中心 a 后，称为点 a 的**去心 δ 邻域**，记作 $\overset{\circ}{U}(a,\delta)$，即 $\overset{\circ}{U}(a,\delta)=(a-\delta,a)\bigcup(a,a+\delta)=\{x\mid 0<|x-a|<\delta\}$，是两个开区间的并集，见图 1-4.

为表达方便，有时把开区间 $(a-\delta,a)$ 称为 a 的**左 δ 邻域**，把开区间 $(a,a+\delta)$ 称为 a 的**右 δ 邻域**，有时在研究某一变化过程中，无需指明 a 的某邻域（或去心邻域）的半径，此时就简单地记为 $U(a)$（或 $\mathring{U}(a)$），读作 **a 的某邻域（或 a 的某去心邻域）**.

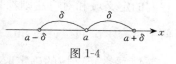

图 1-4

三、函数的概念

一切事物都在运动和发展之中，当我们考察某个自然现象或生产过程时，往往会遇到多个变量，各个变量之间也不是彼此孤立的，它们之间相互联系，相互依赖，并且具有一定的规律. 下面主要就两个变量之间的这种确定的依赖关系，列举几个实例引出函数概念.

例 1 温度自动仪所记录的某地某天 24h 气温变化曲线（如图 1-5）描述了当天气温 T 随时间 t 的变化规律：对任一时刻 $t\in[0,24]$，按图中的曲线唯一对应一个温度.

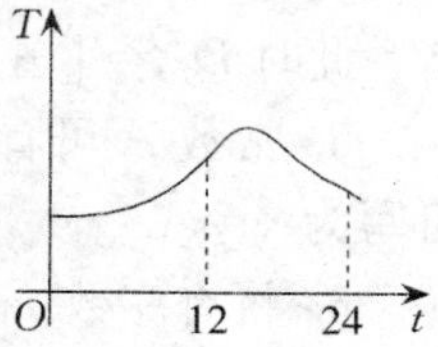

图 1-5

例 2 某作物的叶组织对钾的吸收量（y）与时间（t，以小时计）的关系，在变域 $\{t\mid 0\leqslant t\leqslant 4\}$ 内可表示为

$$y=at \tag{1-1-1}$$

其中常数 a 称为吸收率. 实验表明：在亮光中的吸收率大约为黑暗中的两倍，比例常数 $a=y/t$ 称为增长率，公式（1-1-1）表示吸收量 y 与时间 t 之间的对应关系. 其他诸如反应率、吸收率、突变率等也都属于此类.

例 3 蛇的身长与其尾长之间存在着一定的关系. 根据辛泊森、洛尔和李文亭三位科学家的研究，有一种雌蛇，它的总长度 y（mm）与其尾长 x（mm）的依赖关系为

$$y=7.44x+8.6,\ \text{其中}\ x\in(30,200),y\in(200,1\,400).$$

以上三个例子的实际意义虽不同，但却有共同之处：每个例子所描述的变化过程都有两个变量，当其中的一个变量在一定的变化范围内取定一数值时，按照某个确定的法则，另一个变量有唯一确定的数值与之对应. 这种变量之间的对应关系就是函数概念的实质.

定义 设在某变化过程中有两个变量 x 和 y，变量 x 在一个给定的数域 D 中取值，如果对于 D 中每个变量 x 的取值，变量 y 按照一定的法则总有唯一确定的数值与之对应，则称**变量 y 是定义在 D 上的变量 x 的函数**，记作 $y=f(x),x\in D$，其中，变量 x 称为**自变量**，变量 y 称为**因变量**，D 称为**定义域**，有时记为 D_f，即 $D=D_f$，当 x 取遍 D 的各个数值时，对应的函数值全体组成的数域称为函数的**值域**，记作 R_f，即：$R_f=\{y\mid y=f(x),x\in D\}$，如果 a 是函数 $y=f(x)$ 在定义域 D 中的一个值，就称函数 $y=f(x)$ 在点 $x=a$ 处有定义，函数 $y=f(x)$ 在点 $x=a$ 的对应值叫做函数在该点的**函数值**，记作 $f(a)$ 或 $y\big|_{x=a}=f(a)$.

关于函数定义，说明以下几点：

1. 在函数定义中，我们用"唯一确定"来表明所讨论的函数是单值函数，当 D 中某些 x 值有多于一个 y 值与之对应时，我们称之为**多值函数**.

2. 我们所研究的量 x 与 y，一般都是限定在实数范围内.

3. 由函数定义可知，要确定一个函数，必须知道函数的定义域和自变量与因变量之间的对应法则，这就是说，定义域和对应法则是确定函数的两个要素，对于两个函数，只有当

它们的定义域和对应法则都相同时，它们才是相同的，而不在于它们的自变量和因变量采用何字母表示．如：$y = x\sin\dfrac{1}{x}(x \neq 0)$ 与 $S = t\sin\dfrac{1}{t}(t \neq 0)$ 是相同的两个函数．

4. 函数定义域的确定取决于两种不同的研究背景：一是有实际应用背景的函数；二是抽象地用算式表达式的函数．前者定义域的确定取决于变量的实际意义，而后者定义域的确定是使得算式有意义的一切实数组成的集合，这种定义域称为**自然定义域**，它可由函数表达式本身来确定，通常有：（1）在分式中，分母不能为零；（2）在根式中，负数不能开偶次方；（3）在对数式中，真数要大于零；（4）在三角函数与反三角函数式子中，要符合其定义域要求．如果函数表达式中同时含有分式、根式、对数式或反三角函数式，则应取各部分定义域的交集．如：函数 $y = \pi x^2$，若 x 表示圆半径，y 表示圆面积，则定义域的确定属于前者，此时 $D_f = [0, +\infty)$；若不考虑 x 的实际意义，则其自然定义域为 $D_f = (-\infty, +\infty)$．

5. 常数 A 可看作是变量 x 的函数，即不论自变量 x 取什么值，因变量 y 永远取值 A，可写为 $y = A$．

6. 将有序数 x_1，x_2，$\cdots$，x_n，$\cdots$叫做**数列**，记作 $\{x_n\}$，数列 $\{x_n\}$ 可以看作定义在正整数上的函数，记作 $x_n = f(n)$．

7. 通常函数的表示方法有三种：表格法、图形法、解析法（公式法），将解析法和图形法相结合起来研究函数，可以将抽象问题直观化，也可以借助几何方法研究函数的有关特性．相反，一些几何问题也可借助函数工具来做理论研究．

8. 在高等数学中，通常用一个数学表达式来表示函数关系，如：$S = \pi r^2$（圆的面积 S 与半径 r 的函数关系），但是并非所有函数关系均可由一个数学式子表示，即有的函数在其定义域的不同部分也可以用不同的式子表示，如：$f(x) = \begin{cases} x^2, & x \in (0, +\infty), \\ \dfrac{1}{2}, & x = 0, \\ -x + 1, & x \in (-\infty, 0). \end{cases}$ 这种形式的函数称为**分段函数**，还有一些函数甚至无法用数学式子来表达．

分段函数在实际生活中也是广泛存在的．例如，邮寄费与邮寄物重量的关系，出租车的计价费与行驶的里程关系等．对于分段函数，要注意几点：分段函数是由几个公式合起来表示的一个函数，而不是几个函数；分段函数的定义域是各段定义域的并集；在处理问题时，对属于某一段的自变量就应用该段的表达式．下面是两个常用分段函数：

绝对值函数 $y = |x| = \begin{cases} x, & x \geq 0, \\ -x, & x < 0. \end{cases}$ **符号函数** $y = \mathrm{sgn}\,x = \begin{cases} 1, & x > 0, \\ 0, & x = 0, \\ -1, & x < 0. \end{cases}$

函数的例子不胜枚举，如植物在生长期，株高是时间的函数；在一定容积的培养基中培养细胞，细胞的数量是培养基中营养物质的函数，当然也与培养时间有密切的联系；植物群落中物种数目是面积的函数，随着面积的增大，物种数目也随之增加，最初增加很快，以后逐渐缓慢，形成一条曲线；矮生豆植物的亚硝酸根的利用率是光照浓度的函数；用药量是体重的函数；动物的增重量是进食量的函数；作物的产量是种植密度的函数，等等．

例 4 求函数 $y = \sqrt{1 - x^2}$ 的定义域．

解 因为当 $1 - x^2 \geq 0$ 时，函数 $y = \sqrt{1 - x^2}$ 才有意义，故定义域 $D_f = \{x \mid 1 - x^2 \geq 0\}$，

即 $D_f\{x\mid-1\leqslant x\leqslant1\}=[-1，1]$.

例5 函数 $y=x$ 与 $y=\dfrac{x^2}{x}$ 是否相同？为什么？

解 $y=x$ 的定义域为 $D_f=\{x\mid-\infty<x<+\infty\}=R$，$y=\dfrac{x^2}{x}$ 的定义域为 $D_f=$ $\{x\mid x\neq0,x\in R\}=(-\infty,0)\bigcup(0,+\infty)$，两函数定义域不同，故两个函数为不同的函数.

例6 作出函数 $f(x)=\begin{cases}\sqrt{1-x^2}，&0\leqslant x\leqslant1\\x+3，&1<x<3\end{cases}$ 的图形，并指出其定义域.

解 函数的定义域为 $D_f=\{x\mid0\leqslant x<3\}$，由于是分段函数，在不同的区间上画出相应的图形如图 1-6.

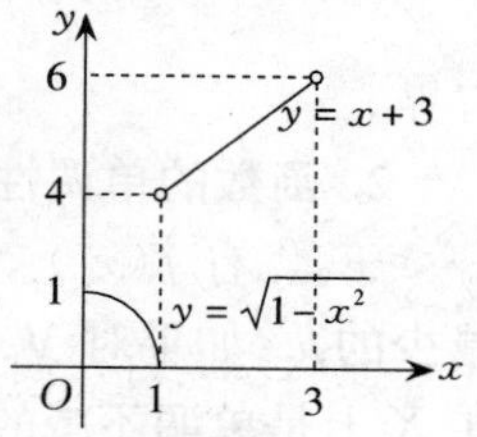

例7 某淘宝店出售某种商品邮资规定，不超过 20kg 时免收运费，超过 20kg 时，每超过 1kg 收费 0.1 元，试把邮资 p 表示为商品重量 w 的函数.

解 当 $0\leqslant w\leqslant20$，邮资 $p=0$，而当 $w>20$ 时，只有超过的部分 $w-20$ 收邮资，因而 $p=0.1(w-20)$，于是

$$p(w)=\begin{cases}0，&0\leqslant w\leqslant20，\\0.1(w-20)，&w>20.\end{cases}$$

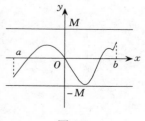

图 1-6

四、函数的几种特性

研究函数的目的是为了探索它所具有的性质，进而掌握它的变化规律，达到有效解决实际问题的目的. 下面给出几个我们所关心的某些函数所具有的特性. 在数学推理中，为了书写方便，我们通常采用逻辑符号"$\forall$"表示"任意"或"每一个"；逻辑符号"$\exists$"表示"存在"或"找到".

1. 函数的有界性 设函数 $y=f(x)$ 的定义域为 D_f，实数集 $X\subset D_f$，如果存在数 θ，使得 $\forall x\in X$ 都有 $f(x)\leqslant\theta$ 成立，则称函数 $f(x)$ 在 X 上有**上界**，而 θ 称为 $f(x)$ 在 X 上的一个**上界**；如果存在数 p，使得 $\forall x\in X$ 都有 $f(x)\geqslant p$ 成立，则称函数 $f(x)$ 在 X 上有**下界**，而 p 称为 $f(x)$ 在 X 上的一个**下界**. 如果存在常数 M，使得 $\forall x\in X$ 都有 $\mid f(x)\mid\leqslant M$ 成立，则称 $f(x)$ 在 X 上**有界**，如果这样的 M 不存在，就称 $f(x)$ 在 X 上**无界**，即对 $\forall M$ >0，$\exists x_1\in X$，使得 $\mid f(x_1)\mid>M$. **函数 $f(x)$ 在 X 上有界的充分必要条件是它在 X 上既有上界又有下界，但无界函数分为无上界有下界、无下界有上界、无上界且无下界三种情况.**

例如，函数 $f(x)=\sin x$，在其定义域 $(-\infty，+\infty)$ 内有界，即 $\forall x\in(-\infty，+\infty)$，$\mid\sin x\mid\leqslant1$ 成立，这里任何 $M\geqslant1$ 都有 $\mid f(x)\mid=\mid\sin x\mid\leqslant M$.

再如函数 $g(x)=\dfrac{x}{1+x^2}$，在其定义域 $(-\infty，+\infty)$ 内也有界，只要取 $M\geqslant\dfrac{1}{2}$ 都有 $\mid g(x)\mid=\left|\dfrac{x}{1+x^2}\right|\leqslant M$.

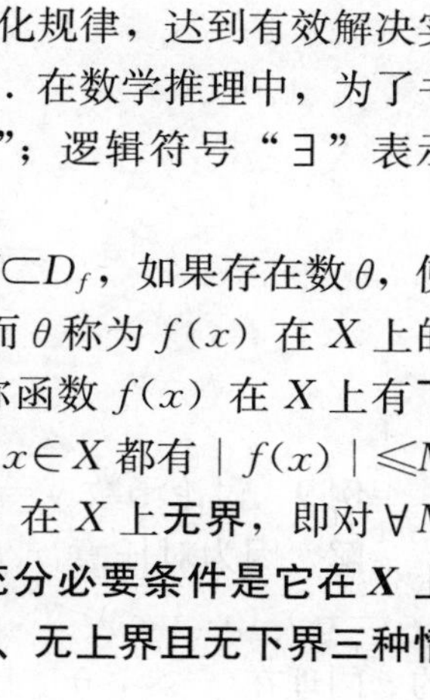

在几何图形上，有界函数表示函数 $y=f(x)$（其中 $x\in[a，b]$）的图形完全位于直线 $y=-M$ 和 $y=M$ 之间，如图 1-7 所示.

图 1-7

例8 讨论函数 $f(x) = \begin{cases} \dfrac{1}{x}, & x \neq 0 \\ 0, & x = 0 \end{cases}$ 分别在 $[0, 1]$，$[1, +\infty)$ 上的有界性.

解 （1）当 $x \in [0, 1]$ 时，恒有 $f(x) \geqslant 0$，从而 $f(x)$ 在 $[0, 1]$ 上有下界，取 $p = 0$ 即为其一个下界，但无上界，因为对任意的 $\theta(\theta > 1)$，不妨取 $x_0 = \dfrac{1}{2\theta} \in [0, 1]$，有 $f(x_0) = \dfrac{1}{x_0} = 2\theta > \theta$，从而 $f(x)$ 在 $[0, 1]$ 上无上界.

（2）当 $x \in [1, +\infty)$ 时，取 $M = 1$，则有 $|f(x)| = \left| \dfrac{1}{x} \right| \leqslant M$，从而 $f(x)$ 在 $[1, +\infty)$ 上有界.

2. 函数的单调性 设函数 $y = f(x)$ 的定义域为 D_f，$X \subset D_f$，如果对 $\forall x_1, x_2 \in X$ 且 $x_1 < x_2$，有 $f(x_1) < f(x_2)$（或 $f(x_1) > f(x_2)$），则称 $f(x)$ 在 X 上是**单调增加的**（或**单调减少的**）；如果对 $\forall x_1, x_2 \in X$ 且 $x_1 < x_2$ 有 $f(x_1) \leqslant f(x_2)$（或 $f(x_1) \geqslant f(x_2)$），则称 $f(x)$ 在 X 上是**单调不减的**（或**单调不增的**），函数的以上性质统称为**单调性**，如果 $y = f(x)$ 在区间 $I(I \subset D_f)$ 上是单调增加（或减少）函数，则称**区间 I 为函数 $f(x)$ 的单调增加（或减少）区间**.

从几何直观上看，单调增加函数的图形是 X 上随 x 的增加而上升的曲线，如图1-8；单调减少函数的图形是 X 上随 x 的增加而下降的曲线，如图1-9.

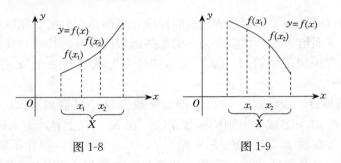

图1-8　　　　　　　　　　　　图1-9

例9 讨论函数 $y = x^2$ 的单调性.

解 因为对任意 $x_1, x_2 \in [0, +\infty)$，当 $x_1 < x_2$ 时，$f(x_1) - f(x_2) = x_1^2 - x_2^2 = (x_1 - x_2)(x_1 + x_2) < 0$，所以 $f(x_1) < f(x_2)$，因此函数 $y = x^2$ 在 $[0, +\infty)$ 上是单调增加的. 同理在 $(-\infty, 0]$ 上是单调减少的. 因而函数 $y = x^2$ 在 $(-\infty, +\infty)$ 内不是单调函数，$y = x^2$ 的图形如图1-10.

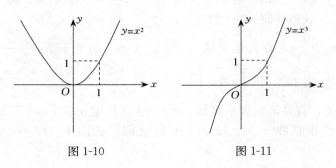

图1-10　　　　　　　　　　　　图1-11

例如 函数 $y=x^3$ 在 $x\in(-\infty,+\infty)$ 上是单调增函数（如图 1-11）.

3. 函数的奇偶性 设函数 $f(x)$ 的定义域 D_f 是关于原点对称的数集，即对 $\forall x\in D_f$，有 $-x\in D_f$. 如果 $\forall x\in D_f$ 有

$$f(-x)=-f(x),$$

则称 $f(x)$ 为**奇函数**；如果对 $\forall x\in D_f$ 有

$$f(-x)=f(x),$$

则称 $f(x)$ 为**偶函数**；如果 $f(x)$ 既非奇函数，又非偶函数，则称 $f(x)$ 为**非奇非偶函数**.

从几何直观上，奇函数的图形关于坐标原点对称，偶函数的图形关于 y 轴对称.

例如，函数 $y=c,y=x^{2n}(n\in N),y=\cos x$ 等均为偶函数；函数 $y=x^{2n+1}(n\in N)$，$y=\sin x$，$y=\tan x$ 等均为奇函数；而函数 $y=\sin x+\cos x$ 则为非奇非偶函数.

例 10 证明任意函数可表示为一个奇函数和一个偶函数之和.

证明 设 $g(x)=\dfrac{1}{2}[f(x)+f(-x)],h(x)=\dfrac{1}{2}[f(x)-f(-x)]$，则

$$g(-x)=\frac{1}{2}[f(-x)+f(x)]=g(x),\ h(-x)=\frac{1}{2}[f(-x)-f(x)]=-h(x)$$

从而 $g(x)$ 为偶函数，而 $h(x)$ 为奇函数，且有 $f(x)=\dfrac{1}{2}[f(x)+f(-x)]+\dfrac{1}{2}[f(x)-f(-x)]=g(x)+h(x)$，所以任意函数 $f(x)$ 可以表示成一个奇函数和一个偶函数之和.

4. 函数的周期性 设函数 $y=f(x)$ 的定义域为 D_f，如果存在常数 T，使得 $\forall x\in D_f$，有 $x+T\in D_f$，且 $f(x+T)=f(x)$ 恒成立. 则称 $f(x)$ 为**周期函数**，T 称为 $f(x)$ 的一个**周期**.

如果 T 是 $f(x)$ 的一个周期，则对 $\forall n\in N^+$，nT 也是 $f(x)$ 的周期，通常我们所说的周期函数的周期往往是指**最小正周期**.

例如，$y=\sin x,y=\cos x$ 是以 2π 为周期的周期函数，$y=\tan x$，$y=\cot x$ 是以 π 为周期的周期函数.

从几何直观上看，若 $y=f(x),x\in D_f$ 是以 T 为周期的周期函数，在每个长度为 T，左端点相距为 $KT(K\in N^+)$ 的区间上，函数图形有相同的形状.

例 11 设函数 $y=f(x)$ 是以 T 为周期的周期函数，证明函数 $y=f(ax)(a>0)$ 是以 $\dfrac{T}{a}$ 为周期的周期函数.

证明 只需证明 $f(ax)=f\left[a\left(x+\dfrac{T}{a}\right)\right]$

因为 $f(x)$ 以 T 为周期，所以 $f(ax)=f(ax+T)$，即 $f(ax)=f\left[a\left(x+\dfrac{T}{a}\right)\right]$，从而 $f(ax)$ 是以 $\dfrac{T}{a}$ 为周期的周期函数.

五、反 函 数

在初等数学中已熟知反函数的概念，如对数函数 $y=\log_a x(a>0$ 且 $a\neq1)$ 与指数函数

$y=a^x(a>0$ 且 $a\neq1$) 互为反函数；$y=\tan x,x\in\left(-\dfrac{\pi}{2},\dfrac{\pi}{2}\right)$ 与函数 $y=\arctan x$ 互为反函数等．一般地，在函数关系中，自变量和因变量往往是相对的．如已知某种粮食的单价是 3 元，则销售量 x 与总收入 y 之间的函数关系为：$y=3x$. 有时根据实际需要研究该问题的反问题，即知道了该粮食的销售总收入而求它的销售量．即由 $y=3x$ 得 $x=\dfrac{y}{3}$，把销售量表示为总收入的函数．就这个例子而言，我们可以把后一个函数看作是前一个函数的反函数，也可以把前一个函数看作是后一个函数的反函数．

给定函数 $y=f(x)$，其定义域为 D_f，值域为 R_f，如果对于 $\forall y\in R_f$，必定存在唯一的 $x\in D_f$，使 $f(x)=y$，那么称在 R_f 上确定了 $y=f(x)$ 的**反函数**，记作：$x=f^{-1}(y)$，$y\in R_f$. 此时也称 $y=f(x)(x\in D_f,y\in R_f)$ 在 D_f 上是一一对应的．

习惯上常以 x 记为自变量，y 记为因变量，故反函数又记为 $y=f^{-1}(x)$ 且 $D_f^{-1}=R_f$，$R_f^{-1}=D_f$. 显然有 $f^{-1}[f(x)]=x$，相对反函数 $y=f^{-1}(x)$ 来说，原来的函数 $y=f(x)$ 称为**直接函数**．

从几何直观上看，若点 $A(x,f(x))$ 是函数 $y=f(x)$ 的图形上的点，则 $A'(f(x),x)$ 是反函数 $y=f^{-1}(x)$ 图形上的点；反之亦然，因此 $y=f(x)$ 和 $y=f^{-1}(x)$ 的图形关于直线 $y=x$ 是对称的．

值得说明的是：并非所有的函数都有反函数．例如：函数 $y=x^2$ 在定义域 $D_f=(-\infty,+\infty)$ 上不是一一对应的，从而没有反函数．但 $y=x^2$ 在区间 $(-\infty,0]$ 上有反函数 $y=-\sqrt{x}$，而在区间 $(-\infty,+\infty)$ 上没有反函数．现在我们要问函数 $f(x)$ 在什么条件下一定存在反函数？

定理（反函数存在定理） 单调函数 $y=f(x)$ 必存在单调的反函数 $y=f^{-1}(x)$，且 $y=f^{-1}(x)$ 具有与 $y=f(x)$ 相同的单调性．

例 12 求函数 $y=\dfrac{3^x-1}{3^x+1}$ 的反函数．

解 函数 $y=\dfrac{3^x-1}{3^x+1}$ 的定义域 $D_f=(-\infty,+\infty)$，值域为 $R_f=(-1,1)$，由 $y=\dfrac{3^x-1}{3^x+1}$ 可解得 $x=\log_3\dfrac{1+y}{1-y}$，变换 x 与 y 的位置，得反函数 $y=\log_3\dfrac{1+x}{1-x}(-1<x<1)$．

习 题 1-1

1. 将下列不等式用区间的记号表示：

(1) $x^2<9$；　　　　　　　　(2) $|x-4|<7$；

(3) $0<|x-3|<5$；　　　　　(4) $|ax-x_0|<\delta\,(a>0,\delta>0,x_0$ 为常数)；

(5) $|x+1|>2$；　　　　　　(6) $|2x+1|>|x-1|$．

2. 下列函数是否表示同一函数？为什么？

(1) $y=x$ 与 $y=\sqrt{x^2}$；　(2) $y=\ln x^2$ 与 $y=2\ln x$；　(3) $y=\dfrac{x^4-1}{x^2+1}$ 与 $y=x^2-1$；

(4) $y=e^{\ln 3x}$ 与 $3x$；　　(5) $y=\sin^2 x+\cos^2 x$ 与 $y=1$；(6) $y=f(x)$ 与 $x=f(y)$．

3. 求下列函数定义域：

(1) $y=\sqrt{x^3-8}$；　　(2) $y=\ln(x^2-3x+2)$；　(3) $y=\ln(1-x)+\dfrac{1}{\sqrt{x+4}}$；

(4) $y = \arcsin \dfrac{x-1}{2}$;　　(5) $y = \sqrt{\lg \dfrac{5x-x^2}{4}}$;　　　　(6) $y = \ln x + \arcsin x$.

4. 判断下列函数在指定区间上的单调性:

(1) $y = \sqrt{2x - x^2}, x \in [0, 1]$;　　　　(2) $y = \lg x + x, \ x \in (0, +\infty)$.

5. 指出下列函数中,哪些是奇函数? 哪些是偶函数? 哪些是非奇非偶函数?

(1) $y = x^5 - \sin 2x$;　　(2) $y = \dfrac{e^x + e^{-x}}{2}$;　　(3) $y = x e^x$;

(4) $y = 2\cos x + 3$;　　(5) $y = x + \cos x$;　　(6) $y = \ln(x + \sqrt{1 + x^2})$.

6. 下列函数中哪些是周期函数? 如果是周期函数请指出其周期:

(1) $y = \cos(2x - 1)$;　(2) $y = |\sin x|$;　(3) $y = x \cos 3x$;　(4) $y = 1 + \tan \pi x$.

7. 求下列函数的反函数:

(1) $y = 5 - 4x^3$;　　(2) $y = \dfrac{1 + 3x}{5 - 2x}$;　　(3) $y = 1 + \ln(x+2)$;　　(4) $y = \dfrac{1}{3}\sin 2x$.

8. 设 $f\left(x + \dfrac{1}{x}\right) = x^2 + \dfrac{1}{x^2}$, 求 $f(x)$.

9. 设一矩形面积 A , 试将周长 S 表示为宽 x 的函数, 并求其定义域.

10. 用铁皮做一个容积为 V 的圆柱形罐头筒, 试将它的全面积表示成底半径的函数, 并确定此函数的定义域.

11. 某汽车租赁公司出租某种汽车的收费标准为每天基本租金 300 元, 超出标准后每千米收费 20 元.(1) 试建立租用一辆该种汽车每天的租车费 y 与行车路程 x 之间的函数关系.

(2) 若某人某天付了 900 元租车费, 问他开了多少千米?

12. 已知 1~14 岁儿童的平均身高 y(cm) 与年龄 x(岁) 成线性函数。又知 1 岁儿童平均身高为 85cm, 10 岁儿童平均身高为 130cm. 试求身高 y 与年龄 x 的函数关系.

第二节　初等函数

一、基本初等函数

在微积分这门课程中, 函数往往是研究问题的工具, 有时也是研究对象, 尽管函数的形式多种多样, 但它们往往是由简单的常用函数运算得来. 常用的函数由常数函数、幂函数、指数函数、对数函数、三角函数和反三角函数构成, 我们将这六类函数称为**基本初等函数**.

1. 常数函数　函数 $y = C$(C 是常数) 叫做**常数函数**, 它的定义域 $D_f = (-\infty, +\infty)$, 值域 $R_f = \{c\}$, 图形如图 1-12.

2. 幂函数　函数 $y = x^\mu$(μ 是常数) 叫做**幂函数**, 幂函数的定义域与 μ 有关, 当 $\mu > 0$ 时, 图形过 (0, 0) 及 (1, 1) 点, 在 (0, $+\infty$) 内是单调增函数; 当 $\mu < 0$ 时, 图形过 (1, 1) 点, 在 (0, $+\infty$) 内是单调减函数. 总之, 无论 μ 取何值, 幂函数在 (0, $+\infty$) 内有定义.

当 $y = x^\mu$ 中 $\mu = 1, 3, \dfrac{1}{2}, -1$ 时是最常用的幂函数, 它们的图形如图 1-13.

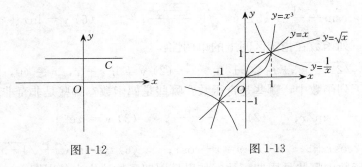

图 1-12　　　　　　　　　　　　图 1-13

3. 指数函数　函数 $y=a^x$（$a>0$ 且 $a\neq1$，a 是常数）叫做**指数函数**，他的定义域为 $D_f=(-\infty,+\infty)$，值域为（0，$+\infty$），当 $a>1$ 时，它是单调增加函数；当 $0<a<1$ 时，它是单调减少函数，其图形总在 x 轴的上方，且通过（0，1）点，如图 1-14 和图 1-15.

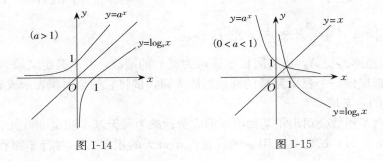

图 1-14　　　　　　　　　　　　图 1-15

在微积分中，常用到以 e 为底的指数函数 $y=\mathrm{e}^x$，其中 $\mathrm{e}=2.718\,281\,8\cdots$是一个无理数.

数学是揭示客观世界事物运动规律及社会、经济等演变规律的强有力的工具，面对错综复杂的自然问题时，数学工具的成功应用会使问题的解决方法变得简捷而和谐. 在实际应用中，往往会把数据与实际完美地结合起来.

例 1　指数函数方程与生物教学：高中生物出现的知识点中，可用指数函数方程表示的主要有：DNA 复制代数（x）和 DNA 分子总数（y）之间的关系（表示为 $y=2^x$），能量流动的十分之一定律，营养、空间不受限制下细菌分裂次数（x）与细菌总数（y）的关系（表示为 $y=2^x$），含有一对等位基因的杂合个体连续自交次数（x）和后代中杂合子比例（y）之间的关系$\left(\text{表示为 } y=\left(\dfrac{1}{2}\right)^x\right)$.

4. 对数函数　函数 $y=\log_a x$（$a>0$ 且 $a\neq1$，a 为常数）叫做**对数函数**.

对数函数是指数函数的反函数，定义域 $D_f=(0,+\infty)$，值域 $R_f=(-\infty,+\infty)$. 当 $a>1$ 时，$y=\log_a x$ 是单调增加函数；当 $0<a<1$ 时，它是单调减少函数，其图形与 $y=a^x$ 关于直线 $y=x$ 对称（如图 1-14，图 1-15）.

以常数 e 为底的对数函数 $y=\log_\mathrm{e}x$ 叫做**自然对数函数**，简记作：$y=\ln x$；以常数 10 为底的对数函数 $y=\log_{10}x$，叫做**常用对数函数**，简记作：$y=\lg x$.

例 2　1970 年，伯利斯进行了如下实验：他给小鼠注射了磺胺药物. 在给药后，从 20min 到 420min 的时间内，按一定的时间间隔从尾静脉中取血，分析药物的质量分数并求出最高质量分数.

设药物的质量分数为 a（mg/ml），抽血时间为 t（min）.然后取这两个量的常用对数，并设
$$y = \lg a, \quad x = \lg t.$$

根据实验的结果，可用二次函数描述：$y = -0.77x^2 + 2.59x - 1.06$.为了寻找 y 的最值，将这个函数式子变形为：$g = -(x - 1.682)^2 + 1.453$，所以抛物线顶点坐标为（1.682，1.453）.从函数形式可知，当 $x = 1.682$ 时，函数 y 取得最大值 1.118，所以，由 $y = \lg a$ 得小鼠血液中磺胺的最高质量分数大约为 $10^{1.118}$ mg/ml.

5. 三角函数 常用的三角函数有：

正弦函数 $y = \sin x$，定义域为 $(-\infty, +\infty)$，值域为 $[-1, 1]$，如图 1-16；

余弦函数 $y = \cos x$，定义域为 $(-\infty, +\infty)$，值域为 $[-1, 1]$，如图 1-17；

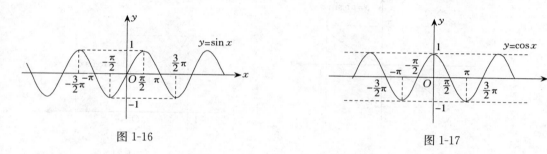

图 1-16

图 1-17

正切函数 $y = \tan x$，定义域为 $(-\infty, +\infty)$ 且 $x \neq k\pi + \dfrac{\pi}{2}$，值域为 R，如图 1-18；

余切函数 $y = \cot x$，定义域为 $(-\infty, +\infty)$ 且 $x \neq k\pi$，值域为 R，如图 1-19.

三角函数的自变量是以弧度来表示，$y = \sin x$ 与 $y = \cos x$ 都是以 2π 为周期的周期函数，且都有界.$y = \sin x$ 为奇函数，$y = \cos x$ 为偶函数.正切函数 $y = \tan x$ 和余切函数 $y = \cot x$ 都是以 π 为周期的周期函数，且均为奇函数.

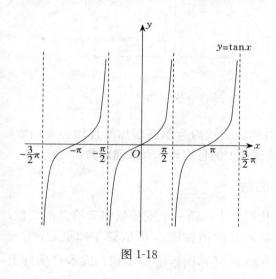

图 1-18

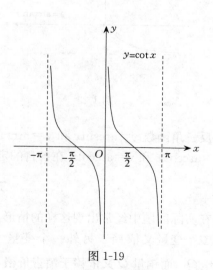

图 1-19

此外，还常用到另外两个三角函数：**正割函数** $y = \sec x$ $\left(\text{其中 } \sec x = \dfrac{1}{\cos x}\right)$ 和 **余割函数** $y = \csc x$ $\left(\text{其中 } \csc x = \dfrac{1}{\sin x}\right)$，二者都是以 2π 为周期的周期函数，并且在 $\left(0, \dfrac{\pi}{2}\right)$ 内都是无界函数.

6. 反三角函数　由于三角函数 $y = \sin x$，$y = \cos x$，$y = \tan x$ 和 $y = \cot x$ 不是单调的，为了得到它们的反函数，对这些函数限定在某个单调区间内来讨论，把这样的反函数通常称为**反三角函数**. 常用的反三角函数分别为：

反正弦函数 $y = \arcsin x$，定义域为 $[-1, 1]$，值域为 $\left[-\dfrac{\pi}{2}, \dfrac{\pi}{2}\right]$，如图 1-20.

反余弦函数 $y = \arccos x$，定义域为 $[-1, 1]$，值域为 $[0, \pi]$，如图 1-21.

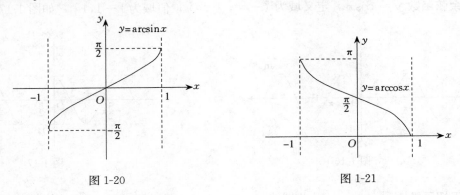

图 1-20　　　　　　　　　　　　图 1-21

反正切函数 $y = \arctan x$，定义域为 $(-\infty, +\infty)$，值域为 $\left(-\dfrac{\pi}{2}, \dfrac{\pi}{2}\right)$，如图 1-22.

反余切函数 $y = \operatorname{arccot} x$，定义域为 $(-\infty, +\infty)$，值域为 $(0, \pi)$，如图 1-23.

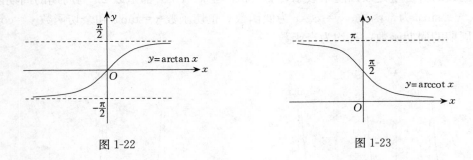

图 1-22　　　　　　　　　　　　图 1-23

反三角函数 $y = \arcsin x$ 和 $y = \arctan x$ 在各自的定义域内为单调增加的且均为奇函数；而 $y = \arccos x$ 和 $y = \operatorname{arccot} x$ 在各自的定义域内单调减少的且均为非奇非偶函数.

二、复合函数

在实际问题中经常出现这样的情形：在某变化过程中，第一个变量依赖于第二个变量，而第二个变量又依赖于另外一个变量. 例如，某产品的销售成本 C 依赖于销量 Q，$C = 100 + 3Q$，而销量 Q 又依赖于销售价格 P，有 $Q = 5 \cdot e^{-\frac{1}{5}P}$，则通过 Q 知销售成本 C 实际上

依赖于销售价格 P，即 $C=100+15\mathrm{e}^{-\frac{1}{5}P}$．像这样，在一定条件下，将一个函数"代入"到另一个函数中的运算称为函数的复合运算，而得到的函数称为**复合函数**．

定义 1 设函数 $y=f(u)$ 的定义域为 D_f，函数 $u=g(x)$ 在集合 D 上有定义，且 $g(D)\subset D_f$，则由下式确定的函数

$$y=f[g(x)]$$

称为由函数 $y=f(u)$ 和 $u=g(x)$ 构成的**复合函数**，它的定义域为 D，变量 u 称为**中间变量**．

复合函数的中间变量可以不止一个，有的复合函数可由两个或更多个中间变量复合而成的．例如 $y=3^u$，$u=\sin v$，$v=\dfrac{1}{x}$，则 $y=3^{\sin\frac{1}{x}}$ 是经过两个中间变量 u 和 v 复合而成的．同样，利用复合这个概念，有时可以把一个复杂函数分解成若干个简单函数的某些运算．例如 $y=\sin\ln x$ 可以看作是由 $y=\sin u$ 和 $u=\ln x$ 复合而成的．

> **注** 并非任意两个函数都能进行复合运算的．例如，$y=f(u)=\arcsin u$ 和 $u=2+x^2$ 就不能进行复合运算，因为 u 的值域 $[2,+\infty)$ 不在 $f(u)$ 的定义域 $[-1,1]$ 内，所以不能进行复合运算．

例 3 对某社区的环境研究表明：如果该社区人口数量为 x，则大气中一氧化碳含量为 $c(x)=\dfrac{5x+1}{10^6}$．又据统计分析，从现在起的 t 年后，该社区人口为 $x(t)=1+0.01t^2$．

（1）求 2 年后大气中一氧化碳的含量；

（2）几年以后大气中一氧化碳的含量将达到百万分之 6.8？

解 （1）经函数复合，可以确定空气中一氧化碳的含量 c 与时间 t 之间的函数关系

$$c=f(t)=c(x(t))=\frac{5(1+0.01t^2)+1}{10^6}=\frac{6+0.05t^2}{10^6},t\geqslant 0.$$

所以，当 $t=2$ 时，$f(2)=\dfrac{6+0.05\times 2^2}{10^6}=\dfrac{6.2}{10^6}$，即百万分之 6.2．

（2）由 c 与 t 之间的函数关系 f，可以反解出 t 对 c 的依赖关系为：

$$t=g(c)=\sqrt{\frac{10^6c-6}{0.05}},\quad c\geqslant\frac{6}{10^6}.$$

所以，当 $c=6.8\times 10^{-6}$ 时，$t=g(6.8\times 10^{-6})=\sqrt{\dfrac{6.8-6}{0.05}}=4$，即 4 年后大气中一氧化碳的含量将达到百万分之 6.8．

三、初等函数

定义 2 由基本初等函数经过有限次的四则运算和有限次的复合运算而形成的并可用一个式子表示的函数称为**初等函数**．

例如：$y=\sin^2 x+\cos^3 x$，$y=\ln(x+\sqrt{1+x^2})$，$y=\mathrm{e}^{\frac{1}{x}}\sin\sqrt{\ln(1+x)}$．

在初等函数的定义中，明确指出是一个式子表示的函数，如果一个函数必须用几个式子表示（如部分分段函数），则它就不是初等函数．

如 $y = \begin{cases} \mathrm{e}^x, & x > 0, \\ x+1, & x < 0. \end{cases}$

但并非所有的分段函数都不是初等函数.

如 $y = \begin{cases} x, & x \geqslant 0 \\ -x, & x < 0 \end{cases} = |x| = \sqrt{x^2}$，它可由 $y = \sqrt{u}$，$u = x^2$ 复合而构成，从而为初等函数.

习 题 1-2

1. 已知函数 $f(x) = x^2$，$\varphi(x) = \sin x$，求下列复合函数：

(1) $f[f(x)]$；　　　(2) $f[\varphi(x)]$；　　　(3) $\varphi[f(x)]$；　　　(4) $\varphi[\varphi(x)]$.

2. 下列各函数可以看成由哪些简单函数复合而成？

(1) $y = \sin 5x$；　　　(2) $y = \ln \cos x$；　　　(3) $y = \arcsin \sqrt{\sin x}$；

(4) $y = 2^{\sin^2 \frac{1}{x}}$；　　　(5) $y = (\log_2 \cos x)^3$；　　　(6) $y = \arcsin \sqrt{1-x^2}$.

3. 设函数 $y = f(x)$ 的定义域为 $[0,1]$，求函数 $f(\sin x)$ 的定义域.

4. 设 $f(x) = \begin{cases} 1, & x < 0, \\ 0, & x = 0, \\ -1, & x > 0. \end{cases}$ 求 $f(x-1)$，$f(x^2-1)$.

5. 已知某函数的对应法则为 $f(x) = \dfrac{x}{1-x}$，求 $f(1+a)$，$f(x^2)$，$f[f(x)]$.

◆ **阅读资料：函数发展简史**

16 世纪之前的数学大体上是初等数学，而且占中心地位的是几何学，其中很少涉及变量的概念. 欧洲文艺复兴后，由于航海、机械制造、天文观测和军事等方面的需要，关于运动的研究成为自然科学的中心问题之一. 这就需要人们去研究变动的量以及他们之间的关系. 笛卡尔观察到描述空间一点的位置需要 3 个参数这一重要事实，引进了坐标的概念，为描述空间点的运动和变量之间的关系提供了重要方法. 他把分析和几何联系在一起而创造了解析几何. 他的贡献也为微积分的诞生奠定了基础. 这样，数学从过去只研究常量而拓展到研究变量. 这是数学发展史上的一大转折.

函数概念在一开始是十分模糊的. 人们经常用一些初等表达式去刻画变量之间的依赖关系，例如自由落体运动中时间与路程之间的关系是 $S = gt^2/2$. 那时人们心中的函数就是常见的表达式. 例如，欧拉认为函数必须有分析的表达式，而拉格朗日则认为函数应该可以用幂级数展开式. 第一个摈弃这种观点的是柯西. 柯西在他的《分析教程》明确提出函数是变量之间的对应关系. 而现代所讲的函数定义应归于狄利克雷. 他把函数看作是数集合之间的一种确定的对应规则. 他举出了著名的例子：在有理点取 1，而在无理点取 0 的函数. 狄利克雷的函数定义使函数的概念从分析表达式的束缚中挣脱出来，并有了一个严格的定义. 它扩大了函数概念的内涵，使那些未必有分析表达式的变量关系也成为数学研究的对象.

笛卡尔，17 世纪法国哲学家和科学家. 西方近代哲学的奠基人，解析几何的创始人. 他在 1637 年发表了 3 篇论文《折光学》、《气象学》、《几何学》，并为此写了一篇序言《科学中正确运用理性和追求真理的方法论》（哲学史上简称之为《方法论》）．在《几何学》中他十分完整地叙述了解析几何的理论．他相信理性的权威，要把一切放到理性的天平上校正．他提倡科学的怀疑，他把怀疑看成是积极的理性活动．他强调认识过程中人的主观能动性．他的"我思故我在"的名言，至今广为流传．

作为一个杰出的数学家，笛卡尔对世界数学的最大贡献莫过于引入空间点的坐标概念，并创立了解析几何．他把数学的两个基本对象"数"与"形"自然地统一在一起，并为变量的研究奠定了基础．由于他的贡献，数学研究发生了历史性的转折．

笛卡尔认为数学是其他科学的模型和理想化．他提出以数学为基础、以演绎方法为核心的方法论．他的这些观点，连同上述的哲学思想，对后世的自然科学、数学及哲学的发展产生过巨大的积极影响．

第三节 数列的极限

极限是用以描述变量在一定的变化过程中的终极状态的一个概念．比如，我国春秋战国时期的《庄子·天下篇》中载有这样一段语"一尺之棰，日取其半，万世不竭"，是说一尺长的棍，每天取下它的一半，则每天剩余的长度为 $\frac{1}{2}$，$\frac{1}{4}$，$\frac{1}{8}$，$\cdots$，$\frac{1}{2^n}$，$\cdots$ 构成无穷多个数的序列，且伴随 n 的无限增大，剩余长度 $\frac{1}{2^n}$ 无限地趋近于 0，却永远不等于 0，常数 0 就是这个变化过程的终极状态，这里暗喻了无穷数列及其极限的思想．本节以描述法和分析法两种不同方式给出数列极限的定义、性质及基本计算方法．

一、数 列

定义 1 按照正整数的顺序排列起来的无穷多个数 x_1，$\cdots$，x_n，$\cdots$ 称为**无穷数列**（简称**数列**），记作 $\{x_n\}$，并把每个数称为**数列的项**，x_n 称为**数列的第 n 项**或**通项**．

换一个角度看，若记 $x_n = f(n)$，$n \in N^+$，实际上数列是定义在 N^+ 上的函数．

例 1 下列均为数列

(1) $\left\{\frac{1}{2^n}\right\}$：$\frac{1}{2}$，$\frac{1}{4}$，$\frac{1}{8}$，$\cdots$，$\frac{1}{2^n}$，$\cdots$；　　(2) $\left\{\frac{1}{n}\right\}$：$1$，$\frac{1}{2}$，$\frac{1}{3}$，$\cdots$，$\frac{1}{n}$，$\cdots$；

(3) $\{(-1)^{n+1}\}$：1，-1，1，$\cdots$，$(-1)^{n+1}$，$\cdots$；(4) $\{n^2\}$：1，4，9，$\cdots$，n^2，$\cdots$．

由于实数与数轴上的点是一一对应的，因此，一个数列对应着数轴上无穷多个点构成的点列．下面介绍两类具有典型特征的数列：有界数列和单调数列．

定义 2 如果数列 $\{x_n\}$，$\exists M > 0$，$\forall n \in N^+$ 都有 $|x_n| \leqslant M$，则称数列 $\{x_n\}$ 是**有界的**，如果上述的 M 不存在，即 $\forall M > 0$，都 $\exists k \in N^+$ 使得 $|x_k| > M$，则称数列 $\{x_n\}$ 是**无界的**；如果 $\exists A \in R(B \in R)$，对 $\forall n \in N^+$，都有 $x_n \geqslant A (x_n \leqslant B)$ 则称数列 $\{x_n\}$ **有下界（有上界）**．

通过定义可得到如下结论：数列 $\{x_n\}$ 有界 $\Leftrightarrow$ 数列 $\{x_n\}$ 既有上界又有下界．

在例 1 中，数列（1）（2）（3）均有界，但数列（4）是无界数列．

定义 3 如果数列 $\{x_n\}$，对 $\forall n \in N^+$，都有 $x_n \leqslant x_{n+1}$，则称数列 $\{x_n\}$ 是**单调增加的**；

如果对 $\forall n \in N^+$ 都有 $x_n \geqslant x_{n+1}$，则称数列 $\{x_n\}$ 是**单调减少的**，单调增加数列与单调减少数列统称为**单调数列**．

在例1中，数列（1）（2）是单调减少的，数列（4）是单调增加的，数列（3）不具有单调性．

定义 4 若在数列 $\{x_n\}$ 中任意抽取无穷多项并保持各项在原数列 $\{x_n\}$ 中的先后顺序，就得到一个新的数列，称其为原数列 $\{x_n\}$ 的**子数列**（或子列），如 $x_1, x_3, \cdots, x_{2n-1}, \cdots$ 与 $x_2,$ $x_4, \cdots, x_{2n}, \cdots$ 均为 $\{x_n\}$ 的子列．子列一般记为 $\{x_{n_k}\}: x_{n_1}, x_{n_2}, \cdots, x_{n_k}, \cdots$，其中 $n_1 < n_2 < \cdots$ $< n_k < n_{k+1} < \cdots$，而 n_k 为 $\{x_{n_k}\}$ 在原数列中的下标，k 为 $\{x_{n_k}\}$ 在子列中的项的序号，显然有 $n_k \geqslant k$．

二、数列的极限

1. 数列极限的描述性定义 我们特别关注数列伴随着 n 的增大，其变化趋势是否具有如下几种情形：

情形 1：n 无限增大时，x_n 无限变大趋于正无穷大（$+\infty$），例如：$\{1, 2, 3, \cdots\}$；

情形 2：n 无限增大时，x_n 无限变小趋于负无穷大（$-\infty$），例如：$\{-1, -2, \cdots\}$；

情形 3：n 无限增大时，x_n 无限接近某个常数 a，例如：$\left\{1, \dfrac{1}{2}, \dfrac{1}{2^2}, \cdots\right\}$；

情形 4：n 无限增大时，x_n 忽大忽小，例如：$\{0, -1, 0, -1, 0, -1, \cdots\}$．

下面给出数列极限的描述性定义．

定义 5 给定数列 $\{x_n\}$，如果当 n 无限增大时，x_n 无限地接近于某个确定的常数 a，则称 a 为数列 $\{x_n\}$ 当 n 趋向于无穷大时的**极限**，或称数列 $\{x_n\}$ 当 n 趋向于无穷大时收敛于 a，记作：$\lim\limits_{n \to \infty} x_n = a$ 或 $x_n \to a$（$n \to \infty$），否则，称数列 $\{x_n\}$ 没有极限，或称数列 $\{x_n\}$ 是**发散**的．

例 2 讨论下列数列是否有极限．

(1) $x_n = \dfrac{n}{n+1}$；   (2) $x_n = \dfrac{1}{2^n}$；   (3) $x_n = 2n+1$；   (4) $x_n = (-1)^n$．

解 （1）通过观察可见，数列 $\left\{\dfrac{n}{n+1}\right\}$ 随 n 增大越来越接近 1，所以 $\lim\limits_{n \to \infty} \dfrac{n}{n+1} = 1$，即数列 $\{x_n\}$ 以 1 为极限．

（2）通过观察可见，数列 $\left\{\dfrac{1}{2^n}\right\}$ 随 n 增大越来越接近 0，所以 $\lim\limits_{n \to \infty} \dfrac{1}{2^n} = 0$，即数列 $\{x_n\}$ 以 0 为极限．

（3）通过观察可见，数列 $\{2n+1\}$ 随 n 增大而无限变大，所以 $\lim\limits_{n \to \infty} (2n+1) = \infty$，即数列 $\{x_n\}$ 无极限，该数列发散．

（4）观察数列 $\{(-1)^{n+1}\}$，无论 n 怎样变化，数列通项 $x_n = (-1)^{n+1}$ 总是在 1 和 -1 之间振动，不会趋于某个确定的常数，所以数列 $\{x_n\}$ 不存在极限，该数列发散．

2. 数列极限的分析定义 前面用直观描述性的方法给出了极限的定义，并用观察法去描述数列的极限，但有的数列（如 $\left(1 + \dfrac{1}{n}\right)^n$ 等）很难通过观察而得到极限，更主要的原因是其中"n 无限增大时"，"x_n 无限地接近于 a"等语言都是模糊的，不能精确刻画极限的深刻内涵，事实上定义变量的极限，不但要描述变量的变化趋势，而且要定量刻画变量与其极限的接近程度．

我们以数列 $\left\{1+\dfrac{(-1)^n}{n}\right\}$ 为例，用描述性定义可得到 n 无限增大时，$x_n=1+\dfrac{(-1)^n}{n}$ 无限接近于数 1，如何用精确的数学语言和数学表达式去刻画这一事实呢？我们知道，刻画两个数 a 与 b 之间的接近程度可用绝对值 $|b-a|$ 来度量，$|b-a|$ 越小，则 a 与 b 的接近程度越高．因此，x_n 接近于 1 的程度可用 $|x_n-1|$ 来刻画，因为 $|x_n-1|=\left|1+\dfrac{(-1)^n}{n}-1\right|=\dfrac{1}{n}$，从而有：

（1）如果事先给定小正数 0.01，欲使 $|x_n-1|=\dfrac{1}{n}<0.01$，只需 $n>100$，取正整数 $N=100$，则当 $n>N$ 后的所有项 $x_{101},x_{102},\cdots$ 都能使 $|x_n-1|<0.01$ 成立．

（2）如果事先给定小正数 0.000 1，欲使 $|x_n-1|=\dfrac{1}{n}<0.000\,1$，只需 $n>10\,000$，取正整数 $N=10\,000$，则当 $n>N$ 后的所有项 $x_{10\,001},x_{10\,002},\cdots$ 都能使 $|x_n-1|<0.000\,1$ 成立．

（3）无论事先给定一个多么小的正数，欲使 $|x_n-1|$ 小于该正数，都能找到那么"一个时刻"——正整数 N，当 $n>N$ 后的所有项 $x_{N+1},x_{N+2},\cdots$ 与数 1 的接近程度小于事先给定的小正数．

（4）为了说明 x_n 和数 1 的任意接近程度，一般地，给定任意小的正数 ε，欲使 $|x_n-1|<\varepsilon$，只需 $n>\dfrac{1}{\varepsilon}$，取 $N=\left[\dfrac{1}{\varepsilon}\right]$（即取不超过 $\dfrac{1}{\varepsilon}$ 的整数部分），当 $n>N$ 后的所有项 x_{N+1}，x_{N+2}，$\cdots$ 都与 1 的接近程度小于事先给出的任意小正数 ε．

由以上的讨论，我们给出数列极限的分析性定义．

定义 6（ε-N 定义） 设 $\{x_n\}$ 为一数列，如果存在常数 a，对于 $\forall\varepsilon>0$（无论多么小），$\exists$ 正整数 N，使当 $n>N$ 时，有 $|x_n-a|<\varepsilon$，则称 a 为数列 $\{x_n\}$ 当 $n\to\infty$ 时的极限，记作 $\lim\limits_{n\to\infty}x_n=a$ 或 $x_n\to a(n\to\infty)$，此时，又称数列 $\{x_n\}$ 收敛于数 a；如果不存在这样的数 a，则称数列 $\{x_n\}$ 没有极限，又称数列 $\{x_n\}$ 是发散的，习惯上说 $\lim\limits_{n\to\infty}x_n$ 不存在．

数列极限的几何直观解释：

若 $\lim\limits_{n\to\infty}x_n=a$，则对任意小的正数 ε，$\exists$ 正整数 N，在 $\{x_n\}$ 中，$n>N$ 后的所有 x_n：x_{N+1}，x_{N+2}，$\cdots$ 都满足 $|x_n-a|<\varepsilon\Leftrightarrow a-\varepsilon<x_n<a+\varepsilon$，即 $x_{N+1},x_{N+2},\cdots$ 都落在 a 的 ε 邻域内，可见数列 $\{x_n\}$ 随着 n 的增大而凝聚在点 a 的近旁，在这个邻域外最多只有有限项：x_1，x_2，$\cdots$，x_N．

关于数列极限分析定义的几点说明：

（1）极限定义中的 ε 是任意小的正数，也就是要多小，有多小，正是因为正数 ε 可以任意小才刻画了 x_n 与 a 的任意接近程度．

（2）正整数 N 与事先给定的正数 ε 有关，N 的确定依赖于给定的 ε，ε 越小，N 越大，即 $N=N(\varepsilon)$，但 N 不唯一，而 N 的存在就表示数列有极限．

（3）从极限定义知，数列极限存在与否，极限为何，与数列 $\{x_n\}$ 前面有限项无关，若改变数列的有限项，将不会影响数列的极限．

例 3 用数列极限的分析性定义证明数列 $\dfrac{1}{3}, \dfrac{2}{5}, \dfrac{3}{7}, \cdots, \dfrac{n}{2n+1}, \cdots$ 的极限是 $\dfrac{1}{2}$．

证明 由题意知：$x_n = \dfrac{n}{2n+1}$．对于任意给定的 $\varepsilon > 0$，要使

$$\left| \frac{n}{2n+1} - \frac{1}{2} \right| = \frac{1}{4n+2} < \varepsilon,$$

只需 $n > \dfrac{1}{4\varepsilon} - \dfrac{1}{2}$ 即可，取正整数 $N = \left[\dfrac{1}{4\varepsilon} - \dfrac{1}{2} \right]$，则当 $n > N$ 时，有 $\left| \dfrac{n}{2n+1} - \dfrac{1}{2} \right| <$

ε，也就是 $\lim\limits_{n\to\infty} \dfrac{n}{2n+1} = \dfrac{1}{2}$．

例 4 设 $|q| < 1$，证明 $\lim\limits_{n\to\infty} q^n = 0$．

证明 令 $x_n = q^n$，当 $q = 0$ 时，结论显然成立．

以下设 $0 < |q| < 1, \forall \varepsilon > 0$（设 $\varepsilon < 1$），因 $|x_n - 0| = |q|^n$，欲使 $|x_n - 0| < \varepsilon$，只

需 $|q|^n < \varepsilon$，即 $n\ln|q| < \ln\varepsilon$，因为 $|q| < 1$，$\ln|q| < 0$，因此只需 $n > \dfrac{\ln\varepsilon}{\ln|q|}$，取 $N =$

$\left[\dfrac{\ln\varepsilon}{\ln|q|} \right]$，则当 $n > N$ 时，有 $|x_n - 0| < \varepsilon$ 成立，故 $\lim\limits_{n\to\infty} q^n = 0$．

3. 数列极限的性质

定理 1（唯一性） 若数列 $\{x_n\}$ 收敛，则其极限唯一．

证明 （反证法）设数列 $\{x_n\}$ 有两个极限 a 和 b，不妨设 $a < b$，由于 $\lim\limits_{n\to\infty} x_n = a$，给定

$\varepsilon = \dfrac{b-a}{2} > 0$，$\exists$ 正整数 N_1，当 $n > N_1$ 时，有 $|x_n - a| < \dfrac{b-a}{2}$，即 $a - \dfrac{b-a}{2} < x_n < a +$

$\dfrac{b-a}{2}$，从而有

$$x_n < \frac{a+b}{2}, \tag{1}$$

对于 $\lim\limits_{n\to\infty} x_n = b$，对 $\varepsilon = \dfrac{b-a}{2} > 0$，$\exists$ 正整数 N_2，当 $n > N_2$ 时，有 $|x_n - b| < \dfrac{b-a}{2}$，即

$b - \dfrac{b-a}{2} < x_n < b + \dfrac{b-a}{2}$，从而有

$$x_n > \frac{a+b}{2}, \tag{2}$$

取 $N = \max\{N_1, N_2\}$，则当 $n > N$ 时，有（1）式、（2）式同时成立，即 $\dfrac{a+b}{2} < x_n < \dfrac{a+b}{2}$ 出

现矛盾，说明假设不真，从而若 $\lim\limits_{n\to\infty} x_n$ 存在则唯一．

定理 2（有界性） 收敛数列必有界．

证明 设数列 $\{x_n\}$ 收敛于 a，由数列极限的定义，对于 $\varepsilon = 1$，$\exists$ 正整数 N，当 $n > N$

时，有 $|x_n - a| < 1$ 成立，于是，当 $n > N$ 时，有 $|x_n| = |(x_n - a) + a| \leqslant |x_n - a| + |a| <$

$|a| + 1$ 取 $M = \max\{|x_1|, |x_2|, \cdots, |x_N|, 1 + |a|\}$，则对 $\forall n \in N^+$，有 $|x_n| \leqslant M$．

注 （1）若数列 $\{x_n\}$ 无界，则数列 $\{x_n\}$ 一定发散；

（2）定理 2 的逆命题不成立，即有界数列不一定收敛，例如：数列 $\{(-1)^{n+1}\}$ 有界，但却是发散的，所以数列有界性是数列收敛的必要而非充分条件.

定理 3（保号性） 若 $\lim\limits_{n\to\infty}x_n=a$ 且 $a>0$（或 $a<0$），则 $\exists$ 正整数 N，当 $n>N$ 时，恒有 $x_n>0$（或 $x_n<0$）.

证明 这里仅就 $a>0$ 的情形证明（$a<0$ 的情形证明类似），由 $\lim\limits_{n\to\infty}x_n=a$，对 $\varepsilon=\dfrac{a}{2}>0$，$\exists$ 正整数 N，当 $n>N$ 时，有 $|x_n-a|<\dfrac{a}{2}$，从而 $x_n>a-\dfrac{a}{2}=\dfrac{a}{2}>0$.

注 定理 3 表明，若数列极限 $a\neq0$，则该数列当 n 充分大以后，各项 x_n 将与其极限 a 保持同号.

推论 若数列 $\{x_n\}$ 从某项起有 $x_n\geqslant0$（或 $x_n\leqslant0$），且 $\lim\limits_{n\to\infty}x_n=a$，那么 $a\geqslant0$（或 $a\leqslant0$）.

证明 设数列 $\{x_n\}$，当 $n>N_1$ 时，有 $x_n\geqslant0$，现用反证法证明，若 $\lim\limits_{n\to\infty}x_n=a<0$，由保号性定理知：$\exists$ 正整数 N_2，当 $n>N_2$ 时，有 $x_n<0$，取 $N=\max\{N_1,N_2\}$，当 $n>N$ 时，按题设有 $x_n\geqslant0$，而由保号性定理有 $x_n<0$，产生矛盾，说明必有 $a\geqslant0$.

对数列 $\{x_n\}$ 从某项起有 $x_n\leqslant0$ 的情形可类似证明.

定理 4（收敛数列与其子列的关系） 如果数列 $\{x_n\}$ 收敛于 a，则其任一子数列也收敛，且极限也是 a.

注 （1）如果数列 $\{x_n\}$ 中有一个子数列发散，则数列 $\{x_n\}$ 必定发散. 例如：数列 $\{n^{(-1)^{n-1}}\}:1,\dfrac{1}{2},3,\dfrac{1}{4},\cdots,n^{(-1)^{n-1}},\cdots$ 的子数列 $\{x_{2k-1}\}$ 为发散子数列，从而数列 $\{n^{(-1)^{n-1}}\}$ 也必发散.

（2）如果数列 $\{x_n\}$ 中有两个收敛的子数列，但其极限不同，则数列 $\{x_n\}$ 也必发散，例如，数列 $\{(-1)^{n+1}\}$ 子数列 $\{x_{2k-1}\}$ 收敛于 1，而子数列 $\{x_{2k}\}$ 收敛于 -1，因此数列 $\{(-1)^{n+1}\}$ 是发散的.

4. 数列极限的运算法则 设数列 $\{x_n\}$ 与 $\{y_n\}$ 的极限均存在，且 $\lim\limits_{n\to\infty}x_n=a,\lim\limits_{n\to\infty}y_n=b$；则

（1）$\lim\limits_{n\to\infty}(x_n\pm y_n)=a\pm b$；

（2）$\lim\limits_{n\to\infty}Cx_n=Ca$（其中 C 为常数）；

（3）$\lim\limits_{n\to\infty}(x_ny_n)=ab$；

（4）当 $b\neq0$ 时，$\lim\limits_{n\to\infty}\dfrac{x_n}{y_n}=\dfrac{a}{b}$.

例 5 求下列数列的极限：

（1）$\lim\limits_{n\to\infty}\dfrac{3n}{1+n}$；

（2）$\lim\limits_{n\to\infty}\dfrac{n^2+1}{n^2}$；

(3) $\lim\limits_{n\to\infty}\left(\dfrac{1^2}{n^3}+\dfrac{2^2}{n^3}+\cdots+\dfrac{n^2}{n^3}\right)$;
(4) $\lim\limits_{n\to\infty}\dfrac{5n^2+10n+6}{n^3+2n+7}$.

解 (1) $\lim\limits_{n\to\infty}\dfrac{3n}{1+n}=3\lim\limits_{n\to\infty}\dfrac{n}{1+n}=3$.

(2) $\lim\limits_{n\to\infty}\dfrac{n^2+1}{n^2}=\lim\limits_{n\to\infty}\left(1+\dfrac{1}{n^2}\right)=1$.

(3) $\lim\limits_{n\to\infty}\left(\dfrac{1^2}{n^3}+\dfrac{2^2}{n^3}+\cdots+\dfrac{n^2}{n^3}\right)=\lim\limits_{n\to\infty}\dfrac{n(n+1)(2n+1)}{6n^3}=\lim\limits_{n\to\infty}\dfrac{1}{6}\left(1+\dfrac{1}{n}\right)\left(2+\dfrac{1}{n}\right)=\dfrac{1}{3}$.

(4) $\lim\limits_{n\to\infty}\dfrac{5n^2+10n+6}{n^3+2n+7}=\lim\limits_{n\to\infty}\dfrac{\dfrac{5}{n}+\dfrac{10}{n^2}+\dfrac{6}{n^3}}{1+\dfrac{2}{n^2}+\dfrac{7}{n^3}}=0$.

◇ **阅读资料：极限的起源**

朴素的极限概念的萌芽在我国古代很早就出现了．我国《庄子》中就记载了许多名家关于无穷的论述，比如前文提到的"一尺之棰，日取其半，万世不竭"，还有"至大无外谓之大一，至小无外谓之小一"，这里的"大一"就是无穷大，而"小一"就是无穷小．

公元前 3 世纪魏晋时代的刘徽的"割圆术"是有关极限思想的另一个著名例子．所谓割圆术就是用圆内接的正多边形的面积去逼近圆的面积．他从正六边形出发，每次边数加倍，一直计算到正 192 边形的面积，从而得到圆周率的估计：$3.14+\dfrac{24}{62\,500}<\pi<3.14+\dfrac{169}{62\,500}$ 这在历史上是一项了不起的成就．刘徽指出："割之弥细，所失弥少，割之又割，以至于不可割，则与圆合体而无所失矣．"两千多年前刘徽的思想与当今的极限论观点何其相近．当然，我们应当指出，要达到"不可割，则与圆合体"的过程是一个无限的过程，而不是一个有限过程．

习 题 1-3

1. 观察下列数列的变化趋势，如果有极限，写出它们的极限：

(1) $x_n=\dfrac{(-1)^n}{2^n}$;   (2) $x_n=\dfrac{n+1}{n}$;   (3) $x_n=(-1)^n\cdot n^2$;   (4) $x_n=\dfrac{3n+4}{2n+5}$.

2. 用极限的分析性定义证明下列极限：

(1) $\lim\limits_{n\to\infty}\dfrac{2n+1}{n+2}=2$; (2) $\lim\limits_{n\to\infty}\left(1-\dfrac{1}{3^n}\right)=1$; (3) $\lim\limits_{n\to\infty}\dfrac{\sin n}{n}=0$; (4) $\lim\limits_{n\to\infty}\dfrac{n+1}{n-1}=1$.

3. 设数列 $\{x_n\}$ 有界，又 $\lim\limits_{n\to\infty}y_n=0$ ，证明：$\lim\limits_{n\to\infty}x_ny_n=0$.

第四节　函数的极限

前面对数列极限的讨论可以看作是对定义在正整数集上的函数 $x_n=f(n)$ ，当自变量 n 无限增大这一过程中，对应函数值 $f(n)$ 的变化趋势的讨论．下面我们研讨定义在某个实数集上自变量连续取值的函数 $y=f(x)$ 的极限，即讨论在自变量 x 的某一变化过程中，相应函数值 $f(x)$ 的变化趋势．这里 $f(x)$ 的变化趋势是指在该过程中 $f(x)$ 能否无限地接近于

某个确定的数 a，这样就引出函数极限的概念.

一、$x \to \infty$ 时函数 $f(x)$ 的极限

1. $x \to \infty$ 时函数 $f(x)$ 极限的描述性定义

引例 1 函数 $f(x) = \dfrac{x+1}{x}$，当 $x \to \infty$ 时，$f(x)$ 无限地接

近于数 1（图 1-24），则称数 1 是当 $x \to \infty$ 时，$f(x)$ 的极限.
一般有下面的描述性定义.

定义 1 给定函数 $y = f(x)$，当 $|x|$ 充分大以后有定义，
如果当 $|x|$ 无限增大时，函数 $f(x)$ 无限地接近于确定的数 A，
则称数 A 为函数 $f(x)$ 当 x 趋向于无穷时的极限，记作
$\lim\limits_{x \to \infty} f(x) = A$ 或 $f(x) \to A (x \to \infty)$.

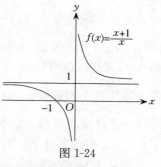

图 1-24

注 若将上述定义中的 $|x|$ 无限增大改成 x（或 $-x$）无限增大，函数的变化趋势还可以作类似的定义.

定义 2 函数 $y = f(x)$，当 x（或 $-x$）充分大以后有定义，如果当 x（或 $-x$）无限增大时，函数 $f(x)$ 无限地接近于确定的数 A，则称数 A 为 $f(x)$ 当 x 趋向于正无穷大（或趋向于负无穷大）时的极限，记作 $\lim\limits_{x \to +\infty} f(x) = A$（或 $\lim\limits_{x \to -\infty} f(x) = A$）.

由描述性定义并借助于基本初等函数的图形，不难得出下列函数的极限.

（1）$\lim\limits_{x \to \infty} \dfrac{x+1}{x} = 1$；　　（2）$\lim C = C$；

（3）$\lim\limits_{x \to +\infty} e^x$ 不存在（但它是一种特殊的不存在，记作 $+\infty$）；

（4）$\lim\limits_{x \to -\infty} e^x = 0$；　　（5）$\lim\limits_{x \to +\infty} \arctan x = \dfrac{\pi}{2}$；　　（6）$\lim\limits_{x \to -\infty} \arctan x = -\dfrac{\pi}{2}$；

（7）$\lim\limits_{x \to +\infty} \text{arccot } x = 0$；　　（8）$\lim\limits_{x \to -\infty} \text{arccot } x = \pi$；　　（9）$\lim\limits_{x \to \infty} \sin x$ 不存在；

（10）$\lim\limits_{x \to \infty} \cos x$ 不存在.

从以上描述性定义可知如下结论：

$\lim\limits_{x \to \infty} f(x) = A$ 成立的充要条件是 $\lim\limits_{x \to +\infty} f(x) = \lim\limits_{x \to -\infty} f(x) = A$.

例如 $\lim e^x$，$\lim \arctan x$，$\lim \text{arccot } x$ 均不存在.

极限过程在日常生活中非常常见，例如，将一盆 90℃ 的热水放在一室温恒为 23℃ 的房间里，水温 T 将逐渐降低，随着时间 t 的推移，水温越来越接近室温 23℃，也即 $t \to +\infty$ 时，$T \to 23$；一次静脉注射剂量为 D_0 的药物后，经过时间 t，体内血药浓度为 $C(t) = \dfrac{D_0}{V} e^{-kt}$（其中 $k > 0$ 为消除速率常数，V 为分布容积，指药物在体内均匀分布时，溶解药物的体液容量，它可以表示药物的体内分布情况与血浆量相比较时的分布程度大小，在药物动力学中，是研究药物在体内各组织中分布程度的参量），很明显，当时间 t 逐渐增大，血药浓度值越来越小，当 $t \to +\infty$ 时，$C(t) \to 0$；一放射性材料的衰减模型为 $N = 100 e^{-0.026t}$（单位：mg），由于 $\lim\limits_{t \to +\infty} N = \lim\limits_{t \to +\infty} 100 e^{-0.026t} = 0$，从而 $t \to +\infty$ 时该放射性材料逐渐衰减为零；若已知在时刻 t（单位：min）容器中的细菌个数为 $y = 10^4 \times 2^{0.1t}$，因为，$\lim\limits_{t \to +\infty} y = \lim\limits_{t \to +\infty} 10^4 \times 2^{0.1t}$

$=+\infty$ 由此可知，当时间无限增大时，容器中的细菌个数也无限增多.

2. $x\to\infty$ 时函数 $f(x)$ 极限的分析定义   描述性定义中，$f(x)=\dfrac{x+1}{x}$ 无限地接近于 1，

这一结论成立是在"$|x|$ 无限增大"这一条件下实现的.

比如，欲使得 $|f(x)-1|=\left|\dfrac{x+1}{x}-1\right|=\dfrac{1}{|x|}<0.01$，只要 $|x|>100$，即取 $X=$

100，当 $|x|>X$ 这一条件实现即可. 又欲使得 $|f(x)-1|<0.0001$，只要 $|x|>$

10 000，即取 $X=10\ 000$，当 $|x|>X$ 这一条件实现即可；为刻画 $f(x)$ 和 1 的任意接近程

度，取任意小的正数 ε，欲使得 $|f(x)-1|<\varepsilon$，只要 $|x|>\dfrac{1}{\varepsilon}$，即取 $X=\dfrac{1}{\varepsilon}$，当 $|x|>$

X 这一条件实现即可. 以上表明，对任意给定的小正数 ε，关键能否找到一个时刻 $X>0$，在

$|x|>X$ 实现条件下，有 $|f(x)-A|<\varepsilon$ 成立，下面我们给出如下极限的分析定义.

定义 3（ε-X 定义）   设函数 $f(x)$ 当 $|x|$ 大于某一正数时有定义，如果 A 为一确定
常数，对 $\forall\varepsilon>0$（无论多么小）都 $\exists X>0$，使当 $|x|>X$ 时，有 $|f(x)-A|<\varepsilon$ 成立，则
称常数 A 为函数 $f(x)$ 当 $x\to\infty$ 时的极限. 记作 $\lim\limits_{x\to\infty}f(x)=A$ 或 $f(x)\to A(x\to\infty)$.

定义 3 可以简单地表达为：$\lim\limits_{x\to\infty}f(x)=A\Leftrightarrow\forall\varepsilon>0$，$\exists X>0$，当 $|x|>X$ 时，有
$|f(x)-A|<\varepsilon$，同理可得：

$\lim\limits_{x\to+\infty}f(x)=A\Leftrightarrow\forall\varepsilon>0$，$\exists X>0$，当 $x>X$ 时，有 $|f(x)-A|<\varepsilon$；

$\lim\limits_{x\to-\infty}f(x)=A\Leftrightarrow\forall\varepsilon>0$，$\exists X>0$，当 $x<-X$ 时，有 $|f(x)-A|<\varepsilon$.

极限 $\lim\limits_{x\to\infty}f(x)=A$ 的几何意义：对于无论多么小
的正数 ε，总能找到正数 X，当 x 满足 $|x|>X$ 时，
曲线 $y=f(x)$ 总是介于两条水平直线 $y=A-\varepsilon$ 和
$y=A+\varepsilon$ 之间，如图 1-25.

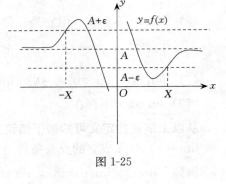

图 1-25

例 1   证明 $\lim\limits_{x\to\infty}\dfrac{1}{x}=0$.

证明   对于任意给定的 $\varepsilon>0$，要使 $\left|\dfrac{1}{x}-0\right|=$

$\dfrac{1}{|x|}<\varepsilon$ 成立，只需 $|x|>\dfrac{1}{\varepsilon}$，因此，取 $X=\dfrac{1}{\varepsilon}$，

则当 $|x|>X$ 时，有 $\left|\dfrac{1}{x}-0\right|<\varepsilon$ 成立，即 $\lim\limits_{x\to\infty}\dfrac{1}{x}=0$.

例 2   证明 $\lim\limits_{x\to+\infty}\dfrac{x^2-3x}{x^2}=1$.

证明   不妨设 $x>0$，对于任意给定的 $\varepsilon>0$，要使 $\left|\dfrac{x^2-3x}{x^2}-1\right|=\dfrac{3}{|x|}=\dfrac{3}{x}<\varepsilon$ 成立，

只需 $x>\dfrac{3}{\varepsilon}$，因此 $X=\dfrac{3}{\varepsilon}$，则当 $x>X$ 时，有 $\left|\dfrac{x^2-3x}{x^2}-1\right|<\varepsilon$ 成立，即 $\lim\limits_{x\to+\infty}\dfrac{x^2-3x}{x^2}=1$.

二、$x\to x_0$ 时函数 $f(x)$ 的极限

1. $x\to x_0$ 时函数 $f(x)$ 极限的描述性定义

引例 2 函数 $f(x) = \dfrac{x^2-4}{x-2}$ 的定义域 $D_f = (-\infty, 2)$

$\cup (2, +\infty)$，当 x 无限接近于数 2（$x \neq 2$），函数 $f(x)$ 无限地接近于数 4（图 1-26），则称 4 为函数 $f(x)$ 当 $x \to 2$（$x \neq 2$）时的极限，一般有下面描述性定义.

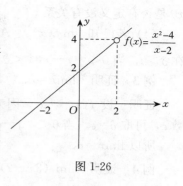

图 1-26

定义 4 设 $f(x)$ 在 $\overset{\circ}{U}(x_0)$ 内有定义，A 为一个常数，如果当自变量 x 无限接近于 x_0（x 不等于 x_0），$f(x)$ 无限地接近于数 A，则称 A 为 $f(x)$ 当 x 趋向于 x_0 时的极限，记作 $\lim\limits_{x \to x_0} f(x) = A$ 或 $f(x) \to A (x \to x_0)$，由描述性定义并借助于几何直观不难得出下列函数的极限.

(1) $\lim\limits_{x \to x_0} C = C$；　　(2) $\lim\limits_{x \to x_0} x = x_0$；　　(3) $\lim\limits_{x \to 0} \sin x = 0$；

(4) $\lim\limits_{x \to 0} \cos x = 1$；　　(5) $\lim\limits_{x \to 0} e^x = 1$；　　(6) $\lim\limits_{x \to 0} \tan x = 0$.

2. $x \to x_0$ 时函数 $f(x)$ 极限的分析定义　　在这里将给出 $x \to x_0 (x \neq x_0)$ 这一过程，$f(x)$ 以数 A 为极限的严谨而明确的刻画. 先分析函数 $f(x) = \dfrac{x^2-4}{x-2}$，当 $x \to 2$（$x \neq 2$）时，$f(x)$ 无限接近于数 4 的实现条件：$\forall \varepsilon > 0$，欲使 $|f(x) - 4| = \left| \dfrac{x^2-4}{x-2} - 4 \right| = |x-2| < \varepsilon$，取 $\delta = \varepsilon$，当自变量 x 实现 $0 < |x-2| < \delta$ 这一条件，就能使 $|f(x) - 4| < \varepsilon$ 成立，以此来描述 x 无限接近于 2 时，$f(x)$ 无限接近于 4 的变化趋势.

定义 5（ε-δ 定义）　　设函数 $f(x)$ 在 $\overset{\circ}{U}(x_0)$ 内有定义，A 为确定常数，如果 $\forall \varepsilon > 0$（无论多么小），都 $\exists \delta > 0$，使得当 $0 < |x-x_0| < \delta$ 时，有 $|f(x) - A| < \varepsilon$ 成立，则称函数 $f(x)$ 当 x 趋向于 x_0 时，以 A 为极限，记作 $\lim\limits_{x \to x_0} f(x) = A$ 或 $f(x) \to A (x \to x_0)$.

定义 5 可以简单地表达为：

$\lim\limits_{x \to x_0} f(x) = A \Leftrightarrow \forall \varepsilon > 0, \exists \delta > 0$，使得当 $0 < |x - x_0| < \delta$ 时，有 $|f(x) - A| < \varepsilon$.

极限 $\lim\limits_{x \to x_0} f(x) = A$ 的几何意义：对于无论多么小的正数 ε，总能找到正数 δ，使得当 x 满足 $0 < |x - x_0| < \delta$ 时，曲线 $y = f(x)$ 总是介于两条水平直线 $y = A - \varepsilon$ 和 $y = A + \varepsilon$ 之间（如图 1-27）.

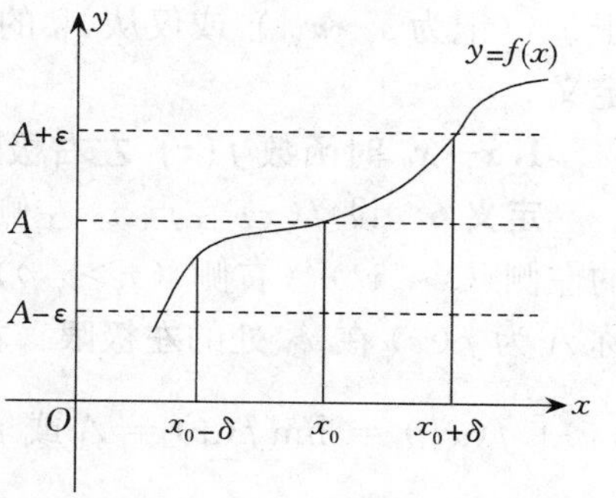

图 1-27

关于函数极限定义说明以下几点：

(1) 定义中的 ε 是给定的任意小的正数，表示函数 $f(x)$ 与 A 的接近程度，因此 ε 是非常重要的，由于 ε 的任意性，才能做到用 $|f(x) - A| < \varepsilon$ 表达出 $f(x)$ 无限接近常数 A 的含义.

(2) 定义中的 $|x - x_0| < \delta$ 表示 x_0 的 δ 邻域，δ 越小，x 与 x_0 越靠近，x 与 x_0 靠近程度的大小（用 δ 的大小表示）和 $f(x)$ 与 A 的靠近程度大小有关（用 ε 的大小表示），因此 δ 往往随着 ε 的变化而变化（δ 相当于数列极限中的 N）. 一般地讲，ε 越小，δ 也越小.

(3) 定义中的 $0 < |x - x_0|$ 表示 $x \neq x_0$，所以 $x \to x_0$ 时，$f(x)$ 有没有极限与 $f(x)$ 在点

x_0 是否有定义没有关系.

（4）若已知 $\lim\limits_{x \to x_0} f(x) = A$，根据上述定义应有以下解释：对于任意给定的 $\varepsilon > 0$，总存在 $\delta > 0$，当 $0 < |x - x_0| < \delta$ 时，就有 $|f(x) - A| < \varepsilon$ 成立.

例 3 证明 $\lim\limits_{x \to a} x = a$.

证明 设 $f(x) = x$，因为 $|f(x) - a| = |x - a|$，所以对任意给定的无论多么小的正数 ε，可取 $\delta = \varepsilon$，当 $0 < |x - a| < \delta (= \varepsilon)$ 时，有 $|f(x) - a| = |x - a| < \varepsilon$ 成立.

所以 $\lim\limits_{x \to a} x = a$.

例 4 证明 $\lim\limits_{x \to 3} (3x - 2) = 7$.

证明 对于 $\forall \varepsilon > 0$，要使 $|f(x) - 7| = |3x - 2 - 7| = 3|x - 3| < \varepsilon$，只需 $|x - 3| < \dfrac{\varepsilon}{3}$，可取 $\delta = \dfrac{\varepsilon}{3}$，则当 x 满足不等式 $0 < |x - 3| < \delta = \dfrac{\varepsilon}{3}$ 时，对应的函数值 $f(x)$ 就满足 $|f(x) - 7| < \varepsilon$，所以 $\lim\limits_{x \to 3} (3x - 2) = 7$.

例 5 证明 $\lim\limits_{x \to 1} \dfrac{3x^2 - 2x - 1}{x - 1} = 4$.

证明 对于 $\forall \varepsilon > 0$，欲使 $\left| \dfrac{3x^2 - 2x - 1}{x - 1} - 4 \right| < \varepsilon$ 成立，只需 $\left| \dfrac{3x^2 - 2x - 1}{x - 1} - 4 \right| = \left| \dfrac{3(x-1)^2}{(x-1)} \right| = 3|x - 1| < \varepsilon$，可取 $\delta = \dfrac{\varepsilon}{3}$，则当 $0 < |x - 1| < \delta$ 时，必有 $\left| \dfrac{3x^2 - 2x - 1}{x - 1} - 4 \right| < \varepsilon$ 成立，从而有 $\lim\limits_{x \to 1} \dfrac{3x^2 - 2x - 1}{x - 1} = 4$.

三、函数的左右极限

函数 $f(x)$ 当 $x \to x_0$ 时有极限 A 的意义是：不论 x 以怎样的方式趋近 x_0，$f(x)$ 的值总可以与 A 无限接近，但是在有些问题的讨论中，往往只需或只能考虑 x 仅从 x_0 的左侧趋向于 x_0（记为 $x \to x_0^-$）或仅从 x_0 的右侧趋向于 x_0（记为 $x \to x_0^+$）. 下面给出函数左右极限的定义.

1. $x \to x_0$ 时函数 $f(x)$ 左右极限的描述性定义

定义 6 设 $f(x)$ 在点 x_0 左侧（右侧）某邻域内有定义，A 是一个常数，如果 x 从 x_0 的左侧（$x < x_0$）（右侧（$x > x_0$））无限地趋向于 x_0 时，函数 $f(x)$ 无限地趋向于数 A，则称 A 为 $f(x)$ 在 x_0 处的**左极限（右极限）**，记作：$f(x_0^-) = \lim\limits_{x \to x_0^-} f(x) = A$ 或 $f(x) \to A (x \to x_0^-)$ $\left[f(x_0^+) = \lim\limits_{x \to x_0^+} f(x) = A \right.$ 或 $\left. f(x) \to A (x \to x_0^+) \right]$.

左极限和右极限统称为**单侧极限**. 可以证明如下结论：

定理 1 $\lim\limits_{x \to x_0} f(x) = A$ 的充要条件是 $f(x_0^-) = f(x_0^+) = A$.

证明 必要性：由于 $\lim\limits_{x \to x_0} f(x) = A$，故任给 $\varepsilon > 0$，$\exists \delta > 0$，使得 $0 < |x - x_0| < \delta$ 时，恒有 $|f(x) - A| < \varepsilon$，但只要 $0 < |x - x_0| < \delta$ 成立，就必有 $x_0 - \delta < x < x_0$ 和 $x_0 < x < x_0 + \delta$ 同时成立.

所以，$f(x_0^-) = \lim\limits_{x \to x_0^-} f(x) = A = \lim\limits_{x \to x_0^+} f(x) = f(x_0^+)$.

充分性：任给 $\varepsilon > 0$，如果 $\lim\limits_{x \to x_0^-} f(x) = A$，$\lim\limits_{x \to x_0^+} f(x) = A$，必存在 δ_1 和 δ_2，使得当 $x_0 - \delta_1 < x < x_0$ 时，有 $|f(x) - A| < \varepsilon$，当 $x_0 < x < x_0 + \delta_2$ 时，有 $|f(x) - A| < \varepsilon$. 取 $\delta = \min\{\delta_1, \delta_2\}$，则当 $x_0 - \delta < x < x_0$ 和 $x_0 < x < x_0 + \delta$ 同时成立时，有 $|f(x) - A| < \varepsilon$，即当 $0 < |x - x_0| < \delta$ 时，有 $|f(x) - A| < \varepsilon$，即 $\lim\limits_{x \to x_0} f(x) = A$.

从而，当 $f(x_0^-)$ 与 $f(x_0^+)$ 只要有一个不存在，或者二者都存在但不相等时，极限 $\lim\limits_{x \to x_0} f(x)$ 不存在.

由描述性定义并借助于几何直观不难得出下列函数极限.

(1) $\lim\limits_{x \to 0^-} \mathrm{e}^{\frac{1}{x}} = 0$;　　　　(2) $\lim\limits_{x \to 0^+} \mathrm{e}^{\frac{1}{x}}$ 不存在（$+\infty$）;　　　(3) $\lim\limits_{x \to 0^-} \arctan \dfrac{1}{x} = -\dfrac{\pi}{2}$;

(4) $\lim\limits_{x \to 0^+} \arctan \dfrac{1}{x} = \dfrac{\pi}{2}$;　　(5) $\lim\limits_{x \to 0^-} \operatorname{arccot} \dfrac{1}{x} = \pi$;　　　(6) $\lim\limits_{x \to 0^+} \operatorname{arccot} \dfrac{1}{x} = 0$.

从而得到 $\lim\limits_{x \to 0} \mathrm{e}^{\frac{1}{x}}$，$\lim\limits_{x \to 0} \arctan \dfrac{1}{x}$，$\lim\limits_{x \to 0} \operatorname{arccot} \dfrac{1}{x}$ 均不存在.

2. $x \to x_0$ 时函数 $f(x)$ 左右极限的分析定义

定义 7　设函数 $f(x)$ 在区间 (x_0, a) 内有定义，A 是一个常数，如果对于任意给定的 $\varepsilon > 0$，存在正数 $\delta(< a - x_0)$，使得当 $0 < x - x_0 < \delta$（即 $x_0 < x < x_0 + \delta < a$）时，恒有 $|f(x) - A| < \varepsilon$，则称 A 为函数 $f(x)$ 当 x 趋向于 x_0 时的**右极限**，记作 $f(x_0^+) = \lim\limits_{x \to x_0^+} f(x) = A$ 或 $f(x) \to A(x \to x_0^+)$.

定义 8　设函数 $f(x)$ 在区间 (a, x_0) 内有定义，A 是一个常数，如果对于任意给定的 $\varepsilon > 0$，存在正数 $\delta(< x_0 - a)$，使得当 $-\delta < x - x_0 < 0$（即 $a < x_0 - \delta < x < x_0$）时，恒有 $|f(x) - A| < \varepsilon$，则称常数 A 为函数 $f(x)$ 当 x 趋向于 x_0 时的**左极限**，记作 $f(x_0^-) = \lim\limits_{x \to x_0^-} f(x) = A$ 或 $f(x) \to A(x \to x_0^-)$.

例 6　设 $f(x) = \dfrac{|x - 1|}{x - 1}$，求 $\lim\limits_{x \to 1} f(x)$.

解　将 $f(x)$ 化为分段函数形式有：$f(x) = \begin{cases} -1, & x < 1, \\ 1, & x > 1. \end{cases}$ 因此，

$$f(1^-) = \lim\limits_{x \to 1^-} f(x) = \lim\limits_{x \to 1^-}(-1) = -1,$$
$$f(1^+) = \lim\limits_{x \to 1^+} f(x) = \lim\limits_{x \to 1^+} 1 = 1.$$

对于函数 $f(x) = \dfrac{|x - 1|}{x - 1}$，有 $f(1^-) \neq f(1^+)$，因此 $\lim\limits_{x \to 1} f(x)$ 不存在.

例 7　设 $f(x) = \begin{cases} x - 1, & x \leqslant 0, \\ a, & x > 0. \end{cases}$ 问 a 为何值时，极限 $\lim\limits_{x \to 0} f(x)$ 存在.

解　$x = 0$ 是函数 $f(x)$ 的分段点，则极限 $\lim\limits_{x \to 0} f(x)$ 存在的充要条件是 $f(0^-)$ 与 $f(0^+)$ 均存在且相等

$$f(0^-) = \lim\limits_{x \to 0^-} f(x) = \lim\limits_{x \to 0^-}(x - 1) = -1,$$
$$f(0^+) = \lim\limits_{x \to 0^+} f(x) = \lim\limits_{x \to 0^+} a = a.$$

由 $f(0^-)=f(0^+)$ 知 $a=-1$ 时，极限 $\lim\limits_{x\to 0}f(x)$ 存在.

四、函数极限的性质

与收敛数列的性质相比较，可得函数极限的一些相应的性质，它们都可以根据函数极限的定义，运用类似于证明收敛数列性质的方法加以证明. 由于函数极限的定义按自变量的变化过程不同有六种类型的函数极限形式，即（1）$\lim\limits_{x\to\infty}f(x)$；（2）$\lim\limits_{x\to+\infty}f(x)$；（3）$\lim\limits_{x\to-\infty}f(x)$；（4）$\lim\limits_{x\to x_0^+}f(x)$；（5）$\lim\limits_{x\to x_0^-}f(x)$；（6）$\lim\limits_{x\to x_0}f(x)$. 下面仅就 $\lim\limits_{x\to x_0}f(x)$ 极限形式为代表给出结论并进行证明，其他极限形式的证明只要相应地作些修改即可.

定理 2（唯一性） 如果 $\lim\limits_{x\to x_0}f(x)$ 存在，则其极限唯一.

定理 3（局部有界性） 如果 $\lim\limits_{x\to x_0}f(x)=A$，那么存在常数 $M>0$ 和 $\delta>0$，使得当 $0<|x-x_0|<\delta$ 时，有 $|f(x)|\leqslant M$.

证明 因为 $\lim\limits_{x\to x_0}f(x)=A$，所以取 $\varepsilon=1>0$，则存在 $\delta>0$，当 $0<|x-x_0|<\delta$ 时，有 $|f(x)-A|<1$ 从而，当 $x\in\mathring{U}(x_0,\delta)$ 时，有 $|f(x)|=|(f(x)-A)+A|\leqslant|f(x)-A|+|A|<1+|A|$. 记 $M=1+|A|$，即 $|f(x)|\leqslant M$.

定理 4（局部保号性） 如果 $\lim\limits_{x\to x_0}f(x)=A$，而且 $A>0$（或 $A<0$），则存在 $\delta>0$，使得当 $x\in\mathring{U}(x_0,\delta)$ 时，有 $f(x)>0$（或 $f(x)<0$）.

证明 设当 $A>0$ 时，因为 $\lim\limits_{x\to x_0}f(x)=A$，所以可取 $\varepsilon=\dfrac{A}{2}>0$，则存在 $\delta>0$，当 $x\in\mathring{U}(x_0,\delta)$ 时，有 $|f(x)-A|<\dfrac{A}{2}$，从而有 $f(x)>A-\dfrac{A}{2}=\dfrac{A}{2}>0$.

同理证明 $A<0$ 的情形.

从定理 4 的证明过程中发现，在定理 4 的条件下，可得到如下更强的结论.

定理 4′ 如果 $\lim\limits_{x\to x_0}f(x)=A(A\neq 0)$，则存在 $\delta>0$，当 $x\in\mathring{U}(x_0,\delta)$ 时，有 $|f(x)|>\dfrac{|A|}{2}$.

由定理 4，易得如下推论.

推论 如果 $x\in\mathring{U}(x_0)$ 时，$f(x)\geqslant 0$（或 $f(x)\leqslant 0$），且 $\lim\limits_{x\to x_0}f(x)=A$，则必有 $A\geqslant 0$（或 $A\leqslant 0$）.

证明 用反证法. 假设上述结论不成立，即 $A<0$，由定理 4，就存在 x_0 的某一个邻域，当 $x\in\mathring{U}(x_0)$，有 $f(x)<0$，这与题设 $f(x)\geqslant 0$ 相矛盾，所以 $A\geqslant 0$.

同理证明 $f(x)\leqslant 0$ 情形.

习 题 1-4

1. 根据函数极限定义证明下列极限：

（1）$\lim\limits_{x\to 2}(2x+3)=7$；

（2）$\lim\limits_{x\to\infty}\dfrac{2x+3}{x}=2$；

（3）$\lim\limits_{x\to a}\cos x=\cos a$；

（4）$\lim\limits_{x\to\frac{1}{2}}\dfrac{4x^2-1}{2x-1}=2$.

2. 求函数 $f(x) = \dfrac{|x|}{x}$，当 $x \to 0$ 时的左、右极限，并说明当 $x \to 0$ 时函数的极限是否存在.

3. 设函数 $f(x) = \begin{cases} \dfrac{1}{x-1}, & x < 0, \\ x, & 0 < x < 1, \\ 1, & x > 1. \end{cases}$ 问极限 $\lim\limits_{x \to 0} f(x)$，$\lim\limits_{x \to 1} f(x)$ 是否存在？为什么？

4. 设函数 $f(x) = \begin{cases} x+a, & x \geqslant 1, \\ \dfrac{x-1}{x^2+1}, & x < 1. \end{cases}$ 问 a 为何值时，$\lim\limits_{x \to 1} f(x)$ 存在？

第五节　无穷小与无穷大

一、无　穷　小

在实际问题中，经常会遇到以零为极限的变量，例如关掉电源时，电扇的扇叶会逐渐慢下来，直到停止转动；又如，电容器放电时，其电压随时间的增加而逐渐减少并趋近于零；再如，用抽气机来抽容器中的空气，容器中的空气含量将随时间的增加而逐渐减少并趋近于零，对这种变量，给出下面的定义.

若函数 $f(x)$ 当 $x \to x_0$（或 $x \to \infty$）时的极限为零.则函数 $f(x)$ 叫做 $x \to x_0$（或 $x \to \infty$）时的**无穷小**.因此，只要在函数极限的定义中令 $A = 0$，就可得到无穷小的定义.

定义 1　若对于 $\forall \varepsilon > 0$，$\exists \delta > 0$（或 $\exists X > 0$），当 $0 < |x - x_0| < \delta$（或 $|x| > X$）时，有 $|f(x)| < \varepsilon$ 成立，则称函数 $f(x)$ 当 $x \to x_0$（或 $x \to \infty$）时的**无穷小**，记作 $\lim\limits_{x \to x_0} f(x) = 0$（或 $\lim\limits_{x \to \infty} f(x) = 0$）.

例如，$x \to 0$ 时，$x, x^n (n \in N^+), \sin x, \tan x, \arcsin x, \arctan x, \ln(1+x), e^x - 1, 1 - \cos x$ 等均为常见的无穷小；而 $x \to \infty$ 时，$\dfrac{1}{x}$，e^{-x^2}，$\arctan \dfrac{1}{x}$ 等也为无穷小.

注　（1）无穷小是一个以零为极限的变量，而不是一个绝对值很小的数，零是唯一的一个可以称为无穷小的常数.

（2）ε 可以是任意小，但 ε 不是无穷小，ε 是预先给定的，在给定以前有任意性，在给定以后就是一个常数.

（3）无穷小必须与自变量的某一变化过程相联系（如 $x \to x_0$ 或 $x \to \infty$），否则是不确切的.例如，当 $x \to \infty$ 时，函数 $f(x) = \dfrac{1}{x}$ 是无穷小，而当 $x \to 1$ 时，函数 $f(x) = \dfrac{1}{x}$ 就不是无穷小.

下面讨论无穷小的性质（均指在同一变化过程），而在证明时，仅以 $x \to x_0$ 这一过程为代表展开讨论，其他情形的论证可以类似给出.

定理 1　有限个无穷小的代数和仍是无穷小.

注　无穷多个无穷小的和不一定是无穷小，这个和可能会产生一个由量变到质变的过程，可见有限的情形不能随意推广到无限的情形．例如：当 $n \to \infty$ 时，$\dfrac{1}{n^2}, \dfrac{2}{n^2}, \cdots, \dfrac{n}{n^2}$ 均为无穷小，但 $\lim\limits_{n \to \infty} \left(\dfrac{1}{n^2} + \cdots + \dfrac{n}{n^2} \right) = \dfrac{1}{2}$，而数 $\dfrac{1}{2}$ 就不是无穷小，哲学上称这种现象为"从量变到质变"．

定理 2　有界函数与无穷小的乘积是无穷小．

常数可以看成有界函数的特例，所以有如下推论．

推论 1　常数与无穷小的乘积还是无穷小．

推论 2　有限个无穷小的乘积还是无穷小．

例如　当 $x \to 0$ 时，x 为无穷小，而对于 $\forall x \neq 0$ 都有 $\left| \sin \dfrac{1}{x} \right| \leqslant 1$，从而 $\sin \dfrac{1}{x}$ 为有界函数，故当 $x \to 0$ 时，$x \sin \dfrac{1}{x}$ 为无穷小，即 $\lim\limits_{x \to 0} x \sin \dfrac{1}{x} = 0$；再如当 $x \to \infty$ 时，$\dfrac{1}{x}$ 为无穷小，而 $|\arctan x| < \dfrac{\pi}{2}$，从而 $\lim\limits_{x \to \infty} \dfrac{\arctan x}{x} = 0$．

定理 3　若 $\lim\limits_{x \to x_0} \alpha(x) = 0$，$\lim\limits_{x \to x_0} f(x) = A$ 且 $A \neq 0$，则 $\lim\limits_{x \to x_0} \dfrac{\alpha(x)}{f(x)} = 0$．

证明　因为 $\dfrac{\alpha(x)}{f(x)} = \alpha(x) \cdot \dfrac{1}{f(x)}$，由定理 2，只需证明当 $x \to x_0$ 时，函数 $\dfrac{1}{f(x)}$ 是有界变量．给定 $\varepsilon = \dfrac{|A|}{2}$，由 $\lim\limits_{x \to x_0} f(x) = A \neq 0$，必存在正数 δ，当 $0 < |x - x_0| < \delta$ 时，有 $|f(x) - A| < \dfrac{|A|}{2}$，由于 $|f(x) - A| \geqslant |A| - |f(x)|$，因而当 $0 < |x - x_0| < \delta$ 时，有 $|f(x)| \geqslant A - |f(x) - A| > \dfrac{|A|}{2} > 0$ 成立．于是当 $0 < |x - x_0| < \delta$ 时，$\left| \dfrac{1}{f(x)} \right| < \dfrac{2}{|A|}$，由定理 2 知，$\lim\limits_{x \to x_0} \dfrac{\alpha(x)}{f(x)} = \lim\limits_{x \to x_0} \left[\alpha(x) \cdot \dfrac{1}{f(x)} \right] = 0$．

下面定理揭示了无穷小与函数极限之间的关系．

定理 4　$\lim\limits_{x \to x_0} f(x) = A \Leftrightarrow f(x) = A + \alpha(x)$，其中 $\alpha(x)$ 是在同一变化过程 $x \to x_0$ 时的无穷小．

证明　必要性：设 $\lim\limits_{x \to x_0} f(x) = A$，从而 $\forall \varepsilon > 0$，$\exists \delta > 0$，使当 $0 < |x - x_0| < \delta$ 时，有 $|f(x) - A| < \varepsilon$，令 $\alpha(x) = f(x) - A$，则当 $0 < |x - x_0| < \delta$ 时，有 $|\alpha(x)| = |f(x) - A| < \varepsilon$，即 $\lim\limits_{x \to x_0} \alpha(x) = 0$．

充分性：设 $f(x) = A + \alpha(x)$，其中 $\lim\limits_{x \to x_0} \alpha(x) = 0$，于是对于 $\forall \varepsilon > 0$，$\exists \delta > 0$，使得当 $0 < |x - x_0| < \delta$ 时，有 $|f(x) - A| = |\alpha(x)| < \varepsilon$，即有 $\lim\limits_{x \to x_0} f(x) = A$．

二、无　穷　大

如果当 $x \to x_0$（或 $x \to \infty$）时，对应的函数值无限地增大，我们就说当 $x \to x_0$（或 $x \to$

∞）时，$f(x)$ 是一个无穷大. 更精确的表达为

定义 2 对任意给定的正数 M，如果总存在一个正数 δ（或 X），使得满足 $0 < |x - x_0| < \delta$（或 $|x| > X$）的一切 x，有 $|f(x)| > M$ 恒成立，则函数 $f(x)$ 叫做当 $x \to x_0$（或 $x \to \infty$）时的**无穷大**，记作 $\lim\limits_{x \to x_0} f(x) = \infty$（$\lim\limits_{x \to \infty} f(x) = \infty$）.

注 （1）函数 $f(x)$ 是无穷大，必须同时指明自变量 x 的变化趋势. 例如，当 $x \to 1$ 时，函数 $f(x) = \dfrac{1}{x-1}$ 是无穷大，但当 $x \to \infty$ 时，函数 $f(x) = \dfrac{1}{x-1}$ 就不是无穷大.

（2）一定要把绝对值很大的数与无穷大区分开，因为绝对值很大的数，无论多么大，都是常数，不会随着自变量的变化而绝对值无限增大，所以不是无穷大.

例 1 证明 $\lim\limits_{x \to 1} \dfrac{1}{x-1} = \infty$.

证明 设 M 是任意的正数，要使 $\left| \dfrac{1}{x-1} \right| = \dfrac{1}{|x-1|} > M$，只要 $|x-1| < \dfrac{1}{M}$ 就可以，取 $\delta = \dfrac{1}{M}$，则对于适合不等式 $0 < |x-1| < \delta = \dfrac{1}{M}$ 的一切 x，有 $\left| \dfrac{1}{x-1} \right| > M$，所以 $\lim\limits_{x \to 1} \dfrac{1}{x-1} = \infty$.

无穷大是一个无界量，那么无界量是否一定是无穷大呢？请看例子.

设 $f(n) = \begin{cases} n, & n \text{ 为偶数}, \\ \dfrac{1}{n}, & n \text{ 为奇数}. \end{cases}$ 显然它是一个无界量，但它不是无穷大.

上面我们介绍了无穷小与无穷大的定义，下面我们看一下无穷大与无穷小的关系，先考虑下面的例子：当 $x \to \infty$ 时，函数 $f(x) = \dfrac{1}{x}$ 是无穷小，而函数 $f(x) = x$ 则是无穷大；当 $x \to 1$ 时，函数 $f(x) = \dfrac{1}{x-1}$ 是无穷大，而函数 $f(x) = x-1$ 是无穷小. 从例子中可得到如下定理.

定理 5 在自变量的同一变化过程中，

（1）若 $f(x)$ 为无穷大，则 $\dfrac{1}{f(x)}$ 为无穷小；

（2）若 $f(x)$ 为无穷小，且 $f(x) \neq 0$，则 $\dfrac{1}{f(x)}$ 为无穷大.

证明 （1）设 $\lim\limits_{x \to x_0} f(x) = \infty$，要证明 $\dfrac{1}{f(x)}$ 为无穷小.

$\forall \varepsilon > 0$，由 $\lim\limits_{x \to x_0} f(x) = \infty$，对于 $M = \dfrac{1}{\varepsilon}$，$\exists \delta > 0$，当 $0 < |x - x_0| < \delta$ 时，有 $|f(x)| > M = \dfrac{1}{\varepsilon}$，从而 $\left| \dfrac{1}{f(x)} \right| < \varepsilon$，所以 $\dfrac{1}{f(x)}$ 为当 $x \to x_0$ 时的无穷小.

（2）设 $\lim\limits_{x \to x_0} f(x) = 0$ 且 $f(x) \neq 0$，要证明 $\dfrac{1}{f(x)}$ 当 $x \to x_0$ 时为无穷大.

$\forall M > 0$，根据无穷小定义，对于 $\varepsilon = \dfrac{1}{M} > 0$，$\exists \delta > 0$，当 $0 < |x - x_0| < \delta$ 时，有

$|f(x)|<\varepsilon=\dfrac{1}{M}$，由于 $f(x)\neq 0$，从而 $\left|\dfrac{1}{f(x)}\right|>M$，所以当 $x\to x_0$ 时，$\dfrac{1}{f(x)}$ 为无穷大．

根据该定理，我们可将对无穷大的研究转化为对无穷小的研究，而无穷小的分析正是微积分学中的精髓．

三、无穷小的比较

我们已经清楚，两个无穷小的和、差及乘积依然为无穷小，然而对无穷小的商还没有展开系统的讨论．请注意，前面我们讨论某变量在某过程中的极限是什么，但有时更关心该变量趋向于极限的速度的快慢，而结论 $\lim\limits_{x\to a}f(x)=A\Leftrightarrow\lim[f(x)-A]=0$（或 $\lim\limits_{x\to\infty}f(x)=A\Leftrightarrow\lim[f(x)-A]=0$）告诉我们，其实上述问题归根结底是无穷小的问题，而无穷小趋向于 0 的速度的快慢可用无穷小比的极限来衡量．如

$$\lim_{x\to 0}\frac{x^2}{x}=0,\ \lim_{x\to 0}\frac{\sin x}{x}=1,\ \lim_{x\to 2}\frac{x^2-4}{x-2}=4,\ \lim_{x\to 0}\frac{x}{1-\cos x}=\infty,$$

两个无穷小比的极限的各种不同情况，反映了不同无穷小趋向于 0 的快慢程度．当 $x\to 0$ 时，$x^2\to 0$ 比 $x\to 0$ 的速度要"快"，而 $\sin x\to 0$ 与 $x\to 0$ 的"快慢相仿"，但 $x\to 0$ 比 $1-\cos x\to 0$ 速度要"慢"，$x\to 2$ 时，$x^2\to 4$ 与 $x-2\to 0$ 速度"较接近"．

为了便于描述和鉴别两个无穷小趋向于 0 的"相对速度"，我们给出如下定义：

定义 3 设 α（其中 $\alpha\neq 0$），β 是同一变化过程中的无穷小，有：

(1) 如果 $\lim\limits_{x\to x_0}\dfrac{\beta}{\alpha}=0$，则称 β 是比 α 高阶的无穷小，记作 $\beta=o(\alpha)$；

(2) 如果 $\lim\limits_{x\to x_0}\dfrac{\beta}{\alpha}=\infty$，则称 β 是比 α 低阶的无穷小；

(3) 如果 $\lim\limits_{x\to x_0}\dfrac{\beta}{\alpha}=C(C\neq 0)$，则称 β 与 α 是同阶无穷小；

(4) 如果 $\lim\limits_{x\to x_0}\dfrac{\beta}{\alpha^k}=C$（其中 $C\neq 0,k>0$），则称 β 是 α 的 k 阶无穷小；

(5) 如果 $\lim\limits_{x\to x_0}\dfrac{\beta}{\alpha}=1$，则称 β 与 α 是等价无穷小，记作 $\beta\sim\alpha$.

注 上述同一变化过程对 $x\to\infty$ 同样成立．下述相关定理中所涉及同一变化过程以 $x\to x_0$ 为例，对于 $x\to\infty$ 等其他情况同样成立．

例如 $\lim\limits_{x\to 0}\dfrac{\sin x}{x}=1$，则当 $x\to 0$ 时，$\sin x$ 与 x 是等价无穷小，即 $\sin x\sim x$；$\lim\limits_{x\to 0}\dfrac{\ln(1+2x)}{\sin 3x}=\dfrac{2}{3}$，则当 $x\to 0$ 时，$\ln(1+2x)$ 与 $\sin 3x$ 是同阶无穷小；再有 $\lim\limits_{x\to 0}\dfrac{x^2}{x}=0$，则当 $x\to 0$ 时，x^2 是比 x 高阶的无穷小，记 $x^2=o(x)$；$\lim\limits_{x\to 0}\dfrac{2x}{x^2}=\infty$，则当 $x\to 0$ 时，$2x$ 是比 x^2 低阶的无穷小．

关于等价无穷小，有下面两个结论．

定理 6 在同一变化过程中 α，β 均为无穷小，则 $\beta\sim\alpha$ 的充要条件是 $\beta=\alpha+o(\alpha)$．

证明 必要性：若 $\beta\sim\alpha$，则 $\lim\limits_{x\to x_0}\dfrac{\beta-\alpha}{\alpha}=\lim\limits_{x\to x_0}\left(\dfrac{\beta}{\alpha}-1\right)=\lim\limits_{x\to x_0}\dfrac{\beta}{\alpha}-1=0$，因此 $\beta-\alpha=$

$o(\alpha)$，亦即，$\beta = \alpha + o(\alpha)$.

充分性：若 $\beta = \alpha + o(\alpha)$，则 $\lim\limits_{x \to x_0} \dfrac{\beta}{\alpha} = \lim\limits_{x \to x_0} \dfrac{\alpha + o(\alpha)}{\alpha} = \lim\limits_{x \to x_0} \left[1 + \dfrac{o(\alpha)}{\alpha} \right] = 1$，从而 $\beta \sim \alpha$.

定理 7 在同一变化过程中 α，α'，β，β' 均为无穷小，$\alpha \sim \alpha'$，$\beta \sim \beta'$，且 $\lim\limits_{x \to x_0} \dfrac{\beta'}{\alpha'}$ 存在，则

$$\lim_{x \to x_0} \frac{\beta}{\alpha} = \lim_{x \to x_0} \frac{\beta'}{\alpha'}.$$

证明 $\lim\limits_{x \to x_0} \dfrac{\beta}{\alpha} = \lim\limits_{x \to x_0} \left(\dfrac{\beta}{\beta'} \cdot \dfrac{\beta'}{\alpha'} \cdot \dfrac{\alpha'}{\alpha} \right) = \lim\limits_{x \to x_0} \dfrac{\beta}{\beta'} \cdot \lim\limits_{x \to x_0} \dfrac{\beta'}{\alpha'} \cdot \lim\limits_{x \to x_0} \dfrac{\alpha'}{\alpha} = \lim\limits_{x \to x_0} \dfrac{\beta'}{\alpha'}$.

注 （1）定理 7 表明，在求两个无穷小比的极限时，分子和分母都可用其等价无穷小来代替．如果选择恰当，可使计算过程得到简化．应用该定理求极限的方法又称为**等价无穷小代换法**．

（2）利用等价无穷小代换法求极限，要求熟知常用的重要等价无穷小，为此我们将其列出，便于记忆和应用．

当 $x \to 0$ 时，$x \sim \sin x \sim \tan x \sim \arcsin x \sim \arctan x \sim \ln(1+x) \sim e^x - 1$，

$$1 - \cos x \sim \frac{x^2}{2}, \quad a^x - 1 \sim x \ln a, \quad \sqrt[n]{1+x} - 1 \sim \frac{x}{n}, \quad (1+x)^a - 1 \sim ax.$$

例 2 证明当 $x \to 0$ 时，$\sqrt[n]{1+x} - 1 \sim \dfrac{x}{n}$.

证明 因为当 $x \to 0$ 时，$\sqrt[n]{1+x} - 1 \to 0$，令 $t = \sqrt[n]{1+x} - 1$，则 $x = (1+t)^n - 1$，从而

$$\lim_{x \to 0} \frac{\sqrt[n]{1+x} - 1}{\dfrac{x}{n}} = \lim_{t \to 0} \frac{nt}{(1+t)^n - 1} = \lim_{t \to 0} \frac{nt}{nt + \dfrac{n(n-1)}{2} t^2 + \cdots + t^n}$$

$$= \lim_{t \to 0} \frac{n}{n + \dfrac{n(n-1)}{2} t + \cdots + t^{n-1}} = 1.$$

所以当 $x \to 0$ 时，$\sqrt[n]{1+x} - 1 \sim \dfrac{x}{n}$.

例 3 求 $\lim\limits_{x \to 0} \dfrac{x^2 \sin x}{1 - \cos x}$.

解 因为当 $x \to 0$ 时，$\sin x \sim x$，$1 - \cos x \sim \dfrac{x^2}{2}$.

所以 $\lim\limits_{x \to 0} \dfrac{x^2 \sin x}{1 - \cos x} = \lim\limits_{x \to 0} \dfrac{x^3}{\dfrac{x^2}{2}} = 0$.

例 4 求 $\lim\limits_{x \to 0} \dfrac{(1+x^2)^{\frac{1}{3}} - 1}{\cos x - 1}$.

解 因为当 $x \to 0$ 时，$(1+x^2)^{\frac{1}{3}} - 1 \sim \dfrac{1}{3} x^2$，$\cos x - 1 \sim -\dfrac{1}{2} x^2$

所以 $\lim\limits_{x \to 0} \dfrac{(1+x^2)^{\frac{1}{3}} - 1}{\cos x - 1} = \lim\limits_{x \to 0} \dfrac{\dfrac{1}{3} x^2}{-\dfrac{1}{2} x^2} = -\dfrac{2}{3}$.

例 5　求 $\lim\limits_{x\to 0}\dfrac{\ln\ (1+x^2)\ \cdot\ \arcsin 3x}{\tan 5x\ \cdot\ (e^x-1)^2}$.

解　因为当 $x\to 0$ 时，$\ln\ (1+x^2)\sim x^2$，$\arcsin 3x\sim 3x$，$\tan 5x\sim 5x$，$e^x-1\sim x$.

$$\lim_{x\to 0}\frac{\ln\ (1+x^2)\ \cdot\ \arcsin 3x}{\tan 5x\ \cdot\ (e^x-1)^2}=\lim_{x\to 0}\frac{x^2\cdot 3x}{5x\cdot x^2}=\frac{3}{5}.$$

习　题　1-5

1. 下列各题中，哪些是无穷小？哪些是无穷大？

(1) 当 $x\to 0$ 时，$\dfrac{1+2x}{x^2}$；

(2) 当 $x\to 3$ 时，$\dfrac{x+1}{x^2-9}$；

(3) 当 $x\to 0$ 时，$2^{-x}-1$；

(4) 当 $x\to 0^+$ 时，$\lg x$.

2. 比较下列无穷小的阶：

(1) 当 $x\to 0$ 时，x^3+100x 与 x^2；

(2) 当 $x\to 0$ 时，$\sqrt[3]{1+x}-1$ 与 $\dfrac{x}{3}$；

(3) 当 $x\to 1$ 时，$1-x$ 与 $1-\sqrt[3]{x}$；

(4) 当 $x\to 1$ 时，$\ln x$ 与 $(x-1)^2$.

3. 利用等价无穷小代换，求下列极限：

(1) $\lim\limits_{x\to 0}\dfrac{\tan\ (x^2+2x)}{x}$；

(2) $\lim\limits_{x\to 0}\dfrac{\tan^2 2x}{1-\cos x}$；

(3) $\lim\limits_{x\to 0}\dfrac{x\sin x}{\sqrt{1+x^2}-1}$；

(4) $\lim\limits_{x\to 0}\dfrac{\tan x-\sin x}{\sin^3 2x}$；

(5) $\lim\limits_{x\to 0}\dfrac{(x+1)\ \arcsin x}{\sin x}$；

(6) $\lim\limits_{x\to 0}\dfrac{\sqrt{1+x\sin x}-1}{e^{2x^2}-1}$.

4. 求下列极限：

(1) $\lim\limits_{x\to\infty}\dfrac{\sin 3x}{x^2}$；

(2) $\lim\limits_{x\to\infty}\arctan x\ \cdot\ \arcsin\dfrac{1}{x}$.

5. 若 $x\to 0$ 时，$\sqrt{1+ax^2}-1$ 与 $\sin x^2$ 是等价无穷小，求 a 的值.

第六节　函数极限的运算

前面我们讨论的是极限的概念，现在讨论的是极限的求法，主要介绍极限的四则运算法则和复合函数的极限运算法则，利用这些法则，可以求某些极限. 在下面的讨论中，总是假定自变量在同一变化过程，主要讨论 $x\to x_0$ 的情形，对于 $x\to\infty$ 及其他情形（包括数列），以下几个函数极限的运算定理都是成立的.

1. 函数极限的四则运算法则

定理 1　若 $\lim\limits_{x\to x_0}f(x)=A$，$\lim\limits_{x\to x_0}g(x)=B$，则

(1) $\lim\limits_{x\to x_0}\left[f(x)\pm g(x)\right]=\lim\limits_{x\to x_0}f(x)\pm\lim\limits_{x\to x_0}g(x)=A\pm B$；

(2) $\lim\limits_{x\to x_0}\left[f(x)\cdot g(x)\right]=\lim\limits_{x\to x_0}f(x)\cdot\lim\limits_{x\to x_0}g(x)=A\cdot B$；

(3) 若有 $B\neq 0$，则 $\lim\limits_{x\to x_0}\dfrac{f(x)}{g(x)}=\dfrac{\lim\limits_{x\to x_0}f(x)}{\lim\limits_{x\to x_0}g(x)}=\dfrac{A}{B}$.

定理 1 可以推广到有限个函数的情形　若 $\lim\limits_{x\to x_0}f_i(x)=A_i$ $(i=1,\ 2,\ \cdots,\ n)$，则

(1) $\lim\limits_{x \to x_0}[f_1(x) \pm f_2(x) \pm \cdots \pm f_n(x)] = \lim\limits_{x \to x_0}f_1(x) \pm \cdots \pm \lim\limits_{x \to x_0}f_n(x) = A_1 \pm \cdots \pm A_n$；

(2) $\lim\limits_{x \to x_0}[f_1(x) \cdot f_2(x) \cdot \cdots \cdot f_n(x)] = [\lim\limits_{x \to x_0}f_1(x)] \cdot \cdots \cdot [\lim\limits_{x \to x_0}f_n(x)] = A_1 \cdots A_n$．

由定理 1 可以得到下列推论：

推论 1 如果 $\lim\limits_{x \to x_0}f(x) = A$，$k$ 为常数，则 $\lim\limits_{x \to x_0}kf(x) = k\lim\limits_{x \to x_0}f(x) = kA$．

推论 2 如果 $\lim\limits_{x \to x_0}f(x) = A$，$n \in N^+$，则 $\lim\limits_{x \to x_0}[f(x)]^n = [\lim\limits_{x \to x_0}f(x)]^n = A^n$．

推论 3 如果 $\lim\limits_{x \to x_0}f(x) = A, n \in N^+$，且 $f(x) \geqslant 0$，则有 $\lim\limits_{x \to x_0}\sqrt[n]{f(x)} = \sqrt[n]{\lim\limits_{x \to x_0}f(x)} = \sqrt[n]{A}$．

注 由于数列是特殊的函数，其极限也自然符合上述函数极限的运算法则．

定理 2 如果 $\varphi(x) \geqslant \psi(x)$，而 $\lim\limits_{x \to x_0}\varphi(x) = a$，$\lim\limits_{x \to x_0}\psi(x) = b$，则 $a \geqslant b$．

证明 令 $\Phi(x) = \varphi(x) - \psi(x)$，则 $\Phi(x) \geqslant 0$，由 $\lim\limits_{x \to x_0}\Phi(x) = \lim\limits_{x \to x_0}[\varphi(x) - \psi(x)] = \lim\limits_{x \to x_0}\varphi(x) - \lim\limits_{x \to x_0}\psi(x) = a - b$，又由函数极限的保号性定理的推论，有 $\lim\limits_{x \to x_0}\Phi(x) \geqslant 0$，即 $a - b \geqslant 0$，故 $a \geqslant b$．

例 1 设 $P_n(x) = a_0 x^n + a_1 x^{n-1} + \cdots + a_{n-1}x + a_n$，证明对 $\forall x \in R$，有 $\lim\limits_{x \to x_0}P_n(x) = P_n(x_0)$．

证明 因 $\lim\limits_{x \to x_0}P_n(x) = \lim\limits_{x \to x_0}(a_0 x^n + a_1 x^{n-1} + \cdots + a_{n-1}x + a_n)$

$$= a_0 \cdot \lim\limits_{x \to x_0}x^n + a_1\lim\limits_{x \to x_0}x^{n-1} + \cdots + a_{n-1}\lim\limits_{x \to x_0}x + \lim\limits_{x \to x_0}a_n$$

$$= a_0 \cdot (\lim\limits_{x \to x_0}x)^n + a_1(\lim\limits_{x \to x_0}x)^{n-1} + \cdots + a_{n-1}\lim\limits_{x \to x_0}x + a_n$$

$$= a_0 x_0^n + a_1 x_0^{n-1} + \cdots + a_{n-1}x_0 + a_n = P_n(x_0)$$

由例 1 可见，多项式函数的极限 $\lim\limits_{x \to x_0}P_n(x)$ 就是 $P_n(x)$ 在 x_0 处的函数值 $P_n(x_0)$．

例 2 求 $\lim\limits_{x \to 1}(3x - 1)$．

解 $\lim\limits_{x \to 1}(3x - 1) = \lim\limits_{x \to 1}(3x) - \lim\limits_{x \to 1}1 = 3\lim\limits_{x \to 1}x - 1 = 3 \times 1 - 1 = 2$．

例 3 求 $\lim\limits_{x \to -3}(5x^2 + 7x - 11)$．

解 $\lim\limits_{x \to -3}(5x^2 + 7x - 11) = 5\lim\limits_{x \to -3}x^2 + 7\lim\limits_{x \to -3}x - 11 = 5 \times (-3)^2 + 7 \times (-3) - 11 = 13$．

例 4 设有理分式函数 $f(x) = \dfrac{P_n(x)}{Q_m(x)} = \dfrac{a_0 x^n + a_1 x^{n-1} + \cdots + a_{n-1}x + a_n}{b_0 x^m + b_1 x^{m-1} + \cdots + b_{m-1}x + b_m}$，且 $Q_m(x_0) \neq 0$，证明：$\lim\limits_{x \to x_0}f(x) = f(x_0)$．

证明 因为 $\lim\limits_{x \to x_0}P_n(x) = P_n(x_0)$，$\lim\limits_{x \to x_0}Q_m(x) = Q_m(x_0) \neq 0$．

有 $\lim\limits_{x \to x_0}f(x) = \lim\limits_{x \to x_0}\dfrac{P_n(x)}{Q_m(x)} = \dfrac{\lim\limits_{x \to x_0}P_n(x)}{\lim\limits_{x \to x_0}Q_m(x)} = \dfrac{P_n(x_0)}{Q_m(x_0)} = f(x_0)$．

注 对于有理分式函数当分母 $Q_m(x_0) \neq 0$ 时，$x \to x_0$ 的极限值就等于该点的函数值．

例 5 求 $\lim\limits_{x \to -1}\dfrac{2x^2 + x - 4}{3x^2 + 2}$．

解 因为 $\lim\limits_{x\to-1}(3x^2+2)=5\neq0$，所以 $\lim\limits_{x\to-1}\dfrac{2x^2+x-4}{3x^2+2}=\dfrac{\lim\limits_{x\to-1}(2x^2+x-4)}{\lim\limits_{x\to-1}(3x^2+2)}=-\dfrac{3}{5}$.

注 在定理 1 的商式极限中，强调 $\lim\limits_{x\to x_0}g(x)\neq0$，若 $\lim\limits_{x\to x_0}g(x)=0$，商的极限运算法则不能应用，相对复杂一些，需作特别考虑，但对简单的情形，可进行代数恒等变形后酌情处理，下面两个例子属于这种情形.

例 6 求 $\lim\limits_{x\to3}\dfrac{x^2-9}{x-3}$.

解 当 $x\to3$ 时，$x^2-9\to0$，$x-3\to0$，即分子、分母的极限都是零，因此商的极限运算法则不能直接应用，但因分子及分母有公因式 $x-3$，而当 $x\to3$ 时，$x\neq3$，即 $x-3\neq0$，因此可以采用约去分子和分母中的非零无穷小公因子 $x-3$，然后再求极限，此时 $\lim\limits_{x\to3}\dfrac{x^2-9}{x-3}=\lim\limits_{x\to3}(x+3)=6$.

例 7 求 $\lim\limits_{x\to-1}\dfrac{x-2}{x+1}$.

解 由于 $\lim\limits_{x\to-1}(x+1)=0$，$\lim\limits_{x\to-1}(x-2)=-3\neq0$，亦不能应用商的极限运算法则，但因 $\lim\limits_{x\to-1}\dfrac{x+1}{x-2}=\dfrac{(-1)+1}{(-1)-2}=0$，这就是说当 $x\to-1$ 时，函数 $f(x)=\dfrac{x+1}{x-2}$ 为无穷小，则 $\dfrac{1}{f(x)}=\dfrac{x-2}{x+1}$ 为无穷大，故 $\lim\limits_{x\to-1}\dfrac{x-2}{x+1}=\infty$.

例 8 求 $\lim\limits_{x\to\infty}\dfrac{2x^2+x+3}{3x^2-x+2}$.

解 当 $x\to\infty$ 时，分子和分母均为无穷大，也不能直接应用商的极限运算法则，处理方法可以用多项式的最高次幂 x^2 去除分子及分母中的各项，然后取极限

$$\lim\limits_{x\to\infty}\dfrac{2x^2+x+3}{3x^2-x+2}=\lim\limits_{x\to\infty}\dfrac{2+\dfrac{1}{x}+\dfrac{3}{x^2}}{3-\dfrac{1}{x}+\dfrac{2}{x^2}}=\dfrac{2}{3}.$$

例 9 求 $\lim\limits_{x\to\infty}\dfrac{x^2+2}{2x^3+x^2+1}$.

解 当 $x\to\infty$ 时，分子、分母的极限不存在，用 x^3 去除分子及分母中的各项，得极限

$$\lim\limits_{x\to\infty}\dfrac{x^2+2}{2x^3+x^2+1}=\lim\limits_{x\to\infty}\dfrac{\dfrac{1}{x}+\dfrac{2}{x^3}}{2+\dfrac{1}{x}+\dfrac{1}{x^3}}=0.$$

例 10 求 $\lim\limits_{x\to\infty}\dfrac{2x^3+x^2+1}{x^2+2}$.

解 因为 $\lim\limits_{x\to\infty}\dfrac{x^2+2}{2x^3+x^2+1}=0$，所以，根据无穷小与无穷大的关系，即得

$$\lim\limits_{x\to\infty}\dfrac{2x^3+x^2+1}{x^2+2}=\infty.$$

注　通过上面三个例子，可得到两个无穷大比的极限，可能存在，也可能不存在，通常将这一结构形式的极限称为"$\dfrac{\infty}{\infty}$"型不定式.

总结上述例 8，例 9，例 10 的规律性，对 m，$n \in N^+$，当 $a_0 \neq 0$，$b_0 \neq 0$ 时，有

$$\lim_{x \to \infty} \frac{P_n(x)}{Q_m(x)} = \lim_{x \to \infty} \frac{a_0 x^n + a_1 x^{n-1} + \cdots + a_{n-1} x + a_n}{b_0 x^m + b_1 x^{m-1} + \cdots + b_{m-1} x + b_m} = \begin{cases} \dfrac{a_0}{b_0}, & m = n, \\ 0, & m > n, \\ \infty, & m < n. \end{cases}$$

例 11　求 $\lim\limits_{x \to +\infty} (\sqrt{x^2 + x + 1} - \sqrt{x^2 - x + 1})$.

解　因为当 $x \to +\infty$ 时，$\sqrt{x^2 + x + 1} \to +\infty$，$\sqrt{x^2 - x + 1} \to +\infty$，所以不能用函数差的极限运算法则求解，不妨设 $x > 0$，通过分子有理化进行恒等变形，有

$$\lim_{x \to +\infty} (\sqrt{x^2 + x + 1} - \sqrt{x^2 - x + 1}) = \lim_{x \to +\infty} \frac{2x}{\sqrt{x^2 + x + 1} + \sqrt{x^2 - x + 1}}$$

$$= \lim_{x \to +\infty} \frac{2}{\sqrt{1 + \dfrac{1}{x} + \dfrac{1}{x^2}} + \sqrt{1 - \dfrac{1}{x} + \dfrac{1}{x^2}}} = 1.$$

注　同方向（即自变量的趋向过程一样）的两个无穷大差的极限，可能存在，也可能不存在，通常将这种特殊结构的极限形式称为"$\infty - \infty$"型不定式.

例 12　求 $\lim\limits_{x \to \infty} \dfrac{\sin x}{x}$.

解　当 $x \to \infty$ 时，分子、分母的极限均不存在，故商的极限的运算法则不能应用.

如果把 $\dfrac{\sin x}{x}$ 看作 $\sin x$ 与 $\dfrac{1}{x}$ 的乘积，由于 $\dfrac{1}{x}$ 当 $x \to \infty$ 时为无穷小，而 $\sin x$ 是有界函数，则根据无穷小与有界函数的乘积仍为无穷小，有 $\lim\limits_{x \to \infty} \dfrac{\sin x}{x} = 0$.

2. 复合函数的极限运算法则

定理 3（复合函数的极限运算法则）　设函数 $y = f[\varphi(x)]$ 是由函数 $y = f(u)$ 及函数 $u = \varphi(x)$ 复合而成，$f[\varphi(x)]$ 在 $\overset{\circ}{U}(x_0)$ 内有定义，若 $\lim\limits_{x \to x_0} \varphi(x) = u_0$，$\lim\limits_{u \to u_0} f(u) = A$ 且存在 $\delta > 0$，当 $x \in \overset{\circ}{U}(x_0, \delta)$ 时，有 $\varphi(x) \neq u_0$，则 $\lim\limits_{x \to x_0} f[\varphi(x)] = \lim\limits_{u \to u_0} f(u) = A$.

注　（1）定理表明，如果函数 $f(u)$ 和 $\varphi(x)$ 满足定理条件，那么作代换 $u = \varphi(x)$，可将求 $\lim\limits_{x \to x_0} f[\varphi(x)]$ 化为求 $\lim\limits_{u \to u_0} f(u)$，这里 $u_0 = \lim\limits_{x \to x_0} \varphi(x)$.

（2）复合函数的极限运算法则，为用变量代换法求极限提供了理论依据，在上述定理中，把 $\lim\limits_{x \to x_0} \varphi(x) = u_0$ 换成 $\lim\limits_{x \to x_0} \varphi(x) = \infty$ 或 $\lim\limits_{x \to \infty} \varphi(x) = \infty$，而把 $\lim\limits_{u \to u_0} f(u) = A$ 换成 $\lim\limits_{u \to \infty} f(u) = A$，可得类似定理.

例 13　求 $\lim\limits_{x \to 3} \sqrt{\dfrac{x^2 - 9}{x - 3}}$.

解 函数 $y = \sqrt{\dfrac{x^2-9}{x-3}}$ 是由 $y = \sqrt{u}$ 与 $u = \dfrac{x^2-9}{x-3}$ 复合而成的.

由于 $\lim\limits_{x \to 3} \dfrac{x^2-9}{x-3} = \lim\limits_{x \to 3}(x+3) = 6$. 所以, $\lim\limits_{x \to 3}\sqrt{\dfrac{x^2-9}{x-3}} = \lim\limits_{u \to 6}\sqrt{u} = \sqrt{6}$.

例 14 求 $\lim\limits_{x \to +\infty} \ln(\arctan x)$.

解 $y = \ln(\arctan x)$ 是由 $y = \ln u$ 与 $u = \arctan x$ 复合而成的.

由于 $\lim\limits_{x \to +\infty}\arctan x = \dfrac{\pi}{2}$, 所以 $\lim\limits_{x \to +\infty}\ln(\arctan x) = \lim\limits_{u \to \frac{\pi}{2}}\ln u = \ln\dfrac{\pi}{2}$.

习 题 1-6

1. 计算下列函数的极限:

(1) $\lim\limits_{x \to 0}(x^2-1) \cdot \sin x$;   (2) $\lim\limits_{x \to 2}\dfrac{x^2+5}{x-3}$;   (3) $\lim\limits_{x \to 1}\dfrac{x^2-2x+1}{x^2-1}$;

(4) $\lim\limits_{h \to 0}\dfrac{(x+h)^2-x^2}{h}$;   (5) $\lim\limits_{x \to \infty}\left(2-\dfrac{1}{x}+\dfrac{1}{x^2}\right)$;   (6) $\lim\limits_{x \to 2}\dfrac{x^3+2x^2}{x-2}$;

(7) $\lim\limits_{x \to \infty}\dfrac{x^2-1}{2x^2-x-1}$;   (8) $\lim\limits_{x \to \infty}\dfrac{x^2+x}{x^4-3x^2+1}$;   (9) $\lim\limits_{x \to \infty}\dfrac{x^2}{2x+1}$;

(10) $\lim\limits_{x \to 0}x \cdot \sin\dfrac{1}{x}$;   (11) $\lim\limits_{x \to +\infty}x\left(\sqrt{x^2+1}-x\right)$;   (12) $\lim\limits_{x \to 0}\dfrac{\sqrt{1+x+x^2}-1}{x}$.

2. 计算下列数列的极限:

(1) $\lim\limits_{n \to \infty}\dfrac{n}{n^2+1}$;   (2) $\lim\limits_{n \to \infty}\dfrac{(n+1)(n+2)(n+3)}{5n^3}$.

3. 由下列极限确定 a, b 的值:

(1) $\lim\limits_{x \to 2}\dfrac{x-2}{x^2+ax+b} = \dfrac{1}{8}$;   (2) $\lim\limits_{x \to 1}\dfrac{x^2+ax+b}{x^2-1} = 3$.

4. 一放射性材料模型为 $N = 100\mathrm{e}^{-0.026t}$ (单位: mg), 给出 $t \to +\infty$ 时的衰减规律.

第七节　极限存在准则和两个重要极限

一、极限存在准则

上节所介绍求极限的方法并非万能, 当我们面对类似极限 $\lim\limits_{x \to 0}\dfrac{\sin x}{x}$ 及 $\lim\limits_{n \to \infty}\left(1+\dfrac{1}{n}\right)^n$ 时, 显得无能为力, 因此我们必须寻求和探索求极限的新的理论和方法, 本节将给出判断极限存在的两个准则, 并以它们为理论依据求得上面提到的两个重要极限.

1. 夹逼准则 极限的夹逼准则, 我们以数列的夹逼准则和函数的夹逼准则两种形式给出.

准则 I 如果数列 $\{x_n\}, \{y_n\}, \{z_n\}$ 满足下列条件:

(1) 对 $\forall n \in N^+$, 有 $y_n \leqslant x_n \leqslant z_n$;

(2) $\lim\limits_{n \to \infty}y_n = a$, $\lim\limits_{n \to \infty}z_n = a$, 则数列 $\{x_n\}$ 的极限存在, 且 $\lim\limits_{n \to \infty}x_n = a$.

对于函数极限也有相应的夹逼准则.

准则 I′ 如果函数 $f(x), g(x), h(x)$ 满足下列条件: (1) 对 $\forall x \in \mathring{U}(x_0)$ (或当 $|x| >$

X 时），有 （1）$g(x) \leqslant f(x) \leqslant h(x)$ ；（2）$\lim\limits_{\substack{x \to x_0 \\ (x \to \infty)}} g(x) = A$，$\lim\limits_{\substack{x \to x_0 \\ (x \to \infty)}} h(x) = A$，则 $\lim\limits_{\substack{x \to x_0 \\ (x \to \infty)}} f(x)$ 存在，且 $\lim\limits_{\substack{x \to x_0 \\ (x \to \infty)}} f(x) = A$.

例 1 求极限 $\lim\limits_{n \to \infty} \left(\dfrac{1}{\sqrt{n^2+1}} + \dfrac{1}{\sqrt{n^2+2}} + \cdots + \dfrac{1}{\sqrt{n^2+n}} \right)$.

解 因为 $\dfrac{1}{\sqrt{n^2+n}} + \dfrac{1}{\sqrt{n^2+n}} + \cdots + \dfrac{1}{\sqrt{n^2+n}} \leqslant \dfrac{1}{\sqrt{n^2+1}} + \dfrac{1}{\sqrt{n^2+2}} + \cdots + \dfrac{1}{\sqrt{n^2+n}}$

$$\leqslant \dfrac{1}{\sqrt{n^2+1}} + \dfrac{1}{\sqrt{n^2+1}} + \cdots + \dfrac{1}{\sqrt{n^2+1}},$$

即

$$\dfrac{n}{\sqrt{n^2+n}} \leqslant \dfrac{1}{\sqrt{n^2+1}} + \dfrac{1}{\sqrt{n^2+2}} + \cdots + \dfrac{1}{\sqrt{n^2+n}} \leqslant \dfrac{n}{\sqrt{n^2+1}},$$

而 $\lim\limits_{n \to \infty} \dfrac{n}{\sqrt{n^2+n}} = 1$，$\lim\limits_{n \to \infty} \dfrac{n}{\sqrt{n^2+1}} = 1$，由夹逼准则知，

$$\lim\limits_{n \to \infty} \left(\dfrac{1}{\sqrt{n^2+1}} + \dfrac{1}{\sqrt{n^2+2}} + \cdots + \dfrac{1}{\sqrt{n^2+n}} \right) = 1.$$

例 2 求极限 $\lim\limits_{x \to +\infty} (1 + 3^x + 5^x)^{\frac{1}{x}}$.

解 因为当 $x \to +\infty$ 时，不妨设 $x > 0$，有 $5 < (1 + 3^x + 5^x)^{\frac{1}{x}} < 5 \cdot 5^{\frac{1}{x}}$，而 $\lim\limits_{x \to +\infty} 5 = 5$，$\lim\limits_{x \to +\infty} 5 \cdot 5^{\frac{1}{x}} = 5$，由夹逼准则得 $\lim\limits_{x \to +\infty} (1 + 3^x + 5^x)^{\frac{1}{x}} = 5$.

注 夹逼准则提供给我们这样的一个思想方法，当我们面对的极限复杂难以求解时，可以不直接求解它，而是通过适度的放大或缩小去寻找两个极限易求且极限相等的函数（数列），将其夹在中间，那么这个复杂的函数（数列）的极限必有且等于这个公共极限.

2. 单调有界收敛准则 我们曾证明：收敛数列一定有界，但有界数列却不一定收敛，如若再加上单调性条件，就会得到如下关于数列的单调有界收敛准则.

准则 II 单调有界数列必有极限.

对准则 II 的证明已超出本书要求，在此从略. 从几何直观上看，准则 II 的正确性是明显的. 由于数列是单调的，点列 $\{x_n\}$ 在数轴上只可能向一个方向移动，所以只有两种可能情形：或者 x_n 沿数轴移向无穷远（$x_n \to \infty$ 或 $x_n \to -\infty$）；或者点 x_n 无限趋向于某一个定点 A（图 1-28），也就是数列 $\{x_n\}$ 趋向一个确定的数，但现在假定数列是有界的，而且有界数列的点 $\{x_n\}$ 都落在数轴上某个闭区间 $[-M, M]$ 内，因此上述第一种情形就不可能发生，这就意味着该数列只能趋向于一个确定的数，并且这个极限的绝对值不超过 M.

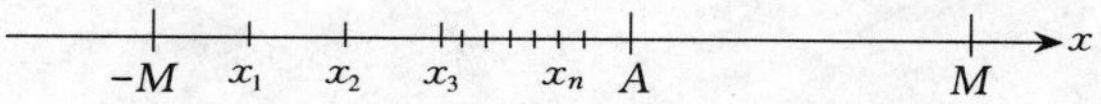

图 1-28

注 由于数列 $\{x_n\}$ 单调增加，那么 x_1 自然就是其下界；数列 $\{x_n\}$ 单调减少，那么 x_1 自然也是其上界. 正因如此，我们还可以将准则 II 进行如下更具体的叙述：

准则 Ⅱ′ 单调增加且有上界的数列必有极限；单调减少且有下界的数列必有极限.

二、两个重要极限

1. $\lim\limits_{x\to 0}\dfrac{\sin x}{x}=1$ 作为准则Ⅰ′的成功应用，我们以其为工具证明第一个重要极限.

证明 首先注意到函数 $\dfrac{\sin x}{x}$ 对于一切 $x\neq 0$ 都有定义，为了寻求夹逼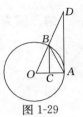

$\dfrac{\sin x}{x}$ 的函数，考察图1-29中的单位圆，设圆心角 $\angle AOB=x\left(0<x<\dfrac{\pi}{2}\right)$，

点 A 处的切线与 OB 的延长线相交于 D，作 $BC\perp OA$，从图中可见：$\triangle AOB$

面积 $<$ 圆扇形 OAB 面积 $<\triangle AOD$ 面积.

图 1-29

即 $\dfrac{1}{2}\sin x<\dfrac{x}{2}<\dfrac{1}{2}\tan x$，不等式两边都除以 $\dfrac{\sin x}{2}$，得 $1<\dfrac{x}{\sin x}<$

$\dfrac{1}{\cos x}$，或 $\cos x<\dfrac{\sin x}{x}<1$.

由于 $\cos x$，$\dfrac{\sin x}{x}$ 都是偶函数，所以当 $-\dfrac{\pi}{2}<x<0$ 时，上面不等式也成立，故当 $0<$

$|x|<\dfrac{\pi}{2}$ 时，总有 $\cos x<\dfrac{\sin x}{x}<1$，又因为 $\lim\limits_{x\to 0}\cos x=1$，由准则Ⅰ′可知，$\lim\limits_{x\to 0}\dfrac{\sin x}{x}=1$.

注 这个极限非常重要，此极限可以作为公式来应用. 因此要注意它的基本特征：

(1) 公式中的 x 是弧度.

(2) 在 $\lim\limits_{x\to 0}\dfrac{\sin x}{x}=1$ 中，当 $x\to 0$ 时，$\sin x$ 与 x 都是无穷小，这是无穷小与无穷小之比，此类极限属于未定式，记作 "$\dfrac{0}{0}$" 型.

(3) 在自变量的某变化过程中，$\lim\limits_{x\to x_0}\varphi(x)=0\ (\varphi(x)\neq 0)$，则在自变量的同一变化过程中有 $\lim\limits_{\varphi(x)\to 0}\dfrac{\sin\varphi(x)}{\varphi(x)}=1$.

(4) 下列诸极限与重要极限形似，却属另类，$\lim\limits_{x\to\infty}\dfrac{\sin x}{x}=0$，$\lim\limits_{x\to\frac{\pi}{2}}\dfrac{\sin x}{x}=\dfrac{2}{\pi}$，$\lim\limits_{x\to 1}\dfrac{\sin x}{x}$

$=\sin 1\neq 1$，$\lim\limits_{x\to 0}x\sin\dfrac{1}{x}=0\neq 1$.

(5) 下列极限与重要极限形式不同，但确属同类，$\lim\limits_{x\to\infty}x\cdot\sin\dfrac{1}{x}=\lim\limits_{x\to\infty}\dfrac{\sin\dfrac{1}{x}}{\dfrac{1}{x}}=1$，

$\lim\limits_{x\to 1}\dfrac{\sin(x-1)^3}{(x-1)^3}=1$.

例3 求极限 $\lim\limits_{x\to 0}\dfrac{\sin 2x}{x}$.

解 $\lim\limits_{x\to 0}\dfrac{\sin 2x}{x}=\lim\limits_{x\to 0}2\cdot\dfrac{\sin 2x}{2x}=2\lim\limits_{x\to 0}\dfrac{\sin 2x}{2x}=2$.

例 4 求极限 $\lim\limits_{x\to 0}\dfrac{\tan x}{x}$.

解 $\lim\limits_{x\to 0}\dfrac{\tan x}{x}=\lim\limits_{x\to 0}\dfrac{\sin x}{x}\cdot\dfrac{1}{\cos x}=\lim\limits_{x\to 0}\dfrac{\sin x}{x}\cdot\lim\limits_{x\to 0}\dfrac{1}{\cos x}=1\cdot 1=1.$

例 5 求极限 $\lim\limits_{x\to 0}\dfrac{\sin 3x}{\sin 5x}$.

解 $\lim\limits_{x\to 0}\dfrac{\sin 3x}{\sin 5x}=\lim\limits_{x\to 0}\dfrac{\sin 3x}{3x}\cdot\dfrac{5x}{\sin 5x}\cdot\dfrac{3}{5}=\lim\limits_{3x\to 0}\dfrac{\sin 3x}{3x}\cdot\lim\limits_{5x\to 0}\dfrac{5x}{\sin 5x}\cdot\dfrac{3}{5}=\dfrac{3}{5}.$

例 6 求极限 $\lim\limits_{x\to 0}\dfrac{1-\cos x}{x^2}$.

解 $\lim\limits_{x\to 0}\dfrac{1-\cos x}{x^2}=\lim\limits_{x\to 0}\dfrac{2\sin^2\dfrac{x}{2}}{x^2}=\dfrac{1}{2}\lim\limits_{x\to 0}\dfrac{\sin^2\dfrac{x}{2}}{\left(\dfrac{x}{2}\right)^2}$

$$=\dfrac{1}{2}\lim\limits_{\frac{x}{2}\to 0}\left(\dfrac{\sin\dfrac{x}{2}}{\dfrac{x}{2}}\right)^2=\dfrac{1}{2}\left[\lim\limits_{\frac{x}{2}\to 0}\dfrac{\sin\dfrac{x}{2}}{\dfrac{x}{2}}\right]^2=\dfrac{1}{2}.$$

例 7 求极限 $\lim\limits_{x\to 0}\dfrac{\arcsin x}{x}$.

解 令 $t=\arcsin x$，则 $x=\sin t$，当 $x\to 0$ 时，$t\to 0$，于是有

$$\lim\limits_{x\to 0}\dfrac{\arcsin x}{x}=\lim\limits_{t\to 0}\dfrac{t}{\sin t}=1.$$

例 8 求极限 $\lim\limits_{x\to 0}\dfrac{\tan x-\sin x}{x^3}$.

解 $\lim\limits_{x\to 0}\dfrac{\tan x-\sin x}{x^3}=\lim\limits_{x\to 0}\dfrac{\tan x(1-\cos x)}{x^3}=\lim\limits_{x\to 0}\dfrac{\tan x}{x}\cdot\dfrac{1-\cos x}{x^2}$

$$=\lim\limits_{x\to 0}\dfrac{\sin x}{x}\cdot\dfrac{1}{\cos x}\cdot\dfrac{2\sin^2\dfrac{x}{2}}{x^2}$$

$$=\lim\limits_{x\to 0}\dfrac{\sin x}{x}\cdot\lim\limits_{x\to 0}\dfrac{1}{\cos x}\cdot\dfrac{1}{2}\lim\limits_{\frac{x}{2}\to 0}\dfrac{\sin^2\dfrac{x}{2}}{\left(\dfrac{x}{2}\right)^2}=\dfrac{1}{2}.$$

例 9 求极限 $\lim\limits_{x\to\infty}x\cdot\sin\dfrac{2}{x}$.

解 令 $t=\dfrac{1}{x}$，则当 $x\to\infty$ 时，有 $t\to 0$，于是

$$\lim\limits_{x\to\infty}x\sin\dfrac{2}{x}=\lim\limits_{x\to\infty}\dfrac{\sin\dfrac{2}{x}}{\dfrac{1}{x}}=\lim\limits_{t\to 0}\dfrac{\sin 2t}{t}=2\lim\limits_{2t\to 0}\dfrac{\sin 2t}{2t}=2.$$

2. $\lim\limits_{x\to\infty}\left(1+\dfrac{1}{x}\right)^x=\mathrm{e}$ 这个极限可以利用准则 Ⅱ 进行证明，此处不作证明. 我们只列表

直观地观察函数 $\left(1+\dfrac{1}{x}\right)^x$ 在 x 逐渐增大时的变化趋势，见表 1-1.

表 1-1

x	1	2	3	10	100	1 000	10 000	100 000
$\left(1+\dfrac{1}{x}\right)^x$	2	2.25	2.370 4	2.593 7	2.704 8	2.716 9	2.718 1	2.718 2

从表 1-1 中可以看出,当自变量 x 的取值逐渐增大时,函数 $\left(1+\dfrac{1}{x}\right)^x$ 的值也逐渐增大,且当自变量 x 的变大速度很大时,而函数 $\left(1+\dfrac{1}{x}\right)^x$ 的变大速度越来越慢,这个函数随着自变量 x 的无限增大,而逐渐与一个常数无限接近,这个常数就是无理数 $e=2.7182818284\cdots$. 即

$$\lim_{x\to\infty}\left(1+\frac{1}{x}\right)^x=e$$

注 (1) 当 $x\to\infty$ 时, $\dfrac{1}{x}\to 0$,即 $\dfrac{1}{x}$ 为无穷小,$1+\dfrac{1}{x}\to 1$,这个极限是一个未定式,记作 "1^∞" 型.

(2) 在自变量的某变化过程中,$\lim\limits_{x\to x_0}\varphi(x)=0\ (\varphi(x)\neq 0)$,则在自变量的同一变化过程中,有 $\lim\limits_{\varphi(x)\to 0}(1+\varphi(x))^{\frac{1}{\varphi(x)}}=e$.

(3) 利用变量代换 $t=\dfrac{1}{x}$,则当 $x\to\infty$ 时,有 $t\to 0$,于是又有 $\lim\limits_{t\to 0}(1+t)^{\frac{1}{t}}=e$.

例 10 求极限 $\lim\limits_{x\to\infty}\left(1+\dfrac{1}{x}\right)^{1000}$.

解 $\lim\limits_{x\to\infty}\left(1+\dfrac{1}{x}\right)^{1000}=\left[\lim\limits_{x\to\infty}\left(1+\dfrac{1}{x}\right)\right]^{1000}=1^{1000}=1$.

例 11 求极限 $\lim\limits_{x\to\infty}\left(1+\dfrac{2}{x}\right)^x$.

解 令 $t=\dfrac{2}{x}$,当 $x\to\infty$ 时,有 $t\to 0$,所以

$$\lim_{x\to\infty}\left(1+\frac{2}{x}\right)^x=\lim_{t\to 0}(1+t)^{\frac{2}{t}}=\lim_{t\to 0}\left[(1+t)^{\frac{1}{t}}\right]^2=\left[\lim_{t\to 0}(1+t)^{\frac{1}{t}}\right]^2=e^2.$$

例 12 求极限 $\lim\limits_{x\to 0}\dfrac{\ln(1+x)}{x}$.

解 $\lim\limits_{x\to 0}\dfrac{\ln(1+x)}{x}=\lim\limits_{x\to 0}\dfrac{1}{x}\ln(1+x)=\lim\limits_{x\to 0}\ln(1+x)^{\frac{1}{x}}=\ln e=1$.

例 13 求极限 $\lim\limits_{x\to 0}\dfrac{a^x-1}{x}(a>0$ 且 $a\neq 1)$.

解 令 $t=a^x-1$,则 $x=\dfrac{\ln(1+t)}{\ln a}$,且当 $x\to 0$ 时,$t\to 0$,从而

$$\lim_{x\to 0}\frac{a^x-1}{x}=\lim_{t\to 0}\frac{t}{\ln(1+t)}\cdot\ln a=\ln a.$$

特别地,当 $a=e$ 时,$\lim\limits_{x\to 0}\dfrac{e^x-1}{x}=1$.

例 14　求极限 $\lim\limits_{x\to\infty}\left(1-\dfrac{3}{x}\right)^{x+5}$.

解　$\lim\limits_{x\to\infty}\left(1-\dfrac{3}{x}\right)^{x+5}=\lim\limits_{x\to\infty}\left(1-\dfrac{3}{x}\right)^{-\frac{x}{3}(-3)+5}=\lim\limits_{x\to\infty}\left[\left(1-\dfrac{3}{x}\right)^{-\frac{x}{3}}\right]^{-3}\cdot\left(1-\dfrac{3}{x}\right)^{5}$.

$$=\left[\lim\limits_{x\to\infty}\left(1-\dfrac{3}{x}\right)^{-\frac{x}{3}}\right]^{-3}\cdot\lim\limits_{x\to\infty}\left(1-\dfrac{3}{x}\right)^{5}=\mathrm{e}^{-3} .$$

例 15　求极限 $\lim\limits_{x\to\infty}\left(\dfrac{x}{1+x}\right)^{x}$.

解　$\lim\limits_{x\to\infty}\left(\dfrac{x}{1+x}\right)^{x}=\lim\limits_{x\to\infty}\left(1-\dfrac{1}{x+1}\right)^{x}=\lim\limits_{x\to\infty}\left[\left(1-\dfrac{1}{x+1}\right)^{-(x+1)}\right]^{-\frac{x}{x+1}}$

$$=\mathrm{e}^{\lim\limits_{x\to\infty}-\frac{x}{x+1}}=\mathrm{e}^{-1} .$$

例 16　求极限 $\lim\limits_{x\to0}(\cos x)^{\frac{1}{x^{2}}}$.

解　$\lim\limits_{x\to0}(\cos x)^{\frac{1}{x^{2}}}=\lim\limits_{x\to0}(1+\cos x-1)^{\frac{1}{x^{2}}}=\lim\limits_{x\to0}\left\{\left[1+(\cos x-1)\right]^{\frac{1}{\cos x-1}}\right\}^{\frac{\cos x-1}{x^{2}}}$

$$=\mathrm{e}^{\lim\limits_{x\to0}\frac{\cos x-1}{x^{2}}}=\mathrm{e}^{-\frac{1}{2}} .$$

例 17　已知 $\lim\limits_{x\to\infty}\left(1+\dfrac{k}{x}\right)^{x}=2$ ，求常数 k .

解　因为 $\lim\limits_{x\to\infty}\left(1+\dfrac{k}{x}\right)^{x}=\lim\limits_{x\to\infty}\left[\left(1+\dfrac{k}{x}\right)^{\frac{x}{k}}\right]^{k}=\mathrm{e}^{k}=2$ ，所以 $k=\ln2$.

例 18　设 $a_{1}=2$, $a_{n+1}=\dfrac{1}{2}\left(a_{n}+\dfrac{1}{a_{n}}\right)$ ，（ $\forall n\in N^{+}$ ），求极限 $\lim\limits_{n\to\infty}a_{n}$.

解　先来证明数列 $\{a_{n}\}$ 单调且有界 . $a_{1}=2>1$, $a_{2}=\dfrac{1}{2}\left(a_{1}+\dfrac{1}{a_{1}}\right)=\dfrac{a_{1}^{2}+1}{2a_{1}}>1$. 设 $a_{k}>1$ ，则 $a_{k+1}=\dfrac{1}{2}\left(a_{k}+\dfrac{1}{a_{k}}\right)=\dfrac{a_{k}^{2}+1}{2a_{k}}>1$ ，由数学归纳法可知，对 $\forall n\in N^{+}$ ，有 $a_{n}>1$ ，即数列 $\{a_{n}\}$ 有下界 .

又因为，对 $\forall n\in N^{+}$ ，有 $a_{n+1}-a_{n}=\dfrac{1}{2}\left(a_{n}+\dfrac{1}{a_{n}}\right)-a_{n}=\dfrac{1-a_{n}^{2}}{2a_{n}}<0$ ，即 $a_{n+1}<a_{n}$ ，因此，数列 $\{a_{n}\}$ 单调减少，这就证明数列 $\{a_{n}\}$ 单调且有界，所以必有极限 . 设 $\lim\limits_{n\to\infty}a_{n}=a$ ，则 $\lim\limits_{n\to\infty}a_{n+1}=\lim\limits_{n\to\infty}\dfrac{1}{2}\left(a_{n}+\dfrac{1}{a_{n}}\right)$ ，即 $a=\dfrac{1}{2}\left(a+\dfrac{1}{a}\right)$ ，解得 $a=\pm1$ ，由题意及保号性定理，舍去负值 $a=-1$ ，那么有 $\lim\limits_{n\to\infty}a_{n}=1$.

例 19　小刚过春节时得到了 2 000 元压岁钱，父母建议他把钱存到银行 . 已知一年期整存整取的年利率为 3.5% ，如果这笔压岁钱始终不取出，那么 3 年后分别按单利计算公式和复利计算公式计算的本利和各是多少元？

解　（1）按单利计算公式 $y_{n}=y_{0}(1+nr)$ 可得，
$$y_{3}=2\,000\times(1+3\times0.035)=2\,210（元）.$$

（2）按复利计算公式 $y_{n}=y_{0}(1+r)^{n}$ 可得，
$$y_{3}=2\,000\times(1+0.035)^{3}=2\,217.44（元）.$$

例 20（连续复利问题）　银行为了吸引储户而采用连续复利：不分昼夜每分每秒……

都在计息. 假设银行存款的年利率为 100%, 若年初存入本钱 1 元, 按连续复利计算, 年终连本带利可以收回多少元?

解 若一年计息 n 次, 则每次计息 $\frac{1}{n}$, 故年终本利之和为 $\left(1+\frac{1}{n}\right)^{n}$, 所谓不分昼夜每分每秒……都在加息, 即在越来越短的时间内不断地将利息计入本金再生息 (利滚利), 这意味着我们要分析当 n 无限增大时 $\left(1+\frac{1}{n}\right)^{n}$ 的变化趋势. 因 $\lim\limits_{n \to +\infty}\left(1+\frac{1}{n}\right)^{n}= \mathrm{e}$, 所以年初存入银行的 1 元人民币到年终的本利之和为 e 元.

习 题 1-7

1. 求下列极限:

(1) $\lim\limits_{x \to 0}\dfrac{\sin 5x}{2x}$;

(2) $\lim\limits_{x \to 0}\dfrac{\sin 4x}{\sin 3x}$;

(3) $\lim\limits_{x \to 0}\dfrac{x\sin x}{1-\cos 2x}$;

(4) $\lim\limits_{x \to 0}\dfrac{x-\sin x}{x+\sin x}$;

(5) $\lim\limits_{x \to 0}x\cot x$;

(6) $\lim\limits_{x \to \pi}\dfrac{\sin x}{\pi-x}$;

(7) $\lim\limits_{x \to 0}\dfrac{x^{2}}{\sin^{2}\left(\dfrac{x}{3}\right)}$;

(8) $\lim\limits_{n \to \infty}2^{n} \cdot \sin\dfrac{x}{2^{n}}$;

(9) $\lim\limits_{x \to 0^{+}}\dfrac{\sqrt{1-\cos x}}{x}$;

(10) $\lim\limits_{x \to 1}\dfrac{\sin(x^{2}-1)}{x-1}$.

2. 求下列极限:

(1) $\lim\limits_{n \to \infty}\left(1+\dfrac{3}{n}\right)^{-n}$;

(2) $\lim\limits_{x \to 0}(1-x)^{\frac{1}{x}}$;

(3) $\lim\limits_{x \to 0}(1+3x)^{\frac{1}{x}}$;

(4) $\lim\limits_{x \to \infty}\left(1+\dfrac{2}{x}\right)^{x+3}$;

(5) $\lim\limits_{x \to 0}(1+\tan x)^{\cot x}$;

(6) $\lim\limits_{x \to \frac{\pi}{2}}(1+\cos x)^{\sec x}$;

(7) $\lim\limits_{x \to \infty}\left(\dfrac{2x+3}{2x+1}\right)^{x}$;

(8) $\lim\limits_{x \to 0}(\cos x)^{\frac{1}{1-\cos x}}$.

3. 用夹逼定理求下列极限:

(1) $\lim\limits_{n \to \infty}n\left(\dfrac{1}{n^{2}+1}+\dfrac{1}{n^{2}+2}+\cdots+\dfrac{1}{n^{2}+n}\right)$;

(2) $\lim\limits_{n \to \infty}\left(\dfrac{1}{n^{2}+n+1}+\dfrac{2}{n^{2}+n+2}+\cdots+\dfrac{n}{n^{2}+n+n}\right)$.

4. 利用单调有界准则, 证明: 以 $a_{1}=0$ 为首项, 且满足 $a_{n+1}=\sqrt{2+a_{n}}$ $(n=1,2,\cdots)$ 的数列 $\{a_{n}\}$ 极限存在, 并求此极限.

5. 某学校建立一项奖学金基金, 每年发放一次, 奖学金总额为一万元, 若以年利率 15% 计算, 试求: (1) 奖学金发放年限为 10 年时, 基金 P 应为多少? (2) 若是永久年金, 基金 P 又为多少?

第八节 函数的连续性

函数的连续性是函数的重要特性之一, 在客观世界中有很多现象和事物的运动都是连续地变化着的．如动植物的生长、天体在轨道上运行、导弹飞行轨迹的形成等．而刻画这种现象的工具之一就是连续函数．例如，植物在生长过程中，当时间变化很微小时，植物生长的变化也很微小，这种特点反映在数学上就是所谓的连续性，但在自然界中有些事物在变化过程中有时会呈突变现象，如植物被意外折断，火箭外壳的自行脱落使质量突然减少等破坏连续性的情形，若用函数描述的话，这就是所谓的间断．下面我们以极限为工具建立起函数连续的概念，并对函数的连续性展开讨论．

一、函数连续性的概念

首先，介绍自变量和函数增量的概念：若函数 $y = f(x)$ 在 $\bigcup(x_0)$ 内有定义，自变量 x 变化的初值设为 x_0，变到终值 x，终值与初值的差 $x - x_0$ 称为**自变量的增量**，记作 Δx，即 $\Delta x = x - x_0$．Δx 可正可负，记号 Δx 并非 Δ 与变量 x 的乘积，而是一具不可分割的整体．此时终值 $x = x_0 + \Delta x$，我们再来看函数 $y = f(x)$，当自变量 x 在 $\bigcup(x_0)$ 内由 x_0 变到 $x_0 + \Delta x$ 时，函数 y 就相应地从 $f(x_0)$ 变到 $f(x_0 + \Delta x)$，因此函数 y 的对应增量为 $\Delta y = f(x_0 + \Delta x) - f(x_0)$，这个关系的几何解释如图 1-30、图 1-31．

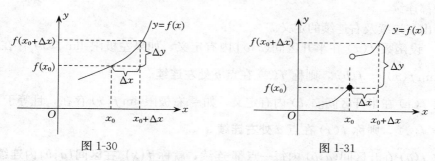

图 1-30   图 1-31

假如保持 x_0 不变，而让自变量的增量 Δx 变动，一般说来，函数 y 的增量 Δy 也要随着变化，通过对图 1-30 和图 1-31 所描述函数的几何直观可以发现：图 1-30 中函数 $y = f(x)$ 在 x_0 点处是连续的，其基本特征是当 $\Delta x \to 0$ 时，有 $\Delta y \to 0$；而图 1-31 中函数 $y = f(x)$ 在 x_0 处是不连续的，其基本特征是当 $\Delta x \to 0$ 时，有 $\Delta y \not\to 0$．当我们掌握了连续曲线的特征，就可以给出函数 $y = f(x)$ 在点 x_0 处连续定义．

定义 1 设函数 $y = f(x)$ 在点 x_0 的某一邻域内有定义，若自变量 x 在 x_0 处的增量 Δx 趋于零时，对应的函数增量 $\Delta y = f(x_0 + \Delta x) - f(x_0)$ 也趋于零，即 $\lim\limits_{\Delta x \to 0} \Delta y = 0$ 或 $\lim\limits_{\Delta x \to 0}[f(x_0 + \Delta x) - f(x_0)] = 0$，则称**函数 $y = f(x)$ 在点 x_0 连续**，点 x_0 称为函数 $y = f(x)$ 的 **连续点**．

设 $x = x_0 + \Delta x$，则 $\Delta x \to 0 \Leftrightarrow x \to x_0$，此时，$\Delta y = f(x_0 + \Delta x) - f(x_0) \to 0 \Leftrightarrow f(x) \to f(x_0)$，因此，函数 $y = f(x)$ 在点 x_0 连续的定义又可等价的叙述为：

定义 1′ 设函数 $y = f(x)$ 在 $U(x_0)$ 内有定义，如果 $\lim\limits_{x \to x_0} f(x) = f(x_0)$，则称函数 $y = f(x)$ 在点 x_0 **连续**．

注 这个连续定义包含了 3 层含义：（1）函数 $f(x)$ 在点 x_0 及其邻域内有定义；（2）当 $x \to x_0$ 时，$\lim\limits_{x \to x_0} f(x)$ 存在；（3）$\lim\limits_{x \to x_0} f(x) = f(x_0)$，如果 3 条中任何一条不满足，则函数 $f(x)$ 在 x_0 处**不连续**．

例 1 证明函数 $y = x^2$ 在点 $x_0 = 2$ 处是连续的.

证明 （法一）函数在 $x_0 = 2$ 处的改变量为 $\Delta y = f(2 + \Delta x) - f(2) = (2 + \Delta x)^2 - 2^2 = 4\Delta x + (\Delta x)^2$，因为 $\lim\limits_{\Delta x \to 0} \Delta y = \lim\limits_{\Delta x \to 0} [4\Delta x + (\Delta x)^2] = 0$，所以函数 $y = x^2$ 在点 $x_0 = 2$ 处是连续的.

（法二）因为 $\lim\limits_{x \to 2} f(x) = \lim\limits_{x \to 2} x^2 = 4 = f(2)$，由定义知，函数 $y = x^2$ 在点 $x_0 = 2$ 处是连续的.

例 2 证明对任意 $x_0 \in (-\infty, +\infty)$，函数 $y = \sin x$ 在 x_0 处连续.

证明 对 $\forall x_0 \in (-\infty, +\infty)$ 有

$$\Delta y = f(x_0 + \Delta x) - f(x_0) = \sin(x_0 + \Delta x) - \sin x_0 = 2\sin \frac{\Delta x}{2} \cos\left(x_0 + \frac{\Delta x}{2}\right),$$

因 $\left|\cos\left(x_0 + \frac{\Delta x}{2}\right)\right| \leqslant 1$，$\left|\sin \frac{\Delta x}{2}\right| \leqslant \left|\frac{\Delta x}{2}\right|$，从而有 $0 \leqslant |\Delta y| \leqslant 2\left|\sin \frac{\Delta x}{2}\right| \cdot \left|\cos\left(x_0 + \frac{\Delta x}{2}\right)\right| \leqslant |\Delta x|$，由夹逼准则得 $\lim\limits_{\Delta x \to 0} \Delta y = 0$，这就证明了 $y = \sin x$ 在 $(-\infty, +\infty)$ 的任意点处都连续.

下面给出左连续及右连续的定义.

定义 2 设函数 $f(x)$ 在半开区间 $(a, b]$ 内有定义，如果左极限 $\lim\limits_{x \to b^-} f(x)$ 存在，且等于 $f(b)$，即 $\lim\limits_{x \to b^-} f(x) = f(b)$，则称 $f(x)$ 在点 **b 处左连续**.

设函数 $f(x)$ 在半开区间 $[a, b)$ 内有定义，如果右极限 $\lim\limits_{x \to a^+} f(x)$ 存在，且等于 $f(a)$，即 $\lim\limits_{x \to a^+} f(x) = f(a)$，则称 $f(x)$ 在点 **a 处右连续**.

若函数 $f(a)$ 在开区间 (a, b) 内每一点都连续，就称 **$f(x)$ 在区间 (a, b) 内连续**，并且在左端点 $x = a$ 处右连续，在右端点 $x = b$ 处左连续，就称 **$f(x)$ 在闭区间 $[a, b]$ 上连续**.

若一个函数 $f(x)$ 在定义域上处处连续，就称 $f(x)$ 为定义域上的**连续函数**，在几何直观上，连续函数的图形是一条连续而不间断的曲线.

> **注** 由极限与左右极限的关系不难得出结论：
> $$f(x) \text{ 在 } a \text{ 处连续} \Leftrightarrow f(a^-) = f(a^+) = f(a).$$

例 3 讨论函数 $f(x) = |x|$ 在 $x_0 = 0$ 处的连续性.

解 函数 $f(x) = |x|$ 在 $x_0 = 0$ 处的任一邻域内有定义，由 $f(x) = |x| = \begin{cases} -x, & x < 0, \\ x, & x \geqslant 0. \end{cases}$

有 $f(0^-) = \lim\limits_{x \to 0^-} f(x) = \lim\limits_{x \to 0^-} (-x) = 0$，$f(0^+) = \lim\limits_{x \to 0^+} f(x) = \lim\limits_{x \to 0^+} x = 0$.

即 $f(0^-) = 0$，$f(0^+) = 0$，$f(0) = 0$，所以 $f(0^-) = f(0^+) = f(0)$，因此 $f(x) = |x|$ 在 $x_0 = 0$ 处连续.

例 4 证明函数 $y = x^2 + 1$ 在 $(-\infty, +\infty)$ 内为连续函数.

证明 （法一）首先 $y = x^2 + 1$ 在 $(-\infty, +\infty)$ 内有定义，$\forall x_0 \in (-\infty, +\infty)$，给 x_0 增量 Δx，从而得函数的增量 Δy，则 $\Delta y = f(x_0 + \Delta x) - f(x_0) = (x_0 + \Delta x)^2 + 1 - (x_0^2 + 1) = (\Delta x)^2 + 2x_0 \Delta x$.

$\lim\limits_{\Delta x \to 0} \Delta y = \lim\limits_{\Delta x \to 0} \left[(\Delta x)^2 + 2x_0 \Delta x \right] = 0$，由定义知，函数 $y = x^2 + 1$ 在 $(-\infty, +\infty)$ 内任一点 x_0 均连续，因此证得 $y = x^2 + 1$ 在 $(-\infty, +\infty)$ 内为连续函数.

（法二）$y = x^2 + 1$ 满足：(1) 在 $(-\infty, +\infty)$ 内有定义；(2) 任取 $x_0 \in (-\infty, +\infty)$，$\lim\limits_{x \to x_0} f(x) = \lim\limits_{x \to x_0} (x^2 + 1) = x_0^2 + 1$，即 $y = x^2 + 1$ 当 $x \to x_0$ 时极限存在；(3) $\lim\limits_{x \to x_0} f(x) = x_0^2 + 1 = f(x_0)$，即函数值与极限值相等，由定义 $1'$ 证得 $y = x^2 + 1$ 在 $(-\infty, +\infty)$ 内为连续函数.

例 5 已知 $f(x) = \begin{cases} 3x + b, & 0 \leqslant x < 1 \\ a, & x = 1 \\ x - b, & 1 < x \leqslant 2 \end{cases}$ 在 $x = 1$ 处连续，求常数 a, b 之值.

解 由 $f(x)$ 在 $x = 1$ 处连续 $\Rightarrow f(1^-) = f(1^+) = f(1)$.

$f(1^-) = \lim\limits_{x \to 1^-} f(x) = \lim\limits_{x \to 1^-} (3x + b) = 3 + b; f(1^+) = \lim\limits_{x \to 1^+} f(x) = \lim\limits_{x \to 1^+} (x - b) = 1 - b;$

$f(1) = a$，由题意得：$f(1^-) = f(1^+), 3 + b = 1 - b$，得 $b = -1, f(1) = f(1^+) = f(1^-)$，有 $a = 1 - b$，得 $a = 2$.

二、函数的间断点

定义 3 设函数 $f(x)$ 在 $\mathring{U}(x_0)$ 内有定义，若 x_0 不是 $f(x)$ 的连续点，就称 x_0 为 $f(x)$ 的**间断点或不连续点**.

点 x_0 是 $f(x)$ 的间断点，有下列三种情形：

(1) 在 $\mathring{U}(x_0)$ 有定义，但在 $x = x_0$ 处无定义；

(2) 虽然在 $x = x_0$ 处有定义，但 $\lim\limits_{x \to x_0} f(x)$ 不存在；

(3) 在 $x = x_0$ 处有定义，且 $\lim\limits_{x \to x_0} f(x)$ 存在，但是 $\lim\limits_{x \to x_0} f(x) \neq f(x_0)$.

根据函数间断的不同情形，我们把间断点分为两大类，每类包含两种情形.

1. 第一类间断点 若 x_0 是 $f(x)$ 的间断点，而 $f(x_0^-)$ 及 $f(x_0^+)$ 都存在，则称 x_0 为函数 $f(x)$ 的**第一类间断点**.

(1) $\lim\limits_{x \to x_0} f(x)$ 存在但不等于 $f(x_0)$（或 $f(x_0)$ 没有定义），则称点 x_0 为函数 $f(x)$ 的**可去间断点**.

例 6 讨论函数 $y = \dfrac{x^2 - 1}{x - 1}$ 在 $x = 1$ 处的连续性.

解 函数 $y = \dfrac{x^2 - 1}{x - 1}$ 在 $x = 1$ 处无定义，由连续性定义知，此函数在 $x = 1$ 点不连续. 但 $\lim\limits_{x \to 1} \dfrac{x^2 - 1}{x - 1} = \lim\limits_{x \to 1} (x + 1) = 2$，故 $x = 1$ 是函数 $y = \dfrac{x^2 - 1}{x - 1}$ 的可去间断点.

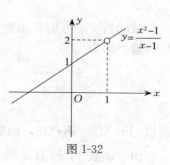

图 1-32

若补充定义，令 $f(1) = 2$，则函数 $y = \begin{cases} \dfrac{x^2 - 1}{x - 1}, & x \neq 1 \\ 2, & x = 1 \end{cases}$ 在 $x = 1$ 处连续，如图 1-32.

例 7 讨论函数 $g(x) = \begin{cases} \dfrac{x^2-1}{x-1}, & x \neq 1 \\ 0, & x = 1 \end{cases}$ 在 $x = 1$ 处的连续性.

解 函数 $y = \dfrac{x^2-1}{x-1}$ 在 $x = 1$ 处无定义,由连续性定义知,此函数在 $x = 1$ 处不连续.但

$\lim\limits_{x \to 1} \dfrac{x^2-1}{x-1} = \lim\limits_{x \to 1}(x+1) = 2 \neq g(1) = 0$,故 $x = 1$ 是函数 $y = \dfrac{x^2-1}{x-1}$ 的可去间断点,若重

新定义,令 $g(1) = 2$,则函数 $g(x) = \begin{cases} \dfrac{x^2-1}{x-1}, & x \neq 1 \\ 2, & x = 1 \end{cases}$ 在 $x = 1$ 处连续.

> **注** 一般地,如果 x_0 是函数 $f(x)$ 的可去间断点,此时只要补充或重新定义 $f(x_0)$,令 $f(x_0) = \lim\limits_{x \to x_0} f(x)$,就会使得 $x = x_0$ 成为函数 $f(x)$ 的连续点,而去除 $x = x_0$ 这一间断点.

(2) 若 $f(x_0^-)$,$f(x_0^+)$ 都存在且为有限极限,但 $f(x_0^-) \neq f(x_0^+)$,称点 x_0 为 $f(x)$ 的**跳跃间断点**,$|f(x_0^+) - f(x_0^-)|$ 称为**跳跃度**.

例 8 讨论函数 $f(x) = \begin{cases} -x, & x < 0 \\ 1+x, & x \geqslant 0 \end{cases}$ 在 $x = 0$ 处的连续性.

解 在 $x = 0$ 处,

$f(0^-) = \lim\limits_{x \to 0^-} f(x) = \lim\limits_{x \to 0^-}(-x) = 0$,$f(0^+) = \lim\limits_{x \to 0^+} f(x) = \lim\limits_{x \to 0^+}(x+1) = 1$,

$f(x)$ 在 $x = 0$ 处 $f(0^-)$ 和 $f(0^+)$ 都存在,但二者不相等,从而 $x = 0$ 为 $f(x)$ 的间断点,如图 1-33 所示.

从 $f(x)$ 的图形来看,在 $x = 0$ 处出现跳跃现象,故 $x = 0$ 为 $f(x)$ 的跳跃间断点.

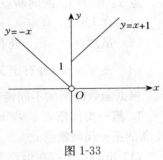

图 1-33

> **注** 若 $x = x_0$ 为函数 $f(x)$ 的跳跃间断点,即 $\lim\limits_{x \to x_0} f(x)$ 不存在,此时无论补充或重新定义 $f(x_0)$ 为何值,都不会有 $\lim\limits_{x \to x_0} f(x) = f(x_0)$,故间断点都不会去除.

例 9 设 1g 冰从 -40℃升到 100℃所需要的热量(单位:J)为

$$f(x) = \begin{cases} 2.1x + 84, & -40 \leqslant x \leqslant 0, \\ 4.2x + 420, & 0 < x \leqslant 100. \end{cases}$$

试问当 $x = 0$ 时,函数是否连续?并解释其实际意义.

解 因为

$$\lim\limits_{x \to 0^-} f(x) = \lim\limits_{x \to 0^-}(2.1x + 84) = 84$$

$$\lim\limits_{x \to 0^+} f(x) = \lim\limits_{x \to 0^+}(4.2x + 420) = 420$$

$$\lim\limits_{x \to 0^-} f(x) = 84 \neq 420 = \lim\limits_{x \to 0^+} f(x)$$

所以,$\lim\limits_{x \to 0} f(x)$ 不存在,函数在点 $x = 0$ 处不连续.

由于函数 $f(x)$ 在 $x = 0$ 处的左右极限都存在但不相等,所以 $x = 0$ 为函数 $f(x)$ 的跳跃间断点,这说明冰化成水时需要的热量会突然增加.

可去间断点和跳跃间断点统称为**第一类间断点**.

2. 第二类间断点　若 $f(x_0^-)$ 和 $f(x_0^+)$ 至少有一个不存在，则称 x_0 为 $f(x)$ 的**第二类间断点**.

（1）若 $f(x_0^-)$ 及 $f(x_0^+)$ 中至少有一个为 ∞ ，则称点 x_0 为函数 $f(x)$ 的**无穷间断点**.

例 10　讨论函数 $f(x) = \dfrac{1}{x^2}$ 在 $x = 0$ 处的连续性.

解　$f(x) = \dfrac{1}{x^2}$ 在 $x = 0$ 处无定义，所以 $x = 0$ 为间断点，又 $f(0^-) = \lim\limits_{x \to 0^-} \dfrac{1}{x^2} = +\infty$，

$f(0^+) = \lim\limits_{x \to 0^+} \dfrac{1}{x^2} = +\infty$ ，即在 $x = 0$ 处左右极限均为无穷大，所以 $x = 0$ 为函数 $f(x)$ 的第二类无穷间断点.

例 11　讨论函数 $f(x) = \begin{cases} \dfrac{x}{x-1}, & x \neq 1 \\ 1, & x = 1 \end{cases}$ 在 $x = 1$ 处的连续性.

解　函数 $f(x)$ 在 $x = 1$ 处有定义 $f(1) = 1$ ，但在 $x = 1$ 处，$f(1^-) = \lim\limits_{x \to 1^-} f(x) = \lim\limits_{x \to 1^-} \dfrac{x}{x-1}$

$= \infty, f(1^+) = \lim\limits_{x \to 1^+} f(x) = \lim\limits_{x \to 1^+} \dfrac{x}{x-1} = \infty$ ，即 $f(1^-)$ 与 $f(1^+)$ 极限均为无穷大，所以 $x = 1$ 为函数 $f(x)$ 的 第二类无穷间断点.

（2）若 $f(x_0^-)$ 及 $f(x_0^+)$ 至少有一个不存在且不是 ∞ ，则称点 x_0 为函数 $f(x)$ 的**振荡间断点**.

例 12　讨论函数 $f(x) = \sin \dfrac{1}{x}$ 在 $x = 0$ 处的连续性.

解　$f(x) = \sin \dfrac{1}{x}$ 在 $x = 0$ 处无定义，所以 $x = 0$ 为

$f(x)$ 的 间断点. 又由于 $\lim\limits_{x \to 0^+} f(x) = \lim\limits_{x \to 0^+} \sin \dfrac{1}{x}, \lim\limits_{x \to 0^-} f(x)$

$= \lim\limits_{x \to 0^-} \sin \dfrac{1}{x}$ 不存在，但函数值在 -1 和 1 之间变动无限

多次，如图 1-34，故 $x = 0$ 为函数 $f(x)$ 的振荡间断点.

由上述讨论知，函数 $f(x)$ 的间断点共分为两大类
（共四种），如下所示

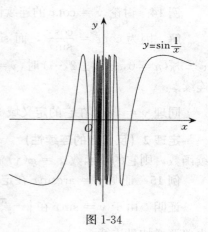

图 1-34

$$\text{间断点}\begin{cases} \text{第一类间断点}\begin{cases} \text{可去间断点}\begin{cases} f(x_0)\text{不存在,可补充定义 } f(x_0) = \lim\limits_{x \to x_0} f(x) \\ f(x_0)\text{存在} \neq \lim\limits_{x \to x_0} f(x)\text{,可重新定义 } f(x_0) = \lim\limits_{x \to x_0} f(x) \end{cases} \\ \text{跳跃间断点}: f(x_0^-) \neq f(x_0^+) \end{cases} \\ \text{第二类间断点}\begin{cases} \text{无穷间断点}: f(x_0^+)\text{ 及 } f(x_0^-)\text{ 至少有一个为 } \infty \\ \text{振荡间断点}: f(x_0^+)\text{ 及 } f(x_0^-)\text{ 至少有一个不存在且都不是 } \infty \end{cases} \end{cases}$$

三、初等函数的连续性

函数的连续性是通过极限来定义的，因此由极限运算法则和连续的定义可得下列连续函

数的运算法则.

定理 1 若函数 $f(x), g(x)$ 均在 $x = x_0$ 处连续, 则 $f(x) \pm g(x)$, $f(x) \cdot g(x)$ 及 $\dfrac{f(x)}{g(x)}(g(x_0) \neq 0)$ 都在 $x = x_0$ 处连续.

证明 只证 $f(x) \pm g(x)$ 的情形, 其余可类似证明.

因为 $f(x)$, $g(x)$ 在 $x = x_0$ 处连续, 故有 $\lim\limits_{x \to x_0} f(x) = f(x_0)$, $\lim\limits_{x \to x_0} g(x) = g(x_0)$, 根据极限运算法则及上式得: $\lim\limits_{x \to x_0}[f(x) \pm g(x)] = \lim\limits_{x \to x_0} f(x) \pm \lim\limits_{x \to x_0} g(x) = f(x_0) \pm g(x_0)$, 所以, $f(x) \pm g(x)$ 在 $x = x_0$ 处连续.

例 13 设 $P(x) = a_0 x^n + a_1 x^{n-1} + \cdots + a_{n-1} x + a_n$, $Q(x) = b_0 x^m + b_1 x^{m-1} + \cdots + b_{m-1} x + b_m$.

求证: (1) 多项式 $P(x)$ 在 $(-\infty, +\infty)$ 内为连续函数.

(2) 有理分式函数 $f(x) = \dfrac{P(x)}{Q(x)}(Q(x_0) \neq 0)$ 在 $x = x_0$ 处连续.

证明 (1) 任取 $x_0 \in (-\infty, +\infty)$, 由于 $\lim\limits_{x \to x_0} P(x) = P(x_0)$, 所以 $P(x)$ 在 $(-\infty, +\infty)$ 内连续.

(2) 由于 $Q(x_0) \neq 0$, 所以 $\lim\limits_{x \to x_0} f(x) = \lim\limits_{x \to x_0} \dfrac{P(x)}{Q(x)} = \dfrac{P(x_0)}{Q(x_0)} = f(x_0)$, 故 $f(x)$ 在 $x = x_0$ 处连续.

例 14 讨论 $y = \cot x$ 的连续性.

解 因为 $\cot x = \dfrac{\cos x}{\sin x}$, 而 $\sin x, \cos x$ 在 $(-\infty, +\infty)$ 内连续, 所以当 $\sin x \neq 0$, 即 $x \neq n\pi (n = 0, \pm 1, \pm 2, \cdots)$ 时, $y = \cot x$ 连续, 也就是说 $y = \cot x$ 在它的定义域 $(x \neq n\pi)$ 内连续.

同理 $y = \tan x$ 在它的定义域 $(x \neq n\pi + \dfrac{\pi}{2}, n = 0, \pm 1, \pm 2, \cdots)$ 内连续.

定理 2 (反函数的连续性) 若函数 $y = f(x)$ 在某区间上是单调增加 (或减少) 的连续函数, 则它的反函数 $x = \varphi(y)$ 在对应的区间上也是单调增加 (或减少) 的连续函数.

例 15 证明 $y = \arcsin x$ 在定义域 $[-1, 1]$ 上连续.

证明 由于 $y = \sin x$ 在 $\left[-\dfrac{\pi}{2}, \dfrac{\pi}{2}\right]$ 上单调增加且连续, 因此 $y = \arcsin x$ 在 $[-1, 1]$ 上也单调增加且连续.

同理可证 $y = \arccos x$ 在 $[-1, 1]$ 上单调减少且连续; $y = \arctan x$ 在 $(-\infty, +\infty)$ 内单调增加且连续; $y = \operatorname{arccot} x$ 在 $(-\infty, +\infty)$ 内单调减少且连续.

总之, 反三角函数 $\arcsin x$, $\arccos x$, $\arctan x$, $\operatorname{arccot} x$ 在它们的定义域内都是连续的.

定理 3 设函数 $y = f[\varphi(x)]$ 由函数 $y = f(u)$ 及 $u = \varphi(x)$ 复合而成, 若 $\lim\limits_{x \to x_0} \varphi(x) = u_0$, 而函数 $y = f(u)$ 在 $u = u_0$ 处连续, 则 $\lim\limits_{x \to x_0} f[\varphi(x)] = \lim\limits_{u \to u_0} f(u) = f(u_0)$.

注 由于 $\lim\limits_{x \to x_0} \varphi(x) = u_0, f(u)$ 在 u_0 处连续, 所以上式可以改写成下面形式: 即 $\lim\limits_{x \to x_0} f[\varphi(x)] = f[\lim\limits_{x \to x_0} \varphi(x)] = f(u_0)$, 这说明在定理 3 的条件下, 求 $f[\varphi(x)]$ 的极限时, 极限符号和函数符号可以交换计算次序.

例 16　求极限 $\lim\limits_{x \to 0} e^{\frac{\sin 2x}{x}}$.

解　$y = e^{\frac{\sin 2x}{x}}$ 是由 $y = e^u, u = \dfrac{\sin 2x}{x}$ 复合而成,因为 $\lim\limits_{x \to 0} \dfrac{\sin 2x}{x} = 2$,而 $y = e^u$ 在 $u = 2$ 处连续,由定理 3 有 $\lim\limits_{x \to 0} e^{\frac{\sin 2x}{x}} = e^{\lim\limits_{x \to 0} \frac{\sin 2x}{x}} = e^2$.

定理 4（复合函数的连续性）　若函数 $u = \varphi(x)$ 在 $x = x_0$ 处连续,且 $\varphi(x_0) = u_0$,又函数 $y = f(u)$ 在点 u_0 连续,则复合函数 $y = f[\varphi(x)]$ 在 $x = x_0$ 处连续.

证明　由于 $u = \varphi(x)$ 在 $x = x_0$ 处连续,$y = f(u)$ 在 $u = u_0$ 处连续,故有:$\lim\limits_{x \to x_0} \varphi(x) = \varphi(x_0)$,$\lim\limits_{u \to u_0} f(u) = f(u_0)$,又由 $\lim\limits_{x \to x_0} \varphi(x) = \varphi(x_0)$ 及 $\varphi(x_0) = u_0$ 知,当 $x \to x_0$ 时,$u \to u_0$,因此 $\lim\limits_{x \to x_0} f[\varphi(x)] = \lim\limits_{u \to u_0} f(u) = f(u_0) = f[\varphi(x_0)]$,这就证明了 $y = f[\varphi(x)]$ 在 $x = x_0$ 连续.

例 17　讨论函数 $y = \arcsin \dfrac{1}{x}$ 的连续性.

解　函数 $y = \arcsin \dfrac{1}{x}$ 是由 $y = \arcsin u$ 与 $u = \dfrac{1}{x}$ 复合而成,而 $y = \arcsin u$ 在 $[-1, 1]$ 上连续,但 $u = \dfrac{1}{x}$ 在 $(-\infty, 0) \bigcup (0, +\infty)$ 内连续的,从而 $u = \dfrac{1}{x}$ 必在 $(-\infty, -1] \bigcup [1, +\infty)$ 是连续的,而当 $x \in (-\infty, -1] \bigcup [1, +\infty)$ 时,$u = \dfrac{1}{x} \in [-1, 1]$,由定理 4 知函数 $y = \arcsin \dfrac{1}{x}$ 在 $(-\infty, -1] \bigcup [1, +\infty)$ 上是连续的.即 $y = \arcsin \dfrac{1}{x}$ 在其定义域内是连续的.

可以证明指数函数 $y = a^x (a > 0 \text{ 且 } a \neq 1)$、对数函数 $y = \log_a x (a > 0 \text{ 且 } a \neq 1)$、幂函数 $y = x^u (u \in R)$、常数函数 $y = c$ 在其定义域内均连续.综合起来可得如下结论:

基本初等函数在它们的定义域内都是连续的.

由基本初等函数的连续性以及连续函数的和、差、积、商的连续性和复合函数的连续性定理,可得以下重要结论:**一切初等函数在它们的定义区间内是连续的**,这里所谓的定义区间是指包含在定义域内的区间.

初等函数的连续性告诉我们,求初等函数 $y = f(x)$ 在定义域内点 x_0 处的极限值 $\lim\limits_{x \to x_0} f(x)$,只需求出函数在 x_0 处的函数值即可.

例 18　求极限 $\lim\limits_{x \to \frac{1}{2}} \sqrt{1 - x^2}$.

解　因为 $f(x) = \sqrt{1 - x^2}$ 为初等函数,又 $x_0 = \dfrac{1}{2}$ 是定义域 $[-1, 1]$ 内的点,所以 $\lim\limits_{x \to \frac{1}{2}} \sqrt{1 - x^2} = \sqrt{1 - \left(\dfrac{1}{2}\right)^2} = \dfrac{\sqrt{3}}{2}$.

四、闭区间上连续函数的性质

在闭区间上连续的函数在理论和应用上有很多重要的性质,有一些性质的几何直观很明显,但其证明却需用实数理论,此理论超出本书的讨论范围.因此,本节我们以定理的形式对这些性质进行叙述，并给出几何解释．先介绍最值的概念．

定义 4　设函数 $f(x)$ 在区间 I 上有定义，如果存在 $x_0 \in I$，使得 $\forall x \in I$，都有 $f(x) \leqslant f(x_0)$（或 $f(x) \geqslant f(x_0)$），则称 $f(x)$ 在 x_0 处取得最大值（或最小值），$f(x_0)$ 称为 $f(x)$ 在区间 I 上的**最大值**（或**最小值**），x_0 称为 $f(x)$ 在 I 上的**最大值点**（或**最小值点**），最大值与最小值统称为**最值**，通常用 M 和 m 分别表示最大值和最小值．

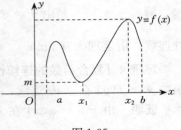

图 1-35

定理 5（最值定理）　若 $f(x)$ 在闭区间 $[a,b]$ 上连续，则它在 $[a,b]$ 上一定可以取得其最大值和最小值，亦即一定 $\exists x_1, x_2 \in [a,b]$，使得对 $\forall x \in [a,b]$ 都有 $f(x_1) \leqslant f(x) \leqslant f(x_2)$，此时 $m = f(x_1)$，$M = f(x_2)$．

几何意义：在闭区间 $[a,b]$ 上连续的函数 $y = f(x)$ 的曲线上，必有一点达到最低，也必有一点达到最高，如图 1-35.

> **注**　作为 $f(x)$ 在闭区间 $[a,b]$ 上取得最大值和最小值的条件：
> (1) 闭区间 $[a,b]$；(2) $f(x)$ 在 $[a,b]$ 上连续．

这两个条件缺一不可，即缺少一个都有可能导致结论不真．例如，$f(x) = x$ 在开区间 $(-1,1)$ 上连续，但在 $(-1,1)$ 上没有最大值，也没有最小值，如图 1-36.

再如函数 $f(x) = \begin{cases} \dfrac{1}{x}, & x \in [-1,0) \bigcup (0,1] \\ 0, & x = 0 \end{cases}$ 在闭区间 $[-1,1]$ 上有间断点 0，不满足连续性条件，同样，既没有取得最大值，也没有最小值，如图 1-37.

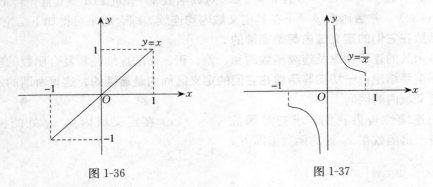

图 1-36　　　　　　　　　　图 1-37

由最值定理很容易推得如下有界性定理．

推论 1（有界性定理）　若函数 $f(x)$ 在闭区间 $[a,b]$ 上连续，则它在 $[a,b]$ 上一定有界，即 $\exists M > 0$，对 $\forall x \in [a,b]$，都有 $|f(x)| \leqslant M$．

定义 5　若有 $f(x_0) = 0$ 成立，则称 x_0 为函数 $f(x)$ 的**零点**．

定理 6（零点定理）　设函数 $f(x)$ 在闭区间 $[a,b]$ 上连续，且在区间端点处函数值异号，即 $f(a) \cdot f(b) < 0$，则至少存在一点 $\xi \in (a,b)$，使得 $f(\xi) = 0$．

从几何直观上看，零点定理表明：如果连续曲线弧 $y = f(x)$ 的两个端点分别位于 x 轴的上、下两侧，那么这段弧与 x 轴至少有一个交点，如图 1-38.

定理 7（介值定理）　若函数 $f(x)$ 在闭区间 $[a,b]$ 上连续，且 $f(a) \neq f(b)$，即对于 $f(a)$ 与 $f(b)$ 之间的任何数 μ，至少存在一点 $\xi \in (a,b)$，使得 $f(\xi) = \mu$.

证明　设 $\varphi(x) = f(x) - \mu$，则 $\varphi(x)$ 在 $[a,b]$ 上连续，且 $\varphi(a) \cdot \varphi(b) = [f(a) - \mu][f(b) - \mu] < 0$，从而 $\varphi(x)$ 在 $[a,b]$ 上满足零点定理条件，从而，至少存在一点 $\xi \in (a,b)$，使得 $\varphi(\xi) = 0$，即 $f(\xi) = \mu$.

从几何直观上看，介值定理表明：在 $[a,b]$ 上的连续曲线 $y = f(x)$ 与水平直线 $y = \mu$（μ 在 $f(a)$ 与 $f(b)$ 之间）至少有一个交点，如图 1-39.

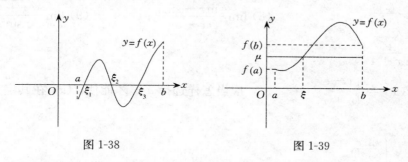

图 1-38　　　　　　　　　　图 1-39

推论 2　在闭区间上连续的函数，必能取得它的最大值 M 和最小值 m 之间的任何值.

例 19　证明方程 $e^x + x = 3$ 在开区间 $(0,1)$ 内有唯一实根.

证明　设 $f(x) = e^x + x - 3$，则 $f(x)$ 在 $[0,1]$ 上连续，且 $f(0) = -2, f(1) = e - 2$.

$f(0) \cdot f(1) = (-2)(e-2) < 0$，由零点定理知，至少存在一点 ξ，使得 $f(\xi) = 0$，即方程在 $(0,1)$ 内至少有一个实根 $x = \xi$，又由于 $f(x)$ 在 $(0,1)$ 内是单调增加的. 因此，对任意的 $x \neq \xi$，必有 $f(x) \neq f(\xi) = 0$，从而 $x = \xi$ 为原方程的唯一实根.

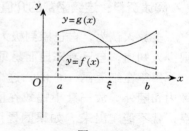

图 1-40

例 20　设 $f(x), g(x)$ 均在 $[a,b]$ 上连续，且 $f(a) < g(a), f(b) > g(b)$，证明：至少存在一点 $\xi \in (a,b)$，使 $f(\xi) = g(\xi)$.

证明　设 $\varphi(x) = f(x) - g(x)$，则 $\varphi(x)$ 在 $[a,b]$ 上连续，且 $\varphi(a) \cdot \varphi(b) = [f(a) - g(a)] \cdot [f(b) - g(b)] < 0$，由零点定理知，$\exists \xi \in (a,b)$，使得 $\varphi(\xi) = 0$，即 $f(\xi) = g(\xi)$.

注　此例的几何意义非常明显，它表明在满足题设条件的两条连续曲线弧 $y = f(x)$ 与 $y = g(x)$ 在开区间 (a,b) 内至少有一个交点 ξ，如图 1-40.

习　题　1-8

1. 证明下列函数在定义域内任意点处连续：

(1) $y = x^3$；　　　　　　　　(2) $y = \dfrac{1}{x}$.

2. 指出下列函数的间断点，并说明这些间断点的类型：

(1) $y=\dfrac{2x}{1-x^2}$;   (2) $y=\dfrac{x^2-4}{x^2-x-2}$;   (3) $y=\dfrac{x}{\sin x}$;   (4) $y=\begin{cases}x-1,x\leqslant 1\\3-x,x>1\end{cases}$.

3. 计算下列函数的极限:

(1) $\lim\limits_{x\to 2}(x^2+2x-2)$;   (2) $\lim\limits_{x\to 0^+}\dfrac{\sqrt{x}-x}{\sqrt{x}}$;   (3) $\lim\limits_{x\to 0}\ln\dfrac{\sin x}{x}$;

(4) $\lim\limits_{x\to +\infty}(\sqrt{1+x}-\sqrt{x})$;   (5) $\lim\limits_{x\to 0}\dfrac{\ln(1+2x)}{x}$;   (6) $\lim\limits_{x\to 0}(1+\sin x)^{\frac{1}{2x}}$;

(7) $\lim\limits_{x\to 1}\mathrm{e}^{-\frac{(x-1)^2}{2}}$;   (8) $\lim\limits_{x\to a}\dfrac{\sin x-\sin a}{x-a}$;   (9) $\lim\limits_{x\to 0}\dfrac{\sqrt{x+4}-2}{\sin 5x}$;

(10) $\lim\limits_{x\to 2}\dfrac{\mathrm{e}^x}{x+1}$.

4. 设函数 $f(x)=\begin{cases}1-\mathrm{e}^{-x}, & x<0\\a+x, & x\geqslant 0\end{cases}$,应当怎样选择 a ,才能使 $f(x)$ 在其定义域内连续.

5. 设 $f(x)=\begin{cases}\dfrac{\sin x}{x}, & x<0\\1, & x=0\\ \dfrac{\mathrm{e}^x-1}{x}, & x>0\end{cases}$,求 $f(x)$ 的连续区间.

6. 证明方程 $x^3-3x-1=0$ 在 $[1,2]$ 内至少有一实根.

◆ **阅读资料:连续函数的介值定理**

多数人认为,自己感到极为困难的数学问题,到了数学家手里,简直不费吹灰之力.但很少人知道,自己看来显而易见的事,在一些数学家眼中,却蕴含了深刻的困难.

用笔在纸上画一个圈,这个圈把纸平面分成了两部分——圈内和圈外.放一只小蚂蚁在圈内,它如果不经过圈上的某个点,就不能爬出来.如果圈是用蚂蚁所怕的药品——例如樟脑——画成的,可怜的小蚂蚁将长时间地焦急地在圈内徘徊!

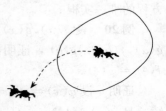

这样明显的事,有什么可讨论的呢? 19 世纪的数学家若当(C. Jordan,法国人,1838—1922) 第一个指出:这需要证明!而且证起来颇为容易.证明什么呢? 当然不是蚂蚁,而是证明命题"设平面上有一条连续的简单闭曲线,要把闭曲线内部一点和外部一点用连续曲线连起来,这连续曲线必与闭曲线相交!"(若当定理)

难点在于,要先把"连续曲线"的数学概念说清楚,并从数学概念出发,用逻辑推出结论.

证明这件事——若当定理,要用到连续函数的重要性质:连续函数 $f(x)$ 如果在 a 与 b 之间有定义,在 a 处的值 $F(a)<p$,在 b 处 $F(b)>p$,那么在 a 到 b 之间必有 c ,使 $F(c)=p$.

从几何上看,这意味着:如果一条连续曲线从直线左侧一点 A 通向右侧一点 B,则它一定与直线相交.尽管我们不知道交点在何处,但相交是可以肯定的.这叫做**连续函数的介**

值定理．它十分有用．用二分法计算方程的根，根据的就是介值定理．利用它还能判断一个方程有没有实根．例如方程

$$x^3 + 3x + 1 = 0$$

让函数 $F(x) = x^3 + 3x + 1$，则 $F(1) > 0, F(-1) < 0$，所以在 -1 到 1 之间有一个 c 使 $F(c) = 0$，即方程（1）有根！用这个办法可以证明：奇次代数方程至少有一个实根．

第九节 应用举例

科学的真谛正如庄子所言："判天地之美，析万物之理"．而数学又是揭示客观世界事物运动规律及社会、经济等演变规律的强有力的工具．面对错综复杂的自然和经济问题时，数学工具的成功应用，会使问题的解决方法变得简捷而和谐．在实际应用中，往往会把数据与实际完美地结合起来．

一、在经济方面的应用

在经济分析中，对需求、价格、成本、收益、利润等经济量的关系研究，是经济数学最基本任务之一，我们往往通过在合理假设下，建立起被研究问题的数学模型，通过数学表达式刻画问题中所涉及的主要变量间的关系，然后运用有关数学知识和其他相关知识进行综合分析、研究、以达到解决问题的目的．作为讨论的初期，这里仅限于考察两个变量间的依赖关系．

1. 需求函数 某商品的社会需求与很多因素有关，诸如价格、收入水平、消费者的消费倾向，可替代商品的价格等．在这里只考虑商品的需求量与商品价格之间的关系，而将其他因素暂时看成不变的量．这样商品的需求量就是商品价格的函数，若用 Q 表示商品需求量，P 表示商品价格，则 $Q = Q(P)$，称为**需求函数**，同时将 $Q = Q(P)$ 的反函数 $P = P(Q)$ 称为**价格函数**．也反映商品的需求和价格的关系．

在经济管理中，常用以下较简洁的初等函数形式来表达需求函数：

1）线性需求函数：$Q = a - bP$，其中 $a, b > 0$；

2）幂需求函数：$Q = aP^{-b}$，其中 $a, b > 0$；

3）指数需求函数：$Q = ae^{-bP}$，其中 $a, b > 0$；

4）二次需求函数：$Q = a - bP - cP^2$，其中 $a > 0, b > 0, c > 0$．

2. 供给函数 商品的供给量是指在一定的价格水平下，愿意并能够对社会提供的商品量．影响商品供给量的因素多而复杂，这里依然将其他因素看成不变的量，仅考虑价格因素，即商品供给量 S 与商品价格 P 之间关系的函数 $S = S(P)$，称之为**供给函数**，同时将 $S = S(P)$ 的反函数 $P = P(S)$ 也称为供给函数．

在经济管理中，常用以下较简洁的初等函数形式来近似表达供给函数：

1）线性函数 $S = -a + bP$，其中 $a, b > 0$；2）幂函数 $S = aP^b$，其中 $a, b > 0$；

3）指数函数 $S = ae^{bP}$，其中 $a, b > 0$．

使某种商品的市场需求量与供给量相等的价格，称为**均衡价格**．当市场价格高于均衡价格时，供给量将增加而需求量相应地减少，这时产生的"供大于求"的现象必然使价格下降；当市场价格低于均衡价格时，供给量将减少而需求量增加，这时会产生"物资短缺"现

象，从而又使得价格上升．市场对价格的调节就是这样来实现的．

3. 成本函数 任何一项生产活动都需要投入，**总成本**是生产一定数量产品所需的各种生产要素投入的费用总额，总成本＝固定成本＋可变成本，其中**固定成本**指的是不随产量的变化而改变的费用，如厂房费用、固定资产折旧等；**可变成本**指的是随产量的变化而改变的费用，如原材料、燃料、劳力及计件工资等，由此可见，总成本函数 C 是产量（或销量 Q）的函数 $C = C(Q)$，企业为提高经济效益降低成本，通常需要考察分摊到每个单位产品中的成本——**平均成本**：$\overline{C(Q)} = C(Q)/Q$．

4. 收益函数 **收益**是指销售一定数量商品所得的收入，它既是销量 Q 的函数，又是价格 P 的函数，即收益是价格与销量的乘积，若用 R 表示收益，则 $R = PQ$，根据不同的研究目的，通过需求函数，既可以将收益函数表示成价格 P 的函数，也可以表示成销量 Q 的函数．

常用收益函数的形式有：1）若需求函数 $Q = Q(P)$，则 $R = R(P) = PQ(P)$；2）若需求函数 $P = P(Q)$，则 $R = R(Q) = P(Q) \cdot Q$．

5. 利润函数 企业生产经营活动的目的是获取利润，生产（或销售）一定数量商品的**总利润** L 在不考虑税收的情况下，它是总收益 R 与总成本 C 之差，即 $L = L(Q) = R(Q) - C(Q)$．若考虑税收 T 的情况下，总利润为 $L = L(Q) = R(Q) - C(Q) - T(Q)$．

常识告诉我们：当销售成本 $C(Q)$ 超过销售收益 $R(Q)$ 时，则表明这种经营活动亏本；而销售收益 $R(Q)$ 超过成本 $C(Q)$ 时，则产生利润；当利润 $L(Q) = 0$，亦即 $R(Q) = C(Q)$ 时，则不盈不亏．通常称使得 $L(Q) = 0$ 的点 Q_0 为**保本点**（或**盈亏临界点**）．

例 1 超市出售某种商品，若每千克 2 元，每天可售出 300kg；若每千克 1.8 元，则每天可多售出 50kg，求该商品的线性需求函数．

解 设该商品的线性需求函数为 $Q = a - bP$，根据题目所给条件可得如下二元一次方程组：
$$\begin{cases} a - 2b = 300, \\ a - 1.8b = 350. \end{cases}$$
解之得 $a = 800, b = 250$．

所以该商品的线性需求函数是
$$Q = 800 - 250P．$$

例 2 设某超市以每千克 a 元价格购入苹果，以每千克 b 元的价格出售这种苹果（$a < b$），为了促销，该超市规定，若顾客一次购买 10kg 以上，则超出部分以每千克 $0.9b$ 元的优惠价出售．试将一次成交的销售收入 R 与利润 L 表示成销售量 x 的函数．

解 由题设可知，一次售出 10kg 以内的收入为
$$R = bx, 0 \leqslant x \leqslant 10．$$
而一次售出 10kg 以上的收入为
$$R = 10b + 0.9b(x - 10) = b + 0.9bx, x > 10，$$
因此，一次成交的销售收入 R 是销量 x 的分段函数
$$R(x) = \begin{cases} bx, & 0 \leqslant x \leqslant 10, \\ b + 0.9bx, & x > 10. \end{cases}$$
由题设可知，其成本函数为 $C(x) = ax$，于是，一次成交的利润函数为
$$L(x) = R(x) - C(x)$$

$$= \begin{cases} (b-a)x, & 0 \leqslant x \leqslant 10, \\ b+(0.9b-a)x, & x > 10. \end{cases}$$

例 3 设某商品的需求函数 $Q = b - aP (a、b > 0)$，供给函数为 $Q = cP - d (c、d > 0)$，求均衡价格 P.

解 因为当需求量＝供给量时的价格为均衡价格 P_0，所以 $b - aP_0 = cP_0 - d$.

$$(a+c)P_0 = b+d，得 P_0 = \frac{b+d}{a+c}.$$

例 4 某商品的需求函数为 $Q = 50 - 5P$，试将收益 R 表示为需求量 Q 的函数，并求当需求量为 30 时的总收益.

解 需求函数 $Q = 50 - 5P$，可得 $P = 10 - \dfrac{Q}{5}$.

因为 $R = PQ$，所以 $R(Q) = \left(10 - \dfrac{Q}{5}\right)Q = -\dfrac{Q^2}{5} + 10Q$.

当 $Q = 30$ 时，$R(30) = -\dfrac{30^2}{5} + 10 \times 30 = -180 + 300 = 120$.

例 5 某企业生产某种产品的固定成本是 1 000 万元，每生产一件产品的成本是 1 500 元，去年共生产销售了 7 万件产品，销售价格是每件 2 000 元，问去年该企业的总收入和总利润各是多少？

解 总成本：$C = C_1 + C_2 = 1\,000 + 70\,000 \times 0.15 = 11\,500$（万元），

总收入：$R = PQ = 0.2 \times 70\,000 = 14\,000$（万元），

总利润：$L = R - C = 14\,000 - 11\,500 = 2\,500$（万元）.

二、在其他方面的应用

例 6 设某药物一次静脉注射后，瞬时血药浓度的消除速率与该瞬时血药浓度成正比，比例系数为 r. 一次静脉注射后，药物立刻在体内达到平衡的血药浓度为 M_0（这时 $t = 0$），求经过时间 t 后，血药的浓度 $M(t)$.

解 因为血药在体内的消除过程是连续进行的，每一时刻血药浓度及其变化的速率都不尽相同. 为此，将时间段 $[0, T]$ 分为 n 等份. 每段时间为 $\dfrac{T}{n}$，各分点为

$$0, \frac{T}{n}, \frac{2T}{n}, \cdots, \frac{n-1}{n}T, T.$$

尽管不同时刻体内的血药浓度不同，浓度的消除速率也不同. 但是，当 n 充分大时，时间间隔 $\dfrac{T}{n}$ 很短，在这个很短的时间间隔内，血药浓度的变化不大，可以用"不变的"速率来代替"变化"的速率，即在这个很短的时间间隔内，可以把血药消除的速率看成是常量，它与这个时间间隔开始时的血药浓度成正比.

于是，每一小段时间间隔内消除的血药浓度为 $rM_0 \dfrac{T}{n}$，剩余的血药浓度为

$$M_1 = M_0 - rM_0 \frac{T}{n} = M_0 \left(1 - \frac{rT}{n}\right),$$

第二时间间隔内，消除的血药浓度为 $rM_1 \dfrac{T}{n} = rM_0 \left(1 - \dfrac{rT}{n}\right) \cdot \dfrac{T}{n}$，剩余的血药浓度为

$$M_2 = M_1 - rM_1 \frac{T}{n} = M_0 \left(1 - \frac{rT}{n}\right) - rM_0 \left(1 - \frac{rT}{n}\right) \cdot \frac{T}{n} = M_0 \left(1 - \frac{rT}{n}\right)^2$$

依次类推，便得第 n 个时间间隔末剩余的血药浓度为

$$M_n = M_0 \left(1 - \frac{rT}{n}\right)^n$$

当 $n \to \infty$ 时，得 T 时刻体内血液浓度的精确值

$$M(T) = \lim_{n \to \infty} M_0 \left(1 - \frac{rT}{n}\right)^n = M_0 \lim_{n \to \infty} \left[\left(1 - \frac{rT}{n}\right)^{-\frac{n}{rT}}\right]^{-rT} = M_0 e^{-rT}.$$

在诸如细菌的繁殖、化学反应规律、药物的吸收、放射性元素的衰变以及抗体的生长等实际的问题的研究中，都要碰到这类极限.

例 7 假设一对成熟的兔子每月产下一对小兔，新生的小兔在两个月后成熟并产下一对小兔. 若开始只有一对成熟的兔子，接下来研究兔子的逐次增长率.

解 成熟兔子在第一个月产下了一对小兔，这时已有了两对兔子. 在第二个月里原来的一对兔子又产下一对兔子. 再过一个月之后，原来的那对兔子和第一次出生的一对兔子，又都产下了一对小兔. 此时，已有两对成熟的兔子和三对小兔，…

设 a_n 表示第 n 个月末繁殖的兔子对数，于是，得到下面的数列：

$$a_1 = 1, a_2 = 1, a_3 = 2, a_4 = 3, a_5 = 5, a_6 = 8, \cdots,$$

这就是著名的 **Fibonacci** 数列. 它具有如下的性质：

$$a_3 = a_1 + a_2, \quad a_4 = a_2 + a_3,$$
$$a_5 = a_3 + a_4, \quad a_6 = a_4 + a_5, \cdots$$
$$a_{n+1} = a_{n-1} + a_n$$

为了研究逐次增长率，作新数列 $\{b_n\}$，使 $b_n = \dfrac{a_{n+1}}{a_n}$

观察新数列的各项如下：

$$b_1 = 1, b_2 = 2, b_3 = 1.5, b_4 \approx 1.667, b_5 = 1.60, b_6 = 1.625, b_7 \approx 1.615, \cdots$$

该数列收敛于 1.60 和 1.62 之间的某数.

设 $b = \lim_{n \to \infty} b_n, c_n = b_n - b$，则

$$\lim_{n \to \infty} c_n = 0$$

用 a_n 除式子 $a_{n+1} = a_{n-1} + a_n$ 的两边，得

$$\frac{a_{n+1}}{a_n} = 1 + \frac{a_{n-1}}{a_n} \qquad 即 \quad b_n = 1 + \frac{1}{b_{n-1}}$$

于是

$$b + c_n = 1 + \frac{1}{b + c_{n-1}}$$

两边取极限，因为 $\lim_{n \to \infty} c_n = 0$，故

$$b = 1 + \frac{1}{b}$$

等价的二次方程为 $b^2 - b - 1 = 0 (b \neq 0)$，解得唯一的正跟 $b = \dfrac{1}{2}(1 + \sqrt{5}) \approx 1.618\cdots$.

即兔群从某月到下个月的增长率约为 62%.

习 题 1-9

1. 当鸡蛋收购价为每千克 4.5 元时，某收购站每月能收购 5 000kg，若收购价每千克提高 0.1 元，则收购量可增加 400kg，求鸡蛋的线性供给函数．

2. 已知某商品的需求函数和供给函数分别为 $Q = 14.5 - 1.5P, S = -7.5 + 4P$，求该商品的均衡价格 P_0．

3. 某厂生产 Q 单位某产品的成本为 C 万元，其中固定成本为 200 万元，每生产 1 单位产品，成本增加 10 万元．假设该产品的需求函数为 $Q = 150 - 2P$，且产品均可售出．试将该产品的利润 L（万元）表示为产量 Q 单位的函数，并求出产量为 100 单位时的利润．

◆ **阅读资料：微积分发展简介**

17 世纪对于数学的发展具有重大意义的两个事件，一是解析几何的诞生，它开辟了几何代数化这一新的方向；二是创立了微积分，使数学从常量数学过渡到变量数学．这些都是数学思想方法的重大突破．

变量数学是相对于常量数学而言的数学领域．常量数学的对象主要是固定不变的图形和常量．它是描述静态事物的有力工具．可是，对于描述事物的运动和变化却是无能为力的．因此，经各国科学家的努力与历史的积累，建立在函数与极限概念基础上的微积分理论应运而生了．

在前人工作的基础上，英国科学家牛顿和德国科学家莱布尼茨分别在自己的国度里独立研究和完成了微积分的创立工作．牛顿于 1665—1666 年创立了微积分．但是从来没有发表，只是把他的结果通知了他的朋友．莱布尼茨于 1675 年将他自己的微积分版本发表出来，后来于 1684 年在莱比锡大学的新刊物《学术论文集》上，发表了他的完整的微分法，其后又发表了积分法．1687 年，牛顿才出版了《原理》，其中就有他的流数法（微积分）．虽然这都只是微积分十分初步的工作，但他们的最大功绩是把两个貌似毫不相关的问题联系在一起，一个是切线问题（微分学的中心问题），一个是求积问题（积分学的中心问题）．

其实，牛顿和莱布尼茨两人都只是经过前人孕育的微积分思想的最后完成者．微积分的萌芽，特别是积分学部分可以追溯到古代，比如面积和体积的计算自古以来一直是数学家们感兴趣的课题．在古希腊、中国和印度数学家们的著述中，不乏用无限小过程计算特殊性质的面积、体积和曲线长的例子．而阿基米德、刘微及祖冲之父子等人确实是人们建立一般积分学的漫长努力的先驱．

牛顿和莱布尼茨分别创建的微积分各有特色．牛顿从力学或运动学的角度，从速度的变化问题开始．而莱布尼茨从几何学的角度，从求切线问题开始，突出了切线概念．而莱布尼茨在运用和创造符号方面比牛顿更花费心思．人们公认，莱布尼茨的微积分符号简明方便，以致沿用至今．牛顿和莱布尼茨的创造性贡献在于，他们明确地论述了微分和积分这两个概念或过程内在的相互关系：微分和积分是互逆的两种运算．而这正是建立微积分学的关键所在．他们正是在这一重要联系的基础上建立起系统的微积分学，建立起有效地处理变量问题的一整套数学方法．

牛顿和莱布尼茨的微积分基本定理的建立，促使了微积分的发展，的确是数学领域真正的进展，的确是更有力的工具和更简单的方法的发现．牛顿和莱布尼茨发现了这个定理以后才引起了其他学者对于微积分学的狂热的研究．这个发现使我们在微分和积分之间互相转换．

这个基本理论也提供了一个用代数计算许多积分问题的方法,该理论也可以解决一些微分方程的问题,解决未知数的积分.

微分问题在科学领域无处不在,微积分学的发展和应用几乎影响到现代生活的所有区域.它与几乎所有的科学,特别是物理科学相关.微积分是与应用联系着发展起来的,最初牛顿应用微积分学及微分方程从万有引力定律导出了开普勒行星运动三定律.此后,微积分学极大地推动了数学的发展,同时也极大地推动了天文学、力学、物理学、化学、生物学、工程学、经济学等自然科学、社会科学及应用科学各个分支中的发展.并在这些学科中有越来越广泛的应用,特别是计算机的出现更有助于这些应用的不断发展.

小　结

本章主要包括函数、极限和连续三个方面内容.

一、函数

1. 高等数学研究的对象是函数,而且主要是初等函数,是在实数范围内进行的,任何函数都由两个要素确定,即函数的定义域和对应法则.函数定义域的确定,取决于两种不同的研究背景,一是实际应用背景的函数;二是抽象地用算式表达的函数.前者定义域取决于变量的实际意义;后者定义域的研究取决于使得算式有意义的一切实数组成的集合.因此,要判定两个函数是否相同,必须从这两个方面检查,至于代表自变量及函数的字母的记法是无关紧要的.例如:$f(x)=2x^2+4x+5$ 与 $g(t)=2t^2+4t+5$ 表示同一函数.

2. 函数的特性要重点掌握,主要有四种特性:单调性、有界性、奇偶性、周期性.

3. $y=f(x)$ 存在反函数意味着函数的定义域 D 和值域 $f(D)$ 之间按对应法则 f 建立了一一对应关系,据此,$y=x^2$ 在区间 $(-\infty,+\infty)$ 上不存在反函数.

4. 函数的复合运算很重要,它的作用在于:由简单的函数经过复合运算得到多种多样新的函数以丰富我们的研究对象,把一切较复杂的函数看作是一些简单函数的复合以便进行研究.特别值得注意的是,复合函数 $y=f[g(x)]$ 的定义域 C 不一定是 $g(x)$ 的定义域 B,而 $C=\{x\mid g(x)\in A,x\in B\}$,这里 A 是 $f(u)$ 的定义域.因此,一般的有 $C\subset B$,当 $C=\phi$ 时,两个函数就不能进行复合.

5. 分段函数是高等数学中经常遇到的一类函数,要深刻理解,并要记住一些常见的分段函数.例如绝对价值函数 $y=\mid x\mid$,符号函数 $y=\text{sgn}x$,整数函数 $f(x)=[x]$(即取不超过 x 的最大整数的函数)等.

6. 要熟练掌握常数函数、幂函数、指数函数、对数函数、三角函数、反三角函数这六类基本初等函数的有关性质及其图形.

二、极限

1. 极限理论是高等数学的基础,是描述数列和函数在自变量无限变化过程中因变量变化趋势的重要概念.极限方法是人们从有限认识无限,从近似认识精确,从量变认识质变的一种数学方法,它是微积分的基本思想方法.对数列极限和函数极限的描述性定义和分析定义("$\varepsilon-N$","$\varepsilon-\delta$","$\varepsilon-X$")以及极限的性质(唯一性、局部有界性、局部保号性)要深刻理解,对于函数极限的6种极限形式、极限的四则运算法则、复合函数的极限运算法则、极限存在准则要熟练掌握.在分段函数情形中,会用左右极限处理函数连续性问题.

2. 要熟记两个重要极限 $\lim\limits_{x \to 0} \dfrac{\sin x}{x} = 1$ 及 $\lim\limits_{x \to \infty} \left(1 + \dfrac{1}{x}\right)^x = e$. 在应用时，还应注意极限形式的变换：若 $\lim\limits_{x \to 0} \varphi(x) = 0$，则 $\lim\limits_{x \to 0} \dfrac{\sin \varphi(x)}{\varphi(x)} = \lim\limits_{\varphi(x) \to 0} \dfrac{\sin \varphi(x)}{\varphi(x)} = 1$；

若 $\lim\limits_{x \to \infty} \varphi(x) = \infty$，则 $\lim\limits_{x \to \infty} \left(1 + \dfrac{1}{\varphi(x)}\right)^{\varphi(x)} = \lim\limits_{\varphi(x) \to \infty} \left(1 + \dfrac{1}{\varphi(x)}\right)^{\varphi(x)} = e$；

若 $\lim\limits_{x \to \infty} \varphi(x) = 0$，则 $\lim\limits_{x \to \infty} (1 + \varphi(x))^{\frac{1}{\varphi(x)}} = \lim\limits_{\varphi(x) \to 0} (1 + \varphi(x))^{\frac{1}{\varphi(x)}} = e$.

3. 无穷小不是一个很小很小的数，无穷大也不是一个很大很大的数，它们都是表示一个变量在某个过程中的变化趋势. 要熟记掌握一些重要等价无穷小. 利用无穷小的性质和等价无穷小的恰当代换可简化一些极限的运算. 常见的等价无穷小关系如下：

① $(1 + x)^{\frac{1}{n}} - 1 \sim \dfrac{1}{n} x$； ② $\sin x \sim x$； ③ $\tan x \sim x$； ④ $\ln(1 + x) \sim x$；

⑤ $e^x - 1 \sim x$； ⑥ $\arcsin x \sim x$；⑦ $\arctan x \sim x$； ⑧ $1 - \cos x \sim \dfrac{1}{2} x^2$.

三、连续

1. 重点掌握函数连续性及间断点的概念，并掌握间断点的类型. 间断点分为两大类：第一类间断点包括跳跃间断点与可去间断点；第二类间断点包括振荡间断点与无穷间断点. 熟记一切基本初等函数在其定义域内都是连续的. 一切初等函数在其定义区间内连续的.

2. 深刻理解闭区间上的连续函数的最值定理和介值定理，会灵活运用零点定理判别一些方程根的存在性问题.

自 测 题 A

一、填空题

1. $\lim\limits_{x \to 0} \dfrac{3\sin x + x^2 \cos \dfrac{1}{x}}{(1 + \cos x)\ln(1 + x)} = $ _____ .

2. 如果 $\lim\limits_{x \to 3} \dfrac{x^2 - 2x + k}{x - 3} = 4$，则常数 $k = $ _____ .

3. 设 $y = \dfrac{1}{x + 1}$，则当 $x \to$ _____ 时为无穷小；当 $x \to$ _____ 时为无穷大；当 $x \to$ _____ 时极限为 2.

4. $\lim\limits_{x \to \pi} \dfrac{\sin x}{x - \pi} = $ _____ ；$\lim\limits_{x \to \infty} x \sin \dfrac{2}{x} = $ _____ ；$\lim\limits_{x \to a} \dfrac{\sin(x - a)}{x^2 - a^2} = $ _____ .

5. $\lim\limits_{x \to \infty} \left(1 + \dfrac{m}{x}\right)^{nx} = $ _____ ；$\lim\limits_{x \to 0} \left(1 - \dfrac{x}{3}\right)^{\frac{2}{x}} = $ _____ .

6. $\lim\limits_{x \to 0} \dfrac{\ln(1 + 2x)}{x} = $ _____ ；$\lim\limits_{x \to 0} \dfrac{e^{3x} - 1}{x} = $ _____ ；$\lim\limits_{x \to 0} \dfrac{\ln(1 + x)}{x^2 - x} = $ _____ .

7. 设 $f(x) = \dfrac{\ln x}{x - 1}$，则 $\lim\limits_{x \to 3} f(x) = $ _____ ；$\lim\limits_{x \to 1} f(x) = $ _____ .

8. 设函数 $f(x)$ 在 $x = x_0$ 处连续，且 $\lim\limits_{x \to x_0} f(x) = 3$，则 $f(x_0) = $ _____.

9. 设 $f(x) = \dfrac{x^2 - 9}{x^2 - 2x - 3}$，则 $x = 3$ 是函数 $f(x)$ 的第_____类间断点；$x = -1$ 是函数 $f(x)$ 的第_____类间断点.

10. 若函数 $f(x) = \begin{cases} a + \ln x, & x \geqslant 1 \\ 2ax - 1, & x < 1 \end{cases}$ 在 $x = 1$ 处连续，则 $a = $ _____.

二、单项选择题

1. 下列变量在给定的变化过程中为无穷小的是_____.

   A. $\sin x \,(x \to \infty)$ B. $\mathrm{e}^{\frac{1}{x}} \,(x \to 0)$ C. $\ln(1 + x^2) \,(x \to 0)$ D. $\dfrac{x - 3}{x^2 - 9} \,(x \to 3)$

2. 下列等式成立的是_____.

   A. $\lim\limits_{x \to 0} \dfrac{\sin x^2}{x} = 1$ B. $\lim\limits_{x \to \infty} \dfrac{\sin x}{x} = 1$ C. $\lim\limits_{x \to 0} \dfrac{\sin x}{x^2} = 1$ D. $\lim\limits_{x \to 0} \dfrac{\tan x}{x} = 1$

3. 下列各式正确的是_____.

   A. $\lim\limits_{x \to 0^+} \left(1 + \dfrac{1}{x}\right)^x = 1$ B. $\lim\limits_{x \to 0^+} \left(1 + \dfrac{1}{x}\right)^x = \mathrm{e}$

   C. $\lim\limits_{x \to \infty} \left(1 - \dfrac{1}{x}\right)^x = -\mathrm{e}$ D. $\lim\limits_{x \to \infty} \left(1 + \dfrac{1}{x}\right)^x = \mathrm{e}$

4. 极限 $\lim\limits_{x \to 0} \dfrac{2 - \mathrm{e}^{\frac{1}{x}}}{2 + \mathrm{e}^{\frac{1}{x}}} = $ _____.

   A. 1   B. -1 C. 0   D. 不存在

5. 设函数 $f(x) = \begin{cases} \sin x \cdot \sin \dfrac{1}{x}, & x \neq 0 \\ k, & x = 0 \end{cases}$ 在 $x = 0$ 处连续，则 $k = $ _____.

   A. -1 B. 1   C. 0   D. k 为任何实数

6. 当 $x \to 0$ 时，_____是比 x 高阶的无穷小.

   A. $\dfrac{\sin x}{\sqrt{x}}$ B. $\sqrt{1 + x} - \sqrt{1 - x}$ C. $\ln(1 + x)$ D. $\mathrm{e}^{x^2} - 1$

7. 函数 $f(x) = \begin{cases} \mathrm{e}^{-\frac{1}{x-1}}, & x \neq 1 \\ 0, & x = 1 \end{cases}$ 在 $x = 1$ 处_____.

   A. 左连续   B. 右连续   C. 左右皆连续   D. 不连续

8. 已知 $\lim\limits_{x \to 0} \dfrac{x}{f(3x)} = 2$，则 $\lim\limits_{x \to 0} \dfrac{f(2x)}{x} = $ _____.

   A. $\dfrac{4}{3}$ B. $\dfrac{1}{4}$ C. $\dfrac{1}{3}$ D. $\dfrac{1}{2}$

9. 函数 $f(x) = \dfrac{x^2 - 4}{x - 2}$ 在 $x = 2$ 处_____.

   A. 有定义   B. 有极限   C. 没有极限   D. 既无定义又无极限

10. 函数 $f(x) = \dfrac{1}{\ln(x - 2)}$ 的连续区间是_____.

   A. $(2, +\infty)$ B. $(-\infty, 2)$ C. $(2, 3) \bigcup (3, +\infty)$ D. $[2, 3) \bigcup [3, +\infty)$

三、计算题

1. $\lim\limits_{n\to\infty}\left(\dfrac{n}{n+2}\right)^n$.　　2. $\lim\limits_{x\to0}\dfrac{\sqrt{x+1}-1}{\sin2x}$.　　3. $\lim\limits_{x\to0}\dfrac{\ln(1+3x)}{\sin5x}$.

4. $\lim\limits_{x\to+\infty}x(\sqrt{x^3+3}-\sqrt{x^2-1})$.　　5. $\lim\limits_{x\to\infty}\left(\dfrac{2x+3}{2x+1}\right)^{x+1}$.

6. 已知 $\lim\limits_{x\to1}\dfrac{x^2+ax+b}{1-x}=5$，求 a,b.

7. 设函数 $f(x)=\begin{cases}\dfrac{\sin2x}{x}, & x<0\\[2mm] k, & x=0\\[2mm] \dfrac{\ln(1+2x)}{x}, & x>0\end{cases}$ 在 $x=0$ 处连续，求 k 的值.

8. 当 $x\to0$ 时，$\sqrt{1+ax^2}-1$ 与 $\sin^2x$ 是等价无穷小，求 a 的值.

9. 设 $f(x)=\begin{cases}\mathrm{e}^{\frac{1}{x-1}}, & x>0,\\ \ln(1+x), & -1<x\leqslant0.\end{cases}$ 求 $f(x)$ 的间断点，并说明间断点所属类型.

10. 设 $f(x)=\begin{cases}\dfrac{\sin2x}{x}, & x<0,\\[2mm] 2, & x=0,\\[2mm] \dfrac{\mathrm{e}^{2x}-1}{x}. & x>0.\end{cases}$ 求 $f(x)$ 的连续区间.

四、证明题

1. 设函数 $f(x)$ 在闭区间 $[0,1]$ 上连续，且 $f(1)=0$，$f\left(\dfrac{1}{2}\right)=1$，试证：存在 $\eta\in\left(\dfrac{1}{2},1\right)$，使 $f(\eta)=\eta$.

2. 证明方程 $x=\cos x$ 在 $\left(0,\dfrac{\pi}{2}\right)$ 内至少有一个实根.

自　测　题　B

一、填空题

1. $\lim\limits_{x\to\infty}\left(\dfrac{x}{x-a}\right)^x=$ _____.

2. $\lim\limits_{x\to0}\dfrac{\mathrm{e}-\mathrm{e}^{\cos x}}{\sqrt[3]{1+x^2}-1}$ _____.

3. $\lim\limits_{x\to\infty}x\cdot\sin\dfrac{2x}{x^2+1}=$ _____.

4. $\lim\limits_{x\to0}\left(1+\sin\dfrac{x}{3}\right)^{\frac{2}{x}}=$ _____.

5. 已知当 $x\to0$ 时，$(1-ax^2)^{\frac{1}{4}}-1$ 与 $x\sin x$ 是等价无穷小，则常数 $a=$ _____.

6. 若 $\lim\limits_{x \to 0} \dfrac{\sin x}{e^x - a}(\cos x - b) = 5$，则 $a = $ _____ ; $b = $ _____ .

7. 极限 $\lim\limits_{x \to 0} \dfrac{x\ln(1+x)}{1 - \cos x} = $ _____ .

8. 设 $f(x) = \lim\limits_{n \to \infty} \dfrac{(n-1)x}{nx^2 + 1}$，则 $f(x)$ 的间断点为 $x = $ _____ .

9. 设函数 $f(x) = \begin{cases} x^2 + 1, & |x| \leqslant c \\ \dfrac{2}{|x|}, & |x| > c \end{cases}$ 在 $(-\infty, +\infty)$ 内连续，则 $c = $ _____ .

10. 设常数 $a \neq \dfrac{1}{2}$，则 $\lim\limits_{n \to \infty}\ln\left[\dfrac{n - 2na + 1}{n(1 - 2a)}\right]^n = $ _____ .

二、单项选择题

1. 设 $f(x) = \begin{cases} 1, & |x| \leqslant 1, \\ 0, & |x| > 1. \end{cases}$ 则 $f\{f[f(x)]\} = $ （　　）.

     A. 0   B. 1   C. $\begin{cases} 1, & |x| \leqslant 1 \\ 0, & |x| > 1 \end{cases}$ D. $\begin{cases} 0, & |x| \leqslant 1 \\ 1, & |x| > 1 \end{cases}$

2. 设数列 $\{s_n\}$ 单调增加，$a_1 = s_1, a_n = s_n - s_{n-1} (n = 2, 3, \cdots)$，则数列 $\{s_n\}$ 有界是数列 $\{a_n\}$ 收敛的（　　）.

     A. 充分非必要条件   B. 必要非充分条件

     C. 充分必要条件   D. 既非充分也非必要条件

3. 设 $0 < a < b$ 时，则 $\lim\limits_{n \to 0}(a^{-n} + b^{-n})^{\frac{1}{n}} = $ （　　）.

     A. a B. $\dfrac{1}{a}$ C. b D. $\dfrac{1}{b}$

4. 设函数 $f(x)$ 在 $(-\infty, +\infty)$ 内单调有界，$\{x_n\}$ 为数列，下列命题正确的是（　　）.

     A. 若 $\{x_n\}$ 收敛，则 $\{f(x_n)\}$ 收敛   B. 若 $\{x_n\}$ 单调，则 $\{f(x_n)\}$ 收敛

     C. 若 $\{f(x_n)\}$ 收敛，则 $\{x_n\}$ 收敛   D. 若 $\{f(x_n)\}$ 单调，则 $\{x_n\}$ 收敛

5. 设 $f(x) = \dfrac{|x|\sin(x-2)}{x(x-1)(x-2)^2}$ 在下列哪个区间内有界（　　）.

     A. $(-1, 0)$ B. $(0, 1)$ C. $(1, 2)$ D. $(2, 3)$

6. 设函数 $f(x) = \dfrac{\sin(x-1)}{x^2 - 1}$，则（　　）.

     A. $x = -1$ 为可去间断点，$x = 1$ 为无穷间断点

     B. $x = -1$ 为无穷间断点，$x = 1$ 为可去间断点

     C. $x = -1$ 和 $x = 1$ 为均为可去间断点

     D. $x = -1$ 和 $x = 1$ 为均为无穷间断点

7. 在 $(-\pi, \pi)$ 内函数 $y = \dfrac{x}{\tan x}$ 的可去间断点的个数为（　　）.

     A. 0   B. 1   C. 2   D. 3

8. 当 $x \to 0^+$ 时，$f(x) = x - \sin ax$ 与 $g(x) = x^2\ln(1 - bx)$ 是等价无穷小，则（　　）.

     A. $a = 1, b = -\dfrac{1}{6}$ B. $a = 1, b = \dfrac{1}{6}$ C. $a = -1, b = -\dfrac{1}{6}$ D. $a = -1, b = \dfrac{1}{6}$

9. 函数 $f(x) = \dfrac{x - x^3}{\sin \pi x}$ 的可去间断点的个数为（ ）

    A. 1   B. 2   C. 3   D. 无穷多个

10. 设 $\{a_n\}, \{b_n\}, \{c_n\}$ 均为非负数列，$\lim\limits_{n \to \infty} a_n = 0, \lim\limits_{n \to \infty} b_n = 1, \lim\limits_{n \to \infty} c_n = \infty$，则必有（ ）.

    A. $a_n < b_n$，对任意 n 成立   B. $b_n < c_n$，对任意 n 成立

    C. 极限 $\lim\limits_{n \to \infty} a_n c_n$ 不存在   D. 极限 $\lim\limits_{n \to \infty} b_n c_n$ 不存在

三、计算题

1. $\lim\limits_{x \to 0} \dfrac{1 - \cos(\sin x)}{e^{x^2} - 1}$.

2. 设函数 $f(x) = \begin{cases} \dfrac{\ln(1 + ax^3)}{x - \arcsin x}, & x < 0, \\ 6, & x = 0, \\ \dfrac{e^{ax} + x^2 - ax - 1}{x \sin \dfrac{x}{4}}, & x > 0. \end{cases}$ 问 a 为何值时，$f(x)$ 在 $x = 0$ 处连续；a

为何值时，$x = 0$ 是 $f(x)$ 的可去间断点.

3. 设 $f(x) = -\dfrac{1}{\pi x} + \dfrac{1}{\sin \pi x} - \dfrac{1}{\pi(1 - x)}$，$x \in \left(0, \dfrac{1}{2}\right]$，试补充定义 $f(0)$ 使得 $f(x)$ 在 $\left[0, \dfrac{1}{2}\right]$ 上连续.

四、证明题

1. 设数列 $\{x_n\}$ 满足 $0 < x_1 < \pi, x_{n+1} = \sin x_n (n = 1, 2, \cdots)$

（1）证明 $\lim\limits_{n \to \infty} x_n$ 存在，并求之；

（2）计算 $\left(\dfrac{x_{n+1}}{x_n}\right)^{\frac{1}{x_n^2}}$.

2. 设 $0 < x_1 < 3, x_{n+1} = \sqrt{x_n(3 - x_n)}(n = 1, 2, \cdots)$，证明数列 $\{x_n\}$ 的极限存在，并求此极限.

第二章

导数、微分及其应用

微积分是在 17 世纪后半叶由英国科学家牛顿和德国科学家莱布尼茨所建立起来的. 与任何其他学科一样, 微积分也是由于社会经济的发展和生产技术的进步所引发的实际需要而产生的, 它一方面奠定了现代数学的基础, 开创了数学各分支飞速发展的新时代; 另一方面成为近 300 年来促进科学技术革命, 推动自然科学、工程技术以及人文科学全面进步不可或缺的工具. 微积分是人类有史以来取得的最伟大的科学成就之一.

微分学是微积分的重要组成部分, 导数与微分是微分学的主要内容. 其中导数反映了因变量相对于自变量变化快慢的程度, 而微分则是研究当自变量有微小变化时, 相应的函数值变化的近似值.

本章主要讨论导数与微分的概念及它们的计算方法; 应用函数的导数与微分进一步研究函数的各种性态以及函数值的计算或近似计算, 并将介绍导数在实际中的一些应用.

第一节 导数概念

一、导数的定义

导数的思想最初是由法国数学家费马为研究极值问题而引入的, 但与导数概念直接相联系的是以下两个问题: 已知运动规律求速度和已知曲线求它的切线. 这是由牛顿和莱布尼茨分别在研究力学和几何学过程中建立起来的.

下面我们以这两个问题为背景引入导数的概念.

1. 瞬时速度 由物理学知道, 物体作匀速直线运动时, 它在任何时刻的速度都可以用公式 $v = \dfrac{s}{t}$ 来计算, 其中 s 为物体经过的路程, t 为时间. 由于物体所作的运动往往是变速的, 而上述公式只能反映物体在一段时间内, 经过某段路程的平均速度, 不能反映物体在某一时刻的速度. 但很多情况下我们恰恰需要知道某一瞬间的速度. 比如公路上出了车祸, 在认定事故责任时, 就必须了解事故发生的那一瞬间车辆的速度. 下面我们就来讨论, 如何精确地刻画变速直线运动在任一时刻的瞬时速度.

设一物体作非匀速直线运动, 其运动规律为 $s = s(t)$, 讨论它在某时刻 t_0 的瞬时速度.

在时刻 t_0 以前或以后任取一个时刻 $t_0 + \Delta t$, Δt 是时间的改变量. 当 $t = t_0$ 时, 设 $s_0 = s(t_0)$. 当 $t = t_0 + \Delta t$ 时, 设物体运动的距离是 $s_0 + \Delta s = s(t_0 + \Delta t)$, 有

$$\Delta s = s(t_0 + \Delta t) - s_0 = s(t_0 + \Delta t) - s(t_0),$$

Δs 是物体在 Δt 时间内运动的距离, 或称在时刻 t_0 的距离改变量. 则物体在 Δt 时间的平均速度为

$$\bar{v} = \frac{\Delta s}{\Delta t} = \frac{s(t_0 + \Delta t) - s(t_0)}{\Delta t}.$$

当 Δt 变化时,平均速度 $\bar{v}$ 也随之变化. 当 $|\Delta t|$ 较小时,可以认为平均速度 $\bar{v}$ 是物体在时刻 t_0 的"瞬时速度"的近似值,$|\Delta t|$ 越小它的近似程度也越好. 于是,物体在时刻 t_0 的瞬时速度 v_0 就应是当 Δt 无限趋近于 $0(\Delta t \neq 0)$ 时,平均速度 $\bar{v}$ 的极限, 即

$$v_0 = \lim_{\Delta t \to 0} \bar{v} = \lim_{\Delta t \to 0} \frac{\Delta s}{\Delta t} = \lim_{\Delta t \to 0} \frac{s(t_0 + \Delta t) - s(t_0)}{\Delta t}. \tag{2-1-1}$$

2. 切线的斜率　如图 2-1 所示,设有一条平面曲线,它的方程是 $y = f(x)$. 我们希望求过曲线 $y = f(x)$ 上一点 $P(x_0, f(x_0))$ 的切线方程. 欲求曲线上一点的切线方程,关键在于求切线的斜率. 为此,考虑曲线上的另一点 $Q(x_0 + \Delta x, f(x_0 + \Delta x))$. 过这两点可以作一条直线——曲线的割线—— PQ,其斜率为

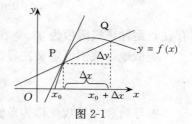

图 2-1

$$k' = \frac{\Delta y}{\Delta x} = \frac{f(x_0 + \Delta x) - f(x_0)}{\Delta x}.$$

当 Δx 变化时,即点 Q 在曲线上变动时,割线 PQ 的斜率 k' 也随之变化,当 $|\Delta x|$ 较小时,割线 PQ 的斜率 k' 应是过曲线上点 P 的切线斜率的近似值. $|\Delta x|$ 越小这个近似程度也越好. 于是,当 Δx 无限趋近于 0 时,即点 Q 沿着曲线无限趋近于点 P 时,割线 PQ 的极限位置就是曲线过点 P 的切线,同时割线 PQ 的斜率 k' 的极限 k 就应是曲线过点 P 的切线斜率,即

$$k = \lim_{\Delta x \to 0} \frac{\Delta y}{\Delta x} = \lim_{\Delta x \to 0} \frac{f(x_0 + \Delta x) - f(x_0)}{\Delta x}. \tag{2-1-2}$$

于是,过曲线 $y = f(x)$ 上一点 $P(x_0, f(x_0))$ 的切线方程是

$$y - f(x_0) = k(x - x_0).$$

上述两个问题中,一个是物理学中的瞬时速度问题,一个是几何学中的切线斜率问题,二者的实际意义完全不同. 但是,从数学来看,(2-1-1) 式与 (2-1-2) 式的数学结构完全相同,都是函数的改变量 Δy 与自变量的改变量 Δx 之比的极限(当 $\Delta x \to 0$ 时).

在自然科学和工程技术领域中,甚至在社会科学中,有着许多有关变化率的概念,都可以归结为形如 $\lim\limits_{\Delta x \to 0} \dfrac{f(x_0 + \Delta x) - f(x_0)}{\Delta x}$ 的数学形式,为了系统地研究这样的极限,就引出下面的导数概念.

定义 1　设函数 $y = f(x)$ 在 x_0 的某邻域 $U(x_0)$ 内有定义,在 x_0 处自变量 x 的改变量是 Δx,相应函数的改变量是 $\Delta y = f(x_0 + \Delta x) - f(x_0)$,若极限

$$\lim_{\Delta x \to 0} \frac{\Delta y}{\Delta x} = \lim_{\Delta x \to 0} \frac{f(x_0 + \Delta x) - f(x_0)}{\Delta x} \tag{2-1-3}$$

存在,称函数 $f(x)$ 在 x_0 **可导**(或**存在导数**),此极限称为函数 $f(x)$ 在 x_0 的**导数**(或**微商**),记为 $f'(x_0)$,$y'|_{x=x_0}$ 或 $\dfrac{dy}{dx}\Big|_{x=x_0}$,即

$$y'|_{x=x_0} = f'(x_0) = \lim_{\Delta x \to 0} \frac{f(x_0 + \Delta x) - f(x_0)}{\Delta x}$$

或

$$\frac{dy}{dx}\Big|_{x=x_0} = \lim_{\Delta x \to 0} \frac{f(x_0 + \Delta x) - f(x_0)}{\Delta x}.$$

若极限（2-1-3）不存在，称函数 $f(x)$ 在 x_0 **不可导**.

不难看到，前面的二例都是导数问题. 如果物体直线运动规律是 $s = s(t)$，则物体在时刻 t_0 的瞬时速度 v_0 是 $s(t)$ 在 t_0 的导数 $s'(t_0)$，即 $v_0 = s'(t_0)$. 如果曲线的方程是 $y = f(x)$，则曲线在点 $P(x_0, f(x_0))$ 的切线斜率 k 是 $f(x)$ 在 x_0 的导数 $f'(x_0)$，即 $k = f'(x_0)$.

若只讨论函数在 x_0 的右邻域（左邻域）上的变化率，我们需要引进单侧导数的概念.

定义 2 设函数 $y = f(x)$ 在 x_0 的某右邻域上有定义，若极限

$$\lim_{\Delta x \to 0^+} \frac{\Delta y}{\Delta x} = \lim_{\Delta x \to 0^+} \frac{f(x_0 + \Delta x) - f(x_0)}{\Delta x}$$

存在，则称该极限值为 $f(x)$ 在 x_0 的**右导数**，记作 $f'_+(x_0)$.

类似地，我们可定义**左导数**

$$f'_-(x_0) = \lim_{\Delta x \to 0^-} \frac{f(x_0 + \Delta x) - f(x_0)}{\Delta x}.$$

右导数和左导数统称为**单侧导数**.

如同左、右极限与极限之间的关系，我们有

定理 1 若函数 $y = f(x)$ 在 x_0 的某邻域内有定义，则 $f'(x_0)$ 存在的充要条件是 $f'_+(x_0)$ 与 $f'_-(x_0)$ 都存在，且 $f'_+(x_0) = f'_-(x_0)$.

定义 3 若函数 $f(x)$ 在区间 I 的每一点都可导（若区间 I 的左（右）端点属于 I，函数 $f(x)$ 在左（右）端点右（左）可导），则称**函数 $f(x)$ 在区间 I 可导**.

若函数 $f(x)$ 在区间 I 可导，则 $\forall x \in I$ 都对应唯一一个导数 $f'(x)$. 根据函数定义，$f'(x)$ 是区间 I 的函数，称为函数 $f(x)$ 在区间 I 的导函数，也简称导数，表示为

$$f'(x), y' \text{ 或 } \frac{\mathrm{d}y}{\mathrm{d}x}.$$

为了不致混淆，我们今后称导函数为导数，而将 $y = f(x)$ 在 x_0 处的导数称为导数值.

关于函数的导数定义，说明以下几点：

（1）导数定义中的 $\dfrac{\Delta y}{\Delta x}$ 反映的是函数 $f(x)$ 关于自变量 x 的平均变化率，而导数 $f'(x) = \lim\limits_{\Delta x \to 0} \dfrac{\Delta y}{\Delta x} = \lim\limits_{\Delta x \to 0} \dfrac{f(x + \Delta x) - f(x)}{\Delta x}$ 反映的是函数 $f(x)$ 在 x 处的瞬时变化率. 有了这样一个了解，将有利于我们把微分学的工具广泛地应用到各种实际问题中去，比如前面所说的那两个问题，其实也只不过是考虑一种量关于另一种量的变化率而已.

（2）在导数定义中，我们令 $x_0 + \Delta x = x$，当 $\Delta x \to 0$ 时，有 $x \to x_0$；$f(x_0 + \Delta x) - f(x_0) = f(x) - f(x_0)$；$\Delta x = x - x_0$，因此 $y = f(x)$ 在 x_0 处的导数 $f'(x_0) = \lim\limits_{\Delta x \to 0} \dfrac{f(x_0 + \Delta x) - f(x_0)}{\Delta x}$ 也可以表示为 $f'(x_0) = \lim\limits_{x \to x_0} \dfrac{f(x) - f(x_0)}{x - x_0}$.

二、求导数举例

根据导数定义，求函数 $f(x)$ 在 x 的导数，应按下列步骤进行：

（1）计算函数改变量 Δy，即 $\Delta y = f(x + \Delta x) - f(x)$；

（2）计算比值 $\dfrac{\Delta y}{\Delta x}$；

（3）求极限 $f'(x) = \lim\limits_{\Delta x \to 0} \dfrac{\Delta y}{\Delta x}$.

例 1 求 $f(x) = c$（c 是常数）的导数.

解 $f(x + \Delta x) = c$，$\Delta y = f(x + \Delta x) - f(x) = c - c = 0$，

$$\frac{\Delta y}{\Delta x} = \frac{0}{\Delta x} = 0,$$

则

$$\lim_{\Delta x \to 0} \frac{\Delta y}{\Delta x} = 0,$$

即常数函数的导数为 0.

例 2 求函数 $f(x) = x^n$（n 是正整数）的导数.

解 $f(x + \Delta x) = (x + \Delta x)^n$，

$\Delta y = f(x + \Delta x) - f(x) = (x + \Delta x)^n - x^n$

$\quad = nx^{n-1}\Delta x + \dfrac{n(n-1)}{2!}x^{n-2}(\Delta x)^2 + \cdots + (\Delta x)^n$，

$\quad \dfrac{\Delta y}{\Delta x} = \dfrac{(x + \Delta x)^n - x^n}{\Delta x} = nx^{n-1} + \dfrac{n(n-1)}{2!}x^{n-2}\Delta x + \cdots + (\Delta x)^{n-1}$，

有

$$\lim_{\Delta x \to 0} \frac{\Delta y}{\Delta x} = \lim_{\Delta x \to 0}\left(nx^{n-1} + \frac{n(n-1)}{2!}x^{n-2}\Delta x + \cdots + (\Delta x)^{n-1}\right) = nx^{n-1},$$

即

$$(x^n)' = nx^{n-1}.$$

特别地，当 $n = 1$ 时，有 $(x)' = 1$.

更一般，对于幂函数 $y = x^\mu$（μ 为常数），有

$$(x^\mu)' = \mu x^{\mu-1}.$$

这就是幂函数的导数公式. 这个公式的证明将在以后讨论. 利用这个公式，可以很方便地求出幂函数的导数，例如：

当 $\mu = \dfrac{1}{2}$ 时，$y = x^{\frac{1}{2}} = \sqrt{x}(x > 0)$ 的导数为

$$(x^{\frac{1}{2}})' = \frac{1}{2}x^{\frac{1}{2}-1} = \frac{1}{2}x^{-\frac{1}{2}},$$

即

$$(\sqrt{x})' = \frac{1}{2\sqrt{x}};$$

当 $\mu = -1$ 时，$y = x^{-1} = \dfrac{1}{x}(x \neq 0)$ 的导数为

$$(x^{-1})' = (-1)x^{-1-1} = -x^{-2},$$

即

$$\left(\frac{1}{x}\right)' = -\frac{1}{x^2}.$$

例 3 求正弦函数 $f(x) = \sin x$ 的导数.

解 $f(x + \Delta x) = \sin(x + \Delta x)$，

$\quad \Delta y = f(x + \Delta x) - f(x) = \sin(x + \Delta x) - \sin x$，

$\dfrac{\Delta y}{\Delta x} = \dfrac{\sin(x + \Delta x) - \sin x}{\Delta x} = \dfrac{2\cos\left(x + \frac{\Delta x}{2}\right)\sin\frac{\Delta x}{2}}{\Delta x} = \cos\left(x + \frac{\Delta x}{2}\right)\dfrac{\sin\frac{\Delta x}{2}}{\frac{\Delta x}{2}}$，

有 $$\lim_{\Delta x \to 0} \frac{\Delta y}{\Delta x} = \lim_{\Delta x \to 0} \cos\left(x + \frac{\Delta x}{2}\right) \frac{\sin\frac{\Delta x}{2}}{\frac{\Delta x}{2}} = \lim_{\Delta x \to 0} \cos\left(x + \frac{\Delta x}{2}\right) \lim_{\Delta x \to 0} \frac{\sin\frac{\Delta x}{2}}{\frac{\Delta x}{2}} = \cos x \,,$$

即正弦函数 $\sin x$ 在 $\forall x \in R$ 处可导. 于是它在定义域 R 内可导，并且

$$(\sin x)' = \cos x \,.$$

同样，余弦函数 $\cos x$ 在定义域 R 内也可导，并且 $(\cos x)' = -\sin x$.

例 4 求指数函数 $y = a^x (a > 0 \text{ 且 } a \neq 1)$ 的导数.

解 $f(x + \Delta x) = a^{x + \Delta x}$，

$$\Delta y = f(x + \Delta x) - f(x) = a^{x + \Delta x} - a^x = a^x (a^{\Delta x} - 1) \,,$$

$$\frac{\Delta y}{\Delta x} = \frac{a^x (a^{\Delta x} - 1)}{\Delta x} \,,$$

有 $$\lim_{\Delta x \to 0} \frac{\Delta y}{\Delta x} = \lim_{\Delta x \to 0} \frac{a^x (a^{\Delta x} - 1)}{\Delta x} = a^x \lim_{\Delta x \to 0} \frac{a^{\Delta x} - 1}{\Delta x} = a^x \ln a \,,$$

即指数函数 $y = a^x (a > 0 \text{ 且 } a \neq 1)$ 在 $\forall x \in R$ 处可导. 于是它在定义域 R 内可导，并且

$$(a^x)' = a^x \ln a \,.$$

特别地 $$(e^x)' = e^x \,.$$

例 5 求对数函数 $y = \log_a x (a > 0 \text{ 且 } a \neq 1)$ 的导数（$x > 0$）.

解 $f(x + \Delta x) = \log_a (x + \Delta x)$，

$$\Delta y = f(x + \Delta x) - f(x) = \log_a (x + \Delta x) - \log_a x$$

$$= \log_a \frac{x + \Delta x}{x} = \log_a \left(1 + \frac{\Delta x}{x}\right) \,,$$

$$\frac{\Delta y}{\Delta x} = \frac{\log_a \left(1 + \frac{\Delta x}{x}\right)}{\Delta x} = \frac{1}{\Delta x} \log_a \left(1 + \frac{\Delta x}{x}\right) = \log_a \left(1 + \frac{\Delta x}{x}\right)^{\frac{1}{\Delta x}} \,,$$

有 $$\lim_{\Delta x \to 0} \frac{\Delta y}{\Delta x} = \lim_{\Delta x \to 0} \log_a \left(1 + \frac{\Delta x}{x}\right)^{\frac{1}{\Delta x}} = \log_a e^{\frac{1}{x}} = \frac{1}{x} \log_a e = \frac{1}{x \ln a} \,,$$

即对数函数 $y = \log_a x (a > 0 \text{ 且 } a \neq 1)$ 在 $\forall x > 0$ 处可导. 于是它在定义域 $(0, +\infty)$ 可导，并且

$$(\log_a x)' = \frac{1}{x \ln a} \,.$$

特别地 $$(\ln x)' = \frac{1}{x} \ (x > 0) \,.$$

通过以上各例，我们求出一些重要的基本初等函数的导数. 所得结果列在下面：

(1) $(C)' = 0$（C 为常数）；

(2) $(x^\mu)' = \mu x^{\mu - 1}$（$\mu$ 为实数）；

(3) $(a^x)' = a^x \ln a$（$a > 0 \text{ 且 } a \neq 1$）；

(4) $(e^x)' = e^x$；

(5) $(\log_a x)' = \frac{1}{x \ln a}$（$a > 0 \text{ 且 } a \neq 1$）；

(6) $(\ln x)' = \frac{1}{x}$；

(7) $(\sin x)' = \cos x$；

(8) $(\cos x)' = -\sin x$．

在生物科学领域内，函数 $f(x)$ 的导数 $f'(x)$ 是函数 $y = f(x)$ 表示的生物变化规律在生物自变量因子处于 x 状态时变化的速度或简称变化速率．显然，在我们研究生命现象的过程中，这种变化速率的问题是大量存在着的．

例 6　某植物的生长与时间成线性关系 $y = a + bx$，试确定其在任一时刻 x 的生长率．

解　考虑时刻 x 与 $x + \Delta x$ 时的生长量

$$f(x) = a + bx，f(x + \Delta x) = a + b(x + \Delta x)，$$

则由 x 到 $x + \Delta x$ 这一段时间内，植物的增长量为

$$\Delta y = f(x + \Delta x) - f(x) = b\Delta x，$$

平均生长率为 $\bar{v} = \dfrac{\Delta y}{\Delta x} = b$，故植物在时刻 x 的生长率为

$$y' = \lim_{\Delta x \to 0} \bar{v} = \lim_{\Delta x \to 0} \frac{\Delta y}{\Delta x} = b．$$

由此可知，当生物生长与时间成线性关系时，其生长率为该函数的导数——常量 b．

例 7　某种群量 y 与时间 x 的平方成比例，即 $y = ax^2$，试确定其增殖率．

解　在时刻 x 与 $x + \Delta x$，种群量分别为

$$f(x) = ax^2，f(x + \Delta x) = a(x + \Delta x)^2，$$

则在 Δx（Δx 可正可负）时间间隔内，种群的增量为

$$\Delta y = f(x + \Delta x) - f(x) = a(x + \Delta x)^2 - ax^2 = 2ax\Delta x + a(\Delta x)^2，$$

其平均增殖率为 $\bar{v} = \dfrac{\Delta y}{\Delta x} = 2ax + a\Delta x$，则在时刻 x 的增殖率为

$$y' = \lim_{\Delta x \to 0} \bar{v} = \lim_{\Delta x \to 0} \frac{\Delta y}{\Delta x} = \lim_{\Delta x \to 0} (2ax + a\Delta x) = 2ax．$$

由此可知，该种群增殖率即为函数 $y = ax^2$ 的导数：$y' = 2ax$．

当自变量 x 的微小变化会引起函数值 $f(x)$ 的较大的变化时，就说函数 $f(x)$ 对 x 的变化是相对敏感的，导数正是对这种敏感性的度量．

例 8　孟德尔在进行豌豆杂交试验时，选择种子形状是圆粒和皱粒的品种作为亲本，设 $p(0 < p < 1)$ 是使豌豆表皮圆滑的基因（显性基因）的频率，则 $1 - p$ 是使豌豆表皮起皱的基因（隐形基因）的频率，通过杂交试验后，表皮圆滑的豌豆在下一代中所占的比例为

$$y = 2p(1 - p) + p^2 = 2p - p^2，$$

试讨论表皮圆滑的豌豆所占的比例对显性基因的频率 p 变化的敏感性．

根据导数的定义，表皮圆滑的豌豆所占的比例对显性基因的频率 p 变化的敏感性，即为 y 对 p 的导数

$$\frac{\mathrm{d}y}{\mathrm{d}p} = 2 - 2p．$$

为了讨论 y 对 p 的变化的敏感性，作 $\dfrac{\mathrm{d}y}{\mathrm{d}p} = 2 - 2p$ 的图像（如图 2-2）．由图像可知：p 很小时 y 对 p 的变化的响应比 p 很大时 y 对 p 的变化的响应更为敏感．当 p 接近 0 时，$\dfrac{\mathrm{d}y}{\mathrm{d}p}$ 接近于

2；当 p 接近 1 时，$\dfrac{\mathrm{d}y}{\mathrm{d}p}$ 接近于 0.

这说明在高度隐性的群体（表皮起皱豌豆的频率大的群体）中引起显性基因对下一代显性基因的影响，比在高度显性的群体中引起显性基因对下一代显性基因的影响更为注目．在豌豆育种中，对表皮起皱的豌豆频率比较大的品种进行改良，选择表皮圆滑的品种作为另一个亲本与它进行杂交，对下一代豌豆中表皮圆滑的比例的提高，要明显优于两个亲本表皮都是圆滑的豌豆品种杂交的效果．

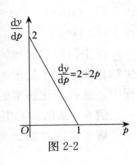

图 2-2

三、导数的几何意义

由第一节中切线问题的讨论以及导数的定义可知：函数 $y = f(x)$ 在 x_0 处的导数 $f'(x_0)$ 在几何上表示曲线 $y = f(x)$ 在点 $M(x_0, f(x_0))$ 处的切线斜率，这就是导数的几何意义．

根据导数的几何意义及直线的点斜式方程，得曲线 $y = f(x)$ 在点 $M(x_0, y_0)$ 处的**切线方程**为

$$y - y_0 = f'(x_0)(x - x_0).$$

过切点 $M(x_0, y_0)$ 且与切线垂直的直线叫做曲线 $y = f(x)$ 在点 M 处的法线．如果 $f'(x_0) \neq 0$，法线斜率为 $-\dfrac{1}{f'(x_0)}$，从而**法线方程**为

$$y - y_0 = -\frac{1}{f'(x_0)}(x - x_0).$$

例 9 求函数 $y = x^2$ 在点 $(2, 4)$ 处的切线方程与法线方程．

解 $f'(x) = (x^2)' = 2x, f'(2) = 4$，即切线的斜率为 $k = 4$，所以所求切线方程为

$$y - 4 = 4(x - 2), \text{即 } 4x - y - 4 = 0.$$

从而所求法线的斜率为 $k' = -\dfrac{1}{4}$，故所求法线方程为

$$y - 4 = -\frac{1}{4}(x - 2), \text{即 } x + 4y - 18 = 0.$$

四、函数的可导性与连续性的关系

定理 2 若函数 $y = f(x)$ 在 x_0 可导，则函数 $y = f(x)$ 在 x_0 连续．

证明 设在 x_0 处自变量 x 的改变量是 Δx，相应函数的改变量是

$$\Delta y = f(x_0 + \Delta x) - f(x_0).$$

有 $\lim\limits_{\Delta x \to 0} \Delta y = \lim\limits_{\Delta x \to 0} \dfrac{\Delta y}{\Delta x} \cdot \Delta x = \lim\limits_{\Delta x \to 0} \dfrac{\Delta y}{\Delta x} \cdot \lim\limits_{\Delta x \to 0} \Delta x = f'(x_0) \cdot 0 = 0.$

即函数 $f(x)$ 在 x_0 连续．

注 定理 2 的逆命题不成立，即函数在一点连续，函数在该点不一定可导．

例如，函数 $f(x) = |x|$ 在 $x = 0$ 连续，但是它在 $x = 0$ 不可导．

事实上，设在 $x = 0$ 自变量的改变量是 Δx，分别有

当 $\Delta x > 0$ 时，$\Delta y = f(\Delta x) - f(0) = |\Delta x| = \Delta x$，$\dfrac{\Delta y}{\Delta x} = \dfrac{\Delta x}{\Delta x} = 1$，

$$f'_+(0) = \lim_{\Delta x \to 0^+} \frac{\Delta y}{\Delta x} = 1 ;$$

当 $\Delta x < 0$ 时，$\Delta y = f(\Delta x) - f(0) = |\Delta x| = -\Delta x$，$\dfrac{\Delta y}{\Delta x} = \dfrac{-\Delta x}{\Delta x} = -1$，

$$f'_-(0) = \lim_{\Delta x \to 0^-} \frac{\Delta y}{\Delta x} = -1 .$$

显然，$f'_+(0) \neq f'_-(0)$．于是，函数 $f(x) = |x|$ 在 $x = 0$ 不可导．

由以上讨论可知，函数在某点连续是函数在该点可导的必要条件，但不是充分条件．

直观地说，函数"连续"就是相应的曲线连绵不断，而函数"可导"则是相应的曲线光滑．光滑的曲线必然连绵不断，而连绵不断不一定光滑．

◆ 阅读资料：处处连续竟然可以处处不可导

连续与可导之间到底是什么关系，在很长一段时期内，人们（包括数学家）很不清楚，甚至认为是一回事．因为从直观看，连续是一条连绵不断的曲线，怎么可能不存在切线呢？以后证明了函数 $y = |x|$ 在 $x = 0$ 导数不存在，人们才知道连续不一定可导，但是又觉得导数只是在这些"尖端"的地方不存在，而一条连续曲线这些尖端只是孤立的点，不会很密集．直到 19 世纪末，德国数学家魏尔斯特拉斯举出了每一点都不可导的连续函数的例子．

$$f(x) = \sum_{n=0}^{\infty} a^n \cos(b^n \pi x) ，其中 0 < a < 1，b 是奇整数，并且大于 \frac{1}{a} + \frac{3\pi}{2a}(1-a).$$

这才彻底解决了这个问题，即可导必连续，连续不一定可导，甚至可能处处连续而处处不可导．

习 题 2-1

1. 设质点作直线运动，已知路程 s 是时间 t 的函数
$$s = 3t^2 + 2t + 1 ，$$
求从 $t = 2$ 到 $t = 2 + \Delta t$ 之间的平均速度，并求当 $\Delta t = 1$，$\Delta t = 0.1$，$\Delta t = 0.01$ 的平均速度．再求在 $t = 2$ 时的瞬时速度．

2. 设有一随时间而变化的电流，从 0 到 t 这段时间内通过导体的电量为 $Q = 2t^2 + 3(C)$，求第 5 秒末的电流强度，并求什么时刻电流强度可达到 8A（A 即 C/s）．

3. 设 $f(x_0) = 0$，$f'(x_0) = 4$，试求极限 $\lim\limits_{\Delta x \to 0} \dfrac{f(x_0 + \Delta x)}{\Delta x}$．

4. 根据导数定义求下列函数在指定点的导数：

(1) $f(x) = 4 - x^2$，$x = 2$；　　　　(2) $f(x) = \dfrac{1}{x+1}$，$x = 1$；

(3) $y = \cos x$，$x = \dfrac{\pi}{2}$；　　　　(4) $f(x) = \sin 3x$，$x = 0$．

5. 求过曲线 $y = \dfrac{1}{2}x^2$ 上点 $\left(1, \dfrac{1}{2}\right)$ 的切线方程与法线方程．

6. 利用幂函数的求导公式求下列函数的导数:

(1) $y = x^5$; (2) $y = \dfrac{1}{x^4}$; (3) $y = \sqrt[3]{x^2}$; (4) $y = \dfrac{1}{\sqrt[3]{x^2}}$.

7. 设函数 $f(x)$ 在 $x = a$ 处可导, 求 $\lim\limits_{x \to 0} \dfrac{f(a+x) - f(a-x)}{x}$.

8. 设函数 $f(x)$ 对任意的 x 均满足 $f(1+x) = af(x)$, 且 $f'(0) = b$, 其中 a, b 是非零常数, 则 (　　) .

(A) $f(x)$ 在点 $x = 1$ 处不可导;

(B) $f(x)$ 在点 $x = 1$ 处可导, 且 $f'(1) = a$;

(C) $f(x)$ 在点 $x = 1$ 处可导, 且 $f'(1) = b$;

(D) $f(x)$ 在点 $x = 1$ 处可导, 且 $f'(1) = ab$.

9. 已知 $f(x) = \begin{cases} x^2 + 1, & 0 \leqslant x < 1 \\ 3x - 1, & x \geqslant 1 \end{cases}$, 求 $f'_+(1)$ 及 $f'_-(1)$, 并讨论 $f'(1)$ 是否存在?

第二节　函数的求导法则

上一节我们从定义出发求出了一些简单函数的导数, 对于一般函数的导数, 虽然也可以用定义来求, 但通常极为繁琐. 本节将引入一些求导法则, 利用这些法则, 能较简便地求出初等函数的导数.

一、函数的和、差、积、商的求导法则

定理 1　若函数 $u(x), v(x)$ 在 x 可导, 则函数 $u(x) \pm v(x)$ 在 x 也可导, 且有

$$[u(x) \pm v(x)]' = u'(x) \pm v'(x) .$$

可将定理 1 推广为求任意有限个函数代数和的导数, 即

若 $u_1(x), u_2(x), \cdots, u_n(x)$ 都在 x 可导, 则函数 $u_1(x) \pm u_2(x) \pm \cdots \pm u_n(x)$ 在 x 也可导, 且

$$[u_1(x) \pm u_2(x) \pm \cdots \pm u_n(x)]' = u'_1(x) \pm u'_2(x) \pm \cdots \pm u'_n(x) .$$

例 1　设 $f(x) = x^3 - \sqrt{x} + \pi^2$, 求 $f'(x)$.

解　由本章第一节公式可知, $(x^3)' = 3x^2$, $(\sqrt{x})' = (x^{\frac{1}{2}})' = \dfrac{1}{2} x^{-\frac{1}{2}} = \dfrac{1}{2\sqrt{x}}$, $(\pi^2)' = 0$, 有

$$f'(x) = (x^3 - x + \pi^2)' = (x^3)' - (\sqrt{x})' + (\pi^2)' = 3x^2 - \dfrac{1}{2\sqrt{x}} .$$

例 2　设 $f(x) = \log_3 x + \cos x - \sin \dfrac{\pi}{8}$, 求 $f'(x)$.

解　$f'(x) = (\log_3 x + \cos x - \sin \dfrac{\pi}{8})' = (\log_3 x)' + (\cos x)' - (\sin \dfrac{\pi}{8})' = \dfrac{1}{x\ln 3} - \sin x$.

定理 2　若函数 $u(x), v(x)$ 在 x 可导, 则函数 $u(x)v(x)$ 在 x 也可导, 且

$$[u(x)v(x)]' = u'(x)v(x) + u(x)v'(x) .$$

证明　设 $y = u(x)v(x)$, 有

$$\Delta y = u(x + \Delta x)v(x + \Delta x) - u(x)v(x)$$

$$= u(x + \Delta x)v(x + \Delta x) - u(x)v(x + \Delta x) + u(x)v(x + \Delta x) - u(x)v(x)$$
$$= [u(x + \Delta x) - u(x)]v(x + \Delta x) + u(x)[v(x + \Delta x) - v(x)]$$
$$= \Delta u \cdot v(x + \Delta x) + u(x)\Delta v .$$

$$\frac{\Delta y}{\Delta x} = \frac{\Delta u}{\Delta x}v(x + \Delta x) + u(x)\frac{\Delta v}{\Delta x} .$$

已知函数 $u(x), v(x)$ 在 x 可导，有

$$\lim_{\Delta x \to 0}\frac{\Delta u}{\Delta x} = u'(x) \quad \text{与} \quad \lim_{\Delta x \to 0}\frac{\Delta v}{\Delta x} = v'(x) .$$

根据本章第一节定理 2，函数 $v(x)$ 在 x 连续，即 $\lim\limits_{\Delta x \to 0}v(x + \Delta x) = v(x)$.

于是，

$$\lim_{\Delta x \to 0}\frac{\Delta y}{\Delta x} = \lim_{\Delta x \to 0}\frac{\Delta u}{\Delta x} \cdot \lim_{\Delta x \to 0}v(x + \Delta x) + u(x) \cdot \lim_{\Delta x \to 0}\frac{\Delta v}{\Delta x} = u'(x)v(x) + u(x)v'(x) .$$

即函数 $u(x)v(x)$ 在 x 也可导，且

$$[u(x)v(x)]' = u'(x)v(x) + u(x)v'(x) .$$

注　$[u(x)v(x)]' \neq u'(x)v'(x)$.

应用归纳法，可将定理 2 推广为求任意有限个函数乘积的导数．
若 $u_1(x), u_2(x), \cdots, u_n(x)$ 都在 x 可导，则函数 $u_1(x)u_2(x)\cdots u_n(x)$ 在 x 也可导，且

$$[u_1(x)u_2(x)\cdots u_n(x)]' = u'_1(x)u_2(x)\cdots u_n(x) + u_1(x)u'_2(x)\cdots u_n(x)$$
$$+ \cdots + u_1(x)u_2(x)\cdots u'_n(x) .$$

推论　若函数 $v(x)$ 在 x 可导，c 为常数，则

$$[cv(x)]' = cv'(x) .$$

例 3　设 $f(x) = \mathrm{e}^x \sin x$，求 $f'(x)$.

解　$f'(x) = (\mathrm{e}^x \sin x)' = (\mathrm{e}^x)'\sin x + \mathrm{e}^x(\sin x)' = \mathrm{e}^x \sin x + \mathrm{e}^x \cos x$.

例 4　设 $f(x) = x^3 + 5x^2 - 9x + 2$，求 $f'(x)$.

解　$f'(x) = (x^3 + 5x^2 - 9x + 2)' = (x^3)' + 5(x^2)' - 9(x)' + (2)'$
$\qquad\qquad = 3x^2 + 10x - 9$.

一般地说，多项式函数

$$f(x) = a_0 x^n + a_1 x^{n-1} + \cdots + a_{n-1}x + a_n$$

的导数为

$$f'(x) = na_0 x^{n-1} + (n-1)a_1 x^{n-2} + \cdots + a_{n-1} .$$

它比 $f(x)$ 低一个幂次．

定理 3　若函数 $u(x), v(x)$ 在 x 可导，且 $v(x) \neq 0$，则函数 $\dfrac{u(x)}{v(x)}$ 在 x 也可导，且

$$\left[\frac{u(x)}{v(x)}\right]' = \frac{u'(x)v(x) - u(x)v'(x)}{[v(x)]^2} .$$

证明　设 $f(x) = \dfrac{u(x)}{v(x)}$，有

$$\Delta y = \frac{u(x + \Delta x)}{v(x + \Delta x)} - \frac{u(x)}{v(x)} = \frac{u(x + \Delta x)v(x) - u(x)v(x + \Delta x)}{v(x)v(x + \Delta x)}$$

$$= \frac{u(x+\Delta x)v(x) - u(x)v(x) + u(x)v(x) - u(x)v(x+\Delta x)}{v(x)v(x+\Delta x)}$$

$$= \frac{[u(x+\Delta x) - u(x)]v(x) - u(x)[v(x+\Delta x) - v(x)]}{v(x)v(x+\Delta x)} = \frac{\Delta u v(x) - u(x)\Delta v}{v(x)v(x+\Delta x)} \; .$$

$$\frac{\Delta y}{\Delta x} = \frac{\dfrac{\Delta u}{\Delta x}v(x) - u(x)\dfrac{\Delta v}{\Delta x}}{v(x)v(x+\Delta x)} \; .$$

已知函数 $u(x), v(x)$ 在 x 可导, 有

$$\lim_{\Delta x \to 0} \frac{\Delta u}{\Delta x} = u'(x) \quad \text{与} \quad \lim_{\Delta x \to 0} \frac{\Delta v}{\Delta x} = v'(x) \; .$$

根据本章第一节定理 2, 函数 $v(x)$ 在 x 连续, 即 $\lim\limits_{\Delta x \to 0} v(x+\Delta x) = v(x)$.

于是, $\lim\limits_{\Delta x \to 0} \dfrac{\Delta y}{\Delta x} = \dfrac{\lim\limits_{\Delta x \to 0}\dfrac{\Delta u}{\Delta x}v(x) - u(x)\lim\limits_{\Delta x \to 0}\dfrac{\Delta v}{\Delta x}}{v(x)\lim\limits_{\Delta x \to 0}v(x+\Delta x)} = \dfrac{u'(x)v(x) - u(x)v'(x)}{[v(x)]^2} \; .$

即函数 $\dfrac{u(x)}{v(x)}$ 在 x 也可导, 且 $\left[\dfrac{u(x)}{v(x)}\right]' = \dfrac{u'(x)v(x) - u(x)v'(x)}{[v(x)]^2}$.

注 $\left[\dfrac{u(x)}{v(x)}\right]' \neq \dfrac{u'(x)}{v'(x)}$.

推论 若函数 $v(x)$ 在 x 可导, 且 $v(x) \neq 0$, 则函数 $\dfrac{1}{v(x)}$ 在 x 也可导, 且

$$\left[\frac{1}{v(x)}\right]' = -\frac{v'(x)}{[v(x)]^2} \; .$$

例 5 设 $f(x) = \tan x$, 求 $f'(x)$.

解 $f'(x) = (\tan x)' = \left(\dfrac{\sin x}{\cos x}\right)' = \dfrac{(\sin x)'\cos x - \sin x(\cos x)'}{\cos^2 x}$

$$= \frac{\cos^2 x + \sin^2 x}{\cos^2 x} = \frac{1}{\cos^2 x} = \sec^2 x \; .$$

完全类似地可以求得

$$(\cot x)' = -\csc^2 x \; .$$

例 6 设 $f(x) = \sec x$, 求 $f'(x)$.

解 $f'(x) = (\sec x)' = \left(\dfrac{1}{\cos x}\right)' = -\dfrac{(\cos x)'}{\cos^2 x} = \dfrac{\sin x}{\cos^2 x}$

$$= \frac{\sin x}{\cos x} \cdot \frac{1}{\cos x} = \tan x \cdot \sec x \; .$$

同样可以求得

$$(\csc x)' = -\csc x \cdot \cot x \; .$$

例 7 把悬挂在弹簧一端的物体（见图 2-3）向下拉到距离静止位置 5 个单位的地方, 并且在 $t = 0$ 时松开, 使物体上下跳动做简谐振动, 整个运动过程中没有促使运动放慢的反作用力, 像摩擦力或者弹性力. 物体在其后任何时间 t 的位置为

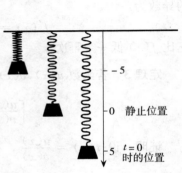

$$s = 5\cos t \; ,$$

图 2-3

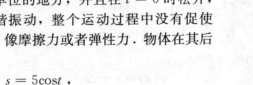

它在时间 t 的速度和加速度有多大？

解 我们有位置： $s = 5\cos t$ ；

速度： $v = \dfrac{\mathrm{d}s}{\mathrm{d}t} = \dfrac{\mathrm{d}}{\mathrm{d}t}(5\cos t) = -5\sin t$ ；

加速度： $a = \dfrac{\mathrm{d}v}{\mathrm{d}t} = \dfrac{\mathrm{d}}{\mathrm{d}t}(-5\sin t) = -5\cos t$.

请注意，从这几个方程我们可以了解到许多事项：

（1）随着时间的流逝，物体在 s 轴上 $s = -5$ 和 $s = 5$ 之间上下移动，其运动的幅度为 5，运动周期为 2π .

（2）速度 $v = -5\sin t$ 当 $\cos t = 0$ 时达到它的最大幅度 5，如图 2-4 所示．因此，物体的速率 $|v| = |5\sin t|$ 当 $\cos t = 0$ 时，也就是 $s = 0$（静止位置）时，达到最大值．物体的速率当 $\sin t = 0$ 时为零．这种情况出现在 $s = 5\cos t = \pm 5$ ，即出现在运动区间的端点．

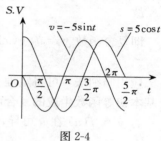

（3）加速度值总是同位置值相反．当物体处在静止位置之上时，重力向下牵引物体，当重物处在静止位置之下时，弹簧向上牵引物体．

（4）加速度 $a = -5\cos t$ 仅在静止位置为零，在那里重力和弹簧力相互平衡．当物体处于任何其他位置时，这两个力不相等且加速度不为零．加速度在距离静止位置最远的点达到最大幅度，那时 $\cos t = \pm 1$.

图 2-4

注 图 2-4 为例 7 中物体的位置函数和速度函数的图形．

二、复合函数的求导法则

我们经常遇到由几个基本初等函数生成的复合函数．因此，复合函数的求导法则是求导运算经常应用的一个重要法则．

定理 4 若函数 $y = f(u)$ 在 u 可导，函数 $u = g(x)$ 在 x 可导，则复合函数 $y = f[g(x)]$ 在 x 也可导，且

$$\{f[g(x)]\}' = f'(u)g'(x).$$

证明 由于函数 $y = f(u)$ 在 u 可导，因此

$$\lim_{\Delta u \to 0} \frac{\Delta y}{\Delta u} = f'(u) \quad (\Delta u \neq 0).$$

于是，根据极限与无穷小的关系有

$$\frac{\Delta y}{\Delta u} = f'(u) + \alpha,$$

其中 α 是 $\Delta u \to 0$ 时的无穷小．从而，当 $\Delta u \neq 0$ 时，有

$$\Delta y = f'(u)\Delta u + \alpha \Delta u. \quad (2\text{-}2\text{-}1)$$

当 $\Delta u = 0$ 时，显然有 $\Delta y = f(u + \Delta u) - f(u) = 0$ ，（2-2-1）式也成立．为此令

$$\alpha = \begin{cases} \dfrac{\Delta y}{\Delta u} - f'(u), & \Delta u \neq 0 \\ 0, & \Delta u = 0 \end{cases}.$$

于是，不论 $\Delta u \neq 0$ 或 $\Delta u = 0$，（2-2-1）式皆成立．用 $\Delta x(\Delta x \neq 0)$ 除（2-2-1）式两边，得

$$\frac{\Delta y}{\Delta x} = f'(u)\frac{\Delta u}{\Delta x} + \alpha\frac{\Delta u}{\Delta x},$$

有

$$\lim_{\Delta x \to 0}\frac{\Delta y}{\Delta x} = f'(u)\lim_{\Delta x \to 0}\frac{\Delta u}{\Delta x} + \lim_{\Delta x \to 0}\alpha \lim_{\Delta x \to 0}\frac{\Delta u}{\Delta x}.$$

根据本章第一节定理 2 可知，当 $\Delta x \to 0$ 时，$\Delta u \to 0$，从而可以推知

$$\lim_{\Delta x \to 0}\alpha = \lim_{\Delta u \to 0}\alpha = 0.$$

又因函数 $u = g(x)$ 在 x 可导，有

$$\lim_{\Delta x \to 0}\frac{\Delta u}{\Delta x} = g'(x),$$

故

$$\lim_{\Delta x \to 0}\frac{\Delta y}{\Delta x} = f'(u)g'(x),$$

即复合函数 $y = f[g(x)]$ 在 x 可导，且

$$\{f[g(x)]\}' = f'(u)g'(x).$$

应用归纳法，可将定理 4 推广为任意有限个基本初等函数生成的复合函数求导法则．三个基本初等函数生成的复合函数求导法则：

若 $y = f(u)$ 在 u 可导，$u = \varphi(v)$ 在 v 可导，$v = \psi(x)$ 在 x 可导，则

$$(f\{\varphi[\psi(x)]\})' = f'(u)\varphi'(v)\psi'(x).$$

定理 4 中所述的复合函数求导法则又称为**链式法则**．对于函数 $y = f(u)$ 与 $u = g(x)$ 的复合，这一法则可以写成以下形式：

$$\frac{\mathrm{d}y}{\mathrm{d}x} = \frac{\mathrm{d}y}{\mathrm{d}u}\frac{\mathrm{d}u}{\mathrm{d}x},$$

并可陈述如下：

欲求复合函数对自变量的导数，可以先求它对中间变量的导数，再乘以中间变量对自变量的导数．

例 8 设 $y = \sin 5x$，求 y'．

解 函数 $y = \sin 5x$ 是函数 $y = \sin u$ 与 $u = 5x$ 的复合函数，由复合函数求导法则，有

$$(\sin 5x)' = (\sin u)'(5x)' = \cos u \cdot 5 = 5\cos 5x.$$

例 9 设 $y = \ln(1 + x^2)$，求 y'．

解 设 $y = \ln u, u = 1 + x^2$，则

$$y' = (\ln u)'(1 + x^2)' = \frac{1}{u} \cdot 2x = \frac{2x}{1 + x^2}.$$

例 10 设函数 $y = \sin^3 x$，求 y'．

解 设 $y = u^3, u = \sin x$，则

$$y' = (u^3)'(\sin x)' = 3u^2 \cdot \cos x = 3\sin^2 x \cos x.$$

例 11 设函数 $y = \ln\cos(\mathrm{e}^x)$，求 y'．

解 函数 $y = \ln\cos(\mathrm{e}^x)$ 可分解为 $y = \ln u$，$u = \cos v$，$v = \mathrm{e}^x$，由复合函数求导法则，有 $y' = (\ln u)'(\cos v)'(\mathrm{e}^x)' = \frac{1}{u} \cdot (-\sin v) \cdot \mathrm{e}^x = -\frac{\sin \mathrm{e}^x}{\cos \mathrm{e}^x} \cdot \mathrm{e}^x = -\mathrm{e}^x \tan \mathrm{e}^x.$

从以上例子看出，应用复合函数求导法则时，首先要分析所给函数可看作由哪些函数复合而成，或者说，所给函数能分解成哪些函数．如果所给函数能分解成比较简单的函数，而这些简单函数的导数我们已经会求，那么应用复合函数求导法则就可以求所给函数的导数了．

对复合函数的分解比较熟练后，就不必再写中间变量，而可以采用下列例题的方式来计算．

例 12　设 μ 为实数，求幂函数 $y = x^\mu (x > 0)$ 的导数．

解　因为 $y = x^\mu = \mathrm{e}^{\ln x^\mu} = \mathrm{e}^{\mu \ln x}$ ，故

$$(x^\mu)' = (\mathrm{e}^{\mu \ln x})' = \mathrm{e}^{\mu \ln x}(\mu \ln x)' = x^\mu \cdot \mu \cdot \frac{1}{x} = \mu x^{\mu-1} .$$

例 13　设 $f(x) = \sqrt{x^2 + 1}$ ，求 $f'(x)$ ．

解　$f'(x) = (\sqrt{x^2+1})' = [(x^2+1)^{\frac{1}{2}}]' = \frac{1}{2}(x^2+1)^{-\frac{1}{2}}(x^2+1)' = \dfrac{x}{\sqrt{x^2+1}}$ ．

例 14　物质在化学分解过程中，开始时的质量为 m_0 ，经过时间 t 后，其质量为 m ，它们之间满足方程

$$m = m_0 \mathrm{e}^{-kt} ,$$

其中 k 为常数，试讨论该物质的分解速度．

解　物质的分解速度 v 就是质量 m 对时间 t 的导数，即

$$v = \frac{\mathrm{d}m}{\mathrm{d}t} = -km_0 \mathrm{e}^{-kt} .$$

因为 $m = m_0 \mathrm{e}^{-kt}$ ，所以 $v = -km$ ，即物质的分解速度与该物质本身在 t 时刻的质量成正比．

例 15　有关血管中血液流动速度 v 的普瓦瑟耶（Poiseuille）定律由下面公式表示

$$v = \frac{\rho}{4\lambda\eta}(R^2 - r^2) ,$$

其中，R 是血管半径，v 是血管横截面上离中轴线距离 r 处的血流速度，ρ, λ, η 皆是物理常数．已知阿司匹林具有舒张微细血管的作用，假定病人遵医嘱服用了阿司匹林，在随后的一段时间里，动脉血管的半径以速率

$$\frac{\mathrm{d}R}{\mathrm{d}t} = 2 \times 10^{-4} (\mathrm{cm/min})$$

扩张，那么，动脉中血流速度 v 关于时间 t 的变化率为多少？

解　由所作假设，v 由 R 决定，而 R 又随时间 t 而变化，故 v 是 t 的复合函数，则

$$\frac{\mathrm{d}v}{\mathrm{d}t} = \frac{\mathrm{d}v}{\mathrm{d}R} \frac{\mathrm{d}R}{\mathrm{d}t} .$$

由普瓦瑟耶定律

$$\frac{\mathrm{d}v}{\mathrm{d}R} = \frac{\rho}{4\lambda\eta} 2R ,$$

代入 $\dfrac{\mathrm{d}v}{\mathrm{d}t}$ 就得到

$$\frac{\mathrm{d}v}{\mathrm{d}t} = \frac{\mathrm{d}v}{\mathrm{d}R} \frac{\mathrm{d}R}{\mathrm{d}t} = \frac{\rho}{4\lambda\eta} 2R \times 2 \times 10^{-4} .$$

若某处的血管半径 $R = 0.02\text{cm}, \rho = 4\lambda\eta$，则在该处血液流速的变化率为
$$v'\big|_{R=0.02} = 8 \times 10^{-6}\text{cm/min}.$$

习 题 2-2

1. 求下列函数的导数：

(1) $y = x^4 + 3x^2 - 6$ ；

(2) $y = 6x^{\frac{7}{2}} + 4\sqrt{x^5} + \dfrac{2}{x}$ ；

(3) $y = (1 + 4x^3)(1 + 2x^2)$ ；

(4) $y = x^3 + 5^x - 2e^x$ ；

(5) $y = x\tan x - \cot x$ ；

(6) $y = x\sin x + \cos x$ ；

(7) $y = 2\ln x - \lg x + 5\log_3 x$ ；

(8) $y = x^3\ln x$ ；

(9) $y = \dfrac{x+1}{x-2}$ ；

(10) $y = \dfrac{x}{4^x}$ ；

(11) $y = e^x\cos x$ ；

(12) $y = x\sin x\ln x$.

2. 求下列函数的导数：

(1) $y = (2x^2 - 3)^2$ ；

(2) $y = \sqrt{x^2 + a^2}$ ；

(3) $y = e^{2x}$ ；

(4) $y = \tan(ax + b)$ ；

(5) $y = \sin^2 x$ ；

(6) $y = \cot^2 5x$ ；

(7) $y = \ln(\ln x)$ ；

(8) $y = 7^{x^2 + 2x}$.

3. 若 $F(x) = \dfrac{1}{x+2} + \dfrac{1}{x^2+1}$，求 $F'(0), F'(-1), F'(1)$.

第三节　初等函数和分段函数的导数

一、初等函数的导数

我们知道，初等函数是由基本初等函数经过有限次四则运算及有限次复合运算构成，并可以用一个式子表示的函数．因此，对于初等函数的求导，可以通过四则运算求导法则与复合函数求导法则，将初等函数的求导问题化解为若干基本初等函数的求导问题．

例1　求函数 $y = \ln(x + \sqrt{x^2 + a^2})$ 的导数．

解　$y' = [\ln(x + \sqrt{x^2 + a^2})]' = \dfrac{1}{x + \sqrt{x^2 + a^2}}(x + \sqrt{x^2 + a^2})'$

$= \dfrac{1}{x + \sqrt{x^2 + a^2}}[1 + \dfrac{1}{2\sqrt{x^2 + a^2}}(x^2 + a^2)']$

$= \dfrac{1}{x + \sqrt{x^2 + a^2}}(1 + \dfrac{x}{\sqrt{x^2 + a^2}}) = \dfrac{1}{\sqrt{x^2 + a^2}}$.

例2　求函数 $y = \tan\dfrac{1}{x} + e^{2x}\sin(x^2 + 1)$ 的导数．

解　$y' = [\tan\dfrac{1}{x} + e^{2x}\sin(x^2 + 1)]' = (\tan\dfrac{1}{x})' + [e^{2x}\sin(x^2 + 1)]'$

$= \sec^2\dfrac{1}{x}\left(\dfrac{1}{x}\right)' + (e^{2x})'\sin(x^2 + 1) + e^{2x}[\sin(x^2 + 1)]'$

$$= \sec^2 \frac{1}{x}\left(-\frac{1}{x^2}\right) + e^{2x}(2x)'\sin(x^2+1) + e^{2x}\cos(x^2+1)(x^2+1)'$$

$$= -\frac{1}{x^2}\sec^2\frac{1}{x} + 2\sin(x^2+1)e^{2x} + 2x\cos(x^2+1)e^{2x}.$$

二、分段函数的导数

分段函数是由几个式子表示的函数，若分段函数在分段区间内是初等函数，则在分段区间内的函数求导就变为求初等函数的导数，这个问题在前面已得到解决，因此研究分段函数的求导问题，就是要研究解决分段函数在分段点处分段函数是否可导．若分段函数在分段点处左、右导数存在且相等，则函数在分段点处可导；否则不可导．

例 3 求函数 $f(x) = x^2 \mid x \mid$ 的导数．

解 函数 $f(x) = x^2 \mid x \mid$ 是一个分段函数，即

$$f(x) = \begin{cases} x^3, & x \geqslant 0, \\ -x^3, & x < 0. \end{cases}$$

此分段函数有一个分段点 $x = 0$，由于

$$f'_-(0) = \lim_{x\to 0^-}\frac{f(x)-f(0)}{x-0} = \lim_{x\to 0^-}\frac{-x^3-0}{x-0} = 0,$$

且

$$f'_+(0) = \lim_{x\to 0^+}\frac{f(x)-f(0)}{x-0} = \lim_{x\to 0^+}\frac{x^3-0}{x-0} = 0,$$

即

$$f'_-(0) = f'_+(0) = 0.$$

所以有

$$f'(0) = 0.$$

又由于

$$x > 0 \text{ 时}, f'(x) = (x^3)' = 3x^2,$$
$$x < 0 \text{ 时}, f'(x) = (-x^3)' = -3x^2,$$

故得

$$f'(x) = \begin{cases} 3x^2, & x \geqslant 0, \\ -3x^2, & x < 0. \end{cases}$$

例 4 求函数 $f(x) = \ln \mid x \mid$ $(x \neq 0)$ 的导数．

解

$$f(x) = \ln \mid x \mid = \begin{cases} \ln x, & x > 0 \\ \ln(-x), & x < 0. \end{cases}$$

当 $x > 0$ 时, $(\ln \mid x \mid)' = (\ln x)' = \frac{1}{x}$,

当 $x < 0$ 时, $(\ln \mid x \mid)' = (\ln(-x))' = \frac{1}{-x}(-x)' = \frac{1}{x}$,

合并得

$$(\ln \mid x \mid)' = \frac{1}{x}(x \neq 0).$$

例 5 讨论函数 $f(x) = \begin{cases} x\sin\frac{1}{x}, & x \neq 0 \\ 0, & x = 0 \end{cases}$ 在 $x=0$ 处的可导性．

解 当 $x \neq 0$ 时，有 $\frac{f(x)-f(0)}{x-0} = \frac{x\sin\frac{1}{x}}{x} = \sin\frac{1}{x}$，故当 $x\to 0$ 时，$\sin\frac{1}{x}$ 在 -1 与 1 之

间无限次振动,不存在极限,即函数 $f(x)$ 在 $x=0$ 不可导.

例 6 讨论函数 $f(x)=\begin{cases} 1-\cos x, & x\geqslant 0 \\ x, & x<0 \end{cases}$ 在 $x=0$ 处的可导性.

解 由于

$$f'_+(0)=\lim_{\Delta x\to 0^+}\frac{f(0+\Delta x)-f(0)}{\Delta x}=\lim_{\Delta x\to 0^+}\frac{1-\cos\Delta x}{\Delta x}=0,$$

$$f'_-(0)=\lim_{\Delta x\to 0^-}\frac{f(0+\Delta x)-f(0)}{\Delta x}=\lim_{\Delta x\to 0^-}1=1,$$

$f'_+(0)\neq f'_-(0)$,所以 $f(x)$ 在 $x=0$ 不可导.

例 7 讨论函数 $f(x)=\begin{cases} x^2\sin\dfrac{1}{x}, & x\neq 0 \\ 0, & x=0 \end{cases}$ 在 $x=0$ 处的可导性.

解 $f'_+(0)=\lim_{x\to 0^+}\frac{f(x)-f(0)}{x-0}=\lim_{x\to 0^+}x\sin\frac{1}{x}=0,$

$$f'_-(0)=\lim_{x\to 0^-}\frac{f(x)-f(0)}{x-0}=\lim_{x\to 0^-}x\sin\frac{1}{x}=0,$$

即 $\qquad\qquad\qquad f'_+(0)=f'_-(0)=0.$

所以有 $\qquad\qquad\qquad f'(0)=0.$

习 题 2-3

1. 求下列函数的导数:

(1) $y=\sin^2 x+\cos 2x$;

(2) $y=\dfrac{x}{\sqrt{a^2-x^2}}(\,|\,x\,|<|\,a\,|\,)$;

(3) $y=2^{\tan\frac{1}{x}}$;

(4) $y=\dfrac{1}{2}\ln(1+x)-\dfrac{1}{4}\ln(1+x^2)-\dfrac{1}{2(1+x)}$;

(5) $y=\dfrac{x}{2}\sqrt{x^2+a^2}+\dfrac{a^2}{2}\ln(x+\sqrt{x^2+a^2})$;

(6) $y=\ln(e^x+\sqrt{1+e^{2x}})$.

2. 求函数 $y=x\,|\,x\,|$ 的导数.

3. 判断函数 $f(x)=\begin{cases} x^2+x, & x<1 \\ x^3+1, & x\geqslant 1 \end{cases}$ 在 $x=1$ 处是否可导,并求 $f'(x)$.

第四节　隐函数的导数

一、隐函数的导数

函数 f(对应关系)有多种不同的表示方法.对应关系可写成 $y=f(x)$ 的形式的函数称为**显函数**,此时函数 y 可以由自变量 x 的一个表达式直接表示.还有一类函数 y 不能直接用自变量 x 的一个解析式表达,即自变量 x 与因变量 y 的对应关系 f 是由二元方程 $F(x,y)=0$ 所确定的,这种函数称为**隐函数**,例如 $x^2-y=5$,$e^y=xy$ 等.有些隐函数可以化为显函数,例如 $x^2-y=5$ 可化为 $y=x^2-5$.有些隐函数不能化为显函数,例如 $e^y=xy$.因此,我们要研究从隐函数直接求导数的方法.对于隐函数存在并且可导的情形,并不一定需要先解出显式表示再求导,直接对隐函数所满足的方程求导,往往更为便利.请看下面的例子.

例 1　求方程 $e^y = xy$ 确定的隐函数 $y = f(x)$ 的导数.

解　方程两边对 x 求导，由复合函数的求导法则（注意，y 是 x 的函数），有

$$e^y y' = y + xy'$$

解得隐函数的导数

$$y' = \frac{y}{e^y - x} = \frac{y}{xy - x} = \frac{y}{x(y-1)}.$$

例 2　求椭圆 $\dfrac{x^2}{16} + \dfrac{y^2}{9} = 1$ 在点 $(2, \dfrac{3}{2}\sqrt{3})$ 处的切线方程.

解　由导数的几何意义知道，所求切线的斜率为 $k = y'|_{x=2}$.

椭圆方程的两边分别对 x 求导，有

$$\frac{x}{8} + \frac{2}{9} y \cdot \frac{dy}{dx} = 0.$$

从而

$$\frac{dy}{dx} = -\frac{9x}{16y}.$$

当 $x = 2$ 时，$y = \dfrac{3}{2}\sqrt{3}$，代入上式得

$$\frac{dy}{dx}\bigg|_{\substack{x=2 \\ y=\frac{3}{2}\sqrt{3}}} = -\frac{\sqrt{3}}{4}.$$

于是所求的切线方程为

$$y - \frac{3}{2}\sqrt{3} = -\frac{\sqrt{3}}{4}(x - 2)$$

即

$$\sqrt{3}x + 4y - 8\sqrt{3} = 0.$$

求某些显函数的导数，直接求它的导数过程比较繁琐，这时可将它化为隐函数，用隐函数求导法则求其导数，比较简便. 将显函数化为隐函数常用的方法是等号两端取对数，称为**对数求导法**. 我们通过下面的例子来说明这种方法.

例 3　求函数 $y = \sqrt[3]{\dfrac{x^2}{x-a}}$ 的导数.

解　等式两边取对数，有

$$\ln|y| = \ln\left|\sqrt[3]{\frac{x^2}{x-a}}\right| = \frac{2}{3}\ln|x| - \frac{1}{3}\ln|x-a|$$

由隐函数的求导法则，有

$$\frac{y'}{y} = \frac{2}{3} \cdot \frac{1}{x} - \frac{1}{3} \cdot \frac{1}{x-a} = \frac{x-2a}{3x(x-a)},$$

即

$$y' = \frac{x-2a}{3x(x-a)} \sqrt[3]{\frac{x^2}{x-a}}.$$

例 4　求幂指函数 $y = x^x (x > 0)$ 的导数.

解　等式两边取对数，有

$$\ln y = x \ln x$$

由隐函数的求导法则，有

$$\frac{y'}{y} = \ln x + 1$$

即
$$y' = y(\ln x + 1) = x^x(\ln x + 1).$$

采用化显函数为隐函数的求导方法，不难求得反三角函数的求导公式.

例 5 求反正弦函数 $y = \arcsin x(-1 < x < 1)$ 的导数.

解 因为 $y = \arcsin x(-1 < x < 1)$ 的反函数是 $x = \sin y\left(-\frac{\pi}{2} < y < \frac{\pi}{2}\right)$，

于是反函数等式两边分别对 x 求导，有

$$1 = \cos y \cdot y' \quad 即 \quad y' = \frac{1}{\cos y}$$

又因为 $-\frac{\pi}{2} < y < \frac{\pi}{2}$，所以有 $\cos y = \sqrt{1 - \sin^2 y} = \sqrt{1 - x^2}$

故有
$$y' = \frac{1}{\cos y} = \frac{1}{\sqrt{1 - x^2}}(-1 < x < 1).$$

即
$$(\arcsin x)' = \frac{1}{\sqrt{1 - x^2}}(-1 < x < 1).$$

用类似的方法可得

$$(\arccos x)' = -\frac{1}{\sqrt{1 - x^2}}(-1 < x < 1).$$

例 6 求反正切函数 $y = \arctan x$ 的导数.

解 因为 $y = \arctan x$ 的反函数是 $x = \tan y\left(-\frac{\pi}{2} < y < \frac{\pi}{2}\right)$，

反函数等式两边分别对 x 求导，有

$$1 = \sec^2 y \cdot y' \quad 即 \quad y' = \frac{1}{\sec^2 y}.$$

所以有
$$y' = \frac{1}{\sec^2 y} = \frac{1}{1 + \tan^2 y} = \frac{1}{1 + x^2}.$$

即
$$(\arctan x)' = \frac{1}{1 + x^2}.$$

用类似的方法可得

$$(\text{arccot} x)' = -\frac{1}{1 + x^2}.$$

通过一系列例题，我们已经求出了所有的基本初等函数的导数. 现将所得的结果列在下面：

(1) $(C)' = 0(C$ 为常数)；

(2) $(x^\mu)' = \mu x^{\mu-1}(\mu$ 为实数)；

(3) $(a^x)' = a^x \ln a(a > 0$ 且 $a \neq 1)$；

(4) $(e^x)' = e^x$；

(5) $(\log_a x)' = \frac{1}{x \ln a}(a > 0$ 且 $a \neq 1)$；

(6) $(\ln |x|)' = \frac{1}{x}$；

(7) $(\sin x)' = \cos x$；

(8) $(\cos x)' = -\sin x$；

(9) $(\tan x)' = \sec^2 x$；

(10) $(\cot x)' = -\csc^2 x$；

(11) $(\sec x)' = \sec x \tan x$；

(12) $(\csc x)' = -\csc x \cot x$；

(13) $(\arcsin x)' = \frac{1}{\sqrt{1 - x^2}}$；

(14) $(\arccos x)' = -\frac{1}{\sqrt{1 - x^2}}$；

(15) $(\arctan x)' = \dfrac{1}{1+x^2}$;   (16) $(\text{arccot} x)' = -\dfrac{1}{1+x^2}$.

*二、相关变化率

设 $x = x(t)$ 及 $y = y(t)$ 都是可导函数,而变量 x 与 y 间存在某种关系,从而变化率 $\dfrac{\mathrm{d}x}{\mathrm{d}t}$ 与 $\dfrac{\mathrm{d}y}{\mathrm{d}t}$ 间也存在一定关系.这两个相互依赖的变化率称为**相关变化率**.相关变化率问题就是研究这两个变化率之间的关系,以便从其中一个变化率求出另一个变化率.

例 7 设气体以 $100 \text{ cm}^3/\text{s}$ 的常速注入球状的气球,假定气体的压力不变,那么当半径为 10cm 时,气球半径增加的速率是多少?

解 设在时刻 t 时,气球的体积与半径分别为 V 和 r. 显然

$$V = \frac{4}{3}\pi r^3 .$$

上式两端对 t 求导,得 $\dfrac{\mathrm{d}V}{\mathrm{d}t} = \dfrac{4}{3}\pi \times 3r^2 \dfrac{\mathrm{d}r}{\mathrm{d}t}$.

由已知条件 $\dfrac{\mathrm{d}V}{\mathrm{d}t} = 100 \text{ cm}^3/\text{s}$,则当 $r = 10\text{cm}$ 时有

$$100 = \frac{4}{3}\pi \times 3 \times 10^2 \cdot \frac{\mathrm{d}r}{\mathrm{d}t} .$$

所以 $\dfrac{\mathrm{d}r}{\mathrm{d}t} = \dfrac{1}{4\pi}\text{cm/s}$,即在 $r = 10\text{cm}$ 这一瞬间,半径以 $\dfrac{1}{4\pi}\text{cm/s}$ 的速度增加.

例 8 设一路灯高 360cm,一人高 150cm,若人以 5040cm/min 的匀速沿直线离开灯柱,求人影长度增长的速度(如图 2-5).

解 如图 2-5 所示,AC 为人高,OD 为灯高,$x = OA$ 为人到灯柱的距离,$s = AB$ 为人影长度.由相似三角形知识可知

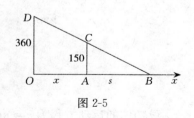

图 2-5

$$\frac{s}{s+x} = \frac{150}{360} ,$$

即 $s = \dfrac{5}{7}x$,这里 s, x 都是时间 t 的函数. 等式两端同时对 t 求导数,得 $\dfrac{\mathrm{d}s}{\mathrm{d}t} = \dfrac{5}{7}\dfrac{\mathrm{d}x}{\mathrm{d}t}$.

由已知条件,$\dfrac{\mathrm{d}x}{\mathrm{d}t} = 5040(\text{cm/min})$,所以人影长度增长的速度为 $\dfrac{\mathrm{d}s}{\mathrm{d}t} = \dfrac{5}{7} \times 5040 = 3600(\text{cm/min})$.

习 题 2-4

1. 求下列方程确定的隐函数的导数:

(1) $x^3 + y^3 - 3axy = 0$;   (2) $xy = \mathrm{e}^{x+y}$;

(3) $x = \ln(x+y)$;   (4) $y = \sin(x+y)$.

2. 应用对数求导法,求下列函数的导数:

(1) $y = \sqrt[3]{\dfrac{x(x^2+1)}{(x^2-1)^2}}$;　　　　　(2) $y = (\sin x)^{\cos x}$;

(3) $y = x^{\frac{1}{x}}$;　　　　　　　　(4) $y = x \cdot \sqrt{\dfrac{1-x}{1+x}}$.

3. 求椭圆 $\dfrac{x^2}{2} + \dfrac{y^2}{5} = 1$ 上点 $M\left(1, \dfrac{\sqrt{10}}{2}\right)$ 处的切线方程与法线方程.

4. 设生物群体总数 N 随时间的生长规律为 $N = N(t)$ 的 Logistic 方程为 $N = N_0 \dfrac{1+l}{1+le^{-rt}}$ ，其中 l, r, N_0 均为常数，且 $l > 0$. 试求生长率 $N'(t)$.

*5. 某山区积雪溶化后的水流入一水库，水库形状可近似视为一个长为 l m，顶角为 2α 的等腰三角形水槽（图 2-6），已知水的流量为 Q m³/d（Q 为常数），水库的初始水深为 h_0 m，求该水库水面上升的速率.

*6. 若水以 2 m³/min 的速度灌入高为 10m，上顶半径为 5m 的正圆锥形水槽中（如图 2-7），问当水深 6m 时，水位的上升速度为多少？

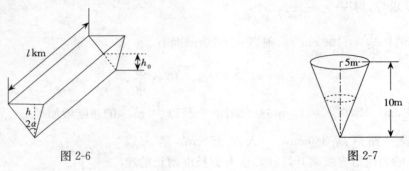

图 2-6　　　　　　　　　　　　　　　图 2-7

第五节　高阶导数

设物体的运动方程为 $s = s(t)$，我们知道物体的运动速度为 $v(t) = s'(t)$，而速度在时刻 t_0 的变化率 $\lim\limits_{\Delta t \to 0} \dfrac{v(t_0 + \Delta t) - v(t_0)}{\Delta t} = \lim\limits_{t \to t_0} \dfrac{v(t) - v(t_0)}{t - t_0}$ 就是运动物体在时刻 t_0 的加速度. 因此，加速度是速度函数的导数，也就是路程 $s(t)$ 的导函数的导数，这就产生了高阶导数的概念.

定义 1　若函数 $f(x)$ 的（一阶）导函数 $f'(x)$ 在 x_0 可导，则称 $f'(x)$ 在 x_0 的导数为 $f(x)$ 在 x_0 的二阶导数，记作 $f''(x_0)$，即
$$\lim_{x \to x_0} \frac{f'(x) - f'(x_0)}{x - x_0} = f''(x_0)$$
同时称 $f(x)$ 在 x_0 **二阶可导**.

若 $f(x)$ 在区间 I 上每一点都二阶可导，则得到一个定义在 I 上的二阶可导函数，记作 $f''(x), x \in I$.

一般地，可由 $f(x)$ 的 $n-1$ 阶导函数定义 $f(x)$ 的 **n 阶导函数**（或简称 **n 阶导数**）.

二阶以及二阶以上的导数都称为 **高阶导数**，函数 $f(x)$ 在 x_0 处的 n 阶导数记作
$$f^{(n)}(x_0), y^{(n)}\Big|_{x=x_0} \ \text{或} \ \frac{\mathrm{d}^n y}{\mathrm{d}x^n}\Big|_{x=x_0}.$$

相应地，n 阶导数记作

$$f^{(n)}(x), y^{(n)} \text{ 或} \frac{\mathrm{d}^n y}{\mathrm{d}x^n}.$$

由函数的高阶导数的定义，求函数的 n 阶导数就是按求导法则和求导公式逐阶进行 n 次求导.

例 1 求下列函数的二阶导数：

(1) $y = 5x^3 - 3x^2 + 2x - 6$; (2) $y = \arctan x$.

解 (1) $y = 5x^3 - 3x^2 + 2x - 6$,

$$y' = 15x^2 - 6x + 2 ,$$
$$y'' = (15x^2 - 6x + 2)' = 30x - 6.$$

(2) $y = \arctan x$,

$$y' = \frac{1}{1 + x^2} ,$$

$$y'' = \left(\frac{1}{1 + x^2}\right)' = \left[(1 + x^2)^{-1}\right]' = (-1)(1 + x^2)^{-2}(1 + x^2)'$$

$$= -\frac{2x}{(1 + x^2)^2} .$$

例 2 求函数 $y = e^{\alpha x}$（α 是常数）的 n 阶导数.

解 $y' = e^{\alpha x}(\alpha x)' = \alpha e^{\alpha x}, y'' = (\alpha e^{\alpha x})' = \alpha^2 e^{\alpha x}, \cdots, y^{(n)} = \alpha^n e^{\alpha x}.$

例 3 求函数 $y = \sin x$ 的 n 阶导数.

解

$$y' = \cos x = \sin\left(x + \frac{\pi}{2}\right) ,$$

$$y'' = -\sin x = \sin\left(x + 2 \cdot \frac{\pi}{2}\right) ,$$

$$y''' = -\cos x = \sin\left(x + 3 \cdot \frac{\pi}{2}\right) ,$$

$$\cdots\cdots$$

$$y^{(n)} = \sin\left(x + n \cdot \frac{\pi}{2}\right) .$$

例 4 求函数 $y = \cos x$ 的 n 阶导数.

解

$$y' = -\sin x = \cos\left(x + \frac{\pi}{2}\right) ,$$

$$y'' = -\cos x = \cos\left(x + 2 \cdot \frac{\pi}{2}\right) ,$$

$$y''' = \sin x = \cos\left(x + 3 \cdot \frac{\pi}{2}\right) ,$$

$$\cdots\cdots$$

$$y^{(n)} = \cos\left(x + n \cdot \frac{\pi}{2}\right) .$$

例 5 求函数 $y = \ln x$ 的 n 阶导数.

解

$$y' = (\ln x)' = \frac{1}{x} = (x)^{-1} ,$$

$$y'' = [(x)^{-1}]' = (-1)(x)^{-2},$$
$$y''' = [(-1)(x)^{-2}]' = (-1)(-2)(x)^{-3},$$
$$\cdots\cdots$$
$$y^{(n)} = (-1)(-2)(-3)\cdots[-(n-1)]x^{-n}$$
$$= (-1)^{n-1}(n-1)!x^{-n}.$$

例 6　求 n 次多项式 $P_n(x) = a_0 x^n + a_1 x^{n-1} + \cdots + a_{n-1}x + a_n$ 的各阶导数.

解　$P_n'(x) = na_0 x^{n-1} + (n-1)a_1 x^{n-2} + \cdots + a_{n-1}$,

$P_n''(x) = n(n-1)a_0 x^{n-2} + (n-1)(n-2)a_1 x^{n-3} + \cdots + 2a_{n-2}$,

每求一次导数,多项式的次数降低一次.不难得到,$P_n(x)$ 的 n 阶导数是

$$P_n^{(n)}(x) = n(n-1)(n-2)\cdots 2 \cdot 1 \cdot a_0 = n! \cdot a_0,$$

而

$$P_n^{(n+1)}(x) = P_n^{(n+2)}(x) = \cdots = 0.$$

于是,n 次多项式 $P_n(x)$ 的 n 阶导数是常数 $n! \cdot a_0$,高于 n 阶的导数都恒为 0.

例 7　某物体的运动规律是 $s(t) = t + \dfrac{1}{t}$,求该运动物体在时刻 $t = 3$ 的速度与加速度.

解　$v(t) = s'(t) = \left(t + \dfrac{1}{t}\right)' = 1 - \dfrac{1}{t^2}$, $a(t) = s''(t) = \left(1 - \dfrac{1}{t^2}\right)' = \dfrac{2}{t^3}$.

当 $t = 3$ 时,$v = \dfrac{8}{9}$, $a = \dfrac{2}{27}$.故运动物体在时刻 $t = 3$ 的速度为 $\dfrac{8}{9}$(速度单位),加速度为 $\dfrac{2}{27}$(加速度单位).

习　题　2-5

1. 求下列函数的二阶导数:

(1) $y = 3x^5 - 4x^3 + 7$;　　　　(2) $y = xe^x$;

(3) $y = \dfrac{1}{1+x}$;　　　　　　(4) $y = x\sin x$.

2. 设函数 $y = \dfrac{1}{x}$,求 $y^{(7)}\big|_{x=1}$.

3. 求下列函数的 n 阶导数:

(1) $y = e^{2x}$;　　　　(2) $y = \ln(1+x)$.

4. 验证 $y = \arctan x$ 满足关系式 $(1+x^2)y'' + 2xy' = 0$.

5. 某质点作变速直线运动,其运动方程为 $s = t^3 - 3t + 2$,求此质点在时刻 $t = 2$ 的速度与加速度.

6. 预计某城市 t 年后的人口为 $p(t) = -t^3 + 9t^2 + 48t + 200$ 万,则

(1) 3 年后人口变化率是多少?

(2) 3 年后人口变化率的变化率是多少?

第六节　微　分

一、微分的概念

先考察一个具体的问题.设一边长为 x 的正方形,它的面积

$$S = x^2$$

是 x 的函数, 若边长由 x_0 增加 Δx, 相应地正方形面积的增量

$$\Delta S = (x_0 + \Delta x)^2 - x_0^2 = 2x_0\Delta x + (\Delta x)^2.$$

如图 2-8 所示, ΔS 由两部分组成: 第一部分 $2x_0\Delta x$; 第二部分 $(\Delta x)^2$ 是关于 Δx 的高阶无穷小量. 由此可见, 当给 x_0 一个微小增量 Δx 时, 由此引起的正方形面积增量 ΔS 可以近似地用第一部分 (Δx 的线性部分 $2x_0\Delta x$) 来代替. 由此产生的误差是一个关于 Δx 的高阶无穷小量, 也就是以 Δx 为边长的小正方形面积.

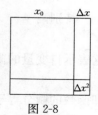

图 2-8

定义 1　设函数 $y = f(x)$ 定义在 x_0 的某邻域 $U(x_0)$ 内. 当给 x_0 一个增量 $\Delta x, x_0 + \Delta x \in U(x_0)$ 时, 相应地得到函数的增量为

$$\Delta y = f(x_0 + \Delta x) - f(x_0).$$

如果存在常数 A, 使得 Δy 能表示成

$$\Delta y = A\Delta x + o(\Delta x), \tag{2-6-1}$$

其中 A 是不依赖于 Δx 的常数, 则称函数 $f(x)$ 在 x_0 **可微**, 并称 (2-6-1) 式中的第一项 $A\Delta x$ 为 $f(x)$ 在 x_0 的**微分**, 记作

$$\mathrm{d}y|_{x=x_0} = A\Delta x. \tag{2-6-2}$$

由定义可见, 函数的微分与增量仅相差一个关于 Δx 的高阶无穷小量, 由于 $\mathrm{d}y$ 是 Δx 的线性函数, 所以当 $A \neq 0$ 时, 也说微分 $\mathrm{d}y$ 是增量 Δy 的**线性主要部分**.

下面讨论函数可微的条件, 设函数 $y = f(x)$ 在 x_0 可微, 则按定义 1 有 (2-6-1) 式成立. (2-6-1) 式两边除以 Δx, 得

$$\frac{\Delta y}{\Delta x} = A + \frac{o(\Delta x)}{\Delta x}.$$

于是, 当 $\Delta x \to 0$ 时, 由上式就得到

$$A = \lim_{\Delta x \to 0} \frac{\Delta y}{\Delta x} = f'(x_0).$$

因此, 如果函数 $f(x)$ 在 x_0 可微, 则 $f(x)$ 在 x_0 也一定可导 (即 $f'(x_0)$ 存在), 且 $A = f'(x_0)$.

反之, 如果 $y = f(x)$ 在 x_0 可导, 即

$$\lim_{\Delta x \to 0} \frac{\Delta y}{\Delta x} = f'(x_0)$$

存在, 根据极限与无穷小的关系, 上式可写成

$$\frac{\Delta y}{\Delta x} = f'(x_0) + \alpha,$$

其中 $\alpha \to 0$ (当 $\Delta x \to 0$). 由此又有

$$\Delta y = f'(x_0)\Delta x + \alpha\Delta x.$$

因 $\alpha\Delta x = o(\Delta x)$, 且 $f'(x_0)$ 不依赖于 Δx, 故上式相当于 (2-6-1) 式, 所以 $f(x)$ 在 x_0 也是可微的.

由此可见, 函数 $f(x)$ 在 x_0 可微的充分必要条件是函数 $f(x)$ 在 x_0 可导, 且当 $f(x)$ 在 x_0 可微时, 其微分是

$$\mathrm{d}y|_{x=x_0} = f'(x_0)\Delta x.$$

若函数 $y = f(x)$ 在区间 I 上每一点都可微,则称 $f(x)$ 为 I 上的**可微函数**. 函数 $y = f(x)$ 在 I 上任一点 x 处的微分记作

$$dy = f'(x)\Delta x, x \in I. \tag{2-6-3}$$

特别当 $y = x$ 时,

$$dy = dx = \Delta x,$$

这表示自变量的微分 dx 就等于自变量的增量. 于是可将 (2-6-3) 式改写为

$$dy = f'(x)dx, \tag{2-6-4}$$

即函数的微分等于函数的导数与自变量微分的积.

如果把 (2-6-4) 式写成

$$\frac{dy}{dx} = f'(x),$$

那么函数的导数就等于函数微分与自变量微分的商. 因此, 导数也常称为**微商**.

例 1 求函数 $y = x^2 + 3$ 在 $x = 1, \Delta x = 0.01$ 时的 dy 和 Δy.

解 由于 $y' = (x^2 + 3)' = 2x$,

所以 $y = x^2 + 3$ 在 x 处的微分为

$$dy = 2x\Delta x.$$

当 $x = 1, \Delta x = 0.01$ 时,

$$dy = 2 \times 1 \times 0.01 = 0.02.$$
$$\Delta y = (x + \Delta x)^2 + 3 - (x^2 + 3)$$
$$= 2x \cdot \Delta x + (\Delta x)^2.$$

所以当 $x = 1, \Delta x = 0.01$ 时,有

$$\Delta y = 2 \times 1 \times 0.01 + (0.01)^2 = 0.020\,1.$$

容易看出, 由于本题中的 $\Delta x = 0.01$ 较小, 因此 dy 与 Δy 的近似程度较好. 在用 dy 近似表示 Δy 时, 产生的误差为 0.000 1.

例 2 求函数 $y = \arctan x$ 的微分 dy.

解 因为 $y' = (\arctan x)' = \dfrac{1}{1 + x^2}$,

所以 $y = \arctan x$ 的微分为

$$dy = y'dx = \frac{1}{1 + x^2}dx.$$

二、微分的几何意义

函数的微分有明显的几何意义. 在直角坐标系中, 设函数 $y = f(x)$ 是一条曲线, 如图 2-9 所示. 设 $M(x_0, y_0)$ 是曲线上的一点, 当自变量在 x_0 处取增量 Δx 时, 就得到曲线上另一点 $N(x_0 + \Delta x, y_0 + \Delta y)$. 由图 2-9 可见

$$MQ = \Delta x, NQ = \Delta y.$$

过点 M 作曲线的切线 MT, 它的倾角为 α, 则

$$PQ = MQ\tan\alpha = f'(x_0)\Delta x,$$

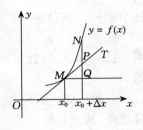

图 2-9

即 $dy|_{x=x_0} = PQ$. 而 $NP = \Delta y - dy|_{x=x_0} = o(\Delta x)$（当 $\Delta x \to 0$ 时）.

由此可见，当 Δy 是曲线 $y = f(x)$ 上点的纵坐标的增量时，dy 就是曲线的切线上点的纵坐标的相应增量. 由于当 $|\Delta x|$ 很小时，$|\Delta y - dy|$ 比 $|\Delta x|$ 要小的多，因此，在点 M 的邻近处，可以用切线段 MP 来近似代替曲线段 MN. 这就是通常所说的"以直代曲"的含义.

三、微分公式与微分法则

由导数的运算法则和导数公式可相应地得到微分公式和微分运算法则.

1. 微分公式

(1) $d(C) = 0(C$ 为常数)；

(2) $d(x^\mu) = \mu x^{\mu-1} dx(\mu$ 为实数)；

(3) $d(a^x) = a^x \ln a dx(a > 0$ 且 $a \neq 1)$；

(4) $d(e^x) = e^x dx$；

(5) $d(\log_a x) = \dfrac{1}{x \ln a} dx(a > 0$ 且 $a \neq 1)$；

(6) $d(\ln|x|) = \dfrac{1}{x} dx$；

(7) $d(\sin x) = \cos x dx$；

(8) $d(\cos x) = -\sin x dx$；

(9) $d(\tan x) = \sec^2 x dx$；

(10) $d(\cot x) = -\csc^2 x dx$；

(11) $d(\sec x) = \sec x \tan x dx$；

(12) $d(\csc x) = -\csc x \cot x dx$；

(13) $d(\arcsin x) = \dfrac{1}{\sqrt{1-x^2}} dx$；

(14) $d(\arccos x) = -\dfrac{1}{\sqrt{1-x^2}} dx$；

(15) $d(\arctan x) = \dfrac{1}{1+x^2} dx$；

(16) $d(\text{arccot} x) = -\dfrac{1}{1+x^2} dx$.

2. 微分运算法则

(1) $d[(u(x) \pm v(x)] = du(x) \pm dv(x)$；

(2) $d[u(x)v(x)] = v(x)du(x) + u(x)dv(x)$；

(3) $d\left[\dfrac{u(x)}{v(x)}\right] = \dfrac{v(x)du(x) - u(x)dv(x)}{[v(x)]^2}$.

例 3 求函数 $y = x^2 - 3\ln x$ 的微分.

解 $dy = d(x^2 - 3\ln x) = dx^2 - d(3\ln x)$.

$$= 2x dx - 3d(\ln x) = 2x dx - \frac{3}{x} dx$$

$$= \left(2x - \frac{3}{x}\right) dx.$$

例 4 求函数 $y = e^x \sin x$ 的微分.

解 $dy = d(e^x \sin x) = \sin x de^x + e^x d(\sin x)$

$$= e^x \sin x dx + e^x \cos x dx$$

$$= e^x(\sin x + \cos x) dx.$$

例 5 求函数 $y = \dfrac{\arctan x}{e^x}$ 的微分.

解 $dy = d\left(\dfrac{\arctan x}{e^x}\right) = \dfrac{e^x d(\arctan x) - \arctan x de^x}{(e^x)^2}$

$$= \frac{e^x \cdot \dfrac{1}{1+x^2} dx - \arctan x e^x dx}{(e^x)^2} = \frac{1 - (1+x^2)\arctan x}{(1+x^2)e^x} dx.$$

四、微分形式不变性

复合函数的求导法则在导数的计算中有重要作用，由这个求导法则，可以得到复合函数的微分法则.

设 $y = f(u)$ 及 $u = g(x)$ 都可导，则复合函数 $y = f[g(x)]$ 的微分为

$$dy = y'_x dx = f'(u)g'(x)dx.$$

由于 $g'(x)dx = d(g(x)) = du$，所以，复合函数 $y = f[g(x)]$ 的微分公式也可以写成

$$dy = f'(u)du \ 或 \ dy = y'_u du.$$

由此可见，无论 u 是自变量还是中间变量，微分形式 $dy = f'(u)du$ 保持不变. 这一性质称为**微分形式不变性**. 这性质表示，当变换自变量时（即设 u 为另一变量的任一可微函数），微分形式 $dy = f'(u)du$ 并不改变.

值得注意的是导数没有这种形式的不变性，即 y 对自变量 x 的导数 $\dfrac{dy}{dx}$ 与 y 对中间变量 u 的导数 $\dfrac{dy}{du}$ 并不相等. 所以在计算复合函数的导数时，务必注意是对自变量 x 求导还是对中间变量 u 求导，记号 $\dfrac{dy}{dx}$ 与 $\dfrac{dy}{du}$ 反映了这种差别，而微分没有这种差别，因此，可以用同一个记号 dy 来表示.

例 6 设 $y = \sin(2x+1)$，求 dy.

解法一
$$dy = [\sin(2x+1)]'dx$$
$$= \cos(2x+1)(2x+1)'dx = 2\cos(2x+1)dx.$$

解法二 设 $u = 2x+1$，则 $y = \sin u$，由微分形式不变性得
$$dy = (\sin u)'du = \cos u du = \cos(2x+1)d(2x+1)$$
$$= \cos(2x+1)(2x+1)'dx = 2\cos(2x+1)dx.$$

在求复合函数的导数时，可以不写出中间变量. 在求复合函数的微分时，类似地也可以不写出中间变量. 下面我们用这种方法来求函数的微分.

例 7 设 $y = \sqrt{4-3x^2}$，求 dy.

解
$$dy = d(\sqrt{4-3x^2}) = \frac{1}{2\sqrt{4-3x^2}}d(4-3x^2)$$
$$= \frac{-6x}{2\sqrt{4-3x^2}}dx = -\frac{3x}{\sqrt{4-3x^2}}dx.$$

例 8 求由方程 $y^2 = x^3 \sin y$ 所确定的函数的微分.

解 首先，等式两边分别求微分，即
$$d(y^2) = d(x^3 \sin y)$$
由微分的运算法则及微分形式不变性，得
$$2ydy = \sin y dx^3 + x^3 d\sin y$$
即
$$2ydy = 3x^2 \sin y dx + x^3 \cos y dy.$$

其次，从上式中解出 dy，即

$$dy = \frac{3x^2\sin y}{2y - x^3\cos y}dx.$$

采用上述方法，也可以求出方程 $y^2 = x^3\sin y$ 所确定的隐函数的导数，显然所求 y' 就是

$$\frac{dy}{dx} = \frac{3x^2\sin y}{2y - x^3\cos y}.$$

采用这种方法求隐函数的导数，由微分形式不变性，可以不用考虑哪个是自变量，哪个是因变量，计算方便简捷．

五、微分在近似计算中的应用

微分在数学中有许多重要的应用．这里介绍它在近似计算方面的一些应用．

通过前面的学习知道，如果函数 $y = f(x)$ 在 x_0 可微，则

$$\Delta y = dy + o(\Delta x),$$

其中
$$\Delta y = f(x_0 + \Delta x) - f(x_0), dy = f'(x_0)\Delta x.$$

则当 $|\Delta x|$ 很小时，就有近似公式

$$\Delta y \approx dy = f'(x_0)\Delta x, \tag{2-6-5}$$

即
$$f(x_0 + \Delta x) - f(x_0) \approx f'(x_0)\Delta x, \tag{}$$

或
$$f(x_0 + \Delta x) \approx f(x_0) + f'(x_0)\Delta x. \tag{2-6-6}$$

设 $x = x_0 + \Delta x, \Delta x = x - x_0$，于是（2-6-6）式又可改写为

$$f(x) \approx f(x_0) + f'(x_0)(x - x_0). \tag{2-6-7}$$

如果 $f(x_0)$ 与 $f'(x_0)$ 都容易计算，那么可以利用（2-6-5）式来近似计算 Δy，利用（2-6-6）式来近似计算 $f(x_0 + \Delta x)$，或利用（2-6-7）式来近似计算 $f(x)$．

注意到在点 $(x_0, f(x_0))$ 的切线方程为

$$y = f(x_0) + f'(x_0)(x - x_0),$$

（2-6-7）式的几何意义就是当 x 充分接近 x_0 时，可用切线近似替代曲线（"以直代曲"）．常用这种线性近似的思想来对复杂问题进行简化处理．

特别是，当 $x_0 = 0$，且 $|x|$ 充分小时，（2-6-7）式就是

$$f(x) \approx f(0) + f'(0)x. \tag{2-6-8}$$

由（2-6-8）式可以推得以下几个常用的近似公式（当 $|x|$ 充分小时）：

(1) $\sin x \approx x$（x 用弧度作单位来表达）；　(2) $\tan x \approx x$（x 用弧度作单位来表达）；

(3) $\sqrt[n]{1+x} \approx 1 + \dfrac{x}{n}$；　(4) $\ln(1+x) \approx x$；

(5) $e^x \approx 1 + x$；　(6) $\dfrac{1}{1+x} \approx 1 - x$．

例9 求 $\sin 31°$ 的近似值．

解 设 $f(x) = \sin x, x_0 = 30° = \dfrac{\pi}{6}, \Delta x = 1° = \dfrac{\pi}{180}$.

则
$$f'(x) = \cos x, f'\left(\frac{\pi}{6}\right) = \cos\frac{\pi}{6} = \frac{\sqrt{3}}{2}.$$

由公式（2-6-7）得

$$\sin 31° = \sin\left(\frac{\pi}{6} + \frac{\pi}{180}\right) \approx \sin\frac{\pi}{6} + \frac{\pi}{180}\cdot\cos\frac{\pi}{6}$$

$$= \frac{1}{2} + \frac{\sqrt{3}}{2} \cdot \frac{\pi}{180} = 0.5151.$$

所以

$$\sin 31° \approx 0.5151.$$

例 10 求 $\sqrt{0.97}$ 与 $\sqrt[5]{34}$ 的近似值.

解 已知当 $|x|$ 很小时，有 $\sqrt[n]{1+x} \approx 1 + \frac{x}{n}$. 从而有

$$\sqrt{0.97} = \sqrt{1 + (-0.03)} \approx 1 + \frac{1}{2} \times (-0.03) = 0.985;$$

$$\sqrt[5]{34} = \sqrt[5]{32 + 2} = \sqrt[5]{2^5 + 2} = \sqrt[5]{2^5 \left(1 + \frac{1}{2^4}\right)} = 2 \times \sqrt[5]{1 + \frac{1}{2^4}}$$

$$\approx 2 \times \left(1 + \frac{1}{5} \times \frac{1}{16}\right) = 2.025.$$

例 11 有一批半径为 1cm 的小球，要镀上一层厚度为 0.01cm 的铜以降低表面粗糙度. 估计每只小球需要用铜多少克（铜的密度为 $8.9\text{g}/\text{cm}^3$）.

解 先求出镀层的体积，再乘以铜的密度即可得每只小球需要多少铜.

由于镀层的体积等于两个球体体积之差，即是球体体积 $V = \frac{4}{3}\pi R^3$ 当 R 从 R_0 取得改变量 ΔR 时 V 的改变量 ΔV，有

$$\Delta V \approx V'|_{R=R_0} \cdot \Delta R = \left(\frac{4}{3}\pi R^3\right)'\Big|_{R=R_0} \cdot \Delta R = 4\pi R_0^2 \cdot \Delta R$$

把 $R_0 = 1$，$\Delta R = 0.01$ 代入上式，得

$$\Delta V \approx 4\pi \times 1 \times 0.01 = 0.13 \ (\text{cm}^3),$$

于是每只小球需要用铜的量约为

$$0.13 \times 8.9 = 1.16 \ (\text{g}).$$

习 题 2-6

1. 设 $y = 2x^2 - x + 1$，求当 $x = 1$，$\Delta x = 0.01$ 时的 Δy 及 $\mathrm{d}y$.

2. 求下列函数的微分：

(1) $y = x^2 + \frac{1}{x}$；

(2) $y = x^2 \sin x$；

(3) $y = x \ln x - x$；

(4) $y = \frac{x}{1 + x^2}$；

(5) $y = \mathrm{e}^{ax} \sin bx$；

(6) $y = \arcsin \sqrt{1 - x^2}$.

3. 将适当的函数填入下列括号内，使等式成立：

(1) $\mathrm{d}(\ ) = x \mathrm{d}x$；

(2) $\mathrm{d}(\ ) = \frac{1}{x^2} \mathrm{d}x$；

(3) $\mathrm{d}(\ ) = \cos x \mathrm{d}x$；

(4) $\mathrm{d}(\ ) = \frac{1}{1+x} \mathrm{d}x$；

(5) $\mathrm{d}(\ ) = \frac{1}{\sqrt{x}} \mathrm{d}x$；

(6) $\mathrm{d}(\ ) = 2^x \mathrm{d}x$.

4. 证明：当 $|x|$ 充分小时，有下列近似公式：

$$\sin x \approx x, \tan x \approx x, \sqrt[n]{1+x} \approx 1 + \frac{x}{n}, \ln(1+x) \approx x, e^x \approx 1 + x, \frac{1}{1+x} \approx 1 - x.$$

5. 利用微分求近似值：

(1) $\sqrt[3]{1.02}$；
(2) $\sin 29°30'$；

(3) $e^{2.001}$；
(4) $\ln 1.002$.

6. 某食品公司每月生产 x kg 糕点的收入函数为 $R(x) = 48x - 0.01x^2$（元）. 已知 1 月份的产量为 500kg，2 月份的产量为 550kg，问：2 月份的收入大约增加了多少元？

7. 半径为 10cm 的金属圆片加热后，其半径伸长了 0.05cm，问面积约增大了多少？

第七节　微分中值定理

导数是研究函数性态的重要工具，仅从导数概念出发并不能充分体现这种工具的作用，它需要建立在微分学的基本定理的基础之上，这些基本定理统称为"中值定理". 本节我们先介绍罗尔定理，然后根据它推出拉格朗日中值定理和柯西中值定理.

一、罗尔定理

首先，我们观察图 2-10. 设曲线弧 $\overset{\frown}{AB}$ 是函数 $y = f(x)(x \in [a,b])$ 的图形. 这是一条连续的曲线弧，除端点外处处有不垂直于 x 轴的切线，且两个端点的纵坐标相等，即 $f(a) = f(b)$. 可以发现在曲线弧的最高点处或最低点处，曲线有水平的切线. 现在用分析语言把这个几何现象描述出来，就可得下面的罗尔定理. 为了应用方便，先介绍极值概念和费马引理.

定义　设函数 $f(x)$ 在 x_0 的某邻域 $U(x_0)$ 内有定义，如果对 $\forall x \in \overset{\circ}{U}(x_0)$ 有

$$f(x_0) > f(x) \qquad (f(x_0) < f(x))$$

则称函数 $f(x)$ 在 x_0 取得**极大（小）值**，称点 x_0 为**极大（小）值点**，$f(x_0)$ 是函数 $f(x)$ 的**极大（小）值**.

极大值、极小值统称**极值**，极大值点、极小值点统称**极值点**.

费马引理　设函数 $f(x)$ 在 x_0 的某邻域 $U(x_0)$ 内有定义，且在 x_0 可导. 如果 x_0 为 $f(x)$ 的极值点，则

$$f'(x_0) = 0.$$

费马引理的几何意义非常明确：若函数 $f(x)$ 在极值点 $x = x_0$ 处可导，那么在该点的切线平行于 x 轴.

证明　不妨设 x_0 是函数 $f(x)$ 的极大值点，即存在 x_0 的某邻域 $U(x_0)$，$\forall x \in \overset{\circ}{U}(x_0)$，有

$$f(x) < f(x_0), \quad 即 \quad f(x) - f(x_0) < 0.$$

由已知条件和极限的保号性得

当 $x > x_0$ 时，有 $\dfrac{f(x) - f(x_0)}{x - x_0} < 0$，故 $f'_+(x_0) = \lim\limits_{x \to x_0^+} \dfrac{f(x) - f(x_0)}{x - x_0} \leq 0$；

当 $x < x_0$ 时,有 $\dfrac{f(x) - f(x_0)}{x - x_0} > 0$,故 $f'_-(x_0) = \lim\limits_{x \to x_0^-} \dfrac{f(x) - f(x_0)}{x - x_0} \geqslant 0$.

已知 $f(x)$ 在 x_0 可导,有

$$f'(x_0) = f'_+(x_0) = f'_-(x_0) = 0.$$

通常称满足方程 $f'(x) = 0$ 的点为函数的**驻点（或稳定点）**.

罗尔定理 若函数 $f(x)$ 满足下列条件:

(i) $f(x)$ 在闭区间 $[a,b]$ 上连续;

(ii) $f(x)$ 在开区间 (a,b) 内可导;

(iii) $f(a) = f(b)$.

则在 (a,b) 内至少存在一点 ξ,使得

$$f'(\xi) = 0.$$

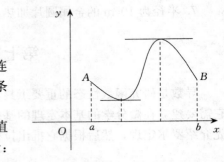

罗尔定理的几何意义是:在每一点都可导的一段连续曲线上,如果曲线的两端高度相等,则至少存在一条水平切线（图 2-10）.

证明 因为 $f(x)$ 在 $[a,b]$ 上连续,所以有最大值与最小值,分别用 M 与 m 表示,现分两种情况来讨论:

图 2-10

(1) 若 $m = M$,则 $f(x)$ 在 $[a,b]$ 上必为常数函数,从而结论自然成立.

(2) 若 $m < M$,则因 $f(a) = f(b)$,使得最大值 M 与最小值 m 至少有一个在 (a,b) 内某点 ξ 处取得,从而 ξ 是 $f(x)$ 的极值点.由条件（ii）,$f(x)$ 在点 ξ 处可导,故由费马引理推知

$$f'(\xi) = 0.$$

注 罗尔定理中的三个条件缺少任何一个,结论将不一定成立.

例如,函数

$$f(x) = \begin{cases} 2x, & 0 \leqslant x \leqslant 1 \\ 2 - x, & 1 < x \leqslant 2 \end{cases}$$

在 $[0,2]$ 上不连续,在 $(0,2)$ 内使 $f'(\xi) = 0$ 成立的点 ξ 不存在;又如,函数 $f(x) = |x|$ 在 $[-1,1]$ 上连接,在点 $x=0$ 处不可导,在 $(-1,1)$ 内使 $f'(\xi) = 0$ 成立的点 ξ 不存在;再如,函数 $f(x) = x^2 (0 \leqslant x \leqslant 2)$,$f(0) \neq f(2)$,在 $(0,2)$ 内使 $f'(\xi) = 0$ 成立的点 ξ 不存在.

作为罗尔定理的简单应用,请看下面的例子.

例 1 设 $f(x)$ 为 R 上可导函数,证明:若方程 $f'(x) = 0$ 没有实根,则方程 $f(x) = 0$ 至多只有一个实根.

证明 用反证法.假设 $f(x) = 0$ 有两个不同实根 x_1 和 x_2(不妨设 $x_1 < x_2$),则函数 $f(x)$ 在 $[x_1, x_2]$ 上满足罗尔定理的三个条件,从而存在 $\xi \in (x_1, x_2)$,使得 $f'(\xi) = 0$,这与 $f'(x) = 0$ 没有实根相矛盾,命题得证.

二、拉格朗日中值定理

罗尔定理中 $f(a) = f(b)$ 这个条件是相当特殊的,它使罗尔定理的应用受到限制.如果

把 $f(a)=f(b)$ 这个条件取消，但仍保留其余两个条件，并相应地改变结论，那么就得到微分学中十分重要的拉格朗日中值定理．

拉格朗日中值定理 若函数 $f(x)$ 满足下列条件：

(i) $f(x)$ 在闭区间 $[a,b]$ 上连续；

(ii) $f(x)$ 在开区间 (a,b) 内可导．

则在 (a,b) 内至少存在一点 ξ，使得

$$f'(\xi)=\frac{f(b)-f(a)}{b-a}. \tag{2-7-1}$$

显然，特别当 $f(a)=f(b)$ 时，拉格朗日中值定理的结论即为罗尔定理的结论，这表明罗尔定理是拉格朗日中值定理的一个特殊情形．

拉格朗日定理的几何意义是： 在满足定理条件的曲线 $y=f(x)$ 上至少存在一点 $P(\xi,f(\xi))$，该曲线在该点处的切线平行于曲线两端点的连线 AB（如图 2-11）．

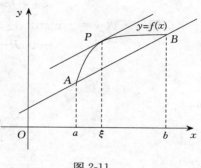

图 2-11

证明 作辅助函数 $F(x)=f(x)-f(a)-\dfrac{f(b)-f(a)}{b-a}(x-a)$.

显然，$F(a)=F(b)=0$，且 $F(x)$ 在 $[a,b]$ 上满足罗尔定理的另两个条件，故存在 $\xi\in(a,b)$，使

$$F'(\xi)=f'(\xi)-\frac{f(b)-f(a)}{b-a}=0$$

即

$$f'(\xi)=\frac{f(b)-f(a)}{b-a}.$$

拉格朗日中值定理的结论（公式（2-7-1））称为**拉格朗日公式**．

拉格朗日公式还有下面几种等价表示形式，供读者在不同场合选用：

$$f(b)-f(a)=f'(\xi)(b-a),a<\xi<b; \tag{2-7-2}$$

$$f(b)-f(a)=f'(a+\theta(b-a))(b-a),0<\theta<1; \tag{2-7-3}$$

$$f(a+h)-f(a)=f'(a+\theta h)h,0<\theta<1. \tag{2-7-4}$$

值得注意的是，拉格朗日公式无论对于 $a<b$ 还是 $a>b$ 都成立，而 ξ 则是介于 a 与 b 之间的某一定数．而（2-7-3）、（2-7-4）两式的特点，在于把中值点 ξ 表示成了 $a+\theta(b-a)$，使得不论 a,b 为何值，θ 总可为小于 1 的某一正数．

拉格朗日中值定理是微分学最重要的定理之一，也称为微分中值定理．它是沟通函数与其导数之间的桥梁，是应用导数的局部性研究函数整体性的重要数学工具．

推论 1 若函数 $f(x)$ 在区间 I 上可导，且 $f'(x)\equiv0,x\in I$，则 $f(x)$ 为 I 上的一个常数函数，即 $\forall x\in I$，有 $f(x)=C$（常数）．

证明 任取两点 $x_1,x_2\in I$（设 $x_1<x_2$），在区间 $[x_1,x_2]$ 上应用拉格朗日中值定理，存在 $\xi\in(x_1,x_2)\subset I$，使得

$$f(x_2)-f(x_1)=f'(\xi)(x_2-x_1)=0.$$

这就证得 $f(x)$ 在区间 I 上任何两点之值相等，即 $f(x)$ 为 I 上的一个常数函数．

由推论 1 又可进一步得到如下结论：

推论 2 若函数 $f(x)$ 和 $g(x)$ 均在区间 I 上可导，且 $f'(x) \equiv g'(x), x \in I$，则 $\forall x \in I$，有 $f(x) = g(x) + C$，其中 C 是常数．

证明 $\forall x \in I$，有 $[f(x) - g(x)]' = f'(x) - g'(x) = 0$．由推论 1，有

$$f(x) - g(x) = C \quad 即 \quad f(x) = g(x) + C,$$

其中 C 是常数．

例 2 证明：当 $0 < a < b$ 时，有不等式

$$\frac{b-a}{1+b^2} < \arctan b - \arctan a < \frac{b-a}{1+a^2}.$$

证明 函数 $y = \arctan x$ 在 $[a, b]$ 满足拉格朗日定理的条件，有

$$\arctan b - \arctan a = (\arctan x)' |_{x=\xi} (b-a)$$

$$= \frac{b-a}{1+\xi^2}, a < \xi < b,$$

而

$$\frac{b-a}{1+b^2} < \frac{b-a}{1+\xi^2} < \frac{b-a}{1+a^2},$$

有

$$\frac{b-a}{1+b^2} < \arctan b - \arctan a < \frac{b-a}{1+a^2}.$$

三、柯西中值定理

下面给出一个形式更一般的微分中值定理．

柯西中值定理 若 $f(x)$ 与 $g(x)$ 满足下列条件：

(i) 在闭区间 $[a, b]$ 上连续；

(ii) 在开区间 (a, b) 内可导，且 $\forall x \in (a, b)$，有 $g'(x) \neq 0$．

则在 (a, b) 内存在一点 ξ，使得

$$\frac{f'(\xi)}{g'(\xi)} = \frac{f(b) - f(a)}{g(b) - g(a)}.$$

证明 首先证明 $g(b) - g(a) \neq 0$．用反证法，假设 $g(b) - g(a) = 0$，即 $g(b) = g(a)$．根据罗尔定理，在 (a, b) 内存在一点 c，使得 $g'(c) = 0$，与已知条件矛盾．

其次作辅助函数

$$F(x) = f(x) - f(a) - \frac{f(b) - f(a)}{g(b) - g(a)} [g(x) - g(a)].$$

因为 $f(x), g(x)$ 在闭区间 $[a, b]$ 上连续，在开区间 (a, b) 内可导，因此 $F(x)$ 也在闭区间 $[a, b]$ 上连续，在开区间 (a, b) 内可导，且 $F(a) = F(b) = 0$，故 $F(x)$ 在闭区间 $[a, b]$ 上满足罗尔定理条件，于是至少存在一点 $\xi \in (a, b)$，使得 $F'(\xi) = 0$，即

$$F'(\xi) = f'(\xi) - \frac{f(b) - f(a)}{g(b) - g(a)} g'(\xi) = 0,$$

即

$$\frac{f'(\xi)}{g'(\xi)} = \frac{f(b) - f(a)}{g(b) - g(a)}.$$

特别地，当取 $g(x) = x$，那么

$$g(b) - g(a) = b - a, g'(x) = 1$$

由柯西中值定理可得

$$f(b) - f(a) = f'(\xi)(b-a), (a < \xi < b)$$

这就是拉格朗日公式. 因此拉格朗日中值定理是柯西中值定理的特殊情形, 或者说柯西中值定理是拉格朗日中值定理的推广.

习 题 2-7

1. 验证函数 $f(x) = 2x^2 + x - 3$ 在区间 $\left[-\dfrac{3}{2}, 1\right]$ 上满足罗尔定理.

2. 证明: 方程 $x^2 - 3x + c = 0$(这里 c 是常数) 在区间 $(0,1)$ 内没有两个不同的实根.

3. 证明: 函数 $f(x) = (x-1)(x-2)(x-3)$ 在区间 $(1,3)$ 内至少存在一点 ξ, 使 $f''(\xi) = 0$.

4. 应用拉格朗日中值定理证明下列不等式:

(1) $\dfrac{b-a}{b} < \ln\dfrac{b}{a} < \dfrac{b-a}{a}$, 其中 $0 < a < b$;

(2) $\dfrac{h}{1+h^2} < \arctan h < h$, 其中 $h > 0$.

5. 证明恒等式: $\arctan x + \operatorname{arccot} x = \dfrac{\pi}{2}, x \in (-\infty, +\infty)$.

第八节　洛必达法则

如果当 $x \to a$(或 $x \to \infty$) 时, 两个函数 $f(x)$ 与 $g(x)$ 都趋于零或都趋于无穷大, 那么极限

$$\lim_{x \to a} \frac{f(x)}{g(x)} \left(\text{或} \lim_{x \to \infty} \frac{f(x)}{g(x)} \right)$$

可能存在, 也可能不存在. 通常称这种极限为未定式, 分别简记为 $\dfrac{0}{0}$ 或 $\dfrac{\infty}{\infty}$.

例如,

$$\lim_{x \to 0} \frac{1-\cos x}{x^2}, \lim_{x \to +\infty} \frac{\mathrm{e}^x}{x^2}$$

等都是未定式. 在第一章极限的计算中, 这类极限一般需要经过适当的处理, 如变量代换、无穷小量的等价代换等. 现在我们将以导数为工具研究未定式极限, 这个方法通常称为**洛必达法则**.

一、$\dfrac{0}{0}$ 型

定理 1 若函数 $f(x)$ 和 $g(x)$ 满足下列条件:

(i) $\lim\limits_{x \to a} f(x) = 0, \lim\limits_{x \to a} g(x) = 0$;

(ii) 在点 a 的某去心邻域内, $f(x)$ 和 $g(x)$ 都可导, 且 $g'(x) \neq 0$;

(iii) $\lim\limits_{x \to a} \dfrac{f'(x)}{g'(x)}$ 存在 (或为无穷大).

则
$$\lim_{x \to a} \frac{f(x)}{g(x)} = \lim_{x \to a} \frac{f'(x)}{g'(x)}.$$

证明 补充定义 $f(a) = g(a) = 0$，使得 $f(x)$ 与 $g(x)$ 在点 a 处连续．于是由定理的条件 (i)，(ii) 知道，$f(x)$，$g(x)$ 在点 a 的某一邻域内连续．设 x 是这个邻域内的一点，那么 $f(x), g(x)$ 在以 x 和 a 为端点的区间上满足柯西中值定理的条件，因此有

$$\frac{f(x)}{g(x)} = \frac{f(x) - f(a)}{g(x) - g(a)} = \frac{f'(\xi)}{g'(\xi)} \ (\xi \, \text{介于} \, x \, \text{和} \, a \, \text{之间}),$$

当 $x \to a$ 时，也有 $\xi \to a$，所以

$$\lim_{x \to a} \frac{f(x)}{g(x)} = \lim_{\xi \to a} \frac{f'(\xi)}{g'(\xi)} = \lim_{x \to a} \frac{f'(x)}{g'(x)}.$$

这个定理说明：在条件 (i) 和 (ii) 下，只要

$$\lim_{x \to a} \frac{f'(x)}{g'(x)} = A (\text{或} \infty),$$

则 $\lim\limits_{x \to a} \dfrac{f(x)}{g(x)}$ 必存在，且极限为 A（或 ∞）．如果当时 $x \to a$ 时 $\dfrac{f'(x)}{g'(x)}$ 仍是 $\dfrac{0}{0}$ 型，且这时 $f'(x), g'(x)$ 仍满足定理 1 中的相应条件，那么，可以继续施用洛必达法则先确定 $\lim\limits_{x \to a} \dfrac{f'(x)}{g'(x)}$，从而再确定 $\lim\limits_{x \to a} \dfrac{f(x)}{g(x)}$，即

$$\lim_{x \to a} \frac{f(x)}{g(x)} = \lim_{x \to a} \frac{f'(x)}{g'(x)} = \lim_{x \to a} \frac{f''(x)}{g''(x)}.$$

且可以依此类推．

注 若将定理 1 中 $x \to a$ 换成 $x \to a^+$，$x \to a^-$，$x \to +\infty$，$x \to -\infty$，$x \to \infty$，只要相应地修正条件 (ii) 中的邻域，也可得到同样的结论．

例 1 求 $\lim\limits_{x \to 0} \dfrac{\sin 3x}{x}$．

解 由于 $\lim\limits_{x \to 0} \sin 3x = 0$，$\lim\limits_{x \to 0} x = 0$．所以此极限属于 $\left(\dfrac{0}{0}\right)$ 型．由定理 1 得

$$\lim_{x \to 0} \frac{\sin 3x}{x} = \lim_{x \to 0} \frac{(\sin 3x)'}{x'} = \lim_{x \to 0} 3\cos 3x = 3.$$

例 2 求 $\lim\limits_{x \to 0} \dfrac{\ln(1 - 2x)}{x} \left(\dfrac{0}{0}\right)$．

解 $\lim\limits_{x \to 0} \dfrac{\ln(1 - 2x)}{x} = \lim\limits_{x \to 0} \dfrac{\ln(1 - 2x)'}{x'} = \lim\limits_{x \to 0} \dfrac{-2}{1 - 2x} = -2.$

例 3 求 $\lim\limits_{x \to 1} \dfrac{\ln x}{x - 1} \left(\dfrac{0}{0}\right)$．

解 $\lim\limits_{x \to 1} \dfrac{\ln x}{x - 1} = \lim\limits_{x \to 1} \dfrac{(\ln x)'}{(x - 1)'} = \lim\limits_{x \to 1} \dfrac{1}{x} = 1.$

例 4 求 $\lim\limits_{x \to 0} \dfrac{e^x + e^{-x} - 2}{1 - \cos x} \left(\dfrac{0}{0}\right)$．

解 $\lim\limits_{x \to 0} \dfrac{e^x + e^{-x} - 2}{1 - \cos x} = \lim\limits_{x \to 0} \dfrac{(e^x + e^{-x} - 2)'}{(1 - \cos x)'} = \lim\limits_{x \to 0} \dfrac{e^x - e^{-x}}{\sin x}$

$$= \lim_{x \to 0} \frac{(e^x - e^{-x})'}{(\sin x)'} = \lim_{x \to 0} \frac{e^x + e^{-x}}{\cos x} = 2.$$

例 5 求 $\lim\limits_{x \to +\infty} \dfrac{\dfrac{\pi}{2} - \arctan x}{\dfrac{1}{x}} \left(\dfrac{0}{0} \right)$.

解 $\lim\limits_{x \to +\infty} \dfrac{\dfrac{\pi}{2} - \arctan x}{\dfrac{1}{x}} = \lim\limits_{x \to +\infty} \dfrac{\left(\dfrac{\pi}{2} - \arctan x \right)'}{\left(\dfrac{1}{x} \right)'} = \lim\limits_{x \to +\infty} \dfrac{-\dfrac{1}{1+x^2}}{-\dfrac{1}{x^2}'} = \lim\limits_{x \to +\infty} \dfrac{x^2}{1+x^2} = 1.$

例 6 求 $\lim\limits_{x \to 0^+} \dfrac{\sqrt{x}}{1 - e^{\sqrt{x}}}$.

解 这是 $\dfrac{0}{0}$ 型未定式极限，可直接运用洛必达法则求解. 但若作适当变换，在计算上可方便些. 为此，令 $t = \sqrt{x}$，当 $x \to 0^+$ 时有 $t \to 0^+$，于是有

$$\lim_{x \to 0^+} \frac{\sqrt{x}}{1 - e^{\sqrt{x}}} = \lim_{t \to 0^+} \frac{t}{1 - e^t} = \lim_{t \to 0^+} \frac{t'}{(1 - e^t)'} = \lim_{t \to 0^+} \frac{1}{-e^t} = -1.$$

二、$\dfrac{\infty}{\infty}$ 型

定理 2 若函数 $f(x)$ 和 $g(x)$ 满足下列条件：

(i) $\lim\limits_{x \to a} f(x) = \infty$, $\lim\limits_{x \to a} g(x) = \infty$;

(ii) 在点 a 的某去心邻域内，$f(x)$ 和 $g(x)$ 都可导，且 $g'(x) \neq 0$;

(iii) $\lim\limits_{x \to a} \dfrac{f'(x)}{g'(x)}$ 存在（或为无穷大）.

则

$$\lim_{x \to a} \frac{f(x)}{g(x)} = \lim_{x \to a} \frac{f'(x)}{g'(x)}.$$

证明 （略）.

在定理 2 中，将 $x \to a$ 换成 $x \to a^+$, $x \to a^-$, $x \to +\infty$, $x \to -\infty$, $x \to \infty$ 等情形也有相同的结论.

例 7 求 $\lim\limits_{x \to +\infty} \dfrac{\ln x}{x^n} (n > 0) \left(\dfrac{\infty}{\infty} \right)$.

解 $\lim\limits_{x \to +\infty} \dfrac{\ln x}{x^n} = \lim\limits_{x \to +\infty} \dfrac{(\ln x)'}{(x^n)'} = \lim\limits_{x \to +\infty} \dfrac{\dfrac{1}{x}}{nx^{n-1}} = \lim\limits_{x \to +\infty} \dfrac{1}{nx^n} = 0.$

例 8 求 $\lim\limits_{x \to +\infty} \dfrac{x^2}{e^{3x}}$.

解 $\lim\limits_{x \to +\infty} \dfrac{x^2}{e^{3x}} = \lim\limits_{x \to +\infty} \dfrac{(x^2)'}{(e^{3x})'} = \lim\limits_{x \to +\infty} \dfrac{2x}{3e^{3x}} = \lim\limits_{x \to +\infty} \dfrac{(2x)'}{(3e^{3x})'} = \lim\limits_{x \to +\infty} \dfrac{2}{9e^{3x}} = 0.$

注 （1）若 $\lim\limits_{x \to a} \dfrac{f'(x)}{g'(x)}$ 不存在，并不能说明 $\lim\limits_{x \to a} \dfrac{f(x)}{g(x)}$ 不存在；

（2）不能对任何分式极限都按洛必达法则求解，首先必须注意它是不是未定式极限，其次观察它是否满足洛必达法则的其他条件.

下面这个简单的极限

$$\lim_{x \to \infty} \frac{x + \sin x}{x} = 1$$

虽然是 $\frac{\infty}{\infty}$ 型，但若不顾条件随便使用洛必达法则：

$$\lim_{x \to \infty} \frac{x + \sin x}{x} = \lim_{x \to \infty} \frac{1 + \cos x}{1},$$

就会因右式的极限不存在而推出原极限不存在的错误结论.

三、其他类型的未定式极限

未定式极限还有 $0 \cdot \infty$，1^{∞}，0^{0}，∞^{0}，$\infty - \infty$ 等类型. 经过简单变换，它们一般均可化为 $\frac{0}{0}$ 型或 $\frac{\infty}{\infty}$ 型的极限. 下面通过具体的例子进行介绍.

例 9　求 $\lim\limits_{x \to 0^{+}} x \ln x$.

解　这是一个 $0 \cdot \infty$ 型未定式极限. 用恒等变形 $x \ln x = \dfrac{\ln x}{\frac{1}{x}}$ 将它转化为 $\frac{\infty}{\infty}$ 型的未定式极限，并应用洛必达法则得到

$$\lim_{x \to 0^{+}} x \ln x = \lim_{x \to 0^{+}} \frac{\ln x}{\frac{1}{x}} = \lim_{x \to 0^{+}} \frac{\frac{1}{x}}{-\frac{1}{x^{2}}} = \lim_{x \to 0^{+}}(-x) = 0.$$

例 10　求 $\lim\limits_{x \to 0}(1 + 2\sin x)^{\frac{1}{x}}$.

解　这是一个 1^{∞} 型未定式极限. 作恒等变形

$$(1 + 2\sin x)^{\frac{1}{x}} = e^{\frac{1}{x} \ln(1 + 2\sin x)},$$

其指数部分的极限 $\lim\limits_{x \to 0} \dfrac{1}{x} \ln(1 + 2\sin x)$ 是 $\frac{0}{0}$ 型未定式极限，可先求得

$$\lim_{x \to 0} \frac{\ln(1 + 2\sin x)}{x} = \lim_{x \to 0} \frac{\frac{2\cos x}{1 + 2\sin x}}{1} = 2,$$

从而得到

$$\lim_{x \to 0}(1 + 2\sin x)^{\frac{1}{x}} = e^{2}.$$

例 11　求 $\lim\limits_{x \to 0^{+}}(\sin x)^{x}$.

解　这是一个 0^{0} 型未定式极限. 作恒等变形

$$(\sin x)^{x} = e^{x \ln \sin x},$$

其指数部分的极限可化为 $\frac{\infty}{\infty}$ 型的极限 $\lim\limits_{x \to 0^{+}} \dfrac{\ln \sin x}{\frac{1}{x}}$，可先求得

$$\lim_{x \to 0^{+}} \frac{\ln \sin x}{\frac{1}{x}} = \lim_{x \to 0^{+}} \frac{\frac{\cos x}{\sin x}}{-\frac{1}{x^{2}}} = -\lim_{x \to 0^{+}} \frac{x}{\sin x} \cdot x \cdot \cos x = 0,$$

从而得到

$$\lim_{x \to 0^+} (\sin x)^x = e^0 = 1.$$

例 12 求 $\lim\limits_{x \to +\infty} (x + \sqrt{1+x^2})^{\frac{1}{\ln x}}$.

解 这是一个 ∞^0 型未定式极限. 作恒等变形

$$(x + \sqrt{1+x^2})^{\frac{1}{\ln x}} = e^{\frac{1}{\ln x} \ln(x+\sqrt{1+x^2})},$$

其指数部分的极限可化为 $\dfrac{\infty}{\infty}$ 型的极限 $\lim\limits_{x \to +\infty} \dfrac{\ln(x+\sqrt{1+x^2})}{\ln x}$ ，可先求得

$$\lim_{x \to +\infty} \frac{\ln(x+\sqrt{1+x^2})}{\ln x} = \lim_{x \to +\infty} \frac{\dfrac{1+\dfrac{x}{\sqrt{1+x^2}}}{x+\sqrt{1+x^2}}}{\dfrac{1}{x}} = \lim_{x \to +\infty} \frac{x}{\sqrt{1+x^2}} = 1.$$

从而得到

$$\lim_{x \to +\infty} (x + \sqrt{1+x^2})^{\frac{1}{\ln x}} = e.$$

例 13 求 $\lim\limits_{x \to 1} \left(\dfrac{1}{x-1} - \dfrac{1}{\ln x} \right)$.

解 这是一个 $\infty - \infty$ 型未定式极限，通分后化为 $\dfrac{0}{0}$ 型的极限，即

$$\lim_{x \to 1} \left(\frac{1}{x-1} - \frac{1}{\ln x} \right) = \lim_{x \to 1} \frac{\ln x - x + 1}{(x-1)\ln x} = \lim_{x \to 1} \frac{\dfrac{1}{x} - 1}{\ln x + \dfrac{x-1}{x}} = \lim_{x \to 1} \frac{1-x}{x \ln x + x - 1}$$

$$= \lim_{x \to 1} \frac{-1}{2 + \ln x} = -\frac{1}{2}.$$

最后指出，对于数列的未定式极限，可利用函数极限的归结原则，通过先求相应形式的函数极限而得到结果.

例 14 求数列极限 $\lim\limits_{n \to \infty} \left(1 + \dfrac{1}{n} + \dfrac{1}{n^2} \right)^n$.

解 先求函数极限 $\lim\limits_{x \to +\infty} \left(1 + \dfrac{1}{x} + \dfrac{1}{x^2} \right)^x$（$1^\infty$ 型）. 类似于例 10，取对数后指数部分的极限为

$$\lim_{x \to +\infty} x \ln \left(1 + \frac{1}{x} + \frac{1}{x^2} \right) = \lim_{x \to +\infty} \frac{\ln(1+x+x^2) - \ln x^2}{\dfrac{1}{x}}$$

$$= \lim_{x \to +\infty} \frac{\dfrac{2x+1}{1+x+x^2} - \dfrac{2}{x}}{-\dfrac{1}{x^2}} = \lim_{x \to +\infty} \frac{x^2 + 2x}{x^2 + x + 1} = 1.$$

所以由归结原则可得

$$\lim_{n \to \infty} \left(1 + \frac{1}{n} + \frac{1}{n^2} \right)^n = \lim_{x \to +\infty} \left(1 + \frac{1}{x} + \frac{1}{x^2} \right)^x = e.$$

注 不能在数列形式下直接用洛必达法则，因为对于离散变量 $n \in N^+$ 是无法求导数的.

习 题 2-8

1. 用洛必达法则求下列极限：

(1) $\lim\limits_{x \to 0} \dfrac{e^x - 1}{\sin x}$；

(2) $\lim\limits_{x \to 0} \dfrac{\tan x - x}{x - \sin x}$；

(3) $\lim\limits_{x \to \frac{\pi}{2}} \dfrac{\ln \sin x}{(\pi - 2x)^2}$；

(4) $\lim\limits_{x \to +\infty} \dfrac{\ln\left(1 + \dfrac{1}{x}\right)}{\text{arccot}\, x}$；

(5) $\lim\limits_{x \to \frac{\pi}{2}} \dfrac{x \tan x}{\tan 3x}$；

(6) $\lim\limits_{x \to 0^+} \dfrac{\ln \sin 3x}{\ln \sin x}$；

(7) $\lim\limits_{x \to +\infty} x(e^{\frac{1}{x}} - 1)$；

(8) $\lim\limits_{x \to 1}\left(\dfrac{2}{x^2 - 1} - \dfrac{1}{x - 1}\right)$；

(9) $\lim\limits_{x \to 0^+} \left(\dfrac{\sin x}{x}\right)^{\frac{1}{x^2}}$；

(10) $\lim\limits_{x \to \frac{\pi}{2}} (\tan x)^{2x - \pi}$；

(11) $\lim\limits_{x \to 0^+} x^{\sin x}$；

(12) $\lim\limits_{x \to 0^+} (\cot x)^{\frac{1}{\ln x}}$.

2. 问 a 与 b 取何值，极限

$$\lim_{x \to 0}\left(\dfrac{\sin 3x}{x^3} + \dfrac{a}{x^2} + b\right) = 0 \text{ 成立.}$$

第九节 泰勒公式

对于一些较复杂的函数，为了便于研究，往往希望用一些简单的函数来近似逼近. 由于多项式函数是各类函数中最简单的一种，因此用多项式逼近函数是近似计算和理论分析的一个重要内容.

我们在学习导数和微分的概念时已经知道，如果函数 $f(x)$ 在 x_0 可导，则有

$$f(x) = f(x_0) + f'(x_0)(x - x_0) + o(x - x_0)$$

即在 x_0 附近，用一次多项式 $f(x_0) + f'(x_0)(x - x_0)$ 逼近函数 $f(x)$ 时，其误差为 $(x - x_0)$ 的高阶无穷小量.

但是这种近似表达式还存在不足之处：首先是精度不高，它所产生的误差仅是关于 $(x - x_0)$ 的高阶无穷小量；其次用它来作近似计算时，不能具体估算出误差大小. 因此，对于精确度要求较高且需要估计误差的时候，就必须用高次多项式来近似表达函数，同时给出误差公式.

于是提出如下的问题：设函数 $f(x)$ 在 x_0 存在直到 $(n+1)$ 阶导数，试找出一个关于 $(x - x_0)$ 的 n 次多项式

$$p_n(x) = a_0 + a_1(x - x_0) + a_2(x - x_0)^2 + \cdots + a_n(x - x_0)^n \qquad (2\text{-}9\text{-}1)$$

来近似逼近 $f(x)$，要求 $p_n(x)$ 与 $f(x)$ 之差是比 $(x - x_0)^n$ 高阶的无穷小，并给出误差 $|f(x) - p_n(x)|$ 的具体表达式.

假设 $p_n(x)$ 在 x_0 处的函数值及它的直到 n 阶导数在 x_0 处的值依次与 $f(x_0)$，$f'(x_0)$，$\cdots$，$f^{(n)}(x_0)$ 相等，即满足

$$p_n(x_0) = f(x_0), \quad p'_n(x_0) = f'(x_0),$$

$$p''_n(x_0) = f''(x_0), \cdots, p_n^{(n)}(x_0) = f^{(n)}(x_0),$$

按这些等式来确定多项式（2-9-1）的系数 a_0，a_1，a_2，$\cdots$，a_n. 下面我们来讨论这个问题，对（2-9-1）式逐次求在 x_0 处的各阶导数，得到

$$p_n(x_0) = a_0, p'_n(x_0) = a_1, p''_n(x_0) = 2!a_2, \cdots, p_n^{(n)}(x_0) = n!a_n,$$

从而得到

$$a_0 = f(x_0), 1 \cdot a_1 = f'(x_0), 2!a_2 = f''(x_0), \cdots, n!a_n = f^{(n)}(x_0),$$

即得

$$a_0 = f(x_0), a_1 = f'(x_0), a_2 = \frac{f''(x_0)}{2!}, \cdots, a_n = \frac{f^{(n)}(x_0)}{n!}.$$

将求得的系数 a_0，a_1，a_2，$\cdots$，a_n 代入（2-9-1）式，有

$$p_n(x) = f(x_0) + f'(x_0)(x - x_0) + \frac{f''(x_0)}{2!}(x - x_0)^2 + \cdots + \frac{f^{(n)}(x_0)}{n!}(x - x_0)^n$$

$$(2\text{-}9\text{-}2)$$

下面的定理表明，多项式（2-9-2）就是所要找的 n 次多项式.

定理 1（泰勒定理） 如果函数 $f(x)$ 在含有 x_0 的某个开区间 (a, b) 内具有直到 $n+1$ 阶的导数，则对任一 $x \in (a, b)$，有

$$f(x) = f(x_0) + f'(x_0)(x - x_0) + \frac{f''(x_0)}{2!}(x - x_0)^2 + \cdots + \frac{f^{(n)}(x_0)}{n!}(x - x_0)^n + R_n(x)$$

$$(2\text{-}9\text{-}3)$$

其中

$$R_n(x) = \frac{f^{(n+1)}(\xi)}{(n+1)!}(x - x_0)^{n+1},$$

$$(2\text{-}9\text{-}4)$$

这里 ξ 是 x_0 与 x 之间的某个值.

证明 $R_n(x) = f(x) - p_n(x)$. 只需证明

$$R_n(x) = \frac{f^{(n+1)}(\xi)}{(n+1)!}(x - x_0)^{n+1} (\xi \text{介于} x_0 \text{与} x \text{之间}).$$

由假设可知，$R_n(x)$ 在 (a, b) 内具有直到 $n+1$ 阶的导数，且

$$R_n(x_0) = R'_n(x_0) = R''_n(x_0) = \cdots = R_n^{(n)}(x_0) = 0.$$

对两个函数 $R_n(x)$ 及 $(x - x_0)^{n+1}$ 在以 x_0 及 x 为端点的区间上应用柯西中值定理（显然，这两个函数满足柯西中值定理的条件），得

$$\frac{R_n(x)}{(x - x_0)^{n+1}} = \frac{R_n(x) - R_n(x_0)}{(x - x_0)^{n+1} - 0} = \frac{R'_n(\xi_1)}{(n+1)(\xi_1 - x_0)^n} (\xi_1 \text{ 介于 } x_0 \text{ 与 } x \text{ 之间})$$

再对于两个函数 $R'_n(x)$ 及 $(n+1)(x - x_0)^n$ 在以 x_0 及 ξ_1 为端点的区间上应用柯西中值定理，得

$$\frac{R'_n(\xi_1)}{(n+1)(\xi_1 - x_0)^n} = \frac{R'_n(\xi_1) - R'_n(x_0)}{(n+1)(\xi_1 - x_0)^n - 0}$$

$$= \frac{R''_n(\xi_2)}{n(n+1)(\xi_2 - x_0)^{n-1}} (\xi_2 \text{ 介于 } x_0 \text{ 与 } \xi_1 \text{ 之间})$$

照此方法继续做下去，经过 $(n+1)$ 次后，得

$$\frac{R_n(x)}{(x - x_0)^{n+1}} = \frac{R_n^{(n+1)}(\xi)}{(n+1)!} (\xi \text{介于} x_0 \text{ 与 } \xi_n \text{ 之间，因而也介于 } x_0 \text{ 与 } x \text{ 之间}).$$

注意到 $R_n^{(n+1)}(x) = f^{(n+1)}(x)$（因 $p_n^{(n+1)}(x) = 0$），由上式得

$$R_n(x) = \frac{f^{(n+1)}(\xi)}{(n+1)!}(x-x_0)^{n+1} \quad (\xi \text{ 介于 } x_0 \text{ 与 } x \text{ 之间}),$$

定理证毕．

多项式（2-9-2）称为函数 $f(x)$ 按 $(x-x_0)$ 的幂展开的 n 次近似多项式，公式（2-9-3）称为 **$f(x)$ 按 $(x-x_0)$ 的幂展开的带有拉格朗日型余项的 n 阶泰勒公式**，而 $R_n(x)$ 的表达式（2-9-4）称为**拉格朗日型余项**．

当 $n=0$ 时，泰勒公式变成拉格朗日中值定理：

$$f(x) = f(x_0) + f'(\xi)(x-x_0) \quad (\xi \text{ 介于 } x_0 \text{ 与 } x \text{ 之间}).$$

因此，泰勒定理是拉格朗日中值定理的推广．

由泰勒定理可知，当多项式 $p_n(x)$ 近似逼近 $f(x)$ 时，其误差为 $|R_n(x)|$．如果对于某个固定的 n，当 $x \in (a,b)$ 时，$|f^{(n+1)}(x)| \leqslant M$，则有估计式：

$$|R_n(x)| = \left| \frac{f^{(n+1)}(\xi)}{(n+1)!}(x-x_0)^{n+1} \right| \leqslant \frac{M}{(n+1)!} |x-x_0|^{n+1} \tag{2-9-5}$$

及

$$\lim_{x \to x_0} \frac{R_n(x)}{(x-x_0)^n} = 0.$$

由此可见，当 $x \to x_0$ 时误差 $|R_n(x)|$ 是比 $(x-x_0)^n$ 高阶的无穷小，即

$$R_n(x) = o[(x-x_0)^n]. \tag{2-9-6}$$

这样，我们提出的问题完满地得到解决．

在不需要余项的精确表达式时，n 阶泰勒公式也可写成

$$f(x) = f(x_0) + f'(x_0)(x-x_0) + \frac{f''(x_0)}{2!}(x-x_0)^2 + \cdots +$$

$$\frac{f^{(n)}(x_0)}{n!}(x-x_0)^n + o[(x-x_0)^n]. \tag{2-9-7}$$

$R_n(x)$ 的表达式（2-9-6）称为**佩亚诺型余项**，公式（2-9-7）称为 **$f(x)$ 按 $(x-x_0)$ 的幂展开的带有佩亚诺型余项的 n 阶泰勒公式**．

在泰勒公式（2-9-3）中，如果取 $x_0 = 0$，则 ξ 介于 0 与 x 之间．因此可令 $\xi = \theta x (0 < \theta < 1)$，从而泰勒公式变成较简单的形式，即所谓带有拉格朗日型余项的**麦克劳林公式**

$$f(x) = f(0) + f'(0)x + \frac{f''(0)}{2!}x^2 + \cdots + \frac{f^{(n)}(0)}{n!}x^n + \frac{f^{(n+1)}(\theta x)}{(n+1)!}x^{n+1} \quad (0 < \theta < 1).$$

$$\tag{2-9-8}$$

特别是，如果取 $x_0 = 0$，（2-9-7）式是

$$f(x) = f(0) + f'(0)x + \frac{f''(0)}{2!}x^2 + \cdots + \frac{f^{(n)}(0)}{n!}x^n + o(x^n). \tag{2-9-9}$$

称为带有佩亚诺型余项的麦克劳林公式．

由（2-9-8）或（2-9-9）可得近似公式：

$$f(x) \approx f(0) + f'(0)x + \frac{f''(0)}{2!}x^2 + \cdots + \frac{f^{(n)}(0)}{n!}x^n.$$

误差估计式（2-9-5）相应地变成

$$| R_n(x) | \leqslant \frac{M}{(n+1)!} | x |^{n+1} . \tag{2-9-10}$$

例1 写出 $f(x) = e^x$ 的带有拉格朗日型余项的 n 阶麦克劳林展开式，并估计误差．

解 因为 $f'(x) = f''(x) = \cdots = f^{(n)}(x) = e^x$ ，

所以 $\qquad f(0) = f'(0) = f''(0) = \cdots = f^{(n)}(0) = 1 .$

代入麦克劳林公式，有

$$e^x = 1 + \frac{x}{1!} + \frac{x^2}{2!} + \cdots + \frac{x^n}{n!} + \frac{e^{\theta x}}{(n+1)!} x^{n+1} \quad (0 < \theta < 1) .$$

由这个公式可知，若把 e^x 用它的 n 次近似多项式表达为

$$e^x \approx 1 + \frac{x}{1!} + \frac{x^2}{2!} + \cdots + \frac{x^n}{n!} ,$$

这时所产生的误差为

$$| R_n(x) | = \left| \frac{e^{\theta x}}{(n+1)!} x^{n+1} \right| < \frac{e^{|x|}}{(n+1)!} | x |^{n+1} L \quad (0 < \theta < 1) .$$

如果取 $x = 1$，则得无理数 e 的近似式为

$$e \approx 1 + 1 + \frac{1}{2!} + \cdots + \frac{1}{n!} ,$$

其误差 $\qquad | R_n | < \frac{e}{(n+1)!} < \frac{3}{(n+1)!} .$

当 $n = 10$ 时，可算出 $e \approx 2.71818$，其误差不超过 10^{-6}．

例2 求 $f(x) = x\ln x$ 在 $x = 1$ 处的 n 阶泰勒展开式，并利用其二阶泰勒展开式计算 $f(1.02)$．

解 $f(1) = 0, f'(x) = \ln x + 1, f''(x) = \frac{1}{x}, f'''(x) = -\frac{1}{x^2}, f^{(4)}(x) = \frac{2!}{x^3}, \cdots,$

$$f^{(n)}(x) = (-1)^n \frac{(n-2)!}{x^{n-1}} \quad (n \geqslant 2) .$$

故有

$$f'(1) = 1, f''(1) = 1, f'''(1) = -1, f^{(4)}(1) = 2!, \cdots, f^{(n)}(1) = (-1)^n (n-2)! .$$

所以，$f(x) = x\ln x$ 在 $x = 1$ 处的泰勒展开式为

$$x\ln x = \frac{1}{1!}(x-1) + \frac{1}{2!}(x-1)^2 - \frac{1}{3!}(x-1)^3 + \cdots + (-1)^n \frac{(n-2)!}{n!}(x-1)^n + R_n(x)$$

$$= (x-1) + \frac{(x-1)^2}{2} - \frac{(x-1)^3}{6} + \cdots + (-1)^n \frac{(x-1)^n}{n(n-1)} + R_n(x) .$$

所以有 $\qquad x\ln x \approx (x-1) + \frac{(x-1)^2}{2} - \frac{(x-1)^3}{6} + \cdots + (-1)^n \frac{(x-1)^n}{n(n-1)} .$

将 $x = 1.02$ 代入上式，得

$$f(1.02) \approx (1.02 - 1) + \frac{(1.02 - 1)^2}{2} = 0.0202 .$$

下面是几个常用的麦克劳林公式：

(1) $e^x = 1 + \frac{x}{1!} + \frac{x^2}{2!} + \cdots + \frac{x^n}{n!} + \frac{x^{n+1}}{(n+1)!} e^{\theta x}, 0 < \theta < 1 .$

(2) $\sin x = x - \frac{x^3}{3!} + \frac{x^5}{5!} - \cdots + (-1)^{m-1} \frac{x^{2m-1}}{(2m-1)!} + R_{2m}(x),$

拉格朗日型余项是

$$R_{2m}(x) = \frac{x^{2m+1}}{(2m+1)!}\sin\left(\theta x + \frac{2m+1}{2}\pi\right) = (-1)^m \frac{x^{2m+1}}{(2m+1)!}\cos\theta x, 0 < \theta < 1.$$

(3) $\cos x = 1 - \frac{x^2}{2!} + \frac{x^4}{4!} - \cdots + (-1)^m \frac{x^{2m}}{(2m)!} + R_{2m+1}(x),$

拉格朗日型余项是

$$R_{2m+1}(x) = (-1)^{m+1} \frac{x^{2m+2}}{(2m+2)!}\cos\theta x, 0 < \theta < 1.$$

(4) $\ln(1+x) = x - \frac{x^2}{2} + \cdots + (-1)^{n-1}\frac{x^n}{n} + R_n(x),$

拉格朗日型余项是

$$R_n(x) = (-1)^n \frac{x^{n+1}}{(n+1)(1+\theta x)^{n+1}}, 0 < \theta < 1.$$

(5) $(1+x)^m = 1 + mx + \frac{m(m-1)}{2!}x^2 + \cdots + \frac{m(m-1)\cdots(m-n+1)}{n!}x^n + R_n(x)$

$$= 1 + mx + \frac{m(m-1)}{2!}x^2 + \cdots + \frac{m!}{(m-n)!n!}x^n + R_n(x),$$

拉格朗日型余项是

$$R_n(x) = \frac{m(m-1)\cdots(m-n)}{(n+1)!}(1+\theta x)^{m-n-1}x^{n+1}, 0 < \theta < 1.$$

例3 利用带有佩亚诺型余项的麦克劳林公式，求极限 $\lim\limits_{x\to 0}\frac{\sin x - x\cos x}{\sin^3 x}$.

解 由于分式的分母 $\sin^3 x \sim x^3 (x\to 0)$，我们只需将分子中的 $\sin x$ 和 $x\cos x$ 分别用带有佩亚诺型余项的三阶麦克劳林公式表示，即

$$\sin x = x - \frac{x^3}{3!} + o(x^3),$$

$$x\cos x = x - \frac{x^3}{2!} + o(x^3).$$

于是

$$\sin x - x\cos x = x - \frac{x^3}{3!} + o(x^3) - x + \frac{x^3}{2!} - o(x^3) = \frac{1}{3}x^3 + o(x^3).$$

对上式作运算时，把两个比 x^3 高阶的无穷小的代数和仍记作 $o(x^3)$，故

$$\lim_{x\to 0}\frac{\sin x - x\cos x}{\sin^3 x} = \lim_{x\to 0}\frac{\frac{1}{3}x^3 + o(x^3)}{x^3} = \frac{1}{3}.$$

习 题 2-9

1. 按 $(x-2)$ 的幂展开多项式 $x^3 - 2x^2 + 3x - 5$.

2. 求下列函数在指定点展成泰勒公式（到 $n=6$）：

(1) $f(x) = \sin x$，在 $x = \frac{\pi}{4}$；   (2) $f(x) = \sqrt{x}$，在 $x = 1$；

(3) $f(x) = x^5 - x^2 + 2x - 1$，在 $x = -1$.

3. 写出函数 $f(x) = xe^x$ 的 n 阶麦克劳林展开式.

4. 利用三阶麦克劳林展开式求下列各数的近似值：

(1) $\sqrt{e}$；　　　　　(2) $\sin 18°$；　　　　(3) $\ln 1.2$.

5. 利用带有佩亚诺型余项的麦克劳林公式求下列函数的极限：

(1) $\lim\limits_{x \to 0} \dfrac{e^x \sin x - x(1+x)}{x^3}$；　　　　(2) $\lim\limits_{x \to \infty} \left[x - x^2 \ln(1 + \dfrac{1}{x}) \right]$.

第十节　函数的单调性与极值

一般来说，农作物的产量与种植密度有关．一开始随着密度的增加，产量会逐渐增加，但密度增加到一定程度以后，随着种植密度的增加，产量反而会逐渐减少，我们感兴趣的是：种植密度为多少时，作物的产量最大？种植密度值在哪个范围内，作物的产量是增加的，在哪个范围内作物的产量会减少？从数学的角度来看，这里涉及的是函数的单调区间和极值问题．本节将通过导数和微分的有关基本定理研究函数的单调性与极值问题．

一、函数单调性的判别法

第一章第一节中已经介绍了函数在区间上单调的概念．下面用导数作为工具对函数的单调性进行研究．

设曲线 $y = f(x)$ 其上每一点都存在切线．从几何直观来看，若每一点切线与 x 轴正方向的夹角都是锐角，即切线的斜率 $f'(x) > 0$，则曲线 $y = f(x)$ 必是严格增加，如图 2-12；若每一点切线与 x 轴正方向的夹角都是钝角，即切线的斜率 $f'(x) < 0$，则曲线 $y = f(x)$ 必是严格减少，如图 2-13. 由此可见，函数的单调性与导数的符号有着密切的联系．

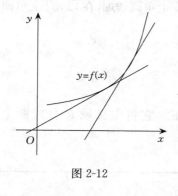

图 2-12

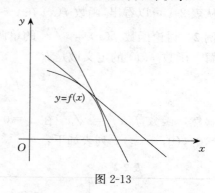

图 2-13

那么，能否用导数的符号来判断函数的单调性呢？下面我们来讨论这个问题．

定理 1（函数单调性的判定法）　设函数 $f(x)$ 在闭区间 $[a,b]$ 上连续，在开区间 (a,b) 内可导，则有

(i) 如果在开区间 (a,b) 内处处有 $f'(x) > 0$，则函数 $f(x)$ 在区间 $[a,b]$ 上单调增加；

(ii) 如果在开区间 (a,b) 内处处有 $f'(x) < 0$，则函数 $f(x)$ 在区间 $[a,b]$ 上单调减少．

证明　(i) 在区间 $[a,b]$ 上任取两点 x_1，x_2，不妨设 $x_1 < x_2$，则函数 $f(x)$ 在区间 $[x_1,x_2]$ 上满足拉格朗日中值定理条件，有

$$f(x_2) - f(x_1) = f'(\xi)(x_2 - x_1), \xi \in (x_1, x_2).$$

由于 $f'(\xi) > 0$,且 $x_2 - x_1 > 0$,所以
$$f(x_2) - f(x_1) > 0,$$
即函数 $f(x)$ 在区间 $[a,b]$ 上单调增加.

(ii) 读者可仿照 (i) 自行证明.

注 把这个判定法中的闭区间换成其他各种区间(包括无穷区间),结论也是成立的.

根据定理 1,讨论可导函数 $f(x)$ 的单调区间可按下列步骤进行:

(1) 确定函数 $f(x)$ 的定义域;

(2) 求函数 $f(x)$ 的驻点或函数 $f(x)$ 导数不存在的点;

(3) 用驻点或导数不存在的点将定义域分成若干开区间;

(4) 判别导函数 $f'(x)$ 在每个开区间的符号. 根据定理 1,确定函数 $f(x)$ 的单调性.

例 1 讨论函数 $f(x) = x^3 - 6x^2 + 9x - 2$ 的单调性.

解 函数 $f(x)$ 的定义域是 R.

$f'(x) = 3x^2 - 12x + 9 = 3(x-1)(x-3)$.

令 $f'(x) = 0$,得驻点 $x_1 = 1$,$x_2 = 3$. 用驻点 $x_1 = 1$,$x_2 = 3$ 把函数的定义域 R 分成三个区间:$(-\infty, 1)$,$(1, 3)$,$(3, +\infty)$. 列表如下:

表 2-1

x	$(-\infty, 1)$	1	$(1,3)$	3	$(3, +\infty)$
$f'(x)$	$+$	0	$-$	0	$+$
$f(x)$	↗	$f(1)$	↘	$f(3)$	↗

从表 2-1 可以看出,函数 $f(x)$ 在 $(-\infty, 1]$ 及 $[3, +\infty)$ 上单调增加,在 $[1, 3]$ 上单调减少.

例 2 讨论函数 $f(x) = \sqrt[3]{x^2}$ 的单调性.

解 函数 $f(x)$ 的定义域是 R.

$$f'(x) = \frac{2}{3} \cdot \frac{1}{\sqrt[3]{x}}.$$

显然,函数 $f(x) = \sqrt[3]{x^2}$ 在 $x = 0$ 处的导数不存在. 它将定义域 R 分成两个区间:$(-\infty, 0)$,$(0, +\infty)$. 列表如下:

表 2-2

x	$(-\infty, 0)$	0	$(0, +\infty)$
$f'(x)$	$-$	不存在	$+$
$f(x)$	↘	$f(0)$	↗

从表 2-2 可以看出,函数 $f(x)$ 在 $(-\infty, 0]$ 上单调减少,在 $[0, +\infty)$ 上单调增加.

二、函数的极值

作为函数性态的一个重要特征,函数的极值在一些实际问题中有着重要的应用. 下面我们利用导数作为工具对函数的极值进行研究.

费马引理(本章第七节)已经告诉我们,若函数 $f(x)$ 在 x_0 可导,且 x_0 为 $f(x)$ 的极

值点，则 $f'(x_0) = 0$，即可导函数 $f(x)$ 的极值点 x_0 必是函数 $f(x)$ 的驻点．

费马引理给出了寻找可导函数极值点的范围，即函数 $f(x)$ 的极值点一定是函数 $f(x)$ 的驻点．但反过来，函数的驻点却不一定是极值点．例如，对于函数 $f(x) = x^3$，$x = 0$ 是驻点，即 $f'(0) = 0$，但 $f(0)$ 不是极值．所以，函数的驻点只是可能的极值点．此外，函数在它的导数不存在的点处也可能取得极值．例如，函数 $f(x) = |x|$ 在 $x = 0$ 处不可导，但函数在该点取得极小值．

综上所述，**函数的极值点必是函数的驻点或导数不存在的点，但驻点或导数不存在的点并不一定是函数的极值点**．

怎样判定函数在驻点或不可导的点处是否取得极值？如果是的话，究竟取得极大值还是极小值？下面给出两个判定极值的充分条件．

定理 2（极值的第一充分条件） 设函数 $f(x)$ 在 x_0 处连续，且在 x_0 的某去心邻域 $\overset{\circ}{U}(x_0, \delta)$ 内可导．

（i）若当 $x \in (x_0 - \delta, x_0)$ 时，$f'(x) < 0$，当 $x \in (x_0, x_0 + \delta)$ 时，$f'(x) > 0$，则 $f(x)$ 在 x_0 取得极小值；

（ii）若当 $x \in (x_0 - \delta, x_0)$ 时，$f'(x) > 0$，当 $x \in (x_0, x_0 + \delta)$，时，$f'(x) < 0$，则 $f(x)$ 在 x_0 取得极大值；

（iii）若当 $x \in \overset{\circ}{U}(x_0, \delta)$ 时，$f'(x)$ 的符号保持不变，则 $f(x)$ 在 x_0 处没有极值．

证明 （i）由定理的条件及定理 1，$f(x)$ 在 $(x_0 - \delta, x_0)$ 内递减，在 $(x_0, x_0 + \delta)$ 内递增，又由 $f(x)$ 在 x_0 处连续，故对任意 $x \in \overset{\circ}{U}(x_0, \delta)$，恒有

$$f(x) > f(x_0).$$

即 $f(x)$ 在 x_0 取得极小值．

类似地可证（ii）及（iii）的情形．

根据上面的定理 1 和定理 2，如果函数 $f(x)$ 在所讨论的区间内连续，除个别点外处处可导，那么就可以按下列步骤来求 $f(x)$ 在该区间内的极值点和相应的极值：

（1）确定函数 $f(x)$ 的定义域；

（2）求出导数 $f'(x)$；

（3）求出 $f(x)$ 的全部驻点与不可导点；

（4）考察 $f'(x)$ 的符号在每个驻点或不可导点的左、右邻近的情形，以确定该点是否为极值点；如果是极值点，进一步确定是极大值点还是极小值点；

（5）求出各极值点的函数值，即可得到函数 $f(x)$ 的全部极值．

例 3 求函数 $f(x) = 2x^3 - 9x^2 + 12x - 3$ 的极值．

解 $f'(x) = 6x^2 - 18x + 12 = 6(x - 1)(x - 2)$．

令 $f'(x) = 0$，求得两个驻点 $x_1 = 1, x_2 = 2$．现列表讨论如下：

表 2-3

x	$(-\infty, 1)$	1	$(1, 2)$	2	$(2, +\infty)$
$f'(x)$	+	0	−	0	+
$f(x)$	↗	极大值	↘	极小值	↗

从表 2-3 可以看出，函数 $f(x)$ 在 $x=1$ 处取得极大值，极大值为 $f(1)=2$；在 $x=2$ 处取得极小值，极小值为 $f(2)=1$．

例 4　求函数 $f(x)=(2x-5)\sqrt[3]{x^2}$ 的极值．

解　$f(x)=(2x-5)\sqrt[3]{x^2}=2x^{\frac{5}{3}}-5x^{\frac{2}{3}}$ 在 $(-\infty,+\infty)$ 上连续，且当 $x\neq 0$ 时，有

$$f'(x)=\frac{10}{3}x^{\frac{2}{3}}-\frac{10}{3}x^{-\frac{1}{3}}=\frac{10}{3}\frac{x-1}{\sqrt[3]{x}}.$$

易见，$x=1$ 为 $f(x)$ 的驻点，$x=0$ 为 $f(x)$ 的不可导点．现列表讨论如下：

表 2-4

x	$(-\infty,0)$	0	$(0,1)$	1	$(1,+\infty)$
$f'(x)$	$+$	不存在	$-$	0	$+$
$f(x)$	↗	极大值	↘	极小值	↗

从表 2-4 可以看出，函数 $f(x)$ 在 $x=0$ 处取得极大值，极大值为 $f(0)=0$；在 $x=1$ 处取得极小值，极小值为 $f(1)=-3$．

例 5　农作物的产量与种植密度密切相关：一开始随着种植密度的增加，作物的产量随着增加，之后，随着种植密度的增加，作物的产量反而减少．现在我们对影响大豆产量的最主要的四项农艺措施：种植密度、氮肥施用量、磷肥施用量和钾肥施用量进行田间试验，建立了每亩产量 y（kg）关于种植密度 x（株）的函数

$$y=70.5-0.206\times\frac{x-6500}{1500}-6.643\times\left(\frac{x-6500}{1500}\right)^2.$$

试求大豆产量增加和减少的种植密度范围以及大豆产量的极大值．

解　$y'=-0.206\times\frac{1}{1500}-13.286\times\left(\frac{x-6500}{2250000}\right).$

令 $y'=0$，解得 $x\approx 6477$（株）．

当 $x<6477$ 时，$y'>0$；当 $x>6477$ 时，$y'<0$．故产量的增加区间为 $(0,6477)$，产量的减少区间为 $(6477,+\infty)$．

由此可知，产量在 $x=6477$ 处取得极大值 $f(6477)\approx 70.5$（kg）．

例 6　在某化学反应过程中，反应速度 v 与反应物的浓度 x 有以下关系：

$$v=kx(a-x)$$

其中 $a>0$ 是反应开始时的物质的浓度，$k>0$ 是常数．试求反应速度的单调区间及极值．

解　因为 $v'=k(a-2x)$，令 $v'=0$，解得 $x=\frac{a}{2}$．

当 $x<\frac{a}{2}$ 时，$v'>0$，此时反应速度是增加的；

当 $x>\frac{a}{2}$ 时，$v'<0$，此时反应速度是减少的．

由定理得，反应速度 v 的极大值为 $v(\frac{a}{2})=\frac{ka^2}{4}$．

当函数 $f(x)$ 在驻点处的二阶导数存在且不为零时，也可以利用下述定理来判定 $f(x)$ 在驻点处取得极大值还是极小值．

定理 3（极值的第二充分条件）　设函数 $f(x)$ 在 x_0 处具有二阶导数且 $f'(x_0) = 0$，$f''(x_0) \neq 0$．

(i) 若 $f''(x_0) < 0$，则 $f(x)$ 在 x_0 取得极大值；

(ii) 若 $f''(x_0) > 0$，则 $f(x)$ 在 x_0 取得极小值．

证明　(i) 由于 $f''(x_0) < 0$，即

$$f''(x_0) = \lim_{x \to x_0} \frac{f'(x) - f'(x_0)}{x - x_0} < 0,$$

于是，由函数极限的局部保号性及 $f'(x_0) = 0$，当 x 在 x_0 的足够小的去心邻域内时，有

$$\frac{f'(x)}{x - x_0} < 0.$$

因此，当 $x < x_0$ 时，$f'(x) > 0$；当 $x > x_0$ 时，$f'(x) < 0$．根据定理 3，$f(x)$ 在 x_0 取得极大值．

类似方法可以证明（ii）．

定理 3 表明，如果函数 $f(x)$ 在驻点 x_0 处的二阶导数 $f''(x_0) \neq 0$，那么该驻点 x_0 一定是极值，并且可以按二阶导数 $f''(x_0)$ 的符号来判定 $f(x_0)$ 是极大值还是极小值．但如果在驻点 x_0 处 $f''(x_0) = 0$，定理 3 就不能应用．事实上，当 $f'(x_0) = f''(x_0) = 0$ 时，$f(x)$ 在 x_0 处可能有极大值，也可能有极小值，也可能没有极值．例如，$f_1(x) = -x^4$，$f_2(x) = x^4$，$f_3(x) = x^3$ 这三个函数在 $x = 0$ 处就分别属于这三种情况．因此，当 $f'(x_0) = f''(x_0) = 0$ 时，还需要用一阶导数在驻点左、右邻近的符号来判别 x_0 是否为极值．

例 7　求函数 $f(x) = (x^2 - 1)^3 + 1$ 的极值．

解　$f'(x) = 6x(x^2 - 1)^2$．

令 $f'(x) = 0$，求得驻点：$x_1 = -1$，$x_2 = 0$，$x_3 = 1$．

$f''(x) = 6(x^2 - 1)(5x^2 - 1)$．

因 $f''(0) = 6 > 0$，故 $f(x)$ 在 $x = 0$ 处取得极小值，极小值为 $f(0) = 0$．

因 $f''(-1) = f''(1) = 0$，故用定理 3 无法判别．考察一阶导数 $f'(x)$ 在驻点 $x_1 = -1$ 及 $x_3 = 1$ 左右邻近的符号：

当 x 取 -1 左侧邻近的值时，$f'(x) < 0$；当 x 取 -1 右侧邻近的值时，$f'(x) < 0$，因为 $f'(x)$ 的符号没有改变，所以 $f(x)$ 在 $x = -1$ 处没有极值．同理，$f(x)$ 在 $x = 1$ 处也没有极值．

习　题　2-10

1. 求下列函数的单调区间：

(1) $f(x) = 3x - x^3$；

(2) $f(x) = 2x^2 - \ln x$；

(3) $f(x) = \sqrt{2x - x^2}$；

(4) $f(x) = \dfrac{x^2 - 1}{x}$．

2. 求下列函数的极值：

(1) $f(x) = x^3 - 3x + 1$；

(2) $f(x) = \dfrac{2x}{1 + x^2}$；

(3) $f(x) = \dfrac{(\ln x)^2}{x}$；

(4) $f(x) = \arctan x - \dfrac{1}{2}\ln(1 + x^2)$．

3. 费佛尔（Pfeiffer）教授等人根据对大量实验数据的分析提出作物的生物学产量 y 与施肥剂量 x 之间的规律可用二次函数 $y = a + bx + cx^2 (c < 0)$ 构造的数学模型表达，试依据这一观点指出当施肥剂量 x 达到多少时，作物的生物学产量取极大值.

第十一节　函数的最大值和最小值

在工农业生产、工程技术及科学实验中，常常会遇到这样一类问题：在一定条件下，怎样使"产品最多"、"用料最省"、"成本最低"、"效率最高"等问题，这类问题在数学上有时可归结为求某一函数（通常称为**目标函数**）的最大值或最小值问题.

假定函数 $f(x)$ 在闭区间 $[a,b]$ 上连续，在开区间 (a,b) 内除有限个点外可导，且至多有有限个驻点. 在上述条件下，我们来讨论 $f(x)$ 在 $[a,b]$ 上的最大值和最小值的求法.

首先，由闭区间上连续函数的性质，可知 $f(x)$ 在 $[a,b]$ 上的最大值和最小值一定存在.

其次，如果最大值（或最小值）$f(x_0)$ 在开区间 (a,b) 内的 x_0 处取得，那么，按 $f(x)$ 在开区间内除有限个点外可导且至多有有限个驻点的假定，可知 $f(x_0)$ 一定也是 $f(x)$ 的极大值（或极小值），从而 x_0 一定是 $f(x)$ 的驻点或不可导点. 又 $f(x)$ 的最大值和最小值也可能在区间的端点处取得. 因此，可用如下方法求 $f(x)$ 在 $[a,b]$ 上的最大值和最小值.

（1）求出 $f(x)$ 在 (a,b) 内的驻点 $x_1, x_2, \cdots, x_m$ 及不可导点 $x_1', x_2', \cdots, x_n'$；

（2）计算 $f(x_i)(i = 1, 2, \cdots, m)$，$f(x_j')(j = 1, 2, \cdots, n)$ 及 $f(a), f(b)$；

（3）比较（2）中诸值的大小，其中最大的便是 $f(x)$ 在 $[a,b]$ 上的最大值，最小的便是 $f(x)$ 在 $[a,b]$ 上的最小值.

例 1　求函数 $f(x) = x^3 - x^2 - x + 1$ 在闭区间 $[-1, \frac{3}{2}]$ 上的最大值和最小值.

解　$f'(x) = 3x^2 - 2x - 1 = (3x + 1)(x - 1)$.

在 $(-1, \frac{3}{2})$ 内，$f(x)$ 的驻点为 $x_1 = -\frac{1}{3}$，$x_2 = 1$.

由于 $f(-1) = 0$，$f(-\frac{1}{3}) = \frac{32}{27}$，$f(1) = 0$，$f(\frac{3}{2}) = \frac{5}{8}$，比较可得 $f(x)$ 在 $x = -1$ 和 $x = 1$ 处取得它在 $[-1, \frac{3}{2}]$ 上的最小值 0，在 $x = -\frac{1}{3}$ 处取得它在 $[-1, \frac{3}{2}]$ 上的最大值 $\frac{32}{27}$.

例 2　铁路线上 AB 段的距离为 100km. 工厂 C 距 A 处为 20km，AC 垂直于 AB（如图 2-14）. 为了运输需要，要在 AB 线上选定一点 D 向工厂修筑一条公路. 已知铁路每千米货运的费用与公路上每千米货运的运费之比为 $3:5$. 为了使货物从供应站 B 运到工厂 C 的运费最省，问 D 点应选在何处？

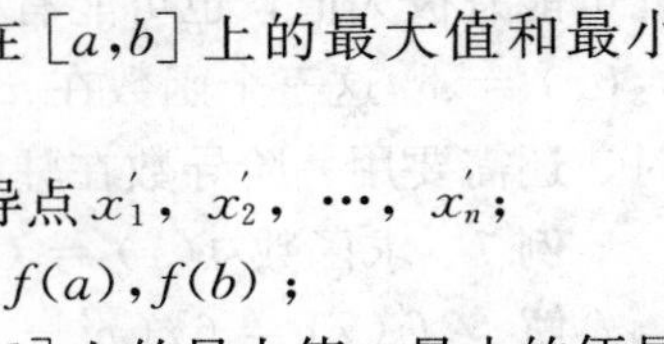

图 2-14

解　设 $AD = x$（km），那么 $DB = 100 - x$，$CD = \sqrt{20^2 + x^2} = \sqrt{400 + x^2}$.

由于铁路上每千米货运的运费与公路上每千米货运的运费之比为 $3:5$，因此我们不妨设铁路上每千米的运费为 $3k$，公路上每千米的运费为 $5k$（k 为某个正数，因它与本题的解

无关，所以不必定出）．设从 B 点到 C 点需要的总运费为 y，那么

$$y = 5k \cdot CD + 3k \cdot DB,$$

即

$$y = 5k \cdot \sqrt{400 + x^2} + 3k \cdot (100 - x)(0 \leqslant x \leqslant 100).$$

现在，问题归结为：x 在 $[0, 100]$ 内取何值时目标函数 y 的值最小．

先求 y 对 x 的导数：

$$y' = k\left(\frac{5x}{\sqrt{400 + x^2}} - 3\right).$$

解方程 $y' = 0$，得 $x = 15$（km）．

由于 $y|_{x=0} = 400k$，$y|_{x=15} = 380k$，$y|_{x=100} = 500k\sqrt{1 + \frac{1}{5^2}}$，其中以 $y|_{x=15} = 380k$ 为最小，因此，当 $AD = x = 15$km 时，总运费最省．

在求函数的最大值（或最小值）时，特别值得指出的是下述情形：$f(x)$ 在一个区间（有限或无限，开或闭）内可导且只有一个驻点 x_0，并且这个驻点 x_0 是函数 $f(x)$ 的极值点，那么，当 $f(x_0)$ 是极大值时，$f(x_0)$ 就是 $f(x)$ 在该区间上的最大值；当 $f(x_0)$ 是极小值时，$f(x_0)$ 就是 $f(x)$ 在该区间上的最小值．在应用问题中往往遇到这样的情形．

例3 某农场需要建一个面积为 512m^2 的长方形晒谷场，一边可以利用原来的后条沿，其他三边需要砌成新的石条沿，问晒谷场的长和宽各为多少米时才能使材料用的最省？

解 设谷场宽为 x m，则长为 $\frac{512}{x}$ m. 因而石条沿的总长度为：

$$l = 2x + \frac{512}{x}(x > 0).$$

现在，问题归结为：x 在 $(0, +\infty)$ 内取何值时，目标函数 l 取得最小值．

先求 l 对 x 的导数：

$$l' = 2 - \frac{512}{x^2}.$$

令 $l' = 0$，得 $x_1 = -16$，$x_2 = 16$. 将 $x_1 = -16$ 舍去，得驻点 $x = 16$.

又 $l'' = \frac{1024}{x^3}$，故 $l''|_{x=16} = \frac{1024}{16^3} > 0$.

所以当 $x = 16$ 时，l 取得极小值．由于在 $(0, +\infty)$ 内函数 l 只有一个极（小）值，因此这个极小值就是最小值．故晒谷场的宽度为 16m，长为 $\frac{512}{16} = 32$m 时，砌得的新石条沿所使用的材料最省．

还要指出，实际问题中，往往根据问题的性质就可以判断可导函数 $f(x)$ 确有最大值或最小值，而且一定在定义区间内部取得．这时如果 $f(x)$ 在定义区间内部只有一个驻点 x_0，那么不必讨论 $f(x_0)$ 是不是极值，就可以断定 $f(x_0)$ 是最大值或最小值．

例4 在细胞质合成蛋白质的过程中，蛋白质的质量依照下面的公式随时间而改变：

$$M = p + qt + rt^2(p, q, r \text{ 是常数}, \text{且} r < 0),$$

确定蛋白质的最大合成量．

解 因为 $\frac{dM}{dt} = q + 2rt$. 令 $\frac{dM}{dt} = 0$，得唯一的驻点 $t = -\frac{q}{2r}$．

由问题的实际背景，最大值存在，故蛋白质的最大合成量为

$$M = p + q\left(-\frac{q}{2r}\right) + r\left(-\frac{q}{2r}\right)^2 = \frac{4pr - q^2}{4r}.$$

例 5 某组织上，观察到的细胞是高为 h，半径为 r 的笔直圆柱体，若体积固定为 V 不变，确定使圆柱体的表面积达到最小时细胞的半径 r 和高度 h。

解 设圆柱体细胞的半径为 r，高为 h，则有

$$V = \pi r^2 h,$$

表面积为

$$S = 2\pi r^2 + 2\pi rh.$$

由于 $\pi rh = \dfrac{V}{r}$，于是得

$$S = S(r) = 2\pi r^2 + \frac{2V}{r} \quad (V \text{ 为常数}).$$

因为 $S'(r) = 4\pi r - \dfrac{2V}{r^2}$，令 $S'(r) = 0$，得唯一的驻点 $r_0 = \sqrt[3]{\dfrac{V}{2\pi}}$。故 $S(r_0)$ 是 $S(r)$ 的最小值，此时细胞圆柱体的高为

$$h = \frac{V}{\pi r_0^2} = \sqrt[3]{\frac{4V}{\pi}} = 2r_0.$$

例 6 家鸽总是尽量避免在大面积的水面上空飞行，如图 2-15 所示，假定鸽子从湖面上的小船点 B 处放飞，而鸽巢位于岸上点 C 处，鸽子并没有选择直线飞行，而是先飞到岸上的点 D，然后再从点 D 飞到点 C，为了使从点 B 飞到点 C 时所需要的能量最小，那么点 D 应选择在何处？用 e_1 表示鸽子在湖面上飞行一个单位长度所需要的能量，e_2 表示鸽子在陆地上飞行一个单位长度所需要的能量．

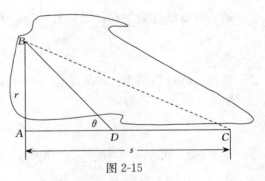

图 2-15

解 设 A 是 B 到岸上的垂足，$AB = r, AC = s, \angle ADB = \theta$，那么

$$BD = \frac{r}{\sin\theta}, AD = r\cot\theta, CD = AC - AD = s - r\cot\theta.$$

根据生态学和生物学知识，有 $e_1 > e_2$，故可设 $e_1 = ce_2$（$c > 1$ 是常数）．于是从点 B 飞到点 D 再飞到 C 所消耗的总能量为

$$E = e_1 BD + e_2 CD = e_1\frac{r}{\sin\theta} + e_2(s - r\cot\theta) = e_2 s + e_2 r\left(\frac{c}{\sin\theta} - \cot\theta\right).$$

上式中只有最后一项与 θ 有关，为了使总能量 E 达到最小，必须使

$$y = \frac{c}{\sin\theta} - \cot\theta$$

取到最小值．由于

$$y' = \left(\frac{c}{\sin\theta} - \cot\theta\right)' = \frac{1 - c \cdot \cos\theta}{\sin^2\theta},$$

令 $y'=0$，解得唯一的驻点 $\cos\theta_0 = \dfrac{1}{c}$，或 $\theta_0 = \arccos\dfrac{1}{c}$. 这个唯一的驻点也就是所要求的最佳飞行的角度.

例 7 人体对某种药物剂量的反应有时可以用形式为

$$R = M^2\left(\frac{C}{2} - \frac{M}{3}\right)$$

来表示，其中 C 是正常数，M 是药物的用量. 如果反应是血压的变化，那么 R 用毫米水银柱高来度量；如果反应是体温的变化，那么 R 用摄氏度来度量，等等.

（1）求 $\mathrm{d}R/\mathrm{d}M$. 这个导数作为 M 的函数，称为人体对药物的敏感度.

（2）通过寻找导数 $\mathrm{d}R/\mathrm{d}M$ 达到最大值的 M 值，求人体最敏感的药物剂量.

解（1）由导数的定义，导数反映的是因变量关于自变量变化的敏感性，因此，度量人体对药物的敏感性函数为

$$\frac{\mathrm{d}R}{\mathrm{d}M} = 2M\left(\frac{C}{2} - \frac{M}{3}\right) + M^2\left(-\frac{1}{3}\right) = MC - M^2.$$

（2）对函数 $\dfrac{\mathrm{d}R}{\mathrm{d}M} = MC - M^2$ 继续求导，得

$$\frac{\mathrm{d}^2 R}{\mathrm{d}M^2} = C - 2M.$$

令 $\dfrac{\mathrm{d}^2 R}{\mathrm{d}M^2} = 0$，得唯一的驻点 $M = \dfrac{C}{2}$，即为人体最敏感的用药量.

习 题 2-11

1. 求下列函数在指定区间的最小值与最大值：

（1）$f(x) = 2x^3 + 3x^2 - 12x + 14, [-3, 4]$；

（2）$f(x) = 2\tan x - \tan^2 x, \left[0, \dfrac{\pi}{2}\right)$；

（3）$f(x) = x\ln x, (0, \mathrm{e}]$.

2. 某农民已经在一块地里种了 60 棵橘树，每棵橘树平均能结 400 个橘子. 若再增加橘树数量，则每增加一棵，每棵橘树的平均橘子数减少 4 个. 试问种多少棵橘树收获量最大？

3. 欲制造一个底为正方形，容积为 $108\mathrm{m}^3$ 的开口长方体容器，问尺寸怎样选取才能使材料最省？

4. 欲设计一个容积为 $V = 20\pi\mathrm{m}^3$ 的有盖圆柱形贮油罐，已知上盖单位面积造价是侧面单位面积造价的一半，而侧面单位面积造价又是底单位面积造价的一半，问贮油罐半径 r 取何值时，造价最低？

5. 将一长为 8cm，宽为 5cm 的矩形纸板，四角截去相同大小的正方形，然后折叠成一个无盖的纸盒，试问：截去的正方形其边长为多少时，才能使得纸盒的容量最大？

6. 设备拥有者经常要考虑何时是更新设备的最佳时机. 决定设备更新的时机有两个重要因素：维护设备所需的修理费和设备的更新费. 假定据经验修理次数 k 与使用时间 t（月）之间的关系为 $k = \dfrac{1}{10}t^{\frac{3}{2}}$. 在每次修理的平均费用是 50 元，设备更新费为 2800 元. 求每隔多少月更新一次设备才能使更新费用最低.

第十二节 函数的作图

一、曲线的凹凸性与拐点

讨论函数 $y = f(x)$ 的性态，仅仅知道函数 $y = f(x)$ 在区间 I 上的单调性还不够．函数的单调性反映在图形上，就是曲线的上升或下降．但是，曲线在上升或下降的过程中，还有一个弯曲方向的问题．例如，函数

$$y = x^2 \quad 与 \quad y = \sqrt{x}$$

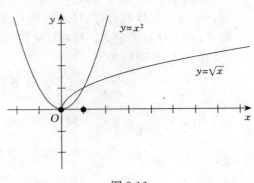

图 2-16

在区间 $[0, +\infty)$，虽然都严格增加，但它们严格增加的方式却有不同．从它们的图像看到：曲线 $y = x^2$ 是向下鼓鼓地严格增加，而曲线 $y = \sqrt{x}$ 却是向上鼓鼓地严格增加（如图 2-16），也就是说它们的凹凸性不同．下面我们就来研究曲线的凹凸性及其判别法．

从几何上看到，曲线 $y = x^2$ 上任意两点间的弧段总在这两点连线的下方；而曲线 $y = \sqrt{x}$ 则相反，任意两点间的弧段总在这两点连线的上方．曲线的这种性质就是曲线的凹凸性．下面给出曲线凹凸性的定义．

定义 1 设 $f(x)$ 为定义在区间 I 上的函数，若对 I 上的任意两点 x_1，x_2 和任意实数 $\lambda \in (0,1)$ 总有

$$f(\lambda x_1 + (1-\lambda) x_2) \leqslant \lambda f(x_1) + (1-\lambda) f(x_2),$$

则称 $f(x)$ 为 I 上的**凹函数**．反之，如果总有

$$f(\lambda x_1 + (1-\lambda) x_2) \geqslant \lambda f(x_1) + (1-\lambda) f(x_2),$$

则称 $f(x)$ 为 I 上的**凸函数**．

如果函数 $f(x)$ 在区间 I 内具有二阶导数，那么可以利用二阶导数的符号来判定曲线的凹凸性，这就是下面的曲线凹凸性的判定定理．

定理 1 设 $f(x)$ 为区间 I 上的二阶可导函数，则

(i) 若在 I 内 $f''(x) > 0$，则 $f(x)$ 在 I 上的图形是凹的；

(ii) 若在 I 内 $f''(x) < 0$，则 $f(x)$ 在 I 上的图形是凸的．

定理证明从略．

定义 2 设 $y = f(x)$ 在区间 I 上连续，x_0 是 I 的内点．如果曲线 $y = f(x)$ 在经过点 $(x_0, f(x_0))$ 时，曲线的凹凸性改变了，那么就称点 $(x_0, f(x_0))$ 为曲线的**拐点**．

若函数 $f(x)$ 在区间 I 上存在二阶导数，讨论函数 $f(x)$ 在区间 I 上的凹凸性和拐点可按下列步骤进行：

(1) 求出函数 $f(x)$ 的定义域；

(2) 求函数 $f(x)$ 的二阶导数 $f''(x)$；

(3) 令 $f''(x) = 0$，解出这方程在区间 I 内的实根，并求出在区间 I 内 $f''(x)$ 不存在的

点．通过求出的实根或二阶导数不存在的点 x_0 将函数 $f(x)$ 的定义域分成若干个开区间；

（4）判别 $f''(x)$ 在每个小区间的符号．由下表可知函数 $f(x)$ 的凹凸性及拐点：

表 2-5

	(a, x_0)	x_0	(x_0, b)	曲线 $y=f(x)$ 上的点 $(x_0, f(x_0))$
$f''(x)$ $(f(x))$	＋（凹）	0 或不存在	－（凸）	是拐点
	－（凸）	0 或不存在	＋（凹）	是拐点
	＋（凹）	0 或不存在	＋（凹）	不是拐点
	－（凸）	0 或不存在	－（凸）	不是拐点

例 1 讨论函数 $f(x)=x^4-2x^3+1$ 的凹凸性及其拐点．

解 函数的定义域是 R.

$$f'(x)=4x^3-6x^2,\ f''(x)=12x^2-12x.$$

令 $f''(x)=12x(x-1)=0$，得 $x_1=0$，$x_2=1$．现列表讨论如下：

表 2-6

x	$(-\infty, 0)$	0	$(0, 1)$	1	$(1, +\infty)$
$f''(x)$	＋	0	－	0	＋
$f(x)$	凹	拐点	凸	拐点	凹

由表 2-6 可知，函数 $f(x)$ 在 $(-\infty, 0]$ 与 $[1, +\infty)$ 上是凹的，在 $[0,1]$ 上的凸的．曲线上的点 $(0,1)$ 与 $(1,0)$ 都是拐点．

例 2 讨论曲线 $f(x)=\sqrt[3]{x}$ 的凹凸性及其拐点．

解 函数 $f(x)=\sqrt[3]{x}$ 的定义域是 R.

$$f'(x)=\frac{1}{3\sqrt[3]{x^2}},\ f''(x)=-\frac{2}{9\sqrt[3]{x^5}}=-\frac{2}{9}x^{-\frac{5}{3}}.$$

显然，函数 $f(x)=\sqrt[3]{x}$ 在 $x=0$ 处的二阶导数不存在．它将定义域 R 分成两个区间：$(-\infty,0),(0,+\infty)$．列表讨论如下：

表 2-7

x	$(-\infty, 0)$	0	$(0, +\infty)$
$f''(x)$	＋	不存在	－
$f(x)$	凹	拐点	凸

由表 2-7 可知，曲线 $f(x)$ 在 $(-\infty, 0]$ 上是凹的，在 $[0, +\infty)$ 上是凸的．曲线上的点 $(0,0)$ 是拐点．

例 3 一般地，动植物种群的总量、培养基中细菌的总量（N）都是时间（t）的函数，描述这种关系常用的是 Logistic 方程

$$N=\frac{K}{1+Ce^{-rt}},$$

其中 K, C，r 为常数．

（1）将物种的增长速度 v 表示为物种总量 N 的函数；

（2）求曲线的拐点，并给出它的生物学含义．

解 （1）因为

$$v = \frac{dN}{dt} = KCr(1 + Ce^{-rt})^{-2}e^{-rt},$$

把 $1 + Ce^{-rt} = \frac{K}{N}$，$Ce^{-rt} = \frac{K-N}{N}$ 代入上式，得

$$v = KCr(1 + Ce^{-rt})^{-2}e^{-rt} = Kr \times \left(\frac{N}{K}\right)^2 \times \left(\frac{K-N}{N}\right) = \frac{r}{K}N(K-N).$$

（2）由于

$$\begin{aligned}
\frac{dv}{dt} = \frac{d^2N}{dt^2} &= \frac{d}{dt}\left[KCr(1 + Ce^{-rt})^{-2}e^{-rt}\right] \\
&= 2KC^2r^2(1 + Ce^{-rt})^{-3}e^{-2rt} - KCr^2(1 + Ce^{-rt})^{-2}e^{-rt} \\
&= 2Kr^2\left(\frac{N}{K}\right)^3\left(\frac{K-N}{N}\right)^2 - Kr^2\left(\frac{N}{K}\right)^2\left(\frac{K-N}{N}\right) \\
&= \frac{r^2}{K}N\left[2\frac{(K-N)^2}{K} - (K-N)\right]
\end{aligned}$$

令 $\dfrac{d^2N}{dt^2} = 0$，即 $\dfrac{r^2}{K}N\left[2\dfrac{(K-N)^2}{K} - (K-N)\right] = 0$.

于是 $\qquad\qquad 2\dfrac{(K-N)^2}{K} - (K-N) = 0$，即 $2(K-N) = K$，解得 $N = \dfrac{K}{2}$.

当 $N < \dfrac{K}{2}$ 时，$\dfrac{d^2N}{dt^2} = \dfrac{dv}{dt} > 0$，曲线是凹的；

当 $N > \dfrac{K}{2}$ 时，$\dfrac{d^2N}{dt^2} = \dfrac{dv}{dt} < 0$，曲线是凸的；

当 $N = \dfrac{K}{2}$ 时，相应的 t 值满足 $\dfrac{K}{2} = \dfrac{K}{1 + Ce^{-rt}}$，即 $1 + Ce^{-rt} = 2$，解得 $t = \dfrac{\ln C}{r}$. 故曲线的拐点为 $\left(\dfrac{\ln C}{r}, \dfrac{K}{2}\right)$，最大的增长速度为

$$v_{\max} = \frac{r}{K}\frac{K}{2}\left(K - \frac{K}{2}\right) = \frac{Kr}{4}.$$

显然，当 $N < K$ 时，$\dfrac{dN}{dt} > 0$，群体的数量一直都是在增加的. 图像如图 2-17 所示.

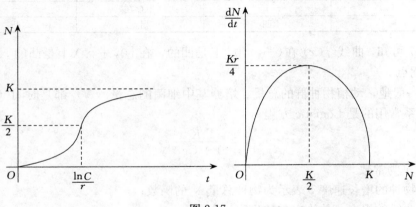

图 2-17

综上所述，群体的总量总是增加的，最大的增长速度为 $v_{max} = \dfrac{Kr}{4}$，在时间范围 $\left(0, \dfrac{\ln C}{r}\right)$ 内群体加速增长，在时间范围 $\left(\dfrac{\ln C}{r}, +\infty\right)$ 内群体增长速度减慢．

二、曲线的渐近线

中学几何给出了双曲线 $\dfrac{x^2}{a^2} - \dfrac{y^2}{b^2} = 1$ 的渐近线：$\dfrac{x^2}{a^2} - \dfrac{y^2}{b^2} = 0$．我们知道，有了渐近线，就能知道双曲线无限延伸时的走向和趋势．如果一条连续曲线存在渐近线，为了掌握这条连续曲线在无限延伸时的变化情况，求出它的渐近线是必要的．

定义 3 当曲线 C 上动点 P 沿着曲线 C 无限远移时，若动点 P 到某直线 l 的距离无限趋近于 0，则称直线 l 是曲线 C 的**渐近线**．

下面我们介绍水平与垂直两种渐近线．

定义 4 如果 $\lim\limits_{x \to \infty} f(x) = c$，则直线 $y = c$ 叫做曲线 $y = f(x)$ 的**水平渐近线**；如果 $\lim\limits_{x \to x_0} f(x) = \infty$，则直线 $x = x_0$ 叫做曲线 $y = f(x)$ 的**垂直渐近线**．

> **注** 定义4中的 $x \to \infty$ 可以是 $x \to +\infty$ 或 $x \to -\infty$．而 $x \to x_0$ 可以是 $x \to x_0^+$ 或 $x \to x_0^-$．

例 4 求曲线 $y = \dfrac{2x^2 + 1}{(1+x)^2}$ 的渐近线．

解 因为 $\lim\limits_{x \to \infty} \dfrac{2x^2 + 1}{(1+x)^2} = 2$，所以 $y = 2$ 是水平渐近线．

而 $\lim\limits_{x \to -1} \dfrac{2x^2 + 1}{(1+x)^2} = \infty$，所以 $x = -1$ 是垂直渐近线．

例 5 求曲线 $y = \dfrac{5}{1 + 3e^{-4x}}$ 的渐近线．

解 因为 $\lim\limits_{x \to -\infty} \dfrac{5}{1 + 3e^{-4x}} = 0$，所以 $y = 0$ 是一条水平渐近线．

又 $\lim\limits_{x \to +\infty} \dfrac{5}{1 + 3e^{-4x}} = 5$，所以 $y = 5$ 是曲线的另一条水平渐近线．

此曲线无垂直渐近线．

三、函数的作图

在中学里，我们主要依赖描点作图法画出一些简单函数的图像．一般来说，这样得到的图像比较粗糙，无法确切反映函数的性态（如单调区间，极值点，凹凸性区间，拐点等）．这一节里，我们将综合应用在本章前几节学过的方法，再综合周期性、奇偶性、渐近线等函数性态，较完善地作出函数的图像．

作函数图像的一般步骤如下：

1. 确定函数的定义域；
2. 考察函数的奇偶性、周期性；
3. 求函数的某些特殊点，如与两个坐标轴的交点，不连续点，不可导点等；
4. 确定函数的单调区间，极值点，凹凸区间以及拐点；

5. 考察渐近线；

6. 综合以上讨论结果画出函数图像.

下面我们通过例子介绍作图的步骤.

例 6 作函数 $f(x) = \dfrac{2x-1}{(x-1)^2}$ 的图形.

解 (1) 定义域为 $(-\infty, 1) \bigcup (1, +\infty)$，$x=1$ 是函数的间断点.

(2) $f'(x) = \dfrac{-2x}{(x-1)^3}$，$f''(x) = \dfrac{2(2x+1)}{(x-1)^4}$

令 $f'(x) = 0$，解得 $x=0$；令 $f''(x) = 0$，解得 $x = -\dfrac{1}{2}$.

(3) 以间断点、驻点、二阶导数等于零的点以及一、二阶导数不存在的点作为分界点列表.

表 2-8

x	$\left(-\infty, -\dfrac{1}{2}\right)$	$-\dfrac{1}{2}$	$\left(-\dfrac{1}{2}, 0\right)$	0	$(0,1)$	1	$(1, +\infty)$
$f'(x)$	$-$	$-$	$-$	0	$+$	不存在	$-$
$f''(x)$	$-$	0	$+$	$+$	$+$	不存在	$+$
$f(x)$	减函数 凸	拐点	减函数 凹	极小值	增函数 凹	间断点	减函数 凹

(4) 因为 $\lim\limits_{x\to\infty} f(x) = \lim\limits_{x\to\infty} \dfrac{2x-1}{(x-1)^2} = 0$，所以 $y=0$ 是水平渐近线. 又因为 $\lim\limits_{x\to1} f(x) = \lim\limits_{x\to1} \dfrac{2x-1}{(x-1)^2} = \infty$，所以 $x=1$ 是垂直渐近线.

(5) 当 $x=0$ 时，极小值 $f(0) = -1$，极值点坐标 $(0, -1)$. 又 $x = -\dfrac{1}{2}$ 时，$f\left(-\dfrac{1}{2}\right) = -\dfrac{8}{9}$，所以点 $\left(-\dfrac{1}{2}, -\dfrac{8}{9}\right)$ 为拐点. 再求出曲线与 x 轴的交点 $\left(\dfrac{1}{2}, 0\right)$ 以及辅助点 $\left(-2, -\dfrac{5}{9}\right)$，$(2, 3)$，$\left(3, \dfrac{5}{4}\right)$.

(6) 作出函数的图形，如图 2-18.

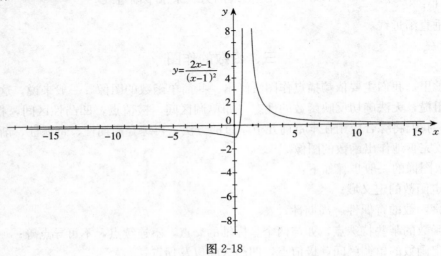

图 2-18

习　题　2-12

1. 讨论下列函数的凹凸性与拐点:

(1) $y = 2x^3 - 3x^2 - 36x + 25$;

(2) $y = x + \dfrac{1}{x}$;

(3) $y = \ln(x^2 + 1)$;

(4) $y = \dfrac{1}{1 + x^2}$.

2. 求下列曲线的渐近线:

(1) $y = \dfrac{1}{x^2 - 4x - 5}$;

(2) $y = \ln x$;

(3) $y = e^{-x^2}$;

(4) $y = \dfrac{x^2}{x^2 - 1}$.

3. 作下列函数的图像:

(1) $y = 3x - x^3$;

(2) $y = \dfrac{(x - 3)^2}{4(x - 1)}$.

第十三节　应用举例

导数在经济中的应用十分广泛,运用导数可以对经济活动中的实际问题进行边际分析、弹性分析和代化分析,从而为企业经营者进行科学决策提供量化依据. 本节主要介绍导数在经济中的应用.

一、边际分析

1. 边际成本函数　设 C 是成本,q 是产量,$C = C(q)$ 是成本函数,则称 $MC = C'(q)$ 为**边际成本函数**,简称**边际成本**. $C'(q_0)$ 称为当产量为 q_0 时的边际成本,其经济含义是:当产量为 q_0 时,再生产一个单位产品所增加的总成本为 $C'(q_0)$.

例1　生产某种产品 q 个单位时成本函数为 $C(q) = 200 + 0.05q^2$,求生产 90 个单位与生产 100 个单位时该产品的边际成本.

解　边际成本为 $MC = C'(q) = 0.1q$,则

$MC\big|_{q=90} = 0.1 \times 90 = 9, MC\big|_{q=100} = 0.1 \times 100 = 10.$

即生产该产品 90 个单位与 100 个单位时的边际成本分别为 9 和 10.

2. 边际收益函数　设 R 是收益,q 是产量,$R = R(q)$ 是收益函数,则称 $MR = R'(q)$ 为**边际收益函数**,简称**边际收益**. $R'(q_0)$ 称为当商品销售量为 q_0 时的边际收益,经济意义为:当销售量达到 q_0 时,如果增减一个单位产品,则收益将相应地增减 $R'(q_0)$ 个单位.

例2　某企业某种产品的收益 R 是产量 q 的函数 $R(q) = 800q - \dfrac{1}{4}q^2$,求生产 200t 时的边际收益.

解　边际收益为 $MR = R'(q) = 800 - \dfrac{1}{2}q$,则生产 200t 时的边际收益为

$$R'(200) = 800 - \frac{1}{2} \times 200 = 700 .$$

其经济含义是：当销售量为 200t 时，再销售一吨所增加的总收益为 700 元.

例 3 假定在生产 8~30 台散热器时生产 q 台散热器的成本为

$$C(q) = q^3 - 6q^2 + 15q$$

元，而

$$R(q) = q^3 - 3q^2 + 12q$$

为销售 q 台散热器的收益. 如果工厂每天生产 10 台散热器，请问每天多生产 1 台散热器的附加成本是多少? 每天销售 11 台散热器估计会增加多少收入?

解 边际成本为 $MC = C'(q) = 3q^2 - 12q + 15$，则

$$C'(10) = 3 \times 10^2 - 12 \times 10 + 15 = 195 \ (元).$$

即当每天生产 10 台散热器时多生产 1 台散热器的附加成本大约是 195 元.

边际收益为 $MR = R'(q) = 3q^2 - 6q + 12$，如果当前每天销售 10 台散热器，当每天销售 11 台散热器时，预期可以增加的收入约为

$$R'(10) = 3 \times 10^2 - 6 \times 10 + 12 = 252 \ (元).$$

3. 边际利润函数 设 q 是产量，利润 $L(q) = R(q) - C(q)$，称 $L'(q) = R'(q) - C'(q)$ 为**边际利润函数**，简称**边际利润**. $L'(q_0)$ 称为当产量为 q_0 时的边际利润，其经济意义是：当产量为 q_0 时，如果增减一个单位产品，则利润将相应增减 $L'(q_0)$ 个单位.

例 4 某企业每月生产某产品产量为 q（t），产品的总成本 C（千元）是产量 q 的函数 $C(q) = q^2 - 10q + 20$，如果每吨产品销售价格 2 万元，求每月生产 10t、15t、20t 时的边际利润.

解 每月生产 q t 产品的总收益函数为：$R(q) = 20q$，则

$$L(q) = R(q) - C(q) = 20q - (q^2 - 10q + 20) = -q^2 + 30q - 20, L'(q) = -2q + 30.$$

则每月生产 10t、15t、20t 的边际利润分别为：

$$L'(10) = -2 \times 10 + 30 = 10 \ (千元); \quad L'(15) = -2 \times 15 + 30 = 0 \ (千元);$$
$$L'(20) = -2 \times 20 + 30 = -10 \ (千元).$$

以上结果表明：当月产量为 10t 时，再增产 1t，利润将增加 1 万元；当月产量为 15t 时，再增产 1t，利润不会增加；当月产量为 20t 时，再增产 1t，利润反而减少 1 万元.

在这里要强调的是：边际利润 $L'(q) < 0$ 与利润 $L(q) < 0$ 是不同的概念. $L'(q) < 0$ 即边际利润小于零意味着：当产量（销量）为 q 时，再改变一个单位的产量（销量）总利润将减少，此时，也可能是亏损，也可能是盈利，即总利润减少不一定是亏损. 而 $L(q) < 0$ 即利润小于零则意味着：当产量（销量）为 q 时企业是亏损的.

二、弹 性

在实践中，仅仅研究函数的绝对变化率是不够的. 例如，商品甲每单位价格 10 元，涨价 1 元，商品乙每单位价格 1 000 元，也涨价了 1 元. 两种商品价格的绝对改变量都是 1 元，但各与其原价相比，两者涨价的百分比却有很大不同，商品甲涨了 10%，而商品乙涨了 0.1%. 因此我们还有必要研究函数的相对变化率. 在经济学中常用弹性理论来研究相对变化率.

"弹性"是物理学中广泛应用的概念，意指一物体对外界作用力的反应能力. 在经济学中，也普遍使用这个概念，是用于描述因变量（一个经济变量）对自变量（另一个经济变

量）变化反应敏感程度．弹性作为一种数量分析方法，它与导数紧密相连．

在经济学里，把某变量的相对改变率对另一变量的相对改变率的反应程度称为**弹性**．

与边际分析一样，任何变量关系都可以引入弹性概念．我们以需求价格弹性为例进行说明．

例如，设 Q 表示需求量，p 表示价格，$\dfrac{\Delta Q}{Q}$ 表示需求的相对改变率（用百分数表示），$\dfrac{\Delta p}{p}$ 表示价格相对改变率（用百分数表示）．

$\dfrac{\Delta Q}{Q}$ 与 $\dfrac{\Delta p}{p}$ 的比值当 $\Delta p \to 0$ 时的极限为

$$\lim_{\Delta p \to 0} \frac{\Delta Q/Q}{\Delta p/p} = \lim_{\Delta p \to 0} \frac{\Delta Q}{\Delta p} \cdot \frac{p}{Q} = \frac{p}{Q} \cdot \frac{dQ}{dp},$$

这就是需求价格弹性，记作 E．

即

$$E = \frac{p}{Q} \cdot \frac{dQ}{dp}.$$

需求价格弹性 E 反映了需求量对价格变动反应的强弱．因为需求与价格的关系始终是相反的．一般来说价格上涨需求总是下降的．即 $Q = f(p)$ 一般是减函数，所以需求弹性一般是负值．它的含义是当价格提高 1%，需求量将相应地减少 $|E|\%$．

经济学中，当 $E < -1$ 时，称需求是**弹性的**．当 $-1 < E < 0$ 时称需求是**低弹性的**，而当 $E = -1$ 时称需求有**单位弹性**．

例 5 求需求函数 $Q = 500(10 - p)$ 的需求弹性，并计算 $p = 2, 5, 6, 12$ 时的弹性各是多少．

解 因为 $Q' = -500$，所以 $E = \dfrac{Q'}{Q}p = \dfrac{-500}{500(10-p)} \cdot p = -\dfrac{p}{10-p}$．

当 $p = 2$ 时，$E = -\dfrac{2}{10-2} = -\dfrac{1}{4}$，需求是低弹性的，

当 $p = 5$ 时，$E = -\dfrac{5}{10-5} = -1$，需求为单位弹性，

当 $p = 6$ 时，$E = -\dfrac{6}{10-6} = -1.5$，需求是弹性的．

当 $p = 12$ 时，$E = -\dfrac{12}{10-12} = 6$，$E$ 为正值，这种情况不属一般情况，表示供应量与价格同时涨落．当价格上涨 1%，供应量反而提高 6%，这是一种逆反心理．

例 6 某商品的需求函数是 $Q = 400(35 - p)^2$，现在价格定在 $p = 30$．

（1）需求的价格弹性是多少？

（2）若目标是收益最大，则应该涨价还是降价？

解 （1）$E = \dfrac{p}{Q} \dfrac{dQ}{dp} = \dfrac{-800p(35-p)}{400(35-p)^2} = \dfrac{2p}{p-35}$．

将 $p = 30$ 代入，即可得此时需求价格弹性为 -12．

（2）此时，当价格增加 1% 时，需求量将下降 12%，凭直觉，涨价可能会失去太多的顾客而造成收益下降，故应该适当降价．下面我们进行严格的推导．

收益 $R = pQ$，故 $dR = Qdp + pdQ$，所以

$$\frac{\mathrm{d}R}{R} = \frac{Q\mathrm{d}p + p\mathrm{d}Q}{pQ} = \frac{\mathrm{d}p}{p} + \frac{\mathrm{d}Q}{Q}\frac{p}{\mathrm{d}p}\frac{\mathrm{d}p}{p} = (1+E)\frac{\mathrm{d}p}{p}.$$

故当 $E < -1$ 时应该降价，当 $-1 < E < 0$ 时应该涨价．注意到 $E = \dfrac{2p}{p-35}$ 是 p 的减函数，随着价格从 $p = 30$ 逐渐下降，E 将从 -12 逐渐增大，直到当 $p = \dfrac{35}{3}$ 时，$E = -1$．而一旦 $E > -1$，合理的选择应是涨价，所以最优价格就是 $p = \dfrac{35}{3}$．

注 （1）在经济学中，弹性的大小（从其绝对值看）反映的是当出现有利（或不利）的局面时，经济主体进入市场（或退出市场）的可能性．

（2）一般地，必需品的需求价格弹性较小，奢侈品的需求价格弹性较大．药品市场上的处方药之所以涨价快，而阿司匹林、维生素之类则常见其减价推销，正是由于二者价格弹性的不同．

（3）需求的收入弹性可以为投资决策提供参考：若预期经济繁荣，则应购买其产品需求收入弹性大（高档消费品、旅游服务等）的企业的股票．反之则反．

一般，设函数 $y = f(x)$ 可导，则

$$\lim_{\Delta x \to 0} \frac{\Delta y/y}{\Delta x/x} = \lim_{\Delta x \to 0} \frac{\Delta y}{\Delta x} \cdot \frac{x}{y} = \frac{x}{y} \cdot \frac{\mathrm{d}y}{\mathrm{d}x}$$

称为 $f(x)$ 在 x 处的**弹性**．

例 7 求 $y = x\mathrm{e}^x$ 的弹性．

解 因为 $y' = \mathrm{e}^x + x\mathrm{e}^x = \mathrm{e}^x(1+x)$，

所以
$$E = \frac{y'}{y} \cdot x = \frac{\mathrm{e}^x(1+x)}{x\mathrm{e}^x} \cdot x = 1+x.$$

三、经济学中的最优化问题

利用导数求函数的最大（小）值与经济生活的最优化问题有密切联系，它可用来分析社会经济中诸如生产者和销售者的最大经济效益、资源的合理利用、费用的节省等一系列问题．我们以最大利润问题为例进行说明．

例 8 设某厂每批生产某种商品 q 单位的费用为 $C(q) = 5q + 200$（元），得到的收益是 $R(q) = 10q - 0.01q^2$（元），问每批生产多少单位时利润最大？最大利润是多少？

解 利润函数 $L(q) = R(q) - C(q) = -0.01q^2 + 5q - 200$，$L'(q) = -0.02q + 5$．令 $L'(q) = 0$，得驻点 $q = 250$．又 $L''(q) = -0.02 < 0$，所以 $q = 250$ 时利润最大，$L(250) = 425$ 元，即生产 250 个单位产品时利润最大，最大利润为 425 元．

从上例我们可以看出，边际收益等于边际成本是利润最大的必要条件．

例 9 一家乡镇企业生产一种成套的电器维修工具．厂家规定，订购套数不超过 300 套，每套售价 400 元；若订购套数超过 300 套，每超过一套可以少付 1 元．问怎样的订购数量，才能使工厂的销售收入最大？

解 设订购套数为 q，销售收入为 $R(q)$．那么，当订购套数不超过 300 套时，每套售价为 $p = 400$；当订购套数超过 300 套时，每套售价为

$$p = 400 - 1 \times (q - 300) = 700 - q$$

即工具每套售价为

$$p = \begin{cases} 400, & 0 \leqslant q \leqslant 300 \\ 700 - q, & q > 300 \end{cases}$$

由此可得总收入函数 $R(q)$ 为

$$R(q) = pq = \begin{cases} 400q, & 0 \leqslant q \leqslant 300 \\ 700q - q^2, & q > 300 \end{cases}$$

$$R'(q) = \begin{cases} 400, & 0 \leqslant q < 300 \\ 700 - 2q, & q > 300 \end{cases}$$

令 $R'(q) = 0$，得驻点 $q_1 = 350$，且 $q_2 = 300$ 是不可导点．

当 $q < 350$ 时，$R'(q) > 0$；当 $q > 350$ 时，$R'(q) < 0$.

$q_2 = 300$ 不是极值点，$q_1 = 350$ 是极大值点，也是最大值点．即工程经营者若想获得最大销售收入，应该将订购套数控制在 350 套．

* 四、最优批量

在按一定的产量计划分批生产的情况下，产品的生产准备费用和库存保管费用与产品的批量（即每批的生产量）有关，最优批量问题就是找出每批生产量（或每批采购量），使总费用达到最小．

例 10 设某产品的年计划产量为 5 000t，分批生产，均匀销售．每批产品的生产准备费用为 40 000 元，每吨产品的销售价格为 20 000 元，年保管费用率为 2%，若年销售率是均匀的，且上批销售完后，立即再生产下一批（此时商品库存量为批量的一半）．问每批生产量为多少，分几批生产时，全年的总费用最小，并求最小总费用．

解 设每批生产量为 x，则全年的生产批数为 $\dfrac{5\,000}{x}$，年平均库存量 $\dfrac{x}{2}$．故全年的总费用 y 是批量 x 的函数，它为生产准备费用和库存保管费用之和，即

$$y = \frac{5\,000}{x} \times 40\,000 + \frac{x}{2} \times 20\,000 \times 2\% = \frac{2 \times 10^8}{x} + 200x.$$

于是

$$y' = -\frac{2 \times 10^8}{x^2} + 200.$$

令 $y' = 0$，得唯一驻点 $x = 1\,000$.

又因为 $y''|_{x=1\,000} = \dfrac{4 \times 10^8}{x^3}|_{x=1\,000} = 0.4 > 0$，所以，$y$ 在 $x = 1\,000$ 时取得最小值，最小值为 $y(1\,000) = 400\,000$（元）．即当每批产量为 1 000t，全年分 5 批生产时，全年的总费用最小，其最小总费用为 400 000 元．

例 11 某厂全年生产需要用甲材料 8 000t，每次订购费为 600 元，每吨甲材料单价为 2 400元，库存保管费用率为 2.5%. 求：

(1) 最优订购批量；

(2) 最优订购批次；

(3) 最优进货周期；

(4) 最小费用．

解 设全年分 x 批进货，则每次进货批量为 $\dfrac{8\,000}{x}$，平均库存量为 $\dfrac{8\,000}{2x}=\dfrac{4\,000}{x}$，于是库存保管费为 $\dfrac{4\,000}{x}\times 2\,400\times 2.5\%$．

若设 y 为订购费与库存费之和，则

$$y=600x+\dfrac{4\,000}{x}\times 2\,400\times 2.5\%=600x+\dfrac{240\,000}{x}\text{（元）}$$

于是 $y'=600-\dfrac{240\,000}{x^2}$．令 $y'=0$，得 y 在 $x>0$ 时的唯一驻点 $x_0=20$．

又由于 $y''\big|_{x_0=20}=\dfrac{480\,000}{x^3}\big|_{x_0=20}=60>0$，因此总费用 y 在 $x=20$ 时取得最小值．最小值为

$y\big|_{x_0=20}=600\times 20+\dfrac{240\,000}{20}=24\,000\text{（元）}$．即得：

(1) 最优订购批量为：$\dfrac{8\,000}{20}=400$（t）；

(2) 最优订购批次为：$x=20$（次）；

(3) 最优进货周期为：$\dfrac{360}{20}=18$（天）；

(4) 最小费用为：$y=24\,000$（元）．

习 题 2-13

1. 假设某农产品的边际收益函数为 $R'(q)=9-q$（万元/万台），边际成本函数为 $C'(q)=4+\dfrac{q}{4}$（万元/万台），其中产量 q 以万台为单位．

(1) 试求当产量由 4 万台增加到 5 万台时利润的变化量．

(2) 当产量为多少时利润最大？

2. 生产某种产品的总利润 L 与产量 q 的关系为 $L=-0.02q^2+10q-500$，求最大利润．

3. 东风电视机公司年生产能力为 30 万台，全年的固定成本为 500 万元，生产每台电视机需要增加的可变成本为 1 000 元．求：

(1) 生产量为 q 台时的总成本函数；

(2) 生产量为 10 万台时的平均成本；

(3) 生产量为 20 万台时的平均成本；

(4) 边际成本．

4. 已知某玩具工厂生产某种玩具的总成本函数为 $C(x)=500+8x$（元），该产品的价格函数为 $p(x)=100-0.04x$（元），x 表示产量，求：该玩具的产量 x 为多少件时可以获得最大利润？最大利润是多少？

5. 设某商品的需求函数为 $Q=3\,000\mathrm{e}^{-0.02p}$．求价格为 $p=100$ 时的需求弹性并解释其经济含义．

6. 已知某厂生产 x 件产品的成本为 $C=25\,000+200x+\dfrac{1}{40}x^2$（元）．求：（1）要使平均

成本最小，应生产多少件产品？（2）若产品以每件 500 元售出，要使利润最大，应生产多少件产品？

*7. 制药厂每年需要某中药材 $d = 1\,040\,(t)$，进货单价为 $c = 1\,200\,(元/t)$，每次订货需手续费、运输费等共计 $k = 2\,040\,(元)$，中药材的年库存费为 $h = 170\,(元/t)$，为保证生产的连续性，不允许缺货．若规定每批进货的数量相同，试求制药厂每次的订货数量（假定每天用量均匀）．

◇ 阅读资料：科学巨匠——牛顿

1643 年 1 月 4 日，在英格兰林肯郡小镇伍尔索普的一个自耕农家庭里，牛顿诞生了．牛顿是一个早产儿，出生时只有三磅重，接生婆和他的亲人都担心他能否活下来．谁也没有料到这个看起来微不足道的小东西会成为了一位震古烁今的科学巨人，并且竟活到了 85 岁的高龄．

牛顿在中学时代学习成绩并不出众，只是爱好读书，对自然现象有好奇心，例如颜色、日影四季的移动，尤其是几何学、哥白尼的日心说等等．在牛顿的全部科学贡献中，数学成就占有突出的地位．当时，牛顿在数学上很大程度是依靠自学．他学习了欧几里得的《几何原本》、笛卡儿的《几何学》、沃利斯的《无穷算术》、巴罗的《数学讲义》及韦达等许多数学家的著作．其中，对牛顿具有决定性影响的要数笛卡儿的《几何学》和沃利斯的《无穷算术》，它们将牛顿迅速引导到当时数学最前沿的领域——解析几何与微积分．他数学生涯中第一项创造性成果就是发现了二项式定理．据牛顿本人回忆，他是在 1664 年和 1665 年间的冬天，在研读沃利斯博士的《无穷算术》时，试图修改他的求圆面积的级数时发现这一定理的．

笛卡儿的解析几何把描述运动的函数关系和几何曲线相对应．牛顿在老师巴罗的指导下，在钻研笛卡儿的解析几何的基础上，找到了新的出路．可以把任意时刻的速度看作是在微小的时间范围里的速度的平均值，这就是一个微小的路程和时间间隔的比值，当这个微小的时间间隔缩小到无穷小的时候，就是这一点的准确值．这就是微分的概念．

求导数相当于求时间和路程关系在某点的切线斜率．一个变速的运动物体在一定时间范围里走过的路程，可以看作是在微小时间间隔里所走路程的和，这就是积分的概念．求积分相当于求时间和速度关系的曲线下面的面积．牛顿从这些基本概念出发，建立了微积分．

微积分的创立是牛顿最卓越的数学成就．牛顿为解决运动问题，才创立这种和物理概念直接联系的数学理论，牛顿称之为"流数术"．它所处理的一些具体问题，如切线问题、求积问题、瞬时速度问题以及函数的极大和极小值问题等，在牛顿前已经得到人们的研究了．但牛顿超越了前人，他站在了更高的角度，对以往分散的努力加以综合，将自古希腊以来求解无限小问题的各种技巧统一为两类普通的算法——微分和积分，并确立了这两类运算的互逆关系，从而完成了微积分发明中最关键的一步，为近代科学发展提供了最有效的工具，开辟了数学上的一个新纪元．

牛顿的研究领域非常广泛，他在数学、光学、力学等方面都作出了卓越的贡献．牛顿在临终前对自己的生活道路是这样总结的："我不知道在别人看来，我是什么样的人；但在我自己看来，我不过就像是一个在海滨玩耍的小孩，为不时发现比寻常更为光滑的一块卵石或比寻常更为美丽的一片贝壳而沾沾自喜，而对于展现在我面前的浩瀚的海洋，却全然没有发现．"

1727 年 3 月 20 日，牛顿逝世．同其他很多杰出的英国人一样，他被埋葬在了威斯敏斯特教堂．他的墓碑上镌刻着：

让人们欢呼这样一位多么伟大的人类荣耀曾经在世界上存在．

小　结

一、本章主要内容

本章主要讲述了导数与微分的概念及求导数、微分的方法，以微分中值定理为理论基础，利用函数的一阶导数和二阶导数对函数的主要变化性态进行了研究，主要包括函数的单调性与极值、曲线的凹凸性与拐点，并在此基础上介绍了函数的最大值、最小值与函数图形的描绘，推导出了求函数未定式极限的一种重要方法——洛必达法则．介绍了导数在经济中的应用．

二、本章重点

导数与微分的概念，导数与微分的求解方法，微分在近似计算中的应用，用洛必达法则求解未定式的极限，函数的单调性、极值与曲线的凹凸性、拐点的判别法以及函数最大（小）值的求法．

三、内容小结

1. 函数的导数

（1）导数的定义

$f(x)$ 在 x_0 处的导数的定义一般可以用下面两种形式的极限来表述：

$$\lim_{\Delta x \to 0} \frac{f(x_0 + \Delta x) - f(x_0)}{\Delta x} \text{ 或 } \lim_{x \to x_0} \frac{f(x) - f(x_0)}{x - x_0}.$$

在这里要注意 $f(x)$ 在 x_0 处的导数 $f'(x_0)$ 与导函数 $f'(x)$ 的区别与联系：$f'(x_0) = f'(x)\big|_{x=x_0}$．

用定义求导数时，若只讨论函数在 x_0 的右邻域（左邻域）上的变化率，有单侧导数的概念：

左导数 $f'_+(x_0) = \lim\limits_{\Delta x \to 0^+} \dfrac{f(x_0 + \Delta x) - f(x_0)}{\Delta x}$；

右导数 $f'_-(x_0) = \lim\limits_{\Delta x \to 0^-} \dfrac{f(x_0 + \Delta x) - f(x_0)}{\Delta x}$．

重要结论：$y = f(x)$ 在 x_0 处可导的充分必要条件为 $f'_+(x_0)$ 与 $f'_-(x_0)$ 都存在，且 $f'_+(x_0) = f'_-(x_0)$．

利用这个结论可判断分段函数在分段点处的可导性．

（2）函数的可导与连续的关系

如果函数 $y = f(x)$ 在 x_0 处可导，则函数在该点必连续；反之，函数在某点连续，却不一定在该处可导．

（3）函数的和、差、积、商的求导法则

$$(u \pm v)' = u' \pm v';$$
$$(uv)' = u'v + uv';$$
$$\left(\frac{u}{v}\right)' = \frac{u'v - uv'}{v^2}.$$

（4）复合函数的求导法则

设 $y = f(u), u = g(x)$，则复合函数的导数公式为

$$\frac{\mathrm{d}y}{\mathrm{d}x} = \frac{\mathrm{d}y}{\mathrm{d}u} \cdot \frac{\mathrm{d}u}{\mathrm{d}x} \ \text{或} \ y'(x) = f'(u) \cdot g'(x).$$

利用（3）和（4）可以求初等函数的导数．

（5）隐函数的导数

形如 $F(x,y) = 0$ 的隐函数，把 y 看成是关于 x 的函数 $y = y(x)$，对方程两边关于 x 求导，化简即得 $\frac{\mathrm{d}y}{\mathrm{d}x}$．

（6）二阶导数

一阶导函数 $f'(x)$ 关于 x 的导数称为函数 $y = f(x)$ 的二阶导数，记作 $f''(x)$ 或 $\frac{\mathrm{d}^2 y}{\mathrm{d}x^2}$，即 $y'' = (y')'$．

2. 函数的微分　对函数 $y = f(x)$，可以通过以下方式求微分 $\mathrm{d}y$：

（1）用定义直接求解，即 $\mathrm{d}y = f'(x)\mathrm{d}x$；

（2）利用微分运算法则，复合函数一阶微分形式不变性及基本初等函数的微分公式来求．

3. 用洛必达法则求未定式的极限　未定式主要有 $\frac{0}{0}$，$\frac{\infty}{\infty}$，$0 \cdot \infty$，1^∞，0^0，∞^0，$\infty - \infty$ 等类型．洛必达法则是求未定式极限的重要方法．

4. 关于函数的单调性判别方法及函数的极值讨论问题

（1）求函数 $f(x)$ 的单调区间：依据 $f'(x) > 0$ 与 $f'(x) < 0$ 可分别求出函数 $f(x)$ 的单调增区间与单调减区间；

（2）求函数 $f(x)$ 的极值：先找出 $f(x)$ 的驻点及 $f'(x)$ 不存在的点，再依据在这些点的两侧 $f'(x)$ 是否异号来确定该点是否为极值点．

5. 求函数的最大值、最小值问题　这也是实际应用问题，一般先将实际问题转化为数学问题，即建立数学模型（函数关系），然后求出函数的最大值与最小值．根据连续函数的性质，连续函数在闭区间 $[a,b]$ 上最大（小）值只能在驻点、一阶导数不存在的点或区间端点处达到．因此，我们只需比较这三类点处函数值的大小即可求出最大（小）值．

6. 描绘函数的图形　这是前面几种导数的结论在几何上的综合应用．我们用一阶导数来确定函数 $f(x)$ 的增减区间与极值；用二阶导数的正负号来确定函数曲线 $y = f(x)$ 的凹凸性与拐点．以此来反映函数的变化特点，再通过研究曲线的水平与垂直渐近线，以显示曲线在伸展到无穷远处（分别关于 x 轴与 y 轴）的极限走向．再配合一些与轴的交点等特殊点，就可以描绘出函数 $f(x)$ 的准确图形．

自 测 题 A

一、单项选择题

1. 曲线 $y = \sqrt{x}$ 在 $x = 4$ 处得切线斜率是（　　）．

    A. 2   B. $\frac{1}{2}$ C. 4   D. $\frac{1}{4}$

2. 下列函数中（　　）在区间 $[-1,1]$ 上满足罗尔定理的条件.

    A. $y=1-|x|$ B. $y=1-\sqrt[3]{x^2}$ C. $y=x^2-1$ D. $y=xe^{-x}$

3. 导数等于 $\cos 3x$ 的函数是（　　）.

    A. $\sin 3x$ B. $\sin^3 x$ C. $\frac{1}{3}\sin 3x$ D. $-\frac{1}{3}\cos^3 x$

4. 设函数 $f(x)=x^2$，则 $\lim\limits_{\Delta x\to 0}\dfrac{f(x_0+2\Delta x)-f(x_0)}{\Delta x}=$（　　）.

    A. x_0 B. $2x_0$ C. $4x_0$ D. $2x_0^2$

5. 半径为 5cm 的金属圆片加热后，其半径伸长了 0.05cm，问面积约增大了（　　）.

    A. 0.5πcm^2 B. πcm^2 C. 0.05πcm^2 D. 0.1πcm^2

6. 已知函数 $y=x\ln x$，则 $y^{(10)}=$（　　）.

    A. $-\frac{1}{x^9}$ B. $\frac{1}{x^9}$ C. $\frac{8!}{x^9}$ D. $-\frac{8!}{x^9}$

7. 下列函数中没有极值的函数是（　　）.

    A $y=\ln(x+\sqrt{1+x^2})$ B. $y=\sqrt[3]{(x-1)^2}$ C. $y=\frac{x}{1+x^2}$ D. $y=x^3-3x$

8. 若曲线 $y=f(x)$ 在区间 (a,b) 内有 $f'(x)<0, f''(x)>0$，则曲线在此区间内（　　）.

    A. 下降且是凸的   B. 下降且是凹的   C. 上升且是凸的   D. 上升且是凹的

9. 函数 $y=\dfrac{3}{1+4e^{-5x}}$ 有（　　）条水平渐近线.

    A. 0   B. 1   C. 2   D. 3

二、填空题

1. 已知函数 $f(x)$ 在 $x=2$ 处可导，且 $\lim\limits_{x\to 2}f(x)=\frac{1}{2}$，则 $f(2)=$_____.

2. 曲线 $y=\sqrt{x}$，当 $x=$_____时，曲线的切线平行于直线 $y=x+5$；当 $x=$_____时，曲线的切线垂直于 x 轴.

3. 物体作直线运动，其运动方程为 $s=t^3-2t^2+t$，则 t 满足_____时，物体前进；t 满足_____时，物体后退.

4. $d($　　$)=\sin x dx$；　$d($　　$)=x^3 dx$；　$d($　　$)=\sin 2x dx$；　$d($　　$)=3^x dx$.

5. 周长为 $2p$ 的矩形的最大面积为_____.

6. 函数 $y=\dfrac{2x}{1+x^2}$ 的单调增加区间是_____.

7. $\lim\limits_{x\to\infty}\dfrac{x^3+x^2+1}{2^x+x^3}(\sin x+\cos x)=$_____.

8. 设函数 $y=e^{2x}$，则 $y^{(n)}(0)=$_____.

三、求下列函数的导数

1. $y=(\frac{b}{a})^x+(\frac{x}{a})^b+(\frac{b}{x})^a$.   2. $y=\dfrac{xe^x}{\sqrt{1+x}}$.

3. $f(x)=\sin^2 x^2$.   4. $y=\ln\cos x$.

四、求下列函数的微分

1. $y = \dfrac{x}{2} + \dfrac{2}{x}$.

2. $y = (e^x + e^{-x})^2$.

3. $y = e^{-3x} \cot 5x$.

4. $y = \dfrac{\cos x}{1 - x^2}$.

五、求下列极限

1. $\lim\limits_{x \to 0} \dfrac{\sin ax}{\sin bx}$.

2. $\lim\limits_{x \to 1} \dfrac{x^4 - 2x^3 + 2x^2 - 2x + 1}{x^4 - 3x^2 + 2x}$.

3. $\lim\limits_{x \to 0} \dfrac{\sin x - x\cos x}{x^2 \sin x}$.

4. $\lim\limits_{x \to +\infty} \left(\dfrac{2}{\pi} \arctan x \right)^x$.

5. $\lim\limits_{x \to \frac{\pi}{2}} (\sec x - \tan x)$.

6. $\lim\limits_{x \to 0^+} x^n \ln x \ (n > 0)$.

六、证明： 当 $x > 1$ 时，$2\sqrt{x} > 3 - \dfrac{1}{x}$.

七、 求曲线 $y = 3x^4 - 4x^3 + 1$ 的单调区间、最值、凹凸区间以及拐点.

自　测　题　B

一、选择题

1. 曲线 $y = \dfrac{x}{(x-4)^2}$ 的凸弧区间是（　　）.

    A. $(-\infty, -8)$ B. $(-8, -4)$

    C. $(-4, 4)$ D. $(4, +\infty)$

2. 设函数 $f(x)$，$g(x)$ 具有二阶导数，$g(x_0) = a, g'(x_0) = 0, g''(x_0) < 0$，则 $f(g(x))$ 在 x_0 取极大值的一个充分条件是（　　）.

    A. $f'(a) < 0$ B. $f'(a) > 0$

    C. $f''(a) < 0$ D. $f''(a) > 0$

3. 设函数 $f(x)$ 可导，$f(0) = 0, f'(0) = 1, \lim\limits_{x \to 0} \dfrac{f(\sin^3 x)}{\lambda x^k} = \dfrac{1}{2}$，则（　　）.

    A. $k = 2, \lambda = 2$ B. $k = 3, \lambda = 3$ C. $k = 3, \lambda = 2$ D. $k = 4, \lambda = 1$

4. 已知 $f(x)$ 在 $x = 0$ 处可导，且 $f(0) = 0$，则 $\lim\limits_{x \to 0} \dfrac{x^2 f(x) - 2f(x^3)}{x^3} = $（　　）.

    A. $-2f'(0)$ B. $-f'(0)$ C. $f'(0)$ D. 0

5. 函数 $y = \ln(1 + x^2)$ 单调增加且其图形为凹的区间是（　　）.

    A. $(-\infty, -1)$ B. $(-1, 0)$ C. $(0, 1)$ D. $(1, +\infty)$

6. 设函数 $f(x)$ 可微，则 $f(1 - e^{-x})$ 的微分 $dy = $（　　）.

    A. $(1 + e^{-x})f'(1 - e^{-x})dx$ B. $(1 - e^{-x})f'(1 - e^{-x})dx$

    C. $-e^{-x}f'(1 - e^{-x})dx$ D. $e^{-x}f'(1 - e^{-x})dx$

7. 设 $f(x) = |x(1 - x)|$，则（　　）.

    A. $x = 0$ 是 $f(x)$ 的极值点，但 $(0, 0)$ 不是曲线 $y = f(x)$ 的拐点

    B. $x = 0$ 不是 $f(x)$ 的极值点，但 $(0, 0)$ 是曲线 $y = f(x)$ 的拐点

    C. $x = 0$ 是 $f(x)$ 的极值点，且 $(0, 0)$ 是曲线 $y = f(x)$ 的拐点

D. $x=0$ 不是 $f(x)$ 的极值点，$(0，0)$ 也不是曲线 $y=f(x)$ 的拐点

8. 设 $f'(x)$ 在 $[a,b]$ 上连续，且 $f'(a)>0,f'(b)<0$，则下列结论中错误的是（　　）.

  A. 至少存在一点 $x_0\in(a,b)$，使得 $f(x_0)>f(a)$

  B. 至少存在一点 $x_0\in(a,b)$，使得 $f(x_0)>f(b)$

  C. 至少存在一点 $x_0\in(a,b)$，使得 $f'(x_0)=0$

  D. 至少存在一点 $x_0\in(a,b)$，使得 $f(x_0)=0$

9. 设某商品的需求函数为 $Q=160-2p$，其中 $Q、p$ 分别表示需要量和价格，如果该商品需求弹性的绝对值等于 1，则商品的价格是（　　）.

  A. 10   B. 20   C. 30   D. 40

10. 曲线 $y=\dfrac{1}{x}+\ln(1+e^x)$ 渐近线的条数为（　　）.

  A. 0   B. 1   C. 2   D. 3

11. 设函数 $y=f(x)$ 具有二阶导数，且 $f'(x)>0,f''(x)>0$，Δx 为自变量 x 在 x_0 处的增量，Δy 与 $\mathrm{d}y$ 分别为 $f(x)$ 在 x_0 处对应的增量与微分，若 $\Delta x>0$，则（　　）.

  A. $0<\mathrm{d}y<\Delta y$ B. $0<\Delta y<\mathrm{d}y$ C. $\Delta y<\mathrm{d}y<0$ D. $\mathrm{d}y<\Delta y<0$

12. 设函数 $f(x)$ 在 $x=0$ 处连续，且 $\lim\limits_{h\to 0}\dfrac{f(h^2)}{h^2}=1$，则（　　）.

  A. $f(0)=0$ 且 $f'_-(0)$ 存在   B. $f(0)=1$ 且 $f'_-(0)$ 存在

  C. $f(0)=0$ 且 $f'_+(0)$ 存在   D. $f(0)=1$ 且 $f'_+(0)$ 存在

二、填空题

1. $y=\dfrac{2x^2+\sin x}{\cos x-x^2}$ 的水平渐近线的方程为 $y=$ _____.

2. 设曲线 $y=x^3+ax^2+bx+1$ 有拐点 $(-1,0)$，则 $b=$ _____.

3. 设函数 $f(x)=\lim\limits_{t\to 0}x(1+3t)^{\frac{x}{t}}$，则 $f'(x)=$ _____.

4. 曲线 $y=x^3-3x^2+3x+1$ 在其拐点处的切线方程是 _____.

5. 曲线 $\tan\left(x+y+\dfrac{\pi}{4}\right)=e^y$ 在点 $(0，0)$ 的切线方程为 _____.

6. 设 $f(x)=\ln(4x+\cos^2 2x)$，则 $f'\left(\dfrac{\pi}{8}\right)=$ _____.

7. 函数 $f(x)=e^x-ex-2$ 的极小值为 _____.

8. 曲线 $\sin(xy)+\ln(y-x)=x$ 在点 $(0，1)$ 处的切线方程是 _____.

9. 已知函数 $f(x)$ 连续且 $\lim\limits_{x\to 0}\dfrac{f(x)}{x}=2$，则曲线 $y=f(x)$ 上对应 $x=0$ 处切线方程为

_____.

10. 设 $y=\arctan e^x-\ln\sqrt{\dfrac{e^{2x}}{e^{2x}+1}}$，则 $\dfrac{\mathrm{d}y}{\mathrm{d}x}\Big|_{x=1}=$ _____.

11. 设函数 $y=\dfrac{1}{2x+3}$，则 $y^{(n)}(0)=$ _____.

12. 设函数 $f(x)$ 在 $x=2$ 的某邻域内可导，且 $f'(x)=e^{f(x)},f(2)=1$，则 $f'''(2)=$

———————．

三、解答题

1. 设函数 $f(x) = \ln \tan \dfrac{x}{2} + \mathrm{e}^{-x} \cos 2x$，求 $f''\left(\dfrac{\pi}{2}\right)$．

*2. 设某作物长高到 0.1m 后，高度的增长率与现有高度 y 及（$1-y$）之积成比例（比例系数 $k > 0$）．求此农作物高度的变化规律（高度以 m 为单位）．

*3. 曲线 L 过点（1,1），L 上任一点 $M(x,y)(x > 0)$ 处法线的斜率等于 $\dfrac{2y}{x}$，求 L 的方程．

4. 讨论方程 $x^4 - 4x + k = 0$ 实根的个数，其中 k 为参数．

5. 设某商品的需求函数为 $Q = 100 - 5p$，其中价格 $p \in (0,20)$，Q 为需求量，

（1）求需求量对价格的弹性 $E_d (E_d > 0)$；

（2）推导 $\dfrac{\mathrm{d}R}{\mathrm{d}p} = Q(1 - E_d)$（其中 R 为收益），并用弹性 E_d 说明价格在何范围内变化时，降低价格反而使收益增加．

6. 设函数 $y = y(x)$ 由方程 $y\ln y - x + y = 0$ 确定，试判断曲线 $y = y(x)$ 在点（1,1）附近的凹凸性．

7. 设函数 $f(x), g(x)$ 在 $[a,b]$ 上连续，在 (a,b) 内具有二阶导数且存在相等的最大值，$f(a) = g(a), f(b) = g(b)$，证明：

（1）存在 $\eta \in (a,b)$，使得 $f(\eta) = g(\eta)$；

（2）存在 $\xi \in (a,b)$，使得 $f''(\xi) = g''(\xi)$．

8. 证明：当 $0 < a < b < \pi$ 时，$b\sin b + 2\cos b + \pi b > a\sin a + 2\cos a + \pi a$．

第三章

不定积分、定积分及其应用

本章内容是微积分的积分部分，主要介绍不定积分和定积分的概念、运算、基本思想以及应用等知识．定积分的思想是本章最重要的知识，是学习其他内容的基础．

第一节　不定积分的概念与性质

一、原　函　数

问题 1　已知真空中的自由落体的瞬时速度 $v(t) = gt$，其中常量 g 是重力加速度，又知 $t = 0$ 时路程 $s = 0$，求自由落体的运动规律 $s = s(t)$．

解　由题意有 $s'(t) = v(t) = gt$，　　　　　　　　　　　　　　　　　　　(3-1-1)

容易验证 $s(t) = \dfrac{1}{2} gt^2 + C$，（$C$ 为任意常数），满足式（3-1-1）；

又因为 $t = 0$ 时 $s = 0$，代入上式得：$C = 0$

所以所求的运动规律为 $s = \dfrac{1}{2} gt^2$．

问题 2　设曲线 $y = f(x)$ 经过原点，曲线上任一点处存在切线，且切线斜率都等于切点处横坐标的两倍，求该曲线方程．

解　由题意有 $y' = 2x$，　　　　　　　　　　　　　　　　　　　　　　(3-1-2)

容易验证 $y = x^2 + C$，（C 为任意常数），满足式（3-1-2）；

又因为原点在曲线上，故 $x = 0$ 时 $y = 0$，代入上式得 $C = 0$．

因此所求曲线的方程为 $y = x^2$．

以上两个问题的本质：已知某函数的导数 $F'(x) = f(x)$，求函数 $F(x)$．

定义 1　设在某区间 I 上，$F'(x) = f(x)$，或 $\mathrm{d}F(x) = f(x)\mathrm{d}x$，则 I 上的函数 $F(x)$ 称为 $f(x)$ 的一个**原函数**．

例如，因为 $(\sin x)' = \cos x$，所以 $\sin x$ 是 $\cos x$ 的一个原函数；

因为 $(\dfrac{1}{2} gt^2)' = gt$，所以 $\dfrac{1}{2} gt^2$ 是 gt 的一个原函数；

因为 $\mathrm{d}(x^2) = 2x\mathrm{d}x$，所以 x^2 是 $2x$ 的一个原函数．

那什么样的函数存在原函数呢？这个问题的证明留待定积分内容中解决．这里先给出一个结论：**某区间上的连续函数一定存在原函数**．

二、不定积分

对任意常数 C，$s(t) = \dfrac{1}{2} gt^2 + C$ 都满足（3-1-1），所以 $\dfrac{1}{2} gt^2 + C$ 是 gt 的原函数；$y = x^2 +$

C 都满足式（3-1-2），所以 x^2+C 是 $2x$ 的原函数.

又如，对任意常数 C 都有 $(\sin x+C)'=\cos x$，所以 $\sin x+C$ 也都是 $\cos x$ 的原函数.

由此可见，一个函数的原函数并不唯一，而是有无限个. 如果 $F(x)$ 是 $f(x)$ 的一个原函数，即 $F'(x)=f(x)$，那么与 $F(x)$ 相差一个常数的函数 $G(x)=F(x)+C$，仍有 $G'(x)=f(x)$，所以 $G(x)$ 也是 $f(x)$ 的原函数. 反过来，设 $G(x)$ 是 $f(x)$ 的任意一个原函数，那么

$$F'(x)=G'(x)=f(x)，G'(x)-F'(x)=0，G(x)-F(x)=C，（C\text{为常数}），即$$
$$G(x)=F(x)+C.$$

$G(x)$ 与 $F(x)$ 不过差一个常数. 总结以上两个方面可得如下两个结论：

（1）若 $F(x)$ 存在原函数，则有无限个原函数；

（2）若 $F(x)$ 是 $f(x)$ 的一个原函数，则 $f(x)$ 的全部原函数构成的集合为 $\{F(x)+C|C\text{为常数}\}$.

1. 不定积分的定义

定义 2　设 $F(x)$ 是函数 $f(x)$ 的一个原函数，则 $f(x)$ 的全部原函数称为 $f(x)$ 的**不定积分**，记作 $\int f(x)\mathrm{d}x$，即 $\int f(x)\mathrm{d}x=\{F(x)+C|C\text{为常数}\}$.

习惯写法：省略等号右边的花括号，即 $\int f(x)\mathrm{d}x=F(x)+C$.

其中 $f(x)$ 称为**被积函数**，$f(x)\mathrm{d}x$ 称为**积分表达式**，x 称为**积分变量**，符号"$\int$"称为**积分号**，C 为**积分常数**.

注　积分号"$\int$"是一种运算符号，它表示对已知函数求其全部原函数，所以在不定积分的结果中不能漏写 C.

例 1　由导数基本公式，写出下列函数的不定积分：

（1）$\int \cos x \mathrm{d}x$；　　　　　　　　　　（2）$\int \mathrm{e}^x \mathrm{d}x$.

解　（1）因为 $(\sin x)'=\cos x$，所以 $\sin x$ 是 $\cos x$ 的一个原函数，

所以
$$\int \cos x\mathrm{d}x=\sin x+C.$$

（2）因为 $(\mathrm{e}^x)'=\mathrm{e}^x$，所以 e^x 是 e^x 的一个原函数，所以 $\int \mathrm{e}^x\mathrm{d}x=\mathrm{e}^x+C$.

例 2　根据不定积分的定义验证：$\int \dfrac{2x}{1+x^2}\mathrm{d}x=\ln(1+x^2)+C.$

解　由于 $[\ln(1+x^2)]'=\dfrac{2x}{1+x^2}$，所以 $\int \dfrac{2x}{1+x^2}\mathrm{d}x=\ln(1+x^2)+C.$

不定积分简称积分，求不定积分的方法和运算简称**积分法**和**积分运算**.

由于积分和求导互为逆运算，所以它们有如下关系：

（1）$\left[\int f(x)\mathrm{d}x\right]'=[F(x)+C]'=f(x)$ 或 $\mathrm{d}\left[\int f(x)\mathrm{d}x\right]=\mathrm{d}[F(x)+C]=f(x)\mathrm{d}x$；

（2）$\int F'(x)\mathrm{d}x=\int f(x)\mathrm{d}x=F(x)+C$ 或 $\int \mathrm{d}F(x)=\int f(x)\mathrm{d}x=F(x)+C.$

例 3　写出下列各式的结果：

(1) $\left[\int e^x \sin(\ln x)dx\right]'$；　　　　(2) $\int[e^{-\frac{x^2}{2}}]'dx$；　　　　(3) $d\left[\int(\arctan x)^2dx\right]$.

解　(1) $\left[\int e^x \sin(\ln x)dx\right]' = e^x \sin(\ln x)$；

(2) $\int[e^{-\frac{x^2}{2}}]'dx = e^{-\frac{x^2}{2}} + C$；

(3) $d\left[\int(\arctan x)^2dx\right] = (\arctan x)^2 dx$.

2. 不定积分的几何意义　在直角坐标系中，$f(x)$ 的任意一个原函数 $F(x)$ 的图形是一条曲线 $y = F(x)$，这条曲线上任意点 $(x,F(x))$ 处的切线的斜率 $F'(x)$ 恰为函数值 $f(x)$，称这条曲线为 $f(x)$ 的一条积分曲线. $f(x)$ 的不定积分 $F(x)+C$ 则是一条曲线族，**称为积分曲线族**. 平行于 y 轴的直线与族中每一条曲线的交点处的切线斜率都等于 $f(x)$，因此积分曲线族可以由一条积分曲线通过平移得到，如图 3-1 所示.

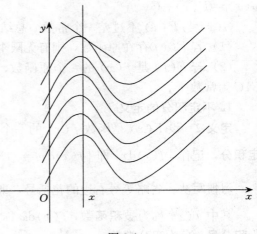

图 3-1

例 4　设曲线通过点 $(1,2)$，且曲线上任一点处的切线斜率等于该点横坐标的两倍，求此曲线的方程.

解　设所求曲线方程为 $y = F(x)$，依题意，曲线上任一点 (x,y) 处得切线斜率为 $F'(x) = 2x$，即 $y = F(x)$ 是 $2x$ 的一个原函数. 因而

$$F(x) = \int 2xdx = x^2 + C.$$

又知所求曲线通过点 $(1,2)$，故 $2 = 1 + C$，$C = 1$.
于是所求曲线为　　　　　　　$y = x^2 + 1.$

例 5　美丽的冰城常年积雪，滑冰场完全靠自然结冰，结冰的速度由 $\dfrac{dy}{dt} = k\sqrt{t}$（$k > 0$ 为常数）确定，其中 y 是从结冰起到时刻 t 时冰的厚度，求结冰厚度 y 关于时间 t 的函数.

解　根据题意，结冰厚度 y 关于时间 t 的函数为

$$y = \int kt^{\frac{1}{2}}dt = \frac{2}{3}kt^{\frac{3}{2}} + C,$$

其中常数 C 由结冰的时间确定. 如果 $t = 0$ 时开始结冰的厚度为 0，即 $y(0) = 0$，这时 $y = \dfrac{2}{3}kt^{\frac{3}{2}}$ 为结冰厚度关于时间的函数.

例 6　一电路中电流关于时间的变化率为 $\dfrac{di}{dt} = 4t - 0.06t^2$，若 $t = 0$ 时，$i = 2A$，求电流关于时间 t 的函数.

解　由 $\dfrac{di}{dt} = 4t - 0.06t^2$，求不定积分得

$$i(t) = \int (4t - 0.06t^2)\,\mathrm{d}t = 2t^2 - 0.02t^3 + C.$$

将 $i(0) = 2$ 代入上式，得 $C = 2$，所以

$$i(t) = 2t^2 - 0.02t^3 + 2.$$

三、不定积分的性质

因为 $\left[k\displaystyle\int f(x)\mathrm{d}x\right]' = kf(x)$，所以有

性质 1 设函数 $f(x)$ 的原函数存在，k 为非零常数，则

$$\int kf(x)\mathrm{d}x = k\int f(x)\mathrm{d}x\,(k \neq 0).$$

又因为

$$\left\{\int [f_1(x) \pm f_2(x)]\mathrm{d}x\right\}' = f_1(x) \pm f_2(x),$$

$$\left[\int f_1(x)\mathrm{d}x \pm \int f_2(x)\mathrm{d}x\right]' = \left[\int f_1(x)\mathrm{d}x\right]' \pm \left[\int f_2(x)\mathrm{d}x\right]' = f_1(x) \pm f_2(x).$$

所以有

性质 2 两个函数的代数和的不定积分等于每个函数的不定积分的代数和，即

$$\int [f_1(x) \pm f_2(x)]\mathrm{d}x = \int f_1(x)\mathrm{d}x \pm \int f_2(x)\mathrm{d}x.$$

性质 2 可推广至有限个函数的和差．

四、基本积分公式

(1) $\displaystyle\int k\mathrm{d}x = kx + C$（$k$ 是常数）； (2) $\displaystyle\int x^{\alpha}\mathrm{d}x = \frac{1}{\alpha+1}x^{\alpha+1} + C\,(\alpha \neq -1)$；

(3) $\displaystyle\int \frac{1}{x}\mathrm{d}x = \ln|x| + C$； (4) $\displaystyle\int \mathrm{e}^x\mathrm{d}x = \mathrm{e}^x + C$；

(5) $\displaystyle\int a^x\mathrm{d}x = \frac{a^x}{\ln a} + C$； (6) $\displaystyle\int \cos x\mathrm{d}x = \sin x + C$；

(7) $\displaystyle\int \sin x\mathrm{d}x = -\cos x + C$； (8) $\displaystyle\int \frac{1}{\sin^2 x}\mathrm{d}x = \int \csc^2 x\mathrm{d}x = -\cot x + C$；

(9) $\displaystyle\int \frac{1}{\cos^2 x}\mathrm{d}x = \int \sec^2 x\mathrm{d}x = \tan x + C$； (10) $\displaystyle\int \sec x \cdot \tan x\mathrm{d}x = \sec x + C$；

(11) $\displaystyle\int \csc x \cdot \cot x\mathrm{d}x = -\csc x + C$； (12) $\displaystyle\int \frac{1}{1+x^2}\mathrm{d}x = \arctan x + C$；

(13) $\displaystyle\int \frac{1}{\sqrt{1-x^2}}\mathrm{d}x = \arcsin x + C.$

例 7 求 $\displaystyle\int (2\mathrm{e}^x - 3\cos x)\mathrm{d}x$．

解 原式 $= \displaystyle\int 2\mathrm{e}^x\mathrm{d}x - \int 3\cos x\mathrm{d}x = 2\int \mathrm{e}^x\mathrm{d}x - 3\int \cos x\mathrm{d}x = 2\mathrm{e}^x - 3\sin x + C.$

例 8 已知某种家电的固定成本为 10 000 元，如果以 x 表示产量，边际成本可表示为 $C'(x) = 4x + 5$，求总成本函数 $C(x)$．

解 由于边际成本为总成本的导数，即 $\dfrac{\mathrm{d}[C(x)]}{\mathrm{d}x} = C'(x) = 4x + 5$，

所以总成本函数为：$C(x) = \displaystyle\int C'(x)\mathrm{d}x = \int (4x + 5)\mathrm{d}x = 2x^2 + 5x + C$.

因为固定成本为 10 000 元，令 $x = 0$，得 $C = 10\,000$ 元，

所以，总成本函数为：　　$C(x) = 2x^2 + 5x + 10\,000$.

五、直接积分法

直接利用基本积分公式和性质来求积分的方法称为**直接积分法**.

例 9 求 $\displaystyle\int \mathrm{e}^x (3 + \mathrm{e}^{-x})\mathrm{d}x$.

解 原式 $= \displaystyle\int (3\mathrm{e}^x + 1)\mathrm{d}x = 3\int \mathrm{e}^x \mathrm{d}x + \int \mathrm{d}x = 3\mathrm{e}^x + x + C$.

例 10 求 $\displaystyle\int \dfrac{x^4}{1 + x^2}\mathrm{d}x$.

解 原式 $= \displaystyle\int \dfrac{(x^4 - 1) + 1}{1 + x^2}\mathrm{d}x = \int \left(x^2 - 1 + \dfrac{1}{1 + x^2}\right)\mathrm{d}x = \dfrac{1}{3}x^3 - x + \arctan x + C$.

例 11 求 $\displaystyle\int \dfrac{2x^2 + 1}{x^2(1 + x^2)}\mathrm{d}x$.

解 原式 $= \displaystyle\int \dfrac{(x^2 + 1) + x^2}{x^2(1 + x^2)}\mathrm{d}x = \int \left(\dfrac{1}{x^2} + \dfrac{1}{1 + x^2}\right)\mathrm{d}x = \int \dfrac{1}{x^2}\mathrm{d}x + \int \dfrac{1}{1 + x^2}\mathrm{d}x$.

$\qquad = -\dfrac{1}{x} + \arctan x + C$.

例 12 求 $\displaystyle\int \tan^2 x \,\mathrm{d}x$.

解 原式 $= \displaystyle\int (\sec^2 x - 1)\mathrm{d}x = \int \sec^2 x \,\mathrm{d}x - \int \mathrm{d}x = \tan x - x + C$.

例 13 求 $\displaystyle\int \dfrac{1}{\sin^2 x \cos^2 x}\mathrm{d}x$.

解 原式 $= \displaystyle\int \dfrac{\sin^2 x + \cos^2 x}{\sin^2 x \cos^2 x}\mathrm{d}x = \int \left(\dfrac{1}{\cos^2 x} + \dfrac{1}{\sin^2 x}\right)\mathrm{d}x = \tan x - \cot x + C$.

◆ **阅读资料：积分号 $\displaystyle\int$ 的来历**

德国的莱布尼茨于 1684 年发表了现在世界上认为是最早的微积分文献，《一种求极大极小和切线的新方法，它也适用于分式和无理量，以及这种新方法的奇妙类型的计算》，其中含有现代的微分符号和基本微分法则。1686 年，莱布尼茨发表了第一篇积分学的文献，他是历史上最伟大的符号学者之一，他所创设的微积分符号，对微积分的发展有极大的影响。现在我们使用的微积分通用符号就是当时莱布尼茨精心选用的，1675 年他给出积分号 " $\displaystyle\int$ "，它是求和 "sum" 字头的拉长，同年还引入微分号 "d".

习 题 3-1

1. 求下列不定积分：

(1) $\int x\sqrt{x}\,\mathrm{d}x$ ；　　　(2) $\int\left(\dfrac{1}{x^2}+2^x\right)\mathrm{d}x$ ；　　　(3) $\int\dfrac{x^2}{x^2+1}\mathrm{d}x$ ；

(4) $\int\left(2\mathrm{e}^x+\dfrac{3}{x}\right)\mathrm{d}x$ ；　　(5) $\int\dfrac{\mathrm{d}x}{1+\cos 2x}$ ；　　(6) $\int\sec x(\sec x+\tan x)\mathrm{d}x$ ．

2．已知某一曲线通过点 $(0,1)$ ，且在曲线上任一点处的切线斜率等于 $3x^2-2x+1$ ，求该曲线的方程．

3．（伤口的面积）　医学研究表明，刀割伤口表面每天复合的速度为 $\dfrac{\mathrm{d}A}{\mathrm{d}t}=-5t^{-2}\ \mathrm{cm}^2/\mathrm{d}$ $(1\leqslant t\leqslant 5)$ ，其中 A 表示伤口的面积，假设 $A(1)=5$ ，问该病人受伤 5d 后伤口的表面积为多少？

4．（示踪药物浓度）　已知示踪药物浓度 y 关于时间 t 的变化率为 $y'(t)=3^{-t}$ ，求示踪药物浓度 y 关于时间 t 的函数关系．

第二节　换元积分法

一、第一类换元积分法

不定积分 $\int\cos 2x\mathrm{d}x$ 若在基本积分公式中应用公式 $\int\cos x\mathrm{d}x=\sin x+C$ ，可进行如下变换：

$$\int\cos 2x\mathrm{d}x=\int\cos 2x\cdot\frac{1}{2}\mathrm{d}(2x)\xrightarrow{\text{令}\ 2x=u}\frac{1}{2}\int\cos u\mathrm{d}u$$

$$=\frac{1}{2}\sin u+C\xrightarrow{u=2x\ \text{回代}}\frac{1}{2}\sin 2x+C.$$

因为 $\left(\dfrac{1}{2}\sin 2x+C\right)'=\cos 2x$ ，所以 $\int\cos 2x\mathrm{d}x=\dfrac{1}{2}\sin 2x+C$ 是正确的．

定理 1　设 $f(u)$ 具有原函数 $F(u)$ ， $u=\varphi(x)$ 是可导函数，则

$$\int f[\varphi(x)]\varphi'(x)\mathrm{d}x=F[\varphi(x)]+C.$$

证明　因为 $F(u)$ 是 $f(u)$ 的一个原函数，所以 $F'(u)=f(u)$ ．由复合函数的微分法得

$$\mathrm{d}F[\varphi(x)]=F'(u)\cdot\varphi'(x)\mathrm{d}x=f[\varphi(x)]\cdot\varphi'(x)\mathrm{d}x.$$

所以　　　　　　　　　$\int f[\varphi(x)]\varphi'(x)\mathrm{d}x=F[\varphi(x)]+C.$

基本思想　作变量代换 $u=\varphi(x)$ ，变原积分为 $\int f(u)\mathrm{d}u$ ，利用 $f(u)$ 的原函数是 $F(u)$ 得到积分，称为**第一类换元积分法**．

例 1　求 $\int(ax+b)^{10}\mathrm{d}x$ （ a,b 为常数）．

解　因为 $\mathrm{d}x=\dfrac{1}{a}\mathrm{d}(ax+b)$ ，所以

$$\int(ax+b)^{10}\mathrm{d}x=\frac{1}{a}\int(ax+b)^{10}\mathrm{d}(ax+b)\xrightarrow{\text{令}\ ax+b=u}\frac{1}{a}\int u^{10}\mathrm{d}u=\frac{1}{11a}u^{11}+C$$

$$\xrightarrow{u=ax+b\ \text{回代}}\frac{1}{11a}(ax+b)^{11}+C.$$

例 2 求 $\displaystyle\int \frac{\ln x}{x}\mathrm{d}x$.

解 因为 $\dfrac{1}{x}\mathrm{d}x = \mathrm{d}(\ln x)$ ，所以

$$原式 = \int \ln x\,\mathrm{d}(\ln x)\xlongequal{令\ \ln x = u}\int u\,\mathrm{d}u = \frac{1}{2}u^2 + C = \frac{1}{2}(\ln x)^2 + C.$$

例 3（边际成本） 已知某公司的边际成本函数 $C'(x) = 3x\sqrt{x^2+1}$ ，边际收益函数为 $R'(x) = \dfrac{7}{2}x\,(x^2+1)^{\frac{3}{4}}$ ，设固定成本是 10 000 万元，试求此公司的成本函数和收益函数．

解 因为边际成本函数为 $C'(x) = 3x\sqrt{x^2+1}$ ，所以成本函数为

$$C(x) = \int C'(x)\mathrm{d}x = \int 3x\sqrt{x^2+1}\,\mathrm{d}x = \frac{3}{2}\int (x^2+1)^{\frac{1}{2}}\mathrm{d}(x^2+1) = (x^2+1)^{\frac{3}{2}} + C.$$

又因固定成本为 10 000 万元，即 $C(0) = 10\,000$ ，即

$$C(0) = (0^2+1)^{\frac{3}{2}} + C = 10\,000 , C = 9\,999 .$$

故所求成本函数为 $C(x) = (x^2+1)^{\frac{3}{2}} + 9\,999$（万元）．

因为边际收益函数为 $\qquad R'(x) = \dfrac{7}{2}x\,(x^2+1)^{\frac{3}{4}} ,$

所以 $\quad R(x) = \displaystyle\int R'(x)\mathrm{d}x = \int \frac{7}{2}x\,(x^2+1)^{\frac{3}{4}}\mathrm{d}x = \frac{7}{2}\cdot\frac{1}{2}\int (x^2+1)^{\frac{3}{4}}\mathrm{d}(x^2+1)$

$$= (x^2+1)^{\frac{7}{4}} + C ,$$

又当 $x = 0$ 时, $R(0) = 0$ 可得 $C = -1$,

故所求的收益函数为 $\quad R(x) = (x^2+1)^{\frac{7}{4}} - 1 .$

例 4 一电场中质子运动的加速度 $a(t) = -20(1+2t)^{-2}$ （单位：$\mathrm{m/s^2}$）．如果 $t = 0$ 时，$v = 0.3\mathrm{m/s}$ ，求质子运动的速度方程．

解 由加速度与速度的关系 $v'(t) = a(t)$ ，有

$$v(t) = \int v'(t)\mathrm{d}t = \int [-20(1+2t)^{-2}]\mathrm{d}t$$

$$= \int [-20(1+2t)^{-2}]\cdot\frac{1}{2}\mathrm{d}(1+2t)$$

$$= \frac{10}{1+2t} + C .$$

因为 $t = 0$ 时, $v = 0.3\mathrm{m/s}$ ，所以 $v(0) = \dfrac{10}{1+2\times 0} + C = 0.3$ ，解得 $C = -9.7$.

从而，质子运动的速度方程为：$v(t) = 10(1+2t)^{-1} - 9.7$.

第一类换元积分法计算的关键：把被积表达式凑成两部分，一部分为 $\mathrm{d}\varphi(x)$ ，另一部分为 $\varphi(x)$ 的函数 $f[\varphi(x)]$ ，且 $f(u)$ 的原函数易于求得．因此，第一类换元积分法又形象地被称为**凑微分法**.

常用微分式：

$\quad$ (1) $\mathrm{d}x = \dfrac{1}{a}\mathrm{d}(ax)$; $\qquad$ (2) $x\mathrm{d}x = \dfrac{1}{2}\mathrm{d}(x^2)$; $\qquad$ (3) $\dfrac{1}{x}\mathrm{d}x = \mathrm{d}(\ln|x|)$;

(4) $\dfrac{1}{\sqrt{x}}\mathrm{d}x = 2\mathrm{d}(\sqrt{x})$; (5) $\dfrac{1}{x^2}\mathrm{d}x = -\mathrm{d}\left(\dfrac{1}{x}\right)$; (6) $\dfrac{1}{1+x^2}\mathrm{d}x = \mathrm{d}(\arctan x)$;

(7) $\dfrac{1}{\sqrt{1-x^2}}\mathrm{d}x = \mathrm{d}(\arcsin x)$; (8) $\mathrm{e}^x\mathrm{d}x = \mathrm{d}(\mathrm{e}^x)$; (9) $\sin x\mathrm{d}x = -\mathrm{d}(\cos x)$;

(10) $\cos x\mathrm{d}x = \mathrm{d}(\sin x)$; (11) $\sec^2 x\mathrm{d}x = \mathrm{d}(\tan x)$; (12) $\csc^2 x\mathrm{d}x = -\mathrm{d}(\cot x)$;

(13) $\sec x\tan x\mathrm{d}x = \mathrm{d}(\sec x)$; (14) $\csc x\cot x\mathrm{d}x = -\mathrm{d}(\csc x)$.

例 5 求 $\displaystyle\int \dfrac{1}{x^2}\cos\dfrac{1}{x}\mathrm{d}x$.

解 原式 $= -\displaystyle\int \cos\dfrac{1}{x}\mathrm{d}\left(\dfrac{1}{x}\right) = -\sin\dfrac{1}{x} + C$.

例 6 求 $\displaystyle\int \dfrac{1}{\sqrt{a^2-x^2}}\mathrm{d}x$ $(a>0)$.

解 原式 $= \displaystyle\int \dfrac{1}{a\sqrt{1-\left(\dfrac{x}{a}\right)^2}}\mathrm{d}x = \displaystyle\int \dfrac{1}{\sqrt{1-\left(\dfrac{x}{a}\right)^2}}\mathrm{d}\left(\dfrac{x}{a}\right) = \arcsin\dfrac{x}{a} + C$.

例 7 求 $\displaystyle\int \dfrac{1}{a^2+x^2}\mathrm{d}x$.

解 原式 $= \dfrac{1}{a}\displaystyle\int \dfrac{1}{1+\left(\dfrac{x}{a}\right)^2}\mathrm{d}\left(\dfrac{x}{a}\right) = \dfrac{1}{a}\arctan\dfrac{x}{a} + C$.

例 8 求 $\displaystyle\int \tan x\mathrm{d}x$.

解 原式 $= \displaystyle\int \dfrac{\sin x}{\cos x}\mathrm{d}x = -\displaystyle\int \dfrac{1}{\cos x}\mathrm{d}(\cos x) = -\ln|\cos x| + C$.

类似可得 $\displaystyle\int \cot x\mathrm{d}x = \ln|\sin x| + C$.

例 9 求 $\displaystyle\int \cos 3x\cos 2x\mathrm{d}x$.

解 原式 $= \dfrac{1}{2}\displaystyle\int (\cos 5x + \cos x)\mathrm{d}x = \dfrac{1}{2}\displaystyle\int \cos 5x\mathrm{d}x + \dfrac{1}{2}\displaystyle\int \cos x\mathrm{d}x$

$\qquad = \dfrac{1}{2}\cdot\dfrac{1}{5}\displaystyle\int \cos 5x\mathrm{d}(5x) + \dfrac{1}{2}\sin x = \dfrac{1}{10}\sin 5x + \dfrac{1}{2}\sin x + C$.

例 10 求 $\displaystyle\int \dfrac{\arctan\sqrt{x}}{\sqrt{x}(1+x)}\mathrm{d}x$.

解 原式 $= 2\displaystyle\int \dfrac{\arctan\sqrt{x}}{1+(\sqrt{x})^2}\mathrm{d}(\sqrt{x}) = 2\displaystyle\int \arctan\sqrt{x}\mathrm{d}(\arctan\sqrt{x}) = \arctan^2\sqrt{x} + C$.

例 11 求 $\displaystyle\int \dfrac{2x+3}{x^2+2x+2}\mathrm{d}x$.

解 原式 $= \displaystyle\int \dfrac{2x+2+1}{x^2+2x+2}\mathrm{d}x = \displaystyle\int \dfrac{\mathrm{d}(x^2+2x+2)}{x^2+2x+2} + \displaystyle\int \dfrac{1}{x^2+2x+2}\mathrm{d}x$

$\qquad = \ln(x^2+2x+2) + \displaystyle\int \dfrac{1}{(x+1)^2+1}\mathrm{d}(x+1)$

$\qquad = \ln(x^2+2x+2) + \arctan(x+1) + C$.

例 12 在某些条件下，一种溶解物质通过细胞膜渗透，细胞内溶解物浓度 $y(t)$ 在时刻 t 的变化率是 $\dfrac{\mathrm{d}y}{\mathrm{d}t} = k\mathrm{e}^{-at}$，其中 a,k 是常数．已知 $y(0) = y_0$，求 $y(t)$．

解 由变化率的意义知，$y'(t) = \dfrac{\mathrm{d}y}{\mathrm{d}t} = k\mathrm{e}^{-at}$，于是

$$y(t) = \int y'(t)\mathrm{d}t = \int k\mathrm{e}^{-at}\mathrm{d}t = -\frac{k}{a}\int \mathrm{e}^{-at}\mathrm{d}(-at) = -\frac{k}{a}\mathrm{e}^{-at} + C$$

又由于 $y(0) = y_0$，代入上式得 $C = \dfrac{k}{a} + y_0$，故 $y(t) = -\dfrac{k}{a}\mathrm{e}^{-at} + \dfrac{k}{a} + y_0$．

二、第二类换元积分法

定理 2 设 $x = \varphi(t)$ 是单调的、可导的函数，其反函数存在，并且 $\varphi'(t) \neq 0$．又设 $f[\varphi(t)]\varphi'(t)$ 具有原函数，则有第二类换元积分法的换元公式

$$\int f(x)\mathrm{d}x = \left[\int f[\varphi(t)]\varphi'(t)\mathrm{d}t\right]_{t=\varphi^{-1}(x)},$$

其中 $\varphi^{-1}(x)$ 是 $x = \varphi(t)$ 的反函数．

证明 设 $f[\varphi(t)]\varphi'(t)$ 的原函数为 $\Phi(t)$，记 $\Phi[\varphi^{-1}(x)] = F(x)$，利用复合函数及反函数求导法则，得到：

$$F'(x) = \frac{\mathrm{d}\Phi}{\mathrm{d}t}\frac{\mathrm{d}t}{\mathrm{d}x} = f[\phi(t)]\varphi'(t) \cdot \frac{1}{\varphi'(t)} = f[\varphi(t)] = f(x)$$

即 $F(x)$ 是 $f(x)$ 的原函数．所以有

$$\int f(x)\mathrm{d}x = F(x) + C = \Phi[\varphi^{-1}(x)] + C = \left[\int f[\varphi(t)]\varphi'(t)\mathrm{d}t\right]_{t=\varphi^{-1}(x)}.$$

证毕．

第二类换元法的关键：选取适当的 $\varphi(t)$，使作变换 $x = \varphi(t)$ 后的积分容易得到结果．

例 13 求 $\displaystyle\int \frac{1}{1 + \sqrt[3]{1+x}}\mathrm{d}x$．

解 令 $\sqrt[3]{1+x} = t$，则 $x = t^3 - 1, \mathrm{d}x = 3t^2\mathrm{d}t$，

$$原式 = \int \frac{1}{1+t}3t^2\mathrm{d}t = 3\int\left(\frac{t^2 - 1}{1+t} + \frac{1}{1+t}\right)\mathrm{d}t = 3\int\left(t - 1 + \frac{1}{1+t}\right)\mathrm{d}t$$

$$= \frac{3}{2}t^2 - 3t + 3\ln|1+t| + C$$

$$\underline{t = \sqrt[3]{1+x}\ 回代}\ \frac{3}{2}\sqrt[3]{(1+x)^2} - 3\sqrt[3]{1+x} + 3\ln|1 + \sqrt[3]{1+x}| + C.$$

例 14 求 $\displaystyle\int \frac{1}{\sqrt{x} + \sqrt[3]{x}}\mathrm{d}x$．

解 令 $\sqrt[6]{x} = t$，则 $x = t^6$，$\mathrm{d}x = 6t^5\mathrm{d}t$，

$$原式 = \int \frac{6t^5}{t^3 + t^2}\mathrm{d}t = 6\int\frac{t^3}{1+t}\mathrm{d}t = 6\int\frac{t^3 + 1 - 1}{1+t}\mathrm{d}t = 6\int\left(t^2 - t + 1 - \frac{1}{1+t}\right)\mathrm{d}t$$

$$= 2t^3 - 3t^2 + 6t - 6\ln|1+t| + C$$

$$\underline{t = \sqrt[6]{x}\ 回代}\ 2\sqrt{x} - 3\sqrt[3]{x} + 6\sqrt[6]{x} - 6\ln|1 + \sqrt[6]{x}| + C.$$

当被积分函数中含有 x 的根式时，一般可作代换去掉根式，从而得到积分．这种代换称为有理代换．

例15　求 $\displaystyle\int \sqrt{a^2-x^2}\mathrm{d}x$（$a>0$）．

解　令 $x=a\sin t$（$-\dfrac{\pi}{2}<t<\dfrac{\pi}{2}$），则 $\mathrm{d}x=a\cos t\mathrm{d}t$，

原式 $=\displaystyle\int a^2\cos^2 t\mathrm{d}t=a^2\int\dfrac{1+\cos 2t}{2}\mathrm{d}t=a^2\left(\dfrac{t}{2}+\dfrac{\sin 2t}{4}\right)+C$．

根据 $x=a\sin t$ 作一辅助直角三角形，利用边角关系来实现替换．

$$\sin t=\dfrac{x}{a}，\cos t=\dfrac{\sqrt{a^2-x^2}}{a}．$$

所以　　　　　$t=\arcsin\dfrac{x}{a}$，$\sin 2t=2\sin t\cos t=\dfrac{2x\sqrt{a^2-x^2}}{a^2}$．

故　　　　　$\displaystyle\int\sqrt{a^2-x^2}\mathrm{d}x=\dfrac{a^2}{2}\arcsin\dfrac{x}{a}+\dfrac{x}{2}\sqrt{a^2-x^2}+C$．

例16　求 $\displaystyle\int\dfrac{1}{\sqrt{a^2+x^2}}\mathrm{d}x$（$a>0$）．

解　令 $x=a\tan t$（$-\dfrac{\pi}{2}<t<\dfrac{\pi}{2}$），则 $\mathrm{d}x=a\sec^2 t\mathrm{d}t$，$\sqrt{a^2+x^2}=a\sec t$，

原式 $=\displaystyle\int\dfrac{a\sec^2 t\mathrm{d}t}{a\sec t}=\int\sec t\mathrm{d}t=\ln|\sec t+\tan t|+C_1$，回代可得

$\displaystyle\int\dfrac{1}{\sqrt{a^2+x^2}}\mathrm{d}x=\ln\left|\dfrac{x+\sqrt{x^2+a^2}}{a}\right|+C_1=\ln\left|x+\sqrt{x^2+a^2}\right|+C$（$C=C_1-\ln a$）．

例17　求 $\displaystyle\int\dfrac{1}{\sqrt{x^2-a^2}}\mathrm{d}x$（$a>0$）．

解　令 $x=a\sec t$（$0<t<\dfrac{\pi}{2}$），则 $\mathrm{d}x=a\sec t\tan t\mathrm{d}t$，$\sqrt{x^2-a^2}=a\tan t$，

原式 $=\displaystyle\int\dfrac{a\sec t\tan t\mathrm{d}t}{a\tan t}=\int\sec t\mathrm{d}t=\ln|\sec t+\tan t|+C_1$，回代 $\sec t$，$\tan t$ 得

$$\int\dfrac{1}{\sqrt{x^2-a^2}}\mathrm{d}x=\ln\left|x+\sqrt{x^2-a^2}\right|+C（C=C_1-\ln a）．$$

以三角代换来消去二次根式，一般这种方法称为**三角代换法**．一般地，根据被积函数的根式类型，常用变换如下：

（1）被积函数中含有 $\sqrt{a^2-x^2}$，令 $x=a\sin t$（$-\dfrac{\pi}{2}<x<\dfrac{\pi}{2}$）．

（2）被积函数中含有 $\sqrt{a^2+x^2}$，令 $x=a\tan t$（$-\dfrac{\pi}{2}<t<\dfrac{\pi}{2}$）．

（3）被积函数中含有 $\sqrt{x^2-a^2}$，令 $x=a\sec t$（$0<t<\dfrac{\pi}{2}$）．

下面8个结果也作为基本积分公式使用：

（1）$\displaystyle\int\tan x\mathrm{d}x=-\ln|\cos x|+C$；　　　　　（2）$\displaystyle\int\cot x\mathrm{d}x=\ln|\sin x|+C$；

(3) $\int \sec x \mathrm{d}x = \ln|\sec x + \tan x| + C$；   (4) $\int \csc x \mathrm{d}x = \ln|\csc x - \cot x| + C$；

(5) $\int \dfrac{1}{a^2 + x^2}\mathrm{d}x = \dfrac{1}{a}\arctan\dfrac{x}{a} + C$；   (6) $\int \dfrac{1}{a^2 - x^2}\mathrm{d}x = \dfrac{1}{2a}\ln\left|\dfrac{a+x}{a-x}\right| + C$；

(7) $\int \dfrac{1}{\sqrt{a^2 - x^2}}\mathrm{d}x = \arcsin\dfrac{x}{|a|} + C$；   (8) $\int \dfrac{1}{\sqrt{x^2 \pm a^2}}\mathrm{d}x = \ln\left|x + \sqrt{x^2 \pm a^2}\right| + C$．

习 题 3-2

1. 在下列各式等号的右端加上适当的系数，使等式成立．

(1) $\mathrm{d}x = \underline{\quad} \mathrm{d}(ax)$；   (2) $\mathrm{d}x = \underline{\quad} \mathrm{d}(7x - 3)$；

(3) $x\mathrm{d}x = \underline{\quad} \mathrm{d}(1 - x^2)$；   (4) $x\mathrm{d}x = \underline{\quad} \mathrm{d}(3x^4 - 2)$；

(5) $\sin\dfrac{3x}{2}\mathrm{d}x = \underline{\quad} \mathrm{d}\left(\cos\dfrac{3x}{2}\right)$；   (6) $\dfrac{\mathrm{d}x}{x} = \underline{\quad} \mathrm{d}(5\ln|x|)$．

2. 求下列不定积分：

(1) $\int (3 - 2x)^3 \mathrm{d}x$；   (2) $\int e^{5x}\mathrm{d}x$；   (3) $\int \dfrac{x+2}{x^2 + 2x + 3}\mathrm{d}x$；

(4) $\int \dfrac{\mathrm{d}x}{1 + e^x}$；   (5) $\int \dfrac{\ln(\ln x)\mathrm{d}x}{x\ln x}$；   (6) $\int \sin^3 x\mathrm{d}x$；

(7) $\int \sin^2 x\mathrm{d}x$；   (8) $\int \sin 2x\cos 3x\mathrm{d}x$；   (9) $\int \tan^3 x\sec x\mathrm{d}x$；

(10) $\int \dfrac{1}{2 + x^2}\mathrm{d}x$；   (11) $\int \dfrac{1}{\sqrt{(a^2 - x^2)^3}}\mathrm{d}x$；   (12) $\int \dfrac{x^2}{\sqrt{4 - x^2}}\mathrm{d}x$．

第三节　分部积分法

设函数 $u = u(x)$，$v = v(x)$ 均具有连续导数，则由两个函数乘法的微分法则可得

$$\mathrm{d}(uv) = u\mathrm{d}v + v\mathrm{d}u \text{ 或 } u\mathrm{d}v = \mathrm{d}(uv) - v\mathrm{d}u，$$

两边积分得

$$\int u\mathrm{d}v = uv - \int v\mathrm{d}u．$$

称这个公式为**分部积分公式**．

例 1　求 $\int x\sin x\mathrm{d}x$．

解　令 $u = x$，余下的 $\sin x\mathrm{d}x = \mathrm{d}(-\cos x) = \mathrm{d}v$，则

$$\int x\sin x\mathrm{d}x = \int x\mathrm{d}(-\cos x) = -x\cos x - \int (-\cos x)\mathrm{d}x = -x\cos x + \sin x + C．$$

> **注**　本题如果令 $u = \sin x$，$x\mathrm{d}x = \mathrm{d}v$，则
>
> $$\int x\sin x\mathrm{d}x = \frac{1}{2}\int \sin x\mathrm{d}(x^2) = \frac{1}{2}\left[x^2\sin x - \int x^2\mathrm{d}(\sin x)\right]$$
>
> $$= \frac{1}{2}x^2\sin x - \frac{1}{2}\int x^2\cos x\mathrm{d}x．$$

u，v 的选择原则：

(1) 由 $\varphi(x)\mathrm{d}x = \mathrm{d}v$，求 v 比较容易；(2) $\int v\mathrm{d}u$ 比 $\int u\mathrm{d}v$ 更容易计算.

例 2　求 $\int x\mathrm{e}^x\mathrm{d}x$.

解　令 $u = x$，$\mathrm{e}^x\mathrm{d}x = \mathrm{d}(\mathrm{e}^x) = \mathrm{d}v$，则

$$\int x\mathrm{e}^x\mathrm{d}x = \int x\mathrm{d}(\mathrm{e}^x) = x\mathrm{e}^x - \int \mathrm{e}^x\mathrm{d}x = \mathrm{e}^x(x-1) + C.$$

例 3　求 $\int x^2\cos x\mathrm{d}x$.

解　令 $u = x^2$，$\cos x\mathrm{d}x = \mathrm{d}(\sin x) = \mathrm{d}v$，则

$$\int x^2\cos x\mathrm{d}x = \int x^2\mathrm{d}(\sin x) = x^2\sin x - \int \sin x\mathrm{d}(x^2) = x^2\sin x - 2\int x\sin x\mathrm{d}x$$

$$= x^2\sin x - 2\left[\int x\mathrm{d}(-\cos x)\right] = x^2\sin x - 2\left[-x\cos x - \int -(\cos x)\mathrm{d}x\right]$$

$$= x^2\sin x + 2x\cos x - 2\sin x + C.$$

一般地，如果被积函数中有 e^x，$\sin x$，$\cos x$ 等，可令 $\mathrm{d}v = \mathrm{e}^x\mathrm{d}x$，$\mathrm{d}v = \sin x\mathrm{d}x$，$\mathrm{d}v = \cos x\mathrm{d}x$，因为这样容易求出 v.

例 4　求 $\int x\ln x\mathrm{d}x$.

解　令 $u = \ln x$，$x\mathrm{d}x = \mathrm{d}\left(\dfrac{1}{2}x^2\right) = \mathrm{d}v$，则

$$\int x\ln x\mathrm{d}x = \frac{1}{2}\int \ln x\mathrm{d}(x^2) = \frac{1}{2}\left[x^2\ln x - \int x^2\mathrm{d}(\ln x)\right] = \frac{1}{2}x^2\ln x - \frac{1}{2}\int x^2 \cdot \frac{1}{x}\mathrm{d}x$$

$$= \frac{1}{4}x^2(2\ln x - 1) + C.$$

例 5　求 $\int \arcsin x\mathrm{d}x$.

解　令 $u = \arcsin x$，$\mathrm{d}x = \mathrm{d}v$，则

$$\int \arcsin x\mathrm{d}x = x\arcsin x - \int x\mathrm{d}(\arcsin x) = x\arcsin x - \int \frac{x}{\sqrt{1-x^2}}\mathrm{d}x$$

$$= x\arcsin x + \frac{1}{2}\int \frac{\mathrm{d}(1-x^2)}{\sqrt{1-x^2}} = x\arcsin x + \sqrt{1-x^2} + C.$$

一般地，如果被积函数中含有对数函数或反三角函数，在使用分部积分法时，令它们为 u，因为 $\ln x$，$\arcsin x$，$\arctan x$ 等函数的微分是代数函数，而代数函数的积分较容易求.

例 6　求 $\int \mathrm{e}^x\cos x\mathrm{d}x$.

解　令 $u = \mathrm{e}^x$，$\cos x\mathrm{d}x = \mathrm{d}(\sin x) = \mathrm{d}v$，则

$$\int \mathrm{e}^x\cos x\mathrm{d}x = \mathrm{e}^x\sin x - \int \sin x\mathrm{d}(\mathrm{e}^x) = \mathrm{e}^x\sin x - \int \mathrm{e}^x\sin x\mathrm{d}x$$

$$= \mathrm{e}^x\sin x - \int \mathrm{e}^x\mathrm{d}(-\cos x) = \mathrm{e}^x(\sin x + \cos x) - \int \mathrm{e}^x\cos x\mathrm{d}x,$$

移项得 $2\displaystyle\int \mathrm{e}^x\cos x\mathrm{d}x = \mathrm{e}^x(\sin x + \cos x) + C_1$，

故
$$\int e^x \cos x \, dx = \frac{1}{2} e^x (\sin x + \cos x) + C, \text{其中 } C = \frac{C_1}{2}.$$

例 7（商品销售）　某商品的边际成本是 $C'(x) = 20 + e^{-x} \sin \pi x$，其中 x 是商品件数．试求该商品的成本函数？

解　设该商品的成本函数为 $C(x)$，由于 $C'(x) = 20 + e^{-x} \sin \pi x$，所以

$$C(x) = \int C'(x) \, dx = \int (20 + e^{-x} \sin \pi x) \, dx = 20x + \int e^{-x} \sin \pi x \, dx$$

$$= 20x + \int \sin \pi x \, d(-e^{-x}) = 20x + \left[-e^{-x} \sin \pi x - \int (-e^{-x}) \, d(\sin \pi x) \right]$$

$$= 20x - e^{-x} \sin \pi x + \int e^{-x} \pi \cos \pi x \, dx$$

$$= 20x - e^{-x} \sin \pi x + \pi \int \cos \pi x \, d(-e^{-x})$$

$$= 20x - e^{-x} \sin \pi x - \pi \left[e^{-x} \cos \pi x + \int (-e^{-x}) \, d(\cos \pi x) \right]$$

$$= 20x - e^{-x} \sin \pi x - \pi \left(e^{-x} \cos \pi x + \pi \int e^{-x} \sin \pi x \, dx \right)$$

$$= 20x - e^{-x} \sin \pi x - \pi e^{-x} \cos \pi x - \pi^2 \int e^{-x} \sin \pi x \, dx.$$

所以有
$$\int e^{-x} \sin \pi x \, dx = -e^{-x} \sin \pi x - \pi e^{-x} \cos \pi x - \pi^2 \int e^{-x} \sin \pi x \, dx,$$

$$\int e^{-x} \sin \pi x \, dx = -\frac{e^{-x} (\sin \pi x + \pi \cos \pi x)}{1 + \pi^2} + C.$$

从而成本函数为：$C(x) = 20x - \dfrac{e^{-x} (\sin \pi x + \pi \cos \pi x)}{1 + \pi^2} + C.$

习　题　3-3

1. 求下列不定积分：

(1) $\int x \cos x \, dx$；
(2) $\int \ln x \, dx$；

(3) $\int x \arctan x \, dx$；
(4) $\int e^x \sin x \, dx$；

(5) $\int e^{\sqrt[3]{x}} \, dx$；
(6) $\int \sec^3 x \, dx$.

2. (1) 设 $f(x)$ 的一个原函数为 $x e^{-x}$，求 $\int f(x) \, dx$；

(2) 设 $f(x)$ 的一个原函数为 $x e^{-x}$，求 $\int x f'(x) \, dx$；

(3) 设 $f(x)$ 的一个原函数为 $x e^{-x}$，求 $\int x f(x) \, dx$.

第四节　几种特殊类型函数的积分

前面已经介绍了求不定积分的两个基本方法——换元积分法和分部积分法．下面简要地

介绍有理函数的积分及可化为有理函数的积分.

一、有理函数的积分

两个多项式的商称为**有理函数**，又称**有理分式**. 我们总假定分子多项式 $P(x)$ 与分母多项式 $Q(x)$ 之间是没有公因子的. 当分子多项式 $P(x)$ 的次数小于分母多项式 $Q(x)$ 的次数时，称有理函数 $\dfrac{P(x)}{Q(x)}$ 为**真分式**，否则称为**假分式**.

利用多项式的除法，总可以将一个假分式化为一个多项式与一个真分式之和的形式，例如：

$$\frac{2x^4 + x^2 + 3}{x^2 + 1} = 2x^2 - 1 + \frac{4}{x^2 + 1}$$

对于真分式 $\dfrac{P(x)}{Q(x)}$，如果分母可分解为两个多项式的乘积

$$Q(x) = Q_1(x)Q_2(x)，$$

且 $Q_1(x)$ 与 $Q_2(x)$ 没有公因式，那么它可分拆成两个真分式之和

$$\frac{P(x)}{Q(x)} = \frac{P_1(x)}{Q_1(x)} + \frac{P_2(x)}{Q_2(x)}，$$

上述步骤称为把真分式化成部分分式之和，如果 $Q_1(x)$ 或 $Q_2(x)$ 还能再分解成两个没有公因子的多项式的乘积，那么就可再分拆成更简单的部分分式. 最后，有理函数分解式中只出现多项式、$\dfrac{P_1(x)}{(x-a)^k}$、$\dfrac{P_2(x)}{(x^2+px+q)^l}$ 等三类函数（这里 $p^2 - 4q < 0$，$P_1(x)$ 为小于 k 次的多项式，$P_2(x)$ 为小于 $2l$ 次的多项式）.

例 1　求 $\displaystyle\int \frac{x+1}{x^2 - 5x + 6}\mathrm{d}x$.

解　被积函数的分母分解成 $(x-3)(x-2)$，故可设

$$\frac{x+1}{x^2 - 5x + 6} = \frac{A}{x-3} + \frac{B}{x-2}，$$

其中 A, B 为待定系数. 上式两端去分母后，得 $x+1 = A(x-2) + B(x-3)$，
即　　　　　　　　　$x+1 = (A+B)x - 2A - 3B$.
比较上式两端同次幂的系数，即有 $A + B = 1$，$2A + 3B = -1$.
从而解得 $A = 4$，$B = -3$.
于是　　$\displaystyle\int \frac{x+1}{x^2 - 5x + 6}\mathrm{d}x = \int \left(\frac{4}{x-3} - \frac{3}{x-2}\right)\mathrm{d}x = 4\ln|x-3| - 3\ln|x-2| + C$.

例 2　求 $\displaystyle\int \frac{x+2}{(2x+1)(x^2+x+1)}\mathrm{d}x$.

解　设 $\dfrac{x+2}{(2x+1)(x^2+x+1)} = \dfrac{A}{2x+1} + \dfrac{Bx+C}{x^2+x+1}$，

则　　　　　　　$x+2 = A(x^2+x+1) + (Bx+C)(2x+1)$
即　　　　　　　$x+2 = (A+2B)x^2 + (A+B+2C)x + A + C$
有

$$\begin{cases} A + 2B = 0 \\ A + B + 2C = 1 \\ A + C = 2 \end{cases} \qquad 解得 \qquad \begin{cases} A = 2 \\ B = -1 \\ C = 0 \end{cases}$$

于是
$$\int \frac{x+2}{(2x+1)(x^2+x+1)}dx = \int \left(\frac{2}{2x+1} - \frac{x}{x^2+x+1}\right)dx$$
$$= \ln|2x+1| - \frac{1}{2}\int \frac{d(x^2+x+1)}{x^2+x+1} + \frac{1}{2}\int \frac{dx}{\left(x+\frac{1}{2}\right)^2 + \frac{3}{4}}$$
$$= \ln|2x+1| - \frac{1}{2}\ln(x^2+x+1) + \frac{1}{\sqrt{3}}\arctan\frac{2x+1}{\sqrt{3}} + C.$$

例 3　求 $\int \frac{x-3}{(x-1)(x^2-1)}dx$.

解　被积函数分母的两个因子 $x-1$ 与 x^2-1 有公因子,故需再分解成 $(x-1)^2(x+1)$. 设
$$\frac{x-3}{(x-1)^2(x+1)} = \frac{Ax+B}{(x-1)^2} + \frac{C}{x+1},$$

则
$$x-3 = (Ax+B)(x+1) + C(x-1)^2$$

则
$$x-3 = (A+C)x^2 + (A+B-2C)x + B+C$$

有
$$\begin{cases} A+C=0 \\ A+B-2C=1 \\ B+C=-3 \end{cases} \quad \text{解得} \begin{cases} A=1 \\ B=-2 \\ C=-1 \end{cases}$$

于是
$$\int \frac{x-3}{(x-1)(x^2-1)}dx = \int \frac{x-3}{(x-1)^2(x+1)}dx = \int \left[\frac{x-2}{(x-1)^2} - \frac{1}{x+1}\right]dx$$
$$= \int \frac{x-1-1}{(x-1)^2}dx - \ln|x+1|$$
$$= \ln|x-1| + \frac{1}{x-1} - \ln|x+1| + C.$$

二、可化为有理函数的积分举例

例 4　求 $\int \frac{1+\sin x}{\sin x(1+\cos x)}dx$.

解　由三角函数知道, $\sin x, \cos x$ 都可用 $\tan \frac{x}{2}$ 的有理式表示, 即

$$\sin x = 2\sin\frac{x}{2}\cos\frac{x}{2} = \frac{2\tan\frac{x}{2}}{\sec^2\frac{x}{2}} = \frac{2\tan\frac{x}{2}}{1+\tan^2\frac{x}{2}}, \cos x = \cos^2\frac{x}{2} - \sin^2\frac{x}{2} = \frac{1-\tan^2\frac{x}{2}}{1+\tan^2\frac{x}{2}}$$

如果作变换 $u = \tan\frac{x}{2}(-\pi < x < \pi)$, 那么

$$\sin x = \frac{2u}{1+u^2}, \cos x = \frac{1-u^2}{1+u^2}$$

而 $x = 2\arctan u$, 从而 $dx = \frac{2}{1+u^2}du$, 于是

$$\int \frac{1+\sin x}{\sin x(1+\cos x)}dx = \int \frac{\left(1+\frac{2u}{1+u^2}\right)\frac{2du}{1+u^2}}{\frac{2u}{1+u^2}\left(1+\frac{1-u^2}{1+u^2}\right)}$$

$$= \frac{1}{2}\int (u+2+\frac{1}{u})du$$

$$= \frac{1}{2}\left(\frac{u^2}{2}+2u+\ln|u|\right)+C$$

$$= \frac{1}{4}\tan^2\frac{x}{2}+\tan\frac{x}{2}+\frac{1}{2}\ln\left|\tan\frac{x}{2}\right|+C.$$

本例所用变量代换 $u=\tan\frac{x}{2}$ 对三角函数有理式的积分都可以应用.

例5　求 $\int \frac{\sqrt{x-1}}{x}dx$.

解　为了去掉根号，可以设 $\sqrt{x-1}=u$，于是 $x=u^2+1, dx=2udu$，从而所求积分为

$$\int \frac{\sqrt{x-1}}{x}dx = \int \frac{u}{u^2+1}2udu = 2\int \frac{u^2}{u^2+1}du$$

$$= 2\int \left(1-\frac{1}{u^2+1}\right)du = 2(u-\arctan u)+C$$

$$= 2(\sqrt{x-1}-\arctan\sqrt{x-1})+C.$$

例6　求 $\int \frac{dx}{1+\sqrt[3]{x+2}}$.

解　为了去掉根号，可以设 $\sqrt[3]{x+2}=u$ 于是 $x=u^3-2, dx=3u^2du$，从而所求积分为

$$\int \frac{dx}{1+\sqrt[3]{x+2}} = \int \frac{3u^2}{1+u}du$$

$$= 3\int (u-1+\frac{1}{1+u})du = 3\left(\frac{u^2}{2}-u+\ln|1+u|\right)+C$$

$$= \frac{3}{2}\sqrt[3]{(x+2)^2}-3\sqrt[3]{x+2}+3\ln|1+\sqrt[3]{x+2}|+C.$$

例7　求 $\int \frac{dx}{(1+\sqrt[3]{x})\sqrt{x}}$.

解　被积函数中出现了两个根式 $\sqrt{x}$ 及 $\sqrt[3]{x}$，为了能同时消去这两个根式，可令 $x=t^6$，于是 $dx=6t^5dt$，从而所求积分为

$$\int \frac{dx}{(1+\sqrt[3]{x})\sqrt{x}} = \int \frac{6t^5}{(1+t^2)t^3}dt = 6\int \frac{t^2}{1+t^2}dt$$

$$= 6\int \left(1-\frac{1}{1+t^2}\right)dt = 6(t-\arctan t)+C$$

$$= 6(\sqrt[6]{x}-\arctan\sqrt[6]{x})+C.$$

例8　求 $\int \frac{1}{x}\sqrt{\frac{1+x}{x}}dx$.

解　为了去掉根号，可以设 $\sqrt{\frac{1+x}{x}}=t$，于是 $\frac{1+x}{x}=t^2$，$x=\frac{1}{t^2-1}$，$dx=-\frac{2tdt}{(t^2-1)^2}$ 从而所求积分为

$$\int \frac{1}{x}\sqrt{\frac{1+x}{x}}dx = \int (t^2-1)t\cdot\frac{-2t}{(t^2-1)^2}dt = -2\int \frac{t^2}{t^2-1}dt$$

$$=-2\int\Big(1+\frac{1}{t^2-1}\Big)\mathrm{d}t=-2t-\ln\Big|\frac{t-1}{t+1}\Big|+C$$

$$=-2t+2\ln(t+1)-\ln|t^2-1|+C$$

$$=-2\sqrt{\frac{1+x}{x}}+2\ln\Big(\sqrt{\frac{1+x}{x}}+1\Big)+\ln|x|+C.$$

以上四个例子表明，如果被积函数中含有简单根式 $\sqrt[n]{ax+b}$ 或 $\sqrt[n]{\frac{ax+b}{cx+d}}$，可以令这个简单根式为 u. 由于这样的变换具有反函数，且反函数是 u 的有理函数，因此原积分即可化为有理函数的积分.

习 题 3-4

计算下列 1～24 题的不定积分：

1. $\displaystyle\int\frac{x^3}{x+3}\mathrm{d}x$；

2. $\displaystyle\int\frac{2x+3}{x^2+3x-10}\mathrm{d}x$；

3. $\displaystyle\int\frac{x+1}{x^2-2x+5}\mathrm{d}x$；

4. $\displaystyle\int\frac{\mathrm{d}x}{x(x^2+1)}$；

5. $\displaystyle\int\frac{3}{x^3+1}\mathrm{d}x$；

6. $\displaystyle\int\frac{x^2+1}{(x+1)^2(x-1)}\mathrm{d}x$；

7. $\displaystyle\int\frac{x\mathrm{d}x}{(x+1)(x+2)(x+3)}$；

8. $\displaystyle\int\frac{x^5+x^4-8}{x^3-x}\mathrm{d}x$；

9. $\displaystyle\int\frac{\mathrm{d}x}{x^2+x+1}$；

10. $\displaystyle\int\frac{1}{x^4-1}\mathrm{d}x$；

11. $\displaystyle\int\frac{\mathrm{d}x}{(x^2+1)(x^2+x+1)}$；

12. $\displaystyle\int\frac{(x+1)^2}{(x^2+1)^2}\mathrm{d}x$；

13. $\displaystyle\int\frac{-x^2-2}{(x^2+x+1)^2}\mathrm{d}x$；

14. $\displaystyle\int\frac{\mathrm{d}x}{3+\sin^2x}$；

15. $\displaystyle\int\frac{\mathrm{d}x}{3+\cos x}$；

16. $\displaystyle\int\frac{\mathrm{d}x}{2+\sin x}$；

17. $\displaystyle\int\frac{\mathrm{d}x}{1+\sin x+\cos x}$；

18. $\displaystyle\int\frac{\mathrm{d}x}{2\sin x-\cos x+5}$；

19. $\displaystyle\int\frac{\mathrm{d}x}{1+\sqrt[3]{x+1}}$；

20. $\displaystyle\int\frac{(\sqrt{x})^3-1}{\sqrt{x}+1}\mathrm{d}x$；

21. $\displaystyle\int\frac{\sqrt{x+1}-1}{\sqrt{x+1}+1}\mathrm{d}x$；

22. $\displaystyle\int\frac{\mathrm{d}x}{\sqrt{x}+\sqrt[4]{x}}$；

23. $\displaystyle\int\sqrt{\frac{1-x}{1+x}}\mathrm{d}x$；

24. $\displaystyle\int\frac{\mathrm{d}x}{\sqrt[3]{(x+1)^2(x-1)^4}}$.

25. 一物体由静止开始作直线运动，经 t（s）后的速度为 $3t^2$（m/s），问：经 3 s 后物体离开出发点的距离是多少？

26. 设物体以速度 $v=2\cos t$ 作直线运动，开始时质点的位移是 s_0，求质点的运动方程.

27. 一曲线通过点（$e^2,3$），且在任意点的切线的斜率等于该点横坐标的倒数，求该曲线的方程.

28. 某产品的边际收益函数与边际成本函数分别是：$R'(Q)=18$（万元/t）、$C'(Q)=3Q^2-18Q+33$（万元/t），其中，Q 为产量（单位：t），$0\leqslant Q\leqslant10$，且固定成本为 10 万元，求：当产量 Q 为多少时，利润最大？

第五节　定积分的概念与性质

一、定积分问题举例

1. 曲边梯形的面积

（1）**定义 1**　设连续函数 $y = f(x)$ 定义在区间 $[a,b]$ 上．由曲线 $y = f(x)$ 及三条直线 $x = a$，$x = b$，$y = 0$（即 x 轴）所围成的图形（见图 3-2）叫做**曲边梯形**．

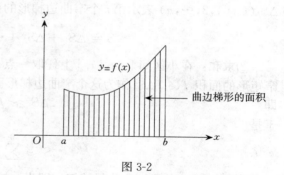

图 3-2

在两种特殊的情况下，曲边梯形成为梯形和矩形，一种是 $y = f(x)$ 的图像是直线并且和 x 轴不平行，一种是 $y = f(x)$ 的图像是直线并且和 x 轴平行．

通常情况下，曲边梯形有三条边是直线，其中两条互相平行，第三条与前两条互相垂直，第四条边是一段曲线弧，它与互相平行的邻边直线至多只交于一点（图 3-2）．

对于图 3-3 第一图形，三边为直线，其中有两边相互平行且与第三边（底边）垂直，第四边是一条曲线，它与垂直于底边的直线各有一个交点，这样的图形就是曲边梯形．特殊情况下会有：相互平行的直线中一条或者两条缩成一点，如图 3-3 后两个图形所示．

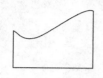 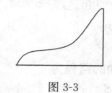 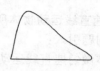

图 3-3

（2）**问题**：假设 $f(x) \geqslant 0$，求定义 1 中曲边梯形的面积 S（如图 3-2）．

虽然曲边梯形类似梯形，但它的面积不能用梯形的面积公式进行计算．现在我们试图把曲边梯形和矩形联系起来．

分析：矩形面积＝底×高

如果 $f(x) \equiv C$，（C 为常数），并且 $C > 0$，在这种特殊情况下，曲边梯形成为矩形，它的高为 C，面积很好计算．

在一般情况下，曲边梯形的顶部是一条曲线，其到 x 轴的距离（也就是所谓的"高"）是随着 $f(x)$ 取值而变动的，它的面积不能直接用矩形面积公式来计算．但是，当我们用一组垂直于 x 轴的直线把整个曲边梯形分割成许多窄曲边梯形后（如图 3-2），对于每一个小的曲边梯形来说，由于底边很短，$f(x)$ 又是连续变化的，因而 $f(x)$ 的取值变化不大，也即高度变化不大，此时可以用这个小区间上任意某点的函数值近似代替这个小曲边梯形的高，从而得到这个窄曲边梯形面积的近似值．显然，分割得越细，这种近似程度就越好．当分割无限细密时，所有窄矩形面积之和的极限值就是曲边梯形面积的精确值．

（3）曲边梯形（假设 $f(x) \geqslant 0$）面积的计算步骤：

①**分割**：用 $n + 1$ 个分点

$$a = x_0 < x_1 < \cdots < x_n = b$$

把区间 $[a,b]$ 任意分割成 n 个小区间

$$[x_0, x_1], [x_1, x_2], \cdots, [x_{n-1}, x_n]$$

并从各分点作 x 轴的垂线，这样就把曲边梯形分割成一些窄的曲边梯形，以

$\Delta S_i(i=1,2,\cdots,n)$ 表示第 i 个窄曲边梯形的面积，那么

$$S = \Delta S_1 + \Delta S_2 + \cdots + \Delta S_n = \sum_{i=1}^{n} \Delta S_i$$

②**求和**：在小区间 $[x_{i-1},x_i]$ 上任取一点 ξ_i，把以 $f(\xi_i)$ 为高，$\Delta x_i = x_i - x_{i-1}$ 为底长的窄矩形的面积 $f(\xi_i)\Delta x_i$ 作为这个窄曲边梯形面积 ΔS_i 的近似值

即 $$\Delta S_i \approx f(\xi_i)\Delta x_i$$

于是

$$S \approx \sum_{i=1}^{n} f(\xi_i)\Delta x_i$$

③**取极限**：当 $[a,b]$ 分得越细，即当 n 越来越大且每个区间的长度 Δx_i 越来越小时，窄矩形的面积就会越来越接近于窄曲边梯形的面积．引进记号

$$\lambda = \max\{\Delta x_1, \Delta x_2, \cdots, \Delta x_n\}$$

当 n 无限增大时，为了保证所有小区间的长度都无限变小，我们让 $\lambda \to 0$，此时便得 S 的精确值

$$S = \lim_{\lambda \to 0} \sum_{i=1}^{n} f(\xi_i)\Delta x_i$$

2. 变速直线运动物体所经过的路程

（1）问题引入：

当物体做匀速直线运动时，其运动的路程为

$$S = 速度 \times 时间$$

现设物体作变速直线运动，即运动速度 v 随时间 t 变化，运动速度 v 是时间 t 的函数：$v = f(t)$，求物体在时间 t 的变化区间 $[a,b]$ 内运动的路程 S．

（2）计算步骤：

①**分割**：用分点

$$a = t_0 < t_1 < \cdots < t_n = b$$

将区间 $[a,b]$ 分成 n 个小区间

$$[t_0,t_1]，[t_1,t_2]，\cdots，[t_{i-1},t_i]，\cdots，[t_{n-1},t_n]$$

记 $\Delta t_i = t_i - t_{i-1}$，以 ΔS_i 表示物体在 $[t_{i-1},t_i]$ 这段时间内所经过的路程，那么

$$S = \Delta S_1 + \Delta S_2 + \cdots + \Delta S_n = \sum_{i=1}^{n} \Delta S_i$$

②**求和**：由于速度 $f(t)$ 的变化是连续的，因此可在小区间 $[t_{i-1},t_i]$ 中任取一点 ξ_i，把这一时刻的瞬时速度 $f(\xi_i)$ 作为小区间 $[t_{i-1},t_i]$ 上的平均速度，得到小区间 $[t_{i-1},t_i]$ 上物体运动的路程 ΔS_i 的近似值 $f(\xi_i)\Delta t_i$．

③**取极限**：记 $\lambda = \max\{\Delta t_1, \Delta t_2, \cdots, \Delta t_n\}$

令 $\lambda \to 0$ 时，便得路程 S 的精确值

$$S = \lim_{\lambda \to 0} \sum_{i=1}^{n} f(\xi_i)\Delta t_i$$

类似的问题非常多，比如，单位时间里河流的流量、蒸发植物茎秆水分所做的功，等等．

二、定积分的概念

上述这些例子，虽然实际意义完全不同，但解决问题的方法是一致的，都归为某种特殊

和式的极限形式，抽去 $f(x)$，$f(t)$ 的具体含义，便得定积分的概念．

1. 定义 2　设函数 $f(x)$ 为定义在区间 $[a,b]$ 上的有界函数，用任意分点

$$a = x_0 < x_1 < \cdots < x_n = b$$

将区间 $[a,b]$ 分为 n 个小区间

$$[x_0,x_1]，[x_1,x_2]，\cdots，[x_{i-1},x_i]，\cdots，[x_{n-1},x_n]$$

小区间 $[x_{i-1},x_i]$ 的长度记为　　　　$\Delta x_i = x_i - x_{i-1} \quad (i = 1,2,\cdots,n)$

在 $[x_{i-1},x_i]$ 上任意取一点 ξ_i，算出 $f(\xi_i)$，并作乘积 $f(\xi_i)\Delta x_i$，再取总和 $\sum\limits_{i=1}^{n} f(\xi_i)\Delta x_i$．

记　　　　　　　　　　　　　$\lambda = \max\{\Delta x_1, \Delta x_2, \cdots, \Delta x_n\}$

若极限

$$\lim_{\lambda \to 0} \sum_{i=1}^{n} f(\xi_i)\Delta x_i$$

存在，且极限值与区间 $[a,b]$ 的分法及点 ξ_i 的取法都无关，那么称此极限值为函数 $f(x)$ 在区间 $[a,b]$ 上的**定积分**，记作

$$\int_a^b f(x)\mathrm{d}x$$

即

$$\int_a^b f(x)\mathrm{d}x = \lim_{\lambda \to 0} \sum_{i=1}^{n} f(\xi_i)\Delta x_i$$

其中 $f(x)$ 称为**被积函数**，$f(x)\mathrm{d}x$ 称为**积分表达式**，x 称为**积分变量**，$[a,b]$ 称为**积分区间**，a 称为**积分下限**，b 称为**积分上限**，并且把 $\int_a^b f(x)\mathrm{d}x$ 读作函数 $f(x)$ 在区间 $[a,b]$ 上的定积分．

> **注**　（1）当 $f(x) \geqslant 0$ 时，曲边梯形的面积是曲边 $y = f(x)$ 在区间 $[a,b]$ 上的定积分，即 $S = \int_a^b f(x)\mathrm{d}x$．
>
> （2）物体变速直线运动时所经过的路程是速度 $f(t)$ 在区间 $[a,b]$ 上的定积分，即 $S = \int_a^b f(t)\mathrm{d}t$．

2. 关于定积分的几点说明

（1）如果函数 $f(x)$ 在区间 $[a,b]$ 上连续，则定积分 $\int_a^b f(x)\mathrm{d}x$ 一定存在；如果函数 $f(x)$ 在区间 $[a,b]$ 上有界，且只有有限个间断点，则定积分 $\int_a^b f(x)\mathrm{d}x$ 一定存在．在本章及后面章节中，若不作特别说明，我们总假定被积函数在积分区间上是连续的．

（2）定积分 $\int_a^b f(x)\mathrm{d}x$ 既然是和式的极限，那么它是常量．这个常量只与被积函数 $f(x)$ 和积分区间 $[a,b]$ 有关，而与积分变量用什么字母表示无关，即

$$\int_a^b f(x)\mathrm{d}x = \int_a^b f(t)\mathrm{d}t = \int_a^b f(u)\mathrm{d}u$$

（3）在定积分的定义中是假定 $a < b$．为今后应用方便，作如下的规定：

①当 $a > b$ 时，规定

$$\int_a^b f(x)\mathrm{d}x = -\int_b^a f(x)\mathrm{d}x$$

②当 $a=b$ 时，规定

$$\int_a^b f(x)\mathrm{d}x = 0$$

例 1 利用定积分的定义，计算由 $y=x^2$ 和 $x=0$，$x=1$，$y=0$ 所围成的图形的面积.

解 将 $[0,1]$ 分成 n 个小区间. 为便于计算，将区间 $[0,1]$ 进行 n 等分，于是

$$\Delta x_1 = \Delta x_2 = \cdots = \Delta x_n = \frac{1-0}{n} = \frac{1}{n}.$$

分点 $x_0 = 0$，$x_1 = \frac{1}{n}$，$x_2 = \frac{2}{n}$，$\cdots$，$x_n = 1$.

每个窄曲边梯形的面积 ΔS_i 用矩形面积来近似代替，矩形的底为 $\Delta x_i = \frac{1}{n}$，高为 $f(x_i)$，那么

$$\Delta S_i \approx f(x_i)\Delta x_i = \left(\frac{i}{n}\right)^2 \frac{1}{n} = \frac{i^2}{n^3},$$

$$\sum_{i=1}^n \Delta S_i \approx \sum_{i=1}^n \frac{i^2}{n^3} = \frac{1}{n^3} \cdot \frac{n(n+1)(2n+1)}{6},$$

因此

$$S = \lim_{n\to\infty}\sum_{i=1}^n \Delta S_i = \lim_{n\to\infty}\sum_{i=1}^n \frac{i^2}{n^3} = \lim_{n\to\infty}\frac{1}{n^3} \cdot \frac{n(n+1)(2n+1)}{6} = \frac{1}{3}.$$

三、定积分的几何意义

1. 若 $f(x) \geqslant 0$，则由以上可知 $\int_a^b f(x)\mathrm{d}x$ 表示由曲线 $y=f(x)$，直线 $x=a$，$x=b$，$y=0$ 所围成的曲边梯形的面积 S（见图 3-2），即 $S = \int_a^b f(x)\mathrm{d}x$.

如函数 $y=\sqrt{a^2-x^2}$，当 $x\in(0,a)$ 时，它的图像是第一象限的半径为 a 的圆弧，有 $\int_0^a \sqrt{a^2-x^2}\mathrm{d}x = \frac{1}{4}\pi a^2$；当 $x\in(-a,a)$ 时，它的图像是第一、二象限的半径为 a 的半圆弧，有 $\int_{-a}^a \sqrt{a^2-x^2}\mathrm{d}x = \frac{1}{2}\pi a^2$.

2. 若 $f(x) \leqslant 0$，则 $f(\xi_i) \leqslant 0$ $(i=1,2,\cdots,n)$，因此，和式 $\sum_{i=1}^n f(\xi_i)\Delta x_i$ 的每一项都小于或等于零，从而极限值 $\lim_{\lambda\to0}\sum_{i=1}^n f(\xi_i)\Delta x_i$（即定积分 $\int_a^b f(x)\mathrm{d}x$）也小于或等于零. 此时，$\int_a^b f(x)\mathrm{d}x$ 的值和曲边梯形面积 S 恰好互为相反数，设曲边梯形仍由曲线 $y=f(x)$ 和直线 $x=a$，$x=b$，$y=0$ 所围成（见图 3-4），即 $\int_a^b f(x)\mathrm{d}x = -S$，或 $S = -\int_a^b f(x)\mathrm{d}x$.

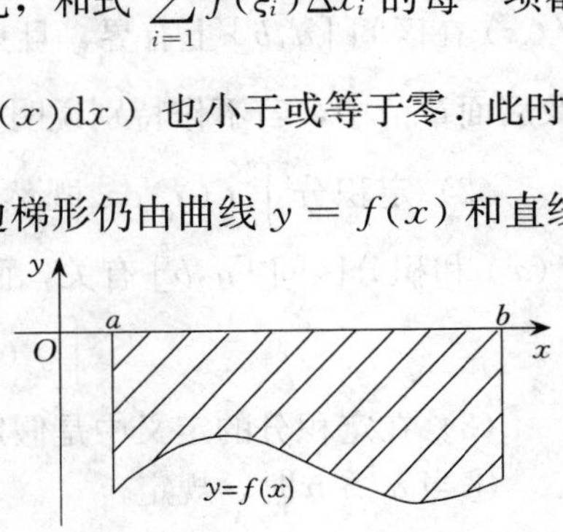

3. 若 $f(x)$ 在区间 $[a,b]$ 上有时为正，有时为负，则曲线有的部分在 x 轴上方，有的部分在 x 轴下方，这

图 3-4

时定积分 $\int_a^b f(x)\mathrm{d}x$ 的值等于在 x 轴上方的所有图形的面积之和减去 x 轴下方的所有图形的面积之和（见图 3-5），即 $\int_a^b f(x)\mathrm{d}x = S_1 - S_2 + S_3 - S_4 + \cdots$．

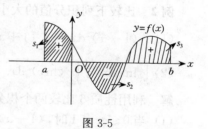

图 3-5

比如对函数 $y = \sin x$，当 $x \in (0,\pi)$，它的图像在 x 轴上方，当 $x \in (\pi,2\pi)$，它的图像在 x 轴下方，有

$$\int_0^{2\pi} \sin x\,\mathrm{d}x = \int_0^\pi \sin x\,\mathrm{d}x + \int_\pi^{2\pi} \sin x\,\mathrm{d}x = 0.$$

四、定积分的性质

假定函数 $f(x)$、$g(x)$ 在所讨论的区间上积分都存在．

性质 1　常数因子可以从积分号里面提到积分号外面．即当 k 为常数时，有

$$\int_a^b kf(x)\mathrm{d}x = k\int_a^b f(x)\mathrm{d}x$$

性质 2　函数代数和的积分等于各函数积分的代数和．即

$$\int_a^b \left[f(x) \pm g(x)\right]\mathrm{d}x = \int_a^b f(x)\mathrm{d}x \pm \int_a^b g(x)\mathrm{d}x$$

性质 3　对于任意的三个常数 a，b，c，有

$$\int_a^b f(x)\mathrm{d}x = \int_a^c f(x)\mathrm{d}x + \int_c^b f(x)\mathrm{d}x$$

规定：当积分上限和下限相等时，有

$$\int_a^a f(x)\mathrm{d}x = 0.$$

性质 4　如果在区间 $[a,b]$ 上，$f(x) \equiv C$，其中 C 为常数，则

$$\int_a^b C\mathrm{d}x = C\int_a^b \mathrm{d}x = C(b-a).$$

性质 5　如果在区间 $[a,b]$ 上，$f(x) \geqslant 0$，则

$$\int_a^b f(x)\mathrm{d}x \geqslant 0 \qquad （注意：这里 a < b）$$

性质 6（比较定理）　如果在区间 $[a,b]$ 上，总有 $f(x) \geqslant g(x)$，则

$$\int_a^b f(x)\mathrm{d}x \geqslant \int_a^b g(x)\mathrm{d}x \qquad （注意：这里 a < b）$$

性质 7（估值定理）　设 M 和 m 分别为 $f(x)$ 在区间 $[a,b]$ 上的最大值和最小值，则

$$m(b-a) \leqslant \int_a^b f(x)\mathrm{d}x \leqslant M(b-a) \qquad （注意：这里 a < b）$$

性质 8（定积分中值定理）　如果函数 $f(x)$ 在闭区间 $[a,b]$ 上连续，则在 $[a,b]$ 上至少存在一点 ξ，使得　　$\int_a^b f(x)\mathrm{d}x = f(\xi)(b-a)$　　$(a \leqslant \xi \leqslant b)$

　　注　此定理的几何意义是：曲边梯形的面积等于矩形的面积，这个矩形的底边长为 $b-a$，高为区间 $[a,b]$ 内某点 ξ 处的函数值的绝对值 $|f(\xi)|$．如图 3-6 所示．

例 2 比较下列积分值的大小：

(1) $\int_0^1 (1+x)^2 \mathrm{d}x$ 与 $\int_0^1 (1+x)^3 \mathrm{d}x$；

(2) $\int_1^2 \ln x \mathrm{d}x$ 与 $\int_1^2 (\ln x)^2 \mathrm{d}x$.

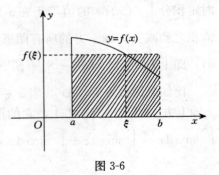

解 利用性质 6 比较两个积分值的大小

(1) 当 $0 \leqslant x \leqslant 1$ 时，$(1+x)^2 \leqslant (1+x)^3$，且只要
$x \neq 0$，$(1+x)^2 < (1+x)^3$，所以

$$\int_0^1 (1+x)^2 \mathrm{d}x < \int_0^1 (1+x)^3 \mathrm{d}x.$$

图 3-6

(2) 当 $1 \leqslant x \leqslant 2$ 时，$0 \leqslant \ln x \leqslant \ln 2 < 1$，故有 $\ln x \geqslant (\ln x)^2$，

且只要 $x \neq 1$，总有 $\ln x > (\ln x)^2$，所以

$$\int_1^2 \ln x \mathrm{d}x > \int_1^2 (\ln x)^2 \mathrm{d}x.$$

例 3 证明 $\dfrac{2}{3} \leqslant \int_0^1 \dfrac{\mathrm{d}x}{\sqrt{2+x-x^2}} \leqslant \dfrac{1}{\sqrt{2}}$.

证明 $2+x-x^2 = \dfrac{9}{4} - \left(x-\dfrac{1}{2}\right)^2$ 在 $[0,1]$ 上最大值为 $\dfrac{9}{4}$，最小值为 2，

所以有 $\dfrac{2}{3} \leqslant \dfrac{1}{\sqrt{2+x-x^2}} \leqslant \dfrac{1}{\sqrt{2}}$，从而有 $\int_0^1 \dfrac{2}{3} \mathrm{d}x \leqslant \int_0^1 \dfrac{1}{\sqrt{2+x-x^2}} \mathrm{d}x \leqslant \int_0^1 \dfrac{1}{\sqrt{2}} \mathrm{d}x$，所以

$$\dfrac{2}{3} \leqslant \int_0^1 \dfrac{\mathrm{d}x}{\sqrt{2+x-x^2}} \leqslant \dfrac{1}{\sqrt{2}}.$$

◆ **阅读资料：定积分的理论基础**

定积分概念的理论基础是极限．人类得到比较明晰的极限概念，花了大约 2 000 年的时间．当极限概念不明确的时期，微积分的理论基础不十分牢靠，有些概念还比较模糊，由此引起了数学界甚至哲学界长达一个半世纪的争论，并引发了"第二次数学危机"．经过 18、19 世纪一大批数学家的努力，特别是极限理论的建立，现在通用极限定义的给出，极限概念才完全确定，微积分才有了坚实的基础，也才有了我们今天在教材中所见到的微积分．

习 题 3-5

1. 按定积分定义证明：$\int_a^b k \mathrm{d}x = k(b-a)$.

2. 通过对积分区间作等分分割，来计算下列定积分：

(1) $\int_0^1 x^3 \mathrm{d}x$ $\left(\text{提示：} \sum_{i=1}^n i^3 = \dfrac{1}{4} n^2 (n+1)^2\right)$； (2) $\int_0^1 e^x \mathrm{d}x$；

(3) $\int_a^b e^x \mathrm{d}x$； (4) $\int_a^b \dfrac{\mathrm{d}x}{x^2}$ $(0 < a < b)$ （提示：取 $\xi_i = \sqrt{x_{i-1}x_i}$）．

3. 设 $I = \int_a^b f(x) \mathrm{d}x$，根据定积分的几何意义可知（ ）．

A. I 是由曲线 $y = f(x)$ 及直线 $x = a$，$x = b$ 与 x 轴所围成的图形的面积，故 $I > 0$

B. 若 $I = 0$，则上述图形面积为 0，故 $f(x) = 0$

C. I 是曲线 $y = f(x)$ 及直线 $x = a$，$x = b$ 与 x 轴之间各部分面积的代数和

D. I 是由曲线 $y = |f(x)|$ 及直线 $x = a$，$x = b$ 与 x 轴所围成的图形的面积

4. 函数 $f(x)$ 在闭区间 $[a, b]$ 上连续是 $f(x)$ 在闭区间 $[a, b]$ 上可积的 （　　）．

    A. 必要条件　　　　　　　　　　　　B. 充分条件

    C. 充分必要条件　　　　　　　　　　D. 既不是充分也不是必要条件

5. 比较下列积分值的大小：

    (1) $\int_0^1 x^2 \mathrm{d}x$ 与 $\int_0^1 x^3 \mathrm{d}x$；　　　　　　(2) $\int_1^2 x^2 \mathrm{d}x$ 与 $\int_1^2 x^3 \mathrm{d}x$；

6. 估计积分值 $\int_1^4 (1 + x^2) \mathrm{d}x$ 的范围．

7. 根据定积分的几何意义，证明下列等式：

    (1) $\int_0^3 x \mathrm{d}x = \dfrac{9}{2}$；　　　　　　　　　(2) $\int_{-\pi}^{\pi} \sin x \mathrm{d}x = 0$；

    (3) $\int_{-2}^2 |x| \mathrm{d}x = \dfrac{5}{2}$；　　　　　　　(4) $\int_{-3}^3 \sqrt{9 - x^2} \mathrm{d}x = \dfrac{9\pi}{2}$．

第六节　定积分与不定积分的关系

在变速直线运动中，已知位置函数 $S(t)$ 与速度函数 $v(t)$ 之间有关系 "$S'(t) = v(t)$"．由定积分定义知，物体在时间间隔 $[T_1, T_2]$ 内经过的路程为 $S = \int_{T_1}^{T_2} v(t) \mathrm{d}t$；另一方面 $S = S(T_2) - S(T_1)$，从而 $\int_{T_1}^{T_2} v(t) \mathrm{d}t = S(T_2) - S(T_1)$．这里 $S(t)$ 是 $v(t)$ 的原函数，这种积分与原函数的关系在一定条件下具有普遍性．这就是本节要介绍的定积分与不定积分的关系问题．

一、积分上限的函数及其导数

引入　设 $f(t)$ 在 $[a, b]$ 上连续，则 $\int_a^b f(t) \mathrm{d}t$ 存在，且定积分 $\int_a^b f(t) \mathrm{d}t$ 的值与下限 a 和上限 b 都有关系．若让上限取 $[a, b]$ 内的值 x，得 $\int_a^x f(t) \mathrm{d}t$，此定积分的值与 x 有关．显然，当 x 在 $[a, b]$ 内变动时，定积分 $\int_a^x f(t) \mathrm{d}t$ 的值也随之变动．对于每一个 x 值，积分 $\int_a^x f(t) \mathrm{d}t$ 都有一个确定的值与 x 对应，因此 $\int_a^x f(t) \mathrm{d}t$ 成为 x 的一个函数．

定义　如果函数 $f(x)$ 在区间 $[a, b]$ 上连续，则 $\int_a^x f(t) \mathrm{d}t$ 是上限 x 的函数，记为

$$\Phi(x) = \int_a^x f(t) \mathrm{d}t \qquad (a \leqslant x \leqslant b)$$

称此函数 $\Phi(x)$ 为积分上限的函数．

定理 1　如果函数 $f(x)$ 在 $[a, b]$ 上连续，那么积分上限的函数

$$\Phi(x) = \int_a^x f(t) \mathrm{d}t \qquad (a \leqslant x \leqslant b)$$

在 $[a,b]$ 上具有导数,并且其导数为

$$\Phi'(x) = \frac{\mathrm{d}}{\mathrm{d}x}\int_a^x f(t)\mathrm{d}t = f(x) \tag{3-6-1}$$

证明 给 x 以改变量 Δx. 因为

$$\Phi(x+\Delta x) = \int_a^{x+\Delta x} f(t)\mathrm{d}t$$

于是

$$\begin{aligned}
\Phi(x+\Delta x) - \Phi(x) &= \int_a^{x+\Delta x} f(t)\mathrm{d}t - \int_a^x f(t)\mathrm{d}t \\
&= \int_a^x f(t)\mathrm{d}t + \int_x^{x+\Delta x} f(t)\mathrm{d}t - \int_a^x f(t)\mathrm{d}t \\
&= \int_x^{x+\Delta x} f(t)\mathrm{d}t
\end{aligned}$$

由定积分的中值定理知,至少存在一点 $\xi \in [x, x+\Delta x]$,使得

$$\int_x^{x+\Delta x} f(t)\mathrm{d}t = f(\xi)\Delta x ,\quad 即 \ \Phi(x+\Delta x) - \Phi(x) = f(\xi)\Delta x$$

故

$$\frac{\Phi(x+\Delta x) - \Phi(x)}{\Delta x} = f(\xi)$$

因为当 $\Delta x \to 0$ 时,有 $\xi \to x$,从而有 $f(\xi) \to f(x)$,得

$$\lim_{\Delta x \to 0} \frac{\Phi(x+\Delta x) - \Phi(x)}{\Delta x} = \lim_{\xi \to x} f(\xi) = f(x) ,\quad 即 \ \Phi'(x) = f(x) ,\ 证毕.$$

$\Phi'(x) = \dfrac{\mathrm{d}}{\mathrm{d}x}\displaystyle\int_a^x f(t)\mathrm{d}t = f(x)$ 也可以写成:

$$\Phi'(x) = \frac{\mathrm{d}}{\mathrm{d}x}\int_a^x f(x)\mathrm{d}x = f(x) \tag{3-6-2}$$

由于函数 $\displaystyle\int_a^x f(t)\mathrm{d}t$ 的导数是 $f(x)$,也即 $f(x)$ 的原函数是 $\displaystyle\int_a^x f(t)\mathrm{d}t$.

推论 连续函数的原函数一定存在.

上述结论解决了不定积分中的原函数存在问题(即连续函数的原函数一定存在). 一般地,有 $\dfrac{\mathrm{d}}{\mathrm{d}x}\displaystyle\int_a^{u(x)} f(t)\mathrm{d}t = f[u(x)]u'(x)$.

二、牛顿—莱布尼茨公式

定理 2 设 $f(x)$ 在区间 $[a,b]$ 上连续,$F(x)$ 为 $f(x)$ 的一个原函数,那么

$$\int_a^b f(x)\mathrm{d}x = F(b) - F(a)$$

证明 由于 $F(x)$ 为 $f(x)$ 的一个原函数,又由定理 1 知 $\Phi(x) = \displaystyle\int_a^x f(t)\mathrm{d}t$ 也是 $f(x)$ 的一个原函数,因此这两个原函数在 $[a,b]$ 上只差一个常数 C. 即

$$\int_a^x f(t)\mathrm{d}t - F(x) = C$$

我们来确定常数 C 的值,为此,令 $x = a$,有

$$\int_a^a f(t)\mathrm{d}t - F(a) = C ,\quad 得 \ C = -F(a)$$

因此有
$$\int_a^x f(t)\mathrm{d}t = F(x) - F(a)$$

再令 $x = b$ 代入，即得
$$\int_a^b f(t)\mathrm{d}t = F(b) - F(a)$$

通常把 $F(b) - F(a)$ 记为 $F(x)\big|_a^b$ 或者 $[F(x)]_a^b$，于是

$$\int_a^b f(x)\mathrm{d}x = F(x)\big|_a^b = F(b) - F(a) \tag{3-6-3}$$

此公式叫做**牛顿—莱布尼茨公式**，也称为**微积分基本公式**. 它揭示了定积分与不定积分之间的关系.

例 1　计算 $\int_0^1 x^2 \mathrm{d}x$.

解　由于被积函数 x^2 在 $[0,1]$ 上连续，且 $\dfrac{x^3}{3}$ 是 x^2 的一个原函数，因此根据（3-6-3）公式有
$$\int_0^1 x^2 \mathrm{d}x = \frac{x^3}{3}\bigg|_0^1 = \frac{1}{3} - 0 = \frac{1}{3}.$$

例 2　计算 $\int_{-2}^{-1} \dfrac{1}{x}\mathrm{d}x$.

解　由于被积函数 $\dfrac{1}{x}$ 在区间 $[-2,-1]$ 上连续，且 $\ln(-x)$ 为 $\dfrac{1}{x}$ 的一个原函数，因此
$$\int_{-2}^{-1} \frac{1}{x}\mathrm{d}x = \ln(-x)\bigg|_{-2}^{-1} = \ln 1 - \ln 2 = -\ln 2.$$

例 3　计算 $\int_{-1}^3 |2-x|\mathrm{d}x$.

解　因为 $|2-x| = \begin{cases} 2-x, & x \leqslant 2 \\ x-2, & x > 2 \end{cases}$

由定积分的性质，有
$$\int_{-1}^3 |2-x|\mathrm{d}x = \int_{-1}^2 |2-x|\mathrm{d}x + \int_2^3 |2-x|\mathrm{d}x = \int_{-1}^2 (2-x)\mathrm{d}x + \int_2^3 (x-2)\mathrm{d}x$$
$$= \left(2x - \frac{x^2}{2}\right)\bigg|_{-1}^2 + \left(\frac{x^2}{2} - 2x\right)\bigg|_2^3 = \frac{9}{2} + \frac{1}{2} = 5.$$

例 4　计算 $\int_{-1}^1 \dfrac{1}{1+x^2}\mathrm{d}x$.

解　$\displaystyle\int_{-1}^1 \frac{1}{1+x^2}\mathrm{d}x = \arctan x\bigg|_{-1}^1 = \arctan 1 - \arctan(-1) = \frac{\pi}{4} - \left(-\frac{\pi}{4}\right) = \frac{\pi}{2}.$

例 5（细菌繁殖）　经科学研究知，在 t 时刻细菌总数是以每小时繁殖 2^t 百万个细菌的速率增长，求第一个小时内细菌数的总增长量.

解　设 $F(t)$ 为 t 时刻的细菌总数，细菌总数的增长率为 $F'(t) = 2^t$，所以第一小时内细菌总数的变化为
$$F(t) = F(1) - F(0) = \int_0^1 2^t \mathrm{d}t = \frac{2^t}{\ln 2}\bigg|_0^1 = \frac{1}{\ln 2}\ (\text{百万个})$$

例 6 求 $F(x) = \int_0^x t\cos t^2 \, dt$ 的导数.

解 根据公式（3-6-1），得

$$F'(x) = \left(\int_0^x t\cos t^2 \, dt\right)' = x\cos x^2.$$

例 7 求 $F(x) = \int_0^{x^2} e^t \, dt$ 的导数.

解 因为上限 x^2 是 x 的函数，所以积分 $\int_0^{x^2} e^t \, dt$ 是 x 的复合函数.

令 $u = x^2$，则有 $\int_0^u e^t \, dt = F(u)$. 由复合函数的求导法，得

$$F'_x = F'_u \cdot u'_x = e^u \cdot 2x = 2x e^{x^2}$$

例 8 已知函数 $y = f(x)$ 连续，函数 $u(x), v(x)$ 可导，且 $y = \int_{u(x)}^{v(x)} f(t) \, dt$，求 $\dfrac{dy}{dx}$.

解 结合以上例题有

$$\begin{aligned}
\frac{dy}{dx} &= \left(\int_{u(x)}^0 f(t) \, dt\right)' + \left(\int_0^{v(x)} f(t) \, dt\right)' \\
&= -\left(\int_0^{u(x)} f(t) \, dt\right)' + \left(\int_0^{v(x)} f(t) \, dt\right)' \\
&= -f[u(x)] \cdot u'(x) + f[v(x)] \cdot v'(x) \\
&= f[v(x)] \cdot v'(x) - f[u(x)] \cdot u'(x)
\end{aligned}$$

例 9 计算 $\lim\limits_{x \to 0} \dfrac{\int_1^{\cos x} e^{-t^2} \, dt}{x^2}$.

解 因为 $x \to 0$ 时，$\cos x \to 1$，故本题属 $\dfrac{0}{0}$ 型未定式，可以用洛必达法则来求.

因为

$$\frac{d}{dx} \int_1^{\cos x} e^{-t^2} \, dt = e^{-\cos^2 x} (\cos x)' = -\sin x \, e^{-\cos^2 x},$$

于是

$$\begin{aligned}
\lim_{x \to 0} \frac{\int_1^{\cos x} e^{-t^2} \, dt}{x^2} &= \lim_{x \to 0} \frac{-\sin x \, e^{-\cos^2 x}}{2x} = \lim_{x \to 0} \frac{-\sin x}{2x} e^{-\cos^2 x} \\
&= -\frac{1}{2} e^{-1} = -\frac{1}{2e}.
\end{aligned}$$

◆ **阅读资料：定积分的建立**

定积分的思想在古代数学家的工作中，就已经有了萌芽，比如古希腊时期阿基米德就曾用求和的方法计算过抛物线弓形及其他图形的面积. 我国刘徽提出的割圆术，也是同一思想. 在历史上，积分观念的形成比微分要早. 但是直到牛顿和莱布尼茨的工作出现之前，有关定积分的种种结果还是孤立零散的，比较完整的定积分理论还未能形成，直到牛顿—莱布尼茨公式建立以后，计算问题得以解决，定积分才迅速建立发展起来. 牛顿和莱布尼茨对微积分的创建都作出了巨大的贡献，但两人的方法和途径是不同的. 牛顿是在力学研究的基础上，运用几何方法研究微积分的；莱布尼茨主要是在研究曲线的切线和面积的问题上，运用

分析学方法引进微积分要领的．在对微积分具体内容的研究上，牛顿先有导数概念，后有积分概念；莱布尼茨则先有积分概念，后有导数概念．虽然牛顿和莱布尼茨研究微积分的方法各异，但殊途同归，各自独立地完成了创建微积分的盛业，荣耀应由他们两人共享．

习　题　3-6

1. 计算下列定积分：

(1) $\int_0^1 (2x+3)\mathrm{d}x$；　　(2) $\int_0^1 \dfrac{1-x^2}{1+x^2}\mathrm{d}x$；　　(3) $\int_1^2 \left(x^2+\dfrac{1}{x^4}\right)\mathrm{d}x$；

(4) $\int_0^1 \dfrac{\mathrm{e}^x-\mathrm{e}^{-x}}{2}\mathrm{d}x$；　　(5) $\int_0^{\frac{\pi}{3}} \tan^2 x\,\mathrm{d}x$；　　(6) $\int_4^9 \left(\sqrt{x}+\dfrac{1}{\sqrt{x}}\right)\mathrm{d}x$．

2. 求下列极限：

(1) $\lim\limits_{x\to 0} \dfrac{1}{x}\int_0^x \cos t^2\,\mathrm{d}t$；　　　　(2) $\lim\limits_{x\to 0} \dfrac{\left(\int_0^x \mathrm{e}^{t^2}\,\mathrm{d}t\right)^2}{\int_0^x t\mathrm{e}^{2t^2}\,\mathrm{d}t}$．

3. （**环境污染**）　某工厂每周向河流排放污染物的速率为 $\dfrac{\mathrm{d}x}{\mathrm{d}t}=\dfrac{1}{600}t^{\frac{3}{2}}$，其中 t 为排污时间（单位：周），x 是排放污染物的数量（单位：t）．

（1）求污染物总量的函数表达式；

（2）前 16 周工厂排放的污染物是多少？

第七节　定积分的积分法

一、换元积分法

定理　设函数 $f(x)$ 在区间 $[a,b]$ 上连续，如果函数 $x=\varphi(t)$ 满足条件

（1）$\varphi(t)$ 在区间 $[\alpha,\beta]$ 上具有连续导数 $\varphi'(t)$；

（2）当 t 从 α 变到 β 时，$\varphi(t)$ 单调地从 a 变到 b，其中 $\varphi(\alpha)=a$，$\varphi(\beta)=b$，则有定积分的换元积分公式

$$\int_a^b f(x)\mathrm{d}x=\int_\alpha^\beta f[\varphi(t)]\varphi'(t)\mathrm{d}t$$

证明　因为 $f(x)$ 在区间 $[a,b]$ 上连续，所以它在 $[a,b]$ 上一定存在原函数，设为 $F(x)$，由复合函数的求导法则知，$F[\varphi(t)]$ 是函数 $f[\varphi(t)]\varphi'(t)$ 的一个原函数，因而

$$\int_\alpha^\beta f[\varphi(t)]\varphi'(t)\mathrm{d}t=F[\varphi(t)]\Big|_\alpha^\beta=F[\varphi(\beta)]-F[\varphi(\alpha)]=F(b)-F(a)$$

又

$$\int_a^b f(x)\mathrm{d}x=F(b)-F(a)$$

于是

$$\int_a^b f(x)\mathrm{d}x=\int_\alpha^\beta f[\varphi(t)]\varphi'(t)\mathrm{d}t$$

定积分的换元积分公式其实质就是强调换元时要相应换积分的上下限．

例 1 求 $\displaystyle\int_0^4 \frac{\mathrm{d}x}{1+\sqrt{x}}$.

解 分析：为了去掉被积函数中的根号，作变换 $\sqrt{x}=t$，即 $x=t^2$（它在 $t>0$ 时是单调的），则 $\mathrm{d}x=2t\mathrm{d}t$，且当 $x=0$ 时，$t=0$；当 $x=4$ 时，$t=2$. 于是

$$\int_0^4 \frac{\mathrm{d}x}{1+\sqrt{x}} = \int_0^2 \frac{2t}{1+t}\mathrm{d}t = 2\int_0^2 \left(1-\frac{1}{1+t}\right)\mathrm{d}t$$

$$= 2\big[t-\ln(1+t)\big]_0^2 = 2(2-\ln 3).$$

例 2 求 $\displaystyle\int_0^a \sqrt{a^2-x^2}\,\mathrm{d}x$ （$a>0$）.

解 设 $x=a\sin t$ $\left(0\leqslant t\leqslant \dfrac{\pi}{2}\right)$，则 $\mathrm{d}x=a\cos t\mathrm{d}t$，$\sqrt{a^2-x^2}=a\cos t$，且当 $x=0$ 时，$t=0$；当 $x=a$ 时，$t=\dfrac{\pi}{2}$，

$$\int_0^a \sqrt{a^2-x^2}\,\mathrm{d}x = a^2 \int_0^{\frac{\pi}{2}} \cos^2 t\mathrm{d}t = \frac{a^2}{2}\int_0^{\frac{\pi}{2}}(1+\cos 2t)\mathrm{d}t$$

$$= \frac{a^2}{2}\left[t+\frac{\sin 2t}{2}\right]_0^{\frac{\pi}{2}} = \frac{a^2}{2}\left[\left(\frac{\pi}{2}+0\right)-(0+0)\right] = \frac{1}{4}\pi a^2.$$

例 3 计算 $\displaystyle\int_0^{\frac{\pi}{2}} \cos^3 x\sin x\mathrm{d}x$.

解 $\displaystyle\int_0^{\frac{\pi}{2}} \cos^3 x\sin x\mathrm{d}x = -\int_0^{\frac{\pi}{2}} \cos^3 x\mathrm{d}(\cos x) = -\int_1^0 u^3\mathrm{d}u = \left[-\frac{1}{4}u^4\right]_1^0 = \frac{1}{4}$.

例 4 求 $\displaystyle\int_0^\pi \sqrt{\sin^3 x-\sin^5 x}\,\mathrm{d}x$.

解 被积函数 $\sqrt{\sin^3 x-\sin^5 x}=\sqrt{\sin^3 x\cos^2 x}=\sin^{\frac{3}{2}}x\,|\cos x|$，在 $\left[0,\dfrac{\pi}{2}\right]$ 上 $|\cos x|=\cos x$，而在 $\left[\dfrac{\pi}{2},\pi\right]$ 上 $|\cos x|=-\cos x$.

$$\int_0^\pi \sqrt{\sin^3 x-\sin^5 x}\,\mathrm{d}x = \int_0^{\frac{\pi}{2}} \sin^{\frac{3}{2}}x\cos x\mathrm{d}x + \int_{\frac{\pi}{2}}^\pi \sin^{\frac{3}{2}}x(-\cos x)\mathrm{d}x$$

$$= \frac{2}{5}\sin^{\frac{5}{2}}x\,\Big|_0^{\frac{\pi}{2}} - \frac{2}{5}\sin^{\frac{5}{2}}x\,\Big|_{\frac{\pi}{2}}^\pi = \frac{2}{5}-\left(-\frac{2}{5}\right) = \frac{4}{5}.$$

例 5 设 $f(x)$ 在区间 $[-a,a]$ 上连续，试证：

(1) 若 $f(x)$ 为偶函数，则 $\displaystyle\int_{-a}^a f(x)\mathrm{d}x = 2\int_0^a f(x)\mathrm{d}x$；

(2) 若 $f(x)$ 为奇函数，则 $\displaystyle\int_{-a}^a f(x)\mathrm{d}x = 0$.

证明 $\displaystyle\int_{-a}^a f(x)\mathrm{d}x = \int_{-a}^0 f(x)\mathrm{d}x + \int_0^a f(x)\mathrm{d}x$

对定积分 $\displaystyle\int_{-a}^0 f(x)\mathrm{d}x$ 作变换 $x=-t$，则 $\mathrm{d}x=-\mathrm{d}t$，且当 $x=-a$ 时，$t=a$，当 $x=0$ 时，$t=0$，于是

$$\int_{-a}^0 f(x)\mathrm{d}x = \int_{+a}^0 f(-t)(-1)\mathrm{d}t = \int_0^a f(-t)\mathrm{d}t = \int_0^a f(-x)\mathrm{d}x$$

从而

$$\int_{-a}^{a} f(x)\mathrm{d}x = \int_{0}^{a} f(-x)\mathrm{d}x + \int_{0}^{a} f(x)\mathrm{d}x = \int_{0}^{a} [f(-x)+f(x)]\mathrm{d}x,$$

（1）若 $f(x)$ 为偶函数，有 $f(-x)=f(x)$，则

$$\int_{-a}^{a} f(x)\mathrm{d}x = \int_{0}^{a} 2f(x)\mathrm{d}x = 2\int_{0}^{a} f(x)\mathrm{d}x.$$

（2）若 $f(x)$ 为奇函数，有 $f(-x)=-f(x)$，则

$$\int_{-a}^{a} f(x)\mathrm{d}x = \int_{0}^{a} [f(-x)+f(x)]\mathrm{d}x = \int_{0}^{a} [-f(x)+f(x)]\mathrm{d}x = 0.$$

例 6 设 $f(x)$ 是以 T 为周期的周期函数，且可积，证明对任意实数 a，有

$$\int_{a}^{a+T} f(x)\mathrm{d}x = \int_{0}^{T} f(x)\mathrm{d}x.$$

证明 因为对任意实数 a，有 $\int_{a}^{a+T} f(x)\mathrm{d}x = \int_{a}^{0} f(x)\mathrm{d}x + \int_{0}^{T} f(x)\mathrm{d}x + \int_{T}^{a+T} f(x)\mathrm{d}x$

令 $x=t+T$，则当 $x=T$ 时，有 $t=0$，当 $x=a+T$ 时，$t=a$，于是有 $\int_{T}^{a+T} f(x)\mathrm{d}x$

$$= \int_{0}^{a} f(t+T)\mathrm{d}t = \int_{0}^{a} f(t)\mathrm{d}t = \int_{0}^{a} f(x)\mathrm{d}x$$

从而有 $\int_{a}^{a+T} f(x)\mathrm{d}x = \int_{0}^{T} f(x)\mathrm{d}x.$

例 7（植物生长） 大多数植物的生长率是以若干天为周期的连续函数．假定一种谷物以 $f(t)=\sin^2(\pi t)$ 的速率生长，其中 t 的单位是 d．求在前 10d 内谷物生长的量．

解 设 $F(t)$ 为 t 时刻植物生长量，谷物生长的速率为 $F'(t)=f(t)=\sin^2(\pi t)$．所以前 10d 内谷物生长的量为

$$\int_{0}^{10} \sin^2(\pi t)\mathrm{d}t = \int_{0}^{10} \frac{1-\cos 2\pi t}{2}\mathrm{d}t = \frac{1}{2}\left(\int_{0}^{10} \mathrm{d}t - \int_{0}^{10} \cos 2\pi t\,\mathrm{d}t\right)$$

$$= \frac{1}{2}\left[(10-0) - \frac{1}{2\pi}\int_{0}^{10} \cos 2\pi t\,\mathrm{d}(2\pi t)\right]$$

$$= 5 - \frac{1}{4\pi}\sin 2\pi t \Big|_{0}^{10} = 5.$$

二、分部积分法

设函数 $u(x)$ 及 $v(x)$ 在区间 $[a,b]$ 上有连续的导数．用公式

$$\int_{a}^{b} u\,\mathrm{d}v = uv \Big|_{a}^{b} - \int_{a}^{b} v\,\mathrm{d}u$$

计算定积分的方法叫做定积分的**分部积分法**．此公式的实质就是强调对先积分出来的函数 uv 代值．

例 8 求 $\int_{0}^{1} x\mathrm{e}^{-x}\mathrm{d}x.$

解 $\int_{0}^{1} x\mathrm{e}^{-x}\mathrm{d}x = \int_{0}^{1} x\mathrm{d}(-\mathrm{e}^{-x}) = [-x\mathrm{e}^{-x}]_{0}^{1} + \int_{0}^{1} \mathrm{e}^{-x}\mathrm{d}x$

$$= [-x\mathrm{e}^{-x}]_{0}^{1} - \mathrm{e}^{-x} \Big|_{0}^{1} = -\frac{1}{\mathrm{e}} - \frac{1}{\mathrm{e}} + 1 = 1 - \frac{2}{\mathrm{e}}.$$

例 9 求 $\int_0^\pi x\sin x\mathrm{d}x$.

解 $\int_0^\pi x\sin x\mathrm{d}x = \int_0^\pi x\mathrm{d}(-\cos x) = x(-\cos x)\Big|_0^\pi - \int_0^\pi (-\cos x)\mathrm{d}x$

$$= x(-\cos x)\Big|_0^\pi + \sin x\Big|_0^\pi = (\pi - 0) + (0 + 0) = \pi .$$

例 10 求 $\int_{\frac{1}{e}}^{e} |\ln x|\,\mathrm{d}x$.

解 $\int_{\frac{1}{e}}^{e} |\ln x|\,\mathrm{d}x = \int_{\frac{1}{e}}^{1} |\ln x|\,\mathrm{d}x + \int_{1}^{e} |\ln x|\,\mathrm{d}x$

$$= \int_{\frac{1}{e}}^{1} (-\ln x)\mathrm{d}x + \int_{1}^{e} \ln x\mathrm{d}x$$

$$= [-x\ln x]_{\frac{1}{e}}^{1} - \int_{\frac{1}{e}}^{1} x\mathrm{d}(-\ln x) + [x\ln x]_{1}^{e} - \int_{1}^{e} x\mathrm{d}(\ln x)$$

$$= \left(0 - \frac{1}{e}\right) + \int_{\frac{1}{e}}^{1} \mathrm{d}x + (e - 0) - \int_{1}^{e} \mathrm{d}x$$

$$= -\frac{1}{e} + \left(1 - \frac{1}{e}\right) + e - (e - 1) = 2 - \frac{2}{e} .$$

习 题 3-7

1. 计算下列各定积分：

(1) $\int_0^4 \frac{1 - \sqrt{x}}{1 + \sqrt{x}}\mathrm{d}x$ ； (2) $\int_{\frac{1}{e}}^{e} \frac{1}{x} (\ln x)^2 \mathrm{d}x$ ； (3) $\int_0^{\frac{\pi}{2}} e^x \sin x\mathrm{d}x$ ； (4) $\int_e^{e^2} \frac{\mathrm{d}x}{x\ln x}$ ；

(5) $\int_0^2 x e^{\frac{x}{2}}\mathrm{d}x$ ； (6) $\int_{-2}^0 \frac{x+2}{x^2 + 2x + 2}\mathrm{d}x$ ； (7) $\int_e^1 \sin(\ln x)\mathrm{d}x$ ； (8) $\int_0^{\frac{\pi}{2}} \cos^5 x\sin x\mathrm{d}x$.

2. 若 $f(x)$ 连续，证明 $\int_0^{\frac{\pi}{2}} f(\sin x)\mathrm{d}x = \int_0^{\frac{\pi}{2}} f(\cos x)\mathrm{d}x$.

第八节　广义积分

在实际问题中，我们常遇到积分区间为无穷区间，或被积函数为无界函数的积分，前面积分的概念已经不适用，因此，有必要将积分作进一步推广，从而产生了广义积分的概念.

一、无穷区间上的广义积分

定义 1 设函数 $f(x)$ 在无穷区间 $[a, +\infty)$ 上连续，且 $b > a$ ，如果极限

$$\lim_{b \to +\infty} \int_a^b f(x)\mathrm{d}x$$

存在，则称此极限值为**函数 $f(x)$ 在无穷区间 $[a, +\infty)$ 上的广义积分**，记作 $\int_a^{+\infty} f(x)\mathrm{d}x$ ，即

$$\int_a^{+\infty} f(x)\mathrm{d}x = \lim_{b \to +\infty} \int_a^b f(x)\mathrm{d}x$$

并称广义积分 $\displaystyle\int_a^{+\infty} f(x)\mathrm{d}x$ **收敛**；如果上述极限不存在，则表达式 $\displaystyle\int_a^{+\infty} f(x)\mathrm{d}x$ 就没有意义，不是一个数值，通常也称广义积分 $\displaystyle\int_a^{+\infty} f(x)\mathrm{d}x$ **发散**.

类似地，定义函数 $f(x)$ 在区间 $(-\infty,b]$ 上的广义积分为

$$\int_{-\infty}^b f(x)\mathrm{d}x = \lim_{a\to-\infty}\int_a^b f(x)\mathrm{d}x \qquad (a<b)$$

当等号右端的极限存在时，称广义积分**收敛**；否则，称广义积分**发散**.

若函数 $f(x)$ 在区间 $(-\infty,+\infty)$ 上连续，且广义积分 $\displaystyle\int_{-\infty}^0 f(x)\mathrm{d}x$ 和 $\displaystyle\int_0^{+\infty} f(x)\mathrm{d}x$ 都收敛，则称函数 $f(x)$ 在区间 $(-\infty,+\infty)$ 上的广义积分**收敛**且定义为

$$\int_{-\infty}^{+\infty} f(x)\mathrm{d}x = \int_{-\infty}^0 f(x)\mathrm{d}x + \int_0^{+\infty} f(x)\mathrm{d}x$$

否则，称广义积分 $\displaystyle\int_{-\infty}^{+\infty} f(x)\mathrm{d}x$ **发散**.

> **注**　设 $F(x)$ 是函数 $f(x)$ 的一个原函数，且广义积分收敛，为了书写方便，记
>
> $$F(+\infty)=\lim_{x\to+\infty}F(x)\,, \qquad F(-\infty)=\lim_{x\to-\infty}F(x)$$
>
> $$\int_a^{+\infty} f(x)\mathrm{d}x = \big[F(x)\big]_a^{+\infty} = F(+\infty)-F(a)$$
>
> $$\int_{-\infty}^b f(x)\mathrm{d}x = \big[F(x)\big]_{-\infty}^b = F(b)-F(-\infty)$$
>
> $$\int_{-\infty}^{+\infty} f(x)\mathrm{d}x = \big[F(x)\big]_{-\infty}^{+\infty} = F(+\infty)-F(-\infty)$$

例 1　求 $\displaystyle\int_{-\infty}^0 \mathrm{e}^x\mathrm{d}x$.

解　$\displaystyle\int_{-\infty}^0 \mathrm{e}^x\mathrm{d}x = \lim_{a\to-\infty}\int_a^0 \mathrm{e}^x\mathrm{d}x = \lim_{a\to-\infty}\mathrm{e}^x\,\Big|_a^0 = \lim_{a\to-\infty}(1-\mathrm{e}^a)=1$.

例 2　求 $\displaystyle\int_2^{+\infty}\frac{1}{x\ln x}\mathrm{d}x$.

解　$\displaystyle\int_2^{+\infty}\frac{1}{x\ln x}\mathrm{d}x = \lim_{b\to+\infty}\int_2^b\frac{1}{x\ln x}\mathrm{d}x$

$$= \lim_{b\to+\infty}\ln(\ln x)\,\Big|_2^b = \lim_{b\to+\infty}\big[\ln(\ln b)-\ln(\ln 2)\big]=\infty,$$

所以，此广义积分发散.

例 3　求 $\displaystyle\int_{-\infty}^{+\infty}\frac{x}{1+x^2}\mathrm{d}x$.

解　$\displaystyle\int_{-\infty}^{+\infty}\frac{x}{1+x^2}\mathrm{d}x = \int_{-\infty}^0\frac{x}{1+x^2}\mathrm{d}x + \int_0^{+\infty}\frac{x}{1+x^2}\mathrm{d}x$,

由于

$$\int_0^{+\infty}\frac{x}{1+x^2}\mathrm{d}x = \lim_{b\to+\infty}\int_0^b\frac{x}{1+x^2}\mathrm{d}x = \lim_{b\to+\infty}\left[\frac{1}{2}\ln(1+x^2)\right]_0^b$$

$$= \lim_{b\to+\infty}\frac{1}{2}\ln(1+b^2)=\infty$$

因此，广义积分 $\int_0^{+\infty} \dfrac{x}{1+x^2}\mathrm{d}x$ 发散.

从而，广义积分 $\int_{-\infty}^{+\infty} \dfrac{x}{1+x^2}\mathrm{d}x$ 也发散.

例 4　求曲线 $y = \dfrac{1}{x^2}$ 和直线 $x = 1$ 及 x 轴所围成的无界图形的面积 A.

解　任取 $b > 1$，根据题意知所求面积为

$$A = \lim_{b \to +\infty} \int_1^b \frac{1}{x^2}\mathrm{d}x = \lim_{b \to +\infty} \left[-\frac{1}{x} \right]_1^b = 1.$$

二、被积函数有无穷间断点的广义积分

定义 2　设函数 $f(x)$ 在区间 $(a,b]$ 上连续，且 $\lim\limits_{x \to a^+} f(x) = \infty$. 如果极限

$$\lim_{\varepsilon \to a^+} \int_\varepsilon^b f(x)\mathrm{d}x$$

存在，那么此极限值叫做函数 $f(x)$ **在 $(a,b]$ 上的广义积分**，记为 $\int_a^b f(x)\mathrm{d}x$. 即

$$\int_a^b f(x)\mathrm{d}x = \lim_{\varepsilon \to a^+} \int_\varepsilon^b f(x)\mathrm{d}x$$

并称广义积分 $\int_a^b f(x)\mathrm{d}x$ **收敛**.

如果上述极限不存在，则称广义积分 $\int_a^b f(x)\mathrm{d}x$ **发散**.

类似地，如果 $f(x)$ 在 $[a,b)$ 上连续，且 $\lim\limits_{x \to b^-} f(x) = \infty$，则 $f(x)$ 在 $[a,b)$ 上的广义积分定义为

$$\int_a^b f(x)\mathrm{d}x = \lim_{\varepsilon \to b^-} \int_a^\varepsilon f(x)\mathrm{d}x$$

当等号右端的极限存在时，称广义积分**收敛**；否则称广义积分**发散**.

如果 $f(x)$ 在 $[a,b]$ 上除 c $(a < c < b)$ 外连续，而 $\lim\limits_{x \to c} f(x) = \infty$，则 $f(x)$ 在 $[a,b]$ 上的广义积分写为

$$\int_a^b f(x)\mathrm{d}x = \int_a^c f(x)\mathrm{d}x + \int_c^b f(x)\mathrm{d}x$$

仅当右端的两个积分都收敛时，才称广义积分**收敛**；否则，就称广义积分**发散**.

> **注**　定义中涉及的点 a，b，c 叫做被积函数的**瑕点**（也称为**无穷间断点**或**无界间断点**），故被积函数有无穷间断点的广义积分又称为**瑕积分**.

例 5　求 $\int_0^a \dfrac{1}{\sqrt{a^2 - x^2}}\mathrm{d}x$ $(a > 0)$.

解　$x = a$ 是被积函数 $\dfrac{1}{\sqrt{a^2 - x^2}}$ 的无界间断点，于是

$$\int_0^a \frac{1}{\sqrt{a^2 - x^2}}\mathrm{d}x = \lim_{\varepsilon \to a^-} \int_0^\varepsilon \frac{1}{\sqrt{a^2 - x^2}}\mathrm{d}x = \lim_{\varepsilon \to a^-} \arcsin \frac{x}{a} \Big|_0^\varepsilon$$

$$= \lim_{\varepsilon \to a^-} \arcsin \frac{\varepsilon}{a} = \frac{\pi}{2}.$$

例 6　求 $\int_0^1 \ln x \mathrm{d}x$.

解　$x = 0$ 为 $\ln x$ 的无界间断点，于是

$$\int_0^1 \ln x \mathrm{d}x = \lim_{\varepsilon \to 0^+} \int_\varepsilon^1 \ln x \mathrm{d}x = \lim_{\varepsilon \to 0^+} (x \ln x - x) \Big|_\varepsilon^1$$
$$= \lim_{\varepsilon \to 0^+} (-1 - \varepsilon \ln \varepsilon + \varepsilon) = -1.$$

其中

$$\lim_{\varepsilon \to 0^+} \varepsilon \ln \varepsilon = \lim_{\varepsilon \to 0^+} \frac{\ln \varepsilon}{\frac{1}{\varepsilon}} = \lim_{\varepsilon \to 0^+} \frac{\frac{1}{\varepsilon}}{-\frac{1}{\varepsilon^2}} = \lim_{\varepsilon \to 0^+} (-\varepsilon) = 0.$$

例 7　求 $\int_{-1}^1 \frac{1}{x^2} \mathrm{d}x$.

解　因为 $\lim_{x \to 0} \frac{1}{x^2} = \infty$，所以 $x = 0$ 为被积函数的无穷间断点，于是

$$\int_{-1}^1 \frac{1}{x^2} \mathrm{d}x = \int_{-1}^0 \frac{1}{x^2} \mathrm{d}x + \int_0^1 \frac{1}{x^2} \mathrm{d}x$$

由于

$$\int_0^1 \frac{1}{x^2} \mathrm{d}x = \lim_{\varepsilon \to 0^+} \int_\varepsilon^1 \frac{1}{x^2} \mathrm{d}x = \lim_{\varepsilon \to 0^+} \left[-\frac{1}{x} \right]_\varepsilon^1 = \lim_{\varepsilon \to 0^+} \left(\frac{1}{\varepsilon} - 1 \right) = \infty$$

因此，瑕积分 $\int_0^1 \frac{1}{x^2} \mathrm{d}x$ 发散，从而瑕积分 $\int_{-1}^1 \frac{1}{x^2} \mathrm{d}x$ 发散.

> **注**　在例 7 中，如果疏忽了 $x = 0$ 为被积函数的无穷间断点，而按牛顿—莱布尼茨公式计算，就会得到以下错误的结果：
>
> $$\int_{-1}^1 \frac{1}{x^2} \mathrm{d}x = \left[-\frac{1}{x} \right]_{-1}^1 = -1 - 1 = -2.$$

例 8　求曲线 $y = \frac{1}{\sqrt{x}}$ 与 x 轴，y 轴和直线 $x = 1$ 所围成的无界图形的面积 A.

解　任取 $0 < \varepsilon < 1$，则根据题意知所求面积为：

$$A = \lim_{\varepsilon \to 0^+} \int_\varepsilon^1 \frac{1}{\sqrt{x}} \mathrm{d}x = \lim_{\varepsilon \to 0^+} 2\sqrt{x} \Big|_\varepsilon^1 = 2.$$

三、Γ 函 数

定义 3　在概率论与数理统计、物理学中常会遇到广义积分

$$\int_0^{+\infty} t^{x-1} \mathrm{e}^{-t} \mathrm{d}t$$

可以证明，当 $x > 0$ 时它是收敛的，对每一正数 x，它都有一个确定的值与之对应. 因此，广义积分 $\int_0^{+\infty} t^{x-1} \mathrm{e}^{-t} \mathrm{d}t$ 是 x 的函数，叫做 **Γ** 函数，并记为

$$\Gamma(x) = \int_0^{+\infty} t^{x-1} e^{-t} dt \qquad (x > 0)$$

Γ 函数具有如下的性质:

(1) $\Gamma(1) = 1$.

证明　$\Gamma(1) = \int_0^{+\infty} e^{-t} dt = (-e^{-t})|_0^{+\infty} = 1$.

(2) $\Gamma(x+1) = x\Gamma(x)$.

证明　$\Gamma(x+1) = \int_0^{+\infty} t^x e^{-t} dt = \int_0^{+\infty} t^x d(-e^{-t})$

$$= [-t^x e^{-t}]_0^{+\infty} - \int_0^{+\infty} (-e^{-t}) d(t^x)$$

$$= \int_0^{+\infty} x t^{x-1} e^{-t} dt = x \int_0^{+\infty} t^{x-1} e^{-t} dt = x\Gamma(x).$$

该式为递推公式. 特别地, 当 x 为正整数 n 时, 有

$$\Gamma(n+1) = n\Gamma(n) = n(n-1)\Gamma(n-1) = \cdots = n(n-1)\cdots 2 \cdot 1 \cdot \Gamma(1) = n!$$

由此可见, 当 x 为正整数时, 易求得 $\Gamma(x)$ 的值.

例 9　求广义积分 $\int_0^{+\infty} x^3 e^{-2x} dx$ 的值.

解　令 $t = 2x$, 则 $dx = \dfrac{1}{2} dt$, 且当 $x = 0$ 时, $t = 0$; 当 $x \to +\infty$ 时, $t \to +\infty$. 于是

$$\int_0^{+\infty} x^3 e^{-2x} dx = \int_0^{+\infty} \left(\frac{t}{2}\right)^3 e^{-t} \frac{1}{2} dt = \frac{1}{2^4} \int_0^{+\infty} t^3 e^{-t} dt$$

$$= \frac{1}{2^4} \cdot \Gamma(4) = \frac{1}{2^4} \cdot 3! = \frac{3}{8}.$$

习　题　3-8

1. 判断下列广义积分是否收敛, 若收敛, 求出其值:

(1) $\int_0^{+\infty} \dfrac{1}{1+x^2} dx$; 　　(2) $\int_{-\infty}^0 \dfrac{1}{1+x^2} dx$; 　　(3) $\int_{-\infty}^{+\infty} \dfrac{1}{1+x^2} dx$;

(4) $\int_{-\infty}^0 x e^x dx$; 　　(5) $\int_{-\infty}^{+\infty} \dfrac{1}{x^2+2x+2} dx$; 　　(6) $\int_1^{+\infty} \dfrac{1}{x^4} dx$;

(7) $\int_e^{+\infty} \dfrac{\ln x}{x} dx$; 　　(8) $\int_0^{+\infty} e^{-2x} dx$; 　　(9) $\int_1^2 \dfrac{x}{\sqrt{x-1}} dx$; 　　(10) $\int_0^2 \dfrac{1}{(1-x)^2} dx$.

2. 证明 $\int_0^{+\infty} x^n e^{-x} dx = n!$.

第九节　应用举例

积分的应用非常广泛, 本节主要列举在几何、农业、医药、经济等方面的应用. 首先介绍微元法.

1. 能用定积分计算的量 U, 应满足下列三个条件:

(1) U 与变量 x 的变化区间 $[a, b]$ 有关;

（2）U 对于区间 $[a,b]$ 具有可加性，就是说，当把 $[a,b]$ 分成许多小区间时，U 相应地被分成许多部分量，各部分量之和等于 U；

（3）U 在第 i 个区间上的部分量 ΔU_i 可近似地表示成 $f(\xi_i) \cdot \Delta x_i$，其中 Δx_i 是区间的长度，$f(\xi_i)$ 是区间上某点的函数值．

2. 能用定积分计算的量 U 的表达步骤：

（1）根据问题，选取一个变量 x 为积分变量，并确定它的变化区间 $[a,b]$；

（2）设想将区间 $[a,b]$ 分成若干小区间，设 $[x, x+\mathrm{d}x]$ 是其中任意一个小区间，此区间对应的部分量 ΔU 的近似值为

$$\Delta U \approx f(x)\mathrm{d}x \quad （f(x) \text{ 为 } [a,b] \text{ 上一连续函数}）$$

则称 $f(x)\mathrm{d}x$ 为 U 的元素，且记作 $\mathrm{d}U = f(x)\mathrm{d}x$；

（3）以 U 的元素 $\mathrm{d}U$ 为被积表达式，以 $[a,b]$ 为积分区间，得

$$U = \int_a^b f(x)\mathrm{d}x$$

这种把 U 的元素 $\mathrm{d}U$ 作被积表达式从而利用定积分计算量 U 的方法，叫做**微元法**，有时也把 $\mathrm{d}U$ 称为**微元**，微元法的实质是先分割逼近，找到规律 $\mathrm{d}U = f(x)\mathrm{d}x(a \leqslant x \leqslant b)$，再累计求和 $U = \int_a^b f(x)\mathrm{d}x$．微元法是积分运用中的一种重要分析方法．

一、在几何方面的应用

（一）平面图形的面积

在直角坐标下，设由曲线 $y = f(x)$（其中 $f(x) \geqslant 0$），直线 $x = a$，$x = b$（其中 $a < b$）与 x 轴所围成的曲边梯形面积为 A，则 $A = \int_a^b f(x)\mathrm{d}x$，其中面积元素 $\mathrm{d}A = f(x)\mathrm{d}x$．如图 3-7.

由上、下两条曲线 $y = f(x)$ 与 $y = g(x)$（其中 $f(x) \geqslant g(x)$）及直线 $x = a$，$x = b$（其中 $a < b$）所围成的图形面积为 A（如图 3-8），则面积元为 $\mathrm{d}A = [f(x) - g(x)]\mathrm{d}x$，面积为

$$A = \int_a^b f(x)\mathrm{d}x - \int_a^b g(x)\mathrm{d}x = \int_a^b [f(x) - g(x)]\mathrm{d}x.$$

由左、右两条曲线 $x = \varphi(y)$，$x = \psi(y)$ 及直线 $y = c$，$y = d$（其中 $d > c$）所围成的图形面积为 A（如图 3-9），则面积元素为 $\mathrm{d}A = [\psi(y) - \varphi(y)]\mathrm{d}y$，面积为

$$A = \int_c^d [\psi(y) - \varphi(y)]\mathrm{d}y.$$

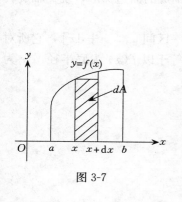

图 3-7

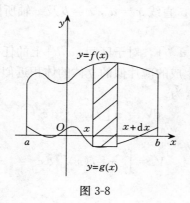

图 3-8

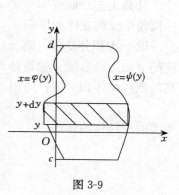

图 3-9

例 1 计算由曲线 $y = x^2$ 与 $y^2 = x$ 所围成的图形的面积.

解 两曲线的交点为 $(0,0)$ 和 $(1,1)$，选取 x 为积分变量，于是所求图形的面积为

$$A = \int_0^1 (\sqrt{x} - x^2) \mathrm{d}x = \left[\frac{2}{3} x^{\frac{3}{2}} - \frac{1}{3} x^3 \right]_0^1 = \frac{1}{3}.$$

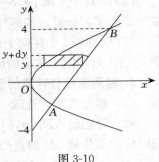

例 2 计算抛物线 $y^2 = 2x$ 与直线 $y = x - 4$ 所围成的图形面积（见图 3-10）.

分析： （1）求曲线的交点，确定积分限．解方程

$$\begin{cases} y^2 = 2x \\ y = x - 4 \end{cases}，$$ 得两曲线交点为 $A(2, -2)$ 和 $B(8, 4)$.

（2）选择积分变量并定区间，选取 x 为积分变量，则 $0 \leqslant x \leqslant 8$.

（3）给出面积元素：在 $0 \leqslant x \leqslant 2$ 上，

$$\mathrm{d}A = \left[\sqrt{2x} - (-\sqrt{2x}) \right] \mathrm{d}x = 2\sqrt{2x}\,\mathrm{d}x；$$

在 $2 \leqslant x \leqslant 8$ 上，

$$\mathrm{d}A = \left[\sqrt{2x} - (x - 4) \right] \mathrm{d}x = (4 + \sqrt{2x} - x)\mathrm{d}x.$$

此时的积分较为复杂，因此，我们也可以选取 y 为积分变量.

解 选取 y 为积分变量，则 $-2 \leqslant y \leqslant 4$，面积微元为 $\mathrm{d}A = \left[(y+4) - \frac{1}{2} y^2 \right] \mathrm{d}y$，如图 3-10. 故所求面积为：

$$A = \int_{-2}^4 \left(y + 4 - \frac{1}{2} y^2 \right) \mathrm{d}y = \left[\frac{y^2}{2} + 4y - \frac{y^3}{6} \right]_{-2}^4 = 18$$

显然，选 y 为积分变量较简洁，这表明选取合适的积分变量很关键.

类似地容易给出在极坐标下，由曲线 $r = r(\theta)$ 及射线 $\theta = \alpha$，$\theta = \beta$ 所围成的曲边扇形（如图 3-11）的面积

$$A = \int_\alpha^\beta \frac{1}{2} \left[r(\theta) \right]^2 \mathrm{d}\theta.$$

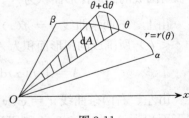

图 3-11

（二）几何体的体积

旋转体是由一个平面图形绕该平面内一条定直线旋转一周而生成的立体，该定直线称为**旋转轴**.

计算由连续曲线 $y = f(x)$，直线 $x = a$，$x = b$ 及 x 轴所围成的曲边梯形，绕 x 轴旋转一周而生成的立体的体积.

取 x 为积分变量，则 $x \in [a,b]$，对于区间 $[a,b]$ 上的任一区间 $[x, x+\mathrm{d}x]$，它所对应的窄曲边梯形绕 x 轴旋转而生成的薄片似的立体的体积近似等于以 $f(x)$ 为底半径，$\mathrm{d}x$ 为高的圆柱体体积. 即：体积元素为

$$\mathrm{d}V = \pi \left[f(x) \right]^2 \mathrm{d}x$$

所求的旋转体的体积为

$$V = \int_a^b \pi \left[f(x) \right]^2 \mathrm{d}x$$

例3 求由曲线 $y = \dfrac{r}{h} \cdot x$ 及直线 $x = 0$，$x = h(h > 0)$ 和 x 轴所围成的三角形绕 x 轴旋转而生成的立体的体积．

解 取 x 为积分变量，则 $x \in [0,h]$

$$V = \int_0^h \pi \left(\frac{r}{h} x \right)^2 \mathrm{d}x = \frac{\pi \cdot r^2}{h^2} \int_0^h x^2 \mathrm{d}x = \frac{\pi}{3} r^2 h$$

类似地容易得到已知平行截面面积的立体（如图 3-12）的体积 $V = \int_a^b A(x)\mathrm{d}x$．

其中 $A(x)$ 表示过点 x 且垂直于 x 轴的截面面积．

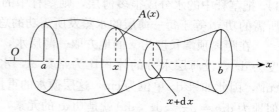

图 3-12

（三）平面曲线的弧长

1. 直角坐标系下 设函数 $f(x)$ 在区间 $[a,b]$ 上具有一阶连续的导数，计算曲线从 a 到 b 这一段弧的长度 s，如图 3-13．

取 x 为积分变量，则 $x \in [a,b]$，在 $[a,b]$ 上任取一小区间 $[x,x+\mathrm{d}x]$，那么这一小区间所对应的曲线弧段的长度 Δs 可以用它的弧微分 $\mathrm{d}s$ 来近似．于是，弧长元素为

$$\mathrm{d}s = \sqrt{1 + [f'(x)]^2}\,\mathrm{d}x,$$

弧长为

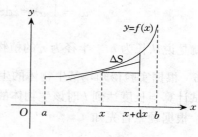

图 3-13

$$s = \int_a^b \sqrt{1 + [f'(x)]^2}\,\mathrm{d}x.$$

例4 计算曲线 $y = \dfrac{2}{3} x^{\frac{3}{2}}$ 相应于 x 从 a 到 b(即 $a \leqslant x \leqslant b$) 的弧长．

解 $\mathrm{d}s = \sqrt{1 + (\sqrt{x})^2}\,\mathrm{d}x = \sqrt{1+x}\,\mathrm{d}x$

$$s = \int_a^b \sqrt{1+x}\,\mathrm{d}x = \frac{2}{3}(1+x)^{\frac{3}{2}} \Big|_a^b = \frac{2}{3}\left[(1+b)^{\frac{3}{2}} - (1+a)^{\frac{3}{2}}\right].$$

2. 参数方程形式 由参数方程给出的曲线 $\begin{cases} x = \phi(t) \\ y = \varphi(t) \end{cases}$ （$\alpha \leqslant t \leqslant \beta$），可得弧长计算公式为

$$s = \int_\alpha^\beta \sqrt{[\phi'(t)]^2 + [\varphi'(t)]^2}\,\mathrm{d}t.$$

3. 极坐标下 若曲线由极坐标方程

$$r = r(\theta) \quad (\alpha \leqslant \theta \leqslant \beta)$$

给出，只需要将极坐标方程化成参数方程

$$\begin{cases} x = r(\theta)\cos\theta \\ y = r(\theta)\sin\theta \end{cases} (\alpha \leqslant \theta \leqslant \beta)$$

即可得到弧长计算公式

$$s = \int_\alpha^\beta \sqrt{r^2 + r'^2}\,\mathrm{d}\theta$$

二、在农业、医药方面的应用

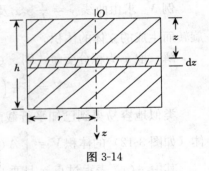

例5 计算蒸发植物茎秆中水分需要做的功（设植物茎秆呈圆柱形）.

解 设想植物茎秆长为 h cm，半径为 r cm，如图 3-14. 把茎秆中的水分成很多薄层，则茎秆中的水全部蒸发所需的功 w 等于每一薄层的水蒸发所需功的总和.

在距离顶端长度为 z 的地方取一薄层水，这层水的厚度为 dz，设薄层水分的体积比为常数 α，水的比重 1g/cm³，因此如果 dz 单位为 cm，这层薄水的重量为 $1 \cdot \alpha \cdot \pi \cdot r^2 dz$，这层水蒸发需要做的功近似地为 $dw = \alpha\pi r^2 z dz$，dw 就是功 w 的元素，以 dw 为被积表达式，在闭区间 $[0, h]$ 上作定积分得

图 3-14

$$w = \int_0^h \alpha\pi r^2 z dz = \alpha\pi r^2 \left. \frac{z^2}{2} \right|_0^h = \frac{1}{2}\alpha\pi r^2 h^2$$

这就是说从长为 h、半径为 r 的植物茎秆顶端蒸发水分需要做的功为 $\frac{1}{2}\alpha\pi r^2 h^2$.

例6 根据实验得知，某生物体的生长规律是它的截面积 S 与其长度 x 两者在数值上成正比，试计算当长度达到 l 时该生物体的体积为多少？

解 根据题意首先知

$$\frac{S}{x} = k \text{ 或 } S = kx \quad （这里 k 为比例常数）$$

选长度 x 为积分变量，$[0, l]$ 为积分区间；分区间 $[0, l]$ 为 n 个小区间，考虑任意小区间 $[x, x+dx]$ 所对应的部分量 Δv，Δv 能近似地表示为

$$\Delta v \approx s(x) \cdot dx = kx dx = dv$$

dv 就是体积 v 的元素，根据微元法得

$$v = \int_0^l kx dx = \frac{1}{2}kx^2 \big|_0^l = \frac{1}{2}kl^2$$

即当长度达到 l 时该生物体的体积为 $\frac{1}{2}kl^2$.

例7 假定长为 L，半径为 R 的一段血管，左端为相对动脉管，其血压为 p_1，右端为相对静脉管，血压为 p_2，且 $p_1 > p_2$，若血管截面上某一点与血管中心距离为 r，其血流速率为 $v(r) = \dfrac{p_1 - p_2}{4\eta L}(R^2 - r^2)$，其中 η 为血液黏滞系数，如图 3-15. 求单位时间内，通过该截面的血流量 Q.

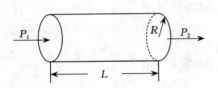
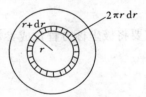

图 3-15

解　在半径为 R 的截面圆上，求出通过截面的某个圆环的血流量的近似值，如图 3-15，在 $[0,R]$ 上任取一点 r，在 $[r,r+\mathrm{d}r]$ 上圆环面积的近似值为 $2\pi r\mathrm{d}r$，所以在单位时间内，区间上的血流量微元是 $\mathrm{d}Q=v(r)2\pi r\mathrm{d}r$，于是得单位时间内通过该截面的血流量：

$$Q=\int_0^R\mathrm{d}Q=\int_0^R v(r)2\pi r\mathrm{d}r=\int_0^R\frac{p_1-p_2}{4\eta L}(R^2-r^2)2\pi r\mathrm{d}r$$

$$=\frac{\pi(p_1-p_2)}{2\eta L}\int_0^R(R^2 r-r^3)\mathrm{d}r=\frac{\pi(p_1-p_2)}{2\eta L}\left(R^2\cdot\frac{r^2}{2}\Big|_0^R-\frac{r^4}{4}\Big|_0^R\right)$$

$$=\frac{\pi(p_1-p_2)R^4}{8\eta L}.$$

例 8　药物被病人服用后，首先由血液系统吸收，然后才能发挥它的作用，然而，并非所有的剂量都可以被吸收产生效用，为了测量血液系统中有效药量的总量，就必须监测药物在人体尿中的排泄速率，目前在临床上已有标准测定法，如果排泄速率为 $f(t)$（t 为时间），求在时间间隔 $[0,T]$ 内进入人体各部分的药物总量.

解　取时间 t 为积分变量，$t\in[0,T]$，在 $[0,T]$ 内任取一小区间 $[t,t+\mathrm{d}t]$，由于 $\mathrm{d}t$ 变化不大，此期间内药物排泄速率可近似等于 t 时刻的药物排泄速率 $f(t)$，所以药物排泄量微元为 $\mathrm{d}D=f(t)\mathrm{d}t$，在时间 $[0,T]$ 内进入人体各部分的药物总量，即药物有效剂量为 $D=\int_0^T f(t)\mathrm{d}t$.

设某药物标准排泄速率函数 $f(t)=te^{-kt}$（$k>0$），其中 k 称为消除常数，则有效剂量为

$$D=\int_0^T te^{-kt}\mathrm{d}t=\frac{-te^{-kt}}{k}\Big|_0^T+\int_0^T\frac{1}{k}e^{-kt}\mathrm{d}t=-\frac{Te^{-kT}}{k}-\frac{1}{k^2}(e^{-kt})\Big|_0^T$$

$$=\frac{1}{k^2}-e^{-kT}\left(\frac{T}{k}+\frac{1}{k^2}\right)$$

当 $T\to+\infty$ 时，上式中第二项趋于零，此时药物的有效剂量为 $D\approx\dfrac{1}{k^2}$.

三、在经济等方面的应用

利用定积分的定义可以求出一些常用的经济公式：

(1) 已知边际产量 $q(t)$，则在时间 $[a,b]$ 上的总产量 Q 的计算公式是：

$$Q=\int_a^b q(t)\mathrm{d}t.$$

(2) 已知边际成本 $C'(Q)=c(Q)$，则产量在 $[a,b]$ 上的总成本 C 的计算公式是：

$$C=\int_a^b C'(Q)\mathrm{d}Q=\int_a^b c(Q)\mathrm{d}Q.$$

(3) 已知边际收益 $R'(Q)=r(Q)$，则产量在 $[a,b]$ 上的总收益 R 的计算公式是：

$$R=\int_a^b R'(Q)\mathrm{d}Q=\int_a^b r(Q)\mathrm{d}Q.$$

(4) 已知边际利润 $L'(Q)=l(Q)$，则产量在 $[a,b]$ 上的总利润 L 的计算公式是：

$$L=\int_a^b L'(Q)\mathrm{d}Q=\int_a^b l(Q)\mathrm{d}Q.$$

例 9　某厂日产某产品 Q（单位：t）的总成本为 $C(Q)$（单位：万元），已知边际成本为

$\dfrac{25}{\sqrt{Q}} - 0.8$，求日产量从 64t 增加到 100t 时的总成本.

解 因为边际成本函数 $C'(Q) = c(Q)$ 是总成本函数 $C(Q)$ 的导数，即 $C'(Q) = \dfrac{25}{\sqrt{Q}} - 0.8$.

显然，积分区间是 $[64, 100]$，所以

$$C = \int_{64}^{100}\left(\dfrac{25}{\sqrt{Q}} - 0.8\right)dQ = \left[50\sqrt{Q} - 0.8Q\right]_{64}^{100} = 71.2(万元)$$

例 10 已知某产品的边际收益函数为 $200 - \dfrac{Q}{100}$（元／件），求

（1）生产 1000 件产品的总收益；

（2）生产 Q 件产品的平均单位收益.

解 （1）因为边际收益函数 $R'(Q) = r(Q)$ 是收益函数 $R(Q)$ 的导数，即 $R'(Q) = 200 - \dfrac{Q}{100}$，显然，积分区间是 $[0, 1000]$，所以总收益

$$R = \int_{0}^{1000}\left(200 - \dfrac{Q}{100}\right)dQ = \left[200Q - \dfrac{1}{200}Q^2\right]_{0}^{1000} = 195000(元)$$

（2）取积分区间为 $[0, Q]$，则生产 Q 件产品的总收益

$$R(Q) = \int_{0}^{Q}\left(200 - \dfrac{Q}{100}\right)dQ = \left[200Q - \dfrac{1}{200}Q^2\right]\Big|_{0}^{Q} = 200Q - \dfrac{1}{200}Q^2(元)$$

因此，生产 Q 件产品的平均单位收益

$$\bar{R}(Q) = \dfrac{R(Q)}{Q} = 200 - \dfrac{1}{200}Q(元).$$

例 11 某产品生产 Q 单位时，边际利润 $l(Q) = 500 - 0.01Q$ 元.

（1）求生产 50 个单位产品时的利润；

（2）如果已生产 50 个单位产品后，求再继续生产 50 个单位产品时的利润.

解 （1）因为边际利润函数 $L'(Q) = l(Q)$ 是利润函数 $L(Q)$ 的导数，即 $L'(Q) = 500 - 0.01Q$，所以

$$L = \int_{0}^{50} l(Q)dQ = \int_{0}^{50}(500 - 0.01Q)dQ$$

$$= \left[500Q - 0.005Q^2\right]_{0}^{50} = 24987.5(元)$$

（2）根据题意有

$$L = \int_{50}^{100}(500 - 0.01Q)dQ = \left[500Q - 0.005Q^2\right]_{50}^{100} = 24962.5(元)$$

例 12（人口统计模型） 某城市居民人口分布密度近似为 $P(r) = \dfrac{2}{r^2 + 18}$，其中 r（单位：km）是离开市中心的距离，$p(r)$ 的单位是 10 万人/km^2，求在离市中心 10km 范围内的人口数.

解 假设从市中心画一条射线，把这条射线从 0 到 10 之间均分成若干段，每个小段确定一个环，在 $[0, 10]$ 上任取一点 r，在 $[r, r + dr]$ 段上圆环面积近似值为 $2\pi r dr$，此圆环内的人口数元素是 $p(r) \cdot 2\pi r dr$，根据微元法得在离市中心 10km 范围内的人口数为

$$N = \int_0^{10} p(r) \cdot 2\pi r \mathrm{d}r = \int_0^{10} \frac{2}{r^2 + 18} \cdot 2\pi r \mathrm{d}r$$

$$= 2\pi \int_0^{10} \frac{2r}{r^2 + 18} \mathrm{d}r = 2\pi \ln(r^2 + 18) \Big|_0^{10} = 11.8083 (10 \text{ 万人})$$

即在离市中心 10km 范围内人口数约为 118 万人.

习 题 3-9

1. 求抛物线 $y^2 = x + 2$ 与直线 $x - y = 0$ 所围成的图形的面积.

2. 求椭圆 $\dfrac{x^2}{a^2} + \dfrac{y^2}{b^2} = 1$ 绕 y 轴旋转而成的立体体积.

3. 计算以 R 为半径的球的体积.

4. 求曲线 $y = \ln(1 - x^2)$ 在 x 从 0 到 $\dfrac{1}{2}$ 上的弧的长度.

5. 一水库的阀门形状为直角梯形,上底为 6 m,下底为 2 m,高为 10 m,当水面与上底相齐时,求阀门所受的水的压力.

6. 汽车以 10m/s 的速度行驶,到某处需要减速停车,设汽车以等加速度 $a = -5\text{m/s}^2$ 刹车,从开始刹车到停车,汽车走了多少距离?

7. 设某产品在时刻 t 时,总产量的变化率是 $q(t) = 20 + 3t - 0.24t^2$(单位:千个/h),求从 $t = 2$ 到 $t = 4$ 这两个小时内的总产量.

8. 设某产品的总成本 $C(Q)$(单位:万元)的变化率是产量 Q(单位:百台)的函数 $c(Q)$,且 $c(Q) = C'(Q) = 4 + \dfrac{Q}{4}$,总收入 $R(Q)$(单位:万元)的变化率也是产量 Q 的函数 $r(Q) = 8 - Q$,求:

(1) 产量由 100 台增加到 500 台时总成本与总收入各增加多少?

(2) 总利润增加多少?

◆ **阅读资料:百科全书——莱布尼茨**

莱布尼茨是 17、18 世纪之交德国最重要的数学家、物理学家和哲学家,一个举世罕见的科学天才. 他博览群书,涉猎百科,对丰富人类的科学知识宝库做出了不可磨灭的贡献.

莱布尼茨出生于德国东部莱比锡的一个书香之家,广泛接触古希腊、古罗马文化,阅读了许多著名学者的著作,由此获得了坚实的文化功底和明确的学术目标. 15 岁时,他进了莱比锡大学学习法律,还广泛阅读了培根、开普勒、伽利略等人的著作,并对他们的著述进行深入的思考和评价,在听了教授讲授欧几里得的《几何原本》课程后,莱布尼茨对数学产生了浓厚的兴趣. 17 岁时他在耶拿大学进行了短时期的数学学习,并获得了哲学硕士学位. 20 岁时他发表了第一篇数学论文《论组合的艺术》。这是一篇关于数理逻辑的文章,其基本思想是出于把理论的真理性论证归结于一种计算的结果. 这篇论文虽不够成熟,却闪耀着创新的智慧和数学才华.

莱布尼茨在阿尔特道夫大学获得博士学位后便投身外交界. 在出访巴黎时,莱布尼茨深受帕斯卡事迹的鼓舞,决心钻研高等数学,并研究了笛卡儿、费马、帕斯卡等人的著作,开始了对无穷小算法的研究,独立地创立了微积分的基本概念与算法,和牛顿并蒂双辉共同奠定了微积分学．1700 年被选为巴黎科学院院士，促成建立了柏林科学院并任首任院长．

17 世纪下半叶，欧洲科学技术迅猛发展，由于生产力的提高和社会各方面的迫切需要，经各国科学家的努力与历史的积累，建立在函数与极限概念基础上的微积分理论应运而生了．微积分思想，最早可以追溯到希腊由阿基米德等人提出的计算面积和体积的方法．1665 年牛顿创始了微积分，莱布尼茨在 1673—1676 年间也发表了微积分思想的论著．以前，微分和积分作为两种数学运算、两类数学问题，是分别加以研究的，卡瓦列里、巴罗、沃利斯等人得到了一系列求面积（积分）、求切线斜率（导数）的重要结果，但这些结果都是孤立的，不连贯的，只有莱布尼茨和牛顿将积分和微分真正沟通起来，明确地找到了两者内在的直接联系：微分和积分是互逆的两种运算．而这是微积分建立的关键所在，只有确立了这一基本关系，才能在此基础上构建系统的微积分学，并从对各种函数的微分和求积公式中，总结出共同的算法程序，使微积分方法普遍化，发展成用符号表示的微积分运算法则一．1713 年，莱布尼茨发表了《微积分的历史和起源》一文，总结了自己创立微积分学的思路，说明了自己成就的独立性．

莱布尼茨还曾讨论过负数和复数的性质，得出复数的对数并不存在，共轭复数的和是实数的结论，在后来的研究中，莱布尼茨证明了自己结论是正确的．他还对线性方程组进行研究，对消元法从理论上进行了探讨，并首先引入了行列式的概念，提出行列式的某些理论．

莱布尼茨受中国易经八卦的影响最早提出二进制运算法则，发明了乘法计算机．莱布尼茨对帕斯卡的加法机很感兴趣，于是，莱布尼茨也开始了对计算机的研究．1672 年 1 月，莱布尼茨搞出了一个木制的机器模型，向英国皇家学会会员们做了演示，但这个模型只能说明原理，不能正常运行．1674 年，最后定型的那台机器，就是由奥利韦一人装配而成的．莱布尼茨的这台乘法机长约 1m，宽 30cm，高 25cm，它由不动的计数器和可动的定位机构两部分组成，整个机器由一套齿轮系统来传动，它的重要部件是阶梯形轴，便于实现简单的乘除运算．莱布尼茨设计的样机，先后在巴黎、伦敦展出，由于他在计算设备上的出色成就，被选为英国皇家学会会员．

然而关于微积分创立的优先权，数学界内曾掀起了一场激烈的争论．实际上，牛顿在微积分方面的研究虽早于莱布尼茨，但莱布尼茨成果的发表则早于牛顿．莱布尼茨在 1684 年 10 月发表在《教师学报》上的论文"一种求极大极小的奇妙类型的计算"，在数学史上被认为是最早发表的微积分文献．牛顿在 1687 年出版的《自然哲学的数学原理》中也写道："十年前在我和最杰出的几何学家 G. W. 莱布尼茨的通信中，我表明我已经知道确定极大值和极小值的方法、作切线的方法以及类似的方法，但我在交换的信件中隐瞒了这方法……这位最卓越的科学家在回信中写道，他也发现了一种同样的方法．他并诉述了他的方法，它与我的方法几乎没有什么不同，除了他的措辞和符号以外．"因此，后来人们公认牛顿和莱布尼茨是各自独立地创建微积分的．牛顿从物理学出发，运用集合方法研究微积分，其应用上更多地结合了运动学，造诣高于莱布尼茨；莱布尼茨则从几何问题出发，运用分析学方法引进微积分概念、得出运算法则，其数学的严密性与系统性是牛顿所不及的．

小　结

本章研究的是一元函数积分学的知识，分别介绍了不定积分、定积分及广义积分等方面的内容.

一、知识提要

1. 不定积分：不定积分是作为函数导数的反问题提出的. 应当注意，原函数是不唯一的，而且任意两个原函数之间仅相差一个常数. 不定积分中介绍了不定积分的概念、性质及直接积分法、换元积分法和分部积分法等计算方法，并简要地介绍了它的应用.

2. 定积分：定积分是作为微分的无限求和引进的，它是一类特殊和式的极限. 要注意定积分定义中的两个任意；定积分的几何意义有时对求积分值很有帮助（特别是应用题）；定积分定义的思想是应用问题的基础（即微元法的理论基础）.

3. 定积分的性质：介绍了几条最简单的性质，这些性质无论在有关积分的讨论中，还是计算时都是很有用的，而积分中值定理在理论上的意义更是不可低估.

4. 定积分的计算：最重要公式是牛顿—莱布尼茨公式，它揭示了不定积分和定积分之间的联系. 定积分的计算也有换元法和分部积分法，值得注意的是换元后积分上下限要相应地换，这点最容易出错.

5. 定积分的应用：这是主要部分. 定积分的应用问题是较难的问题，因为它们与所讨论的问题的学科有关，不熟悉该学科的内容，建立积分就难一些. 在应用中，所用的基本方法是微元法. 本章中讨论了平面图形的面积等方面的简单题目，更多的应用要读者自己应用微元法的思想去解决.

6. 广义积分：（1）无穷积分；（2）瑕积分. 关于两类广义积分的收敛性的判定，也是高等数学中重要的一个方面.

二、基本要求

1. 掌握不定积分的直接积分法、换元积分法和分部积分法等计算方法.

2. 理解定积分的概念：

$$\int_a^b f(x)\mathrm{d}x = \lim_{\lambda \to 0}\sum_{i=1}^n f(\xi_i)\Delta x_i = \mathrm{A} \quad (\lambda = \max\{\Delta x_1, \Delta x_2, \cdots, \Delta x_n\}) \text{——常数}.$$

3. 掌握定积分的性质（特别：比较定理、估值定理、定积分中值定理）.

4. 熟练应用牛顿—莱布尼茨公式准确、快速地求定积分

$$\int_a^b f(x)\mathrm{d}x = F(b) - F(a) \text{——} F(x) \text{ 为 } f(x) \text{ 的原函数}.$$

5. 正确应用定积分的换元积分法与分部积分法

$$\int_a^b f(x)\mathrm{d}x = \int_\alpha^\beta f[\varphi(t)]\varphi'(t)\mathrm{d}t \text{——注意条件}.$$

6. 理解定积分上限函数，及其求导数公式

$$\frac{\mathrm{d}}{\mathrm{d}x}\int_a^x f(t)\mathrm{d}t = f(x) \text{——基本公式}.$$

$$\frac{\mathrm{d}}{\mathrm{d}x}\int_a^{u(x)} f(t)\mathrm{d}t = f[u(x)]u'(x) \text{——推广公式}.$$

7. 广义积分为定积分的推广，应了解广义积分的概念并会计算广义积分.

三、四类积分

1. 不定积分 $\int f(x)\mathrm{d}x$ —— $f(x)$ 的所有原函数（一族函数）.

2. 定积分 $\int_a^b f(x)\mathrm{d}x$ —— 确定的一个常数.

3. 变上限的定积分 $\int_a^x f(x)\mathrm{d}x$ —— 积分上限的函数,它是 $f(x)$ 的一个原函数.

4. 广义积分 $\int_a^b f(x)\mathrm{d}x$ 和 $\int_{-\infty}^{+\infty} f(x)\mathrm{d}x$ 等等——定积分的推广,有时收敛,有时发散.

总之,积分学的问题要比微分学的问题麻烦一些,涉及大量的计算公式.只有不断地加强练习,注意总结归纳,寻求各种类型的积分规律,才可以成为积分高手.但是,即使记下所有的公式,也不可能解决所有的问题.因此,要熟练掌握微元法这个有用工具.

自 测 题 A

一、填空题

1. $\int_0^1 \dfrac{x}{\sqrt{1-x^2}}\mathrm{d}x = $ _____ .

2. $\int_{-4}^4 \sqrt{16-x^2}\,\mathrm{d}x = $ _____ .

3. $\int_0^1 \dfrac{\mathrm{e}^x}{(1+\mathrm{e}^x)^2}\mathrm{d}x = $ _____ .

4. $\int_{-1}^0 |3x+1|\,\mathrm{d}x = $ _____ .

5. 设 $f(x) = \int_0^x \mathrm{e}^{-\frac{1}{2}t^2}\mathrm{d}t \quad (-\infty < x < +\infty)$,则 $f'(x) = $ _____ .

6. $\lim\limits_{x \to 0} \dfrac{\int_0^x \left[\int_0^{u^2} \arctan(1+t)\mathrm{d}t\right]\mathrm{d}u}{x(1-\cos x)} = $ _____ .

二、单项选择题

1. 设 $f(x) = \int_0^{\sin x} \sin t^2\,\mathrm{d}t, g(x) = x^3 + x^4$,则当 $x \to 0$ 时,$f(x)$ 是 $g(x)$ 的 ( ).

A. 等价无穷小   B. 同阶但非等价的无穷小   C. 高阶无穷小   D. 低阶无穷小

2. 由曲线 $y = f(x)$ 及直线 $x = a, x = b \quad (a < b)$ 所围成的平面图形面积的计算公式是 ( ).

A. $\int_a^b f(x)\mathrm{d}x$ B. $\int_b^a f(x)\mathrm{d}x$ C. $\int_a^b |f(x)|\,\mathrm{d}x$ D. $\left|\int_a^b f(x)\mathrm{d}x\right|$

3. 当 $x < 0$ 时,$f(x) = \mathrm{e}^x$,当 $x \geqslant 0$ 时,$f(x) = x$,则 $\int_{-1}^2 f(x)\,\mathrm{d}x$ 等于 ( ).

A. $3 + \mathrm{e}$ B. $3 - \mathrm{e}$ C. $3 + \mathrm{e}^{-1}$ D. $3 - \mathrm{e}^{-1}$

4. 设 $f(x)$ 有连续导数,$f(0) = 0, f'(0) \neq 0, F(x) = \int_0^x (x^2 - t^2) f(t)\mathrm{d}t$,且当 $x \to 0$ 时,$F'(x)$ 与 x^k 是同阶无穷小,则 k 等于 ( ).

A. 1   B. 2   C. 3   D. 4

5. 下列式子中,正确的是 ( ).

A. $\left(\int_x^0 \cos t\mathrm{d}t\right)' = \cos x$ B. $\left(\int_0^x \cos t\mathrm{d}t\right)' = \cos x$

C. $\left(\int_0^x \cos t\mathrm{d}t\right)' = 0$ D. $\left(\int_0^{\frac{\pi}{2}} \cos t\mathrm{d}t\right)' = \cos x$

6. 下列广义积分收敛的是 ( ).

A. $\int_0^{+\infty} e^x \, dx$ B. $\int_1^{+\infty} \frac{1}{x} \, dx$ C. $\int_0^{+\infty} \cos x \, dx$ D. $\int_0^{+\infty} \frac{1}{x^2} \, dx$

7. 把 $x \to 0^+$ 时的无穷小量 $\alpha = \int_0^x \cos t^2 \, dt$，$\beta = \int_0^{x^2} \tan\sqrt{t} \, dt$，$\gamma = \int_0^{\sqrt{x}} \sin t^3 \, dt$ 排列起来，使排在后面的是前一个的高阶无穷小，则正确的排列次序是（   ）.

     A. α, β, γ B. α, γ, β C. β, α, γ D. β, γ, α

8. 极限 $\lim\limits_{n \to \infty} \ln \sqrt[n]{\left(1 + \frac{1}{n}\right)^2 \left(1 + \frac{2}{n}\right)^2 \cdots \left(1 + \frac{n}{n}\right)^2}$ 等于（   ）.

     A. $\int_1^2 \ln^2 x \, dx$ B. $2\int_1^2 \ln x \, dx$ C. $2\int_1^2 \ln(1+x) \, dx$ D. $\int_1^2 \ln^2(1+x) \, dx$

9. 设 $\int f(x) \, dx = \sin x + C$，则 $\int \frac{f(\arcsin x)}{\sqrt{1-x^2}} \, dx$ 等于（   ）.

     A. $\arcsin x + C$ B. $\sin\sqrt{1-x^2} + C$ C. $\frac{1}{2}(\arcsin x)^2 + C$ D. $x + C$

10. 设 $f'(\ln x) = 1 + x$，则 $f(x)$ 等于（   ）.

     A. $x + e^x + C$ B. $e^x + \frac{1}{2}e^{2x} + C$ C. $e^x + \frac{1}{2}x^2 + C$ D. $\ln x + \frac{1}{2}(\ln x)^2 + C$

三、计算题

1. 求下列不定积分：

     (1) $\int e^{3x^2 + \ln x} \, dx$;

     (2) $\int \frac{\sqrt{1 + \ln x}}{x} \, dx$;

     (3) $\int \frac{x}{\sqrt{4 - x^4}} \, dx$;

     (4) $\int \cos x \cot x \, dx$;

     (5) $\int \frac{\sin x \cos x}{1 + \sin^4 x} \, dx$;

     (6) $\int \sin^2 x \cos^5 x \, dx$;

     (7) $\int x (\ln x)^2 \, dx$;

     (8) $\int \frac{\arcsin\sqrt{x}}{\sqrt{1-x}} \, dx$.

2. 求下列定积分：

     (1) $\int_1^2 \left(\sqrt{x} + \frac{1}{\sqrt{x^3}}\right)^2 \, dx$;

     (2) $\int_0^{2\pi} \sin^2 x \, dx$;

     (3) $\int_0^1 e^x 3^x \, dx$;

     (4) $\int_1^e \frac{\ln^2 x}{x} \, dx$;

     (5) $\int_0^4 \frac{x}{1 + \sqrt{x}} \, dx$;

     (6) $\int_{-1}^1 (|x| + x) e^{-|x|} \, dx$;

     (7) $\int_0^{2\pi} |\sin x| \, dx$;

     (8) $\int_0^{\ln 2} \sqrt{1 - e^{-2x}} \, dx$.

3. 设 $f(x) = \begin{cases} 1 + x^2, & x \leq 0 \\ e^{-x}, & x > 0 \end{cases}$，求 $\int_1^3 f(x-2) \, dx$.

4. 确定 a, b, c 的值，使 $\lim\limits_{x \to 0} \dfrac{ax - \sin x}{\displaystyle\int_b^x \frac{\ln(1+t^3)}{t} \, dt} = c \, (c \neq 0)$.

5. 已知某产品的边际成本函数为 $C'(Q) = 0.4Q - 12$（元/件），固定成本为 80 元，求：

(1) 成本函数 $C(Q)$；

(2) 若该产品的销售单价为 20 元，求产量为多少时利润最大？

四、讨论与证明题

1. 设 $f(x)$ 连续，$\varphi(x) = \int_0^1 f(xt)\mathrm{d}t$，且 $\lim\limits_{x \to 0} \dfrac{f(x)}{x} = A$（$A$ 为常数）．求 $\varphi'(x)$，并讨论 $\varphi(x)$ 在 $x = 0$ 处的连续性．

2. 设 $f(x) = \begin{cases} \dfrac{2}{x^2}(1 - \cos x), & x < 0 \\ 1, & x = 0 \\ \dfrac{1}{x}\displaystyle\int_0^x \cos t^2 \mathrm{d}t, & x > 0 \end{cases}$，试讨论 $f(x)$ 在 $x = 0$ 处的连续性和可导性．

3. 设 $f(x), g(x)$ 在 $[-a, a]$（$a < 0$）上连续，$g(x)$ 为偶函数，且 $f(x)$ 满足条件 $f(x) + f(-x) = A$（A 为常数）．证明：$\displaystyle\int_{-a}^a f(x)g(x)\mathrm{d}x = A\int_0^a g(x)\mathrm{d}x$．

自　测　题　B

1. 求 $\displaystyle\int \ln\left(1 + \sqrt{\dfrac{1+x}{x}}\right)\mathrm{d}x$ $(x > 0)$．

2. 已知 $f'(\mathrm{e}^x) = x\mathrm{e}^{-x}$，且 $f(1) = 0$，则 $f(x) = $ ＿＿＿＿＿＿＿．

3. 求 $\displaystyle\int \dfrac{\arctan \mathrm{e}^x}{\mathrm{e}^{2x}}\mathrm{d}x$．

4. 求 $\displaystyle\int \dfrac{\arcsin \mathrm{e}^x}{\mathrm{e}^x}\mathrm{d}x$．

5. 求 $\displaystyle\int \dfrac{x\mathrm{e}^{\arctan x}}{(1 + x^2)^{\frac{3}{2}}}\mathrm{d}x$．

6. 求 $\displaystyle\int \dfrac{\mathrm{d}x}{(2x^2 + 1)\sqrt{x^2 + 1}}$．

7. 设 $f(\ln x) = \dfrac{\ln(1 + x)}{x}$，计算 $\displaystyle\int f(x)\mathrm{d}x$．

8. 求 $\displaystyle\int \dfrac{x + 5}{x^2 - 6x + 13}\mathrm{d}x$．

9. 设 $f(\sin^2 x) = \dfrac{x}{\sin x}$，求 $\displaystyle\int \dfrac{\sqrt{x}}{\sqrt{1 - x}}f(x)\mathrm{d}x$．

10. 求 $\displaystyle\int \dfrac{\arcsin \sqrt{x}}{\sqrt{x}}\mathrm{d}x$．

11. 求 $\displaystyle\int \dfrac{\arcsin \sqrt{x} + \ln x}{\sqrt{x}}\mathrm{d}x$．

12. 函数 $f\left(x + \dfrac{1}{x}\right) = \dfrac{x + x^3}{1 + x^4}$，求积分 $\displaystyle\int_2^{2\sqrt{2}} f(x)\mathrm{d}x = $ ＿＿＿＿＿＿＿．

13. 设函数 $y = f(x)$ 在区间 $[-1,1]$ 上连续，则 $x = 0$ 是函数 $\varphi(x) = \dfrac{\displaystyle\int_0^x f(t)\,\mathrm{d}t}{x}$ 的什么间断点？

14. 函数 $y = f(x)$ 在区间 $[0,a]$ 有连续导数，则定积分 $\displaystyle\int_0^a x f'(x)\,\mathrm{d}x$ 表示什么图形的面积？

15. 设 $f(x) = \displaystyle\int_0^1 t\,|t-x|\,\mathrm{d}t$，$0 < x < 1$，求 $f(x)$ 的极值、单调区间和凹凸区间.

16. $f(x)$ 是周期为 2 的连续函数.

(1) 证明对任意实数都有 $\displaystyle\int_t^{t+2} f(x)\,\mathrm{d}x = \int_0^2 f(x)\,\mathrm{d}x$；

(2) 证明 $g(x) = \displaystyle\int_0^x \left[2f(t) - \int_t^{t+2} f(s)\,\mathrm{d}s\right]\mathrm{d}t$ 是周期为 2 的周期函数.

17. 设函数 $f(x)$ 连续，$F(x) = \displaystyle\int_{x^2}^0 f(t)\,\mathrm{d}t$，则 $F'(x) = $ _____.

18. $\displaystyle\int_{-2}^2 \mathrm{e}^{|x|}(1+x)\,\mathrm{d}x = $ _____.

19. 求使不等式 $\displaystyle\int_1^x \dfrac{\sin t}{t}\,\mathrm{d}t > \ln x$ 成立的 x 的范围.

20. 函数 $f(x) = \displaystyle\int_0^{x - x^2} \mathrm{e}^{-t^2}\,\mathrm{d}t$ 的极值点为多少？

21. 设 $f(x) = \mathrm{e}^{2x}$，$\varphi(x) = \ln x$，则 $\displaystyle\int_0^1 \left[f(\varphi(x)) + \varphi(f(x))\right]\mathrm{d}x = $ _____.

22. 已知 $x = \mathrm{e}^{-t}$，$y = \displaystyle\int_1^t \ln(1+u^2)\,\mathrm{d}u$，求 $\dfrac{\mathrm{d}^2 y}{\mathrm{d}x^2}\Big|_{t=0}$.

23. 求函数 $f(x) = \displaystyle\int_1^{x^2} (x^2 - t)\mathrm{e}^{-t^2}\,\mathrm{d}t$ 的单调区间与极值.

24. 设可导函数 $y = f(x)$ 由方程 $\displaystyle\int_0^{x+y} \mathrm{e}^{-x^2}\,\mathrm{d}x = \int_0^x x\,\sin^2 t\,\mathrm{d}t$ 确定，则 $\dfrac{\mathrm{d}y}{\mathrm{d}x}\Big|_{x=0} = $ _____.

25. 计算定积分 $\displaystyle\int_0^{\pi^2} \sqrt{x}\cos\sqrt{x}\,\mathrm{d}x$.

26. 曲线 $y = \displaystyle\int_0^x \tan t\,\mathrm{d}t\,(0 \leqslant x \leqslant \dfrac{\pi}{4})$ 的弧长 $s = $ _____.

27. 已知函数 $F(x) = \dfrac{\displaystyle\int_0^x \ln(1+t^2)\,\mathrm{d}t}{x^a}$，设 $\displaystyle\lim_{x\to+\infty} F(x) = \lim_{x\to 0^+} F(x) = 0$，试求 a 的取值范围.

28. 比较 $\displaystyle\int_0^{\frac{\pi}{4}} \ln\sin x\,\mathrm{d}x$、$\displaystyle\int_0^{\frac{\pi}{4}} \ln\cos x\,\mathrm{d}x$ 和 $\displaystyle\int_0^{\frac{\pi}{4}} \ln\cot x\,\mathrm{d}x$ 三者的大小.

29. 比较 $\displaystyle\int_0^{\frac{\pi}{4}} \dfrac{\sin x}{x}\,\mathrm{d}x$、$\dfrac{\pi}{4}$ 和 $\displaystyle\int_0^{\frac{\pi}{4}} \dfrac{x}{\sin x}\,\mathrm{d}x$ 三者的大小.

30. 判断 $\displaystyle\int_0^1 \dfrac{1}{x(1+x)}\,\mathrm{d}x$ 和 $\displaystyle\int_1^{+\infty} \dfrac{1}{x(1+x)}\,\mathrm{d}x$ 的敛散性.

第四章

微 分 方 程

函数是事物的内部联系在数量方面的反映，如何寻找变量之间的函数关系，在实际应用中具有重要意义．但在农学、生态学、物理学乃至经济学与管理学等领域中，往往不能直接找出变量之间的函数关系，却比较容易建立起这些变量与它们的导数或微分之间的联系，从而得到一个关于未知函数的导数或微分的方程，即**微分方程**．通过求解这种方程，同样可以找到指定未知量之间的函数关系．因此，微分方程是数学联系实际并应用于实际的重要途径和桥梁，是各个学科进行科学研究的强有力的工具．

本章我们主要介绍微分方程的一些基本概念，几种常用微分方程的求解方法及线性微分方程解的理论．

第一节　微分方程的基本概念

为了介绍微分方程的基本概念，首先来看两个简单的例子．

例 1　一条曲线通过点 $(1,2)$，且在该曲线上任一点 $M(x,y)$ 处的切线的斜率为 $2x$，求这条曲线的方程．

解　设所求曲线为 $y=y(x)$，由题意和导数的几何意义知，未知函数 $y=y(x)$ 满足方程

$$\frac{\mathrm{d}y}{\mathrm{d}x}=2x, \tag{4-1-1}$$

此外，未知函数 $y=y(x)$ 还满足下列条件

$$y\big|_{x=1}=2,$$

将方程（4-1-1）改写为 $\mathrm{d}y=2x\mathrm{d}x$，并对其积分得

$$y=\int 2x\mathrm{d}x=x^2+C\text{（其中 }C\text{ 为任意常数）}.$$

将 $x=1$，$y=2$ 代入上式，求得 $C=1$，因此所求曲线的方程为 $y=x^2+1$．

例 2　列车在平直的线路上以 $20\mathrm{m/s}$ 的速度行驶，当制动时列车获得加速度 $-0.4\,\mathrm{m/s^2}$，问开始制动后多长时间列车才能停住？以及列车在这段时间内行驶了多少路程？

解　设制动后 $t\,\mathrm{s}$ 列车行驶 $s=s(t)\,\mathrm{m}$，由加速度的定义得到

$$\frac{\mathrm{d}^2s}{\mathrm{d}t^2}=-0.4. \tag{4-1-2}$$

此外，未知函数 $s=s(t)$ 还满足下列条件

$$s\big|_{t=0}=0,\; v\big|_{t=0}=\frac{\mathrm{d}s}{\mathrm{d}t}\big|_{t=0}=20, \tag{4-1-3}$$

将方程（4-1-2）两端积分一次，得

$$v = \frac{\mathrm{d}s}{\mathrm{d}t} = -0.4t + C_1 , \tag{4-1-4}$$

再积分一次，得

$$s = -0.2t^2 + C_1 t + C_2 , \tag{4-1-5}$$

其中 C_1，C_2 为任意常数．

将（4-1-3）式代入（4-1-4）和（4-1-5）式，求得 $C_1 = 20$，$C_2 = 0$，那么

$$v = -0.4t + 20 , \quad s = -0.2t^2 + 20t .$$

当列车停住时，有 $v = -0.4t + 20 = 0$，需 $t = \frac{20}{0.4} = 50 \,(\text{s})$．

列车在这段时间内行驶了 $s = -0.2 \times 50^2 + 20 \times 50 = 500 \,(\text{m})$．

上述两个例子中的方程（4-1-1）和（4-1-2）都含有未知函数的导数，这样的方程叫做微分方程．

定义 1　含有自变量、未知函数、未知函数的导数（或微分）的方程称为**微分方程**，其一般形式为

$$F(x, y, y', \cdots, y^{(n)}) = 0 \tag{4-1-6}$$

　　注　（1）F 是 $n + 2$ 个变量的函数；（2）$y^{(n)}$ 必须出现，其他可以不显含．

定义 2　微分方程（4-1-6）中所出现的未知函数的最高阶导数的阶数称为**微分方程的阶**．

例如：$\frac{\mathrm{d}y}{\mathrm{d}x} = 2x$ 为一阶微分方程，$\frac{\mathrm{d}^2 s}{\mathrm{d}t^2} = -0.4$ 为二阶微分方程．

定义 3　把某个函数代入微分方程能使该方程恒等，那么这个函数叫做该**微分方程的解**．求微分方程解的过程叫做**解微分方程**．

例如，$y = x^2 + C$ 和 $y = x^2 + 1$ 都是微分方程（4-1-1）的解；$s = -0.2t^2 + C_1 t + C_2$ 和 $s = -0.2t^2 + 20t$ 都是微分方程（4-1-2）的解．但是这些解是有区别的，$y = x^2 + C$ 和 $s = -0.2t^2 + C_1 t + C_2$ 中含有任意常数，而 $y = x^2 + 1$ 和 $s = -0.2t^2 + 20t$ 中不含有任意常数．

定义 4　解中含有任意常数，且常数的个数与方程的阶相同，这种解称为**通解**．任意常数被确定后的解称为**特解**．即特解是根据已给条件确定了通解中所有常数而得到的．用来确定通解中任意常数的条件称为**初始条件**．

由上述定义可知，$y = x^2 + C$ 为方程（4-1-1）的通解，$y = x^2 + 1$ 为方程（4-1-1）的特解，$y|_{x=1} = 2$ 是确定这个特解的初始条件；$s = -0.2t^2 + C_1 t + C_2$ 为方程（4-1-2）的通解，$s = -0.2t^2 + 20t$ 为方程（4-1-2）的特解，$s|_{t=0} = 0$ 和 $v|_{t=0} = \frac{\mathrm{d}s}{\mathrm{d}t}\big|_{t=0} = 20$ 是确定这个特解的初始条件．

例 3　函数 $y = Cx^2$（C 为任意常数）是微分方程 $y' = \frac{2y}{x}$ 的解吗？是通解还是特解？

解　对函数 $y = Cx^2$ 求导得到微分方程的左边：$y' = 2Cx$，而方程的右边为 $\frac{2y}{x} = \frac{2Cx^2}{x}$ $= 2Cx$，则左边＝右边，因此对任意常数 C，函数 $y = Cx^2$ 都是方程 $y' = \frac{2y}{x}$ 的解，且 $y =$

Cx^2 含有一个任意常数 C，与微分方程 $y' = 2Cx$ 的阶数相等，因此 $y = Cx^2$ 是微分方程 $y' = \dfrac{2y}{x}$ 的通解.

例 4　验证函数 $y = C_1 e^x + C_2 e^{2x}$（C_1，C_2 为两个相互独立的任意常数）是二阶微分方程 $y'' - 3y' + 2y = 0$ 的通解，并求满足初始条件 $y\,|_{x=0} = 0, y'\,|_{x=0} = 1$ 的特解.

解　由 $y = C_1 e^x + C_2 e^{2x}$ 得 $y' = C_1 e^x + 2C_2 e^{2x}$，$y'' = C_1 e^x + 4C_2 e^{2x}$，将 y，y'，y'' 代入方程的左边得

$$(C_1 e^x + 4C_2 e^{2x}) - 3(C_1 e^x + 2C_2 e^{2x}) + 2(C_1 e^x + C_2 e^{2x})$$
$$= (C_1 - 3C_1 + 2C_1)e^x + (4C_2 - 6C_2 + 2C_2)e^{2x} = 0,$$

因此函数 $y = C_1 e^x + C_2 e^{2x}$ 是微分方程 $y'' - 3y' + 2y = 0$ 的解，又因为这个解中有两个相互独立的任意常数 C_1 与 C_2，与方程的阶数相同，所以它是方程的通解.

代入初始条件 $y\,|_{x=0} = 0$ 得 $C_1 + C_2 = 0$，

代入初始条件 $y'\,|_{x=0} = 1$ 得 $C_1 + 2C_2 = 1$.

解得 $\begin{cases} C_1 = -1, \\ C_2 = 1. \end{cases}$ 即所求特解为 $y = -e^x + e^{2x}$.

<h3 style="text-align:center">习　题　4-1</h3>

1. 指出下列微分方程的阶：

　　(1) $x\mathrm{d}x + y^3\mathrm{d}y = 0$；　　　　　　(2) $y' = 2xy$；

　　(3) $x(y')^2 - 2yy' + x = 0$；　　　　(4) $\dfrac{\mathrm{d}^2 y}{\mathrm{d}x^2} - 9\dfrac{\mathrm{d}y}{\mathrm{d}x} = 3x^2 + 1$；

　　(5) $xy'' - 2y' = 8x^2 + \cos x$；　　　(6) $y^{(5)} - 4x = 0$.

2. 指出下列各给定函数是否是其对应的微分方程的通解（或特解）：

　　(1) $3y - xy' = 0$，$y = Cx^3$；

　　(2) $\tan x\mathrm{d}y = (1 + y)\mathrm{d}x$，$y = \sin x - 1$；

　　(3) $y'' - 2y' + y = 0$，$y = xe^x$；

　　(4) $y'' - \dfrac{2}{x}y' + \dfrac{2}{x^2}y = 0$，$y = C_1 x + C_2 x^2$.

3. 验证函数 $x = C_1\cos kt + C_2\sin kt$ 是二阶微分方程 $\dfrac{\mathrm{d}^2 x}{\mathrm{d}t^2} + k^2 x = 0 \, (k \neq 0)$ 的通解，并求满足初始条件

$$x\,|_{t=0} = A, \ x'\,|_{t=0} = 0$$

的特解.

<h2 style="text-align:center">第二节　可分离变量的一阶微分方程</h2>

微分方程类型众多，它们的解法也各不相同. 从本节开始我们将根据微分方程的不同类型，给出相应的解法. 本节我们将介绍可分离变量的微分方程及其解法.

一阶微分方程的一般形式为

$$F(x, y, y') = 0.$$

这通常是隐式表达式，如果能从中解出 y'，就得出如下显式表达式

$$y' = f(x, y). \tag{4-2-1}$$

在本章第一节我们学过如下简单形式的方程

$$y' = 2x, \tag{4-2-2}$$

这时，根据导数的定义，未知函数 y 就是 $2x$ 的一个原函数，从而可对 $2x$ 求不定积分得到

$$y = x^2 + C.$$

另一方面，可把方程（4-2-2）表示成微分形式

$$dy = 2x dx, \tag{4-2-3}$$

上式两边分别积分得

$$\int dy = \int 2x dx,$$

同样可求得 $y = x^2 + C$.

方程（4-2-3）其实是如下一般形式的特殊情形：

$$g(y) dy = f(x) dx, \tag{4-2-4}$$

其中 $g(y)$ 和 $f(x)$ 都是连续函数. 显然，方程（4-2-4）具有如下特点：等号的每一端都是一个变量的连续函数与该变量的微分的乘积，这种方程称为**可分离变量方程**.

对方程（4-2-4），同样可在方程两边积分：

$$\int g(y) dy = \int f(x) dx,$$

假定 $G(y)$ 和 $F(x)$ 分别是 $g(y)$ 与 $f(x)$ 的一个原函数，则可得如下通解：

$$G(y) = F(x) + C.$$

注 以导数形式出现的如下方程：

$$\frac{dy}{dx} = f(x)\varphi(y), \tag{4-2-5}$$

当 $\varphi(y) \neq 0$ 时，只要令 $g(y) = [\varphi(y)]^{-1}$，就可改写为（4-2-4）. 因此，也把方程（4-2-5）称为**可分离变量方程**.

可分离变量的微分方程的解法：

第一步：分离变量，将方程写成 $g(y) dy = f(x) dx$ 的形式；

第二步：两端积分 $\int g(y) dy = \int f(x) dx$，设积分后得 $G(y) = F(x) + C$（C 为任意常数），这就是该微分方程的（隐式）通解，若从中解得 $y = \phi(x)$ 或 $x = \psi(y)$ 都称为该微分方程的显式通解.

例1 （1）求方程 $\dfrac{dy}{dx} = -\dfrac{x}{y}$ 的通解；（2）求该方程满足初始条件 $y(0) = 2$ 的特解.

解 （1）第一步，将方程分离变量，得

$$y dy = -x dx,$$

第二步，两边积分，有

$$\int y dy = \int -x dx,$$

然后求出积分，得

$$\frac{1}{2}y^2 = -\frac{1}{2}x^2 + C_1,$$

两边同时乘 2 并移项得

$$x^2 + y^2 = 2C_1,$$

因为 $2C_1$ 仍是任意常数，把它记作 C，故方程的通解为：

$$x^2 + y^2 = C（C 是任意常数）.$$

（2）将初始条件 $y(0) = 2$ 代入以上通解，得 $C = 4$，故所要求的特解为：

$$x^2 + y^2 = 4.$$

可分离变量方程虽然简单，但很实用．好多生活中的实际问题都可以用此类方程建立数学模型加以解决．下面通过几例来展示此类微分方程解决实际问题的魅力．

例 2 已知物体在空气中冷却的速度与该物体及空气两者温度的差成正比（即牛顿冷却定理）．设有一瓶热水，水温原来是 $100℃$，空气的温度是 $20℃$，经过 $20h$ 以后，瓶内水温降到 $60℃$，求瓶内水温的变化规律．

解 （1）设时间 t 为自变量，物体的温度 T 为未知函数，$T = T(t)$，瓶内水的冷却速度即温度对时间的变化率为 $\frac{\mathrm{d}T}{\mathrm{d}t}$，瓶内水与空气温度之差为 $(T - 20)$，根据题意，有

$$\frac{\mathrm{d}T}{\mathrm{d}t} = -k(T - 20), \tag{4-2-6}$$

其中 k 为比例系数 $(k > 0)$，由于 $T(t)$ 是单调减少的，即 $\frac{\mathrm{d}T}{\mathrm{d}t} < 0$，而 $T - 20 > 0$，所以上式右端前面应加"负号"，初始条件是 $T|_{t=0} = 100$．

（2）将方程（4-2-6）分离变量，得

$$\frac{\mathrm{d}T}{T - 20} = -k\mathrm{d}t,$$

两边积分，整理后可得方程（4-2-6）的通解，即有

$\ln(T - 20) = -kt + \ln C$（任意常数有多种表达形式，$\ln C$ 也是较常用的一种），则

$$T = Ce^{-kt} + 20.$$

（3）把初始条件 $T|_{t=0} = 100$ 代入上式，得 $C = 80$，于是方程（4-2-6）的特解为

$$T = 80e^{-kt} + 20, \tag{4-2-7}$$

比例系数 k 可由另一条件 $T|_{t=20} = 60$ 代入（4-2-7）来确定，即由

$$60 = 80e^{-20k} + 20,$$

解得

$$k = \frac{1}{20}\ln 2 \approx 0.0347.$$

于是瓶内水温 T 与时间 t 的函数关系为

$$T = 80e^{-0.0347t} + 20.$$

例 3 镭、铀等放射性元素因不断放射出各种射线而逐渐减少其质量，这种现象称为放射性物质的衰变．根据实验得知，衰变速度与现存物质的质量成正比，求放射性元素在时刻 t 的质量．

解 用 x 表示该放射性物质在时刻 t 的质量，则 $\frac{\mathrm{d}x}{\mathrm{d}t}$ 表示 x 在时刻 t 的衰变速度，于是

"衰变速度与现存的质量成正比"可表示为

$$\frac{\mathrm{d}x}{\mathrm{d}t} = -kx. \tag{4-2-8}$$

这是一个以 x 为未知函数的一阶方程,它就是放射性元素**衰变的数学模型**,其中 $k > 0$ 是比例常数,称为衰变常数,因元素的不同而异. 方程右端的负号表示当时间 t 增加时,质量 x 减少.

解方程 (4-2-8) 得通解 $x = C\mathrm{e}^{-kt}$. 若已知当 $t = t_0$ 时,$x = x_0$,代入通解 $x = C\mathrm{e}^{-kt}$ 中可得 $C = x_0 \mathrm{e}^{kt_0}$,则可得到方程 (4-2-8) 特解

$$x = x_0 \mathrm{e}^{-k(t-t_0)}.$$

它反映了某种放射性元素衰变的规律.

> **注**　物理学中,我们称放射性物质从最初的质量到衰变为该质量自身的一半所花费的时间为半衰期. 不同物质的半衰期差别极大,如铀的普通同位素 $^{238}\mathrm{U}$ 的半衰期约为 50 亿年. 通常情况下半衰期是放射性物质的特征,即半衰期不依赖于该物质的初始量,一克 $^{226}\mathrm{Ra}$ 衰变成半克所需要的时间与一吨 $^{226}\mathrm{Ra}$ 衰变成半吨所需要的时间同样都是 1600 年. 正是这种事实才构成了确定考古发现日期时使用的著名的碳 14 测验的理论基础.

例 4　碳 14 ($^{14}\mathrm{C}$) 是放射性物质,随时间而衰减,碳 12 是非放射性物质. 活性人体因吸纳食物和空气,恰好补偿碳 14 衰减损失量而保持碳 14 和碳 12 含量不变,因而所含碳 14 与碳 12 之比为常数,考古学就是通过遗体中两者比值的变化来推测碳 14 的衰减比例的. 已测知一古墓中遗体所含碳 14 的数量为原有碳 14 数量的 80%,试求遗体的死亡年代.

解　放射性物质的衰减速度与该物质的含量成比例,它符合指数函数的变化规律. 设遗体当初死亡时 $^{14}\mathrm{C}$ 的含量为 p_0,t 时的含量为 $p = f(t)$,于是,$^{14}\mathrm{C}$ 含量的函数模型为

$$p = f(t) = p_0 \mathrm{e}^{kt}$$

其中 $p_0 = f(0)$,k 是一常数. 常数 k 可以这样确定:由化学知识可知,$^{14}\mathrm{C}$ 的半衰期为 5730 年,即 $^{14}\mathrm{C}$ 经过 5730 年后其含量衰减一半,故有

$$\frac{p_0}{2} = p_0 \mathrm{e}^{5730k}, \text{ 即 } \frac{1}{2} = \mathrm{e}^{5730k}.$$

两边取自然对数,得

$$5730k = \ln\frac{1}{2} \approx -0.69315, \text{ 即 } k \approx -0.0001209.$$

于是,$^{14}\mathrm{C}$ 含量的函数模型为

$$p = f(t) = p_0 \mathrm{e}^{-0.0001209t}.$$

由题设条件可知,遗体中 $^{14}\mathrm{C}$ 的含量为原含量 p_0 的 80%,故有

$$0.8 p_0 = p_0 \mathrm{e}^{-0.0001209t}, \text{ 即 } 0.8 = \mathrm{e}^{-0.0001209t}.$$

两边取自然对数,得

$$\ln 0.8 = -0.0001209t,$$

于是

$$t = \frac{\ln 0.8}{-0.0001209} \approx \frac{-0.22314}{-0.0001209} \approx 1846.$$

由此可知,遗体大约已死亡 1846 年.

更多应用的例子,可参看本章的第八节.

习题 4-2

1. 用分离变量法求解下列微分方程：

(1) $3x^2 + 5x - 5y' = 0$ ；　　　(2) $\dfrac{\mathrm{d}y}{\mathrm{d}x} = x^2 y^2$ ；

(3) $\dfrac{\mathrm{d}y}{\mathrm{d}x} = \dfrac{y}{\sqrt{1-x^2}}$ ；　　　(4) $\dfrac{\mathrm{d}y}{\mathrm{d}x} = (1+x+x^2)y$ ，且 $y(0) = \mathrm{e}$ ；

(5) $xy' - y\ln y = 0$ ；　　　(6) $y' = \sqrt{\dfrac{1-y^2}{1-x^2}}$ ；　　　(7) $xy\,\mathrm{d}x + (x^2+1)\,\mathrm{d}y = 0$.

2. 设跳伞员开始跳伞后所受的空气阻力与其下落速度成正比（比例系数为常数 k，$k > 0$），若起跳时速度为 0. 求下落的速度与时间的函数关系.

3. 某药进行静脉注射，其血药浓度下降是一级速率过程（即变化速率与当时的量成正比），第一次注射后，经 1h 浓度降至初始浓度的 $\dfrac{\sqrt{2}}{2}$ ，问要使血药浓度不低于初始浓度的一半，何时要进行第二次注射？

4. **（细菌生长）**　设 $t = 0$ 时在培养液中放进 x_0 个细菌，而其后 t h 的菌数是 x，若食料和生存空间无限，因而任一时刻菌数的增长率正比于那一时刻的菌数，求 x 关于 t 的函数.

5. 警方在晚上 8：20 发现一具尸体，测得其温度是 32.6℃，其所在房间的温度是 21.1℃. 1h 后警方又测了一次尸体的温度，这时尸体的温度已降为 31.4℃. 假设尸体所在房间的温度不变，死者死亡时体温是正常的 37℃. 尸体按照牛顿冷却定律变凉. 求此人的死亡时间.

第三节　一阶线性微分方程

形如

$$\frac{\mathrm{d}y}{\mathrm{d}x} + P(x)y = Q(x),\tag{4-3-1}$$

的方程称为**一阶线性微分方程**. 其中函数 $P(x)$、$Q(x)$ 是某一区间 I 上的连续函数. 当 $Q(x) \equiv 0$ 时，方程（4-3-1）成为

$$\frac{\mathrm{d}y}{\mathrm{d}x} + P(x)y = 0,\tag{4-3-2}$$

这个方程称为**一阶齐次线性方程**. 相应地，$Q(x) \neq 0$ 时的方程（4-3-1）称为**一阶非齐次线性方程**.

一、一阶齐次线性方程的解法

一阶齐次线性方程 $\dfrac{\mathrm{d}y}{\mathrm{d}x} + P(x)y = 0$ 是变量可分离方程. 分离变量后得

$$\frac{\mathrm{d}y}{y} = -P(x)\mathrm{d}x,$$

两边积分，得

$$\ln |y| = -\int P(x)\mathrm{d}x + C_1,$$

或

$$y = C\mathrm{e}^{-\int P(x)\mathrm{d}x}（其中 C = \pm \mathrm{e}^{C_1} 为任意常数），$$

于是一阶齐次线性方程（4-3-2）的通解为

$$y = C\mathrm{e}^{-\int P(x)\mathrm{d}x} （C 为任意常数）. \tag{4-3-3}$$

例 1　求方程 $(x-2)\dfrac{\mathrm{d}y}{\mathrm{d}x} = y$ 的通解.

解法一　这是齐次线性方程，分离变量得

$$\frac{\mathrm{d}y}{y} = \frac{\mathrm{d}x}{x-2},$$

两边积分得

$$\ln |y| = \ln |x-2| + \ln C,$$

方程的通解为

$$y = C(x-2)，（C 为任意常数）.$$

解法二　方程化为 $\dfrac{\mathrm{d}y}{\mathrm{d}x} - \dfrac{1}{(x-2)}y = 0$，知 $P(x) = -\dfrac{1}{(x-2)}$，将其代入公式（4-3-3），即

$$y = C_1\mathrm{e}^{-\int P(x)\mathrm{d}x} = C_1\mathrm{e}^{\int \frac{\mathrm{d}x}{(x-2)}} = C_1\mathrm{e}^{\ln|x-2|} = C(x-2) （其中 C = \pm C_1 为任意常数）.$$

二、一阶非齐次线性方程的解法（常数变易法）

将上述齐次线性方程通解中的常数 C 换成函数 $C(x)$，

$$y = C(x)\mathrm{e}^{-\int P(x)\mathrm{d}x} \tag{4-3-4}$$

代入方程（4-3-1）得

$$C'(x)\mathrm{e}^{-\int P(x)\mathrm{d}x} - P(x)C(x)\mathrm{e}^{-\int P(x)\mathrm{d}x} + P(x)C(x)\mathrm{e}^{-\int P(x)\mathrm{d}x} = Q(x)，$$

即

$$C'(x)\mathrm{e}^{-\int P(x)\mathrm{d}x} = Q(x)，$$

或

$$C'(x) = Q(x)\mathrm{e}^{\int P(x)\mathrm{d}x}，$$

两边求积分得

$$C(x) = \int Q(x)\mathrm{e}^{\int P(x)\mathrm{d}x}\mathrm{d}x + C.$$

将上式代入（4-3-4）式得一阶非齐次线性方程的通解的公式

$$y = \mathrm{e}^{-\int P(x)\mathrm{d}x}\left[\int Q(x)\mathrm{e}^{\int P(x)\mathrm{d}x}\mathrm{d}x + C\right]， \tag{4-3-5}$$

或

$$y = C\mathrm{e}^{-\int P(x)\mathrm{d}x} + \mathrm{e}^{-\int P(x)\mathrm{d}x}\cdot\int Q(x)\mathrm{e}^{\int P(x)\mathrm{d}x}\mathrm{d}x. \tag{4-3-6}$$

上面的解法，就是把对应的齐次方程的通解中的常数 C 变易为自变量的函数 $C(x)$，而后再去确定 $C(x)$，从而得到非齐次方程的通解．这种解法顾名思义称为"**常数变易法**"．

上式（4-3-6）右边第一项是对应的齐次线性方程（4-3-2）的通解，第二项是非齐次线

性方程（4-3-1）的一个特解（在（4-3-6）式中令 $C=0$ 便得此特解）. 因此可知，**一阶非齐次线性方程的通解等于对应的齐次方程的通解与非齐次方程的一个特解之和**.

例2　求方程 $y' + \dfrac{1}{x}y = \dfrac{\sin x}{x}$ 的通解.

解　$P(x) = \dfrac{1}{x}$，$Q(x) = \dfrac{\sin x}{x}$，于是所求通解为

$$y = \mathrm{e}^{-\int \frac{1}{x}\mathrm{d}x}\left(\int \frac{\sin x}{x} \cdot \mathrm{e}^{\int \frac{1}{x}\mathrm{d}x}\mathrm{d}x + C\right) = \mathrm{e}^{-\ln|x|}\left(\int \frac{\sin x}{x} \cdot \mathrm{e}^{\ln|x|}\mathrm{d}x + C\right) = \frac{1}{x}(-\cos x + C).$$

注　由于公式（4-3-5）和（4-3-6）较为复杂难记，所以建议大家记方法，即先解对应的齐次方程的通解，作常数变易，代入非齐次方程求 $C(x)$，从而确定非齐次方程通解.

例3　求解微分方程 $y' - \dfrac{2}{x+1}y = (x+1)^3$ 满足初始条件 $y|_{x=1} = 8$ 的特解.

解　先求与原方程对应的齐次线性方程 $y' - \dfrac{2}{x+1}y = 0$ 的通解.

分离变量得

$$\frac{\mathrm{d}y}{y} = \frac{2}{x+1}\mathrm{d}x,$$

两边积分得

$\ln|y| = 2\ln|1+x| + \ln C_1$，即 $y = C(1+x)^2$　（其中 $C = \pm\mathrm{e}^{C_1}$ 为任意常数）.

再由常数变易法可设原方程的解为

$$y = C(x)(1+x)^2,$$

从而

$$y' = C'(x)(1+x)^2 + 2C(x)(1+x),$$

代入原方程得

$$C'(x)(1+x)^2 + 2C(x)(1+x) - \frac{2}{1+x}C(x)(1+x)^2 = (1+x)^3,$$

化简得

$$C'(x) = 1+x,$$

两边积分得

$$C(x) = \frac{1}{2}(1+x)^2 + C,$$

于是原方程的通解为

$$y = (1+x)^2\left[\frac{1}{2}(1+x)^2 + C\right].$$

代入初始条件 $y|_{x=1} = 8$ 得

$$8 = 4(2+C),$$

解得

$$C = 0,$$

于是所求特解为

$$y = \frac{1}{2}(1+x)^4.$$

例 4　求方程 $y^3 \mathrm{d}x + (2xy^2 - 1)\mathrm{d}y = 0$ 的通解.

解　当将 y 看作 x 的函数时，方程变为

$$\frac{\mathrm{d}y}{\mathrm{d}x} = \frac{y^3}{1 - 2xy^2}.$$

这个方程不是一阶线性微分方程，不便求解. 如果将 x 看作 y 的函数，方程改写为

$$y^3 \frac{\mathrm{d}x}{\mathrm{d}y} + 2y^2 x = 1,$$

则为一阶线性微分方程，于是对应齐次方程为

$$y^3 \frac{\mathrm{d}x}{\mathrm{d}y} + 2y^2 x = 0,$$

分离变量，并积分得 $\displaystyle\int \frac{\mathrm{d}x}{x} = -\int \frac{2\mathrm{d}y}{y}$，即 $x = C\dfrac{1}{y^2}$，

其中 C 为任意常数，利用常数变易法，设题原方程的通解为 $x = C(y)\dfrac{1}{y^2}$，代入原方程，得

$$C'(y) = \frac{1}{y},$$

积分得　$C(y) = \ln|y| + C$，

故原方程的通解为 $x = \dfrac{1}{y^2}(\ln|y| + C)$，其中 C 为任意常数.

例 5　在一个石油精炼厂，一个存储罐装 8 000L 的汽油，其中包含 1 600g 的添加剂. 为冬季准备，每升含 2g 添加剂的石油以 40L/min 的速度注入存储罐. 充分混合的溶液以 45L/min 的速度泵出. 在混合过程开始后 20min，罐中的添加剂有多少？

解　令 $y(t)$ 是在时刻 t 罐中的添加剂的总量. 易知 $y(0) = 1\,600$. 在时刻 t 罐中的溶液的总量

$$V(t) = 8\,000 + (40 - 45)t = 8\,000 - 5t,$$

因此添加剂流出的速率为

$$\frac{y(t)}{V(t)} \times \text{溶液流出的速率} = \frac{y(t)}{8\,000 - 5t} \times 45 = \frac{45y(t)}{8\,000 - 5t},$$

添加剂流入的速率 $2 \times 40 = 80$，得到微分方程

$$\frac{\mathrm{d}y}{\mathrm{d}t} = 80 - \frac{45y}{8\,000 - 5t},$$

即

$$\frac{\mathrm{d}y}{\mathrm{d}t} + \frac{45}{8\,000 - 5t} \cdot y = 80,$$

于是所求通解为

$$y = \mathrm{e}^{-\int \frac{45}{8000 - 5t}\mathrm{d}t}\left(\int 80 \cdot \mathrm{e}^{\int \frac{45}{8000 - 5t}\mathrm{d}t}\mathrm{d}t + C\right) = (16\,000 - 10t) + C(t - 1\,600)^9,$$

由 $y(0) = 1\,600$ 确定 C，得

$$(16\,000 - 10 \times 0) + C(0 - 1\,600)^9 = 1\,600, \quad C = \frac{9}{1\,600^8},$$

故初值问题的解是

$$y = (16\,000 - 10t) + \frac{9}{1\,600^8}\,(t - 1\,600)^9,$$

所以注入开始后 20min 时的添加剂总量是

$$y(20) = (16\,000 - 10 \times 20) + \frac{9}{1\,600^8}\,(20 - 1\,600)^9 \approx 2\,941.32\text{g}.$$

注 液体溶液中（或散布在气体中）的一种化学品流入装有液体（或气体）的容器中，容器中可能还装有一定量的溶解了的该化学品．把混合物搅拌均匀并以一个已知的速率流出容器．在这个过程中，知道在任何时刻容器中的该化学品的浓度往往是重要的．描述这个过程的微分方程用下列公式表示：

容器中总量的变化率＝化学品进入的速率－化学品流出的速率．

习 题 4-3

1. 求下列微分方程的通解或在给定条件下的特解：

(1) $y' - y\sin x = 0$；

(2) $x\ln x\,dy + (y - \ln x)\,dx = 0$，$y|_{x=e} = 1$；

(3) $y' + ay = b\sin x$（其中 a,b 为常数）；

(4) $y' + (\cos x)y = e^{-\sin x}$；

(5) $y' + y = e^{-x}$；

(6) $(\cos^2 x)\dfrac{dy}{dx} + y = \tan x$，$y|_{x=0} = 0$；

(7) $\dfrac{dy}{dx} + 2xy = xe^{-x^2}$；

(8) $\dfrac{dy}{dx} = \dfrac{1}{x + y^2}$．

2. 设有一桶内盛盐水 100L，含净盐 50g．今以 3L/min 的匀速注入浓度为 2g/L 的盐水以增大桶内盐水的浓度（假设搅拌器的工作能使桶内盐水浓度随时保持均匀），同时又以 2L/min 的匀速度使盐水流出，问 30min 后桶内的含盐量是多少？

第四节 可降阶的二阶微分方程

以上讨论了一阶微分方程．但在许多实际问题中，经常会遇到高阶微分方程．对一般的高阶微分方程没有普遍的解法，本节讨论三种特殊形式的二阶微分方程，它们有的可以通过两次积分求得，有的经过适当的变量替换可降为一阶微分方程，然后求解一阶微分方程，再将变量回代，从而求得所给二阶微分方程的解．

一、$y'' = f(x)$ 型微分方程

方程 $y'' = f(x)$ 的特点是**只含未知函数的二阶导数和已知函数 $f(x)$**，这样的方程只要连续积分两次便可得其通解．

在方程 $y'' = f(x)$ 两端积分，得

$$y' = \int f(x)\,dx + C_1$$

再次积分，得

$$y = \int \left[\int f(x)\,dx + C_1 \right] dx + C_2$$

> **注**　这种类型的方程的解法，可推广到 n 阶微分方程
> $$y^{(n)} = f(x) ,$$
> 只要连续积分 n 次，就可得这个方程的含有 n 个任意常数的通解．

例 1　解微分方程 $y'' = e^x$．

解　连续积分两次，得 $y' = \int e^x dx = e^x + C_1 , y = \int y' dx = \int (e^x + C_1) dx = e^x + C_1 x + C_2$．

例 2　解方程 $y'' = \dfrac{1}{1+x^2}$．

解
$$y' = \int \frac{1}{1+x^2} dx = \arctan x + C_1 ,$$
$$y = \int (\arctan x + C_1) dx = x\arctan x - \int \frac{x}{1+x^2} dx + C_1 x$$
$$= x\arctan x - \frac{1}{2}\ln(1+x^2) + C_1 x + C_2 .$$

例 3　试求由 $y'' = x$ 确定的函数曲线 $y = f(x)$，使之与直线 $y = \dfrac{x}{2} + 1$ 相切于 $(0，1)$ 点．

解　对方程 $y'' = x$ 积分两次，得
$$y' = \int x dx = \frac{x^2}{2} + C_1 ,$$
$$y = \int \left(\frac{x^2}{2} + C_1\right) dx = \frac{x^3}{6} + C_1 x + C_2 .$$

由题意知
$$y|_{x=0} = 1 , y'|_{x=0} = \frac{1}{2} ,$$

代入通解中，得
$$C_2 = 1 , C_1 = \frac{1}{2} ,$$

于是所求函数曲线为
$$y = \frac{x^3}{6} + \frac{x}{2} + 1 .$$

例 4　求微分方程 $y''' = xe^x$ 的通解．

解　方程两边求一次积分得
$$y'' = \int xe^x dx = \int x de^x = xe^x - \int e^x dx = xe^x - e^x + C_1 .$$

将上式再次积分得
$$y' = \int xe^x dx - \int e^x dx + \int C_1 dx = xe^x - e^x - e^x + C_1 x + C_2 = xe^x - 2e^x + C_1 x + C_2 .$$

第三次积分得　$y = \int xe^x dx - 2\int e^x dx + C_1 \int x dx + \int C_2 dx$
$$= (xe^x - e^x) - 2e^x + \frac{C_1}{2}x^2 + C_2 x + C_3$$

$$= xe^x - 3e^x + \frac{C_1}{2}x^2 + C_2 x + C_3 .$$

二、$y'' = f(x, y')$ 型微分方程

这种方程的特点是**不显含未知函数 y**,求解的方法是:

令 $y' = p(x)$(即如原方程一样缺少 y),则 $y'' = p'(x)$,原方程化为以 $p(x)$ 为未知函数的一阶微分方程

$$p' = f(x, p).$$

设其通解为

$$p = \varphi(x, C_1),$$

然后再根据关系式 $y' = p$,又得到一个一阶微分方程

$$\frac{dy}{dx} = \varphi(x, C_1).$$

对它进行积分,即可得到原方程的通解

$$y = \int \varphi(x, C_1) dx + C_2.$$

例 5 求方程 $(1 + x^2) y'' - 2xy' = 0$ 的通解.

解 方程中不显含 y,令 $y' = p(x)$,则 $y'' = p'(x)$,原方程化为

$$\frac{dp}{p} = \frac{2x}{1 + x^2} dx,$$

它的通解为

$$p = C_1(1 + x^2),$$

即

$$y' = C_1(1 + x^2),$$

两边积分,得原方程的通解

$$y = C_1\left(x + \frac{x^3}{3}\right) + C_2 .$$

例 6 求微分方程 $y'' - y' - x = 0$ 的通解.

解 令 $y' = p(x)$,于是 $y'' = \frac{dp}{dx}$,

原方程变为 $\frac{dp}{dx} - p = x$,

$$p = e^{-\int (-1)dx} \left[\int xe^{\int (-1)dx} dx + C_1\right] = e^x \left[\int xe^{-x} dx + C_1\right] = e^x \left[\int xd(-e^{-x}) + C_1\right]$$

$$= e^x \left[-xe^{-x} - e^{-x} + C_1\right] = C_1 e^x - (x + 1),$$

即 $y' = C_1 e^x - (x + 1)$, $y = \int [C_1 e^x - (x + 1)] dx = C_1 e^x - \left(\frac{x^2}{2} + x\right) + C_2 .$

例 7 求 $y'' + y' = x^2$ 的通解.

解 令 $y' = p(x)$,则 $p' = y''$,则 $p' + p = x^2$(一阶线性方程)

利用常数变易法得通解 $p = x^2 - 2x + 2 + C_1 e^{-x}$,

又 $p = y'$,所以通解 $y = \frac{1}{3}x^3 - x^2 + 2x - C_1 e^{-x} + C_2 .$

三、$y'' = f(y, y')$ 型微分方程

这种方程的特点是**不显含自变量 x**. 解决的方法是:把 y 暂时看作自变量,并作变换 $y' = p(y)$(即如原方程一样缺少 x),于是,由复合函数的求导法则有

$$y'' = \frac{\mathrm{d}p}{\mathrm{d}x} = \frac{\mathrm{d}p}{\mathrm{d}y} \cdot \frac{\mathrm{d}y}{\mathrm{d}x} = p\frac{\mathrm{d}p}{\mathrm{d}y}.$$

这样就将原方程就化为

$$p\frac{\mathrm{d}p}{\mathrm{d}y} = f(y, p).$$

这是一个关于变量 y、p 的一阶微分方程. 设它的通解为

$$p = \varphi(y, C_1),$$

而 $\dfrac{\mathrm{d}y}{\mathrm{d}x} = p$,于是 $\dfrac{\mathrm{d}y}{\mathrm{d}x} = \varphi(y, C_1)$,

这是可分离变量的方程,对其积分即得到原方程的通解

$$\int \frac{\mathrm{d}y}{\varphi(y, C_1)} = x + C_2.$$

例 8 求方程 $yy'' - (y')^2 = 0$ 的通解.

解 方程不显含自变量 x,令 $y' = p(y)$,原方程可变为 $y \cdot p \cdot \dfrac{\mathrm{d}p}{\mathrm{d}y} - p^2 = 0$.

即 $p = 0$ 或 $y\dfrac{\mathrm{d}p}{\mathrm{d}y} = p$,

由 $y' = p = 0$ 得 $y = C$.

由 $y\dfrac{\mathrm{d}p}{\mathrm{d}y} = p$ 分离变量,得 $\dfrac{\mathrm{d}p}{p} = \dfrac{\mathrm{d}y}{y}$,

两边积分得 $\displaystyle\int \frac{\mathrm{d}p}{p} = \int \frac{\mathrm{d}y}{y}$,

求积分得 $\ln|p| = \ln|y| + C_3$,即 $p = \pm\,\mathrm{e}^{C_3}y$,$p = C_1 y$,($C_1 = \pm\,\mathrm{e}^{C_3}$).
即 $y' = C_1 y$,得 $y = C_2 \mathrm{e}^{C_1 x}$
因 $y = C$ 包含于 $y = C_2 \mathrm{e}^{C_1 x}$ 中,故原方程通解为 $y = C_2 \mathrm{e}^{C_1 x}$.

例 9 求方程 $y'' = 2y^3$ 满足初始条件 $y(0) = y'(0) = 1$ 的特解.

解 令 $p = y'$,则 $y'' = p\dfrac{\mathrm{d}p}{\mathrm{d}y}$,从而 $p\dfrac{\mathrm{d}p}{\mathrm{d}y} = 2y^3$,$p\mathrm{d}p = 2y^3\mathrm{d}y$,

积分,得 $\dfrac{1}{2}p^2 = \dfrac{1}{2}y^4 + \dfrac{C_1}{2}$ 由 $y(0) = y'(0) = 1$,得 $C_1 = 0$.

所以 $p = \pm y^2$,由 $y'(0) = 1$ 知 $p = y^2 = \dfrac{\mathrm{d}y}{\mathrm{d}x}$.

所以 $-\dfrac{1}{y} = x + C_2$,   由 $y(0) = 1$ 知 $C_2 = -1$.

所以 $y = \dfrac{1}{1 - x}$.

习 题 4-4

求下列二阶微分方程的通解或在给定条件下的特解:

1. $y'' = x\cos x$.

2. $y'' = e^{2x} - \cos x$, $y(0) = 0$, $y'(0) = 1$.

3. $xy'' = y'\ln y'$.

4. $y'' = \dfrac{2xy'}{x^2+1}$, $y\mid_{x=0} = 1$, $y'\mid_{x=0} = 3$.

5. $yy'' = 2(y'^2 - y')$, $y(0) = 1$, $y'(0) = 2$.

6. $2yy'' + y'^2 = 0$.

第五节 二阶线性微分方程解的结构

和一阶方程的情形一样，在高阶方程中，线性方程是应用较广泛而且解的结构最明晰的一类方程. n 阶线性微分方程的一般形式是：

$$y^{(n)} + p_1(x)y^{(n-1)} + p_2(x)y^{(n-2)} + \cdots + p_n(x)y = f(x) \tag{4-5-1}$$

其中，方程右边的函数 $f(x)$ 称为**自由项**.

当方程（4-5-1）的自由项 $f(x) \equiv 0$ 时，该方程称为**齐次的**；否则称为**非齐次的**. 为了保证方程（4-5-1）的解存在，均假设自由项 $f(x)$ 及其中的系数 $p_i(x)(i = 1, 2, \cdots, n)$，在方程所讨论的区间 I 上连续.

本节主要讨论二阶线性方程的解，其主要结论可类似地推广到 n 阶线性方程的情形.

二阶线性微分方程的一般形式是

$$\frac{\mathrm{d}^2 y}{\mathrm{d}x^2} + P(x)\frac{\mathrm{d}y}{\mathrm{d}x} + Q(x)y = f(x) \tag{4-5-2}$$

其中 $P(x)$、$Q(x)$ 及 $f(x)$ 是自变量 x 的已知函数，函数 $f(x)$ 称为方程（4-5-2）的**自由项**. 当 $f(x) = 0$ 时，方程（4-5-2）成为

$$\frac{\mathrm{d}^2 y}{\mathrm{d}x^2} + P(x)\frac{\mathrm{d}y}{\mathrm{d}x} + Q(x)y = 0 \tag{4-5-3}$$

这个方程称为**二阶齐次线性微分方程**，相应地，方程（4-5-2）称为**二阶非齐次线性微分方程**.

一、二阶线性齐次微分方程解的结构

定理 1　如果函数 $y_1(x)$ 与 $y_2(x)$ 是方程（4-5-3）的两个解，则

$$y = C_1 y_1(x) + C_2 y_2(x) \tag{4-5-4}$$

也是方程（4-5-3）的解，其中 C_1, C_2 是任意常数.

证明　$[C_1 y_1 + C_2 y_2]' = C_1 y_1' + C_2 y_2'$，

$[C_1 y_1 + C_2 y_2]'' = C_1 y_1'' + C_2 y_2''$.

因为 y_1 与 y_2 是方程 $y'' + P(x)y' + Q(x)y = 0$ 的解，所以有

$y_1'' + P(x)y_1' + Q(x)y_1 = 0$ 及 $y_2'' + P(x)y_2' + Q(x)y_2 = 0$，

从而　$[C_1 y_1 + C_2 y_2]'' + P(x)[C_1 y_1 + C_2 y_2]' + Q(x)[C_1 y_1 + C_2 y_2]$

$= C_1[y_1'' + P(x)y_1' + Q(x)y_1] + C_2[y_2'' + P(x)y_2' + Q(x)y_2] = 0 + 0 = 0$.

这就证明了 $y = C_1 y_1(x) + C_2 y_2(x)$ 也是方程 $y'' + P(x)y' + Q(x)y = 0$ 的解.

齐次线性方程的这个性质表明它的解符合叠加原理.

那么，$y = C_1 y_1(x) + C_2 y_2(x)$ 是否为方程（4-5-3）的通解呢？这要由 y_1、y_2 的关系来

决定．如果定理中的两个解 y_1、y_2 成比例（即 $\dfrac{y_2(x)}{y_1(x)}=k$，k 为常数），那么 $y=C_1y_1(x)+C_2y_2(x)=C_1y_1(x)+C_2ky_1(x)=(C_1+C_2k)y_1(x)=Cy_1(x)$，其中 $C=C_1+C_2k$. 实际上 y 只含有一个任意常数，因而 $y=C_1y_1(x)+C_2y_2(x)$ 不是方程（4-5-3）的通解．只有当 y_1、y_2 不成比例时，$y=C_1y_1(x)+C_2y_2(x)$ 才是方程（4-5-3）的通解．这两个不成比例的解，我们也说它们**线性无关**．

定理 2　如果 $y_1(x)$ 与 $y_2(x)$ 是方程（4-5-3）的两个不成比例的特解，则

$$y=C_1y_1(x)+C_2y_2(x),$$

就是方程（4-5-3）的通解，其中 C_1,C_2 是任意常数．

例 1　验证 $y_1=\sin x$ 与 $y_2=\cos x$ 是方程 $y''+y=0$ 的解，并讨论 $y=C_1\sin x+C_2\cos x$ 是否为其通解．

解　因为

$$y_1''+y_1=-\sin x+\sin x=0,$$
$$y_2''+y_2=-\cos x+\cos x=0,$$

所以 $y_1=\sin x$ 与 $y_2=\cos x$ 都是方程的解．

又因为 $\dfrac{y_1(x)}{y_2(x)}=\tan(x)\neq$ 常数．

因此，$y=C_1\sin x+C_2\cos x$ 是方程 $y''+y=0$ 的通解．

二、二阶线性非齐次微分方程解的结构

定理 3　设 y^* 是方程（4-5-2）的一个特解，而 Y 是其对应的齐次方程（4-5-3）的通解，则

$$y=Y+y^* \tag{4-5-5}$$

就是二阶非齐次线性微分方程（4-5-2）的通解．

证明
$$[Y(x)+y^*(x)]''+P(x)[Y(x)+y^*(x)]'+Q(x)[Y(x)+y^*(x)]$$
$$=[Y''+P(x)Y'+Q(x)Y]+[y^{*''}+P(x)y^{*'}+Q(x)y^*]$$
$$=0+f(x)=f(x).$$

这说明 $y=Y+y^*$ 是方程（4-5-2）的解，而齐次方程（4-5-3）的通解 $Y=C_1y_1(x)+C_2y_2(x)$ 中含有两个相互独立的任意常数，因此，$y=Y+y^*$ 也含有两个任意常数，从而 $y=Y+y^*$ 是非齐次方程（4-5-2）的通解．

例 2　说明 $y=C_1\sin x+C_2\cos x+x^2-2$ 是方程 $y''+y=x^2$ 的通解．

解　在例 1 中已经验证了 $y=C_1\sin x+C_2\cos x$ 是齐次方程 $y''+y=0$ 的通解，令 $y^*=x^2-2$，因为 $(x^2-2)''+(x^2-2)=2+(x^2-2)=x^2$，于是 y^* 为 $y''+y=x^2$ 的一个特解，
因此

$$y=C_1\sin x+C_2\cos x+x^2-2$$

是方程 $y''+y=x^2$ 的通解．

定理 4　若非齐次方程（4-5-2）的右端 $f(x)$ 可以写成 $f(x)=f_1(x)+f_2(x)$ 的形式，即

$$y''+P(x)y'+Q(x)y=f_1(x)+f_2(x). \tag{4-5-6}$$

而 y_1^* 与 y_2^* 分别是非齐次方程

$$y'' + P(x)y' + Q(x)y = f_1(x),$$

与

$$y'' + P(x)y' + Q(x)y = f_2(x),$$

的特解，则 $y_1^* + y_2^*$ 是方程（4-5-6）的特解．

证明 将 $y_1^* + y_2^*$ 代入方程（4-5-6）的左端

$$[y_1^* + y_2^*]'' + P(x)[y_1^* + y_2^*]' + Q(x)[y_1^* + y_2^*]$$
$$= [y_1^{*''} + P(x)y_1^{*'} + Q(x)y_1^*] + [y_2^{*''} + P(x)y_2^{*'} + Q(x)y_2^*]$$
$$= f_1(x) + f_2(x).$$

因此，$y_1^* + y_2^*$ 是方程（4-5-6）的特解．

这个定理通常称为非齐次线性微分方程的叠加原理．

定理 5 设 $y_1 + iy_2$ 是方程

$$y'' + P(x)y' + Q(x)y = f_1(x) + if_2(x)$$

的解，其中 $P(x)$，$Q(x)$，$f_1(x)$，$f_2(x)$ 为实值函数，i 为虚数单位．则 y_1, y_2 分别是方程

$$y'' + P(x)y' + Q(x)y = f_1(x) \quad 与 \quad y'' + P(x)y' + Q(x)y = f_2(x)$$

的解．

证明 由定理的假设，有

$$(y_1 + iy_2)'' + P(x)(y_1 + iy_2)' + Q(x)(y_1 + iy_2) = f_1(x) + if_2(x),$$
$$[y_1'' + P(x)y_1' + Q(x)y_1] + i[y_2'' + P(x)y_2' + Q(x)y_2] = f_1(x) + if_2(x),$$

由于恒等式两边的实部与虚部分别相等，所以

$$y_1'' + P(x)y_1' + Q(x)y_1 = f_1(x)，\quad y_2'' + P(x)y_2' + Q(x)y_2 = f_2(x)，$$

从而证得结论．

例如已知方程

$$y'' + y' = xe^{2ix} \equiv x(\cos 2x + i\sin 2x)$$

的通解为 $y_1 + iy_2$，则 y_1, y_2 分别是方程

$$y'' + y' = x\cos 2x \quad 与 \quad y'' + y' = x\sin 2x$$

的解．

例 3 已知 $y_1 = xe^x + e^{2x}, y_2 = xe^x - e^{-x}, y_3 = xe^x + e^{2x} - e^{-x}$ 是某二阶非齐次线性微分方程的三个特解：

（1）求此方程的通解；

（2）写出此微分方程；

（3）求此微分方程满足 $y(0) = 7, y'(0) = 6$ 的特解．

解 （1）由题设知，$e^{2x} = y_3 - y_2, e^{-x} = y_1 - y_3$ 是该非齐次方程对应齐次方程的两个线性无关的解，且 $y_1 = xe^x + e^{2x}$，是非齐次线性方程的一个特解，故所求方程的通解为 $y = xe^x + e^{2x} + C_0 e^{2x} + C_2 e^{-x} = xe^x + C_1 e^{2x} + C_2 e^{-x}$，其中 $C_1 = 1 + C_0$；

（2）因为 $y = xe^x + C_1 e^{2x} + C_2 e^{-x}$，   ①

所以 $y' = e^x + xe^x + 2C_1 e^{2x} - C_2 e^{-x}$，   ②

$$y'' = 2e^x + xe^x + 4C_1 e^{2x} + C_2 e^{-x}，$$ ③

从以上三个式子中消去 C_1, C_2，可令③－②－2①，即得所求方程 $y'' - y' - 2y = e^x - 2xe^x$；

（3）在①，②代入初始条件 $y(0)=7$，$y'(0)=6$，得
$$C_1+C_2=7,\ 2C_1-C_2+1=6\Longrightarrow C_1=4,C_2=3.$$
从而所求特解为　$y=4e^{2x}+3e^{-x}+xe^x.$

习　题　4-5

1. 验证 $y_1=x$ 与 $y_2=e^x$ 是方程 $(x-1)y''-xy'+y=0$ 的解，并写出该方程的通解．

2. 验证 $y_1=e^{x^2}$ 与 $y_2=xe^{x^2}$ 都是方程 $y''-4xy'+(4x^2-2)y=0$ 的解，并写出该方程的通解．

3. 已知 $y_1=3$，$y_2=3+x^2$，$y_3=3+x^2+e^x$ 都是微分方程
$$(x^2-2x)y''-(x^2-2)y'+(2x-2)y=6x-6$$
的解，求此方程的通解．

第六节　二阶常系数齐次线性微分方程

形如
$$y''+py'+qy=0 \tag{4-6-1}$$
的微分方程称为**二阶常系数齐次线性微分方程**，其中 p,q 为常数．

由本章第五节定理 2 可知，要求齐次方程（4-6-1）的通解，可归结为求它的两个不成比例的特解 y_1，y_2，然后再作线性组合 $y=C_1y_1+C_2y_2$ 就是所求通解．

从齐次方程（4-6-1）的结构来看，它的解 y 必须与其一阶导数、二阶导数只差一个常数因子，而具有此特征的最简单的函数就是指数函数 e^{rx}（其中 r 为常数）．

因此，可设 $y=e^{rx}$ 为齐次方程（4-6-1）的解（r 为待定常数），则 $y'=re^{rx}$，$y''=r^2e^{rx}$，将之代入齐次方程（4-6-1）得 $e^{rx}(r^2+pr+q)=0$，由于 $e^{rx}\neq0$，所以有
$$r^2+pr+q=0. \tag{4-6-2}$$
由此可见，只要 r 满足方程（4-6-2），函数 $y=e^{rx}$ 就是齐次方程（4-6-1）的解，我们称方程（4-6-2）为齐次方程（4-6-1）的**特征方程**，满足方程（4-6-2）的根为**特征根**．

由于特征方程（4-6-2）是一个一元二次方程，它的两个根 r_1 与 r_2 可用公式
$$r_{1,2}=\frac{-p\pm\sqrt{p^2-4q}}{2}$$
求出，它们有三种不同的情况，分别对应着齐次方程（4-6-1）的通解的三种不同情形，叙述如下：

（1）$p^2-4q>0$ 时，有两个实根 r_1 与 r_2 且 $r_1\neq r_2$，所以 $y_1=e^{r_1x}$ 与 $y_2=e^{r_2x}$ 就是齐次方程（4-6-1）两个特解，且不成比例，因此齐次方程（4-6-1）的通解为
$$y=C_1e^{r_1x}+C_2e^{r_2x},$$
其中 C_1,C_2 为两个相互独立的任意常数．

（2）$p^2-4q=0$ 时，有两个相等的实根 $r_1=r_2=r$，则 $y_1=e^{rx}$ 只是齐次方程（4-6-1）的一个特解，还需要求（4-6-1）的另一个特解，且要求 $\dfrac{y_2}{y_1}\neq$ 常数．

于是设 $\dfrac{y_2}{y_1} = u(x)$，那么 $y_2 = u(x)y_1 = u(x)\mathrm{e}^{rx}$，其中 $u(x)$ 为待定函数．则 y_2 的一阶、二阶导数如下

$$y_2{}' = (ru + u')\mathrm{e}^{rx}，\quad y_2{}'' = (r^2 u + 2ru' + u'')\mathrm{e}^{rx}．$$

将 y_2、$y_2{}'$、$y_2{}''$ 代入方程并整理，得

$$u'' + (2r + p)u' + (r^2 + pr + q)u = 0．$$

由于 r 是方程（4-6-2）的二重根，因此 $2r + p = 0$ 且 $r^2 + pr + q = 0$．于是 $u'' = 0$，而 u 不能为常数，故可取 u 的最简单形式为 $u = x$，这样 $y_2 = x\mathrm{e}^{rx}$ 也是齐次方程（4-6-1）的特解，且 y_1, y_2 不成比例，因此齐次方程（4-6-1）的通解为

$$y = C_1 \mathrm{e}^{rx} + C_2 x \mathrm{e}^{rx} = (C_1 + C_2 x)\mathrm{e}^{rx}，$$

其中 C_1, C_2 为两个相互独立的任意常数．

（3）$p^2 - 4q < 0$ 时，有一对共轭复根 $r_1 = \alpha + i\beta$ 与 $r_2 = \alpha - i\beta$（$\beta \neq 0$），由于 $y_1 = \mathrm{e}^{(\alpha + i\beta)x}$ 与 $y_2 = \mathrm{e}^{(\alpha - i\beta)x}$ 是齐次方程（4-6-1）两个不成比例的解，但他们是复数形式的解．为得到实数形式的解，考虑欧拉公式

$$\mathrm{e}^{a + bi} = \mathrm{e}^a (\cos b + i\sin b)，$$

有

$$y_1 = \mathrm{e}^{(\alpha + i\beta)x} = \mathrm{e}^{\alpha x}(\cos\beta x + i\sin\beta x)，$$
$$y_2 = \mathrm{e}^{(\alpha - i\beta)x} = \mathrm{e}^{\alpha x}(\cos\beta x - i\sin\beta x)．$$

根据本章第五节定理 1 取

$$u_1 = \frac{1}{2}(y_1 + y_2) = \mathrm{e}^{\alpha x}\cos\beta x，$$

$$u_2 = \frac{1}{2i}(y_1 - y_2) = \mathrm{e}^{\alpha x}\sin\beta x，$$

则 u_1, u_2 都是齐次方程（4-6-1）的解，且不成比例，因而方程（4-6-1）的通解为：

$$y = C_1 \mathrm{e}^{\alpha x}\cos\beta x + C_2 \mathrm{e}^{\alpha x}\sin\beta x = (C_1 \cos\beta x + C_2 \sin\beta x)\mathrm{e}^{\alpha x}$$

其中 C_1, C_2 为两个相互独立的任意常数．

综上所述，求齐次方程 $y'' + py' + qy = 0$ 的通解步骤为：

第一步，写出齐次方程的特征方程 $r^2 + pr + q = 0$；

第二步，求出特征根 r_1 与 r_2；

第三步，根据特征根的不同情形，按照表 4-1 写出齐次方程（4-6-1）的通解．

表 4-1　常系数二阶线性齐次微分方程 $y'' + py' + qy = 0$ 的通解

特征方程 $r^2 + pr + q = 0$ 的两个特征根 r_1，r_2	齐次方程 $y'' + py' + qy = 0$ 的通解
两个不相等的实根 r_1 与 r_2	$y = C_1 \mathrm{e}^{r_1 x} + C_2 \mathrm{e}^{r_2 x}$
两个相等的实根 $r_1 = r_2 = r$	$y = (C_1 + C_2 x)\mathrm{e}^{rx}$
一对共轭复根 $r_1 = \alpha + i\beta$ 与 $r_2 = \alpha - i\beta$	$y = (C_1 \cos\beta x + C_2 \sin\beta x)\mathrm{e}^{\alpha x}$

例 1　求微分方程 $y'' - 2y' - 3y = 0$ 的通解．

解　所给方程的特征方程为

$$r^2 - 2r - 3 = 0，$$

求得其特征根为

$$r_1 = -1 \text{ 与 } r_2 = 3．$$

故所给方程的通解为

$$y = C_1 e^{-x} + C_2 e^{3x}.$$

例 2 求微分方程 $y'' - 4y' + 4y = 0$，满足条件 $y(0) = 0$，$y'(0) = 1$ 的特解．

解 所给方程的特征方程为

$$r^2 - 4r + 4 = 0,$$

求得其特征根为

$$r_1 = r_2 = 2,$$

故所给方程的通解为

$$y = (C_1 + C_2 x) e^{2x};$$

将初始条件 $y(0) = 0$，$y'(0) = 1$ 代入，得 $C_1 = 0$，$C_2 = 1$，

故所给方程的特解为

$$y = x e^{2x}.$$

例 3 求微分方程 $\dfrac{d^2 y}{dx^2} + 2 \dfrac{dy}{dx} + 3y = 0$ 的通解．

解 所给方程的特征方程为

$$r^2 + 2r + 3 = 0,$$

求得它有一对共轭复根为

$$r_{1,2} = -1 \pm \sqrt{2} i,$$

故所给方程的通解为

$$y = (C_1 \cos \sqrt{2} x + C_2 \sin \sqrt{2} x) e^{-x}.$$

习 题 4-6

求下列常系数二阶线性齐次微分方程的通解或在给定初始条件下的特解：

1. $y'' + 7y' + 12y = 0$.　　　　　　2. $y'' - 7y' + 6y = 0$.

3. $y'' - 12y' + 36y = 0$.　　　　　4. $\dfrac{d^2 s}{dt^2} + 2 \dfrac{ds}{dt} + s = 0$，$s|_{t=0} = 4$，$s'|_{t=0} = -2$.

5. $y'' + 2y' + 5y = 0$.　　　　　　6. $y'' + y = 0$.

第七节　二阶常系数非齐次线性微分方程

二阶常系数非齐次线性方程的一般形式为

$$y'' + py' + qy = f(x). \tag{4-7-1}$$

根据本章第五节定理 3 可知，要求方程（4-7-1）的通解，只要求出它的一个特解和其对应的齐次方程的通解，两个解相加就得到了方程（4-7-1）的通解．上节我们已经解决了求其对应齐次方程通解的方法，因此，本节要解决的问题是如何求得方程（4-7-1）的一个特解 y^*．

方程（4-7-1）的特解的形式与右端的自由项 $f(x)$ 有关，如果要对 $f(x)$ 的一般情形来求方程（4-7-1）的特解仍是非常困难的，这里只就 $f(x)$ 的两种常见的情形给出求特解 y^* 的方法——待定系数法．

一、$f(x) = P_m(x) e^{\lambda x}$ 型

设 $f(x) = P_m(x) e^{\lambda x}$，若 λ 是特征方程 $r^2 + pr + q = 0$ 的 k 重根，$k = 0, 1, 2$（$k = 0$ 表示

λ 不是特征根）；$P_m(x)$ 为一个关于 x 的 m 次多项式

$$P_m(x) = a_0 x^m + a_1 x^{m-1} + \cdots + a_{m-1} x + a_m.$$

由于多项式与指数函数乘积的导数仍为多项式与指数函数的乘积，考虑到方程（4-7-1）的左端的系数都是常数的特点，它的特解也应该是多项式与指数函数的乘积. 因而，可设

$$y^*(x) = x^k Q_m(x) e^{\lambda x} = Q(x) e^{\lambda x},$$

其中 $Q_m(x)$ 为关于 x 的 m 次多项式. 因而，$Q(x) = x^k Q_m(x)$ 是关于 x 的 $m+k$ 次多项式

$$y^{*\prime} = e^{\lambda x}(Q'(x) + \lambda Q(x)), y^{*\prime\prime} = e^{\lambda x}(Q''(x) + 2\lambda Q'(x) + \lambda^2 Q(x)),$$

把它们连同 $y^* = Q(x) e^{\lambda x}$ 代入方程（4-7-1），消去 $e^{\lambda x}$ 后得到

$$Q''(x) + (2\lambda + p)Q'(x) + (\lambda^2 + p\lambda + q)Q(x) = P_m(x). \tag{4-7-2}$$

现在根据 λ 的取值分三种情形讨论.

（1）当 λ 不是特征方程 $r^2 + pr + q = 0$ 的（特征）根，即 $\lambda^2 + p\lambda + q \neq 0$ 时，那么（4-7-2）式中 $Q(x)$ 的系数不为 0，要使（4-7-2）式成立，$Q(x)$ 必须是与 $P_m(x)$ 同次的多项式（因为 $Q'(x)$ 和 $Q''(x)$ 的次数都比 $Q(x)$ 的次数低），即

$$Q(x) = Q_m(x) = b_0 x^m + b_1 x^{m-1} + \cdots b_{m-1} x + b_m,$$

把 $Q_m(x)$ 及其一、二阶导数代入（4-7-2）式，经过比较两边同次项的系数，可确定 b_0，b_1，$\cdots$，b_m，从而求出特解 $y^* = Q_m(x) e^{\lambda x}$.

（2）如果 λ 是特征方程 $r^2 + pr + q = 0$ 的单根，那么 $\lambda^2 + p\lambda + q = 0$，但 $2\lambda + p \neq 0$. 要使（4-7-2）式成立，$Q'(x)$ 必须是与 $P_m(x)$ 同次的多项式，此时可令 $Q(x) = x Q_m(x)$，类似于（1），可把 $Q(x)$ 及其一、二阶导数代入（4-7-2）式，经过比较两边同次项的系数，确定 Q_m 的系数 b_0，b_1，$\cdots$，b_m，从而得出 $Q(x) = x(b_0 x^m + b_1 x^{m-1} + \cdots b_{m-1} x + b_m)$.

（3）如果 λ 是特征方程 $r^2 + pr + q = 0$ 的二重根，那么 $\lambda^2 + p\lambda + q = 0$ 且 $2\lambda + p = 0$，（4-7-2）式变成 $Q''(x) = P_m(x)$. 因此 $Q(x)$ 可通过 $P_m(x)$ 两次积分得到，它是 $(m+2)$ 次多项式. 由于我们只求一个特解，所以只需求一个 $Q(x)$. 为了简洁起见，通常把 $P_m(x)$ 两次积分的任意常数都取作 0，就得到这样的形式 $Q(x) = x^2 Q_m(x)$.

综上所述，当 $f(x) = P_m(x) e^{\lambda x}$ 时，二阶常系数非齐次线性微分方程（4-7-1）具有形如

$$y^* = x^k Q_m(x) e^{\lambda x}$$

的特解，其中 $Q_m(x)$ 是与 $P_m(x)$ 同次（m 次）的多项式，而 k 按 λ 是不是特征方程的根、是特征方程的单根或是特征方程的二重根依次取 0、1 或 2.

例 1 求 $y'' + y = x^2 + 1$ 的通解.

解 所给方程的 $f(x) = x^2 + 1$，则 $P_m(x) = x^2 + 1$，$\lambda = 0$.

对应的齐次方程为 $y'' + y = 0$，其特征方程 $r^2 + 1 = 0$ 有一对复数根 $r_1 = i, r_2 = -i$，因此对应的齐次方程的通解为 $Y = C_1 \cos x + C_2 \sin x$.

由于 $\lambda = 0$ 不是特征根，则设特解为 $y^* = ax^2 + bx + c$，

代入原方程，得

$$ax^2 + bx + (2a + c) = x^2 + 1,$$

比较系数得
$$\begin{cases} a = 1, \\ b = 0, \\ 2a + c = 1. \end{cases}$$

所以 $\qquad a = 1, b = 0, c = -1,$

故特解为
$$y^* = x^2 - 1,$$
所以原方程的通解为　　$y = Y + y^* = C_1 \cos x + C_2 \sin x + x^2 - 1$.

例 2　求方程 $y'' - 5y' + 6y = x e^{2x}$ 的通解.

解　解特征方程 $r^2 - 5r + 6 = 0$，得 $r_1 = 2$，$r_2 = 3$，那么齐次方程的通解为
$$y = C_1 e^{2x} + C_2 e^{3x}.$$
由于 $e^{\lambda x} P_m(x) = x e^{2x}$，知 $m = 1$，$\lambda = 2$.

因为 $\lambda = 2$ 是特征方程的单根，那么方程具有特解
$$y^* = x(ax + b) e^{2x} = (ax^2 + bx) e^{2x}.$$
将其代入原方程并整理，可得
$$-2ax + 2a - b = x.$$
于是
$$\begin{cases} -2a = 1, \\ 2a - b = 0, \end{cases} \quad 解之得 \quad \begin{cases} a = -\dfrac{1}{2}, \\ b = -1. \end{cases}$$

从而原方程的一个特解为 $y^* = -\left(\dfrac{1}{2}x^2 + x\right) e^{2x}$. 于是原方程的通解为
$$y = C_1 e^{2x} + C_2 e^{3x} - \left(\frac{1}{2}x^2 + x\right) e^{2x}.$$

例 3　求微分方程 $y'' + 2y' + y = 3x e^{-x}$ 的特解 y^*.

解　特征方程为 $r^2 + 2r + 1 = 0$.

解得　$r_{1,2} = -1$.

而 $\lambda = -1$，$k = 2$，$m = 1$

则　　　　$y^* = x^k Q_m(x) e^{\lambda x} = x^2(ax + b) e^{-x} = (ax^3 + bx^2) e^{-x}$,
$$y^{*\prime} = (3ax^2 + 2bx) e^{-x} - (ax^3 + bx^2) e^{-x},$$
$$y^{*\prime\prime} = (6ax + 2b) e^{-x} - (3ax^2 + 2bx) e^{-x} - (3ax^2 + 2bx) e^{-x} + (ax^3 + bx^2) e^{-x},$$
代入原方程
$$(6ax + 2b) e^{-x} - (3ax^2 + 2bx) e^{-x} - (3ax^2 + 2bx) e^{-x} + (ax^3 + bx^2) e^{-x}$$
$$+ 2(3ax^2 + 2bx) e^{-x} - 2(ax^3 + bx^2) e^{-x} + (ax^3 + bx^2) e^{-x} = 3x e^{-x}.$$
整理得
$$6ax + 2b = 3x, \quad 解得 \quad \begin{cases} a = \dfrac{1}{2}, \\ b = 0. \end{cases}$$

特解为　$y^* = \dfrac{1}{2} x^3 e^{-x}$.

二、$f(x) = P_m(x) e^{\lambda x} \cos \omega x$ 或 $f(x) = P_m(x) e^{\lambda x} \sin \omega x$ 型

当 $f(x) = P_m(x) e^{\lambda x} \cos \omega x$ 或 $f(x) = P_m(x) e^{\lambda x} \sin \omega x$ 时，应用上述方法先求右端为复指数形式的方程
$$y'' + py' + qy = P_m(x) e^{(\lambda + i\omega)x} \tag{4-7-3}$$
由欧拉公式知道，$y'' + py' + qy = P_m(x) e^{(\lambda + i\omega)x} = P_m(x) e^{\lambda x} \cos \omega x + i P_m(x) e^{\lambda x} \sin \omega x$，

$P_m(x)e^{\lambda x}\cos\omega x$ 和 $P_m(x)e^{\lambda x}\sin\omega x$ 分别是

$$P_m(x)e^{(\lambda+i\omega)x} = P_m(x)e^{\lambda x}(\cos\omega x + i\sin\omega x)$$

的实部和虚部. 因此，我们先考虑方程（4-7-3），其特解的求法在上一段中已经讨论过. 假定已经求出方程（4-7-3）的一个特解为 $y = y_1^* + iy_2^*$，则根据本章第五节定理 5 知道，方程（4-7-3）的特解 $y = y_1^* + iy_2^*$ 的实部 y_1^* 就是方程 $y'' + py' + qy = P_m(x)e^{\lambda x}\cos\omega x$ 的特解，而方程（4-7-3）的特解 $y = y_1^* + iy_2^*$ 的虚部 y_2^* 就是方程 $y'' + py' + qy = P_m(x)e^{\lambda x}\sin\omega x$ 的特解.

例 4 求方程 $y'' + y = 4x\sin x$ 的一个特解.

解 先解方程

$$y'' + y = 4xe^{ix}. \tag{4-7-4}$$

由于 i 为特征方程 $r^2 + 1 = 0$ 的单根，那么原方程具有特解

$$y^* = x(ax + b)e^{ix},$$

代入（4-7-4）后整理得

$$(2a + 2bi) + 4aix = 4x.$$

于是

$$\begin{cases} 2a + 2bi = 0, \\ 4ai = 4, \end{cases}$$

解得

$$\begin{cases} a = -i, \\ b = 1. \end{cases}$$

从而得方程（4-7-4）的特解为

$$y^* = x(1 - ix)e^{ix} = (x\cos x + x^2\sin x) + i(x\sin x - x^2\cos x),$$

取 y^* 的虚部

$$y_2^* = x\sin x - x^2\cos x.$$

即为原方程的一个特解.

例 5 求方程 $y'' + y = 4x\cos x + x^2 + 1$ 的通解.

解 在例 1 中已经求出对应齐次方程 $y'' + y = 0$ 的通解

$$Y = C_1\cos x + C_2\sin x.$$

将所求方程分解为

$$y'' + y = 4x\cos x, \tag{4-7-5}$$

及

$$y'' + y = x^2 + 1. \tag{4-7-6}$$

由例 4 的解题过程知，方程（4-7-5）的一个特解为

$$y_1^* = x\cos x + x^2\sin x,$$

又由例 1 知，方程（4-7-6）的一个特解为

$$y_2^* = x^2 - 1,$$

于是，由叠加原理知原方程的一个特解为

$$y^* = y_1^* + y_2^* = x\cos x + x^2\sin x + x^2 - 1,$$

所以原方程的通解为

$$y = Y + y^* = C_1 \cos x + C_2 \sin x + x \cos x + x^2 \sin x + x^2 - 1.$$

习 题 4-7

1. 下列方程具有什么样形式的特解?

   (1) $y'' + 5y' + 6y = \mathrm{e}^{3x}$;　　　　　　　(2) $y'' + 5y' + 6y = 3x\mathrm{e}^{-2x}$;

   (3) $y'' + 2y' + y = -(3x^2 + 1)\mathrm{e}^{-x}$.

2. 求下列常系数二阶线性微分方程的通解:

   (1) $y'' - 2y' - 3y = 3x + 1$;　　　　　(2) $y'' + y' = x^2$;

   (3) $y'' - 3y' + 2y = x\mathrm{e}^{2x}$;　　　　　(4) $y'' + y = x + \mathrm{e}^x$.

3. 求下列常系数二阶线性微分方程的通解:

   (1) $y'' + y = 4\sin x$;　　　　(2) $y'' - 2y' + 5y = \mathrm{e}^x \sin x$.

第八节　应用举例

微分方程在几何、力学、物理和农林等实际问题中具有广泛的应用, 本节我们将着重讨论微分方程在环境、生物等相关实际应用中的几个实例. 读者可从中感受到建立微分方程模型解决实际问题的巨大威力.

一、环境污染的数学模型

随着人类文明的发展, 环境污染问题已越来越成为公众所关注的焦点. 我们将建立一个模型, 来分析一个已受到污染的水域, 在不再增加污染的情况下, 需要经过多长的时间才能将其污染程度减少到一定标准之内, 即所谓水污染控制问题.

记 $Q = Q(t)$ 为容积为 V 的某一湖泊在时刻 t 所含的污染物的总量. 假设洁净的水以不变的流速 r 流入湖中, 并且湖水也以同样的流速流出湖外, 同时假设污染物是均匀地分布在整个湖中, 并且流入湖中洁净的水立刻就与原来湖中的水相混合. 注意到

$$Q \text{ 的变化率} = -(\text{污染物的流出速度}),$$

等式右端的负号表示禁止排污后, Q 将随时间逐渐减少, 而在时刻 t, 污染物的浓度为 $\dfrac{Q}{V}$.

于是

污染物流出速度＝污水流出速度×浓度

$$= r \cdot \frac{Q}{V}.$$

这样, 得微分方程 　　$\dfrac{\mathrm{d}Q}{\mathrm{d}t} = -\dfrac{r}{V}Q.$

又设当 $t = 0$ 时, $Q(0) = Q_0$, 解得该问题的特解为 $Q = Q_0 \mathrm{e}^{-\frac{rt}{V}}$.

污染量 Q 随时间 t 的变化如图 4-1.

例1 若有一已受污染的湖泊, 其容积为 $4.9 \times 10^6 \mathrm{m}^3$, 洁净的水以每年 $158 \times$

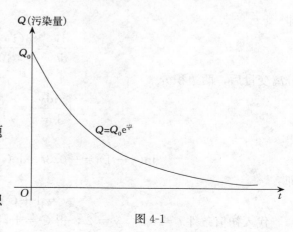

图 4-1

$10^3 m^3$ 的流速流入湖中，污水也以同样的流速流出. 问经过多长时间，可使湖中的污染物排出 90%? 若要排出 99%，又需要多长时间?

解 因为 $\dfrac{r}{V} = \dfrac{158 \times 10^3}{4.9 \times 10^6} \approx 0.03225$，所以

$$Q = Q_0 e^{-0.032\,25t}$$

所以，当有 90% 的污染物被排出时，还有 10% 的污染物留在湖中，即 $Q = 0.1Q_0$，代入上式，得 $0.1Q_0 = Q_0 e^{-0.032\,25t}$

解得

$$t = \frac{-\ln(0.1)}{0.03225} \approx 72\,(年).$$

当有 99% 的污染物被排出时，剩余的 $Q = 0.01Q_0$，于是 $0.01Q_0 = Q_0 e^{-0.032\,25t}$，解得

$$t = \frac{-\ln(0.01)}{0.032\,25} \approx 143\,(年).$$

例 2 在细胞的连续培养中，知道任意时刻容器中营养物质的含量是相当重要的. 假定容积为 10L 的液体中含有某种营养物质 2kg. 从时间 $t = 0$ 时开始，含量为 10% 的营养液体以每分钟 3L 的速率流入容器中，经充分搅拌后，液体以每分钟 3L 的统一速率排出容器外，求容器内营养物质的质量与时间的函数关系.

解 令 $y(t)$ 表示在时刻 t 容器内的营养物质的质量，由题意知，当 $t = 0$ 时，$y = 2$. 在任何时刻 t，容器内液体的总量为

$$V(t) = 10 + (3 - 3)t = 10,$$

因此

$$营养物质的流出速率 = \frac{y}{V(t)} \times 液体的流出速率 = \frac{3y}{10},$$

而

$$营养物质的流入速率 = 0.1 \times 液体的加入速率 = 0.3.$$

又由于

$$容器内营养物质的变化率 = 营养物质的流入速率 - 营养物质的流出速率$$

因此，可建立微分方程

$$\frac{\mathrm{d}y}{\mathrm{d}t} = 0.3 - \frac{3y}{10},$$

即

$$\frac{\mathrm{d}y}{\mathrm{d}t} = \frac{3(1-y)}{10},$$

分离变量后，两边积分

$$\int \frac{\mathrm{d}y}{1-y} = \frac{3}{10} \int \mathrm{d}t,$$

得

$$\ln(y-1) = -0.3t + \ln C, \quad y - 1 = Ce^{-0.3t},$$

即

$$y = 1 + C\,e^{-0.3t}.$$

代入初值条件 $t = 0$ 时，$y = 2$，得 $C = 1$，故所求的函数为

$$y = 1 + e^{-0.3t}.$$

二、生物种群数量的预测模型

例 3 在一定条件下，生物种群的相对增长速率与种群的大小无关，它是一个常数 r，代表种群的自然增长能力，因而也称为种群的自然增长率. 假定在时刻 $t = t_0$ 时，种群的数量 $N = N_0$，试确定种群数量与时间的函数关系.

解 设在 t 时刻种群的数量为 $N = N(t)$，则在时刻 t 到 $(t + \Delta t)$ 这段时间间隔内，种群的平均增长率为

$$\frac{N(t + \Delta t) - N(t)}{\Delta t} = \frac{\Delta N}{\Delta t},$$

种群的平均相对增长率为

$$\frac{\dfrac{N(t + \Delta t) - N(t)}{\Delta t}}{N(t)} = \frac{1}{N} \frac{\Delta N}{\Delta t},$$

令 $\Delta t \to 0$，上式两端取极限，得到在时刻 t 时的种群相对增长率为

$$\lim_{\Delta t \to 0} \frac{1}{N} \frac{\Delta N}{\Delta t} = \frac{1}{N} \frac{dN}{dt},$$

依题设条件，有

$$\frac{1}{N} \frac{dN}{dt} = r,$$

分离变量后，两边积分

$$\int \frac{dN}{N} = \int r dt.$$

得

$$\ln N = rt + C，\text{即 } N = e^C e^{rt}.$$

由初值条件 $N_0 = e^C e^{rt_0}$，有 $e^C = N_0 e^{-rt_0}$，将它代入 $N = e^C e^{rt}$，得

$$N = N_0 e^{r(t-t_0)}.$$

这就是 N 与时间 t 的函数关系模型，称为**指数增长模型**.

例 4 在氧气充足的情况下，酵母的增长规律是：酵母的增长速率与酵母的现有量成正比. 设在时刻 t 酵母的现有量是 N，求酵母的现有量 N 与时间 t 的函数关系. 又假设酵母开始发酵后，经过 2h 其重量为 4g，经过 3h 其重量为 6g，试计算发酵前酵母的量.

解 酵母的增长速率就是酵母现有量 N 对时间 t 的导数 $\dfrac{dN}{dt}$. 由已知条件知 $N > 0$，$\dfrac{dN}{dt} > 0$，于是得到方程

$$\frac{dN}{dt} = rN \ (r > 0).$$

分离变量得

$$\frac{dN}{N} = r dt,$$

两边积分，得

$$\ln N = rt + C_1,$$

即

$$N = e^{C_1} e^{rt}.$$

令 $e^{C_1} = C$，则 $N = Ce^{rt}$，它也是一个指数增长模型.

由已知条件，当 $t=2$ 时，$N=4$；当 $t=3$ 时，$N=6$.

从而有

$$\begin{cases} 4 = Ce^{2r}, \\ 6 = Ce^{3r}. \end{cases}$$

解得

$$\begin{cases} C = \dfrac{16}{9}, \\ r = \ln \dfrac{3}{2}, \end{cases} \quad \text{即 } N = \dfrac{16}{9} e^{(\ln \frac{3}{2})t}.$$

设酵母发酵前的量为 N_0，则当 $t=0$ 时，$N=N_0$，代入上式得 $N_0 = \dfrac{16}{9}$，因此，酵母发酵前为 $\dfrac{16}{9}$ g.

指数增长模型是由 Malthus 第一次在研究人口增长规律时提出的，因此也称为 **Malthus 指数增长模型**. 这个模型可以作为一般种群的生态数学模型. 若 $r>0$，则模型描述了种群的增长过程；若 $r<0$，则模型描述了种群的消亡过程，当然该模型有一定的局限性.

人们曾经用该模型研究美国从 1790 年到 1800 年人口的增长过程，所得结果与实际调查的结果十分吻合，但是从 1860 年以后却出现了较大的偏差，实际人口数字比计算的结果小得多，而且随时间的推移，误差更大，这说明了人口的相对增长率不可能一直保持不变.

现实生活中，种群不可能无限的增大，它必须受到所处环境的制约，如植物受所需的水分、阳光以及土壤中的营养物质的限制，人类及其他生物也必须受到生存环境的制约.

例 5 例 4 中，在氧气充足的情况下，酵母的增长规律是：酵母的增长速率与酵母的现有量成正比. 但在缺氧条件下，酵母在发酵过程中会产生酒精，而酒精将抑制酵母继续发酵. 在酵母量增长的同时，酒精量也相应增加，酒精的抑制作用也相应增加，致使酵母的增长率逐渐下降，直到酵母的量稳定地接近一个极限值为止，上述过程的数学模型如下：

$$\frac{dN}{dt} = rN(K-N),$$

称为**阻滞增长模型或逻辑斯谛模型**. 其中 K 为酵母量的极限值，是一个常数. 试求在缺氧条件下酵母的现有量 N 与时间 t 的函数关系.

解 该方程为可分离变量的微分方程，所以可用分离变量法求解.

第一步，分离变量，得

$$\frac{dN}{N(K-N)} = rdt.$$

第二步，两边积分，有

$$\int \frac{dN}{N(K-N)} = \int rdt,$$

即

$$\frac{1}{K} \int \left(\frac{1}{N} + \frac{1}{(K-N)} \right) dN = \int rdt,$$

然后求出积分，得

$$\frac{1}{K}\left[\ln N-\ln(K-N)\right]=rt+C_1,$$

故方程的通解为 $\dfrac{N}{K-N}=\mathrm{e}^{KC_1}\,\mathrm{e}^{Krt}$，令 $\mathrm{e}^{KC_1}=C$，得 $\dfrac{N}{K-N}=C\mathrm{e}^{Krt}$，

解得
$$N=\frac{K}{1+\dfrac{1}{C}\mathrm{e}^{-Krt}}\quad(C\text{ 为任意常数}).$$

假设开始时酵母量为 N_0，则有

$$C=\frac{N_0}{K-N_0}.$$

从而 $N=\dfrac{K}{1+\dfrac{K-N_0}{N_0}\mathrm{e}^{-Krt}}$，这就是缺氧条件下酵母的现有

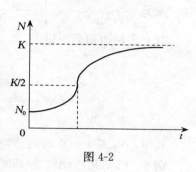

图 4-2

量 N 与时间 t 的函数关系，如图 4-2，此曲线叫做生物生长曲线，又名 Logistic 曲线，在生物科学和农业科学中有着非常重要的意义.

可以求得，当 $N=\dfrac{K}{2}$ 时，对应曲线上的点是曲线的拐点，在前期酵母的增长率是逐渐上升的，在拐点处增长率达到最大值，以后增长率逐渐减小，而趋于零.

动物繁殖是一个非常复杂的问题，但是如果把影响繁殖的许多次要因素忽略掉或简单化，我们仍然可以用微分方程来描述动物繁殖的近似规律，从而预测动物未来的数量.

现考虑一种与外界完全隔绝的某种动物，这里所说的与外界完全隔绝是指它们中间除了本族的出生和死亡之外，既无迁出也无迁入.

设在 t 时间内这一种动物的数目为 N，并设它们的出生率和死亡率分别为 n 和 m. 假定它们出生数和死亡数都和 t 时的动物数及时间成正比. 现在讨论动物数 N 与时间 t 之间的函数关系.

设 $[t,t+\mathrm{d}t]$ 时间间隔内动物数的增量为 $\mathrm{d}N$，由题意得，在 $\mathrm{d}t$ 时间内这种动物的出生量与死亡量分别为 $nN\mathrm{d}t$ 和 $mN\mathrm{d}t$.

根据　　　　　　　　增量＝出生量－死亡量，
容易得到
$$\mathrm{d}N=nN\mathrm{d}t-mN\mathrm{d}t,$$
即
$$\mathrm{d}t=\frac{\mathrm{d}N}{(n-m)N}.$$

初始条件为 $N|_{t=0}=N_0$，将方程进行变量分离并积分得

$$\int_0^t\mathrm{d}t=\int_{N_0}^N\frac{\mathrm{d}N}{(n-m)N},$$
则
$$N=N_0\cdot\mathrm{e}^{(n-m)t}.$$

从上式看出，如果 $n>m$，则动物数量将无限地增加；如果 $n<m$，则动物数量将逐渐

减少，趋于灭亡，事实却不会如此简单．为此生物学家根据统计数据对 n,m 作了修正，即出生率与死亡率已不再是常数，而是 N 的线性函数设 $n = a - bN$，$m = p + qN$，式中 a,b，p,q 均为正常数，前者随 N 均匀减小，后者随 N 均匀增加．这时的方程为

$$\mathrm{d}N = (a - bN)N\mathrm{d}t - (p + qN)N\mathrm{d}t,$$

$$\mathrm{d}N = (b + q)N\left(\frac{a - p}{b + q} - N\right)\mathrm{d}t.$$

令 $k = b + q$，$l = \dfrac{a - p}{b + q}$，则

$$\mathrm{d}N = kN(l - N)\mathrm{d}t，\text{即 } k\mathrm{d}t = \frac{\mathrm{d}N}{N(l - N)}.$$

因为 $\dfrac{1}{N(l - N)} = \dfrac{1}{l}\left(\dfrac{1}{l - N} + \dfrac{1}{N}\right)$，

对上式两边积分，得

$$\int_0^t k\mathrm{d}t = \int_{N_0}^N \frac{\mathrm{d}N}{N(l - N)},$$

$$N = \frac{lN_0}{N_0 + (l - N_0)\mathrm{e}^{-kt}} = \frac{l}{1 + \left(\dfrac{l}{N_0} - 1\right)\mathrm{e}^{-kt}},$$

其中，N_0 是 $t = 0$ 时的动物数，不论初值 N_0 是多少，当 $t \to +\infty$ 时，N 的极限总为 l．

例 6 已知某种动物在 1890 年时为 13 百万只，1940 年时为 50 百万只，1990 年时为 122 百万只，试预测 2040 年的动物数 N．

解 时间以 50 年为 1 个时间单位，由 $N|_{t=0} = 13$，$N|_{t=1} = 50$，$N|_{t=2} = 122$，由上述模型中的公式 $N = \dfrac{l}{1 + \left(\dfrac{l}{N_0} - 1\right)\mathrm{e}^{-kt}}$ 得 $N_0 = 13$，再将 $N|_{t=1} = 50$，$N|_{t=2} = 122$ 代入得：

$$\begin{cases} \dfrac{l}{1 + \left(\dfrac{l}{N_0} - 1\right)\mathrm{e}^{-kl \cdot 1}} = 50, \\[4mm] \dfrac{l}{1 + \left(\dfrac{l}{N_0} - 1\right)\mathrm{e}^{-kl \cdot 2}} = 122, \end{cases} \quad \text{解得} \begin{cases} l = 195.7, \\ k = 0.008\,02. \end{cases}$$

于是这种动物的繁殖函数是

$$N = \frac{195.7}{1 + 14.05\mathrm{e}^{-1.57t}}.$$

当 $t = 3$ 时

$$N = \frac{195.7}{1 + 14.05\mathrm{e}^{-1.57 \times 3}} \approx 174（\text{百万只}）.$$

所以，2040 年的动物数量约是 174 百万只．

三、被食者—食者系统的 Volterra 模型

下面我们来讨论一个包含两个群体的生态系统，其中一个群体紧密地依赖于另一个群体．例如害虫与其天敌、寄生虫与其宿主等我们笼统地称之为被食者与食者．

设 $x(t)$、$y(t)$ 分别表示 t 时刻被食者和食者的数量．如果各自单独生活，被食者的增长

速率正比于当时的数量，即

$$\frac{\mathrm{d}x}{\mathrm{d}t} = \lambda x \, , \qquad\qquad (4\text{-}8\text{-}1)$$

而食者由于没有被食对象，其数量减少的速率正比于当时的数量，即

$$\frac{\mathrm{d}y}{\mathrm{d}t} = -\mu y \, . \qquad\qquad (4\text{-}8\text{-}2)$$

现在两者生活一起，被食者有一部分遭食者消灭，于是（4-8-1）式中的 λ 将减少，减少的量正比于食者的数量，所以（4-8-1）式应改为

$$\frac{\mathrm{d}x}{\mathrm{d}t} = (\lambda - \alpha y)x \, . \qquad\qquad (4\text{-}8\text{-}3)$$

类似地，食者有了被食对象，（4-8-2）式中的 μ 也减少，减少的量也正比于被食者的数量，所以（4-8-2）式应改为

$$\frac{\mathrm{d}y}{\mathrm{d}t} = -(\mu - \beta x)y \, . \qquad\qquad (4\text{-}8\text{-}4)$$

由（4-8-3），（4-8-4）式得方程组： $\begin{cases} \dfrac{\mathrm{d}x}{\mathrm{d}t} = (\lambda - \alpha y)x \, , \\[2mm] \dfrac{\mathrm{d}y}{\mathrm{d}t} = -(\mu - \beta x)y \, , \end{cases}$

称之为 **Volterra-Lotka 方程**，其中 α、β、λ、μ 均为正数. 初始条件为：

$$\begin{cases} x(0) = x_0 \, , \\ y(0) = y_0 . \end{cases}$$

这是非线性方程组，不易直接求解. 我们不去直接解这个方程组，而是将它们相除，得微分方程

$$\frac{\mathrm{d}y}{\mathrm{d}x} = \frac{(\beta x - \mu)y}{(\lambda - \alpha y)x} \, ,$$

分离变量积分后得通解

$$\lambda \ln y + \mu \ln x - \alpha y - \beta x = C_1$$

同时取两端的指数，得

$$\frac{y^\lambda}{\mathrm{e}^{\alpha y}} \cdot \frac{x^\mu}{\mathrm{e}^{\beta x}} = C.$$

把初始条件代入，不难确定 $C = \dfrac{y_0^\lambda}{\mathrm{e}^{\alpha y_0}} \cdot \dfrac{x_0^{\mu}}{\mathrm{e}^{\beta x_0}}$，它是 xOy 平面上的一条闭曲线. 只要初始值 x_0, y_0 不为零，这条闭曲线就将永远不通过零点. 当被食者较多时，食者增多，因而被食者必定减少，被食者减少使食者也随之减少，从而被食者又会增多. 如此，两者的数量不断起伏，周而复始，维持着生态平衡.

森林中的猫头鹰和田鼠，构成一个被食者—食者系统，田鼠作为猫头鹰的食物，相当于被食者. 图 4-3 是关于这两个群体密度的观察曲线，虽然不是正弦曲线，但波动的周期接近常数，而且可以看出，食者数量的最大值总落后于被食者数量的最大值约四分之一周期. 上述数学模型不仅适用于猫头鹰与田鼠的生存竞争，而且也适用于其他群体间的生存竞争.

现在我们考虑一个有趣的问题，假定被食者和食者由于其他因素（如火山或过分的狩猎），

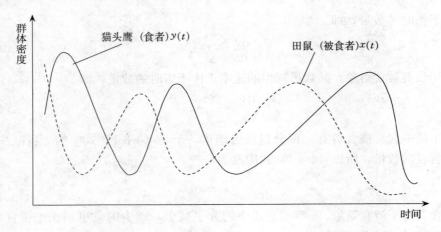

图 4-3

同时按比例消亡．一旦这种因素的作用停止，谁恢复得最快？是食者还是被食者？我们用方程（4-8-3）和（4-8-4）来回答问题．当 $x(t)$ 和 $y(t)$ 都减少时，乘积项 xy 也减少．乘积项对食者来说是生长项，而对被食者是消亡项，xy 的减少使食者受到较大的损失．所以，悲剧之后，被食者恢复最快．这项奇妙的推断来自 Volterra 方程，故称为 Volterra 原理．

四、追迹问题模型

例 7 设有一只猫发现一只老鼠在它右侧水平距离为 1 个单位的地方（如图 4-4），同时老鼠也发现了猫，于是，老鼠从 A 点沿垂直于 OA 的直线以匀速 v_0 向正北方向老鼠的洞穴飞奔；猫则从 O 点出发，始终对准老鼠以 $nv_0(n>1)$ 的速度追赶．求追迹曲线方程，并问老鼠跑多远时，被猫捉到．

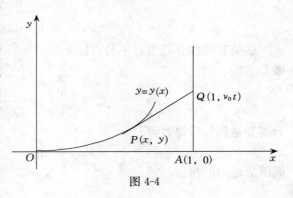

图 4-4

解 设所求追迹曲线方程为 $y = y(x)$．经过时刻 t，猫在追迹曲线上的点为 $P(x,y)$，老鼠在点 $Q(1, v_0t)$．于是

$$y' = \frac{v_0 t - y}{1 - x}. \tag{4-8-5}$$

由题设，曲线的弧长 OP 为

$$\int_0^x \sqrt{1 + y'^2}\,\mathrm{d}x = nv_0 t,$$

解出 $v_0 t$，代入（4-8-5），得

$$(1 - x)y' + y = \frac{1}{n}\int_0^x \sqrt{1 + y'^2}\,\mathrm{d}x.$$

整理得

$$(1 - x)y'' = \frac{1}{n}\sqrt{1 + y'^2} \text{——追迹问题的数学模型．}$$

设 $y' = p(x), y'' = p'$，则方程化为

$$(1-x)p' = \frac{1}{n}\sqrt{1+p^2} \quad \text{或} \quad \frac{\mathrm{d}p}{\sqrt{1+p^2}} = \frac{\mathrm{d}x}{n(1-x)},$$

两边积分，得

$$\ln(p+\sqrt{1+p^2}) = -\frac{1}{n}\ln(1-x) + \ln C_1, \quad \text{即} \quad p+\sqrt{1+p^2} = \frac{C_1}{\sqrt[n]{1-x}}.$$

将初始条件 $y'|_{x=0} = p|_{x=0} = 0$ 代入上式，得 $C_1 = 1$. 于是

$$y' + \sqrt{1+y'^2} = \frac{1}{\sqrt[n]{1-x}}, \tag{4-8-6}$$

两边同乘 $y' - \sqrt{1+y'^2}$，并化简得

$$y' - \sqrt{1+y'^2} = -\sqrt[n]{1-x}, \tag{4-8-7}$$

（4-8-6）式与（4-8-7）式相加得

$$y' = \frac{1}{2}\left(\frac{1}{\sqrt[n]{1-x}} - \sqrt[n]{1-x}\right)$$

两边积分得 $\quad y = \frac{1}{2}\left[-\frac{n}{n-1}(1-x)^{\frac{n-1}{n}} + \frac{n}{n+1}(1-x)^{\frac{n+1}{n}}\right] + C_2.$

代入初始条件 $y|_{x=0} = 0$ 得 $C_2 = \frac{n}{n^2-1}$，故所求追迹曲线为

$$y = \frac{1}{2}\left[-\frac{n}{n-1}(1-x)^{\frac{n-1}{n}} + \frac{n}{n+1}(1-x)^{\frac{n+1}{n}}\right] + \frac{n}{n^2-1} \quad (n>1).$$

猫捉到老鼠时，即点 P 的横坐标 $x=1$ 时，$y = \frac{n}{n^2-1}$. 即老鼠逃至离 A 点 $\frac{n}{n^2-1}$ 个单位距离时被猫捉到.

习　题　4-8

1. 设某流行病感染通过一封闭团体内 n 个成员之间的接触而传播，设 t 时刻被感染的患者为 $x(t)$，假定单位时间内一个病人能传染的人数 $x'(t)$ 与当时健康人数 $n-x(t)$ 成正比，比例系数为 k（称为传染系数），建立相应的数学模型，并假设开始时团体中只有一个感染者，解此方程.

2. 在某池塘内养鱼，该池塘内最多能养 1 000 尾，设在 t 时刻该池塘内鱼的尾数 y 是时间 t 的函数 $y = y(t)$，其变化率与鱼的尾数 y 及（1 000 $-y$）的乘积成正比，比例常数为 $k>0$. 已知在池塘内放养鱼 100 尾，3 个月后池塘内有鱼 250 尾. 求放养 t 个月后池塘内鱼的尾数 $y(t)$ 的公式，及放养 6 个月后有多少鱼？

3. 某林区现有木材 10 万 m^3，如果在每一瞬时木材的变化率与当时木材数成正比，假设 10 年内林区能有 20 万 m^3，试确定木材数 y 与时间 t 的函数关系.

4. 若位于坐标原点 O 处的缉私船发现在 x 轴上点 $A(a,o)(a>0)$ 处的走私船正以速度 v_0 沿平行于 y 轴的直线逃窜. 缉私船迅速追踪，目标始终对准走私船，且其速度为 $2v_0$. 试求缉私船的追迹曲线方程，并求出缉私船追上走私船所用的时间.

◆ 阅读资料：双目失明的数学家——欧拉

欧拉（Euler，1707—1783），瑞士数学家及自然科学家，英国皇家学会会员. 1707 年 4

月 15 日出生于瑞士的巴塞尔, 1783 年 9 月 18 日于俄国的彼得堡去世. 欧拉出生于牧师家庭, 自幼受到父亲的教育, 13 岁时入读巴塞尔大学, 15 岁大学毕业, 16 岁获得硕士学位.

欧拉的父亲希望他学习神学, 但他最感兴趣的是数学. 在上大学时, 他已受到约翰·伯努利的特别指导, 专心研究数学. 18 岁时, 他彻底地放弃了当牧师的想法而专攻数学, 并开始发表文章.

1727 年, 在丹尼尔·伯努利的推荐下, 欧拉到俄国的彼得堡学院从事研究工作, 并在 1731 年接替丹尼尔·伯努利成为物理学教授.

在俄国的 14 年中, 他努力不懈地投入研究工作, 在分析学、数论及力学的研究方面均有出色表现. 此外, 欧拉还应俄国政府要求, 解决了不少如地图学、造船业等的实际问题.

1735 年, 他因工作过度以致右眼失明. 在 1741 年, 他受到普鲁士腓特烈大帝的邀请到德国科学院担任物理数学所所长一职, 长达 25 年. 他在柏林期间的研究内容更加广泛, 涉及行星运动、刚体运动、热力学、弹道学、人口学等等, 这些工作与他的数学研究互相推动着. 与此同时, 他在微分方程、曲面微分几何及其他数学领域均有开创性的发现.

1766 年, 他应俄国沙皇叶卡捷琳娜二世的礼聘重回彼得堡. 在 1771 年, 一场重病使他的左眼亦完全失明, 但他以其惊人的记忆力和心算技巧继续撰写科学著作. 他通过与助手们的讨论以及直接口授等方式完成了大量的科学著作, 直至生命的最后一刻.

欧拉是 18 世纪数学界最杰出的人物之一, 他不但为数学界作出贡献, 更把数学推至几乎整个物理的领域. 此外, 他是数学史上最多产的数学家, 写了大量的力学、分析学、几何学、变分法的课本,《无穷小分析引论》、《微分学原理》以及《积分学原理》都成为数学中的经典著作. 除了教科书外, 欧拉以平均每年 800 页的速度写出创造性论文. 他去世后, 人们整理出他的研究成果多达 74 卷.

欧拉最大的功绩是扩展了微积分的领域, 为微分几何及分析学的一些重要分支, 如无穷级数、微分方程等的产生与发展奠定了基础.

欧拉把无穷级数由一般的运算工具转变为一个重要的研究科目. 他计算出了 ζ 函数在偶数点的值. 此外, 他对调和级数亦有所研究, 并相当精确地计算出了欧拉常数 γ 的值.

在 18 世纪中叶, 欧拉和其他数学家在解决物理方面的问题过程中, 创立了微分方程这门学科. 其中在常微分方程方面, 他完整地解决了 n 阶常系数线性齐次方程的问题, 对于非齐次方程, 他提出了一种降低方程阶的解法; 在偏微分方程方面, 欧拉将二维物体振动的问题, 归结出了一、二、三维波动方程的解法; 欧拉所写的《方程的积分法研究》更是偏微分方程在纯数学研究中的第一篇论文.

在微分几何方面, 欧拉引入了空间曲线的参数方程, 给出了空间曲线曲率半径的解析表达方式. 在 1766 年, 他出版了《关于曲面上曲线的研究》, 这是欧拉对微分几何最重要的贡献, 更是微分几何发展史上一个里程碑. 他将曲面表示为 $z=f(x, y)$, 并引入一系列标准符号以表示 z 对 x, y 的偏导数, 这些符号至今仍通用. 此外, 在该著作中, 他亦得到了曲面在任意截面上截线的曲率公式.

欧拉在分析学上的贡献不胜枚举, 如引入了 Γ 函数和 β 函数, 还证明了椭圆积分的加法定理, 以及最早引入二重积分等等.

在代数学方面, 他发现了每个实系数多项式必可分解为一次或二次因子之积. 欧拉还给出了费马小定理的三个证明, 并引入了数论中重要的欧拉函数 $\varphi(n)$, 他研究数论的一系列成果使得数论成为数学中的一个独立分支．欧拉又用解析方法讨论数论问题，发现了 ζ 函数所满足的函数方程，并引入欧拉乘积，而且还解决了著名的哥尼斯堡七桥问题，创立了拓扑学．

欧拉对数学的研究如此广泛，因此在许多数学的分支中都能经常见到以他的名字命名的重要常数、公式和定理．

欧拉作为历史上对数学贡献最大的四位数学家之一（另外三位是阿基米德、牛顿、高斯），被誉为"数学界的莎士比亚"．

小　　结

一、基本要求

1. 了解微分方程及其阶、解、通解、初始条件和特解等概念．

2. 熟练掌握可分离变量的微分方程及一阶线性微分方程的解法．

3. 会用降阶法解下列微分方程：$y^{(n)} = f(x)$，$y'' = f(x, y')$ 和 $y'' = f(y, y')$．

4. 理解线性微分方程解的性质及解的结构定理．

5. 掌握二阶常系数齐次线性微分方程的解法．

6. 了解自由项为多项式、指数函数、余弦函数，以及它们的和与积的二阶常系数非齐次线性微分方程的特解和通解的求法．

二、复习重点

微分方程的基本概念．可分离变量的微分方程与一阶线性微分方程的解法．二阶常系数齐次线性方程和方程右端自由项为 $P_m(x)e^{\lambda x}$ 和 $P_m(x)e^{\lambda x}\cos\omega x$（或 $P_m(x)e^{\lambda x}\sin\omega x$）型的二阶常系数非齐次线性方程的解法．

三、内容小结

1. 关于微分方程的基本概念

（1）所谓微分方程，必须是含有未知函数的导数（或微分）的等式，至于等式中是否出现未知函数或自变量，那是无关紧要的，例如方程

$$\frac{d^2 s}{dt^2} = g \quad (g \text{ 是重力加速度})$$

中虽然未出现未知函数 s 和自变量 t，但是含有未知函数的二阶导数 $\dfrac{d^2 s}{dt^2}$，因此，他是一个二阶微分方程，而方程

$$x + y^2 - 1 = 0,$$

虽然含有未知函数 y 及自变量 x（也可以把 x 看成未知函数，把 y 看作是自变量），但是不含未知函数的导数（或微分），所以，它不是微分方程，只是一般的代数方程．

（2）微分方程的通解中所含任意常数的个数等于微分方程的阶数．这里所指的任意常数的个数不是形式上的，而是实质上的．例如，不难验证：函数 $y = C_1 \ln x + C_2 \ln x^2$ 是微分方程

$$x^2 y'' + xy' = 0 \tag{1}$$

的解．从形式上看，这个解中含有两个任意常数，但由于

$$y = C_1 \ln x + C_2 \ln x^2 = C_1 \ln x + 2C_2 \ln x$$

$$= (C_1 + 2C_2)\ln x = C\ln x \ , \ (C = C_1 + 2C_2) .$$

所以，实质上它只是含有一个任意常数．因此，这个解不是方程（1）的通解（因为方程（1）是二阶微分方程）．但它也不是方程（1）的特解（因为解中的任意常数没有被确定）．这个事实说明了，在微分方程的解中，并非只有通解与特解两种，还存在既非通解也非特解的解．

2. 关于一阶微分方程的类型及其解法

（1）由于一阶微分方程的类型较多（本书限于农学大纲只讲了两种），所以，在求解中，首先应正确判别所给方程的类型，然后才能"对症下药"，按方程所属的类型采用适当的方法去求解．为此，记住各类型一阶微分方程的标准形式及其解法极为重要，为便于比较和记忆，现列表如下：

类　型	形　　式	解　　法
可分离变量方程	$g(y)\mathrm{d}y = f(x)\mathrm{d}x$	两边积分，得通解： $$\int g(y)\mathrm{d}y = \int f(x)\mathrm{d}x + C$$
线性方程	$\dfrac{\mathrm{d}y}{\mathrm{d}x} + P(x)y = Q(x)$（非齐次） 或 $\dfrac{\mathrm{d}x}{\mathrm{d}y} + P(y)x = Q(y)$	利用常数变易法，得通解： $$y = \mathrm{e}^{-\int P(x)\mathrm{d}x}\left[\int Q(x)\mathrm{e}^{\int P(x)\mathrm{d}x}\mathrm{d}x + C \right]$$ 或 $$x = \mathrm{e}^{-\int P(y)\mathrm{d}y}\left[\int Q(y)\mathrm{e}^{\int P(y)\mathrm{d}y}\mathrm{d}y + C \right]$$

（2）有的一阶微分方程，对于未知函数 y 来说，它不一定是线性方程．但是，如果把 x 看成未知函数，则有可能是线性方程．例如本章第三节例 4.

3. 可降阶的高阶微分方程有三种类型：

（1）$y^{(n)} = f(x)$ ；（2）$y'' = f(x, y')$ ；（3）$y'' = f(y, y')$.

解这些方程的基本思路是，通过适当的变量代换，把原方程降为一阶微分方程求解．求解时，应注意以下两点：

（1）对于第三种类型的方程：$y'' = f(y, y')$，可设 $y' = P(y)$，而 $y = f(x)$．对 x 求导时，应根据复合函数求导法则，从而得到

$$y'' = \frac{\mathrm{d}P}{\mathrm{d}y} \cdot \frac{\mathrm{d}y}{\mathrm{d}x} = y' \frac{\mathrm{d}P}{\mathrm{d}y} = P \frac{\mathrm{d}P}{\mathrm{d}y}.$$

（2）对于可降阶的高阶微分方程，求满足初始条件的特解时，应尽量利用初始条件，在积分过程中逐步定出任意常数的值，这样，计算积分可以简单些．

4. 关于二阶线性微分方程的通解结构及有关解的性质定理，都是对于一般的变系数线性方程而言的，当然，对于常系数线性微分方程的特殊情形，也都适用．这些定理，特别是关于二阶线性齐次方程及非齐次方程的通解结构定理 2 及定理 3，为后面讨论二阶常系数线性齐次方程及非齐次方程的通解奠定了基础．

5. 求解二阶常系数线性非齐次方程

$$y'' + py' + qy = f(x) , \ (p , \ q \text{ 为常数}) \tag{2}$$

的一般步骤如下：

（1）求对应齐次方程

$$y'' + py' + qy = 0 \qquad\qquad (3)$$

的通解 Y，可根据方程（3）的特征方程 $r^2 + pr + q = 0$ 的两个根的不同情况，写出通解 Y 的形式.

（2）用待定系数法求出非齐次方程（2）的一个特解 y^*.

（3）利用通解结构定理，写出非齐次方程的通解：$y = Y + y^*$.

（4）如果给出初始条件，要求非齐次方程（2）满足初始条件的特解（它不同于上面的 y^*），则可由初始条件确定通解 $y = Y + y^*$ 中的任意常数，从而可得需求的特解.

以上解法的特点是不用通过积分，只用代数方法及求导运算便可求得二阶常系数线性非齐次方程的通解. 但是应该注意以下两点：

1）此解法只适用于常系数线性微分方程.

2）使用待定系数法求二阶常系数线性非齐次微分方程（2）的一个特解 y^*，本书中，只就方程右端函数 $f(x)$ 是 $P_m(x)e^{\lambda x}$ 和 $P_m(x)e^{\lambda x}\cos\omega x$（或 $P_m(x)e^{\lambda x}\sin\omega x$ ）型时，分别给出了特解 y^* 应具有的形式. 解题时，首先应根据所给函数 $f(x)$ 的形式及对应齐次方程（3）的特征方程 $r^2 + pr + q = 0$ 的根的关系，正确假设方程（2）的特解 y^* 的形式，以免使用待定系数法产生错误.

自 测 题 A

一、选择题

1. $(y''')^2 + (y'')^2 + y^5 = 1$ 是（　　　）阶微分方程.

　　A. 6 　　　　　　　　B. 4 　　　　　　　　C. 3 　　　　　　　　D. 2

2. 设函数 $y(x)$ 满足微分方程 $\cos^2 x y' + y = \tan x$，且当 $x = \dfrac{\pi}{4}$ 时，$y = 0$. 则当 $x = 0$ 时，$y = ($　　　$)$.

　　A. $\dfrac{\pi}{4}$ 　　　　　B. $-\dfrac{\pi}{4}$ 　　　　　C. -1 　　　　　D. 1

3. 微分方程 $y'' = x$ 的通解为（　　　）.

　　A. $y = \dfrac{1}{6}x^3$ 　　　　　　　　　　　B. $y = \dfrac{1}{6}x^3 + Cx$

　　C. $y = \dfrac{1}{6}x^3 + C$ 　　　　　　　　　D. $y = \dfrac{1}{6}x^3 + C_1 x + C_2$

4. 微分方程 $y'' - 2y' + y = 0$ 的通解为（　　　）.

　　A. $y = Cxe^x$ 　　　　　　　　　　　　　B. $y = C_1 e^x + C_2$

　　C. $y = e^x(C_1 + C_2 x)$ 　　　　　　　　　D. $y = C_1 e^x + C_2 x$

5. $y = (x + C)e^{-x}$ 是微分方程（　　　）的通解.

　　A. $y' + y = e^{-x}$ 　　　　　　　　　　B. $(y'')^2 = 1 - (y')^2$

　　C. $y'' + 2y' + y = 0$ 　　　　　　　　　D. $y' + y = 3$

二、求下列微分方程的通解或在指定条件下的特解

1. $\dfrac{\mathrm{d}y}{\mathrm{d}x} = 1 + x + y^2 + xy^2$. 　　　　　　　2. $y' - \dfrac{2y}{x+1} = (x+1)^{\frac{5}{2}}$.

3. $(x^2+1)\dfrac{\mathrm{d}y}{\mathrm{d}x}+2xy=4x^2$.

4. $\dfrac{\mathrm{d}^2y}{\mathrm{d}x^2}+\dfrac{\mathrm{d}y}{\mathrm{d}x}=\mathrm{e}^x$.

5. $yy''=y'^2-y'^3$, $y(1)=1,y'(1)=-1$.

三、解下列二阶齐次线性常系数微分方程

1. $y''-4y'+3y=0$. 　2. $y''+2\sqrt{2}y'+2y=0$. 　3. $y''+2y'+3y=0$.

四、解下列二阶非齐次线性常系数微分方程

1. $y''-y'-2y=(5-6x)\mathrm{e}^{-x}$.

2. $y''-3y'=-6x+2$, $y(0)=1$, $y'(0)=-3$.

五、综合应用题

设 $f(x)$ 具有连续导数，且满足方程 $f(x)=\displaystyle\int_1^{x^2}f(\sqrt{t})\mathrm{d}t-4x^2(x>0)$ ，求 $f(x)$.

自 测 题 B

一、填空题

1. 已知 $f'(\mathrm{e}^x)=x\mathrm{e}^{-x}$ ，且 $f(1)=0$ ，则 $f(x)=$ _____ .

2. 微分方程 $y'=\dfrac{y(1-x)}{x}$ 的通解是 _____ .

3. 微分方程 $xy'+y=0$ 满足条件 $y(1)=1$ 的解 $y=$ _____ .

4. 微分方程 $(y+x^3)\mathrm{d}x-2x\mathrm{d}y=0$ 满足 $y|_{x=1}=\dfrac{6}{5}$ 的特解为 _____ .

5. 微分方程 $xy'+2y=x\ln x$ 满足 $y(1)=-\dfrac{1}{9}$ 的解为 _____ .

6. 微分方程 $yy''+y'^2=0$ 满足初始条件 $y|_{x=0}=1$, $y'|_{x=0}=\dfrac{1}{2}$ 的特解是 _____ .

7. 设 $y=\mathrm{e}^x(C_1\sin x+C_2\cos x)$ （ C_1,C_2 为任意常数）为某二阶常系数线性齐次微分方程的通解，则该方程为 _____ .

8. 二阶常系数非齐次线性微分方程 $y''-4y'+3y=2\mathrm{e}^{2x}$ 的通解为 _____ .

二、选择题

1. 设非齐次线性微分方程 $y'+P(x)y=Q(x)$ 有两个的解 $y_1(x),y_2(x)$, C 为任意常数，则该方程通解是（　　）.

    A. $C[y_1(x)-y_2(x)]$ 　　　　　　B. $y_1(x)+C[y_1(x)-y_2(x)]$

    C. $C[y_1(x)+y_2(x)]$ 　　　　　　D. $y_1(x)+C[y_1(x)+y_2(x)]$

2. 设 $y=y(x)$ 是二阶常系数微分方程 $y''+py'+qy=\mathrm{e}^{3x}$ 满足初始条件 $y(0)=y'(0)=0$ 的特解，则 $x\to0$ 时，函数 $\dfrac{\ln(1+x^2)}{y(x)}$ 的极限为（　　）.

    A. 不存在 　　　　　B. 1 　　　　　C. 2 　　　　　D. 3

3. 函数 $y=c_1\mathrm{e}^x+c_2\mathrm{e}^{-2x}+x\mathrm{e}^x$ 满足的一个微分方程是（　　）.

    A. $y''-y'-2y=3x\mathrm{e}^x$ 　　　　　B. $y''-y'-2y=3\mathrm{e}^x$

    C. $y''+y'-2y=3x\mathrm{e}^x$ 　　　　　D. $y''+y'-2y=3\mathrm{e}^x$

三、解答题

1. 曲线 L 过点 $(1，1)$，L 上任一点 $M(x,y)(x>0)$ 处法线斜率 $\dfrac{2y}{x}$，求 L 方程．

2. 设 $F(x)=f(x)g(x)$，其中函数 $f(x),g(x)$ 在 $(-\infty，+\infty)$ 内满足以下条件：

$$f'(x)=g(x)，\ g'(x)=f(x)，\ 且\ f(0)=0, f(x)+g(x)=2e^x.$$

(1) 求 $F(x)$ 所满足的一阶微分方程；

(2) 求出 $F(x)$ 的表达式．

3. 设函数 $f(x)$ 具有连续的一阶导数，且满足 $f(x)=\displaystyle\int_0^x (x^2-t^2)f'(t)dt+x^2$．求 $f(x)$ 的表达公式．

4. 求微分方程 $y''(x+y'^2)=y'$ 满足初始条件 $y(1)=y'(1)=1$ 的特解．

第五章

空间解析几何

空间解析几何的产生是数学史上一个划时代的成就．法国数学家笛卡尔和费马均于 17 世纪上半叶对此做出了开创性的贡献．我们知道，代数学的优越性在于推理方法的程序化，鉴于这种优越性，人们产生了用代数方法研究几何问题的思想，这就是解析几何的基本思想．要用代数方法研究几何问题，就必须建立代数与几何的联系，而代数和几何中最基本的概念分别是数和点．于是首先要找到一种特定的数学结构，来建立数与点的联系，这种结构就是坐标系．通过坐标系，建立起数与点的一一对应关系，就可以把数学研究的两个基本对象数和形结合起来、统一起来，使得人们既可以用代数方法研究解决几何问题（这是解析几何的基本内容），也可以用几何方法解决代数问题．在中学的平面解析几何中，我们通过平面直角坐标系把平面上的几何图形与代数方程建立了对应关系，从而可以用代数方法研究平面几何图形．空间解析几何与平面解析几何类似，是通过空间直角坐标系建立空间几何图形与代数方程的对应关系，然后用代数方法研究空间几何图形．

本章中我们先引入空间直角坐标系，把空间点和三维向量建立起对应关系，然后介绍向量的概念及向量的运算，再以向量代数为工具，重点讨论空间基本图形类——平面、直线、常用的曲面和曲线及其方程．正像平面解析几何的知识对学习一元函数微积分是不可缺少的一样，本章的内容对以后学习多元函数的微分学和积分学将起到重要的作用．

第一节　空间直角坐标系

在平面解析几何中，通过建立平面直角坐标系，使平面上的点与一个二元有序数组一一对应．同样，在空间解析几何中，我们也可以先通过建立空间直角坐标系，使空间上的点与一个三元有序数组一一对应，将空间几何问题（例如空间两点间距离问题）转化为代数问题来解决．

一、空间直角坐标系

空间取定一点 O，作三条以 O 为原点、以相同长度作为量度单位、两两相互垂直的数轴，这三条数轴分别称为 x 轴（横轴）、y 轴（纵轴）、z 轴（竖轴）．并且这三条数轴的方向成右手系（如图 5-1 所示），即右手并拢的四指指向 x 轴正向，沿逆时针方向弯曲 $90°$，四指指向 y 轴正向，此时大拇指所指的方向即为 z 轴的正向．这样我们就建立了一个空间直角坐标系 $O\text{-}xyz$，O 称为坐标原点．

在空间直角坐标系 $O\text{-}xyz$ 中，任意两条数轴确定的平面称为**坐标面**，如由 x 轴、y 轴确定 xOy 坐标面（简称 xOy 平面），同样有 xOz 坐标面（简称 xOz 平面），yOz 坐标面（简

称 yOz 平面）．这三个坐标面将空间分为八个部分，每个部分称为一个**卦限**，这八个部分分别称为第 Ⅰ 卦限，第 Ⅱ 卦限 ,…,第 Ⅷ 卦限．其分布是上半空间（$z>0$）四个卦限，下半空间（$z<0$）四个卦限．其顺序是含正向 x 轴、正向 y 轴、正向 z 轴的卦限称为第 Ⅰ 卦限，按逆时针方向依次为 Ⅱ、Ⅲ、Ⅳ 卦限，下半空间与 Ⅰ、Ⅱ、Ⅲ、Ⅳ 卦限依次对应的是 Ⅴ、Ⅵ、Ⅶ、Ⅷ 卦限，如图 5-2 所示．

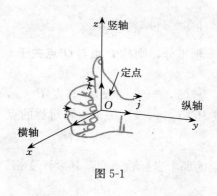

图 5-1

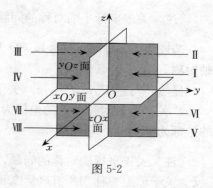

图 5-2

二、空间点的坐标

在建立了空间直角坐标系 $O\text{-}xyz$ 的空间中任取一点 M，过 M 点分别作垂直于 x 轴、y 轴、z 轴的平面，这三个平面与坐标轴的交点分别为 P、Q、R（图 5-3），设 P 点在 x 轴上的坐标为 x，Q 点在 y 轴上的坐标为 y，R 点在 z 轴上的坐标为 z，若不改变坐标的次序，就得到一个有序数组 (x,y,z)；反之，若给定一个有序数组 (x,y,z)，设在 x 轴上以 x 为坐标的点为 P，在 y 轴上以 y 为坐标的点为 Q，在 z 轴上以 z 为坐标的点为 R，过点 P、Q、R 分别作垂直于 x 轴、y 轴、z 轴的平面，这三个平面有唯一的一个交点，设交点为 M，这样一个有序数组 (x,y,z) 就唯一地确定了空间中的一个点．

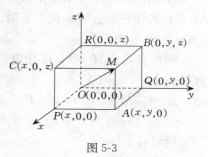

图 5-3

因此我们说，在建立了空间直角坐标系 $O\text{-}xyz$ 的空间中的点 M 与一组有序数组 (x,y,z) 一一对应，有序数组 (x,y,z) 称为点 M 的**坐标**，x 称为**横坐标**（或 x 坐标），y 称为**纵坐标**（或 y 坐标），z 称为**竖坐标**（或 z 坐标）．显然，原点的坐标为 $(0,0,0)$，xOy 坐标面上任一点的竖坐标为 0，xOz 坐标面上任一点的纵坐标为 0，yOz 坐标面上任一点的横坐标为 0．

注 坐标平面上的点，缺少哪个轴，对应的那个坐标就为 0；坐标轴上的点，在哪个轴上，则另外两个坐标为 0．

在每个卦限中的点，其坐标的符号为：

Ⅰ $(+,+,+)$ 　　　　Ⅴ $(+,+,-)$

Ⅱ $(-,+,+)$ 　　　　Ⅵ $(-,+,-)$

Ⅲ $(-,-,+)$ 　　　　Ⅶ $(-,-,-)$

Ⅳ $(+,-,+)$ 　　　　Ⅷ $(+,-,-)$

若连接 P，Q 两点的线段 PQ 垂直于 xOy 平面，且被 xOy 平面平分，则称 **P 点与 Q 点关于 xOy 平面对称**．

显然与点 P (x,y,z) 关于 xOy 平面对称的点的坐标为 $(x,y,-z)$；与点 P (x,y,z) 关于 xOz 平面对称的点的坐标为 $(x,-y,z)$；与点 P (x,y,z) 关于 yOz 平面对称的点的坐标为 $(-x,y,z)$．

> **注** 关于坐标平面对称的问题，缺少哪个轴，对应的那个坐标就变相反．

若连接 P，Q 两点的线段 PQ 与 z 轴垂直相交，且被 z 轴平分，则称 **P 点与 Q 点关于 z 轴对称**．

显然，与点 P (x,y,z) 关于 x 轴对称的点的坐标为 $(x,-y,-z)$；与点 P (x,y,z) 关于 y 轴对称的点的坐标为 $(-x,y,-z)$；与点 P (x,y,z) 关于 z 轴对称的点的坐标为 $(-x,-y,z)$．

> **注** 关于坐标轴对称的问题，关于哪个轴对称，对应的那个坐标就不变，其余皆变相反．关于原点对称则所有坐标变相反．

三、空间两点间的距离

设 $M_1(x_1,y_1,z_1)$，$M_2(x_2,y_2,z_2)$ 为空间中两点．过 M_1，M_2 各作三个分别垂直于 x 轴、y 轴和 z 轴的平面，如图 5-4．

则在直角 $\triangle M_1NM_2$ 及直角 $\triangle M_1PN$ 中，使用勾股定理知

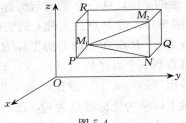

图 5-4

$$d^2 = |M_1M_2|^2 = |M_1P|^2 + |PN|^2 + |NM_2|^2$$
$$= (x_2-x_1)^2 + (y_2-y_1)^2 + (z_2-z_1)^2,$$

所以有

$$d = |M_1M_2| = \sqrt{(x_2-x_1)^2+(y_2-y_1)^2+(z_2-z_1)^2}$$ 这就是**空间两点间的距离公式**．

特殊地，点 $M(x,y,z)$ 和坐标原点 $O(0,0,0)$ 的距离为

$$d = |OM| = \sqrt{x^2+y^2+z^2}.$$

例 1 求证：以点 $M_1(4,3,1)$，$M_2(7,1,2)$，$M_3(5,2,3)$ 三点为顶点的三角形是等腰三角形．

证明 由空间两点间的距离公式得

$$|M_1M_2| = \sqrt{14}, \quad |M_1M_3| = \sqrt{6}, \quad |M_2M_3| = \sqrt{6}.$$

由此可知，$|M_1M_3| = |M_2M_3|$，即 $\triangle M_1M_2M_3$ 是等腰三角形．

例 2 在 z 轴上，求与 $A(-4,3,7)$ 和 $B(3,5,-2)$ 两点等距离的点．

解 设 M 为所求的点．因为 M 在 z 轴上，故可设 M 的坐标为 $(0,0,z)$．

根据题意，$|AM| = |BM|$

即 $$\sqrt{(0-(-4))^2+(0-3)^2+(z-7)^2} = \sqrt{(0-3)^2+(0-5)^2+(z-(-2))^2},$$
整理得 $$z=2,$$

因此，所求的点为 M（0，0，2）．

习 题 5-1

1. 在空间直角坐标系中，指出下列各点所处的卦限、坐标面或坐标轴：

A（1，3，5）；　　　　B（−1，2，3）；　　　C（−2，−3，5）；

D（3，0，−2）；　　　　E（0，0，5）．

2. 设点 A 与点 B（1，−2，3）分别对称于

(1) yOz 平面；　　　　(2) z 轴；　　　　(3) 坐标原点．

求点 A 坐标．

3. 求点 M（3，−4，5）与原点及各坐标轴之间的距离．

4. 求证：以 $M_1(2,4,3),M_2(10,−1,6),M_3(4,1,9)$ 三点为顶点的三角形是等腰直角三角形．

5. 设点 P 在 x 轴上，它到点 $P_1(0,\sqrt{2},3)$ 的距离为到点 $P_2(0,1,−1)$ 的距离的 2 倍，求点 P 的坐标．

第二节　向量代数

一、向量概念

一般我们经常遇到的量有两种：一种是**数量**（又叫**标量**），它是用一个数就可表示大小的量，如长度、质量、面积、体积等等；另一种是**向量**（又称**矢量**），它是既有大小又有方向的量，如速度、力等等．

向量的表示方法：一种是用小写黑体英文字母或用小写英文字母上面加箭头表示，如 **a**，**b**，**c** 或 $\vec{a},\vec{b},\vec{c}$；另一种是用两个大写英文字母写出向量的起点与终点，上面加箭头，起点写在左边，终点写在右边，如向量 $\overrightarrow{AB}$．在几何上我们可用一个有向线段来表示一个向量（如图 5-5），有向线段的长度表示向量的大小，有向线段的方向表示向量的方向．

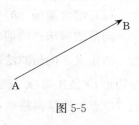

图 5-5

向量的大小称为向量的**模**．用 $|a|$，$|\vec{a}|$，$|\overrightarrow{AB}|$ 表示向量的模，它是一个数量．

特别地，称模为 1 的向量为**单位向量**；模为 0 的向量为**零向量**，记为 **0**，规定零向量的方向为任意方向．起点在坐标原点 O 的向量 $\overrightarrow{OM}$ 称为点 M 对于点 O 的**向径**（或**矢径**）．与向量 **a** 的大小相等，方向相反的向量称为 **a** 的反向量（负向量），记为 **−a**.

在数学上，我们讨论的向量是自由向量，即只考虑向量的大小与方向，而不论它的起点在什么地方．因此，凡是模相等，方向相同的向量，我们都认为是相等的．就是说经过平移后能够完全重合的向量是相同的．为方便起见，我们经常把向量平移到原点来考虑．

二、向量的加减法

由力学知道，如果两个力作用于某物体的同一点上，那么合力服从平行四边形法则．向量的加法就是对合力这个概念在数学上的抽象和概括．

平行四边形法则 将向量 **a** 与 **b** 起点放在同一点（如原点 O），以 **a** 和 **b** 为邻边作平行四边形，则从起点指向这个平行四边形对角顶点的向量称为 **a** 与 **b** 的和向量，记为 **a＋b**（如图 5-6）.

由于平行四边形对边平行且相等，从图 5-6 可以看出，我们还可以这样来作出两个向量的和：作向量 $\overrightarrow{OA} = \boldsymbol{a}$，以 $\overrightarrow{OA}$ 的终点 A 作为起点作 $\overrightarrow{AC} = \boldsymbol{b}$，连接 OC 就得 $\boldsymbol{a}+\boldsymbol{b}=\overrightarrow{OC}$. 这种方法叫做向量**加法的三角形法则**（如图 5-7）.

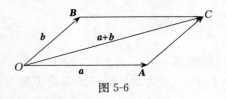

图 5-6

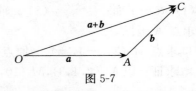

图 5-7

> **注** 向量加法的三角形法则记忆口诀为"首尾相连，起终相接".

N 个向量 $\vec{a}_1$，$\vec{a}_2$，$\vec{a}_3$，$\cdots$，$\vec{a}_n$ 相加的作图法，可由三角形法则推广如下：由空间任一点 O 到 A_1 作 $\overrightarrow{OA_1} = \vec{a}_1$，由 A_1 到 A_2 作 $\overrightarrow{A_1A_2} = \vec{a}_2$，$\cdots$，最后由 $\vec{a}_{n-1}$ 的终点 A_{n-1} 到 A_n 作 $\overrightarrow{A_{n-1}A_n} = \vec{a}_n$，于是得到一系列折线 $OA_1A_2\cdots A_{n-1}A_n$，连接 OA_n，得

$$\overrightarrow{OA_n} = \vec{a}_1 + \vec{a}_2 + \vec{a}_3 + \cdots + \vec{a}_n$$

这种求和法称为**多边形法则**或**折线法则**（如图 5-8）.

向量的加法的运算规律：

（1）交换律 **a＋b＝b＋a**；

（2）结合律 **(a＋b)＋c＝a＋(b＋c)**.

向量的减法：两向量的减法（即向量的差）规定为 **a－b＝a＋(－b)**.

由定义，向量减法作图可先做出 $-\boldsymbol{b}$，再利用三角形法则作出 $\overrightarrow{OC}=\boldsymbol{a}+(-\boldsymbol{b})$，而由平行四边形 $OCAB$ 知 $\overrightarrow{OC} = \overrightarrow{BA}$（如图 5-9）. 所以向量减法法则可归纳为：先将 **a，b** 移至同一起点（O 点）连接两终点，箭头指向被减向量 **a** 的终点.

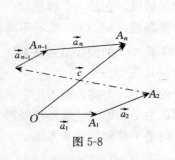

图 5-8

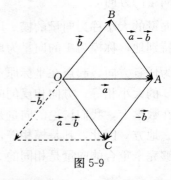

图 5-9

> **注** 减法记忆口诀"同起点，连终点，向被减".

例 1 在平行四边形 $ABCD$ 中，设 $\overrightarrow{AB} = \boldsymbol{a}$，$\overrightarrow{AD} = \boldsymbol{b}$. 试用 **a** 和 **b** 表示向量 $\overrightarrow{MA}$、$\overrightarrow{MB}$、

$\overrightarrow{MC}$、$\overrightarrow{MD}$，其中 M 是平行四边形对角线的交点（如图 5-10）.

解 由于平行四边形的对角线互相平分，所以

$$a+b=\overrightarrow{AC}=2\,\overrightarrow{AM},$$

即 $-(a+b)=2\,\overrightarrow{MA}$ ，

于是 $\overrightarrow{MA}=-\dfrac{1}{2}(a+b)$.

因为 $\overrightarrow{MC}=-\overrightarrow{MA}$ ，所以

$$\overrightarrow{MC}=\dfrac{1}{2}(a+b).$$

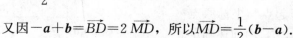

图 5-10

又因 $-a+b=\overrightarrow{BD}=2\,\overrightarrow{MD}$，所以 $\overrightarrow{MD}=\dfrac{1}{2}(b-a)$.

由于 $\overrightarrow{MB}=-\overrightarrow{MD}$，所以 $\overrightarrow{MB}=\dfrac{1}{2}(a-b)$.

三、数与向量的乘法

设 λ 是一个实数，a 是一个非零向量，规定 λa 是这样一个向量：

(i) $|\lambda a|=|\lambda|\,|a|$.

(ii) 当 $\lambda>0$ 时，λa 的方向与 a 的方向相同；当 $\lambda<0$ 时，λa 的方向与 a 的方向相反.

显然，当 $\lambda=0$ 时，$\lambda a=0$；当 $a=0$ 时，$\lambda 0=0$；当 $\lambda=-1$ 时，$(-1)\,a$ 即为 a 的反向量，有 $(-1)\,a=-a$.

由此，我们可以规定两个向量的差为 $a-b=a+(-b)$，即将求两个向量的差转化为两个向量的和.

根据数与向量的乘法的规定可知：

向量 a 与非零向量 b 平行的充要条件是 $a=\lambda b$，其中 λ 为常数.

规定零向量与任何向量都平行.

设 a 为非零向量，则向量 $\dfrac{a}{|a|}$ 是与向量 a 同向的单位向量，记为 a° ，即 $a=|a|a^\circ$.

设 λ,μ 为实数，数与向量的乘法满足以下**运算律**：

(i) 交换律 $\lambda a=a\lambda$.

(ii) 结合律 $\lambda(\mu a)=\mu(\lambda a)=(\lambda\mu)a$.

(iii) 分配律 $(\lambda+\mu)a=\lambda a+\mu a$，$\lambda(a+b)=\lambda a+\lambda b$.

例 2 在空间四边形 $ABCD$ 的四边 AB,CB,CD,AD 上分别取点 E,F,G,H 使得

$$\frac{AE}{AB}=\frac{FC}{BC}=\frac{CG}{CD}=\frac{HA}{DA}=\lambda（常数）$$

则 $EFGH$ 是平行四边形.

证明 由条件，$\overrightarrow{AE}=\lambda\overrightarrow{AB}$，$\overrightarrow{FC}=\lambda\overrightarrow{BC}$，$\overrightarrow{CG}=\lambda\overrightarrow{CD}$，

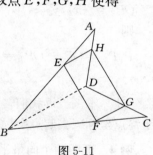

图 5-11

$\overrightarrow{HA}=\lambda\overrightarrow{DA}$，$\overrightarrow{EF}=\overrightarrow{EB}+\overrightarrow{BF}=(\overrightarrow{AB}-\overrightarrow{AE})+(\overrightarrow{BC}-\overrightarrow{FC})=$

$(1-\lambda)\overrightarrow{AC}$. 同理可得 $\overrightarrow{HG}=(1-\lambda)\overrightarrow{AC}$. 因此有 $\overrightarrow{EF}=\overrightarrow{HG}$，

即 $EFGH$ 是一个平行四边形.

四、向量的坐标表示

以上我们采用几何方法引进了向量的概念与运算．几何方法虽然直观，但对于向量的计算并不方便．为了便于计算与应用，我们将引进向量的坐标表示，即用一个有序数组来表示向量，从而可以把向量的运算化为数的运算，就如同中学学过的平面向量一样．

在空间直角坐标系 $O-xyz$ 中，称与 x 轴、y 轴、z 轴正向同向的单位向量为**基本单位向量**（或坐标向量），分别记为 i，j，k.

设 a 为空间任意向量，将 a 平移至起点与坐标原点重合，终点为 M，设 M 的坐标为 (x,y,z)，由前述确定空间点坐标的方法可知：

$$\overrightarrow{OP} = x\vec{i}, \overrightarrow{OQ} = y\vec{j}, \overrightarrow{OR} = z\vec{k}$$

又由向量的加法可得：

$$\overrightarrow{OM} = \overrightarrow{OP} + \overrightarrow{PA} + \overrightarrow{AM} = \overrightarrow{OP} + \overrightarrow{OQ} + \overrightarrow{OR} = xi + yj + zk$$

即 $a = \overrightarrow{OM} = xi + yj + zk$，这个式子称为向量 a 关于基本单位向量的分解式，x,y,z 称为向量 a 的坐标．

向量 a 的坐标表达式为 $a = \{x, y, z\}$

> **注** 起点在原点的向量（即向径）的坐标与终点坐标相同．

利用向量的坐标，可得向量的加法、减法以及数与向量的乘法的代数运算如下：

设 $a = x_1\vec{i} + y_1\vec{j} + z_1\vec{k} = \{x_1, y_1, z_1\}$，$b = x_2\vec{i} + y_2\vec{j} + z_2\vec{k} = \{x_2, y_2, z_2\}$，$\lambda$ 为实数，则有

(1) $a \pm b = (x_1 \pm x_2)\vec{i} + (y_1 \pm y_2)\vec{j} + (z_1 \pm z_2)\vec{k} = \{x_1 \pm x_2, y_1 \pm y_2, z_1 \pm z_2\}$

(2) $\lambda a = \lambda x_1\vec{i} + \lambda y_1\vec{j} + \lambda z_1\vec{k} = \{\lambda x_1, \lambda y_1, \lambda z_1\}$

由此可见，引入向量的坐标以后，向量的加、减及数乘运算，只需对向量的各个坐标进行相应的数量运算就可以了．

例 3 设有两点 $P_1(x_1, y_1, z_1)$，$P_2(x_2, y_2, z_2)$，求向量 $\overrightarrow{P_1P_2}$ 的坐标．

解 如图 5-13 有

$\overrightarrow{OP_1} = \{x_1, y_1, z_1\}$，

$\overrightarrow{OP_2} = \{x_2, y_2, z_2\}$，

则

$\overrightarrow{P_1P_2} = \overrightarrow{OP_2} - \overrightarrow{OP_1} = \{x_2, y_2, z_2\} - \{x_1, y_1, z_1\} = \{x_2 - x_1, y_2 - y_1, z_2 - z_1\}$．

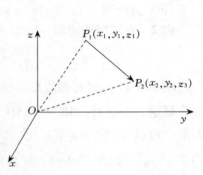

图 5-13

> **注** 本例告诉我们，起点不在原点的向量的坐标等于终点坐标减去起点坐标．

例 4 证明两个向量平行（共线）的充要条件是它们

的对应坐标成比例.

证明　设 $a=\{x_1,y_1,z_1\}$，$b=\{x_2,y_2,z_2\}$，当 $b=0$ 时显然成立.

当 $b\neq 0$ 时，$a//b\Leftrightarrow a=\lambda b\Leftrightarrow x_1i+y_1j+z_1k=\lambda x_2i+\lambda y_2j+\lambda z_2k$

$\Leftrightarrow x_1=\lambda x_2,y_1=\lambda y_2,z_1=\lambda z_2\Leftrightarrow \dfrac{x_1}{x_2}=\dfrac{y_1}{y_2}=\dfrac{z_1}{z_2}$.

> **注**　在最后一个等式中，当 x_2,y_2,z_2 中至少有一个为零时，例如只有 $x_2=0$ 时，等式应理解为：$\begin{cases}x_1=0\\\dfrac{y_1}{y_2}=\dfrac{z_1}{z_2}\end{cases}$；当 $x_2=y_2=0$ 时，等式应理解为：$\begin{cases}x_1=0\\y_1=0\end{cases}$.

平面解析几何中，我们学过定比分点坐标公式，那么在空间解析几何中定比分点坐标公式会是什么样呢？

例 5　如图 5-14，$A(x_1,y_1,z_1)$ 和 $B(x_2,y_2,z_2)$ 为两个已知点，而在 AB 直线上的点 M 分有向线段 AB 为两部分 AM、MB，使它们的值的比等于某数 $\lambda(\lambda\neq -1)$，即 $\dfrac{AM}{MB}=\lambda(\lambda\neq -1)$，求分点 M 的坐标.

解　设 $M(x,y,z)$ 为直线上的点，则

$\overrightarrow{AM}=\{x-x_1,y-y_1,z-z_1\}$，

$\overrightarrow{MB}=\{x_2-x,y_2-y,z_2-z\}$，

由题意知：$\overrightarrow{AM}=\lambda\overrightarrow{MB}$，则有

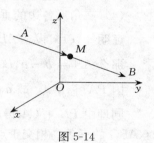

图 5-14

$\{x-x_1,y-y_1,z-z_1\}=\lambda\{x_2-x,y_2-y,z_2-z\}$，

$$x-x_1=\lambda(x_2-x)\Rightarrow x=\frac{x_1+\lambda x_2}{1+\lambda}，$$

$$y-y_1=\lambda(y_2-y)\Rightarrow y=\frac{y_1+\lambda y_2}{1+\lambda}，$$

$$z-z_1=\lambda(z_2-z)\Rightarrow z=\frac{z_1+\lambda z_2}{1+\lambda}.$$

这就是空间解析几何中的**定比分点坐标公式**. M 称为有向线段 $\overrightarrow{AB}$ 的定比分点.

特别地，当 $\lambda=1$ 时，称点 M 为中点，此时

$$x=\frac{x_1+x_2}{2}，y=\frac{y_1+y_2}{2}，z=\frac{z_1+z_2}{2}.$$

这就是空间解析几何中的**中点坐标公式**.

五、向量的数量积

设 a 与 b 是两个非零向量，平移 a 与 b，使它们的起点重合，得到的两个向量正向的张角 $\theta(0\leqslant\theta\leqslant\pi)$ 称为向量 a 与 b 的**夹角**.

设一物体受到一常力 F 作用沿直线由 A 点运动到 B 点，由物理学知识知道，力 F 在这一段时间内所作的功为 $W=|F||\overrightarrow{AB}|\cos\theta$，（$\theta$ 为 F 与 $\overrightarrow{AB}$ 的夹角）.将其抽象为任意两个向量的数量积，定义如下：

设有向量 $\vec{a}$、$\vec{b}$，它们的夹角为 θ，乘积 $|\vec{a}||\vec{b}|\cos\theta$ 称为向量 $\vec{a}$ 与 $\vec{b}$ 的**数量积**（或称为

内积、点积），记为 $\vec{a} \cdot \vec{b}$，即

$$\vec{a} \cdot \vec{b} = |\vec{a}||\vec{b}|\cos\theta.$$

根据数量积的定义，可以推得：

(1) $\vec{a} \cdot \vec{a} = |\vec{a}|^2$，$\vec{a} = \sqrt{\vec{a}^2}$，这就是向量模的计算公式；

(2) $\cos\theta = \dfrac{\vec{a} \cdot \vec{b}}{|\vec{a}||\vec{b}|}$，即 $\theta = \arccos\dfrac{\vec{a} \cdot \vec{b}}{|\vec{a}||\vec{b}|}$，这就是向量**夹角的计算公式**；

(3) 设 $\vec{a}$、$\vec{b}$ 为两非零向量，则 $\vec{a} \perp \vec{b}$ 的充分必要条件是 $\vec{a} \cdot \vec{b} = 0$.

数量积满足下列运算规律：

(1) 交换律　$\vec{a} \cdot \vec{b} = \vec{b} \cdot \vec{a}$；

(2) 分配律　$(\vec{a}+\vec{b}) \cdot \vec{c} = \vec{a} \cdot \vec{c} + \vec{b} \cdot \vec{c}$；

(3) 结合律　$\lambda(\vec{a} \cdot \vec{b}) = (\lambda\vec{a}) \cdot \vec{b} = \vec{a} \cdot (\lambda\vec{b})$，（$\lambda$ 为实数）.

例 6　用向量法证明以下各题.

(1) 三角形的三条高交于一点；

(2) 三角形的余弦定理 $a^2 = b^2 + c^2 - 2bc\cos A$；

(3) 平行四边形成为菱形的充要条件是对角线互相垂直；

(4) 三角形各边的垂直平分线共点且这点到各顶点等距.

证明　(1) 设 $\triangle ABC$ 的 BC,CA 两边上的高交于 P 点. 再设 $\overrightarrow{PA} = \boldsymbol{a}$，$\overrightarrow{PB} = \boldsymbol{b}$，$\overrightarrow{PC} = \boldsymbol{c}$.

那么 $\overrightarrow{AB} = \boldsymbol{b} - \boldsymbol{a}$，$\overrightarrow{BC} = \boldsymbol{c} - \boldsymbol{b}$，$\overrightarrow{CA} = \boldsymbol{a} - \boldsymbol{c}$.

因 $\overrightarrow{PA} \perp \overrightarrow{BC}$，故 $\boldsymbol{a} \cdot (\boldsymbol{c} - \boldsymbol{b}) = 0$，即 $\boldsymbol{a} \cdot \boldsymbol{c} = \boldsymbol{a} \cdot \boldsymbol{b}$.

同理由 $\overrightarrow{PB} \perp \overrightarrow{CA}$ 得 $\boldsymbol{a} \cdot \boldsymbol{b} = \boldsymbol{b} \cdot \boldsymbol{c}$，从而即 $\boldsymbol{c} \cdot (\boldsymbol{b} - \boldsymbol{a}) = 0$，所以 $\overrightarrow{PC} \perp \overrightarrow{AB}$，由此可知 $\triangle ABC$ 的三条高相交于点 P；

(2) 因 $\overrightarrow{BC} = \overrightarrow{BA} + \overrightarrow{AC}$，故有 $\overrightarrow{BC}^2 = \overrightarrow{BA}^2 + \overrightarrow{AC}^2 + 2\overrightarrow{BA} \cdot \overrightarrow{AC}$. 记 $|\overrightarrow{AB}| = c$，$|\overrightarrow{CB}| = a$，$|\overrightarrow{AC}| = b$，于是 $a^2 = b^2 + c^2 - 2bc\cos A$；

(3) 在平行四边形 $ABCD$ 中，

$$\overrightarrow{AC} \cdot \overrightarrow{BD} = (\overrightarrow{BC} - \overrightarrow{BA}) \cdot (\overrightarrow{BC} + \overrightarrow{BA}) = \overrightarrow{BC}^2 - \overrightarrow{AB}^2,$$

$\overrightarrow{AC} \cdot \overrightarrow{BD} = 0 \Leftrightarrow \overrightarrow{BC}^2 = \overrightarrow{AB}^2$，由此可导出结论.

(4) 设 D,E,F 分别为 BC,CA,AB 的中点. 设 BC,AC 的垂直平分线交于点 M，需证 $\overrightarrow{MF} \perp \overrightarrow{AB}$. 因为　$0 = \overrightarrow{MD} \cdot \overrightarrow{BC} = \dfrac{1}{2}(\overrightarrow{MB} + \overrightarrow{MC}) \cdot (\overrightarrow{MC} - \overrightarrow{MB}) = \dfrac{1}{2}(\overrightarrow{MC}^2 - \overrightarrow{MB}^2)$，

所以 $|\overrightarrow{MC}| = |\overrightarrow{MB}|$.

同理，由 $\overrightarrow{ME} \cdot \overrightarrow{CA} = 0$ 得 $|\overrightarrow{MC}| = |\overrightarrow{MA}|$，于是有 $|\overrightarrow{MB}| = |\overrightarrow{MA}|$.

则 $\overrightarrow{MF} \cdot \overrightarrow{AB} = \dfrac{1}{2}(\overrightarrow{MA} + \overrightarrow{MB}) \cdot (\overrightarrow{MB} - \overrightarrow{MA}) = \dfrac{1}{2}(\overrightarrow{MC}^2 - \overrightarrow{MB}^2) = 0$，$\overrightarrow{MF} \perp \overrightarrow{AB}$.

例 7　证明：如果一个四面体有两对对棱互相垂直，则第三对对棱也必垂直，并且三对对棱的长度的平方和相等.

证明　在四面体 $ABCD$ 中，设 $AB \perp CD$，$AC \perp BD$，

要证 $AD \perp BC$. 由内积

$$\vec{AD} \cdot \vec{BC} = (\vec{AB} + \vec{BD}) \cdot (\vec{BD} + \vec{DC})$$
$$= (\vec{AB} + \vec{BD} + \vec{DC}) \cdot \vec{BD} + \vec{AB} \cdot \vec{DC}$$
$$= \vec{AC} \cdot \vec{BD} = 0 \text{ 便可知.}$$

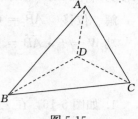

图 5-15

对于结论第二部分. 因为 $\vec{AC} + \vec{CB} = \vec{AD} + \vec{DB}$, 故
$\vec{AC} + \vec{BD} = \vec{AD} + \vec{BC}$, 从而
$(\vec{AC} + \vec{BD})^2 = (\vec{AD} + \vec{BC})^2$, $|\vec{AC}|^2 + |\vec{BD}|^2 = |\vec{AD}|^2 + |\vec{BC}|^2$.

同理, 由 $\vec{AB} + \vec{CD} = \vec{CB} + \vec{AD}$ 又可推出 $|\vec{AB}|^2 + |\vec{CD}|^2 = |\vec{BC}|^2 + |\vec{AD}|^2$.

下面讨论数量积的坐标表示.

设 $\boldsymbol{a} = \{x_1, y_1, z_1\}$, $\boldsymbol{b} = \{x_2, y_2, z_2\}$, 因为
$$\vec{i} \cdot \vec{j} = 0, \vec{j} \cdot \vec{k} = 0, \vec{k} \cdot \vec{i} = 0 , \vec{i} \cdot \vec{i} = 1, \vec{j} \cdot \vec{j} = 1, \vec{k} \cdot \vec{k} = 1 ,$$
于是
$$\vec{a} \cdot \vec{b} = (x_1\vec{i} + y_1\vec{j} + z_1\vec{k}) \cdot (x_2\vec{i} + y_2\vec{j} + z_2\vec{k})$$
$$= x_1 x_2 \vec{i} \cdot \vec{i} + x_1 y_2 \vec{i} \cdot \vec{j} + x_1 z_2 \vec{i} \cdot \vec{k} + y_1 x_2 \vec{j} \cdot \vec{i} + y_1 y_2 \vec{j} \cdot \vec{j} + y_1 z_2 \vec{j} \cdot \vec{k}$$
$$+ z_1 x_2 \vec{k} \cdot \vec{i} + z_1 y_2 \vec{k} \cdot \vec{j} + z_1 z_2 \vec{k} \cdot \vec{k}$$
$$= x_1 x_2 + y_1 y_2 + z_1 z_2 .$$

$\boldsymbol{a} \cdot \boldsymbol{b} = x_1 x_2 + y_1 y_2 + z_1 z_2$ 这就是说两个向量的数量积等于它们对应坐标乘积之和.

由向量的模与向量的夹角和向量内积的关系, 有

(1) $|\vec{a}| = \sqrt{x_1{}^2 + y_1{}^2 + z_1{}^2}$.

(2) $\cos\theta = \dfrac{\vec{a} \cdot \vec{b}}{|\vec{a}||\vec{b}|} = \dfrac{x_1 x_2 + y_2 y_2 + z_2 z_2}{\sqrt{x_1{}^2 + y_1{}^2 + z_1{}^2} \sqrt{x_2{}^2 + y_2{}^2 + y_2{}^2}}$, $\theta (0 \leqslant \theta \leqslant \pi)$ 为 $\boldsymbol{a}$ 与 $\boldsymbol{b}$ 夹角

(3) $\boldsymbol{a}$ 与 $\boldsymbol{b}$ 垂直的充分必要条件是 $x_1 x_2 + y_2 y_2 + z_2 z_2 = 0$.

例 8 已知点 $M(1,1,1)$, $A(1,2,2)$, $B(2,1,2)$, 求 $\angle AMB$.

解 $\angle AMB$ 是向量 $\vec{MA}$ 与 $\vec{MB}$ 的夹角, 因为
$$\vec{MA} = \{1-1, 2-1, 2-1\} = \{0,1,1\}, |\vec{MA}| = \sqrt{0^2 + 1^2 + 1^2} = \sqrt{2} ,$$
$$\vec{MB} = \{2-1, 1-1, 2-1\} = \{1,0,1\}, |\vec{MB}| = \sqrt{1^2 + 0^2 + 1^2} = \sqrt{2} ,$$
$$\vec{MA} \cdot \vec{MB} = 0 \times 1 + 1 \times 0 + 1 \times 1 = 1$$

所以
$$\cos\angle AMB = \frac{\vec{MA} \cdot \vec{MB}}{|\vec{MA}||\vec{MB}|} = \frac{1}{\sqrt{2} \times \sqrt{2}} = \frac{1}{2} ,$$

得
$$\angle AMB = \frac{\pi}{3} .$$

例 9 若向量 $\boldsymbol{a} = \{m, 2, -3\}$ 与 $\boldsymbol{b} = \{-1, 6, m\}$ 垂直, 求 m .

解 由向量垂直的充要条件知: $\boldsymbol{a} \cdot \boldsymbol{b} = 0$,

即
$$m \times (-1) + 2 \times 6 + (-3) \times m = 0 ,$$

解得
$$m = 3 .$$

例 10 设有力 $\boldsymbol{F} = 250\vec{i} + 250\vec{j} - 250\sqrt{2}\vec{k}$, 使质点从 $A(3, -1, 5\sqrt{2})$ 移到 $B(-1, 4, 0)$.

求该力所作的功（坐标长度单位为 m，力的单位为 N）．

解 位移 $\overrightarrow{AB} = (-1-3)\vec{i} + (4+1)\vec{j} + (0-5\sqrt{2})\vec{k}$，

功 $W = \vec{F} \cdot \overrightarrow{AB} = [250 \times (-4) + 250 \times 5 + 250\sqrt{2} \times 5\sqrt{2}] = 2750$ （J）．

习 题 5-2

1. 如图 5-16，在 $\triangle ABC$ 中，点 M, N 为 AB 边上的三等分点．设 $\overrightarrow{CA} = a$，$\overrightarrow{CB} = b$，试用向量 a、b 表示 $\overrightarrow{CM}$，$\overrightarrow{CN}$．

2. 向量 $7\vec{a} - 5\vec{b}$ 与 $7\vec{a} - 2\vec{b}$ 分别垂直于向量 $\vec{a} + 3\vec{b}$ 与 $\vec{a} - 4\vec{b}$，求向量 $\vec{a}$ 与 $\vec{b}$ 的夹角．

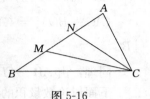

图 5-16

3. 已知向量 $\overrightarrow{P_1P_2}$ 的始点为 $P_1(2, -2, 5)$，终点为 $P_2(-1, 4, 7)$，试求：

(1) 向量 $\overrightarrow{P_1P_2}$ 的坐标表示；

(2) 向量 $\overrightarrow{P_1P_2}$ 的模．

4. 设向量 $a = \{1, 2, -1\}$，$b = \{2, 5, -3\}$，试求

(1) $2a - b$；

(2) 求与 $2a - b$ 平行的单位向量．

5. 已知 $a = 2i - 3j + 5k$，$b = i + 3j - 2k$，计算 $a \cdot b$，$2a \cdot 3b$．

6. 下列各组向量，哪组的两个向量平行？哪组的两个向量垂直？若既不平行又不垂直则求两个向量的夹角：

(1) $a = 3i + 2j + k$ 与 $b = 2i + 3j - 12k$；

(2) $a = i + 2j - 3k$ 与 $b = 3i + 6j - 9k$；

(3) $a = i - 2j + 2k$ 与 $b = 6i + 3j - 2k$．

7. 设两力 $F_1 = 2i + 3j + 6k$，$F_2 = 2i + 4j + 2k$ 都作用于点 $M(1, -2, 3)$ 处，且点 $N(s, t, 19)$ 在合力的作用线上，试求 s, t 的值．

8. 求与 $a = \{1, -2, 3\}$ 共线，且满足 $a \cdot b = 28$ 的向量 b．

第三节 曲面与方程

一、曲面方程的概念

在平面直角坐标系中，我们把一条平面曲线看作是适合某种条件的点的轨迹，可以用一个二元方程 $F(x, y) = 0$ 来表示；反之，一个二元方程，它的图形一般是一条平面曲线．同样地，在空间直角坐标系中的一个曲面，也可以看作适合某种条件的点的轨迹，这种特征性质在建立直角坐标系后，体现在点集中点 P 的坐标 x, y, z 所应满足的相互制约条件，一般可用方程 $F(x, y, z) = 0$ 来表达．如果曲面 S 与三元方程

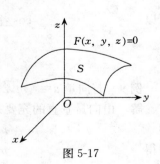

图 5-17

$$F(x,y,z)=0 \qquad\qquad (5\text{-}3\text{-}1)$$

有下述关系：（1）曲面 S 上任一点的坐标都满足方程 $F(x,y,z)=0$，（2）不在曲面 S 上的点的坐标都不满足方程 $F(x,y,z)=0$，那么，方程 $F(x,y,z)=0$ 就叫做**曲面 S 的方程**，而曲面 S 就叫做方程 **$F(x,y,z)=0$ 的曲面**.

例 1 求与点 $A(1,2,3)$，$B(2,-1,4)$ 等距离的点的轨迹方程.

解 设 $M(x,y,z)$ 是轨迹上一点，根据题意有 $|MA|=|MB|$，即

$$\sqrt{(x-1)^2+(y-2)^2+(z-3)^2}=\sqrt{(x-2)^2+(y+1)^2+(z-4)^2},$$

化简得所求方程

$$2x-6y+2z-7=0.$$

由立体几何学知道，到两定点等距离的所有点构成一个平面，垂直于线段 AB 且平分线段 AB，称为线段 AB 的**垂直平分面**（也叫**中垂面**）.

二、球　面

球面是大家最熟悉的曲面，在空间与一定点等距离的动点的轨迹是一个球面. 下面我们来建立球心在点 $M_0(a,b,c)$、半径为 R 的球面方程（如图 5-18）.

设 $M(x,y,z)$ 是球面上任一点，根据题意有 $|MM_0|=R$，即 $\sqrt{(x-a)^2+(y-b)^2+(z-c)^2}=R$，所求方程为

$$(x-a)^2+(y-b)^2+(z-c)^2=R^2.$$

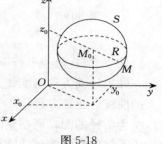

图 5-18

这就是球心在点 $M_0(a,b,c)$、半径为 R 的球面方程.

特殊地，球心在原点时方程为 $x^2+y^2+z^2=R^2$.

一般地，一般球面方程为 $Ax^2+Ay^2+Az^2+Dx+Ey+Fz+G=0$.

> **注** 一般球面方程的必要条件是平方项系数相同而无交叉项.

例 2 求方程 $x^2+y^2+z^2+2x-4y-2z+1=0$ 所表示的曲面.

解 先将方程变形为：$(x+1)^2+(y-2)^2+(z-1)^2=5$

设 (x,y,z) 为动点 P 的坐标，$(-1,2,1)$ 为点 P_0 的坐标，由上式可知动点 P 与定点 P_0 的距离恒为 $\sqrt{5}$，动点 $P(x,y,z)$ 的运动轨迹为以 $P_0(-1,2,1)$ 为球心，以 $\sqrt{5}$ 为半径的球面，也就是方程 $x^2+y^2+z^2+2x-4y-2z+1=0$ 所表示的曲面.

三、柱　面

动直线 L 沿定曲线 C 平行移动所形成的曲面称为**柱面**. 其中，动直线 L 称为柱面的**母线**，定曲线 C 称为柱面的**准线**（如图 5-19）.

一个柱面由其一条准线与母线唯一确定，但一个柱面有无数条准线，有些甚至有多种母线，如平面.

我们只建立准线在坐标平面上，母线平行于坐标轴的柱面方程.

设准线 $C:\begin{cases}f(x,y)=0,\\z=0,\end{cases}$ 母线 L 平行于 z 轴. 再设 $M(x,y,z)$ 为柱面上任一点（如图

5-20），过点 M 作平行于 z 轴的直线交 xOy 坐标平面于点 $M'(x,y,0)$，由柱面定义知 M' 必在准线 C 上，故 M 的坐标满足方程 $f(x,y)=0$，即柱面上任一点的坐标满足 $f(x,y)=0$. 反之，易知不在柱面上的点的坐标都不满足方程 $f(x,y)=0$，也就是满足方程的点都在柱面上. 因此以 $C:\begin{cases} f(x,y)=0 \\ z=0 \end{cases}$ 为准线，母线 L 平行于 z 轴的柱面方程就是

$$f(x,y)=0.$$

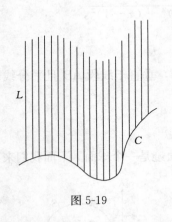

图 5-19

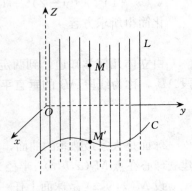

图 5-20

> **注** （1）母线平行于 z 轴的柱面方程的特点是方程中缺 z.
>
> （2）柱面方程与准线方程形式上都是 $f(x,y)=0$，但一个是曲面，一个是 xOy 平面上的曲线. 比如方程 $x^2+y^2=1$，在平面解析几何中表示 xOy 平面上的以原点为圆心、以 1 为半径的圆，而在空间解析几何中表示以 xOy 平面上的圆 $x^2+y^2=1$ 为准线、以平行于 z 轴的直线为母线的柱面（圆柱面，如图 5-21）.

类似地，准线 C 为 xOz 平面上的定曲线 $f(x,z)=0$，母线为平行于 y 轴的直线的柱面方程为：$f(x,z)=0$；准线 C 为 yOz 平面上的定曲线 $f(y,z)=0$，母线为平行于 x 轴的直线的柱面方程为：$f(y,z)=0$.

总之，在空间直角坐标系 $O\text{-}xyz$ 下，只有两个坐标变量的方程一定是柱面方程，而且该柱面的母线就平行于另一个坐标轴.

例 3 指出下列方程在平面解析几何中和在空间解析几何中分别表示什么图形.

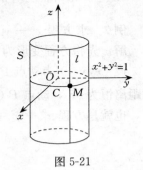

图 5-21

（1）$x^2-y=0$；（2）$\dfrac{y^2}{9}+\dfrac{z^2}{4}=1$；（3）$\dfrac{x^2}{4}-z^2=1$.

解 在平面解析几何中，方程（1）表示为 xOy 平面上的一个抛物线；方程（2）表示为 yOz 平面上的椭圆；（3）表示为 xOz 平面上的双曲线.

在空间解析几何中，方程（1）表示为以 xOy 平面上的抛物线 $y=x^2$ 为准线，以平行于 z 轴的直线为母线的柱面，称为**抛物柱面**；方程（2）表示为以 yOz 平面上的椭圆 $\dfrac{y^2}{9}+\dfrac{z^2}{4}=$

1 为准线，以平行于 x 轴的直线为母线的柱面，称为**椭圆柱面**；方程（3）表示为以 xOz 平面上的双曲线 $\dfrac{x^2}{4} - z^2 = 1$ 为准线，以平行于 y 轴的直线为母线的柱面，称为**双曲柱面**（如图 5-22）.

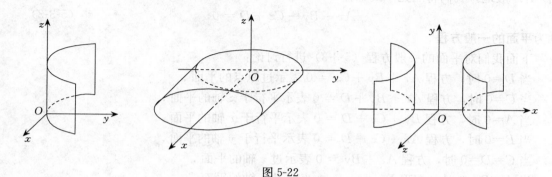

图 5-22

四、空间曲线

空间曲线可以看成是两个曲面的交线.

设曲面 Σ_1 的方程为 $F(x,y,z) = 0$，曲面 Σ_2 的方程为 $G(x,y,z) = 0$，它们的交线是 C，曲线 C 上的任一点 P 既在曲面 Σ_1 上，又在曲面 Σ_2 上，于是点 P 的坐标同时满足这两个曲面的方程，有

$$\begin{cases} F(x,y,z) = 0, \\ G(x,y,z) = 0. \end{cases} \tag{5-3-2}$$

同时，若 x,y,z 满足（5-3-2）式，则点 $P(x,y,z)$ 既在曲面 Σ_1 上，又在曲面 Σ_2 上，也就是在这两个曲面的交线 C 上．所以方程组（5-3-2）式称为**曲线 C 的方程**.

如：$\begin{cases} x^2 + y^2 = 1 \\ z = 0 \end{cases}$ 表示柱面 $x^2 + y^2 = 1$ 与 xOy 坐标面的交线；$\begin{cases} x^2 + y^2 + z^2 = 1 \\ z = 0 \end{cases}$ 表示球面 $x^2 + y^2 + z^2 = 1$ 与 xOy 坐标面的交线；$\begin{cases} x^2 + y^2 + z^2 = 1 \\ x^2 + y^2 = 1 \end{cases}$ 表示球面 $x^2 + y^2 + z^2 = 1$ 与圆柱面 $x^2 + y^2 = 1$ 的交线，若从方程组中不容易看出交线的图形时，可将此方程组恒等变形：$\begin{cases} x^2 + y^2 + z^2 = 1, \\ x^2 + y^2 = 1, \end{cases} \Rightarrow \begin{cases} x^2 + y^2 + z^2 = 1, \\ z = 0. \end{cases}$

或 $\begin{cases} x^2 + y^2 + z^2 = 1, \\ x^2 + y^2 = 1, \end{cases} \Rightarrow \begin{cases} z = 0, \\ x^2 + y^2 = 1. \end{cases}$

可以看出，方程组 $\begin{cases} x^2 + y^2 = 1 \\ z = 0 \end{cases}$，$\begin{cases} x^2 + y^2 + z^2 = 1 \\ z = 0 \end{cases}$ 与 $\begin{cases} x^2 + y^2 + z^2 = 1 \\ x^2 + y^2 = 1 \end{cases}$ 都表示同一条空间曲线：xOy 平面上的圆 $x^2 + y^2 = 1$.

从上面可知，一条空间曲线的一般方程有多种形式.

五、平　　面

平面是曲面的一种特例，是空间曲面中最简单的一种曲面．那么什么样的方程表示空间的一个平面呢？由例 1 知，与两定点 $A(1,2,3)$，$B(2,-1,4)$ 等距离的点的轨迹方程是一个三元一次方程 $2x-6y+2z-7=0$. 由立体几何学知道，在空间与两定点等距离的点的轨迹是一个平面. 因此三元一次方程 $2x-6y+2z-7=0$ 表示一个平面（线段 AB 的垂直平分面）. 一般地，我们将三元一次方程

$$Ax+By+Cz+D=0 \tag{5-3-3}$$

称为平面的一般方程.

下面我们对平面的一般方程（5-3-3）进行讨论：

当 $D=0$ 时，方程 $Ax+By+Cz=0$ 表示过原点的平面.

当 $C=0$ 时，方程 $Ax+By+D=0$ 表示平行于 z 轴的平面.

当 $A=0$ 时，方程 $By+Cz+D=0$ 表示平行于 x 轴的平面.

当 $B=0$ 时，方程 $Ax+Cz+D=0$ 表示平行于 y 轴的平面.

当 $C=D=0$ 时，方程 $Ax+By=0$ 表示过 z 轴的平面.

当 $A=D=0$ 时，方程 $By+Cz=0$ 表示过 x 轴的平面.

当 $B=D=0$ 时，方程 $Ax+Cz=0$ 表示过 y 轴的平面.

另外，方程 $Ax+D=0$，$By+D=0$，$Cz+D=0$ 分别表示垂直于 x 轴、y 轴、z 轴的平面.

例 4 求过 x 轴及点 $(4,-3,-1)$ 的平面方程.

解 因为平面过 x 轴，可设所求平面方程为

$$By+Cz=0, \tag{5-3-4}$$

又因为点 $(4,-3,-1)$ 在平面上，所以

$$B(-3)+C(-1)=0,$$

即

$$C=-3B.$$

代入方程（5-3-4）. 因为 $B\neq0$（为什么？），使得所求方程为 $y-3z=0$.

例 5 作出平面 $2x-3y+6z-12=0$ 的图形.

解 先作出此平面与三个坐标轴的交点 A、B、C. 将 $y=0$，$z=0$ 代入方程，得 $x=6$，即 A $(6,0,0)$. 将 $x=0$，$z=0$ 代入方程，得 $y=-4$，即 B $(0,-4,0)$. 将 $x=0$，$y=0$ 代入方程，得 $z=2$，即 C $(0,0,2)$. 过 A、B、C 三点作一平面（见图 5-23）即为所求.

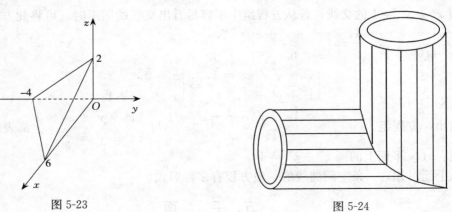

图 5-23　　　　　　　　　　　　图 5-24

例 6 图 5-24 是我们通常见到的二通管道变形接头或炉筒拐脖的示意图. 制造这类零

件，先按照零件展开图的度量尺寸（展平曲线）在薄板（铁皮或铝板等）上下料，然后弯曲成型，并将各部分焊接起来．为了获得零件展开图的展平曲线，必须求出截交线的方程．试求此截交线的方程．

解 设圆柱管道的方程为

$$x^2 + y^2 = R^2.$$

截平面的方程为

$$\frac{x}{a} + \frac{y}{b} + \frac{z}{c} = 1（注：此为平面的\textbf{截距式方程}）$$

为求截平面与管道的截交线方程，将管道的方程改写为参数形式

$$\begin{cases} x = R\cos\theta, \\ y = R\sin\theta, \quad (0 \leqslant \theta \leqslant 2\pi). \\ z = z. \end{cases}$$

将其代入截平面的方程中，得

$$\frac{R\cos\theta}{a} + \frac{R\sin\theta}{b} + \frac{z}{c} = 1.$$

圆柱的底圆展平时有 $s = R\theta$，即 $\theta = \dfrac{s}{R}$，这里 s 是弧长．将 $\theta = \dfrac{s}{R}$ 代入上式，有

$$\frac{R\cos\dfrac{s}{R}}{a} + \frac{R\sin\dfrac{s}{R}}{b} + \frac{z}{c} = 1,$$

上式即是截交线（截平面与圆柱管道的交线）的展平曲线方程．

如果截平面是正垂面（平行于 y 轴）：

$\dfrac{x}{a} + \dfrac{z}{c} = 1$，则截交线的展平曲线方程为

$$\frac{R\cos\dfrac{s}{R}}{a} + \frac{z}{c} = 1.$$

即

$$z = \frac{c\left(a - R\cos\dfrac{s}{R}\right)}{a}, \quad (0 \leqslant s \leqslant 2\pi R).$$

这是一条调整过振幅的余弦曲线（见图 5-25）．

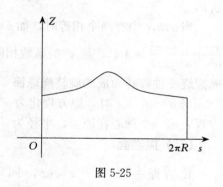

图 5-25

六、二次曲面

在空间直角坐标系中，我们把三元二次方程所表示的曲面称为**二次曲面**．给定一个三元二次方程，如何了解它的形状，画出它的草图呢？一般用一组平行于坐标面的平面去截这个二次曲面，得到一组交线，通过对这些交线的研究，进而了解这个二次曲面的形状．这种方法称为**截痕法**．下面我们用截痕法来讨论几个常见的二次曲面．

（一）椭球面

$$方程 \frac{x^2}{a^2} + \frac{y^2}{b^2} + \frac{z^2}{c^2} = 1, \quad (a > 0, b > 0, c > 0), \tag{5-3-5}$$

所表示的曲面称为**椭球面**.

由方程（5-3-5）可以看出，$|x| \leqslant a, |y| \leqslant b, |z| \leqslant c$，说明椭球面被完全包含在一个由 $x = \pm a, y = \pm b, z = \pm c$ 六个平面所围成的长方体内，a, b, c 叫做椭球面的**半轴**.

下面用截痕法来讨论这个曲面的形状.

先求出它与三个坐标面的交线.

$$\begin{cases} \dfrac{x^2}{a^2} + \dfrac{y^2}{b^2} + \dfrac{z^2}{c^2} = 1, \\ z = 0, \end{cases} \qquad \begin{cases} \dfrac{x^2}{a^2} + \dfrac{y^2}{b^2} + \dfrac{z^2}{c^2} = 1, \\ y = 0, \end{cases} \qquad \begin{cases} \dfrac{x^2}{a^2} + \dfrac{y^2}{b^2} + \dfrac{z^2}{c^2} = 1, \\ x = 0. \end{cases}$$

这些交线都是椭圆.

再用平行于坐标面的平面 $z = h$（$|h| < c$）去截它，看它的交线

$$\begin{cases} \dfrac{x^2}{a^2} + \dfrac{y^2}{b^2} + \dfrac{z^2}{c^2} = 1, \\ z = h, \end{cases} \quad \text{变形为} \quad \begin{cases} \dfrac{x^2}{a^2} + \dfrac{y^2}{b^2} = 1 - \dfrac{h^2}{c^2}, \\ z = h. \end{cases}$$

交线为 $z = h$ 平面上的椭圆，椭圆的两个半轴分别等于 $\dfrac{a}{c}\sqrt{c^2 - h^2}$ 与 $\dfrac{b}{c}\sqrt{c^2 - h^2}$，当 h 变动时，椭圆的中心始终在 z 轴上，并且当 $|h|$ 由 0 增大到 c，这两个半轴随之减小到 0，也就是这个椭圆截面由大变小，最后缩成一点.

当用平面 $y = h$（$|h| < b$）或平面 $x = h$（$|h| < a$）去截椭球面，由截痕法可得到与上述类似的结果.

综上所述，不难想象椭球面的形状就如图 5-26 所示.

当 a, b, c 中有两个相等时，如 $a = b$，原方程化为 $\dfrac{x^2}{a^2} + \dfrac{y^2}{a^2} + \dfrac{z^2}{c^2} = 1$，$x^2$ 与 y^2 的系数相同，方程表示一个椭圆绕 z 轴旋转而成的**旋转椭球面**.

当 $a = b = c$ 时，原方程化为 $x^2 + y^2 + z^2 = a^2$，方程表示一个球心在原点，半径为 a 的球面.

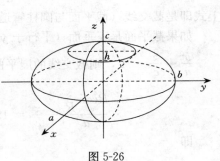

图 5-26

（二）抛物面

1. 方程 $\dfrac{x^2}{2p} + \dfrac{y^2}{2q} = z$ （p, q 同号），所表示的曲面称为**椭圆抛物面**. （5-3-6）

下面设 $p > 0, q > 0$，用截痕法讨论它的形状.

由方程 $\dfrac{x^2}{2p} + \dfrac{y^2}{2q} = z$ 知，$z \geqslant 0$，曲面在 xOy 面的下方没有图形.

（1）用 xOy 平面去截这个曲面，截痕为一点 $(0, 0, 0)$，称之为椭圆抛物面的顶点.

用平行于 xOy 平面的平面 $z = h$（$h > 0$）去截它，得 $\begin{cases} \dfrac{x^2}{2p} + \dfrac{y^2}{2q} = z, \\ z = h, \end{cases}$

变形为 $\begin{cases} \dfrac{x^2}{2p} + \dfrac{y^2}{2q} = h, \\ z = h, \end{cases}$ 交线为 $z = h$ 平面上的一个椭圆，中心在 z 轴上，两个半轴分别

为 $\sqrt{2ph}$ 与 $\sqrt{2qh}$ ，当 h 由 0 开始逐渐增大时，所截得椭圆的中心始终在 z 轴上，且椭圆的两个半轴也随之增大．

（2）用 xOz 平面去截它，交线 $\begin{cases} \dfrac{x^2}{2p} = z \\ y = 0 \end{cases}$ 为 xOz 平面上的抛物线．

用平面 $y = h$ 去截它，交线 $\begin{cases} \dfrac{x^2}{2p} + \dfrac{h^2}{2q} = z \\ y = h \end{cases}$ 为 $y = h$ 平面上的抛物线，它的轴平行于 z

轴，当 h 变动时，相应的抛物线的顶点始终在曲线 $\begin{cases} \dfrac{y^2}{2q} = z \\ x = 0 \end{cases}$ 上．

（3）同理，用平面 $x = h$ 去截这个曲面，所得的截痕与上述
（2）结果相似．

综上所述，椭圆抛物面（5-3-6）的形状如图 5-27 所示．

当 $p = q$ 时，方程变为 $\dfrac{x^2}{2p} + \dfrac{y^2}{2p} = z$ ，表示一个由 yOz 平面上的

抛物线 $y^2 = 2pz$ 绕 z 轴旋转而成的曲面，叫做**旋转抛物面**．

2. 方程 $-\dfrac{x^2}{2p} + \dfrac{y^2}{2p} = z$（$p,q$ 同号）所表示的曲面叫做**双曲抛物**

面（又叫**马鞍面**），如图 5-28 所示．

3. 方程 $\dfrac{x^2}{a^2} + \dfrac{y^2}{b^2} - \dfrac{z^2}{c^2} = 1$ 所表示的曲面称为**单叶双曲面**，其图形

如图 5-29 所示．

方程 $\dfrac{x^2}{a^2} + \dfrac{y^2}{b^2} - \dfrac{z^2}{c^2} = -1$ 所表示的曲面称为**双叶双曲面**，其图形如图 5-30 所示．

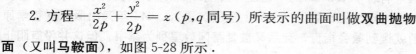
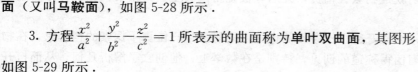

图 5-27

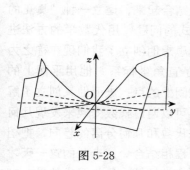

图 5-28

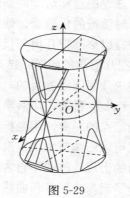

图 5-29

图 5-30

习　题　5-3

1. 下列方程是否表示球面？

(1) $2x^2 + 2y^2 + 2z^2 + 4x - 8y - 1 = 0$;

(2) $x^2 + y^2 + z^2 - 2x + 4z + 6 = 0$.

2. 求通过 y 轴和点 $(3, 2, -1)$ 的平面 π 的方程.

3. 指出下列方程在平面解析几何中和空间解析几何中分别表示什么图形.

(1) $y = 1$；　　(2) $y^2 - z = 0$；　　(3) $x^2 + y^2 = 2x$；　　(4) $\begin{cases} y = 5x - 2 \\ y = 2x + 1 \end{cases}$.

4. 指出下列方程的曲面, 并作出草图:

(1) $z = 1$；　　(2) $3x + 6y + 2z = 6$；　　(3) $\dfrac{x^2}{4} + \dfrac{y^2}{16} + \dfrac{z^2}{9} = 1$.

◆ 阅读资料: 追求新几何的数学家——笛卡儿

笛卡儿 (Rene Descartes), 1596 年 3 月 31 日生于法国都兰城, 伟大的哲学家、物理学家、数学家、生理学家, 解析几何的创始人.

他一岁时母亲去世, 八岁时进入一所耶稣会学校, 在校学习 8 年, 接受了传统的文化教育, 学习了古典文学、历史、神学、哲学、法学、医学、数学及其他自然科学. 1628 年, 他从巴黎移居荷兰, 开始了长达 20 年的潜心研究和写作生涯, 先后发表了许多在数学和哲学上有重大影响的论著. 其中有著于 1634 年的《论世界》, 书中总结了他在哲学、数学和许多自然科学问题上的看法. 1641 年, 他出版了《形而上学的沉思》, 1644 年又出版了《哲学原理》等. 他的著作在生前就遭到教会指责, 死后又被梵蒂冈教皇列为禁书, 但这并没有阻止他的思想的传播.

笛卡儿不仅在哲学领域里开辟了一条新的道路, 同时又是一位勇于探索的科学家, 在物理学、生理学等领域都有值得称道的创见, 特别是在数学上, 他创立了解析几何, 从而打开了近代数学的大门, 在科学史上具有划时代的意义.

笛卡儿的主要数学成果集中在他的 "几何学" 中. 当时, 代数还是一门比较新的科学, 几何学的思维还在数学家的头脑中占有统治地位, 在笛卡儿之前, 几何与代数是数学中两个不同的研究领域. 笛卡儿站在方法论的自然哲学的高度, 认为希腊人的几何学过于依赖于图形, 束缚了人的想象力. 对于当时流行的代数学, 他觉得它完全从属于法则和公式, 不能成为一门改进智力的科学, 因此他提出必须把几何与代数的优点结合起来, 建立一种 "真正的数学". 笛卡儿的思想核心是: 把几何学的问题归结成代数形式的问题, 用代数学的方法进行计算、证明, 从而达到最终解决几何问题的目的. 依照这种思想他创立了我们现在称之为的 "解析几何学". 1637 年, 笛卡儿发表了《几何学》, 创立了直角坐标系. 他用平面上的一点到两条固定直线的距离来确定点的距离, 用坐标来描述空间上的点; 进而他又创立了解析几何学, 表明了几何问题不仅可以归结成为代数形式, 而且可以通过代数变换来发现几何性质, 证明几何性质. 解析几何的出现, 改变了自古希腊以来代数和几何分离的趋向, 把相互对立着的 "数" 与 "形" 统一了起来, 使几何曲线与代数方程相结合. 笛卡儿的这一天才创见, 更为微积分的创立奠定了基础, 从而开拓了变量数学的广阔领域. 最为可贵的是, 笛卡儿用运动的观点, 把曲线看成点的运动的轨迹, 不仅建立了点与实数的对应关系, 而且把 "形" (包括点、线、面) 和 "数" 两个对立的对象统一起来, 建立了曲线和方程的对应关系. 这种对应关系的建立, 不仅标志着函数概念的萌芽, 而且标明变量进入了数学, 使数学在思想方法上发生了伟大的转折——由常量数学进入变量数学的时期．正如恩格斯所说："数学中的转折点是笛卡儿的变数．有了变数，运动进入了数学，有了变数，辩证法进入了数学，有了变数，微分和积分也就立刻成为必要了"．笛卡儿的这些成就，为后来牛顿、莱布尼茨发现微积分，为一大批数学家的新发现开辟了道路．

笛卡儿在其他科学领域的成就同样硕果累累．笛卡儿靠着天才的直觉和严密的数学推理，在物理学方面做出了有益的贡献．从 1619 年读了开普勒的光学著作后，笛卡儿就一直关注着透镜理论，并从理论和实践两方面参与了对光的本质、反射与折射率以及磨制透镜的研究，他把光的理论视为整个知识体系中最重要的部分．笛卡儿坚信光是"即时"传播的，他在著作《论人》和《哲学原理》中，完整地阐发了关于光的本性的概念，还从理论上推导了折射定律，与荷兰的斯涅耳共同分享发现光的折射定律的荣誉．他还对人眼进行光学分析，解释了视力失常的原因是晶状体变形，设计了矫正视力的透镜．在力学方面，他提出了宇宙间运动量总和是常数的观点，创造了运动量守恒定律，为能量守恒定律奠定了基础，他还指出，一个物体若不受外力作用，将沿直线匀速运动．

笛卡儿在其他的科学领域还有不少值得称道的创见．他发展了宇宙演化论，创立了漩涡说．他认为太阳的周围有巨大的漩涡，带动着行星不断运转，物质的质点处于统一的漩涡之中，在运动中分化出土、空气和火三种元素，土形成行星，火则形成太阳和恒星．笛卡儿的这一太阳起源的漩涡说，比康德的星云说早一个世纪，是 17 世纪中最有权威的宇宙论．他还提出了刺激反应说，为生理学做出了一定的贡献．

笛卡儿是欧洲近代哲学的奠基人之一，黑格尔称他为"现代哲学之父"．他自成体系，熔唯物主义与唯心主义于一炉，在哲学史上产生了深远的影响．同时，他又是一位勇于探索的科学家，他所建立的解析几何在数学史上具有划时代的意义．笛卡儿堪称 17 世纪的欧洲哲学界和科学界最有影响的巨匠之一，被誉为"近代科学的始祖"．

小　　结

一、基本要求

1. 理解空间直角坐标系，理解向量的概念及其表示．

2. 掌握向量的运算（线性运算、数量积），掌握两个向量垂直和平行的条件．

3. 理解单位向量、向量的坐标表达式，熟练掌握用坐标表达式进行向量运算的方法．

4. 掌握球面方程和简单平面方程及其求法．

5. 理解曲面方程的概念，了解常用二次曲面的方程及其图形，会求母线平行于坐标轴的柱面方程．

二、复习重点

1. 向量的概念，向量的坐标表示，向量的数量积．

2. 平面及其方程，常见的二次曲面的方程及其图形．

三、内容小结

1. 空间向量

要做到向量运算的正确和熟练，首先应熟记一些常用的公式，如

向量的模：$|\boldsymbol{a}| = \sqrt{\boldsymbol{a} \cdot \boldsymbol{a}} = \sqrt{a_x^2 + a_y^2 + a_z^2}$．

线性运算：$a \pm b = \{a_x \pm b_x, \ a_y \pm b_y, \ a_z \pm b_z\}$；$\lambda a = \{\lambda a_x, \ \lambda a_y, \ \lambda a_z\}$（$\lambda$ 是数）.

数量积：$a \cdot b = |a||b|\cos\theta = a_x b_x + a_y b_y + a_z b_z$，（$\theta$ 为 a 与 b 的夹角）

向量的夹角：$\cos\theta = \dfrac{a \cdot b}{|a||b|}$.

向量 a 与 b 平行的充要条件：$a = \lambda b$ 或 $\dfrac{a_x}{b_x} = \dfrac{a_y}{b_y} = \dfrac{a_z}{b_z} = \lambda$.

向量 a 与 b 垂直的充要条件：$a \cdot b = 0$ 或 $a_x b_x + a_y b_y + a_z b_z = 0$.

2. 平面及其方程

平面的一般式方程 $Ax + By + Cz + D = 0$ 是一个三元一次方程.

3. 曲面与空间曲线及其方程

在后面"重积分"的学习中，要根据方程判断曲面的形状. 为此，要熟悉常见的二次曲面及其方程. 一个二元函数 $z = f(x, y)$ 一般都表示一个空间曲面.

球面的标准方程是对圆的标准方程的推广. 母线平行于坐标轴的柱面（圆柱面、抛物柱面等）方程的特点是方程中缺少了某个坐标变量. 如果方程中缺少了某个坐标变量，那么此方程就表示母线平行于该坐标轴的柱面，其准线就是垂直于该坐标轴的坐标面与该柱面的交线. 例如方程 $z = 1 - x^2$ 中少了变量 y，它表示母线平行于 y 轴，准线为 xOz 面上的抛物线

$$\begin{cases} z = 1 - x^2, \\ y = 0, \end{cases}$$

的抛物柱面.

判断方程所表示的曲面的形状，可采用截痕法.

所谓截痕法就是用坐标面或平行于坐标面的平面去截所要考察的曲面，这些平面与曲面的交线就称为截痕. 这些截痕都是在平面上的平面曲线，它们的形状比较容易辨认. 因此，通过对不同截痕的了解，再综合起来便能认识所要考察的曲面的形状.

四、学法建议

1. 本章重点为向量的概念，向量的加法、数乘、数量积等概念，用向量的坐标表示进行向量的加法、数乘、数量积的运算，平面的一般式方程，球面、以坐标轴为轴的柱面方程及其图形.

2. 解析几何的实质是建立点与实数有序数组之间的关系. 把代数方程与曲面对应起来. 从而能用代数方法研究几何图形. 建议在本章的学习中，应注意对空间图形想象能力的培养，有些空间图形是比较难以想像和描绘的，这是学习本章的一个难点. 为了今后学习多元函数重积分的需要，读者应自觉培养这方面的能力.

自 测 题 A

1. 在 y 轴上，求与 $A\,(2,1,3)$ 和 $B\,(1,-3,6)$ 两点等距离的点.

2. 已知三角形的顶点为 $A\,(1,2,3)$，$B\,(7,10,3)$ 和 $C\,(-1,3,1)$. 试证明 A 角为钝角.

3. 已知 $A(3,2,6)$，$B(5,-1,4)$，$C(4,0,1)$，求 $\triangle ABC$ 的面积.

4. 已知 $A\,(1,1,3)$，$B\,(2,2,3)$，$C\,(2,2,4)$，$D\,(-1,2,1)$，求：

(1) $\overrightarrow{BC} \cdot \overrightarrow{AD}$ ；

(2) $\overrightarrow{BC}$ 与 $\overrightarrow{AD}$ 的夹角；

(3) $\triangle ABC$ 的面积．

5. 已知一个球面的直径的两个端点是 A（2，-3，5）和 B（4，1，-3），求此球面的方程．

6. 描述下列方程的曲面，并作出草图：

(1) $2x - 3y + 4z = 12$；

(2) $z = \sqrt{4 - x^2 - y^2}$；

(3) $z = 1 - x^2 - y^2$．

第六章

多元函数的微分法

在第一至第四章中，我们讨论的函数都只有一个自变量，这种函数称为一元函数．但在许多实际应用问题中，我们往往要考虑多个变量之间的关系，例如讨论农作物产量与施用氮肥、磷肥、钾肥的量之间的函数关系．反映到数学上，就是要考虑一个变量（因变量）与另外多个变量（自变量）的相互依赖关系．由此引入了多元函数以及多元函数的微积分问题．本章将在一元函数微分学的基础上，进一步讨论多元函数的微分学．讨论中将以二元函数为主要对象，这不仅因为生活中我们对有关的概念和方法大都有比较直观的解释，便于理解，而且这些概念和方法大都能自然推广到二元以上的多元函数．学习中注意应用类比思想，这样将有事半功倍的效果．

第一节 多元函数的基本概念

一、二元函数及其图形

在生产和生活的实际问题中，我们常常遇到依赖于两个变量的函数关系，举例如下：

例 1 我们丈量一块三角形土地，计算其面积 S，则需测量其底 x 和高 y，然后根据它们的函数关系

$$S = \frac{1}{2}xy(x > 0, y > 0)$$

来计算土地面积．上述的函数关系中底 x 和高 y 取值独立，是两个独立的变量（称为自变量）．在它们的变化范围内，当 x, y 的值取定后，土地面积 S 就有一个确定的值与之对应．故 S 依赖于 x, y，称为因变量．

例 2 设 R 是电阻 R_1，R_2 并联后的总电阻，由电学知道，它们之间的函数关系为

$$R = \frac{R_1 R_2}{R_1 + R_2}(R_1 > 0, R_2 > 0).$$

上述的函数关系中 R_1 和 R_2 是两个独立的变量．在它们的变化范围内，当 R_1 和 R_2 的值取定后，总电阻 R 就有一个确定的值与之对应．故 R 依赖于 R_1、R_2，称为因变量．

例 3 设某商品的销售价格为 p 元，日销售数量为 q 件，日销售收入为 R 元，则有

$$R = pq.$$

本例中有三个变量，日销售收入 R 会随着日销售数量 q 和日销售价格 p 的变化而变化，每当 q 和 p 取定一组数值时，就会得到一个唯一确定的日销售收入值 R．

类似的例子不胜枚举，尽管它们的具体意义不同，但有一个共性，即在某个变化过程中，一个变量依赖于另外两个变量而变化，抽取它们的共性，就得到二元函数的定义如下：

定义 1　设有变量 x, y 和 z，如果当变量 x, y 在某一固定的范围内，任意取一对值时，变量 z 按照一定的法则 f 总有唯一确定的值与之对应，就称 z 为 x, y 的**二元函数**，记作 $z = f(x, y)$，其中 x, y 称为**自变量**，z 称为**因变量**. 自变量 x, y 的取值范围称为二元函数的**定义域**，一般用大写字母 D 来表示.

上述定义中，与自变量 x, y 的一对值 (x_0, y_0) 相对应的因变量的值 z_0，也称为 f 在点 (x_0, y_0) 处的函数值，记作 $f(x_0, y_0)$，即 $z_0 = f(x_0, y_0)$.

类似地，可定义三元函数 $u = f(x, y, z), (x, y, z) \in D$ 以及三元以上的函数. 二元及二元以上的函数统称为**多元函数**.

二元函数的定义域通常是 xOy 面上由一条或几条曲线所围成的平面区域，围成区域的曲线称为该区域的**边界**，不包括边界的区域称为**开区域**，连同边界在内的区域称为**闭区域**. 如果区域可延伸到无限远，称该区域为**无界区域**. 如果区域总能被围在一个以原点为中心而半径适当大的圆内，则称此区域是**有界的**. 例 1 和例 2 中的函数的定义域都是无界的.

与一元函数类似，我们作如下约定：不特殊指明的情况下，二元函数 $z = f(x, y)$ 的定义域就是使函数有意义的平面区域.

例 4　求函数 $z = \ln(x + y)$ 的定义域.

解　函数 $z = \ln(x + y)$ 的定义域为
$\{(x + y) \mid x + y > 0\}$，即直线 $x + y = 0$ 上部的半平面，不包含直线 $x + y = 0$ 本身. （见图 6-1 的阴影区域），这是一个无界开区域.

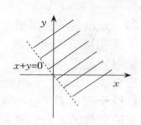

图 6-1

例 5　求函数 $z = \arcsin(x^2 + y^2)$ 的定义域.

解　函数 $z = \arcsin(x^2 + y^2)$ 的定义域满足 $-1 \leqslant x^2 + y^2 \leqslant 1$，不等式左边可以去掉，因为 $0 \leqslant x^2 + y^2$ 所以，所求定义域为
$$\{(x, y) \mid x^2 + y^2 \leqslant 1\}$$
（如图 6-2 所示），这是一个有界闭区域.

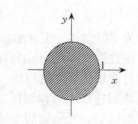

图 6-2

我们知道一元函数 $y = f(x)$ 在平面直角坐标系中一般表示一条曲线. 那么二元函数 $z = f(x, y)$ 在空间直角坐标系中表示什么图形呢？

设函数 $z = f(x, y)$ 的定义域为 D. 对于任意取定的点 $P(x, y) \in D$，对应的函数值为 $z = f(x, y)$. 这样，以 x 为横坐标、y 为纵坐标、$z = f(x, y)$ 为竖坐标在空间就确定一点 $M(x, y, z)$. 当 (x, y) 遍取 D 上的一切点时，得到一个空间点集
$$\{(x, y, z) \mid z = f(x, y), (x, y) \in D\},$$
这个点集形成一个空间曲面称为二元函数 $z = f(x, y)$ 的图形（如图 6-3）. 通常我们也说二元函数的图形是一张曲面.

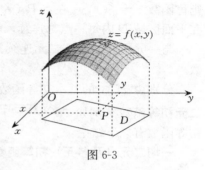

图 6-3

例如，由第五章空间解析几何知道，二元函数 $z = 4 - x - y$ 的图形是一张平面，此平面

在三个坐标轴上的截距均为 4（如图 6-4）；二元函数 $z = \sqrt{a^2 - x^2 - y^2}$ 的图形是以原点为球心、半径为 a 的上半个球面，它的定义域是圆形闭区域 $D = \{(x, y) \mid x^2 + y^2 \leqslant a^2\}$. 而函数 $z = -\sqrt{a^2 - x^2 - y^2}$ 的图形是同一个球的下半球面（如图 6-5）.

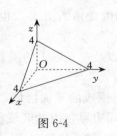

图 6-4

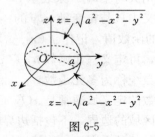

图 6-5

二、二元函数的极限与连续

与一元函数的极限概念类似，对于给定的二元函数 $z = f(x, y)$，我们需要研究当自变量 x, y 无限接近一组实数 x_0, y_0 时，对应的函数值 $z = f(x, y)$ 的变化趋势，这就是二元函数的极限问题.

定义 2 如果二元函数 $z = f(x, y)$ 在点 $P_0(x_0, y_0)$ 附近有定义，当动点 $P(x, y)$ 以任何方式趋近于定点 $P_0(x_0, y_0)$ 时（即 $x \to x_0, y \to y_0$），对应的函数值 $f(x, y)$ 总是无限接近一个确定的常数 A，我们就说函数 $z = f(x, y)$ 在点 $P_0(x_0, y_0)$ 处极限存在，A 就叫做函数 $z = f(x, y)$ 在 $P(x, y)$ 趋于 $P_0(x_0, y_0)$ 时的极限. 记作

$$\lim_{P \to P_0} f(P) = A \quad \text{或} \quad \lim_{\substack{x \to x_0 \\ y \to y_0}} f(x, y) = A.$$

为了区别于一元函数的极限，我们把二元函数的极限叫做**二重极限**.

函数的极限是研究当自变量变化时，函数的变化趋势. 但是二元函数的自变量有两个，所以自变量的变化过程比一元函数要复杂得多，从而二元函数极限也要比一元函数极限复杂. 我们这里不做详细讨论.

类似于一元函数的连续性定义，我们给出二元函数的连续性定义.

定义 3 设二元函数 $z = f(x, y)$ 在点 $P_0(x_0, y_0)$ 附近有定义，且 $\lim\limits_{\substack{x \to x_0 \\ y \to y_0}} f(x, y) = f(x_0, y_0)$，

则称函数 $z = f(x, y)$ 在点 $P_0(x_0, y_0)$ 处**连续**，否则称该点为**不连续点**. 若函数 $z = f(x, y)$ 在平面区域 D 内每一点都连续，就说函数 $z = f(x, y)$ 在区域 D 内是连续的.

与一元函数类似，二元连续函数的和、差、积、商（分母不为零）及复合仍是连续函数.

分别由 x、y 的基本初等函数及常数经过有限次四则运算与复合而构成的一个函数叫做**二元初等函数**. 例如 $z = \sqrt{1 - x^2 - y^2}$，$z = \mathrm{e}^{x+y} \sin(x^2 + y^2)$ 都是二元初等函数. 关于二元初等函数有以下结论：

一切二元（及多元）初等函数在其定义区域内都是连续的.

习 题 6-1

1. 画出下列平面区域：

(1) $\begin{cases} 1 \leqslant x \leqslant 2 \\ 3 \leqslant y \leqslant 4 \end{cases}$;　　　　　　　　(2) $x^2 + y^2 \leqslant 1, x \geqslant 0, y \geqslant 0$；

(3) 由 $y = 2x, x = 1, y = 0$ 所围成的区域；(4) 由 $y = x, y = 1, y = 2$ 所围成的区域．

2. 求二元函数 $f(x,y) = \dfrac{\arcsin(3 - x^2 - y^2)}{\sqrt{x - y^2}}$ 的定义域．

3. （1）已知 $f(x,y) = e^{xy} + \sin x + 1$，求 $f(x+y, x-y)$．

（2）已知函数 $f(x+y, x-y) = \dfrac{x^2 - y^2}{x^2 + y^2}$，求 $f(x,y)$．

4. 画出下列函数的图像：

（1）$z = 6 - 2x - 3y$；　　　　　　　（2）$z = \sqrt{1 - x^2 - y^2}$．

第二节　偏导数与全微分

在研究一元函数时，我们从研究函数的变化率引入了导数概念．对于多元函数同样需要讨论它的变化率．但多元函数的自变量不止一个，所以自变量的变化可能出现两种情况：其一，一个变化，另一个保持不变；其二，两个同时变化．本节将分别对这两种情况进行讨论．

一、偏　导　数

在这一节里，我们首先考虑多元函数关于其中一个自变量的变化率．以二元函数 $z = f(x,y)$ 为例，如果只有自变量 x 变化，而自变量 y 固定（即看作常量），这时它就是 x 的一元函数，这个函数对 x 的导数，就称为二元函数 z 对于 x 的偏导数，即有如下定义：

设二元函数 $z = f(x,y)$ 在点 (x_0, y_0) 的附近有定义，当 y 固定在 y_0 而 x 在 x_0 处有增量 Δx 时，相应地函数有增量

$$f(x_0 + \Delta x, y_0) - f(x_0, y_0).$$

这个增量叫做函数 $z = f(x,y)$ 在点 (x_0, y_0) **对 x 的偏增量**，记作

$$\Delta_x z = f(x_0 + \Delta x, y_0) - f(x_0, y_0).$$

如果极限

$$\lim_{\Delta x \to 0} \frac{f(x_0 + \Delta x, y_0) - f(x_0, y_0)}{\Delta x}$$

存在，则称此极限为函数 $z = f(x,y)$ 在点 (x_0, y_0) 处**对 x 的偏导数**，记作

$$\left. \frac{\partial z}{\partial x} \right|_{\substack{x=x_0 \\ y=y_0}}, \left. \frac{\partial f}{\partial x} \right|_{\substack{x=x_0 \\ y=y_0}}, \left. z_x \right|_{\substack{x=x_0 \\ y=y_0}}, \text{或 } f_x(x_0, y_0)，\quad 即$$

$$f_x(x_0, y_0) = \lim_{\Delta x \to 0} \frac{\Delta_x z}{\Delta x} = \lim_{\Delta x \to 0} \frac{f(x_0 + \Delta x, y_0) - f(x_0, y_0)}{\Delta x}.$$

类似地，函数 $z = f(x,y)$ 在点 (x_0, y_0) 处**对 y 的偏导数**定义为

$$\lim_{\Delta y \to 0} \frac{f(x_0, y_0 + \Delta y) - f(x_0, y_0)}{\Delta y}$$

记作　$\left. \dfrac{\partial z}{\partial y} \right|_{\substack{x=x_0 \\ y=y_0}}, \left. \dfrac{\partial f}{\partial y} \right|_{\substack{x=x_0 \\ y=y_0}}, \left. z_y \right|_{\substack{x=x_0 \\ y=y_0}}$，或 $f_y(x_0, y_0)$，即

$$f_y(x_0,y_0) = \lim_{\Delta y \to 0} \frac{\Delta_y z}{\Delta y} = \lim_{\Delta y \to 0} \frac{f(x_0,y_0+\Delta y)-f(x_0,y_0)}{\Delta y}.$$

如果函数 $z=f(x,y)$ 在区域 D 内每一点 (x,y) 处对 x 的偏导数都存在，那么这个偏导数就是 x、y 的函数，它就称为函数 $z=f(x,y)$ **对自变量 x 的偏导函数**，习惯上就把它叫做**偏导数**，记作

$$\frac{\partial z}{\partial x}, \frac{\partial f}{\partial x}, z_x, \text{或 } f_x(x,y).$$

偏导函数的定义式：$f_x(x,y) = \lim_{\Delta x \to 0} \frac{f(x+\Delta x,y)-f(x,y)}{\Delta x}.$

类似地，可定义函数 $z=f(x,y)$ **对 y 的偏导函数**，记为

$$\frac{\partial z}{\partial y}, \frac{\partial f}{\partial y}, z_y, \text{或 } f_y(x,y).$$

而 $f_x(x_0,y_0)$、$f_y(x_0,y_0)$ 其实就是偏导函数 $f_x(x,y)$、$f_y(x,y)$ 在点 (x_0,y_0) 处的函数值．

由偏导数的定义可以看出，求 $\frac{\partial f}{\partial x}$ 时，只要把 y 暂时看作常量而对 x 求导数；求 $\frac{\partial f}{\partial y}$ 时，只要把 x 暂时看作常量而对 y 求导数．因此，二元函数（包括多元函数）求偏导数问题，并不需要任何新的法则．一元函数的求导公式与求导法则，对求二元函数的偏导数仍然适用．

例 1 求 $z=x^2+3xy+y^2$ 在点 $(1,2)$ 处的偏导数．

解 先求函数的两个偏导函数，然后代入点 $(1,2)$ 求值，得到在点 $(1,2)$ 处的偏导数．

先将 y 视为常数

$$\frac{\partial z}{\partial x} = 2x+3y,$$

再将 x 视为常数

$$\frac{\partial z}{\partial y} = 3x+2y.$$

代入点 $(1,2)$

$$\frac{\partial z}{\partial x}\Big|_{\substack{x=1\\y=2}} = 2\times1+3\times2=8, \frac{\partial z}{\partial y}\Big|_{\substack{x=1\\y=2}} = 3\times1+2\times2=7.$$

例 2 求 $z=x^2\sin 2y$ 的偏导数．

解 $\frac{\partial z}{\partial x} = 2x\sin 2y$，$\frac{\partial z}{\partial y} = 2x^2\cos 2y$．

例 3 设 $z=x^y(x>0, x\neq1)$，求证：$\frac{x}{y}\frac{\partial z}{\partial x}+\frac{1}{\ln x}\frac{\partial z}{\partial y}=2z$．

证明 $\frac{\partial z}{\partial x} = yx^{y-1}$，$\frac{\partial z}{\partial y} = x^y\ln x$．

$$\frac{x}{y}\frac{\partial z}{\partial x}+\frac{1}{\ln x}\frac{\partial z}{\partial y} = \frac{x}{y}yx^{y-1}+\frac{1}{\ln x}x^y\ln x = x^y+x^y=2z.$$

关于二元函数偏导数的定义及算法，可以完全类似的推广到三元和三元以上的多元函数．

例 4 求 $r=\sqrt{x^2+y^2+z^2}$ 的偏导数．

解 把 y 和 z 都看作常量，得

$$\frac{\partial r}{\partial x} = \frac{x}{\sqrt{x^2 + y^2 + z^2}} = \frac{x}{r}.$$

由所给函数关于自变量的对称性（即当函数表达式中任意两个自变量对调后，仍表示原来的函数），所以

$$\frac{\partial r}{\partial y} = \frac{y}{r}, \frac{\partial r}{\partial z} = \frac{z}{r}.$$

二、高阶偏导数

设函数 $z = f(x, y)$ 在区域 D 内具有偏导数

$$\frac{\partial z}{\partial x} = f_x(x, y), \frac{\partial z}{\partial y} = f_y(x, y).$$

一般来说（如例 1-例 4） $f_x(x, y), f_y(x, y)$ 仍是 x, y 的函数．如果这两个函数的偏导数也存在，则称它们是函数 $z = f(x, y)$ 的**二阶偏导数**．按照对自变量求导次序的不同有下列四个二阶偏导数

$$\frac{\partial}{\partial x}\left(\frac{\partial z}{\partial x}\right) = \frac{\partial^2 z}{\partial x^2} = f_{xx}(x, y), \frac{\partial}{\partial y}\left(\frac{\partial z}{\partial x}\right) = \frac{\partial^2 z}{\partial x \partial y} = f_{xy}(x, y),$$

$$\frac{\partial}{\partial x}\left(\frac{\partial z}{\partial y}\right) = \frac{\partial^2 z}{\partial y \partial x} = f_{yx}(x, y), \frac{\partial}{\partial y}\left(\frac{\partial z}{\partial y}\right) = \frac{\partial^2 z}{\partial y^2} = f_{yy}(x, y).$$

其中 $\frac{\partial}{\partial y}\left(\frac{\partial z}{\partial x}\right) = \frac{\partial^2 z}{\partial x \partial y} = f_{xy}(x, y)$ 表示先对 x 再对 y 求偏导数；$\frac{\partial}{\partial x}\left(\frac{\partial z}{\partial y}\right) = \frac{\partial^2 z}{\partial y \partial x} = f_{yx}(x, y)$ 表示先对 y 再对 x 求偏导数，这两个二阶偏导数称为**二阶混合偏导数**.

类似地可以定义三阶、四阶、以及 n 阶偏导数．二阶及二阶以上的偏导数统称为**高阶偏导数**.

例 5 设 $z = x^3 y^2 - 3xy^3 - xy + 1$，求 $\frac{\partial^2 z}{\partial x^2}$、$\frac{\partial^2 z}{\partial y^2}$、$\frac{\partial^2 z}{\partial x \partial y}$ 和 $\frac{\partial^2 z}{\partial y \partial x}$.

解 $\frac{\partial z}{\partial x} = 3x^2 y^2 - 3y^3 - y, \frac{\partial z}{\partial y} = 2x^3 y - 9xy^2 - x$；

$$\frac{\partial^2 z}{\partial x^2} = 6xy^2, \frac{\partial^2 z}{\partial y^2} = 2x^3 - 18xy;$$

$$\frac{\partial^2 z}{\partial x \partial y} = 6x^2 y - 9y^2 - 1, \frac{\partial^2 z}{\partial y \partial x} = 6x^2 y - 9y^2 - 1.$$

本例中两个二阶混合偏导数相等，即 $\frac{\partial^2 z}{\partial x \partial y} = \frac{\partial^2 z}{\partial y \partial x}$，这一现象并非偶然．事实上，我们有以下定理保证.

定理 如果函数 $z = f(x, y)$ 的两个二阶混合偏导数 $\frac{\partial^2 z}{\partial x \partial y}$ 及 $\frac{\partial^2 z}{\partial y \partial x}$ 在区域 D 内连续，那么在该区域内这两个二阶混合偏导数必相等.

换句话，二阶混合偏导数在连续的条件下，与求导次序无关．证明从略.

例 6 验证函数 $z = \ln \sqrt{x^2 + y^2}$ 满足方程 $\frac{\partial^2 z}{\partial x^2} + \frac{\partial^2 z}{\partial y^2} = 0$.

证明 因为 $z = \ln \sqrt{x^2 + y^2} = \frac{1}{2}\ln(x^2 + y^2)$，所以

$$\frac{\partial z}{\partial x} = \frac{x}{x^2 + y^2}, \frac{\partial z}{\partial y} = \frac{y}{x^2 + y^2},$$

$$\frac{\partial^2 z}{\partial x^2} = \frac{(x^2 + y^2) - x \cdot 2x}{(x^2 + y^2)^2} = \frac{y^2 - x^2}{(x^2 + y^2)^2},$$

$$\frac{\partial^2 z}{\partial y^2} = \frac{(x^2 + y^2) - y \cdot 2y}{(x^2 + y^2)^2} = \frac{x^2 - y^2}{(x^2 + y^2)^2}.$$

因此 $\dfrac{\partial^2 z}{\partial x^2} + \dfrac{\partial^2 z}{\partial y^2} = \dfrac{x^2 - y^2}{(x^2 + y^2)^2} + \dfrac{y^2 - x^2}{(x^2 + y^2)^2} = 0.$

三、全微分及其应用

一元函数 $y = f(x)$ 的微分 $\mathrm{d}y$ 是函数增量 Δy 的**线性主部**. 用函数的微分代替函数的增量，二者之差 $\Delta y - \mathrm{d}y$ 是一个比 Δx 高阶的无穷小. 因此，使用微分可以简单地计算出函数在自变量发生微小变化时所产生的增量，这对于许多实际的估算问题很有帮助. 对于多元函数也有类似的结论，学习时可参照一元函数类比地理解. 它的作用也是要解决在自变量 x、y 发生微小变化时，对因变量 z 的变化幅度的估计问题.

二元函数 $z = f(x, y)$ 在点 $P(x, y)$ 给 x 以改变量 Δx，给 y 以改变量 Δy，即 x、y 同时变化时，对应的函数增量

$$f(x + \Delta x, y + \Delta y) - f(x, y)$$

称为函数 $z = f(x, y)$ 的**全增量**，记为 Δz. 即

$$\Delta z = f(x + \Delta x, y + \Delta y) - f(x, y).$$

计算全增量比较复杂，我们希望用 Δx、Δy 的线性函数来近似代替之，而且误差较小. 下面看一个例子.

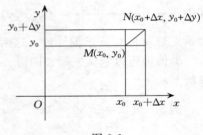

图 6-6

例 7 已知矩形铁件边长 x 和 y，由于受热膨胀分别由最初的 x_0, y_0，变为 $x_0 + \Delta x, y_0 + \Delta y$，研究矩形面积 S 的全增量的表达式（见图 6-6）.

解 矩形面积 $S = xy$，面积 S 的全增量为

$$\Delta S = (x_0 + \Delta x)(y_0 + \Delta y) - x_0 y_0 = y_0 \Delta x + x_0 \Delta y + \Delta x \Delta y.$$

上述全增量的表达式是 $y_0 \Delta x + x_0 \Delta y$ 和 $\Delta x \Delta y$ 两部分的和. 前一项是两个自变量增量 Δx，Δy 的线性函数，其中 Δx，Δy 的系数 y_0，x_0 是与 Δx，Δy 无关的常数. 从图 6-6 可见，后一部分 $\Delta x \Delta y$ 比前一部分 $y_0 \Delta x + x_0 \Delta y$ 小得多. 虽然全增量 ΔS 随着 Δx，Δy 一同成为无穷小，且当 $\Delta x \to 0$，$\Delta y \to 0$ 时，点 M 到 N 的距离 $\rho = \sqrt{\Delta x^2 + \Delta y^2} \to 0$. 可以证明 $\Delta x \Delta y$ 是比 ρ 高阶的无穷小. 事实上（见图 6-7），

$$\lim_{\substack{\Delta x \to 0 \\ \Delta y \to 0}} \frac{\Delta x \Delta y}{\rho} = \lim_{\substack{\Delta x \to 0 \\ \Delta y \to 0}} \Delta x \sin\theta = 0.$$

所以当 $|\Delta x|$，$|\Delta y|$ 很小时，可用 ΔS 的前一部分 $y_0 \Delta x + x_0 \Delta y$ 作为近似值.

对于一般的二元函数 $z = f(x, y)$ 来说，有如下结论：只要二元函数 $z = f(x, y)$ 在点 $P(x, y)$ 具有连续

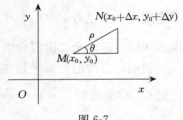

图 6-7

偏导数 $f_x(x,y)$ 及 $f_y(x,y)$，则函数 $z=f(x,y)$ 在点 $P(x,y)$ 的全增量 Δz 可表示为

$$\Delta z = f_x(x,y)\Delta x + f_y(x,y)\Delta y + o(\rho),(\rho = \sqrt{(\Delta x)^2 + (\Delta y)^2}). \qquad (6\text{-}2\text{-}1)$$

前一部分 $f_x(x,y)\Delta x + f_y(x,y)\Delta y$ 是两个自变量增量 $\Delta x,\Delta y$ 的线性函数，后一部分是比 $\rho = \sqrt{(\Delta x)^2 + (\Delta y)^2}$ 较高阶的无穷小．所以当 $|\Delta x|$，$|\Delta y|$ 很小时，$f_x(x,y)\Delta x + f_y(x,y)\Delta y$ 是全增量 Δz 的**线性主部**，用它来估计 Δz 的误差是比 ρ 高阶的无穷小．

定义　如果函数 $z=f(x,y)$ 在点 (x,y) 的全增量

$$\Delta z = f(x+\Delta x,y+\Delta y) - f(x,y)$$

可表示为自变量增量的线性函数加上一个比 ρ 高阶的无穷小，即

$$\Delta z = A\Delta x + B\Delta y + o(\rho) \quad (\rho = \sqrt{(\Delta x)^2 + (\Delta y)^2}),$$

其中 A,B 不依赖于 Δx，Δy 而仅与 x，y 有关，则称函数 $z=f(x,y)$ 在点 (x,y) **可微分**，而称 $A\Delta x + B\Delta y$ 为函数 $z=f(x,y)$ 在点 (x,y) 的**全微分**，记作 $\mathrm{d}z$，即

$$\mathrm{d}z = A\Delta x + B\Delta y.$$

特别地，如果二元函数 $z=f(x,y)$ 在点 $P(x,y)$ 具有连续偏导数 $f_x(x,y)$ 及 $f_y(x,y)$，则函数 $z=f(x,y)$ 在点 $P(x,y)$ 的全增量 Δz 的线性主部 $f_x(x,y)\Delta x + f_y(x,y)\Delta y$ 称为函数在点 $P(x,y)$ 的全微分，即

$$\mathrm{d}z = f_x(x,y)\Delta x + f_y(x,y)\Delta y$$

或

$$\mathrm{d}z = \frac{\partial z}{\partial x}\Delta x + \frac{\partial z}{\partial y}\Delta y.$$

又因为 $\Delta x = \mathrm{d}x$，$\Delta y = \mathrm{d}y$，于是 $\mathrm{d}z$ 可写成

$$\mathrm{d}z = \frac{\partial z}{\partial x}\mathrm{d}x + \frac{\partial z}{\partial y}\mathrm{d}y. \qquad (6\text{-}2\text{-}2)$$

其中 $\dfrac{\partial z}{\partial x}\mathrm{d}x$ 叫做函数 $z=f(x,y)$ 在点 $P(x,y)$ 处对 **x** 的偏微分，$\dfrac{\partial z}{\partial y}\mathrm{d}y$ 叫做函数 $z=f(x,y)$ 在点 $P(x,y)$ 处对 **y** 的偏微分．因此，全微分可以看成两个偏微分之和．

例 8　计算函数 $z = x^2 y + y^2$ 的全微分．

解　因为 $\dfrac{\partial z}{\partial x} = 2xy,\dfrac{\partial z}{\partial y} = x^2 + 2y$，

所以 $\mathrm{d}z = 2xy\mathrm{d}x + (x^2 + 2y)\mathrm{d}y$．

例 9　计算函数 $z = \mathrm{e}^{xy}$ 在点 $(2,1)$ 处的全微分．

解　因为 $\dfrac{\partial z}{\partial x} = y\mathrm{e}^{xy},\dfrac{\partial z}{\partial y} = x\mathrm{e}^{xy}$，

$$\frac{\partial z}{\partial x}\bigg|_{\substack{x=2\\y=1}} = \mathrm{e}^2,\frac{\partial z}{\partial y}\bigg|_{\substack{x=2\\y=1}} = 2\mathrm{e}^2,$$

所以

$$\mathrm{d}z\bigg|_{\substack{x=2\\y=1}} = \mathrm{e}^2\mathrm{d}x + 2\mathrm{e}^2\mathrm{d}y.$$

有了全微分的概念以后，全增量 Δz 可表示为

$$\Delta z = \mathrm{d}z + o(\rho).$$

即全增量 Δz 与全微分 $\mathrm{d}z$ 的差是一个比 ρ 高阶的无穷小，所以，当 $|\Delta x|$，$|\Delta y|$ 很小时，可用 $\mathrm{d}z$ 作为 Δz 的近似值．即有如下两个近似公式：

1) $\Delta z \approx \mathrm{d}z = f_x(x,y)\Delta x + f_y(x,y)\Delta y;$ (6-2-3)

2) $f(x_0+\Delta x, y_0+\Delta y) \approx f(x_0,y_0) + f_x(x_0,y_0)\Delta x + f_y(x_0,y_0)\Delta y.$ (6-2-4)

我们可以利用上述近似等式对二元函数做近似计算.

例 10 有一圆柱体,受压后发生形变,它的半径由 20cm 增大到 20.05cm,高度由 100cm 减少到 99cm. 求此圆柱体体积变化的近似值.

解 设圆柱体的半径、高和体积依次为 r、h 和 V,则有

$$V = \pi r^2 h.$$

已知 $r=20$,$h=100$,$\Delta r=0.05$,$\Delta h=-1$. 根据近似公式,有

$$\Delta V \approx \mathrm{d}V = V_r \Delta r + V_h \Delta h = 2\pi rh\,\Delta r + \pi r^2 \Delta h$$
$$= 2\pi \times 20 \times 100 \times 0.05 + \pi \times 20^2 \times (-1) = -200\pi\ (\mathrm{cm}^3).$$

即此圆柱体在受压后体积约减少 $200\pi\ \mathrm{cm}^3$.

例 11 一圆柱形的铁罐,内半径为 5cm,内高为 12cm,壁厚均为 0.2cm,估计制作这个铁罐所需材料的体积大约为多少（包括上、下底）?

解 设圆柱形的体积为 $V = \pi r^2 h$,其中 r 为铁罐内半径,h 为铁罐内高,按照题意,制作该铁罐所需材料的体积为

$$\Delta V = \pi (r+\Delta r)^2(h+\Delta h) - \pi r^2 h,$$

其中 $\Delta r=0.2\mathrm{cm}$,$\Delta h=0.4\mathrm{cm}$ 都比较小,所以可用全微分近似代替全增量,即

$$\Delta V \approx \mathrm{d}V = \frac{\partial V}{\partial r}\mathrm{d}r + \frac{\partial V}{\partial h}\mathrm{d}h$$
$$= 2\pi rh\,\mathrm{d}r + \pi r^2 \mathrm{d}h = \pi r(2h\mathrm{d}r + r\mathrm{d}h),$$

即有

$$\Delta V \Big|_{\substack{r=5,h=12 \\ \Delta r=0.2,\Delta h=0.4}} \approx 5\pi(2\times 12 \times 0.2 + 5 \times 0.4) = 34\pi(\mathrm{cm}^3) \approx 106.8(\mathrm{cm}^3).$$

故所需材料的体积大约为 $106.8\mathrm{cm}^3$.

例 12 计算 $(1.04)^{2.02}$ 的近似值.

解 设函数 $f(x,y) = x^y$. 显然,要计算的值就是函数在 $x=1.04$,$y=2.02$ 时的函数值 $f(1.04,2.02)$.

取 $x=1$,$y=2$,$\Delta x=0.04$,$\Delta y=0.02$. 由于

$$f(x+\Delta x, y+\Delta y) \approx f(x,y) + f_x(x,y)\Delta x + f_y(x,y)\Delta y$$
$$= x^y + yx^{y-1}\Delta x + x^y \ln x\,\Delta y,$$

所以

$$(1.04)^{2.02} \approx 1^2 + 2 \times 1^{2-1} \times 0.04 + 1^2 \times \ln 1 \times 0.02 = 1.08.$$

例 13 利用单摆摆动测定重力加速度 g 的公式是

$$g = \frac{4\pi^2 l}{T^2},$$

现测得单摆摆长 l 与振动周期 T 分别为 $l=100\pm 0.1\ \mathrm{cm}$,$T=2\pm 0.004\ \mathrm{s}$. 问由于测定 l 与 T 的误差而引起 g 的绝对误差和相对误差各为多少?

解 如果把测量 l 与 T 所产生的误差记作 $|\Delta l|$ 与 $|\Delta T|$,则利用上述计算公式所产生的误差就是二元函数 $g = \dfrac{4\pi^2 l}{T^2}$ 的全增量的绝对值 $|\Delta g|$. 由于 $|\Delta l|$ 与 $|\Delta T|$ 都很小,因此我们可以用 $\mathrm{d}g$ 来近似地代替 Δg. 这样就得到 g 的误差为

$$|\Delta g| \approx |\,\mathrm{d}g| = |\frac{\partial g}{\partial l}\Delta l + \frac{\partial g}{\partial T}\Delta T|$$

$$\leqslant |\frac{\partial g}{\partial l}| \cdot \delta_l + |\frac{\partial g}{\partial T}| \cdot \delta_T$$

$$= 4\pi^2\left(\frac{1}{T^2}\delta_l + \frac{2l}{T^3}\delta_T\right),$$

其中 δ_l 与 δ_T 为 l 与 T 的绝对误差. 把 $l=100$，$T=2$，$\delta_l=0.1$，$\delta_T=0.004$ 代入上式，得 g 的绝对误差约为

$$\delta_g = 4\pi^2\left(\frac{0.1}{2^2} + \frac{2\times100}{2^3}\times0.004\right) = 0.5\pi^2 = 4.93\,(\mathrm{cm/s^2}).$$

相对误差为

$$\frac{\delta_g}{g} = \frac{0.5\pi^2}{\dfrac{4\pi^2\times100}{2^2}} = 0.5\%.$$

从上面的例子可以看到，对于一般的二元函数 $z=f(x,y)$，如果自变量 x，y 的绝对误差分别为 δ_x，δ_y，即

$$|\Delta x| \leqslant \delta_x,\quad |\Delta y| \leqslant \delta_y,$$

则 z 的误差

$$|\Delta z| \approx |\,\mathrm{d}z| = |\frac{\partial z}{\partial x}\Delta x + \frac{\partial z}{\partial y}\Delta y|$$

$$\leqslant |\frac{\partial z}{\partial x}| \cdot |\Delta x| + |\frac{\partial z}{\partial y}| \cdot |\Delta y|$$

$$\leqslant |\frac{\partial z}{\partial x}| \cdot \delta_x + |\frac{\partial z}{\partial y}| \cdot \delta_y;$$

从而得到 z 的绝对误差约为

$$\delta_z = |\frac{\partial z}{\partial x}| \cdot \delta_x + |\frac{\partial z}{\partial y}| \cdot \delta_y; \tag{6-2-5}$$

z 的相对误差约为

$$\frac{\delta_z}{|z|} = |\frac{z_x}{z}|\delta_x + |\frac{z_y}{z}|\delta_y. \tag{6-2-6}$$

习　题　6-2

1. 求下列函数的偏导值：

(1) 求 $z = x^2 - 2xy + 3y^3$ 在点 $(1,2)$ 处的偏导数，$\frac{\partial z}{\partial x}\Big|_{(1,2)}$，$\frac{\partial z}{\partial y}\Big|_{(1,2)}$；

(2) 已知二元函数 $f(x,y) = \ln(\mathrm{e}^x + \mathrm{e}^y)$，求 $f_y(0,0)$；

(3) 已知二元函数 $f(x,y) = \mathrm{e}^{-x}\sin(x+2y)$，求 $f_x\left(0,\frac{\pi}{4}\right)$，$f_y\left(0,\frac{\pi}{4}\right)$.

2. 求下列函数的偏导数：

(1) $z = \dfrac{\cos x^2}{y}$；　　　　(2) $z = \ln xy$；　　　　(3) $z = xy + \dfrac{x}{y}$；

(4) $z = \arctan\dfrac{y}{x}$；　　　(5) $z = \mathrm{e}^{x+y}\cos(x-y)$；　　(6) $u = \sin(x + y^2 - \mathrm{e}^z)$.

3. 求下列函数的二阶偏导数：

(1) $z = x^2 y - 4x \sin y + y^2$；　　　(2) $z = e^x \sin y$；

(3) $z = \ln(x + y^2)$；　　　(4) $z = x \ln(x + y)$．

4. 求下列函数的全微分：

(1) $z = \tan(x^2 + xy)$；　　(2) $z = x e^{\frac{x}{y}}$；　　(3) $z = \sqrt{\dfrac{x}{y}}$．

5. 测得矩形盒的边长为 75cm、60cm 以及 40cm，且可能的最大测量误差为 0.2cm. 试用全微分估计利用这些测量值计算盒子体积时可能带来的最大误差．

6. 要做一个无盖的圆柱形容器，其内径为 2m，高为 4m，厚度为 0.01m，问大约需要用多少材料？

第三节　二元函数的极值

在实际问题中，往往会遇到多元函数的最大值，最小值问题．与一元函数相类似，多元函数的最大值、最小值与极大值、极小值有密切联系，因此我们以二元函数为例，先来讨论多元函数的极值问题．

定义　设函数 $z = f(x, y)$ 在点 (x_0, y_0) 及其附近有定义，对于 (x_0, y_0) 附近的一切点 (x, y)，如果都满足不等式

$$f(x, y) < f(x_0, y_0)，$$

则称函数在点 (x_0, y_0) 有**极大值** $f(x_0, y_0)$；如果都满足不等式

$$f(x, y) > f(x_0, y_0)，$$

则称函数在点 (x_0, y_0) 有**极小值** $f(x_0, y_0)$．极大值、极小值统称为**极值**．使函数取得极值的点称为**极值点**．

显然二元函数的极值也是一个局部范围内的概念．二元函数 $z = f(x, y)$ 在点 $P_0(x_0, y_0)$ 取得极大值，就是表示二元函数 $z = f(x, y)$ 的曲面上，对应于 xOy 面上点 (x_0, y_0) 的点 $M_0(x_0, y_0, z_0)$ 的竖坐标 $z_0 = f(x_0, y_0)$，大于点 P_0 附近所有点所对应的曲面上点的竖坐标，即曲面出现有如"山峰"的顶点．类似地，极小值点就有如曲面上的"低谷"处的顶点．

例1　函数 $z = 3x^2 + 4y^2$ 在点 $(0, 0)$ 处有极小值．因为对于点 $(0, 0)$ 的任一邻域内异于 $(0, 0)$ 的点，函数值都为正，而在点 $(0, 0)$ 处的函数值为零．从几何上看这是显然的，因为点 $(0, 0, 0)$ 是开口朝上的椭圆抛物面 $z = 3x^2 + 4y^2$ 的顶点．

例2　函数 $z = \sqrt{1 - x^2 - y^2}$ 在点 $(0, 0)$ 处有极大值．$z = \sqrt{1 - x^2 - y^2}$ 的图形是位于 xOy 平面上方的半球面，而点 $(0, 0, 1)$ 是它的顶点，也是它的极大值点．

例3　函数 $z = xy$ 在点 $(0, 0)$ 处既不取得极大值也不取得极小值．因为在点 $(0, 0)$ 处的函数值为零，而在点 $(0, 0)$ 的任一邻域内，总有使函数值为正的点，也有使函数值为负的点．

如何寻找极值点？下面先讨论极值存在的必要条件．

定理1（极值存在的必要条件）　若函数 $z = f(x, y)$ 在点 (x_0, y_0) 具有两个一阶偏导数，且在点 (x_0, y_0) 处有极值，则它在该点的两个一阶偏导数必然为零．即

$$f_x(x_0,y_0)=0, f_y(x_0,y_0)=0.$$

证明　不妨设 $z=f(x,y)$ 在点 (x_0,y_0) 处有极大值. 依极大值的定义, 在点 (x_0,y_0) 的附近异于 (x_0,y_0) 的点都适合不等式

$$f(x,y)<f(x_0,y_0).$$

特殊地, 在该邻域内取 $y=y_0$, 而 $x\neq x_0$ 的点, 也应适合不等式

$$f(x,y_0)<f(x_0,y_0).$$

这表明一元函数 $f(x,y_0)$ 在 $x=x_0$ 处取得极大值, 因此必有

$$f_x(x_0,y_0)=0.$$

类似地可证

$$f_y(x_0,y_0)=0.$$

类似地可推得, 如果三元函数 $u=(x,y,z)$ 在点 (x_0,y_0,z_0) 具有偏导数, 则它在点 (x_0,y_0,z_0) 具有极值的必要条件为

$$f_x(x_0,y_0,z_0)=0, f_y(x_0,y_0,z_0)=0, f_z(x_0,y_0,z_0)=0.$$

仿照一元函数, 凡是能使 $f_x(x,y)=0, f_y(x,y)=0$ 同时成立的点 (x_0,y_0) 称为函数 $z=f(x,y)$ 的**驻点**. 从定理 1 可知, 具有偏导数的函数的极值点必定是驻点. 但是函数的驻点不一定是极值点. 例如, 点 $(0,0)$ 是函数 $z=xy$ 的驻点, 但是通过例 3 知函数在该点并无极值.

怎样判定一个驻点是否是极值点呢? 下面的定理回答了这个问题.

定理 2（极值存在的充分条件）　设函数 $z=f(x,y)$ 在点 (x_0,y_0) 及其附近有二阶连续偏导数, 又 $f_x(x_0,y_0)=0, f_y(x_0,y_0)=0$, 令

$$f_{xx}(x_0,y_0)=A, f_{xy}(x_0,y_0)=B, f_{yy}(x_0,y_0)=C$$

则 $f(x,y)$ 在 (x_0,y_0) 处是否取得极值的条件如下:

(1) $AC-B^2>0$ 时具有极值, 且当 $A<0$ 时有极大值, 当 $A>0$ 时有极小值;

(2) $AC-B^2<0$ 时没有极值;

(3) $AC-B^2=0$ 时可能有极值, 也可能没有极值, 还需另作讨论.

注　记忆口诀"正有负无零不定"; A 可以类比为抛物线开口方向.

这个定理证明从略. 利用定理 1 和 2, 我们把具有二阶连续偏导数的函数 $z=f(x,y)$ 的极值的求法叙述如下:

第一步　解方程组

$$f_x(x,y)=0, f_y(x,y)=0,$$

求得一切实数解, 即可以得到一切驻点.

第二步　对于每一个驻点 (x_0,y_0), 求出二阶偏导数的值 A, B 和 C.

第三步　定出 $AC-B^2$ 的符号, 按定理 2 的结论判定 (x_0,y_0) 是否是极值, 是极大值还是极小值.

例 4　求函数 $f(x,y)=x^3-y^3+3x^2+3y^2-9x$ 的极值.

解　先解方程组

$$\begin{cases}f_x(x,y)=3x^2+6x-9=0,\\ f_y(x,y)=-3y^2+6y=0,\end{cases}$$

求得驻点为 $(1,0)$，$(1,2)$，$(-3,0)$，$(-3,2)$.

再求出二阶偏导数

$$f_{xx}(x,y) = 6x+6, f_{xy}(x,y) = 0, f_{yy}(x,y) = -6y+6.$$

在点 $(1,0)$ 处，$AC-B^2 = 12\times 6 > 0$ 又 $A > 0$，所以函数在点 $(1，0)$ 处有极小值 $f(1,0) = -5$；

在点 $(1,2)$ 处，$AC-B^2 = 12\times(-6) < 0$，所以 $(1,2)$ 不是极值点；

在点 $(-3,0)$ 处，$AC-B^2 = (-12)\times 6 < 0$，所以 $(-3,0)$ 不是极值点；

在点 $(-3,2)$ 处，$AC-B^2 = (-12)\times(-6) > 0$ 又 $A < 0$，所以函数在 $(-3,2)$ 处有极大值 $f(-3,2) = 31$.

与一元函数相类似，我们可以利用函数的极值来求函数的最大值和最小值. 而且，如果 $f(x,y)$ 在有界闭区域 D 上连续，则 $f(x,y)$ 在 D 上必定能取得最大值和最小值. 这种使函数取得最大值或最小值的点既可能在 D 的内部，也可能在 D 的边界上. 我们假定，函数在 D 上连续，在 D 内只有有限个驻点，这时如果函数在 D 的内部取得最大值（最小值），那么这个最大值（最小值）也是函数的极大值（极小值）.

因此，在上述假定下，求函数的最大值和最小值的一般方法是：将函数 $f(x,y)$ 在 D 内的所有驻点处的函数值及在 D 的边界上的最大值和最小值相互比较，其中最大的就是最大值，最小的就是最小值. 但这种做法，由于要求出 $f(x,y)$ 在 D 的边界上的最大值和最小值，所以往往相当复杂. 在通常遇到的实际问题中，如果根据问题的性质，知道函数 $f(x,y)$ 的最大值（最小值）一定在 D 的内部取得，而函数在 D 内只有一个驻点，那么可以肯定该驻点的函数值就是函数 $f(x,y)$ 在 D 上的最大值（最小值）.

例5 某厂要用铁板做成一个体积为 $2\ \mathrm{m}^3$ 的有盖长方体水箱. 问当长、宽、高各取怎样的尺寸时，才能用料最省.

解 设水箱的长为 x m，宽为 y m，则其高应为 $\dfrac{2}{xy}$ m，此水箱所用材料的面积

$$A = 2\left(xy + y\cdot\frac{2}{xy} + x\cdot\frac{2}{xy}\right),$$

即

$$A = 2\left(xy + \frac{2}{x} + \frac{2}{y}\right), \qquad (x > 0, y > 0)$$

可见材料面积 A 是 x 和 y 的二元函数，这就是目标函数，下面求使这函数取得最小值的点 (x,y).

令

$$A_x = 2\left(y - \frac{2}{x^2}\right) = 0, \quad A_y = 2\left(x - \frac{2}{y^2}\right) = 0,$$

解这方程组，得：

$$x = \sqrt[3]{2}, \quad y = \sqrt[3]{2}.$$

根据题意可知，水箱所用材料面积的最小值一定存在，并在开区域 $D: x > 0, y > 0$ 内取得，又函数在 D 内只有唯一的驻点 $(\sqrt[3]{2}, \sqrt[3]{2})$. 因此可断定当 $x = \sqrt[3]{2}$，$y = \sqrt[3]{2}$ 时，A 取得最小值. 就是说，当水箱的长为 $\sqrt[3]{2}$ m，宽为 $\sqrt[3]{2}$ m，高为 $\dfrac{2}{\sqrt[3]{2}\cdot\sqrt[3]{2}} = \sqrt[3]{2}$ m 时，水箱所用的材料最省.

从这个例子还可看出，在体积一定的长方体中，以立方体的表面积为最小.

例6 有一长为 24cm 的长方形铁板，把它两边折起来做成一个断面为等腰梯形的水槽，折痕与长方形短边平行. 问怎样折法才能使断面的面积最大？

解 设折起来的边为 $x$cm，倾角为 α（图 6-8），那么梯形断面的下底长为 $(24-2x)$，上底长为 $(24-2x+2x\cos\alpha)$，高为 $x\sin\alpha$，所以断面面积

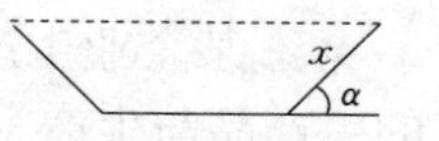

图 6-8

$$A = \frac{1}{2}(24-2x+2x\cos\alpha+24-2x)\cdot x\sin\alpha,$$

即

$$A = 24x\sin\alpha - 2x^2\sin\alpha + x^2\sin\alpha\cos\alpha, \quad (0 < x < 12, 0 < \alpha < \frac{\pi}{2})$$

可见，断面面积 A 是 x 和 α 的二元函数，这就是目标函数．下面求使目标函数取得最大值的点 (x,α)．令

$$\begin{cases} A_x = 24\sin\alpha - 4x\sin\alpha + 2x\sin\alpha\cos\alpha = 0, \\ A_\alpha = 24x\cos\alpha - 2x^2\cos\alpha + x^2(\cos^2\alpha - \sin^2\alpha) = 0. \end{cases}$$

由于 $\sin\alpha \neq 0$，$x \neq 0$，上述方程组可化为

$$\begin{cases} 12 - 2x + x\cos\alpha = 0, \\ 24\cos\alpha - 2x\cos\alpha + x(2\cos^2\alpha - 1) = 0. \end{cases}$$

解此方程组，得

$$\alpha = \frac{\pi}{3} = 60°, \quad x = 8(\text{cm}).$$

根据题意可知断面面积的最大值一定存在，并且在 $D: 0 < x < 12$，$0 < \alpha < \frac{\pi}{2}$ 内取得．又函数在 D 内只有一个驻点，可以断定，当 $x = 8$cm，$\alpha = 60°$ 时，就能使断面的面积最大．

例 7 某工厂生产 A，B 两种型号的产品，售价分别为 1000 元/件和 900 元/件，生产 x 件 A 型产品和 y 件 B 型产品的总成本为

$$C(x,y) = 40000 + 200x + 300y + 3x^2 + xy + 3y^2,$$

求分别生产两种产品多少时利润最大？

解 利润

$$\begin{aligned} P(x,y) &= (1000x + 900y) - C(x,y) \\ &= -3x^2 - xy - 3y^2 + 800x + 600y - 40000, (x \geqslant 0, y \geqslant 0), \end{aligned}$$

令 $\begin{cases} P_x = -6x - y + 800 = 0, \\ P_y = -x - 6y + 600 = 0. \end{cases}$ 解此方程组，得驻点 $(120,80)$，又 $P_{xx} = -6, P_{yy} = -6$，

$P_{xy} = P_{yx} = -1$，故在该驻点处，有 $A = P_{xx} = -6 < 0$，$AC - B^2 = P_{xx}P_{yy} - P_{xy}P_{yx} = 35 > 0$，所以 $(120,80)$ 是 $P(x,y)$ 的极大值点，唯一的极大值点也就是最大值点，即应该生产 120 件 A 型产品和 80 件 B 型产品，才能使利润最大．

习 题 6-3

1．求下列函数的极值：

（1）求函数 $f(x,y) = x^3 + y^3 - 3xy$ 的极值；

（2）求 $f(x,y) = 4(x-y) - x^2 - y^2$ 的极值；

（3）求函数 $f(x,y) = e^{2x}(x + y^2 + 2y)$ 的极值．

2．三个正数之和为 12，问这三数为何值时，才能使三数之积最大？

3．三个正数之积为 216，问这三数为何值时，才能使三数之和最小？

4. 建造容积为 V 的开顶长方体水池. 长、宽、高各多少时, 才能使表面积最小?

5. 某企业生产甲、乙两种产品, 出售单价分别为 100、80 (单位: 万元), 生产 x 单位的甲产品与生产 y 单位的乙产品的总费用是 $500+30(x+y)+x^2+xy+y^2$, 求两种产品的产量各为多少时, 可得最大利润.

6. 某工厂生产两种产品的产量分别为 q_1 件和 q_2 件, 销售单价分别为每件 p_1 元和 p_2 元. 假设生产这两种产品的总成本 (函数) 是 $C=q_1^2+2q_1q_2+q_2^2+5$ (元), 需求函数 (即产品的需求量与销售单价的函数关系) 分别是 $q_1=2600-p_1$, $q_2=1000-\dfrac{1}{4}p_2$. 问如何确定每种产品的产量 (即产品的产出水平) 才能使厂家获得最大利润?

第四节 最小二乘法

在农业科学技术中, 常常需要根据实验观测数据来寻求两个研究对象 (变量) 之间的函数关系. 但是在一般情况下, 根据实验观测数据常常无法求得函数的精确表达式, 而只能建立函数关系的近似表达式, 通常把这样得到的近似表达式称为**经验公式**. 这种寻求某种函数曲线来反映数据的大体趋势, 而不要求数据都在曲线上的问题, 称为**数据拟合问题**, 求得的经验公式又称**拟合函数**. 经验公式建立以后, 就可以把生产或实验中所积累的某些经验, 提到理论上加以分析, 再用于指导生产实践. 下面介绍一种寻求两个变量间的经验公式的一种常用方法——最小二乘法.

一、线性函数的经验公式

例 1 为测定某种农用机件的磨损速度, 按每使用一小时测量一次该机件厚度的方式, 得到如下实测数据:

时间 t_i (h)	0	1	2	3	4	5	6	7
机件厚度 y_i (mm)	27.0	26.8	26.5	26.3	26.1	25.7	25.3	24.8

试根据这组实测数据建立变量 y 和 t 之间的经验公式 $y=f(t)$.

解 首先判断经验公式的类型, 为此, 一般可在平面直角坐标下取 t 为横坐标, y 为纵坐标, 做出实验数据 (t_i, y_i) 的散点图 (图 6-9), 易发现所求函数 $y=f(t)$ 可近似看作线性函数, 因此, 可设 $f(t)=at+b$, 其中 a 和 b 是待定常数, 但因为图中各点并不在同一条直线上, 因此希望要找一条最恰当的直线使得所有点离它都比较近, 即要使各点处的偏差 $y_i-f(t_i)(i=0,1,2,\cdots,7)$ 都很小. 为了保证每个点处的偏差都很小, 可考虑选取常数 a,b, 使

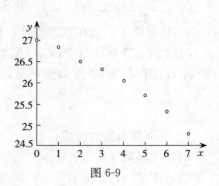

图 6-9

各点偏差平方和 $M=\sum\limits_{i=0}^{7}\left[y_i-(at_i+b)\right]^2$ 最小. 这种根据偏差的平方和最小的条件来选择常数 a, b 的方法叫做**最小二乘法**.

求解本例：可考虑选取常数 a,b 使 $M = \sum\limits_{i=0}^{7} [y_i - (at_i + b)]^2$ 最小. 把 M 看成自变量 a 和 b 的一个二元函数，那么问题就可归结为求函数 $M = M(a,b)$ 在 (a,b) 点处取得最小值的问题. 令

$$\begin{cases} \dfrac{\partial M}{\partial a} = -2\sum\limits_{i=0}^{7} [y_i - (at_i + b)]t_i = 0, \\ \dfrac{\partial M}{\partial b} = -2\sum\limits_{i=0}^{7} [y_i - (at_i + b)] = 0. \end{cases} \quad 即 \quad \begin{cases} \sum\limits_{i=0}^{7} [y_i - (at_i + b)]t_i = 0, \\ \sum\limits_{i=0}^{7} [y_i - (at_i + b)] = 0. \end{cases}$$

整理得

$$\begin{cases} a\sum\limits_{i=1}^{7} t_i^2 + b\sum\limits_{i=1}^{7} t_i = \sum\limits_{i=1}^{7} y_i t_i, \\ a\sum\limits_{i=1}^{7} t_i + 8b = \sum\limits_{i=1}^{7} y_i. \end{cases} \tag{6-4-1}$$

计算，得 $\sum\limits_{i=1}^{7} t_i = 28, \sum\limits_{i=1}^{7} t_i^2 = 140, \sum\limits_{i=1}^{7} y_i = 208.5, \sum\limits_{i=1}^{7} y_i t_i = 717.0.$

代入 (6-4-1)，得 $\begin{cases} 140a + 28b = 717 \\ 28a + 8b = 208.5 \end{cases} \Rightarrow a = -0.3036, \quad b = 27.125.$

于是，所求经验公式为

$$y = f(t) = -0.3036t + 27.125. \tag{6-4-2}$$

根据上式算出的 $f(t_i)$ 与实测的 y_i 有一定的偏差，见下表：

t_i	0	1	2	3	4	5	6	7
实测 y_i	27.0	26.8	26.5	26.3	26.1	25.7	25.3	24.8
计算 $f(t_i)$	27.125	26.821	26.518	26.214	25.911	25.607	25.303	25.000
偏差	−0.125	−0.021	−0.018	−0.086	0.189	0.093	−0.003	−0.200

注 （1）偏差的平方和 $M = 0.108165$，其平方根 $\sqrt{M} = 0.329$. 我们把 $\sqrt{M}$ 称为**均方误差**，它的大小在一定程度上反映了用经验公式近似表达原来函数关系的近似程度的好坏，均方误差越小近似程度就越高.

（2）上述方法涉及的计算量较大，人工完成非常困难. 实际上，如果借助现成的数学软件（例如 Matlab、Excel 等）去解决此类问题，即使数据再多也没有任何难度.

（3）本例中实测数据的图形近似为一条直线，因而认为所求函数关系可近似看作线性函数关系，这类问题的求解比较简便. 有些实际问题中，经验公式的类型虽然不是线性函数，但我们可以设法把它转化成线性函数的类型来讨论，这种情况在下面讨论.

二、非线性函数的经验公式

1. 可化为线性函数的非线性拟合问题

在许多场合下，经验公式不具有线性形式，但是由实际经验或相关的学科理论，能够提

供该函数的可取类型，而且可以通过适当的变量代换将经验公式线性化，同样可以建立恰当经验公式.

（1）双曲线 $\dfrac{1}{y}=a+\dfrac{b}{x}$ 可以用变量替换 $Y=\dfrac{1}{y}$，$X=\dfrac{1}{x}$ 将函数化为线性函数：$Y=a+bX$.

（2）幂函数曲线 $y=ax^b$，其中 $x>0$，$a>0$，可以用变量替换 $Y=\ln y$，$X=\ln x$ 将函数化为线性函数：$Y=\ln a+bX$.

（3）指数曲线 $y=ae^{bx}$，其中参数 $a>0$，可以用变量替换 $Y=\ln y$，$X=x$ 将函数化为线性函数：$Y=\ln a+bX$.

（4）倒指数曲线 $y=ae^{b/x}$，其中 $a>0$，可以用变量替换 $Y=\ln y$，$X=\dfrac{1}{x}$ 将函数化为线性函数：$Y=\ln a+bX$.

（5）对数曲线 $y=a+b\ln x$，其中 $x>0$，可以用变量替换 $X=\ln x$ 将函数化为线性函数：$y=a+bX$.

（6）S 型曲线 $y=\dfrac{1}{a+b\,e^{-x}}$，可以用变量替换 $Y=\dfrac{1}{y}$，$X=e^{-x}$ 将函数化为线性函数：$Y=a+bX$.

例 2 研究黏虫的生长过程，测得一组数据如下表所示：

温度 t	11.8	14.7	15.4	16.5	17.1	18.3	19.8	20.3
历期 N	30.4	15	13.8	12.7	10.7	7.5	6.8	5.7

其中历期 N 是指卵块孵化成幼虫的天数. 昆虫学家认为在 N 与 t 之间有关系式：$N=\dfrac{k}{t-c}$，其中 k，c 为常数. 试求最小二乘解.

解 作变换 $y=\dfrac{1}{N}$，$x=t$，$a=\dfrac{1}{k}$，$b=-\dfrac{c}{k}$，由此把 N，t 的关系式化为了关于 x，y 的线性关系式：$y=\dfrac{t-c}{k}=\dfrac{1}{k}t+(-\dfrac{c}{k})=ax+b$. 与例 1 相同，先求出 $a=0.1648$，$b=-0.17543$，再算得参数 k，c 的值为：$k=60.6758$；$c=10.6445$. 最后，经验公式为：

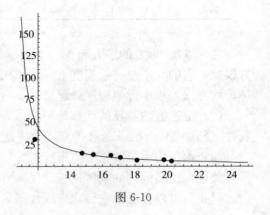

图 6-10

$$N=\dfrac{60.6758}{t-10.6445}.$$

为了比较得到的拟合函数和已知的数据点，我们再在同一坐标下绘出数据点的散点图及拟合函数的图形（见图 6-10）.

2. 多项式函数的拟合问题

例 3 设实验测得两个变量 x，y 的一组数据见下表：

x_i	-3	-2	-1	0	1	2	3
y_i	-0.71	-0.01	0.51	0.82	0.88	0.81	0.49

试建立 x 与 y 间的经验公式.

解　首先判断经验公式的类型，做出实验数据 $(x_i,\ y_i)$ 的散点图（图6-11），易发现所求函数 $y = f(x)$ 可近似看作抛物线，因此可设 $f(x) = a_1 x^2 + a_2 x + a_3$，其中 a_1, a_2, a_3 是待定常数，因此希望要找一条最恰当的抛物线使得所有点与它的距离都比较近，即使偏差 $y_i - f(x_i)(i=1,2,\cdots,7)$ 都很小. 为了保证每个点处的偏差都很小，可考虑选取常数 a_1, a_2，a_3 使 $M = \sum\limits_{i=1}^{7} \left[y_i - (a_1 x_i^2 + a_2 x_i + a_3) \right]^2$ 最小.

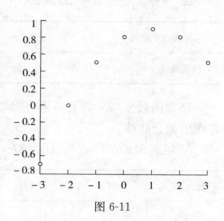

图 6-11

把 M 看成自变量 a_1, a_2, a_3 的一个三元函数，那么问题就可归结为求函数 $M = M(a_1, a_2, a_3)$ 取得最小值问题. 令

$$
\begin{cases}
\dfrac{\partial M}{\partial a_1} = 2 \sum\limits_{i=1}^{7} \left[y_i - (a_1 x_i^2 + a_2 x_i + a_3) \right] (-x_i)^2 = 0, \\[2mm]
\dfrac{\partial M}{\partial a_2} = 2 \sum\limits_{i=1}^{7} \left[y_i - (a_1 x_i^2 + a_2 x_i + a_3) \right] (-x_i) = 0, \\[2mm]
\dfrac{\partial M}{\partial a_3} = 2 \sum\limits_{i=1}^{7} \left[y_i - (a_1 x_i^2 + a_2 x_i + a_3) \right] (-1) = 0.
\end{cases}
$$

即

$$
\begin{cases}
a_1 \sum\limits_{i=1}^{7} x_i^4 + a_2 \sum\limits_{i=1}^{7} x_i^3 + a_3 \sum\limits_{i=1}^{7} x_i^2 = \sum\limits_{i=1}^{7} x_i^2 y_i, \\[2mm]
a_1 \sum\limits_{i=1}^{7} x_i^3 + a_2 \sum\limits_{i=1}^{7} x_i^2 + a_3 \sum\limits_{i=1}^{7} x_i = \sum\limits_{i=1}^{7} x_i y_i, \\[2mm]
a_1 \sum\limits_{i=1}^{7} x_i^2 + a_2 \sum\limits_{i=1}^{7} x_i + 7 a_3 = \sum\limits_{i=1}^{7} y_i.
\end{cases}
\qquad (6\text{-}4\text{-}3)
$$

方程（6-4-3）是一个三元一次方程，此方程组中解出 a_1, a_2, a_3 为
$$a_1 = -0.102,\quad a_2 = 0.200,\quad a_3 = 0.807.$$
于是，所求经验公式为 $y = -0.102 x^2 + 0.200 x + 0.807$.

其他非线性函数拟合问题，也可类似讨论.

习　题　6-4

1. 在某化工厂生产过程中，为研究温度 x（单位:℃）对收率（产量）y（％）的影响，可测得一组数据如下表所示，试根据这些数据建立 x 与 y 之间的拟合函数.

温度 x	100	110	120	130	140	150	160	170	180	190
收率 y（％）	45	51	54	61	66	70	74	78	85	89

2. 一种合金在某种添加剂的不同浓度下进行实验，得到如下数据：

浓度 x	10.0	15.0	20.0	25.0	30.0
抗压强度 y	27.0	26.8	26.5	26.3	26.1

已知函数 y 与 x 的关系适合模型：$y = a + bx + cx^2$，试用最小二乘法确定系数 a，b，c，并作出拟合曲线.

3. 红铃虫的产卵数与温度有关，下面是一组实验观察值：

温度 x	21	23	25	27	29	32	35
产卵数 y	7	11	21	24	66	105	325
ln$y$	1.9459	2.3979	3.0445	3.1781	4.1897	4.6540	5.7838

试用最小二乘法确定经验公式（回归函数）$y = \beta\, e^{\alpha x}$ 中的参数 α 和 β.

第五节　多元函数微分法

同一元函数一样，多元函数也有复合函数求导法和隐函数求导法. 下面我们继续类比地来学习这两种求导法.

一、复合函数微分法

设函数 $z = f(u,v)$ 是变量 u,v 的函数，而 u,v 又都是 x,y 的函数，即 $u = \varphi(x,y)$，$v = \psi(x,y)$，于是 z 通过中间变量 u,v 成为自变量 x,y 的复合函数

$$z = f[\varphi(x,y),\psi(x,y)].$$

我们知道求多元函数的偏导数与求一元函数的导数本质上是一样的，因而，对于一元函数适用的复合函数微分法，对于多元函数仍然适用. 二元复合函数有下列的微分法则，也称为链式法则.

定理 1　设 $u = \varphi(x,y)$，$v = \psi(x,y)$ 在点 (x,y) 处有偏导数，而函数 $z = f(u,v)$ 在相应点 (u,v) 有连续偏导数，则复合函数 $z = f[\varphi(x,y),\psi(x,y)]$ 在点 (x,y) 处有偏导数

$$\frac{\partial z}{\partial x} = \frac{\partial z}{\partial u}\frac{\partial u}{\partial x} + \frac{\partial z}{\partial v}\frac{\partial v}{\partial x}, \frac{\partial z}{\partial y} = \frac{\partial z}{\partial u}\frac{\partial u}{\partial y} + \frac{\partial z}{\partial v}\frac{\partial v}{\partial y}. \tag{6-5-1}$$

证明略.

例 1　设 $z = \ln(u^2 + v)$，$u = e^{x+y^2}$，$v = x^2 + y$，求 $\dfrac{\partial z}{\partial x}$，$\dfrac{\partial z}{\partial y}$.

解 因为 $\dfrac{\partial u}{\partial x} = \mathrm{e}^{x+y^2}, \dfrac{\partial v}{\partial x} = 2x, \dfrac{\partial u}{\partial y} = 2y\mathrm{e}^{x+y^2}, \dfrac{\partial v}{\partial y} = 1, \dfrac{\partial z}{\partial u} = \dfrac{2u}{u^2+v}, \dfrac{\partial z}{\partial v} = \dfrac{1}{u^2+v},$

所以

$$\frac{\partial z}{\partial x} = \frac{\partial z}{\partial u}\frac{\partial u}{\partial x} + \frac{\partial z}{\partial v}\frac{\partial v}{\partial x} = \frac{2u}{u^2+v} \cdot \mathrm{e}^{x+y^2} + \frac{1}{u^2+v} \cdot 2x$$

$$= \frac{2}{\mathrm{e}^{2x+2y^2}+x^2+y}(\mathrm{e}^{2x+2y^2}+x)$$

$$\frac{\partial z}{\partial y} = \frac{\partial z}{\partial u}\frac{\partial u}{\partial y} + \frac{\partial z}{\partial v}\frac{\partial v}{\partial y} = \frac{2u}{u^2+v} \cdot 2y\mathrm{e}^{x+y^2} + \frac{1}{u^2+v} \cdot 1$$

$$= \frac{1}{\mathrm{e}^{2x+2y^2}+x^2+y}(4y\mathrm{e}^{2x+2y^2}+1).$$

例 2 求 $z = (x^2+y^2)^{xy}$ 的偏导数.

解 令 $u = x^2+y^2, v = xy$，则 $z = u^v$，因为

$$\frac{\partial u}{\partial x} = 2x, \frac{\partial v}{\partial x} = y, \frac{\partial u}{\partial y} = 2y, \frac{\partial v}{\partial y} = x, \frac{\partial z}{\partial u} = vu^{v-1}, \frac{\partial z}{\partial v} = u^v\ln u.$$

所以

$$\frac{\partial z}{\partial x} = \frac{\partial z}{\partial u}\frac{\partial u}{\partial x} + \frac{\partial z}{\partial v}\frac{\partial v}{\partial x}$$

$$= vu^{v-1} \cdot 2x + (u^v\ln u)y$$

$$= (x^2+y^2)^{xy}\left[\frac{2x^2y}{x^2+y^2} + y\ln(x^2+y^2)\right].$$

根据函数 $z = (x^2+y^2)^{xy}$ 关于 x, y 的对称性，可相应写出

$$\frac{\partial z}{\partial y} = (x^2+y^2)^{xy}\left[\frac{2xy^2}{x^2+y^2} + x\ln(x^2+y^2)\right].$$

多元复合函数的复合关系多种多样，但根据链式法则，我们可以灵活掌握复合函数的求导法则. 下面讨论几种情形.

1. 只有一个自变量的情形

设 $z = f(u,v), u = \varphi(x), v = \psi(x)$，则复合函数 $z = f[\varphi(x), \psi(x)]$ 的导数为

$$\frac{\mathrm{d}z}{\mathrm{d}x} = \frac{\partial z}{\partial u}\frac{\mathrm{d}u}{\mathrm{d}x} + \frac{\partial z}{\partial v}\frac{\mathrm{d}v}{\mathrm{d}x}. \tag{6-5-2}$$

这里 $z = f(u,v)$ 是 u,v 的二元函数，而 u,v 都是 x 的一元函数，则 $z = f[\varphi(x), \psi(x)]$ 是 x 的一元函数，这时复合函数对 x 的导数 $\dfrac{\mathrm{d}z}{\mathrm{d}x}$ 称为**全导数**.

例 3 设 $z = \mathrm{e}^{u-2v}, u = \sin x, v = x^2$，求 $\dfrac{\mathrm{d}z}{\mathrm{d}x}$.

解 $\dfrac{\mathrm{d}z}{\mathrm{d}x} = \dfrac{\partial z}{\partial u}\dfrac{\mathrm{d}u}{\mathrm{d}x} + \dfrac{\partial z}{\partial v}\dfrac{\mathrm{d}v}{\mathrm{d}x}$

$$= \mathrm{e}^{u-2v}\cos x + \mathrm{e}^{u-2v}(-2) \cdot 2x$$

$$= \mathrm{e}^{\sin x - 2x^2}(\cos x - 4x).$$

2. 中间变量和自变量多于两个的情形

若 $u = \varphi(x,y,z), v = \psi(x,y,z)$，则复合函数 $w = f(u,v) = f[\varphi(x,y,z), \psi(x,y,z)]$ 的偏导数为

$$\frac{\partial w}{\partial x} = \frac{\partial w}{\partial u} \frac{\partial u}{\partial x} + \frac{\partial w}{\partial v} \frac{\partial v}{\partial x};$$

$$\frac{\partial w}{\partial y} = \frac{\partial w}{\partial u} \frac{\partial u}{\partial y} + \frac{\partial w}{\partial v} \frac{\partial v}{\partial y}; \qquad (6\text{-}5\text{-}3)$$

$$\frac{\partial w}{\partial z} = \frac{\partial w}{\partial u} \frac{\partial u}{\partial z} + \frac{\partial w}{\partial v} \frac{\partial v}{\partial z}.$$

若 $w = f(u,v,t)$ ，而 $u = u(x,y), v = v(x,y), t = t(x,y)$ ，则复合函数 $w = f[u(x,y),v(x,y),t(x,y)]$ 的偏导数为

$$\frac{\partial w}{\partial x} = \frac{\partial w}{\partial u} \frac{\partial u}{\partial x} + \frac{\partial w}{\partial v} \frac{\partial v}{\partial x} + \frac{\partial w}{\partial t} \frac{\partial t}{\partial x};$$

$$\frac{\partial w}{\partial y} = \frac{\partial w}{\partial u} \frac{\partial u}{\partial y} + \frac{\partial w}{\partial v} \frac{\partial v}{\partial y} + \frac{\partial w}{\partial t} \frac{\partial t}{\partial y}. \qquad (6\text{-}5\text{-}4)$$

例 4 设 $w = f(x^2, xy, xyz)$ ，求 $\dfrac{\partial w}{\partial x}, \dfrac{\partial w}{\partial y}, \dfrac{\partial w}{\partial z}$.

解 设 $u = x^2, v = xy, t = xyz$ ，则

$$\frac{\partial w}{\partial x} = \frac{\partial w}{\partial u} \frac{\partial u}{\partial x} + \frac{\partial w}{\partial v} \frac{\partial v}{\partial x} + \frac{\partial w}{\partial t} \frac{\partial t}{\partial x} = 2x \frac{\partial w}{\partial u} + y \frac{\partial w}{\partial v} + yz \frac{\partial w}{\partial t},$$

$$\frac{\partial w}{\partial y} = \frac{\partial w}{\partial u} \frac{\partial u}{\partial y} + \frac{\partial w}{\partial v} \frac{\partial v}{\partial y} + \frac{\partial w}{\partial t} \frac{\partial t}{\partial y} = x \frac{\partial w}{\partial v} + xz \frac{\partial w}{\partial t},$$

$$\frac{\partial w}{\partial z} = \frac{\partial w}{\partial u} \frac{\partial u}{\partial z} + \frac{\partial w}{\partial v} \frac{\partial v}{\partial z} + \frac{\partial w}{\partial t} \frac{\partial t}{\partial z} = xy \frac{\partial w}{\partial t}.$$

3. 特殊情形

若 $z = f(u,x,y), u = \varphi(x,y)$ ，则复合函数 $z = f[\varphi(x,y),x,y]$ 可看作是 $v = x, t = y$ 的特殊情形，此时 x,y 既是自变量，同时又与 u 一起形成中间变量 u,x,y . 因此 $\dfrac{\partial v}{\partial x} = 1$ ，$\dfrac{\partial t}{\partial x} = 0, \dfrac{\partial v}{\partial y} = 0, \dfrac{\partial t}{\partial y} = 1$. 故

$$\frac{\partial z}{\partial x} = \frac{\partial f}{\partial u} \frac{\partial u}{\partial x} + \frac{\partial f}{\partial x}, \qquad \frac{\partial z}{\partial y} = \frac{\partial f}{\partial u} \frac{\partial u}{\partial y} + \frac{\partial f}{\partial y}.$$

在上式中 $\dfrac{\partial z}{\partial x}$ （或 $\dfrac{\partial z}{\partial y}$ ）表示复合函数 $z = f[\varphi(x,y),x,y]$ 对自变量 x （或 y ）的偏导数（此时把自变量 y （或 x ）看成常数）；而 $\dfrac{\partial f}{\partial x}$ （或 $\dfrac{\partial f}{\partial y}$ ）表示函数 $z = f(u,x,y)$ 对中间变量 x （或 y ）的偏导数，此时 u,x,y 皆为中间变量. 求 $\dfrac{\partial f}{\partial x}$ （或 $\dfrac{\partial f}{\partial y}$ ）时，把中间变量 u,y （或 x ）看成常数，所以 $\dfrac{\partial z}{\partial x}$ （或 $\dfrac{\partial z}{\partial y}$ ）与 $\dfrac{\partial f}{\partial x}$ （或 $\dfrac{\partial f}{\partial y}$ ）的意义是不同的，不可混淆.

例 5 设 $z = f(x, x\cos y)$ ，求 $\dfrac{\partial z}{\partial x}, \dfrac{\partial z}{\partial y}$.

解 设 $u = x\cos y$ ，则

$$\frac{\partial z}{\partial x} = \frac{\partial f}{\partial u} \frac{\partial u}{\partial x} + \frac{\partial f}{\partial x} \frac{\mathrm{d}x}{\mathrm{d}x} = \cos y \frac{\partial f}{\partial u} + \frac{\partial f}{\partial x},$$

$$\frac{\partial z}{\partial y} = \frac{\partial f}{\partial u} \frac{\partial u}{\partial y} = -x\sin y \frac{\partial f}{\partial u}.$$

二、隐函数微分法

在一元函数中，我们曾学习过隐函数的求导法则，但未给出一般公式．下面由复合函数的求导法则推导出一般的隐函数求导公式．

设方程 $F(x,y)=0$ 确定了隐函数 $y=f(x)$，并假设此函数存在导数 $f'(x)$．现希望不从方程 $F(x,y)=0$ 中解出 $y=f(x)$（有时根本无法解出），而直接通过 $F(x,y)$ 的偏导数来计算 $f'(x)$．

将 $y=f(x)$ 代入方程 $F(x,y)=0$，得

$$F[x,f(x)]\equiv 0.$$

两端对 x 求导，得

$$\frac{\partial F}{\partial x}+\frac{\partial F}{\partial y}\frac{\mathrm{d}y}{\mathrm{d}x}=0 \text{ 或 } F_x+F_y\frac{\mathrm{d}y}{\mathrm{d}x}=0.$$

若 $F_y\neq 0$，则有

$$\frac{\mathrm{d}y}{\mathrm{d}x}=-\frac{F_x}{F_y}. \tag{6-5-5}$$

例 6 设 $x^2+y^2=1$，求导数 $\dfrac{\mathrm{d}y}{\mathrm{d}x}$．

解 令 $F(x,y)=x^2+y^2-1,F_x=2x,F_y=2y$，所以

$$\frac{\mathrm{d}y}{\mathrm{d}x}=-\frac{F_x}{F_y}=-\frac{2x}{2y}=-\frac{x}{y}.$$

例 7 求由方程 $xy-\mathrm{e}^x+\mathrm{e}^y=0$ 所确定的隐函数 y 的导数 $\dfrac{\mathrm{d}y}{\mathrm{d}x},\dfrac{\mathrm{d}y}{\mathrm{d}x}\big|_{x=0}$．

解 令 $F=xy-\mathrm{e}^x+\mathrm{e}^y$，则

$$F_x=y-\mathrm{e}^x,\ F_y=x+\mathrm{e}^y,\ \frac{\mathrm{d}y}{\mathrm{d}x}=-\frac{F_x}{F_y}=\frac{\mathrm{e}^x-y}{x+\mathrm{e}^y}.$$

由原方程知 $x=0$ 时，$y=0$，所以

$$\frac{\mathrm{d}y}{\mathrm{d}x}\bigg|_{x=0}=\frac{\mathrm{e}^x-y}{x+\mathrm{e}^y}\bigg|_{\substack{x=0\\y=0}}=1.$$

对于多个自变量的隐函数可以用类似的方法处理，例如若方程 $F(x,y,z)=0$ 确定了隐函数 $z=f(x,y)$，将 $z=f(x,y)$ 代入方程得

$$F[x,y,z(x,y)]\equiv 0.$$

两端对 x,y 求导数得

$$F_x+F_z\frac{\partial z}{\partial x}=0,F_y+F_z\frac{\partial z}{\partial y}=0.$$

若 $F_z\neq 0$，则得

$$\frac{\partial z}{\partial x}=-\frac{F_x}{F_z},\frac{\partial z}{\partial y}=-\frac{F_y}{F_z}.$$

注 记忆方法类比于"负倒数"．

例 8　设 $x^2 + 2y^2 + 3z^2 = 4x$ ，求 $\dfrac{\partial z}{\partial x}, \dfrac{\partial z}{\partial y}$.

解　令 $F(x, y, z) = x^2 + 2y^2 + 3z^2 - 4x$ ，则

$$F_x = 2x - 4, F_y = 4y, F_z = 6z.$$

故

$$\frac{\partial z}{\partial x} = -\frac{F_x}{F_z} = -\frac{2x - 4}{6z} = \frac{2 - x}{3z}, \frac{\partial z}{\partial y} = -\frac{F_y}{F_z} = -\frac{4y}{6z} = -\frac{2y}{3z}.$$

多元复合函数和隐函数求导既是本章的重点也是难点之一．解决多元复合函数求导问题的关键是正确辨别所给具体问题中的几个变量，谁是因变量，谁是中间变量，谁是自变量．

习　题　6-5

1. 设 $z = e^u \sin v$ ，而 $u = xy$ ，$v = x + y$ ，求 $\dfrac{\partial z}{\partial x}$ 和 $\dfrac{\partial z}{\partial y}$.

2. 设 $z = u^2 \ln v, u = 2xy, v = x^2 - y^2$ ，求 $\dfrac{\partial z}{\partial x}, \dfrac{\partial z}{\partial y}$.

3. 已知 $z = e^{x+2y}$ ，$x = \cos t$ ，$y = t^3$ ，求 $\dfrac{dz}{dt}$.

4. 求 $z = (3x^2 + y^2)^{4x+2y}$ 的偏导数 $\dfrac{\partial z}{\partial x}$ ，$\dfrac{\partial z}{\partial y}$.

5. $z = f(u, v), u = xy, v = \dfrac{x}{y}$ ，求 $\dfrac{\partial z}{\partial x}$ ，$\dfrac{\partial z}{\partial y}$.

6. 设 $z = uv + \sin t$ ，而 $u = e^t$ ，$v = \cos t$ ，求全导数 $\dfrac{dz}{dt}$.

7. 设 $u = f(x, y, z) = e^{x^2+y^2+z^2}$ ，$z = x^2 \sin y$ ，求 $\dfrac{\partial u}{\partial x}$ 和 $\dfrac{\partial u}{\partial y}$.

8. 设 $e^x - x^2 y + \sin y = 0$ ，求全导数 $\dfrac{dy}{dx}$.

9. 求由方程 $z^3 - 3xyz = a^3$ （a 是常数）所确定的隐函数 $z = f(x, y)$ 的偏导数 $\dfrac{\partial z}{\partial x}$ 和 $\dfrac{\partial z}{\partial y}$.

10. 求方程 $e^z - z + xy = 3$ 所确定隐函数的偏导数 $\dfrac{\partial z}{\partial x}, \dfrac{\partial z}{\partial y}$.

11. 设 $\dfrac{x}{z} = \ln \dfrac{z}{y}$ ，求 $\dfrac{\partial z}{\partial x}, \dfrac{\partial z}{\partial y}$.

第六节　应用举例

再讨论两个综合应用的例子．

例 1　血液在动物血管中按一定的方向，周而复始地流动，组成一个血液循环（blood circulation），为了维持血液循环，动物的机体要提供能量，能量的一部分除供给血管壁营养外，另一部分用来克服血液流动受到的阻力．生物进化中要求其机体不断优化，使得高级动

物血管系统的几何形状尽量保障消耗能量最小，我们讨论满足血液流动中耗能最低的粗细血管分支模型.

下面我们研究血管分支处粗细血管半径的比例和分岔角度，在消耗能量最小的原则下应该取什么样的数值. 为此我们作如下简化假设：

（1）设一条粗血管在分支点处分成两条细血管，分支点附近三条血管在同一平面上，有一条对称轴. 因为如果不在一个平面上，血管总长度必然增加，导致能量消耗增加，不符合最优原则.

（2）在考察血液流动受到的阻力时，将这种流动视为黏性液体在刚性管道中的运动.

（3）血液对血管壁提供营养的能量随管壁内表面积及管壁所占体积的增加而增加. 管壁所占体积又取决于管壁厚度，而厚度近似地与血管半径成正比.

血管分支示意图如图 6-12 所示. 一条粗血管与两条细血管在 C 点分岔，并形成对称的几何形状. 设粗细血管半径分别是 r 和 r_1，分岔处夹角是 θ. 考察长度为 l 的一段粗血管 AC 和长度为 l_1 的两条细血管 CB 和 CB'，ACB（ACB'）的水平和竖直距离为 L 和 H，如图所示. 再设血液在粗细血管中单位时间的流量分别为 q 和 q_1，显然 $q=2q_1$.

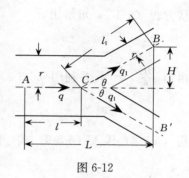

图 6-12

根据假设（2）可利用流体力学关于黏性液体在刚性管道中流动时能量消耗的定律. 按照 Poiseuille 定律，血液流过半径 r、长 l 的一段血管 AC 时，流量

$$q = \frac{\pi r^4 \Delta p}{8\mu l},\tag{6-3-1}$$

其中 Δp 是 A，C 两点的压力差，μ 是血液的黏性系数. 在血液流动过程中，机体克服阻力所消耗的能量为 $E_1 = q \cdot \Delta p$，将（6-3-1）式中的 Δp 代入，得

$$E_1 = \frac{8\mu q^2 l}{\pi r^4}.\tag{6-3-2}$$

对假设（3）进一步简化. 对于半径为 r、长度为 l 的血管，管壁内表面积 $s=2\pi rl$，管壁所占体积 $v=s'l$，其中 s' 是管壁截面积. 记壁厚为 d，则 $s'=\pi[(r+d)^2-r^2]=\pi(d^2+2rd)$. 设壁厚 d 近似地与半径 r 成正比，可知 v 近似地与半径 r^2 成正比，又因为 s 与半径 r 成正比，综合考虑管壁内表面积 s 和管壁所占体积 v 对能量消耗的影响，可设血液流过长度为 l 的血管的过程中，为血管壁提供营养的能量消耗为

$$E_2 = br^\alpha l,\tag{6-3-3}$$

其中 $1\leqslant\alpha\leqslant2$，$b$ 是比例系数.

血液从粗血管 A 点流动到细血管 B，B' 两点的过程中，机体为克服阻力和供养管壁所消耗的能量为 E_1，E_2 两部分之和，即有

$$E = E_1 + E_2 = (kq^2/r^4 + br^\alpha)l + (kq_1^2/r_1^4 + br_1^\alpha)2l_1.\tag{6-3-4}$$

由图 6-12 所示的几何关系不难得到

$$l = L - \frac{H}{\tan\theta}, \quad l_1 = \frac{H}{\sin\theta}.\tag{6-3-5}$$

将（6-3-5）式代入（6-3-4）式，并注意到 $q_1=\dfrac{q}{2}$，能量 E 可表示为 r，r_1 和 θ 的函数，即

$$E(r,r_1,\theta) = \left(\frac{kq^2}{r^4}+br^\alpha\right)\left(L-\frac{H}{\tan\theta}\right)+\left(\frac{kq^2}{4r_1^4}+br_1^\alpha\right)\frac{2H}{\sin\theta}. \tag{6-3-6}$$

按照优化原则，r/r_1 和 θ 的取值应使（6-3-6）式表示的 $E(r,r_1,\theta)$ 达到最小．

由 $\dfrac{\partial E}{\partial r}=0,\dfrac{\partial E}{\partial r_1}=0$ 可以得到

$$\begin{cases} b\alpha r^{\alpha-1}-\dfrac{4kq^2}{r^5}=0,\\[3mm] b\alpha r_1^{\ \alpha-1}-\dfrac{kq^2}{r_1^{\ 5}}=0. \end{cases} \tag{6-3-7}$$

从方程（6-3-7）可解出

$$\frac{r}{r_1}=4^{\frac{1}{\alpha+4}}. \tag{6-3-8}$$

再由 $\dfrac{\partial E}{\partial \theta}=0$，并利用（6-3-8）式可得

$$\cos\theta = 2\left(\frac{r}{r_1}\right)^{-4}. \tag{6-3-9}$$

将（6-3-8）代入（6-3-9）式，则

$$\cos\theta = 2^{\frac{\alpha-4}{\alpha+4}}. \tag{6-3-10}$$

（6-3-8），（6-3-10）两式就是在能量最小原则下血管分岔处几何形状的结果，由 $1\leqslant\alpha\leqslant 2$，可以算出 $\dfrac{r}{r_1}$ 和 θ 的大致范围为

$$1.26\leqslant r/r_1\leqslant 1.32,\quad 37°\leqslant\theta\leqslant 49°. \tag{6-3-11}$$

生物学家证实，上述结果与经验观察吻合得相当好．由此还可以导出一个有趣的推论．

记动物的大动脉和最细的毛细血管的半径分别为 $r_{\max}$ 和 $r_{\min}$，设从大动脉到毛细血管共有 n 次分岔，将（6-3-8）反复利用 n 次可得

$$\frac{r_{\max}}{r_{\min}}=4^{\frac{n}{\alpha+4}}. \tag{6-3-12}$$

$r_{\max}/r_{\min}$ 的实际数值可以测出，例如对狗而言有 $r_{\max}/r_{\min}\approx 1000\approx 4^5$，由（6-3-12）式可知 $n\approx 5(\alpha+4)$．因为 $1\leqslant\alpha\leqslant 2$，所以按照这个模型，狗的血管应有 $n\approx 25\sim 30$ 次分岔．又因为当血管有 n 次分岔时血管总数为 2^n，所以估计狗应约有 $2^{25}\sim 2^{30}\approx 3\times 10^7\sim 10^9$ 条血管．这个估计不可过于认真对待，因为血管分支很难是完全对称的．

例2 观察鱼在水中的运动发现，它不是水平游动，而是突发性、锯齿状地向上游动和向下滑行．可以认为这是在长期的进化过程中鱼类选择的消耗能量最小的运动方式．

（1）设鱼总是以匀速 v 运动，鱼在水中净重 w，向下滑行时的阻力是 w 在运动方向上的分力；向上游动时所需的力是 w 在运动方向上的分力与游动所受的阻力之和，而游动的阻力是滑行阻力的 k 倍．写出这些力．

（2）证明当鱼要从 A 点到达处于同一水平线上的 B 点时（见图6-13），沿折线 ACB 运动消耗的能量与沿水平线

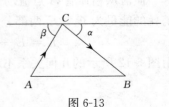

图 6-13

AB 运动消耗的能量之比为（向下滑行不消耗能量）

$$\frac{k\sin\alpha + \sin\beta}{k\sin(\alpha+\beta)}.$$

（3）据实际观察 $\tan\alpha \approx 0.2$，试求不同的 k 值（1.5，2，3），根据消耗能量最小的准则估计最佳的 β 值.

解 （1）向下滑行的阻力是 $f_1 = w\sin\alpha$，向上游动的力是 $f_2 = w\sin\beta + kw\sin\alpha$，水平游动的阻力是 $f_3 = kw\sin\alpha$（见图 6-14）.

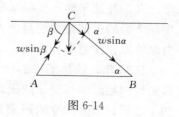

（2）沿折线 ACB 运动消耗的能量 $E_{ACB} = f_2 \cdot AC$，沿 AB 运动消耗的能量 $E_{AB} = f_3 \cdot AB$，而 $\dfrac{AC}{AB} = \dfrac{\sin\alpha}{\sin(\alpha+\beta)}$，

图 6-14

所以 E_{ACB} 与 E_{AB} 之比为 $Q = \dfrac{k\sin\alpha + \sin\beta}{k\sin(\alpha+\beta)}$.

（3）由 $\dfrac{\partial Q}{\partial \alpha} = 0$ 和 $\dfrac{\partial Q}{\partial \beta} = 0$，可求得最佳角度 α，β 满足 $\cos(\alpha+\beta) = \dfrac{1}{k}(k>1)$. 由 $\tan\alpha \approx 0.2$，得 $\alpha \approx 11.3°$，对于 $k=1.5$，2，3 分别求出 $\beta \approx 37°, 49°, 59°$.

◆ **阅读资料：数学领域里的一座高耸的金字塔——拉格朗日**

拉格朗日（Joseph Louis Lagrange），法国数学家、物理学家. 他在数学、力学和天文学三个学科领域中都有历史性的贡献，其中尤以数学方面的成就最为突出.

拉格朗日 1736 年 1 月 25 日生于意大利西北部的都灵. 父亲是法国陆军骑兵里的一名军官，后由于经商破产，家道中落. 据拉格朗日本人回忆，如果幼年是家境富裕，他也就不会作数学研究了，因为父亲一心想把他培养成为一名律师. 拉格朗日个人却对法律毫无兴趣. 到了青年时代，在数学家雷维里的教导下，拉格朗日喜爱上了几何学. 17 岁时，他读了英国天文学家哈雷的介绍牛顿微积分成就的短文《论分析方法的优点》后，感觉到"分析才是自己最热爱的学科"，从此他迷上了数学分析，开始专攻当时迅速发展的数学分析.

18 岁时，拉格朗日用意大利语写了第一篇论文，是用牛顿二项式定理处理两函数乘积的高阶微商，他又将论文用拉丁语写出寄给了当时在柏林科学院任职的数学家欧拉. 不久后，他获知这一成果早在半个世纪前就被莱布尼茨取得了. 这个并不幸运的开端并未使拉格朗日灰心，相反，更坚定了他投身数学分析领域的信心.

1755 年拉格朗日 19 岁时，在探讨数学难题"等周问题"的过程中，他以欧拉的思路和结果为依据，用纯分析的方法求变分极值. 第一篇论文"极大和极小的方法研究"，发展了欧拉所开创的变分法，为变分法奠定了理论基础. 变分法的创立，使拉格朗日在都灵声名大震，并使他在 19 岁时就当上了都灵皇家炮兵学校的教授，成为当时欧洲公认的第一流数学家. 1756 年，受欧拉的举荐，拉格朗日被任命为普鲁士科学院通讯院士.

1764 年，法国科学院悬赏征文，要求用万有引力解释月球天平动问题，他的研究获奖．接着又成功地运用微分方程理论和近似解法研究了科学院提出的一个复杂的六体问题（木星的四个卫星的运动问题），为此又一次于 1766 年获奖．

1766 年德国的腓特烈大帝向拉格朗日发出邀请时说，在"欧洲最大的王"的宫廷中应有"欧洲最大的数学家"．于是他应邀前往柏林，任普鲁士科学院数学部主任，居住达 20 年之久，开始了他一生科学研究的鼎盛时期．在此期间，他完成了《分析力学》一书，这是牛顿之后的一部重要的经典力学著作．书中运用变分原理和分析的方法，建立起完整和谐的力学体系，使力学分析化了．他在序言中宣称："力学已经成为分析的一个分支．"

1783 年，拉格朗日的故乡建立了都灵科学院，他被任命为名誉院长．1786 年腓特烈大帝去世以后，他接受了法王路易十六的邀请，离开柏林，定居巴黎，直至去世．这期间他参加了巴黎科学院成立的研究法国度量衡统一问题的委员会，并出任法国米制委员会主任．1799 年，法国完成统一度量衡工作，制定了被世界公认的长度、面积、体积、质量的单位，拉格朗日为此做出了巨大的努力．

1791 年，拉格朗日被选为英国皇家学会会员，又先后在巴黎高等师范学院和巴黎综合工科学校任数学教授．1795 年建立了法国最高学术机构——法兰西研究院后，拉格朗日被选为科学院数理委员会主席．此后，他才重新进行研究工作，编写了一批重要著作：《论任意阶数值方程的解法》、《解析函数论》和《函数计算讲义》，总结了那一时期的特别是他自己的一系列研究工作．

1813 年 4 月 3 日，拿破仑授予他帝国大十字勋章，但此时的拉格朗日已卧床不起，4 月 11 日早晨，拉格朗日逝世．

小　结

一、基本要求

1. 理解多元函数的概念和二元函数的几何意义．

2. 了解二元函数的极限与连续性的概念，以及有界闭区域上的连续函数的性质．

3. 理解多元函数偏导数和全微分的概念，会求全微分．

4. 掌握多元复合函数偏导数的求法．

5. 会求隐函数的偏导数．

6. 理解多元函数极值的概念，掌握多元函数极值存在的必要条件和充分条件，会求二元函数的极值，会求解多元函数的最大值和最小值，并会解决一些简单的应用问题．

二、复习重点

多元函数的概念，偏导数和全微分，多元复合函数的求导法则和隐函数求导法则及二元函数的极值．

三、内容小结

1. 多元函数的概念、极限与连续　多元函数的概念、极限与连续均是一元函数相应概念的推广和发展．学习时，应注意与一元函数相对照，比较它们之间的异同．一元函数极限的许多计算方法，如极限的四则运算等均可推广应用于二元函数．

一元函数的图形是平面上一条曲线，二元函数的图形是空间中一张曲面．

2. 偏导数、全微分 从研究多元函数中只有一个自变量变化（其他自变量看成常数）时的函数变化率，得到了偏导数的概念．这时，多元函数实质上已成为一元函数．因此，多元函数的偏导数与一元函数的导数无论在定义的形式上，还是求导公式和求导法则都是相同的．

二元函数 $z = f(x, y)$ 的全微分公式 $dz = \dfrac{\partial z}{\partial x}dx + \dfrac{\partial z}{\partial y}dy$，也是一元函数微分公式的推广．

3. 多元复合函数的导数 认清复合函数的结构，使用合适的复合函数求导公式，是求复合函数导数的关键．求导公式无需记忆，只要掌握规律，利用函数结构图可直接推出．例如，要求 $\dfrac{\partial z}{\partial x}$，只要看清由 z 经中间变量到 x 有几条路径，那么，求 $\dfrac{\partial z}{\partial x}$ 的结果就有几项相加，而和式中的每一项是同一条路径上的两个偏导或导数的乘积，好似加法原理、乘法原理一般．

4. 隐函数求导公式

(1) 若 $y = f(x)$ 是由方程 $F(x, y) = 0$ 所确定的一元隐函数，则

$$\frac{dy}{dx} = -\frac{F_x}{F_y}.$$

(2) 若 $z = f(x, y)$ 是由方程 $F(x, y, z) = 0$ 所确定的二元隐函数，则

$$\frac{\partial z}{\partial x} = -\frac{F_x}{F_z}, \quad \frac{\partial z}{\partial y} = -\frac{F_y}{F_z}.$$

求隐函数的一阶导数或偏导数时，可以使用公式．使用时，首先要认清公式中 $F(x, y)$ 或 $F(x, y, z)$ 具体是什么函数，并正确求出它的偏导数，然后再套用公式．

5. 多元函数的极值 多元函数极值问题也是一元函数极值问题的推广，关键是求出驻点，再按照多元极值充分条件来判断．

自 测 题 A

1. 求下列二元函数的定义域，并用平面图形表示出来：

(1) $z = \dfrac{1}{\ln(x+y)}$；　　　　(2) $z = \sqrt{4 - x^2 - y^2}$；　　　　(3) $z = \arcsin \dfrac{x}{y}$．

2. 求下列函数的偏导数：

(1) $z = \arctan(xy^2)$；　　　　　　(2) $z = x^3 y + \sin^2(xy)$；

(3) $z = (1+x)^y$；　　　　　　　　(4) $u = x^{\frac{y}{z}}$．

3. 求下列函数的二阶偏导数：

(1) $z = x\ln xy$；　　　　(2) $z = y^x$；　　　　(3) $z = \dfrac{y}{x}\sin\dfrac{x}{y}$．

4. 求下列函数的全微分：

(1) $z = \arctan \dfrac{y}{x}$；　　　　(2) $z = \sqrt{x^2 + y^2}$；　　　　(3) $z = \ln xy$．

5. (1) 设 $z = f(u,v)$，其中 $u = \mathrm{e}^{-x}$，$v = x + y$，求 $\dfrac{\partial z}{\partial x}$，$\dfrac{\partial z}{\partial y}$.

(2) 设 $z = u\ln v$，$u = y^x$，$v = xy$，求 z_x 和 z_y.

6. (1) 已知隐函数 $z = z(x,y)$ 由方程 $x^2 - 2y^2 + z^2 - 4x + 2z - 5 = 0$ 确定，求 $\dfrac{\partial z}{\partial x}$，$\dfrac{\partial z}{\partial y}$.

(2) 设函数 $z = z(x,y)$ 由方程 $xy^2z = x + y + z$ 所确定，求 $\dfrac{\partial z}{\partial y}$.

自 测 题 B

一、填空题

1. 设二元函数 $z = x\mathrm{e}^{x+y} + (x+1)\ln(1+y)$，则 $\mathrm{d}z\big|_{(1,0)} = $ _____.

2. 设函数 $f(u)$ 可微，且 $f'(0) = \dfrac{1}{2}$，则 $z = f(4x^2 - y^2)$ 在点（1，2）处的全微分 $\mathrm{d}z\big|_{(1,2)} = $ _____.

3. 设 $z = \mathrm{e}^{-x} - f(x - 2y)$，且当 $y = 0$ 时，$z = x^2$，则 $\dfrac{\partial z}{\partial x} = $ _____.

4. 设 $z = (x + \mathrm{e}^y)^x$，则 $\dfrac{\partial z}{\partial x}\bigg|_{(1,0)} = $ _____.

5. 设 $f(u,v)$ 为二元可微函数，$z = f(\sin(x+y), \mathrm{e}^{xy})$，则 $\dfrac{\partial z}{\partial x} = $ _____.

6. 设函数 $z = z(x,y)$ 由方程 $z = \mathrm{e}^{2x-3z} + 2y$ 确定，则 $3\dfrac{\partial z}{\partial x} + \dfrac{\partial z}{\partial y} = $ _____.

二、计算题

1. 设 $z = \sin(\mathrm{e}^{xy} + 2y)$，求 $\dfrac{\partial z}{\partial x}$，$\dfrac{\partial z}{\partial y}$，$\dfrac{\partial^2 z}{\partial x \partial y}$.

2. 设 $z = f(u,v)$，其中 $u = x^2 - y^2$，$v = \mathrm{e}^{xy}$，f 具有连续二阶偏导数，求 $\dfrac{\partial z}{\partial x}$，$\dfrac{\partial z}{\partial y}$，$\dfrac{\partial^2 z}{\partial x \partial y}$.

3. 设 $z = f(x+y, x-y, xy)$，其中 f 具有 2 阶连续偏导数，求 $\mathrm{d}z$ 与 $\dfrac{\partial^2 z}{\partial x \partial y}$.

4. 设 $z = z(x,y)$ 是由 $x^2 - 6xy + 10y^2 - 2yz - z^2 + 18 = 0$ 确定的函数，求 $z = z(x,y)$ 的极值点和极值.

5. 求二元函数 $f(x,y) = x^2(2 + y^2) + y\ln y$ 极值.

第七章

二 重 积 分

与定积分类似，二重积分的概念也是从实践中抽象出来的，它是定积分的推广，其中的数学思想与定积分一样，也是一种"和式的极限"．所不同的是：定积分的被积函数是一元函数，积分范围是一个区间；而二重积分的被积函数是二元函数，积分范围是平面上的一个区域．它们之间存在着密切的联系，二重积分可以通过定积分来计算．

第一节 二重积分的概念与性质

一、引 例

引例 1 求曲顶柱体的体积．

设函数 $z = f(x, y)$ ，当 $(x, y) \in D$ 时，$f(x, y) \geqslant 0$ ，且 $f(x, y)$ 在 D 上连续．由曲面 $z = f(x, y)$ 、xOy 平面上的区域 D 、母线平行于 z 轴 D 的边界曲线为准线的柱面所围成的空间区域称为**曲顶柱体**，或称为以曲面 $z = f(x, y)$ 为顶，以平面区域 D 为底，母线平行于 z 轴的曲顶柱体（如图 7-1）．

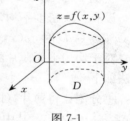

图 7-1

我们知道平顶柱体的体积公式是

$$\text{平顶柱体的体积} = \text{底面积} \times \text{高}.$$

由于曲顶柱体的顶面是一个曲面，即当点 (x, y) 在区域 D 上变动时，高度 $f(x, y)$ 随之而变动，这与我们在计算曲边梯形的面积时所遇到的问题是类似的，所以可仿照计算曲边梯形面积的思想方法来计算曲顶柱体的体积，即采用"分割、求和、取极限"的方法来解决．

①**分割**：用平面曲线网将区域 D 分割为若干个小区域

$$\Delta \sigma_1, \Delta \sigma_2, \cdots, \Delta \sigma_i, \cdots, \Delta \sigma_n$$

其中 $\Delta \sigma_i$ 表示第 i 个小区域，同时也表示它的面积（如图 7-2）．以每个小区域 $\Delta \sigma_i$ 为底作母线平行于 z 轴的柱体，这样就将整个曲顶柱体分割成了 n 个小曲顶柱体

$$\Delta V_1, \Delta V_2, \cdots, \Delta V_i, \cdots, \Delta V_n$$

其中 ΔV_i 表示第 i 个小曲顶柱体、也表示该柱体的体积，这 n 个小曲顶柱体的体积之和就是原曲顶柱体的体积，即

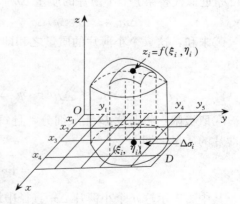

图 7-2

$$V = \sum_{i=1}^{n} \Delta V_i .$$

当对区域 D 的分法很细时，可将小曲顶柱体近似地看作平顶柱体，在第 i 个小区域内任取一点 (ξ_i, η_i)，则 $f(\xi_i, \eta_i)$ 可以认为是第 i 个小平顶柱体的高，于是第 i 个小曲顶柱体的体积 ΔV_i 可以近似地表示为

$$\Delta V_i \approx f(\xi_i, \eta_i) \Delta \sigma_i , \ (i = 1, 2, \cdots, n) .$$

②求 V 的**近似值**：这样和式

$$\sum_{i=1}^{n} f(\xi_i, \eta_i) \Delta \sigma_i$$

就是曲顶柱体体积 V 的近似值，即

$$V = \sum_{i=1}^{n} \Delta V_i \approx \sum_{i=1}^{n} f(\xi_i, \eta_i) \Delta \sigma_i .$$

③**取极限**：当 D 的划分越细时，上述近似值越接近 V．为此，记 d_i 为小区域 $\Delta \sigma_i$ 中任意两点距离的最大值，称为小区域 $\Delta \sigma_i$ $(i = 1, 2, \cdots, n)$ 的**直径**，并记

$$\lambda = \max\{d_1, d_2, \cdots, d_n\} ,$$

则当 $\lambda \to 0$ 时，极限值就精确地表示了体积 V，即

$$V = \lim_{\lambda \to 0} \sum_{i=1}^{n} f(\xi_i, \eta_i) \Delta \sigma_i .$$

引例 2 求非均匀平面薄片的质量．

设有一块密度不均匀的平面薄板占有 xOy 平面上的区域 D，密度函数为 $\rho = \rho(x, y)$，当 $(x, y) \in D$ 时，$\rho(x, y) > 0$ 且在 D 上连续．现要计算此薄片的质量 m．

对于均匀平面薄片的质量 $m =$ 密度 $\times$ 薄片面积，然而，平面薄片并非均匀，那么具体作法如下

①**分割**：将薄片（即区域 D）任意划分成 n 个小薄片 $\Delta \sigma_1, \Delta \sigma_2, \cdots, \Delta \sigma_n$，其中 $\Delta \sigma_i$ 表示第 i 个小薄片，也表示它的面积，如图 7-3 所示．

在每一个小薄片 $\Delta \sigma_i$ 上任取一点 (ξ_i, η_i)，以 $\rho(\xi_i, \eta_i)$ 为其密度，当 $\Delta \sigma_i$ 很小时，认为小薄片是均匀的，则 $\rho(\xi_i, \eta_i) \Delta \sigma_i$ 近似代替第 i 个小薄片的质量 Δm_i．即

$$\Delta m_i \approx \rho(\xi_i, \eta_i) \Delta \sigma_i .$$

②**求和**：这 n 个小薄片的质量之和即为薄片质量的近似值

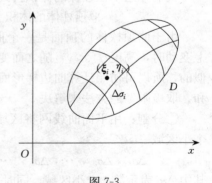

图 7-3

$$m = \sum_{i=1}^{n} \Delta m_i \approx \sum_{i=1}^{n} \rho(\xi_i, \eta_i) \Delta \sigma_i .$$

③**取极限**：将薄片 D 无限细分，且每个小薄片趋向于或缩成一点，上面的近似值趋近于薄片的质量．即

$$m = \lim_{\lambda \to 0} \sum_{i=1}^{n} \rho(\xi_i, \eta_i) \Delta \sigma_i .$$

其中 λ 表示这 n 个小薄片 $\Delta \sigma_i$ 直径中最大的那个直径．

类似的问题很多，处理方法也大致相同．以上两个实际意义完全不同的问题，最终都归

结于同一形式的和式极限问题，还有许多实际问题都可以化为求上述形式的和式极限问题．因此，有必要撇开这类极限问题的实际背景，给出一个更广泛、更抽象的数学概念——二重积分．

二、二重积分的定义

1. 定义　设二元函数 $z = f(x,y)$ 是有界闭域 D 上的有界函数．将 D 任意分割成 n 个小的区域：$\Delta\sigma_1$ 、$\Delta\sigma_2$ 、$\cdots$ 、$\Delta\sigma_n$（$\Delta\sigma_i$ 既表示第 i 个小区域也表示小区域的面积）；任取 $(\xi_i,\eta_i) \in \Delta\sigma_i$，$i = 1,2,\cdots,n$，作和：$\sum\limits_{i=1}^{n} f(\xi_i,\eta_i)\Delta\sigma_i$；记 $\lambda = \max\{\Delta\sigma_i \text{ 的直径}\}$，若极限 $\lim\limits_{\lambda \to 0} \sum\limits_{i=1}^{n} f(\xi_i,\eta_i)\Delta\sigma_i$ 存在，称极限值为函数 $f(x,y)$ 在区域 D 上的**二重积分**，记作

$$\iint\limits_{D} f(x,y)\mathrm{d}\sigma$$

即

$$\iint\limits_{D} f(x,y)\mathrm{d}\sigma = \lim\limits_{\lambda \to 0} \sum\limits_{i=1}^{n} f(\xi_i,\eta_i)\Delta\sigma_i .$$

其中 $f(x,y)$ 称为**被积函数**，D 称为**积分区域**，$\mathrm{d}\sigma$ 称为**面积微元**，x,y 称为**积分变量**，$f(x,y)\mathrm{d}\sigma$ 称为**被积表达式**，$\sum\limits_{i=1}^{n} f(\xi_i,\eta_i)\Delta\sigma_i$ 称为**积分和**．

对二重积分定义的几点说明：

（1）当函数在 D 上的二重积分存在时，其积分值仅与被积函数和积分区域有关，而与积分变量的选取无关，即 $\iint\limits_{D} f(x,y)\mathrm{d}\sigma = \iint\limits_{D} f(s,t)\mathrm{d}\sigma$；

（2）$\mathrm{d}\sigma$ 相应于积分和中的 $\Delta\sigma_i$，故 $\mathrm{d}\sigma > 0$；

（3）如果已知二重积分 $\iint\limits_{D} f(x,y)\mathrm{d}\sigma$ 存在，则有如下两个结论：

①用直角坐标系中的直线网即平行于坐标轴的直线网分割区域 D，除去边沿部分外，大部分小区域都是矩形，设小矩形 $\Delta\sigma_i$ 的边长为 $\Delta x_i,\Delta y_i$（见图 7-4），则有 $\Delta\sigma_i = \Delta x_i\Delta y_i$，此时的面积微元 $\mathrm{d}\sigma$ 可记为 $\mathrm{d}x\mathrm{d}y$，故在直角坐标系下的二重积分记作 $\iint\limits_{D} f(x,y)\mathrm{d}x\mathrm{d}y$，即

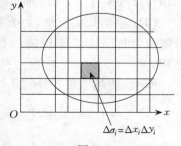

$$\Delta\sigma_i = \Delta x_i\Delta y_i$$

图 7-4

$$\iint\limits_{D} f(x,y)\mathrm{d}x\mathrm{d}y = \iint\limits_{D} f(x,y)\mathrm{d}\sigma .$$

②用极坐标系中的曲线网即以坐标原点为中心的圆弧、从坐标原点发出的射线分割区域 D，除去边沿部分外，大部分小区域都可以近似看作边长分别为 Δr_i 、$r_i\Delta\theta_i$ 的矩形（如图 7-5），此时的面积微元 $\mathrm{d}\sigma$ 可记为 $r\mathrm{d}r\mathrm{d}\theta$，再利用直角坐标与极坐标的关系 $\xi_i = r_i\cos\theta_i$，$\eta_i = r_i\sin\theta_i$，故在极坐标系下的二重积分记作

$$\iint\limits_{D} f(r\cos\theta,r\sin\theta)r\mathrm{d}r\mathrm{d}\theta ,$$

即

$$\iint\limits_{D} f(r\cos\theta, r\sin\theta)r\mathrm{d}r\mathrm{d}\theta = \iint\limits_{D} f(x,y)\mathrm{d}\sigma.$$

（4）可以证明如果 $f(x,y)$ 在闭区域 D 上连续，那么 $f(x,y)$ 在闭区域 D 上的二重积分存在，即**定义在闭区域 D 上的连续函数在 D 上必可积**.

由上述二重积分的定义可知，以区域 D 为底，曲面 $z = f(x,y)$（$f(x,y) \geqslant 0$）为顶的曲顶柱体体积 V 就是曲顶上点的竖坐标 $f(x,y)$ 在底面 D 上的二重积分

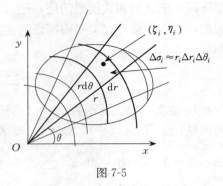

图 7-5

$$V = \iint\limits_{D} f(x,y)\mathrm{d}\sigma.$$

这也正是二重积分的几何意义. 而占有 xOy 平面上的区域 D 的非均匀平面薄板的质量 m，是密度函数为 $\rho = \rho(x,y)$ 在 D 上的二重积分

$$m = \iint\limits_{D} \rho(x,y)\mathrm{d}\sigma.$$

2. 二重积分的几何意义

（1）当 $f(x,y) \geqslant 0$ 时，$\iint\limits_{D} f(x,y)\mathrm{d}\sigma$ 的几何意义表示以区域 D 为底，以曲面 $z = f(x,y)$ 为顶，母线平行于 z 轴的曲顶柱体体积（位于 xOy 面上方）；

> **注** 若 $f(x,y) \equiv 1$，$\iint\limits_{D} f(x,y)\mathrm{d}\sigma = \iint\limits_{D}\mathrm{d}\sigma$ 的积分值等于区域 D 的面积值，它的几何意义是：以 D 为底、高为 1 的平顶柱体的体积在数值上等于柱体的底面积.

（2）当 $f(x,y) \leqslant 0$ 时，$\iint\limits_{D} f(x,y)\mathrm{d}\sigma$ 的几何意义表示以区域 D 为底，以曲面 $z = f(x,y)$ 为顶，母线平行于 z 轴的曲顶柱体体积值的相反数；

（3）若被积函数 $f(x,y)$ 不满足非负或非正时，可类似于定积分的几何意义，将二重积分解释为曲顶柱体体积的代数和，即位于 xOy 面上方的体积减去位于 xOy 面下方的体积.

例1 根据二重积分的几何意义，指出下列积分值：

（1）$\iint\limits_{D_1}\mathrm{d}\sigma$；（2）$\iint\limits_{D_1}\sqrt{R^2 - x^2 - y^2}\mathrm{d}\sigma$；（3）$\iint\limits_{D_2}(1 - x - y)\mathrm{d}\sigma$.

其中 $D_1: x^2 + y^2 \leqslant R^2$，$D_2: x + y \leqslant 1, x \geqslant 0, y \geqslant 0$.

解 （1）$\iint\limits_{D_1}\mathrm{d}\sigma = D_1$ 的面积 $= \pi R^2$；

（2）$\iint\limits_{D_1}\sqrt{R^2 - x^2 - y^2}\mathrm{d}\sigma = $ 上半球体体积 $= \dfrac{2}{3}\pi R^3$；

（3）$\iint\limits_{D_2}(1 - x - y)\mathrm{d}\sigma = $ 四面体的体积 $= \dfrac{1}{6}$.

三、二重积分的基本性质

比较二重积分与定积分的定义可以想到，二重积分与定积分有类似的性质．现不加证明地叙述如下：

性质 1 $\iint\limits_{D}[\alpha f(x,y)\pm\beta g(x,y)]\mathrm{d}\sigma=\alpha\iint\limits_{D}f(x,y)\mathrm{d}\sigma\pm\beta\iint\limits_{D}g(x,y)\mathrm{d}\sigma$. 即二重积分具有**线性**，其中 α,β 为常数．

性质 2 如果闭区域 D 可被曲线分为两个没有公共内点的闭子区域 D_1 和 D_2，则

$$\iint\limits_{D}f(x,y)\mathrm{d}\sigma=\iint\limits_{D_1}f(x,y)\mathrm{d}\sigma+\iint\limits_{D_2}f(x,y)\mathrm{d}\sigma.$$

这个性质表明二重积分对积分区域具有**可加性**．

性质 3 如果在闭区域 D 上，有 $f(x,y)\leqslant g(x,y)$，则

$$\iint\limits_{D}f(x,y)\mathrm{d}\sigma\leqslant\iint\limits_{D}g(x,y)\mathrm{d}\sigma.$$ 即二重积分具有**单调性**．

特别地，有 $\left|\iint\limits_{D}f(x,y)\mathrm{d}\sigma\right|\leqslant\iint\limits_{D}|f(x,y)|\mathrm{d}\sigma.$

性质 4 设 M,m 分别是 $f(x,y)$ 在闭区域 D 上的最大值和最小值，σ 为 D 的面积，则

$$m\sigma\leqslant\iint\limits_{D}f(x,y)\mathrm{d}\sigma\leqslant M\sigma.$$

这个不等式称为二重积分的**估值不等式**．

例 2 估计二重积分 $I=\iint\limits_{D}\dfrac{\mathrm{d}\sigma}{\sqrt{x^2+y^2+2xy+16}}$ 的值，其中积分区域 D 为矩形闭区域 $\{(x,y)\mid 0\leqslant x\leqslant 1,\ 0\leqslant y\leqslant 2\}$．

解 因为 $f(x,y)=\dfrac{1}{\sqrt{(x+y)^2+16}}$，积分区域面积 $\sigma=2$，

在 D 上 $f(x,y)$ 的最大值 $M=\dfrac{1}{4}\ (x=y=0)$，最小值 $m=\dfrac{1}{\sqrt{3^2+4^2}}=\dfrac{1}{5}\ (x=1,y=2)$，

故 $\dfrac{2}{5}\leqslant I\leqslant\dfrac{2}{4}$，即 $0.4\leqslant I\leqslant 0.5$．

例 3 比较积分 $\iint\limits_{D}\ln(x+y)\mathrm{d}\sigma$ 与 $\iint\limits_{D}[\ln(x+y)]^2\mathrm{d}\sigma$ 的大小，其中区域 D 是三角形闭区域，三顶点各为 $(1,0)$，$(1,1)$，$(2,0)$．

解 三角形斜边方程 $x+y=2$，在 D 内有 $1\leqslant x+y\leqslant 2<\mathrm{e}$，故 $0\leqslant\ln(x+y)<1$，于是 $\ln(x+y)>[\ln(x+y)]^2$，因此

$$\iint\limits_{D}\ln(x+y)\mathrm{d}\sigma>\iint\limits_{D}[\ln(x+y)]^2\mathrm{d}\sigma.$$

习 题 7-1

1. 将二重积分定义与定积分定义进行比较，找出它们的相同之处与不同之处．

2. 试用二重积分表示极限 $\lim\limits_{n\to\infty}\dfrac{1}{n^2}\sum\limits_{i=1}^{n}\sum\limits_{j=1}^{n}\mathrm{e}^{\frac{i^2+j^2}{n^2}}$．

第二节　二重积分的计算

二重积分是用和式的极限定义的，对一般的函数和区域用定义直接计算二重积分是不可行的．计算二重积分的方法主要是将它化为两次定积分来计算，称为**累次积分法**．

一、直角坐标系中二重积分的计算

先从几何上研究二重积分 $\iint\limits_{D} f(x,y)\mathrm{d}\sigma$ 的计算问题，在讨论中我们假定 $f(x,y) \geqslant 0$．

若积分区域 D 可表示为

$$D = \{(x,y) \mid \varphi_1(x) \leqslant y \leqslant \varphi_2(x), a \leqslant x \leqslant b\},$$

则称 D 为 **X-型区域**，它是由直线 $x=a, x=b$ 及曲线 $y=\varphi_1(x)$，$y=\varphi_2(x)$ 所围成（见图 7-6），其中函数 $\varphi_1(x)$、$\varphi_2(x)$ 在区间 $[a,b]$ 上连续．X-型区域的特点是：任何平行于 y 轴且穿过区域内部的直线与 D 的边界的交点不多于两个．

由二重积分的几何意义，二重积分 $\iint\limits_{D} f(x,y)\mathrm{d}\sigma$ 的值等于以 D 为底，以曲面 $z=f(x,y)$ 为顶的曲顶柱体（图 7-7）的体积．下面应用第三章第九节中计算"几何体的体积"的类似方法，来计算这个曲顶柱体的体积．

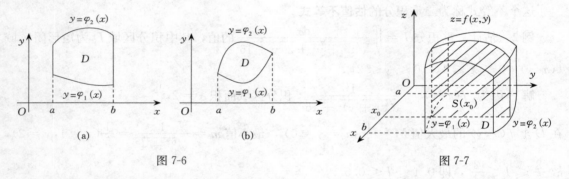

图 7-6　　　　　　　　　　　　　　　　图 7-7

先计算截面积．为此，在区间 $[a,b]$ 上取定一点 x_0，作平行于 yOz 面的平面 $x=x_0$．这平面截曲顶柱体所得的截面是一个以区间 $[\varphi_1(x_0), \varphi_2(x_0)]$ 的长为底、曲线 $z=f(x_0,y)$ 为曲边的曲边梯形（图 7-7 阴影部分），所以这截面的面积为

$$S(x_0) = \int_{\varphi_1(x_0)}^{\varphi_2(x_0)} f(x_0,y)\mathrm{d}y.$$

一般地，过区间 $[a,b]$ 上任一点 x 且平行于 yOz 面的平面截曲顶柱体的截面的面积为

$$S(x) = \int_{\varphi_1(x)}^{\varphi_2(x)} f(x,y)\mathrm{d}y.$$

于是，应用计算平行截面面积为已知的立体体积的方法，得曲顶柱体体积为

$$V = \int_a^b S(x)\mathrm{d}x = \int_a^b \left[\int_{\varphi_1(x)}^{\varphi_2(x)} f(x,y)\mathrm{d}y \right] \mathrm{d}x,$$

这个体积也就是所求二重积分的值，从而有等式

$$\iint\limits_{D} f(x,y)\mathrm{d}\sigma = \int_{a}^{b}\Big[\int_{\varphi_1(x)}^{\varphi_2(x)} f(x,y)\mathrm{d}y\Big]\mathrm{d}x. \tag{7-2-1}$$

上式右端的积分叫做**先对 y、后对 x 的累次积分**. 就是说，先把 x 看作常数，把 $f(x,y)$ 只看作 y 的函数，并对 y 计算从 $\varphi_1(x)$ 到 $\varphi_2(x)$ 的定积分；然后把算得的结果（是 x 的函数）再对 x 计算在区间 $[a,b]$ 上的定积分. 这个先对 y、后对 x 的累次积分也常记为

$$\int_{a}^{b}\mathrm{d}x\int_{\varphi_1(x)}^{\varphi_2(x)} f(x,y)\mathrm{d}y.$$

因此，等式（7-2-1）也写成

$$\iint\limits_{D} f(x,y)\mathrm{d}\sigma = \int_{a}^{b}\mathrm{d}x\int_{\varphi_1(x)}^{\varphi_2(x)} f(x,y)\mathrm{d}y,$$

这就是把二重积分化为先对 y、后对 x 的累次积分公式.

在上述讨论中，我们假定 $f(x,y)\geqslant 0$，实际上公式（7-2-1）的成立并不受此条件的限制.

类似地，若积分区域 D 可表示为

$$D = \{(x,y)\mid \psi_1(y)\leqslant x\leqslant \psi_2(y), c\leqslant y\leqslant \mathrm{d}\}$$

则称 D 为 **Y- 型区域**，它是由直线 $y=c, y=d$ 及曲线 $x=\psi_1(y), x=\psi_2(y)$ 所围成（图 7-8），其中函数 $\psi_1(x)$、$\psi_2(x)$ 在区间 $[c,d]$ 上连续.

同样 Y-型区域的特点是：任何平行于 x 轴且穿过区域内部的直线与 D 的边界的交点不多于两个.

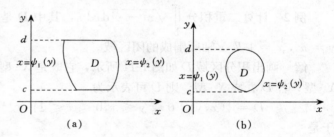

图 7-8

那么就有

$$\iint\limits_{D} f(x,y)\mathrm{d}\sigma = \int_{c}^{\mathrm{d}}\Big[\int_{\psi_1(y)}^{\psi_2(y)} f(x,y)\mathrm{d}x\Big]\mathrm{d}y, \tag{7-2-2}$$

上式右端的积分叫做**先对 x、后对 y 的累次积分**. 这个积分也常记为

$$\int_{c}^{\mathrm{d}}\mathrm{d}y\int_{\psi_1(y)}^{\psi_2(y)} f(x,y)\mathrm{d}x.$$

因此，等式（7-2-2）也写成

$$\iint\limits_{D} f(x,y)\mathrm{d}\sigma = \int_{c}^{\mathrm{d}}\mathrm{d}y\int_{\psi_1(y)}^{\psi_2(y)} f(x,y)\mathrm{d}x,$$

这就是把二重积分化为先对 x、后对 y 的累次积分公式.

如果积分区域 D 既是 X-型区域，又是 Y-型区域（图 7-9），这时 D 上的二重积分既可以用公式（7-2-1）计算，又可以用公式（7-2-2）计算，也就是既可以化为先对 y 后对 x 的累次积分，又可以化为先对 x 后对 y 的累次积分.

如果积分区域 D 既不是 X-型区域，又不是 Y-型区域（图7-10），这时我们可以把 D 分成几部分，使每个部分是 X-型区域或是 Y-型区域，从而每个部分区域上的二重积分可以用公式

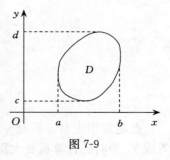

图 7-9

（7-2-1）或公式（7-2-2）计算．再利用二重积分对于区域的可加性，我们就可以得到整个区域 D 上的二重积分．

将二重积分化为累次积分计算时，确定积分限是关键，一般可以先画出积分区域的草图，判断区域的类型以确定累次积分的次序，并定出相应的积分限．

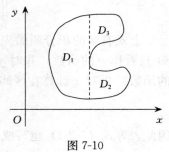

图 7-10

例 1 计算二重积分 $\iint\limits_{D} e^{x+y}dxdy$，其中 D 是由 $x=0$，$x=1$，$y=1$，$y=2$ 所围成的闭区域．

解 积分区域 D 是一个正方形，它既是 X-型，又是 Y-型，把 D 看成 X-型，则 D 可表示为 $D=\{(x,y)\mid 1\leqslant y\leqslant 2，0\leqslant x\leqslant 1\}$，于是得

$$\iint\limits_{D} e^{x+y}dxdy = \iint\limits_{D} e^x \cdot e^y dxdy$$
$$= \int_0^1 e^x dx \int_1^2 e^y dy = e(e-1)^2.$$

本题若利用公式（7-2-2）计算可得到同样的结果．

例 2 计算二重积分 $\iint\limits_{D} \sqrt{x^2-y^2}dxdy$，其中 D 是由直线 $y=x$，$x=1$ 及 x 轴所围成的闭区域．

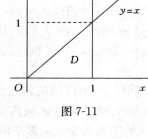

图 7-11

解 画出积分区域 D 如图 7-11 所示，它既是 X-型，又是 Y-型．若 D 看成 X-型，则 D 可表示为

$$D=\{(x,y)\mid 0\leqslant y\leqslant x, 0\leqslant x\leqslant 1\}$$

于是

$$\iint\limits_{D} \sqrt{x^2-y^2}dxdy = \int_0^1 dx \int_0^x \sqrt{x^2-y^2}dy$$
$$= \int_0^1 \left[\frac{y}{2}\sqrt{x^2-y^2}+\frac{x^2}{2}\arcsin\frac{y}{x}\right]\bigg|_0^x dx$$
$$= \frac{\pi}{4}\int_0^1 x^2 dx = \frac{\pi}{12}.$$

若将 D 看成 Y-型，则 D 可表示为

$$D=\{(x,y)\mid y\leqslant x\leqslant 1, 0\leqslant y\leqslant 1\}$$

于是有

$$\iint\limits_{D} \sqrt{x^2-y^2}dxdy = \int_0^1 dy \int_y^1 \sqrt{x^2-y^2}dx$$
$$= \int_0^1 \left(\frac{x}{2}\sqrt{x^2-y^2}-\frac{y^2}{2}\ln(x+\sqrt{x^2-y^2})\right)\bigg|_y^1 dy$$
$$= \frac{1}{2}\int_0^1 \left[\sqrt{1-y^2}+y^2\ln y-y^2\ln(1+\sqrt{1-y^2})\right]dy$$
$$= \frac{1}{2}\left[\frac{\pi}{4}-\frac{1}{9}-\left(\frac{\pi}{12}-\frac{1}{9}\right)\right]=\frac{\pi}{12}.$$

此题采用先对 x 后对 y 和先对 y 后对 x 其计算量是不一样的，先对 x 后对 y，既将 D 看成 Y-型时的计算量要大得多．由此可见，把二重积分化为两次定积分来计算时，关键在

于定出积分限，但无论采用哪种积分顺序，第二次积分的上、下限一定是常数，而第一次积分的变量的上、下限一定要用另外一个变量或常数来定义，切不可犯类似"张三的张，张三的三"这样用自己定义自己的错误.

例 3 计算二重积分 $\iint\limits_{D} xy\mathrm{d}x\mathrm{d}y$，其中 D 是由抛物线 $y = x^2$ 及直线 $y = x+2$ 所围成的闭区域.

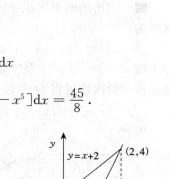

图 7-12

解 画出积分区域 D 如图 7-12 所示，若 D 看成 X-型，则 D 可表示为

$$D = \{(x,y) \mid x^2 \leqslant y \leqslant x+2, -1 \leqslant x \leqslant 2\}$$

于是

$$\iint\limits_{D} xy\mathrm{d}x\mathrm{d}y = \int_{-1}^{2}\mathrm{d}x\int_{x^2}^{x+2} xy\mathrm{d}y$$

$$= \int_{-1}^{2}\left(x\cdot\frac{y^2}{2}\right)\Big|_{x^2}^{x+2}\mathrm{d}x$$

$$= \frac{1}{2}\int_{-1}^{2}[x(x+2)^2 - x^5]\mathrm{d}x = \frac{45}{8}.$$

若将 D 看成 Y-型，则由于在区间 $[0,1]$ 及 $[1,4]$ 上 x 的积分下限不同，所以要用直线 $y=1$ 把区域 D 分成 D_1 和 D_2 两个部分（图 7-13），其中

$$D_1 = \{(x,y) \mid -\sqrt{y} \leqslant x \leqslant \sqrt{y}, 0 \leqslant y \leqslant 1\},$$
$$D_2 = \{(x,y) \mid y-2 \leqslant x \leqslant \sqrt{y}, 1 \leqslant y \leqslant 4\}.$$

于是

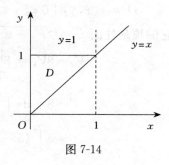

图 7-13

$$\iint\limits_{D} xy\mathrm{d}x\mathrm{d}y = \int_{0}^{1}\mathrm{d}y\int_{-\sqrt{y}}^{\sqrt{y}} xy\mathrm{d}x + \int_{1}^{4}\mathrm{d}y\int_{y-2}^{\sqrt{y}} xy\mathrm{d}x = \frac{45}{8}.$$

易见此题将 D 看成 Y-型的计算比较麻烦.

上述例子说明，在化二重积分为累次积分时，为了计算简便，需要选择恰当的累次积分的次序. 这时，既要考虑积分区域 D 的形状，又要考虑被积函数 $f(x,y)$ 的特性.

例 4 计算二重积分 $\iint\limits_{D} x^2\mathrm{e}^{-y^2}\mathrm{d}x\mathrm{d}y$，其中 D 是由直线 $y = x$，$y = 1$ 及 y 轴所围成的闭区域.

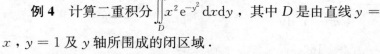

图 7-14

解 画出积分区域 D 如图 7-14 所示，若将 D 看成 X-型，则 D 可表示为

$$D = \{(x,y) \mid x \leqslant y \leqslant 1, 0 \leqslant x \leqslant 1\},$$

于是

$$\iint\limits_{D} x^2\mathrm{e}^{-y^2}\mathrm{d}x\mathrm{d}y = \int_{0}^{1}\mathrm{d}x\int_{x}^{1} x^2\mathrm{e}^{-y^2}\mathrm{d}y.$$

由于 e^{-y^2} 没有初等函数形式的原函数，所以计算无法继续下去.

若将 D 看成 Y-型，则 D 可表示为
$$D = \{(x,y) \mid 0 \leqslant x \leqslant y, 0 \leqslant y \leqslant 1\},$$
于是
$$\iint\limits_D x^2 e^{-y^2} \mathrm{d}x\mathrm{d}y = \int_0^1 \mathrm{d}y \int_0^y x^2 e^{-y^2} \mathrm{d}x$$
$$= \frac{1}{3}\int_0^1 y^3 e^{-y^2} \mathrm{d}y = \frac{1}{6}(1 - 2e^{-1}).$$

例 5 交换累次积分
$$\int_0^1 \mathrm{d}x \int_{x^2}^1 \frac{xy}{\sqrt{1+y^3}} \mathrm{d}y$$
的积分顺序.

解 由所给的累次积分可知，与它对应的二重积分的积分区域为
$$D = \{(x,y) \mid x^2 \leqslant y \leqslant 1, 0 \leqslant x \leqslant 1\},$$
即为由 $y = x^2$，$y = 1$ 及 y 轴所围成的区域，如图 7-15 所示.
要交换积分次序可将 D 表为
$$D = \{(x,y) \mid 0 \leqslant x \leqslant \sqrt{y}, 0 \leqslant y \leqslant 1\}.$$
因此
$$\int_0^1 \mathrm{d}x \int_{x^2}^1 \frac{xy}{\sqrt{1+y^3}} \mathrm{d}y = \int_0^1 \mathrm{d}y \int_0^{\sqrt{y}} \frac{xy}{\sqrt{1+y^3}} \mathrm{d}x.$$

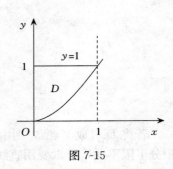

图 7-15

例 6 求两个圆柱面 $x^2 + y^2 = a^2$，$x^2 + z^2 = a^2$ 所围成的立体体积.

解 由对称性，所求立体的体积 V 是该立体位于第一卦限部分的体积 V_1 的 8 倍（见图 7-16）. 立体在第一卦限部分可以看成一个曲顶柱体，它的底为
$$D = \{(x,y) \mid 0 \leqslant y \leqslant \sqrt{a^2 - x^2}, 0 \leqslant x \leqslant a\},$$
它的顶是柱面 $z = \sqrt{a^2 - x^2}$，于是
$$V = 8V_1 = 8\iint\limits_D \sqrt{a^2 - x^2} \mathrm{d}x\mathrm{d}y$$
$$= 8\int_0^a \mathrm{d}x \int_0^{\sqrt{a^2-x^2}} \sqrt{a^2 - x^2} \mathrm{d}y$$
$$= 8\int_0^a (a^2 - x^2) \mathrm{d}x = \frac{16}{3}a^3.$$

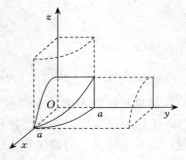

图 7-16

二、极坐标系中二重积分的计算

当积分区域是圆域、圆域的一部分，或者当被积函数的形式为 $f(x^2 + y^2)$ 时采用极坐标计算往往简单得多.

极坐标也是一种广泛采用的坐标. 为此，我们先复习一下极坐标系以及它和直角坐标系的关系.

在平面上选定一点 O，从点 O 出发引一条射线 Ox，并在射线上规定一个单位长度，这就得到了极坐标系（如图 7-17），其中 O 称为**极点**，射线 Ox 称为**极轴**.

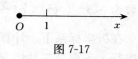

图 7-17

对平面上的一点 M，线段 OM 称为**极径**，记为 r，显然 $r \geqslant 0$. 以极轴为始边，以线段 OM 位置为终边的角称为点 M 的**极角**，记为 θ.

这样，平面上每一点 M 都可以用它的极径 r 和极角 θ 来确定其位置，称有序数对 (r, θ) 为点 M 的**极坐标**.

如果我们将直角坐标系中的原点 O 和 x 轴的正半轴选为极坐标系中的极点和极轴，如图 7-18 所示，则平面上点 M 的直角坐标 (x, y) 与其极坐标 (r, θ) 有以下的关系

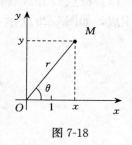

图 7-18

$$\begin{cases} x = r\cos\theta, \\ y = r\sin\theta. \end{cases}$$

在二重积分的定义中，若函数 $f(x, y)$ 可积，则二重积分的存在与区域 D 的划分无关. 在直角坐标系中，我们是用平行于 x 轴和 y 轴的两组直线来分割区域 D 的，此时面积元素 $\mathrm{d}\sigma = \mathrm{d}x\mathrm{d}y$. 所以有

$$\iint\limits_{D} f(x, y)\mathrm{d}\sigma = \iint\limits_{D} f(x, y)\mathrm{d}x\mathrm{d}y.$$

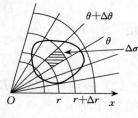

图 7-19

在极坐标系中，点的极坐标是 (r, θ)，$r = $ 常数，是一组圆心在极点的同心圆. $\theta = $ 常数，是一组从极点出发的射线. 我们用上述的同心圆和射线将区域 D 分成多个小区域，如图 7-19 所示，其中，任一小区域 $\Delta\sigma$ 是由极角为 θ 和 $\theta + \Delta\theta$ 的两射线与半径为 r 和 $r + \Delta r$ 的两圆弧所围成的区域，则由扇形面积公式得

$$\Delta\sigma = \frac{1}{2}(r + \Delta r)^2 \Delta\theta - \frac{1}{2}r^2\Delta\theta = r\Delta r\Delta\theta + \frac{1}{2}(\Delta r)^2\Delta\theta,$$

略去高阶无穷小 $\frac{1}{2}(\Delta r)^2\Delta\theta$，得 $\Delta\sigma \approx r\Delta r\Delta\theta$，所以面积元素为

$$\mathrm{d}\sigma = r\mathrm{d}r\mathrm{d}\theta,$$

所以在极坐标系下，二重积分成为

$$\iint\limits_{D} f(x, y)\mathrm{d}\sigma = \iint\limits_{D} f(r\cos\theta, r\sin\theta)r\mathrm{d}r\mathrm{d}\theta.$$

故有

$$\iint\limits_{D} f(x, y)\mathrm{d}x\mathrm{d}y = \iint\limits_{D} f(r\cos\theta, r\sin\theta)r\mathrm{d}r\mathrm{d}\theta.$$

这就是二重积分的变量从直角坐标变换为极坐标的变换公式.

> **注**　直角坐标化极坐标时，要将 $\mathrm{d}x\mathrm{d}y$ 换成 $r\mathrm{d}r\mathrm{d}\theta$，即要多一个 r. 漏掉 r 是初学者经常犯的错误.

当区域 D 是圆或圆的一部分，或者区域边界的方程用极坐标表示较为简单，或者被积

函数为 $\varphi(x^2 + y^2)$，$\varphi(\dfrac{y}{x})$ 等形式时，一般采用极坐标计算二重积分较为方便.

在极坐标系下，计算二重积分，仍然需要化为累次积分来计算，通常是按先 r 后 θ 的顺序进行，下面分三种情况予以介绍.

（1）极点 O 在区域 D 之外，且 D 由射线 $\theta = \alpha$，$\theta = \beta$ 和连续曲线 $r = r_1(\theta)$，$r = r_2(\theta)$ 所围成，如图 7-20 所示，这时区域 D 可表示为

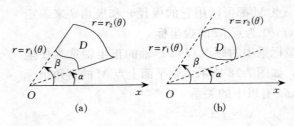

图 7-20

$$D = \{(r, \theta) \mid r_1(\theta) \leqslant r \leqslant r_2(\theta), \alpha \leqslant \theta \leqslant \beta\}.$$

于是

$$\iint\limits_{D} f(r\cos\theta, r\sin\theta) r \mathrm{d}r\mathrm{d}\theta = \int_{\alpha}^{\beta} \mathrm{d}\theta \int_{r_1(\theta)}^{r_2(\theta)} f(r\cos\theta, r\sin\theta) r \mathrm{d}r.$$

（2）极点 O 在区域 D 的边界上，且 D 由射线 $\theta = \alpha$，$\theta = \beta$ 和连续曲线 $r = r(\theta)$ 所围成，如图 7-21 所示.

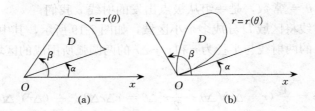

图 7-21

这时区域 D 可表示为

$$D = \{(r, \theta) \mid 0 \leqslant r \leqslant r(\theta), \alpha \leqslant \theta \leqslant \beta\}$$

于是

$$\iint\limits_{D} f(r\cos\theta, r\sin\theta) r \mathrm{d}r\mathrm{d}\theta = \int_{\alpha}^{\beta} \mathrm{d}\theta \int_{0}^{r(\theta)} f(r\cos\theta, r\sin\theta) r \mathrm{d}r.$$

（3）极点 O 在区域 D 内部，且 D 的边界曲线为连续封闭曲线 $r = r(\theta)$，如图 7-22 所示.

这时区域 D 可表示为

$$D = \{(r, \theta) \mid 0 \leqslant r \leqslant r(\theta), 0 \leqslant \theta \leqslant 2\pi\}.$$

于是

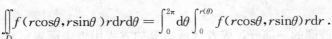

图 7-22

$$\iint\limits_{D} f(r\cos\theta, r\sin\theta) r \mathrm{d}r\mathrm{d}\theta = \int_{0}^{2\pi} \mathrm{d}\theta \int_{0}^{r(\theta)} f(r\cos\theta, r\sin\theta) r \mathrm{d}r.$$

例 7　计算二重积分 $\iint\limits_{D} x^2 y\mathrm{d}\sigma$，其中 D 是上半圆：$x^2 + y^2$ $\leqslant 1, y \geqslant 0$（图 7-23）.

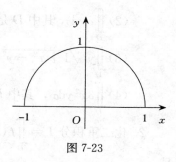

图 7-23

解　由于区域 D 在极坐标系下表示为
$$D = \{(r,\theta) \mid 0 \leqslant r \leqslant 1, 0 \leqslant \theta \leqslant \pi\}$$
所以
$$\iint\limits_{D} x^2 y\mathrm{d}\sigma = \iint\limits_{D} r^2 \cos^2\theta \cdot r\sin\theta \cdot r\mathrm{d}r\mathrm{d}\theta$$
$$= \int_0^\pi \int_0^1 r^4 \cos^2\theta\sin\theta\mathrm{d}r\mathrm{d}\theta$$
$$= \int_0^\pi \cos^2\theta \cdot \sin\theta\mathrm{d}\theta \int_0^1 r^4 \mathrm{d}r = \frac{2}{15}.$$

例 8　计算二重积分 $\iint\limits_{D} \dfrac{1}{1+x^2+y^2}\mathrm{d}x\mathrm{d}y$，其中 D 是由圆 $x^2+y^2 = a^2$（$a > 0$）围成的闭区域.

解　由于区域 D 在极坐标系下表示为
$$D = \{(r,\theta) \mid 0 \leqslant r \leqslant a, 0 \leqslant \theta \leqslant 2\pi\}$$
所以
$$\iint\limits_{D} \frac{1}{1+x^2+y^2}\mathrm{d}x\mathrm{d}y = \int_0^{2\pi}\mathrm{d}\theta \int_0^a \frac{r}{1+r^2}\mathrm{d}r$$
$$= 2\pi\left[\frac{1}{2}\ln(1+r^2) \Big|_0^a\right] = \pi\ln(1+a^2).$$

例 9　计算二重积分 $\iint\limits_{D} \sqrt{x^2 + y^2}\mathrm{d}x\mathrm{d}y$，其中 D 是圆域：$x^2 + (y-1)^2 \leqslant 1$.

解　积分区域 D 如图 7-24 所示，在极坐标系下表示为
$$D = \{(r,\theta) \mid 0 \leqslant r \leqslant 2\sin\theta, 0 \leqslant \theta \leqslant \pi\},$$
所以得
$$\iint\limits_{D} \sqrt{x^2 + y^2}\mathrm{d}x\mathrm{d}y = \iint\limits_{D} r^2 \mathrm{d}r\mathrm{d}\theta$$
$$= \int_0^\pi \mathrm{d}\theta \int_0^{2\sin\theta} r^2 \mathrm{d}r$$
$$= \frac{8}{3}\int_0^\pi \sin^3\theta\mathrm{d}\theta$$
$$= \frac{8}{3}\int_0^\pi (\cos^2\theta - 1)\mathrm{d}\cos\theta = \frac{32}{9}.$$

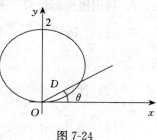

图 7-24

习　题　7-2

1. 计算下列二重积分：

(1) $\iint\limits_{D} xy^2 \mathrm{d}\sigma$，其中积分区域 D 为矩形：$\begin{cases} a \leqslant x \leqslant b \\ c \leqslant y \leqslant d \end{cases}$；

(2) $\iint\limits_{D} xy \mathrm{d}\sigma$，其中 D 是由直线 $y=1$，$x=2$ 及 $y=x$ 所围成的闭区域；

(3) $\iint\limits_{D} y\sqrt{1+x^2-y^2}\mathrm{d}\sigma$，其中 D 是由直线 $y=x$、$x=-1$ 和 $y=1$ 所围成的闭区域；

(4) $\iint\limits_{D} 3x^2 y \mathrm{d}\sigma$，其中 D 由曲线 $x=y^2-1$ 与 $x-y=1$ 围成．

2. 化二重积分 $I = \iint\limits_{D} f(x,y)\mathrm{d}x\mathrm{d}y$ 为两种不同积分顺序的累次积分，其中积分区域 D 是：

(1) 由 $y=\mathrm{e}^x$，$y=\mathrm{e}$ 与 y 轴围成；

(2) 由 $y^2=2x$ 与 $y=x-4$ 围成；

(3) 由 $y=x^3$，$x+y=2$ 与 y 轴围成．

3. 交换下列累次积分的积分顺序：

(1) $\displaystyle\int_0^1 \mathrm{d}x \int_0^{1-x} f(x,y)\mathrm{d}y$；　　　　　(2) $\displaystyle\int_0^1 \mathrm{d}x \int_{x^2}^{x} f(x,y)\mathrm{d}y$；

(3) $I = \displaystyle\int_0^4 \mathrm{d}y \int_{\sqrt{4-y}}^{\frac{y+4}{2}} f(x,y)\mathrm{d}x$；　　(4) $\displaystyle\int_0^1 \mathrm{d}x \int_0^{\sqrt{2x-x^2}} f(x,y)\mathrm{d}y + \int_1^2 \mathrm{d}x \int_0^{2-x} f(x,y)\mathrm{d}y$．

4. 画出积分区域，把积分 $\iint\limits_{D} f(x,y)\mathrm{d}x\mathrm{d}y$ 表示为极坐标形式的累次积分，其中积分区域 D 是：

(1) $\{(x,y)|x^2+y^2\leqslant a^2\}(a>0)$；　　　(2) $\{(x,y)|x^2+y^2\leqslant 2x\}$；

(3) $\{(x,y)|a^2\leqslant x^2+y^2\leqslant b^2\}$，其中 $0<a<b$．

5. 利用极坐标计算下列二重积分：

(1) $\iint\limits_{D} \sin\sqrt{x^2+y^2}\mathrm{d}x\mathrm{d}y$，其中 D 是由圆 $x^2+y^2=\pi^2$ 和 $x^2+y^2=4\pi^2$ 所围成的闭区域；

(2) 计算 $\iint\limits_{D} \mathrm{e}^{-x^2-y^2}\mathrm{d}x\mathrm{d}y$，其中 D 是由中心在原点、半径为 a 的圆周所围成的闭区域；

(3) 求 $\iint\limits_{D} xy \mathrm{d}x\mathrm{d}y$，其中 $D = \dfrac{1}{2}\{(x,y)|1\leqslant x^2+y^2\leqslant 4;0\leqslant y\leqslant x\}$．

第三节　应用举例

一、几何学上的应用

由二重积分的几何意义知，当 $z=f(x,y)\geqslant 0$ 时，在 xOy 面上以区域 D 为底面，以 $z=f(x,y)$ 为曲顶的曲顶柱体的体积为 $\iint\limits_{D} f(x,y)\mathrm{d}\sigma$；当 $z=f(x,y)\leqslant 0$ 时，在 xOy 面上以区域 D 为底面，以 $z=f(x,y)$ 为曲顶的曲顶柱体的体积为 $-\iint\limits_{D} f(x,y)\mathrm{d}\sigma$．

因此利用二重积分可以求曲顶柱体的体积．

例 1 计算由四个平面 $x=0$，$y=0$，$x=1$，$y=1$ 所围成的柱体被平面 $z=0$ 及 $2x+3y+z=6$ 截得的立体的体积.

解 四个平面所围成的立体如图 7-25 所示, 所求体积为

$$V = \iint\limits_{D}(6-2x-3y)\mathrm{d}x\mathrm{d}y$$

$$= \int_{0}^{1}\mathrm{d}x\int_{0}^{1}(6-2x-3y)\mathrm{d}y$$

$$= \int_{0}^{1}\left[6y-2xy-\frac{3}{2}y^2\right]\Big|_{0}^{1}\mathrm{d}x$$

$$= \int_{0}^{1}\left(\frac{9}{2}-2x\right)\mathrm{d}x = \frac{7}{2}.$$

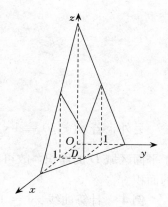

图 7-25

例 2 求由旋转抛物面 $z=6-x^2-y^2$ 与 xOy 面所围成的立体的体积.

解 如图 7-26 所示，该立体是以曲面 $z=6-x^2-y^2$ 为顶，圆域 $x^2+y^2=6$ 为底的曲顶柱体. 由对称性知

$$V = \iint\limits_{D}(6-x^2-y^2)\mathrm{d}\sigma = 4\int_{0}^{\frac{\pi}{2}}\mathrm{d}\theta\int_{0}^{\sqrt{6}}(6-r^2)r\mathrm{d}r = 18\pi.$$

例 3 求球体 $x^2+y^2+z^2\leqslant 4a^2$ 被圆柱面 $x^2+y^2=2ax$ $(a>0)$ 所截得的（含在圆柱面内的部分）立体的体积（图 7-27）.

解 由对称性,立体体积为第一卦限部分的四倍.

$$V = 4\iint\limits_{D}\sqrt{4a^2-x^2-y^2}\mathrm{d}x\mathrm{d}y,$$

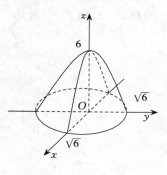

图 7-26

其中 D 为半圆周 $y=\sqrt{2ax-x^2}$ 及 x 轴所围成的闭区域（见图 7-28）.

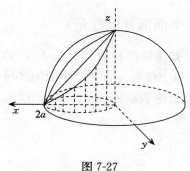

图 7-27

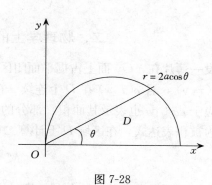

图 7-28

在极坐标系中 D 可表示为

$$0\leqslant r\leqslant 2a\cos\theta, 0\leqslant\theta\leqslant\frac{\pi}{2}.$$

于是

$$V = 4 \iint_D \sqrt{4a^2 - r^2}\, r\mathrm{d}r\mathrm{d}\theta$$

$$= 4 \int_0^{\frac{\pi}{2}} \mathrm{d}\theta \int_0^{2a\cos\theta} \sqrt{4a^2 - r^2}\, r\mathrm{d}r$$

$$= \frac{32}{3} a^2 \int_0^{\frac{\pi}{2}} (1 - \sin^3\theta)\mathrm{d}\theta = \frac{32}{3} a^2 \left(\frac{\pi}{2} - \frac{2}{3} \right).$$

另外，若 $f(x,y) \equiv 1$，$\iint_D f(x,y)\mathrm{d}\sigma = \iint_D \mathrm{d}\sigma$ 积分值等

于平面区域 D 的面积，故可利用二重积分来求平面图形
的面积.

例 4 计算曲线 $xy = 1, xy = 2$ 与直线 $y = x$，$y = 2x$ 所围成的区域 D 的面积 A.

解 区域 D 如图 7-29 所示.

$D = D_1 \bigcup D_2$，其中

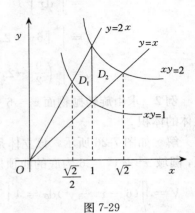

图 7-29

$$D_1 : \begin{cases} \dfrac{\sqrt{2}}{2} \leqslant x \leqslant 1, \\ \dfrac{1}{x} \leqslant y \leqslant 2x, \end{cases}$$

$$D_2 : \begin{cases} 1 \leqslant x \leqslant \sqrt{2}, \\ x \leqslant y \leqslant \dfrac{2}{x}. \end{cases}$$

于是

$$A = \iint_{D_1} \mathrm{d}\sigma + \iint_{D_2} \mathrm{d}\sigma = \int_{\frac{\sqrt{2}}{2}}^{1} \mathrm{d}x \int_{\frac{1}{x}}^{2x} \mathrm{d}y + \int_1^{\sqrt{2}} \mathrm{d}x \int_x^{\frac{2}{x}} \mathrm{d}y$$

$$= \int_{\frac{\sqrt{2}}{2}}^{1} \left(2x - \frac{1}{x} \right) \mathrm{d}x + \int_1^{\sqrt{2}} \left(\frac{2}{x} - x \right) \mathrm{d}x = \frac{1}{2} \ln 2.$$

二、物理学上的应用（平面薄片的质量）

设一薄片在 xOy 面上占据平面闭区域 D，已知薄片在 D 内每一点 (x, y) 的面密度为
$\rho = \rho(x,y)$，且 $\rho(x,y)$ 在 D 上连续. 在闭区域 D 上任取一直径很小的闭区域 $\mathrm{d}\sigma$，则薄片
中对应于 $\mathrm{d}\sigma$（$\mathrm{d}\sigma$ 也表示其面积）部分的质量可近似地表示为 $\rho(x,y)\mathrm{d}\sigma$，这就是质量微元，
以其为被积表达式，在区域 D 上计算二重积分，得

$$M = \iint_D \rho(x,y)\mathrm{d}\sigma. \tag{7-3-1}$$

特别地，如果平面薄片为均匀的，即 ρ 为常数时，上式可简化为

$$M = \rho \iint_D \mathrm{d}\sigma = \rho\sigma \ (\sigma \text{ 为 } D \text{ 的面积}). \tag{7-3-2}$$

例 5 设平面薄片所占的闭区域 D 由直线 $x + y = 2$，$y = x$ 和 x 轴所围成，它的面密度
为 $\rho(x,y) = x^2 + y^2$，求该薄片的质量.

解 如图 7-30，该薄片的质量为

$$M = \iint\limits_{D} \rho(x,y)\mathrm{d}\sigma = \iint\limits_{D} (x^2+y^2)\mathrm{d}\sigma$$

$$= \int_0^1 \mathrm{d}y \int_y^{2-y} (x^2+y^2)\mathrm{d}x$$

$$= \int_0^1 \Big[\frac{1}{3}(2-y)^3 + 2y^2 - \frac{7}{3}y^3\Big]\mathrm{d}y$$

$$= \frac{4}{3}.$$

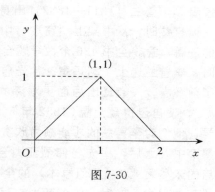

图 7-30

三、概率统计上的应用

例 6　计算 $I = \displaystyle\int_0^{+\infty} \mathrm{e}^{-x^2}\mathrm{d}x$.

解　由于函数 e^{-x^2} 的原函数不能用初等函数来表示，因此，普通的方法无济于事.

记 $I = \displaystyle\int_0^{+\infty} \mathrm{e}^{-x^2}\mathrm{d}x$，其平方

$$I^2 = \Big(\int_0^{+\infty} \mathrm{e}^{-x^2}\mathrm{d}x\Big)\Big(\int_0^{+\infty} \mathrm{e}^{-x^2}\mathrm{d}x\Big) = \int_0^{+\infty} \mathrm{e}^{-x^2}\mathrm{d}x \int_0^{+\infty} \mathrm{e}^{-y^2}\mathrm{d}y = \iint\limits_{D} \mathrm{e}^{-(x^2+y^2)}\mathrm{d}x\mathrm{d}y. \text{ 其中 } D \text{ 为 } x \geqslant$$

$0, y \geqslant 0$.

在极坐标系下 D 可以表示为 $\begin{cases} 0 \leqslant \theta \leqslant \dfrac{\pi}{2}, \\ 0 \leqslant r \leqslant +\infty. \end{cases}$

于是使用极坐标变换有

$$I^2 = \iint\limits_{D} \mathrm{e}^{-(x^2+y^2)}\mathrm{d}x\mathrm{d}y = \iint\limits_{D} \mathrm{e}^{-r^2} r\mathrm{d}r\mathrm{d}\theta = \int_0^{\frac{\pi}{2}} \mathrm{d}\theta \int_0^{+\infty} \mathrm{e}^{-r^2} r\mathrm{d}r$$

$$= \int_0^{\frac{\pi}{2}} \Big(-\frac{1}{2}\mathrm{e}^{-r^2}\Big)\Big|_0^{+\infty} \mathrm{d}\theta = \frac{\pi}{4}.$$

故所求积分

$$\int_0^{+\infty} \mathrm{e}^{-x^2}\mathrm{d}x = \frac{\sqrt{\pi}}{2}.$$

这个积分在概率论与数理统计中经常遇到，称为**概率积分**.

习题 7-3

1. 利用二重积分求由平面 $x + 2y + z = 1$ 和三个坐标面围成的体积.

2. 求由曲面 $z = x^2 + 2y^2$ 及 $z = 6 - 2x^2 - y^2$ 所围成的立体的体积.

3. 求由曲线 $y^2 = 4x + 4, y^2 = 4 - 4x$ 围成图形的面积.

4. 设平面薄片所占的闭区域 D 由直线 $y = 0$，$y = x$ 和 $x = 1$ 所围成，它的面密度为 $\mu(x, y) = x^2 + y^2$，求该薄片的质量.

5. 设有圆形薄片 $D : x^2 + y^2 \leqslant a^2$，其面密度为 $f(x, y) = \mathrm{e}^{-(x^2+y^2)}$ 求薄片的质量.

◆ 阅读资料：微积分学在中国的最早传播人——李善兰

19 世纪 60 至 90 年代，一批近代科学家脱颖而出，浙江海宁人李善兰就是其中的佼

佼者．李善兰（1811—1882）出身于书香门第，少年时代喜欢数学．十岁那年，李善兰在读家塾时，从书架上"窃取"中国古代数学著作——《九章算术》"阅之"，仅靠书中的注解，竟将全书 426 个数学题全部解出，自此，李善兰对数学的兴趣更为浓厚．十五岁时，李善兰迷上了利玛窦、徐光启合译的《几何原本》，尽通其义，可惜徐、利二人只译了前 8 卷，没有译出后面更艰深的几卷，李善兰深以为憾，常幻想有"好事者或航海译归"，使自己得窥全貌．1852 年 5 月，他到了上海，结识了英国传教士伟烈亚力与艾约瑟，他们对李善兰的才能颇为欣赏，遂邀请他到墨海书院共译西方格致之书．李善兰到墨海书院之后，率先与伟烈亚力合作，翻译《几何原本》后 9 卷，以续成利玛窦、徐光启的未尽之业．《几何原本》的全译是一项艰苦的工作，伟烈亚力托人到英国找到旧版，是英文译本，然后，伟烈亚力口述，李善兰记录整理．但是，他们用的这个英文译本有许多印错和校对不精之处，内容也较为深奥，伟烈亚力对这部分不甚精通，即使面对错讹，他也难以判明．不过李善兰精通数学，他能纠正错误，并能删繁就简．二人经过努力，反复校审，终于完成了这项工作．1856 年，《几何原本》后 9 卷译成，至此，欧氏几何才算全部输入中国，为这项跨朝代的工程画上了圆满的句号．在《几何原本后九卷续译序》中，李善兰语重心长地说："后之读者勿以为书全本入中国为等闲事也"，其间包容了经历过万般艰辛后的无限感叹．

李善兰与伟烈亚力随后又合译了《代微积拾级》18 卷、《代数学》13 卷、《谈天》等，其中《代微积拾级》18 卷是一部介绍解析几何和微积分的重要著作，作者是美国数学家罗密士．在翻译此书时，李善兰创译了"微分"、"积分"两个数学名词．李善兰说，这部书先讲代数，后讲微分，再讲积分，由易到难，好像逐级上升，因此取名《代微积拾级》．在此书出版之前，从明代以前所译的西方数学著作，均限于初等数学，而李善兰与伟烈亚力的译著，已经包含了变量数学的内容，这对中国数学的发展具有重要的推动作用．《代数学》13 卷是一部介绍西方符号代数学的数学著作，原作者是英国著名数学家狄摩根，西方近代代数学从此被引进中国．值得一提的是，中文"代数"这个词也是李善兰创译的．李善兰在引进西方著作时，首创了许多汉语数学名词，这也是他对中国数学领域的重大贡献．他首创的汉语数学名词，得到后人的确认与好评．这些名词有：代数学中的代数、函数、常数、变数、系数、未知数、虚数、方程式等约三十个；解析几何中的原点、切线、法线、摆线、螺线、圆锥曲线、抛物线、双曲线、渐近线等二十多个．微积分中的微分、积分、无穷、极限、曲率等近二十个；以及几何学中的六十多个．这些名词贴切、准确，一直沿用至今．

翻译西方数学著作对提高李善兰的数学水平也大有益处．他后期的著作，能会通中西方数学思想，体现出本质上是相同的中西方法，殊途同归．在 1872 年完成的《考数根法》中，他证明了著名的费马定理，并且指出它的逆命题不真，而他所创立的"李善兰恒等式"，则成为后来中外数学家用现代数学方法加以证明的兴趣课题．李善兰在译介西方数学中取得重大成就，与他本身所具有的学术造诣是分不开的．他自己写的著作多达 13 种 24 卷，如有：《方圆阐幽》、《弧矢启秘》、《对数探源》、《垛积比类》、《四元解》、《麟德术解》、《椭圆正术解》、《椭圆新术》、《椭圆拾遗》、《火器真诀》、《对数尖锥变法解》、《级数回求》、《天算或问》等，以上是编入《则古昔斋算学》这部集子里的．此外，还有 3 种未编入：《九容图表》、《考数根法》、《级数勾股》．

李善兰的著述不仅数量多，在学术水平上也有较高质量．例如，在《方圆阐幽》中，他创造了"尖锥术"，使得许多种数学问题可以通过求诸尖锥之和的方法获得解决．李善兰的"尖锥术"实际上已经得出了有关定积分的公式，而这项成果是在他着手翻译阐述微积分内容的《代微积拾级》之前取得的，并且他还能用求圆的面积作为例子来说明"尖锥术"的应用．这意味着，中国数学也将会通过自己特殊的途径，运用独特的思想方式达到微积分，从而完成由初等数学到高等数学的转变．

◆ 阅读资料：数学界的"诺贝尔奖"——菲尔兹奖

1936年开始颁发的菲尔兹（Fields）奖是最著名的世界性数学奖，由于诺贝尔奖没有数学奖，因此也有人将菲尔兹奖誉为数学中的"诺贝尔奖"．菲尔兹奖是以已故的加拿大数学家、教育家 J.C. 菲尔兹的姓氏（Fields）命名的．

J.C. 菲尔兹1863年5月14日生于加拿大渥太华．他11岁丧父，18岁丧母，家境不算太好．菲尔兹17岁进入多伦多大学攻读数学，24岁在美国的约翰·霍普金斯大学获博士学位，26岁任美国阿勒格尼大学教授．1892年他先后到巴黎、柏林学习和工作，1902年回国后执教于多伦多大学，1907年当选为加拿大皇家学会会员．

J.C. 菲尔兹强烈地主张数学发展应是国际性的，他对于数学国际交流的重要性，对于促进北美洲数学的发展都有独特的见解并满腔热情地做出了很大的贡献．为了使北美洲数学迅速发展并赶上欧洲，是他第一个在加拿大推进研究生教育，也是他全力筹备并主持了1924年在多伦多召开的国际数学家大会（这是在欧洲之外召开的第一次国际数学家大会），正是这次大会使他过分劳累，从此健康状况再也没有好转．但这次大会对于促进北美的数学发展和数学家之间的国际交流，确实产生了深远的影响．当他得知这次大会的经费有结余时，就萌发了把它作为基金设立一个国际数学奖的念头．为此他积极奔走于欧美各国谋求广泛支持，并打算于1932年在苏黎世召开的第九次国际数学家大会上亲自提出建议．但不幸的是未等到大会开幕他就去世了．J.C. 菲尔兹在去世前立下了遗嘱，他把自己留下的遗产加到上述剩余经费中，由多伦多大学数学系转交给第九次国际数学家大会，大会立即接受了这一建议．

J.C. 菲尔兹本来要求奖金不要以个人、国家或机构来命名，而用"国际奖金"的名义，但是，参加国际数学家大会的数学家们为了赞许和缅怀 J.C. 菲尔兹的远见卓识、组织才能和他为促进数学事业的国际交流所表现出的无私奉献的伟大精神，一致同意将该奖命名为菲尔兹奖．

第一届菲尔兹奖颁发于1936年，而后每4年一次，当时并没有在世界上引起多大注意，然而30年以后的情况就完全不一样了．每次国际数学家大会的召开，从国际上权威性的数学杂志到一般性的数学刊物，都争相报道获奖人物，菲尔兹奖的声誉不断提高，终于被人们确认：对于青年人来说，菲尔兹奖是国际上最高的数学奖．

菲尔兹奖的一个最大特点是奖励年轻人，只授予40岁以下的数学家（这一点在刚开始时似乎只是个不成文的规定，后来则作出了明文规定），即授予那些能对未来数学发展起到重大作用的人．

菲尔兹奖是一枚金质奖章和1500美元的奖金，奖章的正面是阿基米德的浮雕头像，并用拉丁文镌刻"超越人类极限，做宇宙主人"的格言，奖章的背面用拉丁文写着"全世界的数学家们：为知识做出新的贡献而自豪"（见下图）.

奖章正面　　　　　　　　　　　　　奖章背面

就奖金数目来说菲尔兹奖与诺贝尔奖相比可以说是微不足道，但为什么在人们的心目中，它的地位竟如此崇高呢？主要原因有三：第一，它是由数学界的国际权威学术团体——国际数学联合会主持，从全世界的第一流青年数学家中评定、遴选出来的；第二，它是在每隔四年才召开一次的国际数学家大会上隆重颁发的，且每次获奖者仅 2 ~4 名（一般只有 2 名），因此获奖的机会比诺贝尔奖还要少；第三，也是最根本的一条，是由于得奖人的出色才干，赢得了国际社会的声誉．正如 20 世纪著名数学家 C. H. H. 外尔对 1954 年两位获奖者的评价：他们"所达到的高度是自己未曾想到的"，"自己从未见过这样的明星在数学天空中灿烂升起"，"数学界为你们二位所做的工作感到骄傲"，从而证明了菲尔兹奖对青年数学家来说是最高的国际数学奖．1982 年，美籍华人数学家丘成桐教授荣获菲尔兹奖，成为获此荣誉的第一位华人．

小　　结

一、基本要求

1. 理解二重积分的概念，了解重积分的性质．
2. 掌握二重积分的（直角坐标、极坐标下）计算方法．
3. 会用重积分求一些几何量与物理量（平面图形的面积、立体体积、薄板质量等）.

二、复习重点

二重积分的概念及其计算方法．

三、内容小结

1. 关于重积分的概念与性质

（1）与定积分的定义一样，在二重积分的定义中，也都强调了和式 $\sum\limits_{i=1}^{n} f(\xi_i, \eta_i)\Delta\sigma_i$ 的极限与平面区域 D 的分法和各小区域 $\Delta\sigma_i$ 上的点（ξ_i, η_i）的取法无关，这一点是很重要的．正因为如此，所以，在讨论重积分计算时，可以用某种特殊的方法来分割区域，也可以小区域上某些特殊点来代替任一点（ξ_i, η_i），因此，计算二重积分时，分别有直角坐标和极坐标计算法．

（2）关于重积分的性质，基本上与定积分的性质相类似．

2. 关于重积分的计算　二重积分一般都是化为两次定积分来计算，这种方法也称为**累次积分法**．将重积分化为累次积分的通常做法是画出积分区域的草图，根据图形确定积分上、下限．为了便于计算，选择适当的坐标系和积分次序也是十分重要的．有时，利用对称性，也可以使计算得到简化．

（1）选择适当的坐标系．一般地说，应根据积分区域及被积函数的特点来兼顾考虑．为了便于比较和记忆，现将二重积分在各种坐标系中的变换形式及适用范围列表如下．

坐标系	通常适用范围	代换关系	面积微元 $d\sigma$	积分表达式
直角坐标系	积分区域 D 为矩形、三角形或任意区域		$dxdy$	$\iint\limits_{D} f(x,y)dxdy$
极坐标系	积分区域 D 为中心在原点或坐标轴上的圆形、扇形或圆环、扇环等；被积函数为 x^2+y^2 的函数	$\begin{cases} x = r\cos\theta \\ y = r\sin\theta \end{cases}$	$rdrd\theta$	$\iint\limits_{D} f(r\cos\theta, r\sin\theta)rdrd\theta$

（2）选择适当的积分次序．根据积分区域选择积分次序，一方面，要尽量不增加积分的项（即尽量不将积分区域分成几个部分区域来计算），以减少计算量；另一方面，也要同时考虑对被积函数进行单次积分计算是否困难．例如本章第二节中的例 4 若采用先对 y 积再对 x 积的积分次序，就积不出来结果．

（3）确定累次积分的上、下限．为确定积分限，首先要画出积分区域的图形，并把区域的边界曲线的方程化成所选用的坐标系中的形式；然后用不等式组表示区域，其中，每个不等式就确定了一个积分变量的变化范围，也就是各次积分的下限和上限．

（4）正确利用积分区域的对称性及被积函数对于积分区域的奇偶性（两者缺一不可），也可使计算得到简化．例如本章第二节中的例 13．

3. 重积分的应用 重积分的应用极广，限于农学大纲要求这里只列举了几个最简单的应用．

（1）计算平面区域 D 的面积，公式为

$$A = \iint\limits_{D} d\sigma .$$

（2）计算曲顶柱体的体积，公式为

$$V = \iint\limits_{D} f(x,y)d\sigma ,$$

其中，$z = f(x,y) \geqslant 0$ 是曲顶方程，D 为 xOy 平面上的投影区域，表示曲顶柱体的底．

（3）计算面密度为 $\mu(x,y)$ 的平面薄片的质量，公式为

$$M = \iint\limits_{D} \mu(x,y)d\sigma .$$

自 测 题 A

1. 交换二重积分的积分顺序：

（1）$\displaystyle\int_0^1 dx \int_{-x}^x f(x,y)dy$；　　　　（2）$\displaystyle\int_0^1 dx \int_0^{x^2} f(x,y)dy + \int_1^{\sqrt{2}} dx \int_0^{2-x^2} f(x,y)dy$；

(3) $\int_{-1}^{1} \mathrm{d}x \int_{-\sqrt{1-x^2}}^{1-x^2} f(x,y) \mathrm{d}y$; (4) $\int_{0}^{1} \mathrm{d}x \int_{0}^{x^2} f(x,y) \mathrm{d}y + \int_{1}^{3} \mathrm{d}x \int_{0}^{\frac{1}{2}(3-x)} f(x,y) \mathrm{d}y$.

2. 计算下列二重积分：

(1) $\iint\limits_{D} (x^2 + y^2) \mathrm{d}\sigma$,其中 $D = \{(x,y) \mid |x| \leqslant 1, |y| \leqslant 1\}$;

(2) $\iint\limits_{D} (3x + 2y) \mathrm{d}\sigma$,其中 D 是由两坐标轴及直线 $x + y = 2$ 所围成的闭区域；

(3) $\iint\limits_{D} x \cos(x+y) \mathrm{d}\sigma$,其中 D 是顶点分别为 $(0,0)$,$(\pi,0)$ 和 (π,π) 的三角形闭区域；

(4) $\iint\limits_{D} x \sqrt{y} \mathrm{d}\sigma$,其中 D 是由两条抛物线 $y = \sqrt{x}$, $y = x^2$ 所围成的闭区域；

(5) $\iint\limits_{D} xy^2 \mathrm{d}\sigma$,其中 D 是由圆周 $x^2 + y^2 = 4$ 及 y 轴所围成的右半闭区域．

3. 把下列直角坐标系中的二重积分化为极坐标形式的二重积分：

(1) $\int_{0}^{R} \mathrm{d}x \int_{0}^{\sqrt{R^2-x^2}} f(x^2+y^2) \mathrm{d}y$; (2) $\int_{0}^{2R} \mathrm{d}y \int_{0}^{\sqrt{2Ry-y^2}} f(x^2+y^2) \mathrm{d}x$.

4. 计算下列二重积分：

(1) $\int_{0}^{1} \mathrm{d}x \int_{x}^{1} x \sin y^3 \mathrm{d}y$; (2) $\int_{0}^{1} \mathrm{d}y \int_{2y}^{2} \mathrm{e}^{x^2} \mathrm{d}x$.

5. 求由坐标平面及 $x = 2, y = 3, x + y + z = 4$ 所围成的角柱体的体积．

6. 求由旋转抛物面 $z = 4 - x^2 - y^2$ 与 xOy 所围成的立体的体积．

自 测 题 B

一、选择题

1. $\lim\limits_{n \to \infty} \sum\limits_{i=1}^{n} \sum\limits_{j=1}^{n} \dfrac{n}{(n+i)(n^2+j^2)} = (\quad)$.

A. $\int_{0}^{1} \mathrm{d}x \int_{0}^{x} \dfrac{1}{(1+x)(1+y^2)} \mathrm{d}y$　　　　B. $\int_{0}^{1} \mathrm{d}y \int_{0}^{x} \dfrac{1}{(1+x)(1+y)} \mathrm{d}y$

C. $\int_{0}^{1} \mathrm{d}y \int_{0}^{1} \dfrac{1}{(1+x)(1+y)} \mathrm{d}y$　　　　D. $\int_{0}^{1} \mathrm{d}x \int_{0}^{1} \dfrac{1}{(1+x)(1+y^2)} \mathrm{d}y$

2. $I_1 = \iint\limits_{D} \cos \sqrt{x^2+y^2} \mathrm{d}\sigma$, $I_2 = \iint\limits_{D} \cos(x^2+y^2) \mathrm{d}\sigma$, $I_3 = \iint\limits_{D} \cos(x^2+y^2)^2 \mathrm{d}\sigma$,其中 $D = \{(x,y) \mid x^2+y^2 \leqslant 1\}$,则（　　）．

A. $I_3 > I_2 > I_1$　　B. $I_1 > I_2 > I_3$　　C. $I_2 > I_1 > I_3$　　D. $I_3 > I_1 > I_2$

3. 设函数 $f(x,y)$ 连续，则 $\int_{1}^{2} \mathrm{d}x \int_{x}^{2} f(x,y) \mathrm{d}y + \int_{1}^{2} \mathrm{d}y \int_{y}^{4-y} f(x,y) \mathrm{d}x = (\quad)$ ．

A. $\int_{1}^{2} \mathrm{d}x \int_{1}^{4-y} f(x,y) \mathrm{d}y$　　　　B. $\int_{1}^{2} \mathrm{d}x \int_{x}^{4-x} f(x,y) \mathrm{d}y$

C. $\int_{1}^{2} \mathrm{d}x \int_{1}^{4-y} f(x,y) \mathrm{d}x$　　　　D. $\int_{1}^{2} \mathrm{d}x \int_{y}^{2} f(x,y) \mathrm{d}x$

4. 设函数 $f(u)$ 连续，区域 $D = \{(x,y) \mid x^2 + y^2 \leqslant 2y\}$ ，则 $\iint\limits_{D} f(xy)\mathrm{d}x\mathrm{d}y$ 等于（　　）.

A. $\displaystyle\int_{-1}^{1}\mathrm{d}x\int_{-\sqrt{1-x^2}}^{\sqrt{1-x^2}}f(xy)\mathrm{d}y$　　　　　　　B. $\displaystyle 2\int_{0}^{2}\mathrm{d}y\int_{0}^{\sqrt{2y-y^2}}f(xy)\mathrm{d}x$

C. $\displaystyle\int_{0}^{\pi}\mathrm{d}\theta\int_{0}^{2\sin\theta}f(r^2\sin\theta\cos\theta)\mathrm{d}r$　　　　D. $\displaystyle\int_{0}^{\pi}\mathrm{d}\theta\int_{0}^{2\sin\theta}f(r^2\sin\theta\cos\theta)r\mathrm{d}r$

5. 设 $f(x,y)$ 为连续函数，则 $\displaystyle\int_{0}^{\frac{\pi}{4}}\mathrm{d}\theta\int_{0}^{1}f(r\cos\theta,\ r\sin\theta)r\mathrm{d}r$ 等于（　　）.

A. $\displaystyle\int_{0}^{\frac{\sqrt{2}}{2}}\mathrm{d}x\int_{x}^{\sqrt{1-x^2}}f(x,\ y)\mathrm{d}y$　　　　　　B. $\displaystyle\int_{0}^{\frac{\sqrt{2}}{2}}\mathrm{d}x\int_{0}^{\sqrt{1-x^2}}f(x,\ y)\mathrm{d}y$

C. $\displaystyle\int_{0}^{\frac{\sqrt{2}}{2}}\mathrm{d}y\int_{y}^{\sqrt{1-y^2}}f(x,\ y)\mathrm{d}x$　　　　　　D. $\displaystyle\int_{0}^{\frac{\sqrt{2}}{2}}\mathrm{d}y\int_{0}^{\sqrt{1-y^2}}f(x,\ y)\mathrm{d}x$

6. 设区域 $D = \{(x,y) \mid x \leqslant x^2 + y^2 \leqslant 2x, y \geqslant 0\}$ ，则在极坐标下二重积分 $\iint\limits_{D} xy\mathrm{d}x\mathrm{d}y =$ （　　）.

A. $\displaystyle\int_{0}^{\frac{\pi}{2}}\mathrm{d}\theta\int_{\cos\theta}^{2\cos\theta}r^2\cos\theta\sin\theta\mathrm{d}r$　　　　B. $\displaystyle\int_{0}^{\frac{\pi}{2}}\mathrm{d}\theta\int_{\cos\theta}^{2\cos\theta}r^3\cos\theta\sin\theta\mathrm{d}r$

C. $\displaystyle\int_{0}^{\pi}\mathrm{d}\theta\int_{\cos\theta}^{2\cos\theta}r^2\cos\theta\sin\theta\mathrm{d}r$　　　　D. $\displaystyle\int_{0}^{\pi}\mathrm{d}\theta\int_{\cos\theta}^{2\cos\theta}r^3\cos\theta\sin\theta\mathrm{d}r$

7. 设函数 $f(x,\ y)$ 连续，则二重积分 $\displaystyle\int_{\frac{\pi}{2}}^{\pi}\mathrm{d}x\int_{\sin x}^{1}f(x,y)\mathrm{d}y$ 等于（　　）.

A. $\displaystyle\int_{0}^{1}\mathrm{d}y\int_{\pi+\arcsin y}^{\pi}f(x,y)\mathrm{d}x$　　　　　B. $\displaystyle\int_{0}^{1}\mathrm{d}y\int_{\pi-\arcsin y}^{\pi}f(x,y)\mathrm{d}x$

C. $\displaystyle\int_{0}^{1}\mathrm{d}y\int_{\frac{\pi}{2}}^{\pi+\arcsin y}f(x,y)\mathrm{d}x$　　　　　D. $\displaystyle\int_{0}^{1}\mathrm{d}y\int_{\frac{\pi}{2}}^{\pi-\arcsin y}f(x,y)\mathrm{d}x$

二、填空题

1. 交换二重积分的积分次序：$\displaystyle\int_{-1}^{0}\mathrm{d}y\int_{2}^{1-y}f(x,y)\mathrm{d}x =$ _____ .

2. 交换积分次序：$\displaystyle\int_{0}^{\frac{1}{4}}\mathrm{d}y\int_{y}^{\sqrt{y}}f(x,y)\mathrm{d}x + \int_{\frac{1}{4}}^{\frac{1}{2}}\mathrm{d}y\int_{y}^{\frac{1}{2}}f(x,y)\mathrm{d}x =$ _____ .

3. 设 $D = \{(x,y) \mid x^2 + y^2 \leqslant 1\}$ ，则 $\iint\limits_{D}(x^2 - y)\mathrm{d}x\mathrm{d}y =$ _____ .

三、计算题

1. 计算二重积分 $I = \iint\limits_{D}\mathrm{e}^{-(x^2+y^2-\pi)}\sin(x^2 + y^2)\mathrm{d}x\mathrm{d}y$. 其中积分区域 $D = \{(x,y) \mid x^2 + y^2 \leqslant \pi\}$.

2. 求 $\iint\limits_{D}(\sqrt{x^2+y^2}+y)\mathrm{d}\sigma$ ，其中 D 是由圆 $x^2+y^2 = 4$ 和 $(x+1)^2+y^2 = 1$ 所围成的平面区域.

3. 设区域 $D = \{(x,y) \mid x^2 + y^2 \leqslant 1, x \geqslant 0\}$ ，计算二重积分 $I = \iint\limits_{D}\dfrac{1+xy}{1+x^2+y^2}\mathrm{d}x\mathrm{d}y$.

4. 设二元函数 $f(x,y) = \begin{cases} x^2, & |x|+|y| \leqslant 1, \\ \dfrac{1}{\sqrt{x^2+y^2}}, & 1 < |x|+|y| \leqslant 2, \end{cases}$ 计算二重积分 $\displaystyle\iint\limits_D f(x,y)\mathrm{d}\sigma$，其中 $D = \{(x,y) \mid |x|+|y| \leqslant 2\}$.

5. 计算二重积分 $\displaystyle\iint\limits_D |x-1|\,\mathrm{d}x\mathrm{d}y$，其中 D 是第一象限内由直线 $y=0$，$y=x$ 及圆 $x^2 + y^2 = 2$ 所围成的区域.

附录一 希腊字母表

大写	小写	英文注音	汉语注音	意　义
A	α	alpha	阿耳法	角度；系数
B	β	beta	贝塔	磁通系数；角度；系数
Γ	γ	gamma	伽马	电导系数（小写）
Δ	δ	delta	德耳塔	变动；密度；屈光度
E	ε	epsilon	伊普西隆	对数之基数
Z	ζ	zeta	泽塔	系数；方位角；阻抗；相对黏度；原子序数
H	η	eta	艾塔	磁滞系数；效率（小写）
Θ	θ	theta	西塔	温度；相位角
I	ι	iota	约塔	微小，一点儿
K	κ	kappa	卡帕	介质常数
Λ	λ	lambda	兰姆达	波长（小写）；体积
M	μ	mu	米尤	磁导系数；微（千分之一）；放大因数（小写）
N	ν	nu	纽	磁阻系数
Ξ	ξ	xi	克西	
O	o	omicron	奥米克戎	
Π	π	pi	派	圆周÷直径≈3.1416
P	ρ	rho	肉	电阻系数（小写）
Σ	σ	sigma	西格马	总和（大写），表面密度；跨导（小写）
T	τ	tau	陶	时间常数
Φ	φ	phi	斐	磁通；角
X	χ	chi	卡	
Ψ	ψ	psi	普西	角速；介质电通量（静电力线）；角
Ω	ω	omega	欧米嘎	欧姆（大写）；角速（小写）；角

附录二　罗马数字表

罗马数字	阿拉伯数字	罗马数字	阿拉伯数字
I	1	XIV	14
II	2	XV	15
III	3	XVI	16
IV	4	XVII	17
V	5	XVIII	18
VI	6	XIX	19
VII	7	XX	20
VIII	8	L	50
IX	9	C	100
X	10	CL	150
XI	11	CC	200
XII	12	CCL	250
XIII	13	CCC	300

附录三 初等数学中的常用公式

一、乘法公式

$$(x+a)(x+b) = x^2 + (a+b)x + ab.$$
$$(a+b)(a-b) = a^2 - b^2.$$
$$(a \pm b)^2 = a^2 \pm 2ab + b^2.$$
$$(a \pm b)^3 = a^3 \pm 3a^2b + 3ab^2 \pm b^3.$$
$$(a \pm b)(a^2 \mp ab + b^2) = a^3 \pm b^3.$$

二、一元二次方程

$ax^2 + bx + c = 0 (a \neq 0)$，则求根公式：

$$x_{1,2} = \frac{-b \pm \sqrt{b^2 - 4ac}}{2a} \quad (b^2 - 4ac \geqslant 0).$$

三、不 等 式

1. $||a| - |b|| \leqslant |a| + |b|$.
2. $\dfrac{n}{\dfrac{1}{a_1} + \dfrac{1}{a_2} + \cdots + \dfrac{1}{a_n}} \leqslant \sqrt[n]{a_1 a_2 \cdots a_n}$.

3. $\dfrac{a_1 + a_2 + \cdots + a_n}{n} \leqslant \sqrt{\dfrac{a_1^2 + a_2^2 + \cdots + a_n^2}{n}}$.

4. $\sqrt[n]{a_1 \cdot a_2 \cdot \cdots \cdot a_n} \leqslant \dfrac{a_1 + a_2 + \cdots + a_n}{n}$ $(a_i > 0, i = 1, 2, \cdots, n)$.

四、指 数

1. 指数有关概念：$a^0 = 1 \qquad a^{-n} = \dfrac{1}{a^n} \qquad a^{\frac{m}{n}} = \sqrt[n]{a^m} \qquad a^{-\frac{m}{n}} = \dfrac{1}{\sqrt[n]{a^m}}$.

2. 指数运算法则：

$a^x \cdot a^y = a^{x+y} \qquad \dfrac{a^x}{a^y} = a^{x-y} \qquad (a^x)^y = a^{xy} \qquad (ab)^x = a^x b^x.$

五、对 数

1. 对数定义：若 $a^b = N$，则 $b = \log_a N$ $(a > 0, a \neq 1)$.
2. 对数性质：① $N > 0$ ② $\log_a 1 = 0$ ③ $\log_a a = 1$.
3. 对数运算法则：

① $\log_a(x \cdot y) = \log_a x + \log_a y$. ② $\log_a \dfrac{x}{y} = \log_a x - \log_a y$.

③ $\log_a x^n = n \cdot \log_a x$.   ④ $\log_a \sqrt[n]{x} = \dfrac{1}{n} \log_a x$.

4. 对数恒等式：$a^{\log_a N} = N$（例如 $10^{\lg N} = N$，$e^{\ln N} = N$）.

5. 对数换底公式：$\log_a N = \dfrac{\log_c N}{\log_c a}$（$c > 0$ 且 $c \neq 1$）.

推论：① $\log_a b \cdot \log_b a = 1$.   ② $\log_{a^m} b^n = \dfrac{n}{m} \cdot \log_a b$.

六、数　列

1. 等差数列

①通项公式：$a_n = a_1 + (n-1)d$，$\quad a_n = a_m + (n-m)d$.

②前 n 项和公式：$S_n = \dfrac{n(a_1 + a_n)}{2}$，$S_n = na_1 + \dfrac{n(n-1)}{2}d$.

2. 等比数列

①通项公式：$a_n = a_1 q^{n-1}$，$a_n = a_m q^{n-m}$（$q \neq 0$）.

②前 n 项和公式：$S_n = \dfrac{a_1(1-q^n)}{1-q}$（$q \neq 1$），$S_n = \dfrac{a_1 - a_n q}{1-q}$（$q \neq 1$），$S_n = na_1$（$q = 1$）.

七、任意角三角函数的概念

1. 弧长计算公式与扇形面积公式

①弧长计算公式： $l = |\alpha| \cdot r$.

②扇形面积公式： $S = \dfrac{1}{2} l \cdot r = \dfrac{1}{2} |\alpha| \cdot r^2$.

2. 同角三角函数的基本关系式

①倒数关系：$\sin\alpha \cdot \csc\alpha = 1$；$\quad \cos\alpha \cdot \sec\alpha = 1$；$\quad \tan\alpha \cdot \cot\alpha = 1$.

②商的关系：$\tan\alpha = \dfrac{\sin\alpha}{\cos\alpha} = \dfrac{\sec\alpha}{\csc\alpha}$；$\quad \cot\alpha = \dfrac{\cos\alpha}{\sin\alpha} = \dfrac{\csc\alpha}{\sec\alpha}$.

③平方关系：$\sin^2\alpha + \cos^2\alpha = 1$；$\quad \sec^2\alpha - \tan^2\alpha = 1$；$\quad \csc^2\alpha - \cot^2\alpha = 1$.

3. 诱导公式

① $\sin(-\alpha) = -\sin\alpha$； $\cos(-\alpha) = \cos\alpha$； $\tan(-\alpha) = -\tan\alpha$；

$\cot(-\alpha) = -\cot\alpha$； $\sec(-\alpha) = \sec\alpha$； $\csc(-\alpha) = -\csc\alpha$.

② $\sin\left(\dfrac{\pi}{2} \pm \alpha\right) = \cos\alpha$； $\cos\left(\dfrac{\pi}{2} \pm \alpha\right) = \mp\sin\alpha$； $\tan\left(\dfrac{\pi}{2} \pm \alpha\right) = \mp\cot\alpha$；

$\cot\left(\dfrac{\pi}{2} \pm \alpha\right) = \mp\tan\alpha$； $\sec\left(\dfrac{\pi}{2} \pm \alpha\right) = \mp\csc\alpha$； $\csc\left(\dfrac{\pi}{2} \pm \alpha\right) = \sec\alpha$.

③ $\sin(\pi \pm \alpha) = \mp\sin\alpha$； $\cos(\pi \pm \alpha) = -\cos\alpha$； $\tan(\pi \pm \alpha) = \pm\tan\alpha$；

$\cot(\pi \pm \alpha) = \pm\cot\alpha$； $\sec(\pi \pm \alpha) = -\sec\alpha$； $\csc(\pi \pm \alpha) = \mp\csc\alpha$.

④ $\sin\left(\dfrac{3\pi}{2} \pm \alpha\right) = -\cos\alpha$； $\cos\left(\dfrac{3\pi}{2} \pm \alpha\right) = \pm\sin\alpha$； $\tan\left(\dfrac{3\pi}{2} \pm \alpha\right) = \mp\cot\alpha$；

$\cot\left(\dfrac{3\pi}{2} \pm \alpha\right) = \mp\tan\alpha$； $\sec\left(\dfrac{3\pi}{2} \pm \alpha\right) = \pm\csc\alpha$； $\csc\left(\dfrac{3\pi}{2} \pm \alpha\right) = -\sec\alpha$.

⑤ $\sin(2\pi \pm \alpha) = \pm\sin\alpha$； $\cos(2\pi \pm \alpha) = \cos\alpha$； $\tan(2\pi \pm \alpha) = \pm\tan\alpha$；

$$\cot(2\pi\pm\alpha)=\pm\cot\alpha ; \qquad \sec(2\pi\pm\alpha)=\sec\alpha ; \qquad \csc(2\pi\pm\alpha)=\pm\csc\alpha .$$

⑥ $\sin(n\pi\pm\alpha)=\pm(-1)^n\sin\alpha$; $\qquad \cos(n\pi\pm\alpha)=(-1)^n\cos\alpha$;

$\tan(n\pi\pm\alpha)=\pm\tan\alpha$; $\qquad\qquad \cot(n\pi\pm\alpha)=\pm\cot\alpha$;

$\sec(n\pi\pm\alpha)=(-1)^n\sec\alpha$; $\qquad \csc(n\pi\pm\alpha)=\pm(-1)^n\csc\alpha$ （ $n\in Z$ ）.

4. 两角和与差的三角函数公式

① $\sin(\alpha\pm\beta)=\sin\alpha\cos\beta\pm\cos\alpha\sin\beta$;

② $\cos(\alpha\pm\beta)=\cos\alpha\cos\beta\mp\sin\alpha\sin\beta$;

③ $\tan(\alpha\pm\beta)=\dfrac{\tan\alpha\pm\tan\beta}{1\mp\tan\alpha\tan\beta}$;

④ $\cot(\alpha\pm\beta)=\dfrac{\cot\alpha\cot\beta\mp1}{\cot\beta\pm\cot\alpha}$.

5. 倍角公式与半角公式

① $\sin2\alpha=2\sin\alpha\cos\alpha$;

② $\cos2\alpha=\cos^2\alpha-\sin^2\alpha=2\cos^2\alpha-1=1-2\sin^2\alpha$;

③ $\tan2\alpha=\dfrac{2\tan\alpha}{1-\tan^2\alpha}$; $\qquad\qquad$ ④ $\cot2\alpha=\dfrac{\cot^2\alpha-1}{2\cot\alpha}$;

⑤ $\sin3\alpha=3\sin\alpha-4\sin^3\alpha$; $\qquad$ ⑥ $\cos3\alpha=4\cos^3\alpha-3\cos\alpha$;

⑦ $\sin\dfrac{\alpha}{2}=\pm\sqrt{\dfrac{1-\cos\alpha}{2}}$; $\qquad$ ⑧ $\cos\dfrac{\alpha}{2}=\pm\sqrt{\dfrac{1+\cos\alpha}{2}}$;

⑨ $\tan\dfrac{\alpha}{2}=\pm\sqrt{\dfrac{1-\cos\alpha}{1+\cos\alpha}}=\dfrac{1-\cos\alpha}{\sin\alpha}=\dfrac{\sin\alpha}{1+\cos\alpha}$;

⑩ $\cot\dfrac{\alpha}{2}=\pm\sqrt{\dfrac{1+\cos\alpha}{1-\cos\alpha}}=\dfrac{1+\cos\alpha}{\sin\alpha}=\dfrac{\sin\alpha}{1-\cos\alpha}$.

6. 降幂公式

① $\sin^2\alpha=\dfrac{1}{2}(1-\cos2\alpha)$; $\qquad$ ② $\cos^2\alpha=\dfrac{1}{2}(1+\cos2\alpha)$;

③ $\sin^3\alpha=\dfrac{1}{4}(3\sin\alpha-\sin3\alpha)$; $\qquad$ ④ $\cos^3\alpha=\dfrac{1}{4}(3\cos\alpha+\cos3\alpha)$;

⑤ $\sin^4\alpha=\dfrac{1}{8}(3-4\cos2\alpha+\cos4\alpha)$; $\qquad$ ⑥ $\cos^4\alpha=\dfrac{1}{8}(3+4\cos2\alpha+\cos4\alpha)$.

7. 三角函数的和差化积与积化和差公式

① $\sin\alpha+\sin\beta=2\sin\dfrac{\alpha+\beta}{2}\cos\dfrac{\alpha-\beta}{2}$;

② $\sin\alpha-\sin\beta=2\cos\dfrac{\alpha+\beta}{2}\sin\dfrac{\alpha-\beta}{2}$;

③ $\cos\alpha+\cos\beta=2\cos\dfrac{\alpha+\beta}{2}\cos\dfrac{\alpha-\beta}{2}$;

④ $\cos\alpha-\cos\beta=-2\sin\dfrac{\alpha+\beta}{2}\sin\dfrac{\alpha-\beta}{2}$;

⑤ $\sin\alpha\sin\beta=-\dfrac{1}{2}\left[\cos(\alpha+\beta)-\cos(\alpha-\beta)\right]$;

⑥ $\cos\alpha\cos\beta=\dfrac{1}{2}\left[\cos(\alpha+\beta)+\cos(\alpha-\beta)\right]$;

⑦ $\sin\alpha\cos\beta = \dfrac{1}{2}\left[\sin(\alpha+\beta)+\sin(\alpha-\beta)\right]$.

⑧ $\cos\alpha\sin\beta = \dfrac{1}{2}\left[\sin(\alpha+\beta)-\sin(\alpha+\beta)\right]$

8. 万能公式

① $\sin\alpha = \dfrac{2\tan\dfrac{\alpha}{2}}{1+\tan^2\dfrac{\alpha}{2}}$; 　② $\cos\alpha = \dfrac{1-\tan^2\dfrac{\alpha}{2}}{1+\tan^2\dfrac{\alpha}{2}}$; 　③ $\tan\alpha = \dfrac{2\tan\dfrac{\alpha}{2}}{1-\tan^2\dfrac{\alpha}{2}}$.

9. 反三角函数的恒等式

① $\sin(\arcsin x)=x, |x|\leqslant 1$; 　② $\cos(\arccos x)=x, |x|\leqslant 1$;

③ $\tan(\arctan x)=x, |x|<+\infty$; 　④ $\cot(\mathrm{arccot}\,x)=x, |x|<+\infty$;

⑤ $\arcsin(\sin x)=x, |x|\leqslant \dfrac{\pi}{2}$; 　⑥ $\arccos(\cos x)=x, 0\leqslant x\leqslant \pi$;

⑦ $\arctan(\tan x)=x, |x|<\dfrac{\pi}{2}$; 　⑧ $\mathrm{arccot}(\cot x)=x, 0<x<\pi$;

⑨ $\arcsin(-x)=-\arcsin x$; 　⑩ $\arccos(-x)=\pi-\arccos x$;

⑪ $\arctan(-x)=-\arctan x$; 　⑫ $\mathrm{arccot}(-x)=\pi-\mathrm{arccot}\,x$;

⑬ $\arcsin x+\arccos x=\dfrac{\pi}{2}$; 　⑭ $\arctan x+\mathrm{arccot}\,x=\dfrac{\pi}{2}$.

八、排列、组合及二项式定理

1. 排列：　　$P_n^m = n(n-1)(n-2)\cdots\left[n-(m-1)\right]=\dfrac{n!}{(n-m)!}$.

2. 全排列：　　　　　　$P_n = n!$.

3. 组合：　　$C_n^m = \dfrac{P_n^m}{P_n} = \dfrac{n(n-1)(n-2)\cdots\left[n-(m-1)\right]}{n!} = \dfrac{n!}{m!(n-m)!}$.

4. 组合的三个公式：　　$C_n^m = C_n^{n-m}$;

　　　　　　　　　　　$C_n^m + C_n^{m-1} = C_{n+1}^m$;

　　　　　　　　　　　$C_n^0 + C_n^1 + C_n^2 + \cdots + C_n^n = 2^n$.

5. 二项式展开式：$(a+b)^n = C_n^0 a^n + C_n^1 a^{n-1}b + \cdots + C_n^r a^{n-r}b^r + \cdots + C_n^n b^n$;

　$(1+x)^n = 1 + nx + \dfrac{n(n-1)}{2!}x^2 + \cdots + \dfrac{n(n-1)\cdots\left[n-(k-1)\right]}{k!}x^k + \cdots + x^n$,

通项公式：$T_{r+1} = C_n^r a^{n-r}b^r$.

九、初等几何

1. 三角形面积：$S = \dfrac{1}{2}bh$（其中 b 为底边长，h 为高）.

2. 矩形面积：$S = ab$（a,b 为边长）.

3. 梯形面积：$S = \dfrac{1}{2}(a+b)h$（a,b 为梯形两底，h 为高）.

4. 圆面积：$S = \pi r^2$ ，圆周长：$S = 2\pi r$（r 为半径）.

5. 圆扇形面积：$S = \dfrac{1}{2}r^2\theta$.

   圆扇形弧长：$l = r\theta$（θ 为圆心角，以弧度为单位）.

6. 正圆柱体：$S_侧 = 2\pi rh$，$S_全 = 2\pi r^2 + 2\pi rh$，$V = \pi r^2 h$.

7. 正圆锥体：$S_侧 = \pi rl$，$S_全 = \pi r^2 + \pi rl$，$V = \dfrac{1}{3}\pi r^2 h$.

8. 球体：$S = 4\pi r^2$，$\qquad\qquad V = \dfrac{4}{3}\pi r^3$.

十、直　　线

1. 直线的倾斜角和斜率：$k = \tan\alpha \left(0 \leqslant \alpha \leqslant \pi, \alpha \neq \dfrac{\pi}{2}\right)$.

2. 直线的一般式方程：$Ax + By + C = 0, k = -\dfrac{A}{B}(B \neq 0)$.

3. 直线的斜截式方程：$y = kx + b(k \neq 0)$.

4. 直线的点斜式方程：$y - y_0 = k(x - x_0)$.

5. 两直线的平行与垂直：已知两条直线 $l_1 : y = k_1 x + b_1$，$l_2 : y = k_2 x + b_2$，

   ①若 $l_1 // l_2$，则 $k_1 = k_2$；

   ②若 $l_1 \perp l_2$，则 $k_1 \cdot k_2 = -1$.

6. 点到直线的距离：$\qquad d = \dfrac{|Ax_0 + By_0 + C|}{\sqrt{A^2 + B^2}}$.

十一、常用数学数据

$\pi = 3.141\ 592\ 65\cdots$ $\qquad\qquad$ $e = 2.718\ 281\ 82\cdots$

$e^2 = 7.389\ 056\ 10\cdots$ $\qquad\qquad$ $\sqrt{e} = 1.648\ 721\ 27\cdots$

常用平方根	常用平方数	常用立方数	常用阶乘数	常用勾股数		
$\sqrt{2} = 1.414\ 2\cdots$	$11^2 = 121$	$2^3 = 8$	$2! = 2$	3	4	5
$\sqrt{3} = 1.732\ 0\cdots$	$12^2 = 144$	$3^3 = 27$	$3! = 6$	5	12	13
$\sqrt{5} = 2.236\ 0\cdots$	$13^2 = 169$	$4^3 = 64$	$4! = 24$	6	8	10
$\sqrt{6} = 2.449\ 4\cdots$	$14^2 = 196$	$5^3 = 125$	$5! = 120$	7	24	25
$\sqrt{7} = 2.645\ 7\cdots$	$15^2 = 225$	$6^3 = 216$	$6! = 720$	8	15	17
$\sqrt{8} = 2.828\ 4\cdots$	$16^2 = 256$	$7^3 = 343$	$7! = 5\ 040$	9	40	41
$\sqrt{10} = 3.162\ 2\cdots$	$17^2 = 289$	$8^3 = 512$	$8! = 40\ 320$	10	24	26
$\sqrt{11} = 3.316\ 6\cdots$	$18^2 = 324$	$9^3 = 729$	$9! = 362\ 880$	11	60	61
$\sqrt{12} = 3.464\ 1\cdots$	$19^2 = 361$	$11^3 = 1\ 331$	$10! = 3\ 628\ 800$	12	16	20

附录四　常用的曲线和曲面

一、几种常用的曲线

（1）三次抛物线

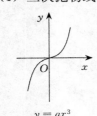

$$y = ax^3$$

（2）半立方抛物线

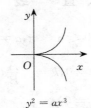

$$y^2 = ax^3$$

（3）概率曲线

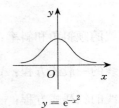

$$y = e^{-x^2}$$

（4）箕舌线

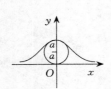

$$y = \frac{8a^3}{x^2 + 4a^2}$$

（5）蔓叶线

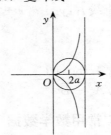

$$y^2(2a - x) = x^3$$

（6）笛卡尔叶形线

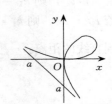

$$x^3 + y^3 - 3axy = 0$$
$$x = \frac{3at}{1 + t^3}, y = \frac{3at^2}{1 + t^3}$$

（7）星形线

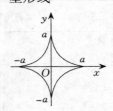

$$x^{\frac{2}{3}} + y^{\frac{2}{3}} = a^{\frac{2}{3}}, \begin{cases} x = a\cos^3\theta \\ y = a\sin^3\theta \end{cases}$$

（8）摆线

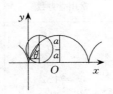

$$\begin{cases} x = a(\theta - \sin\theta) \\ y = a(1 - \cos\theta) \end{cases}$$

（9）心形线

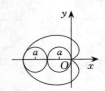

$$x^2 + y^2 + ax = a\sqrt{x^2 + y^2}$$
$$r = a(1 - \cos\theta)$$

（10）心形线

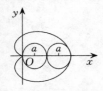

$$x^2 + y^2 - ax = a\sqrt{x^2 - y^2}$$
$$r = a(1 + \cos\theta)$$

（11）阿基米德螺线

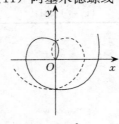

$$r = a\theta$$

（12）对数螺线

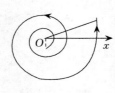

$$r = e^{a\theta}$$

(13) 双曲螺线

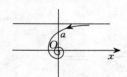

$$r\theta = a$$

(14) 悬链线

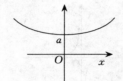

$$y = \frac{a}{2}\left(e^{\frac{x}{a}} + e^{-\frac{x}{a}}\right)$$

(15) 伯努利双纽线

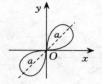

$$(x^2 + y^2)^2 = 2a^2 xy$$
$$r^2 = a^2 \sin 2\theta$$

(16) 伯努利双纽线

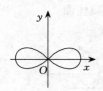

$$(x^2 + y^2)^2 = a^2(x^2 - y^2)$$
$$r^2 = a^2 \cos 2\theta$$

(17) 三叶玫瑰线

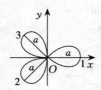

$$r = a\cos 3\theta$$

(18) 三叶玫瑰线

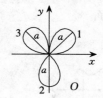

$$r = a\sin 3\theta$$

(19) 四叶玫瑰线

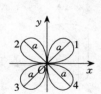

$$r = a\sin 2\theta$$

(20) 四叶玫瑰线

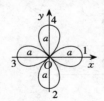

$$r = a\cos 2\theta$$

(21) 圆

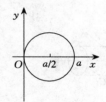

$$r = a\cos\theta$$

(22) 圆

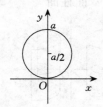

$$r = a\sin\theta$$

(23) 椭圆

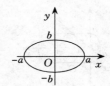

$$\frac{x^2}{a^2} + \frac{y^2}{b^2} = 1 \text{ 或} \begin{cases} x = a\cos t \\ y = b\sin t \end{cases}$$

(24) 抛物线

焦点 $(0, p/2)$

$$x^2 = 2py$$

(25) 抛物线

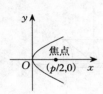

焦点 $(p/2, 0)$

$$y^2 = 2px$$

(26) 抛物线

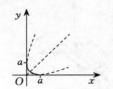

$$\sqrt{x} + \sqrt{y} = \sqrt{a} \text{ 或} \begin{cases} x = a\cos^4 t \\ y = a\sin^4 t \end{cases}$$

(27) 双曲线

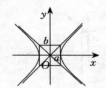

$$\frac{x^2}{a^2} - \frac{y^2}{b^2} = 1 \text{ 或} \begin{cases} x = a\mathrm{ch}t \\ y = b\mathrm{sh}t \end{cases}$$

（28）双曲线

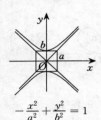

$$-\frac{x^2}{a^2}+\frac{y^2}{b^2}=1$$

（29）双曲线

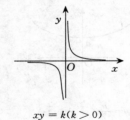

$$xy=k(k>0)$$

（30）双曲线

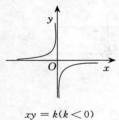

$$xy=k(k<0)$$

二、几种常用的曲面

（1）柱面

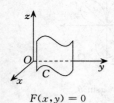

$$F(x,y)=0$$

（2）圆柱面

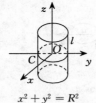

$$x^2+y^2=R^2$$

（3）圆柱面

$$y^2+z^2=R^2$$

（4）圆柱面

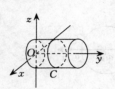

$$x^2+z^2=R^2$$

（5）圆柱面

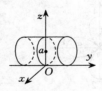

$$x^2+z^2=2az$$

（6）圆柱面

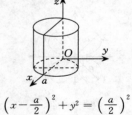

$$\left(x-\frac{a}{2}\right)^2+y^2=\left(\frac{a}{2}\right)^2$$

（7）椭圆柱面

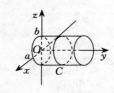

$$\frac{x^2}{a^2}+\frac{y^2}{b^2}=1$$

（8）椭圆柱面

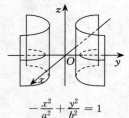

$$\frac{x^2}{a^2}+\frac{z^2}{b^2}=1$$

（9）双曲柱面

$$-\frac{x^2}{a^2}+\frac{y^2}{b^2}=1$$

（10）抛物柱面

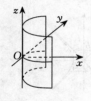

$$y^2=2x$$

（11）抛物柱面

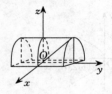

$$z=y^2$$

（12）抛物柱面

$$z=2-x^2$$

（13）柱面特例（平面）

$$x - y = 0$$

（14）柱面特例（平面）

$$2x - 3y - 6 = 0$$

（15）柱面特例（平面）

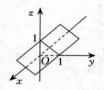

$$y + z = 1$$

（16）曲面

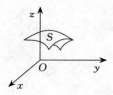

$$F(x, y, z) = 0$$

（17）两柱面相交例

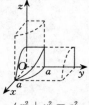

$$\begin{cases} x^2 + y^2 = a^2 \\ x^2 + z^2 = a^2 \end{cases}$$

（18）椭球面

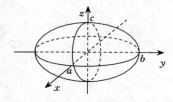

$$\frac{x^2}{a^2} + \frac{y^2}{b^2} + \frac{z^2}{c^2} = 1$$

（19）椭圆抛物面

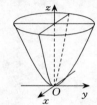

$$\frac{x^2}{2p} + \frac{y^2}{2q} = z(p, q > 0)$$

（20）球面

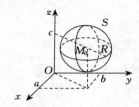

$$(x - a)^2 + (y - b)^2 + (z - c)^2 = R^2$$

（21）球面

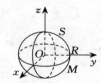

$$x^2 + y^2 + z^2 = R^2$$

（22）旋转曲面

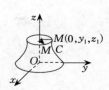

$$f(\pm \sqrt{x^2 + y^2}, z) = 0$$

（23）双曲抛物面

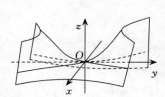

$$-\frac{x^2}{2p} + \frac{y^2}{2q} = z(p, q > 0)$$

（24）圆锥面

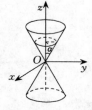

$$z = \pm a \sqrt{x^2 + y^2},$$
或 $z^2 = a^2(x^2 + y^2)$ 其中 $a = \cot\alpha$

（25）单叶双曲面

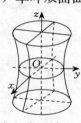

$$\frac{x^2}{a^2} + \frac{y^2}{b^2} - \frac{z^2}{c^2} = 1$$

（26）旋转抛物面

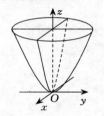

$$\frac{x^2}{2p} + \frac{y^2}{2q} = z(p = q > 0)$$

（27）旋转抛物面

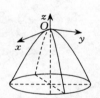

$$\frac{x^2}{2p} + \frac{y^2}{2q} = z(p = q < 0)$$

（28）双叶双曲面

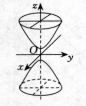

$$\frac{x^2}{a^2} + \frac{y^2}{b^2} - \frac{z^2}{c^2} = -1$$

（29）椭圆锥面

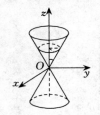

$$\frac{x^2}{a^2} + \frac{y^2}{b^2} - \frac{z^2}{c^2} = 0$$

附录五　参考答案

习　题　1-1

1. (1) $(-3,3)$；　　　　(2) $(-3,11)$；　　　　　　(3) $(-2,3) \bigcup (3,8)$；

(4) $\left(\dfrac{x_0-\delta}{a}, \dfrac{x_0+\delta}{a}\right)$；　(5) $(-\infty,-3) \bigcup (1,+\infty)$；　(6) $(-\infty,-2) \bigcup (0,+\infty)$.

2. (1) 不相同，对应法则不同；　(2) 不相同，定义域不同；　(3) 相同；

(4) 不相同，定义域不同；　(5) 相同；　　　　　　(6) 相同.

3. (1) $[2,+\infty)$；　　　　(2) $(-\infty,-1) \bigcup (2,+\infty)$；(3) $(-4,1)$

(4) $[-1,3]$；　　　　　(5) $[1,4]$；　　　　　　(6) $(0,1]$.

4. (1) 单调递增；　　　　(2) 单调递增.

5. (1) 奇函数；　　　　　(2) 偶函数；　　　　　　(3) 非奇非偶函数；

(4) 偶函数；　　　　　(5) 非奇非偶函数；　　　(6) 奇函数.

6. (1) 以 π 为周期的周期函数；　(2) 以 π 为周期的周期函数；

(3) 不是周期函数；　　　　　　(4) 以 1 为周期的周期函数.

7. (1) $y = \left(\dfrac{5-x}{4}\right)^{\frac{1}{3}}$；　　　　(2) $y = \dfrac{5x-1}{3+2x}$；

(3) $y = \mathrm{e}^{x-1} - 2$；　　　　　(4) $y = \dfrac{1}{2}\arcsin 3x$.

8. $f(x) = x^2 - 2$.

9. $S = 2x + \dfrac{2A}{x}$，其定义域为 $(0,+\infty)$.

10. $S = \pi r^2 + \dfrac{2V}{r}$，其定义域为 $(0,+\infty)$.

11. (1) $y = 300 + 20x$；(2) 30km.　12. $y = 5x + 80$.

习　题　1-2

1. (1) x^4；　　　(2) $\sin^2 x$；　　(3) $\sin x^2$；　　(4) $\sin(\sin x)$.

2. (1) 由 $y = \sin u, u = 5x$ 复合而成；　(2) 由 $y = \ln v$ 及 $v = \cos x$ 复合而成；

(3) 由 $y = \arcsin u, u = \sqrt{v}, v = \sin x$ 复合而成；

(4) 由 $y = 2^u, u = v^2, v = \sin w, w = \dfrac{1}{x}$ 复合而成；

(5) 由 $y = u^3, u = \log_2 v, v = \cos x$ 复合而成；

(6) 由 $y = \arcsin u, u = \sqrt{\theta}, \theta = 1 - x^2$ 复合而成.

3. $[2k\pi, (2k+1)\pi], k \in Z$

4. $f(x-1) = \begin{cases} 1, & x < 1, \\ 0, & x = 1, \\ -1, & x > 1. \end{cases}$ $\qquad$ $f(x^2-1) = \begin{cases} 1, & -1 < x < 1, \\ 0, & x = \pm 1, \\ -1, & x > 1 \text{ 或 } x < -1. \end{cases}$

5. $-\dfrac{1+a}{a}$; $\dfrac{x^2}{1-x^2}$; $\dfrac{x}{1-2x}$.

习 题 1-3

1. (1) 0；(2) 1；(3) 发散；(4) $\dfrac{3}{2}$.

3. 提示：利用极限定义 .

习 题 1-4

2. $f(0^-) = -1$, $f(0^+) = 1$, $\lim\limits_{x \to 0} f(x)$ 不存在 .

3. $\lim\limits_{x \to 0} f(x)$ 不存在；$\lim\limits_{x \to 1} f(x) = 1$.   4. $a = -1$.

习 题 1-5

1. (1) 无穷大；   (2) 无穷大；   (3) 无穷小；   (4) 无穷大 .

2. (1) 低阶无穷小； (2) 等价无穷小； (3) 同阶无穷小； (4) 低阶无穷小 .

3. (1) 2；   (2) 8；   (3) 2；   (4) 0；   (5) 1；   (6) $\dfrac{1}{4}$.

4. (1) 0；   (2) 0.   5. $a = 2$.

习 题 1-6

1. (1) 0；   (2) -9；   (3) 0；   (4) $2x$；   (5) 2；   (6) ∞；

(7) $\dfrac{1}{2}$ ；   (8) 0；   (9) ∞；   (10) 0；   (11) $\dfrac{1}{2}$ ；   (12) $\dfrac{1}{2}$.

2. (1) 0；   (2) $\dfrac{1}{5}$.

3. (1) $a = 4, b = -12$ ；   (2) $a = 4, b = -5$.   4. 0.

习 题 1-7

1. (1) $\dfrac{5}{2}$ ；   (2) $\dfrac{4}{3}$ ；   (3) $\dfrac{1}{2}$ ；   (4) 0；   (5) 1；

(6) 1；   (7) 9；   (8) x；   (9) $\dfrac{\sqrt{2}}{2}$ ；   (10) 2.

2. (1) e^{-3} ；   (2) e^{-1} ；   (3) e^3 ；   (4) e^2 ；   (5) e；

(6) e；   (7) e；   (8) e^{-1} .

3. (1) 1；(2) $\dfrac{1}{2}$.   4. $\lim\limits_{n \to \infty} a_n = 2$.

5. (1) 5.0165（万元）；(2) 6.67（万元）.

习　题　1-8

2. (1) $x \pm 1$ 为第二类间断点的无穷间断点；

(2) $x = 2$ 为可去间断点，$x = -1$ 为第二类间断点的无穷间断点；

(3) $x = 0$ 为可去间断点，$x = k\pi(k \in Z$ 且 $k \neq 0)$ 为第二类间断点；

(4) $x = 1$ 为第一类间断点的跳跃间断点．

3. (1) 6；　　　(2) 1；　　　(3) 0；　　　(4) 0；　　　(5) 2；

(6) $e^{\frac{1}{2}}$；　　　(7) e^{-2}；　　　(8) $\cos a$；　　　(9) 1/20；　　　(10) $-e^{-2}$．

4. $a = 0$．　　　5. R.

6. 提示：设 $f(x) = x^3 - 2x - 1$ 在 $[1,2]$ 上应用零点定理．

习　题　1-9

1. $S = -13000 + 4000P$．　　　2. 4．　　　3. $-\dfrac{Q^2}{2} + 65Q - 200, 1\,300$ 万元．

自　测　题　A

一、1. $\dfrac{3}{2}$．　　　2. -3．　　　3. $\infty, -1, -\dfrac{1}{2}$．　　　4. $-1, 2, \dfrac{1}{2a}$．　　　5. $e^{mn}, e^{-\frac{2}{3}}$．

6. $2, 3, -1$．　7. $\dfrac{\ln 3}{2}, 1$．　8. 3．　　　9. 一，二．　　　10. 1．

二、1. C.　　　2. D.　　　3. D.　　　4. D.　　　5. C.

6. D.　　　7. B.　　　8. C.　　　9. B.　　　10. C.

三、1. e^{-2}．　2. $\dfrac{1}{4}$．　3. $\dfrac{3}{5}$．　4. ∞．　5. e．　6. $a = -7, b = 6$．

7. $k = 2$．　8. $a = 2$．　9. $x = 1$ 为第二类间断点的无穷间断点；$x = 0$ 为第一类间断点的跳跃间断点．　10. $(-\infty, +\infty)$．

四、1. 提示：构造函数 $F(x) = f(x) - x$，利用零点定理．

2. 提示：构造函数 $f(x) = x - \cos x$，利用零点定理．

自　测　题　B

一、1. e^a．　　　2. $\dfrac{3e}{2}$．　3. 2．　　　4. $e^{\frac{2}{3}}$．　　　5. -4．

6. $1, -4$．　7. 2．　8. 0．　　　9. 1．　　　10. $\dfrac{1}{1-2a}$．

二、1. B.　　　2. B.　　　3. B.　　　4. B.　　　5. A.

6. B.　　　7. D.　　　8. A.　　　9. C.　　　10. D.

三、1. $\dfrac{1}{2}$．　2. 当 $a = -1$ 时，$\lim\limits_{x \to 0} f(x) = 6 = f(0)$，即 $f(x)$ 在 $x = 0$ 处连续；

当 $a = -2$ 时，$\lim\limits_{x \to 0} f(x) = 12 \neq f(0)$，因而 $x = 0$ 是 $f(x)$ 的可去间断点．

3. $f(0) = -\dfrac{1}{\pi}$．

四、证明：1. (1) 0；(2) $e^{-\frac{1}{6}}$；   2. $\lim\limits_{n\to\infty}x_n=\dfrac{3}{2}$.

习 题 2-1

1. 平均速度为 $3\Delta t+14$；当 $\Delta t=1$ 时，$\bar{v}=17$；当 $\Delta t=0.1$ 时，$\bar{v}=14.3$；当 $\Delta t=0.01$ 时，$\bar{v}=14.03$；在 $t=2$ 的瞬时速度为 $v=14$.

2. 当 $I|_{t=5}=20A$；$t=2$ 时，$I=8A$.   3. 4.

4. (1) -4；   (2) $-\dfrac{1}{4}$；   (3) -1；   (4) 3.

5. 切线方程为 $2x-2y-1=0$；   法线方程为 $2x+2y-3=0$.

6. (1) $5x^4$；   (2) $-\dfrac{4}{x^5}$；   (3) $\dfrac{2}{3}\dfrac{1}{\sqrt{x}}$；   (4) $-\dfrac{2}{3}\dfrac{1}{\sqrt[3]{x^5}}$.

7. $2f'(a)$.   8. D.   9. $f(x)$ 在 $x=1$ 处导数不存在.

习 题 2-2

1. (1) $4x^3+6x$；

(2) $21x^{\frac{5}{2}}+10\sqrt{x^3}-\dfrac{2}{x^2}$；

(3) $12x^2(1+2x^2)+4x(1+4x^3)$；

(4) $3x^2+5^x\ln5-2e^x$；

(5) $\tan x+x\sec^2x+\csc^2x$；

(6) $x\cos x$；

(7) $\dfrac{2}{x}-\dfrac{1}{x\ln10}+5\dfrac{1}{x\ln3}$；

(8) $x^2(3\ln x+1)$；

(9) $-\dfrac{3}{(x-2)^2}$；

(10) $\dfrac{1-\ln4\cdot x}{4^x}$；

(11) $e^x(\cos x-\sin x)$；

(12) $\sin x\ln x+x\cos x\ln x+\sin x$.

2. (1) $8x(2x^2-3)$；

(2) $\dfrac{x}{\sqrt{x^2+a^2}}$；

(3) $2e^{2x}$；

(4) $a\sec^2(ax+b)$；

(5) $2\sin x\cos x$；

(6) $-10\cot5x\csc^25x$；

(7) $\dfrac{1}{x\ln x}$；

(8) $2\ln7(x+1)7^{x^2+2x}$.

3. $F'(0)=-\dfrac{1}{4}$，$F'(-1)=-\dfrac{1}{2}$，$F'(1)=-\dfrac{11}{18}$.

习 题 2-3

1. (1) $-\sin2x$；

(2) $\dfrac{a^2}{(a^2-x^2)\sqrt{a^2-x^2}}$；

(3) $-\dfrac{1}{x^2}2^{\tan\frac{1}{x}}\ln2\sec^2\dfrac{1}{x}$；

(4) $\dfrac{1}{2(1+x)}-\dfrac{x}{2(1+x^2)}+\dfrac{1}{2(1+x)^2}$；

(5) $\sqrt{x^2+a^2}$；

(6) $\dfrac{e^x}{\sqrt{1+e^{2x}}}$.

2. $f'(x)=\begin{cases}2x, & x\geqslant0\\-2x, & x<0\end{cases}$.

3. $f'(x)=\begin{cases}3x^2, & x\geqslant1\\2x+1, & x<0\end{cases}$.

习　题　2-4

1. (1) $\dfrac{ay-x^2}{y^2-ax}$;　　　　(2) $\dfrac{e^{x+y}-y}{x-e^{x+y}}$;　　　　(3) $x+y-1$;　　　　(4) $\dfrac{\cos(x+y)}{1-\cos(x+y)}$.

2. (1) $\dfrac{1}{3}\left(\dfrac{1}{x}+\dfrac{2x}{x^2+1}-\dfrac{4x}{x^2-1}\right)\sqrt[3]{\dfrac{x(x^2+1)}{(x^2-1)^2}}$;

   (2) $(\sin x)^{\cos x}(-\sin x\ln\sin x+\cot x\cos x)$;

   (3) $x^{\frac{1}{x}}\left(-\dfrac{1}{x^2}\ln x+\dfrac{1}{x^2}\right)$;　　　　(4) $x\cdot\sqrt{\dfrac{1-x}{1+x}}\left(\dfrac{1}{x}-\dfrac{1}{2(1-x)}-\dfrac{1}{2(1+x)}\right)$.

3. 切线方程为 $y-\dfrac{\sqrt{10}}{2}=-\dfrac{\sqrt{10}}{2}(x-1)$;　　　法线方程为 $y-\dfrac{\sqrt{10}}{2}=\dfrac{2}{\sqrt{10}}(x-1)$.

4. $N'(t)=\dfrac{N_0rl(1+l)e^{-rt}}{(1+le^{-rt})^2}$.

5. $\dfrac{Q}{2l\tan\alpha}\left[h_0^2+\dfrac{Qt}{l\cdot\tan\alpha}\right]^{-\frac{1}{2}}$ m/d.

6. 0.071 m/min .

习　题　2-5

1. (1) $y''=60x^3-24x$;　　　　　　(2) $y''=(2+x)e^x$;

   (3) $y''=\dfrac{2}{(1+x)^3}$;　　　　　　(4) $y''=2\cos x-x\sin x$.

2. $-7!$.　　3. (1) $2^n e^{2x}$;　　(2) $(-1)^{n+1}\dfrac{(n-1)!}{(1+x)^n}$.

5. $v\big|_{t=2}=9$; $a\big|_{t=2}=12$.　　　6. (1) 75 万/年; (2) 0.

习　题　2-6

1. $\Delta y=0.0302$; $dy=0.03$.

2. (1) $\left(2x-\dfrac{1}{x^2}\right)dx$;　　　　　　(2) $(2x\sin x+x^2\cos x)dx$;

   (3) $\ln x\,dx$;　　　　　　　　　(4) $\dfrac{1-x^2}{(1+x^2)^2}dx$;

   (5) $(ae^{ax}\sin bx+be^{ax}\cos bx)dx$;　　　(6) $\dfrac{-x}{|x|\sqrt{1-x^2}}dx$.

3. (1) $\dfrac{x^2}{2}+C$;　　　　　　　　(2) $-\dfrac{1}{x}+C$;

   (3) $\sin x+C$;　　　　　　　　　(4) $\ln(1+x)+C$;

   (5) $2\sqrt{x}+C$;　　　　　　　　(6) $\dfrac{2^x}{\ln 2}+C$.

5. (1) 1.0067 ;　　　(2) 0.4924 ;　　　(3) 7.395 ;　　　(4) 0.002 .

6. 1900 元 .　　　　7. π (cm)^2 .

习 题 2-7

1. 验证过程略．

2. 提示：用反证法．

3. 证明：$f'(x) = (x-2)(x-3) + (x-1)(x-3) + (x-1)(x-2)$．
易知，$f'(x)$ 在区间 $[1,3]$ 上满足罗尔定理条件，由罗尔定理可知结论成立．

4. 证明：(1) 函数 $f(x) = \ln x$ 在 $[a,b]$ 满足拉格朗日定理的条件，有

$$\ln b - \ln a = \ln \frac{b}{a} = (\ln x)' \mid_{x=\xi} (b-a) = \frac{1}{\xi}(b-a)，a < \xi < b$$

而 $\quad \dfrac{b-a}{b} < \dfrac{1}{\xi}(b-a) < \dfrac{b-a}{a}$，有 $\quad \dfrac{b-a}{b} < \ln \dfrac{b}{a} < \dfrac{b-a}{a}$．

(2) 函数 $y = \arctan x$ 在 $[0,h]$ 上满足拉格朗日定理的条件，有

$$\arctan h = \arctan h - \arctan 0 = (\arctan x)' \mid_{x=\xi} h = \frac{1}{1+\xi^2} h，0 < \xi < h，$$

而 $\quad \dfrac{h}{1+h^2} < \dfrac{1}{1+\xi^2} h < h$，有 $\quad \dfrac{h}{1+h^2} < \arctan h < h$．

5. 证明：设 $F(x) = \arctan x + \operatorname{arccot} x$，则 $F'(x) = 0$，从而有 $F(x) \equiv C$，当 $x = 1$ 时，有 $C = \dfrac{\pi}{2}$，即 $\arctan x + \operatorname{arccot} x = \dfrac{\pi}{2}$．

习 题 2-8

1. (1) 1；　　　　(2) 2；　　　　(3) $-\dfrac{1}{8}$；　　　　(4) 1；

(5) $\dfrac{3\pi}{2}$；　　　　(6) 1；　　　　(7) 1；　　　　(8) $-\dfrac{1}{2}$；

(9) $\mathrm{e}^{-\frac{1}{6}}$；　　　　(10) 1；　　　　(11) 1；　　　　(12) e^{-1}．

2. $a = -3$，$b = \dfrac{9}{2}$．

习 题 2-9

1. $1 + 7(x-2) + 4(x-2)^2 + (x-2)^3$．

2. (1) $\dfrac{\sqrt{2}}{2}\Big[1 + \Big(x - \dfrac{\pi}{4}\Big) - \dfrac{1}{2!}\Big(x - \dfrac{\pi}{4}\Big)^2 - \dfrac{1}{3!}\Big(x - \dfrac{\pi}{4}\Big)^3 + \dfrac{1}{4!}\Big(x - \dfrac{\pi}{4}\Big)^4$

$\qquad + \dfrac{1}{5!}\Big(x - \dfrac{\pi}{4}\Big)^5 - \dfrac{1}{6!}\Big(x - \dfrac{\pi}{4}\Big)^6\Big] + R_6(x)$；

(2) $1 + \dfrac{1}{2}(x-1) - \dfrac{1}{8}(x-1)^2 + \dfrac{1}{16}(x-1)^3 - \dfrac{5}{128}(x-1)^4 + \dfrac{7}{256}(x-1)^5 - \dfrac{21}{1024}$
$(x-1)^6 + R_6(x)$；

(3) $-5 + 9(x+1) - 11(x+1)^2 + 10(x+1)^3 - 5(x+1)^4 + (x+1)^5$，$R_n(x) = 0$，$n \geqslant 6$．

3. $x + x^2 + \dfrac{x^3}{2!} \cdots + \dfrac{x^n}{(n-1)!} + \dfrac{(n+1+\theta x)\mathrm{e}^{\theta x}}{(n+1)!} x^{n+1}$ $(0 < \theta < 1)$．

4. (1) 1.6458 ; 　　　　(2) 0.3088; 　　　　(3) 0.1827 .

5. (1) $\dfrac{1}{3}$; 　　　　(2) $\dfrac{1}{2}$.

习　题　2-10

1. (1) 在 $(-\infty,-1]$ 及 $[1,+\infty)$ 上单调减少, 在 $[-1,1]$ 上单调增加;

(2) 在 $\left(0,\dfrac{1}{2}\right]$ 上单调减少, 在 $\left[\dfrac{1}{2},+\infty\right)$ 上单调增加;

(3) 在 $[0,1]$ 上单调增加, 在 $[1,2]$ 上单调减少;

(4) 在 $(-\infty,0)$ 及 $(0,+\infty)$ 上均单调增加.

2. (1) 极小值 $f(1)=-1$, 极大值 $f(-1)=3$;

(2) 极小值 $f(-1)=-1$, 极大值 $f(1)=1$;

(3) 极小值 $f(1)=0$, 极大值 $f(e^2)=4e^{-2}$; 　(4) 极大值 $f(1)=\dfrac{\pi}{4}-\dfrac{1}{2}\ln 2$.

3. $x=-\dfrac{b}{2c}$, $a-\dfrac{b^2}{4c}$.

习　题　2-11

1. (1) 最小值 $f(1)=7$, 最大值 $f(4)=142$;

(2) 最大值 $f\left(\dfrac{\pi}{4}\right)=1$, 无最小值; (3) 最小值 $f(e^{-1})=-e^{-1}$, 最大值 $f(e)=e$.

2. 80 棵 . 　　　　3. 底边长为 6cm, 高为 3cm . 　　　　4. $r=2$.

5. 1cm; 18cm³ . 　　　　6. 108 个月 .

习　题　2-12

1. (1) 在 $\left(-\infty,\dfrac{1}{2}\right]$ 上是凸区间, 在 $\left[\dfrac{1}{2},+\infty\right)$ 上是凹区间, $\left(\dfrac{1}{2},\dfrac{13}{2}\right)$ 是拐点;

(2) 在 $(-\infty,0)$ 上是凸区间, 在 $(0,+\infty)$ 上是凹区间; (3) 在 $(-\infty,-1]$ 及 $[1,+\infty)$ 上是凸区间, 在 $[-1,1]$ 上是凹区间, $(-1,\ln 2)$ 和 $(1,\ln 2)$ 是拐点; 　(4) 在 $\left(-\infty,-\dfrac{1}{\sqrt{3}}\right]$ 及 $\left[\dfrac{1}{\sqrt{3}},+\infty\right)$ 上是凹区间, 在 $\left[-\dfrac{1}{\sqrt{3}},\dfrac{1}{\sqrt{3}}\right]$ 上是凸区间, $\left(\pm\dfrac{1}{\sqrt{3}},\dfrac{3}{4}\right)$ 是拐点 .

2. (1) $x=-1$ 和 $x=5$ 的垂直渐近线; $y=0$ 是水平渐近线;

(2) $x=0$ 是垂直渐近线;

(3) $y=0$ 是水平渐近线;

(4) $x=\pm 1$ 是垂直渐近线, $y=1$ 是水平渐近线 .

习　题　2-13

1. (1) 0; 　　(2) 4. 　　　　　　　　2. 750.

3. (1) $5000000+1000q$; 　　(2) 1 050元; 　　(3) 1 025元; 　　(4) 1 000元 .

4. 玩具的产量 $x=1150$ 件时可以获得最大利润, 最大利润为 52400 元 .

5.-2；当价格为 100 时，若价格增加 1%，则需求减少 2%．

6.（1）1000 件；（2）6000 件．

＊7.$Q \approx 158\ \text{t}$，$T \approx 55\ \text{d}$，费用为 $1\,274\,858$ 元．

自 测 题 A

一、1.D.   2.C.   3.C.   4.C.   5.A.

6.C.   7.A.   8.B.   9.C.

二、1.$\dfrac{1}{2}$．   2.$\dfrac{1}{4}$；0．   3.$t>1$ 或 $t<\dfrac{1}{3}$；$\dfrac{1}{3}<t<1$．

4.$-\cos x+C$；$\dfrac{x^4}{4}+C$；$-\dfrac{1}{2}\cos 2x+C$；$\dfrac{3^x}{\ln 3}+C$．   5.$\dfrac{p^2}{4}$．

6.$[-1,1]$．   7.0．   8.2^n．

三、1.$\left(\dfrac{b}{a}\right)^x \ln\dfrac{b}{a}+\dfrac{b}{a}\left(\dfrac{x}{a}\right)^{b-1}-ab^a\cdot\dfrac{1}{x^{a+1}}$．   2.$\dfrac{\mathrm{e}^x(2x^2+3x+2)}{2\sqrt{(1+x)^3}}$．

3.$2x\sin 2x^2$．   4.$-\tan x$．

四、1.$\mathrm{d}y=\left(\dfrac{1}{2}-\dfrac{2}{x^2}\right)\mathrm{d}x$．   2.$\mathrm{d}y=2(\mathrm{e}^{2x}-\mathrm{e}^{-2x})\mathrm{d}x$．

3.$\mathrm{d}y=-\mathrm{e}^{-3x}(5\csc^2 5x+3\cot 5x)\mathrm{d}x$．   4.$\mathrm{d}y=\dfrac{2x\cos x-(1-x^2)\sin x}{(1-x^2)^2}\mathrm{d}x$．

五、1.$\dfrac{a}{b}$．   2.$\dfrac{2}{3}$．   3.$\dfrac{1}{3}$．   4.$\mathrm{e}^{-\frac{2}{\pi}}$．   5.$0$．   6.$0$．

七、在 $(-\infty,1]$ 上单调递减，在 $[1,+\infty)$ 上单调递增；当 $x=1$ 时，取得最小值 $f(1)=0$，无最大值；$(-\infty,0]$ 及 $\left[\dfrac{2}{3},+\infty\right)$ 是凹区间，$\left[0,\dfrac{2}{3}\right]$ 是凸区间，$(0,1)$ 及 $\left(\dfrac{2}{3},\dfrac{11}{27}\right)$ 是拐点．

自 测 题 B

一、1.A.   2.B.   3.C.   4.B.   5.C.   6.D.

7.C.   8.D.   9.D.   10.D.   11.A.   12.C.

二、1.$y=-2$．   2.$b=3$．   3.$f'(x)=(1+3x)\mathrm{e}^{3x}$．   4.$y=2$．

5.$y=-2x$．   6.$\dfrac{4}{1+\pi}$．   7.-2．   8.$y=x+1$．

9.$y=2x$．   10.$\dfrac{\mathrm{e}-1}{\mathrm{e}^2+1}$．   11.$y^{(n)}(0)=(-1)^n\left(\dfrac{2}{3}\right)^n\dfrac{1}{3}n!$．

12.$2\mathrm{e}^3$．

三、1.$f''\left(\dfrac{\pi}{2}\right)=3\mathrm{e}^{-\frac{\pi}{2}}$．2.$y=\dfrac{\mathrm{e}^{kt}}{\mathrm{e}^{kt}+9}$．3.$x^2+2y^2=3(x>0)$．4.两个实根．

5.（1）$E_d=\left|\dfrac{p}{Q}\dfrac{\mathrm{d}Q}{\mathrm{d}p}\right|=\dfrac{p}{20-p}$；（2）当 $10<p<20$ 时，$E_d>1$，于是 $\dfrac{\mathrm{d}R}{\mathrm{d}p}<0$，故当 $10<p<20$ 时，降低价格反而使收益增加．

6.即曲线 $y=y(x)$ 在点 $(1,1)$ 附近是凸弧．

8. 提示：做辅助函数：$f(x) = x\sin x + 2\cos x + \pi x$.

习　题　3-1

1. (1) $\dfrac{2}{5}x^{\frac{5}{2}} + C$；　　　　　(2) $-\dfrac{1}{x} + \dfrac{2^x}{\ln 2} + C$；　　　　(3) $x - \arctan x + C$；

(4) $2e^x + 3\ln|x| + C$；　　(5) $\dfrac{1}{2}\tan x + C$；　　　　(6) $\tan x + \sec x + C$.

2. $f(x) = x^3 - x^2 + x + 1$.　　　3. 1cm^2.　　　4. $y = -\dfrac{3^{-t}}{\ln 3} + C$.

习　题　3-2

1. (1) $\dfrac{1}{a}$；　　(2) $\dfrac{1}{7}$；　　(3) $-\dfrac{1}{2}$；　　(4) $\dfrac{1}{12x^2}$；　　(5) $-\dfrac{2}{3}$；　　(6) $\dfrac{1}{5}$.

2. (1) $-\dfrac{1}{8}(3-2x)^4 + C$；　　　　　　　　(2) $\dfrac{1}{5}e^{5x} + C$；

(3) $\dfrac{1}{2}\ln(x^2 + 2x + 3) + \dfrac{\sqrt{2}}{2}\arctan\dfrac{x+1}{\sqrt{2}} + C$；

(4) $x - \ln(1 + e^x) + C$；

(5) $\dfrac{1}{2}\left[\ln(\ln x)\right]^2 + C$；　　　　　(6) $-\cos x + \dfrac{1}{3}\cos^3 x + C$；

(7) $\dfrac{1}{2}(x - \dfrac{1}{2}\sin 2x) + C$；　　　　(8) $\dfrac{1}{2}\cos x - \dfrac{1}{10}\cos 5x + C$；

(9) $\dfrac{1}{3}\sec^3 x - \sec x + C$；　　　　　(10) $\dfrac{1}{\sqrt{2}}\arctan\left(\dfrac{x}{\sqrt{2}}\right) + C$；

(11) $\dfrac{x}{a^2\sqrt{a^2 - x^2}} + C$；　　　　(12) $2(\arcsin\dfrac{x}{2} - \dfrac{x}{4}\sqrt{4 - x^2}) + C$.

习　题　3-3

1. (1) $x\sin x + \cos x + C$；　　　　　　　(2) $x(\ln x - 1) + C$；

(3) $\dfrac{1}{2}(x^2 + 1)\arctan x - \dfrac{1}{2}x + C$；　　(4) $\dfrac{1}{2}e^x(\sin x - \cos x) + C$；

(5) $3(x^{\frac{2}{3}} - 2x^{\frac{1}{3}} + 2)e^{\sqrt[3]{x}} + C$；　　　(6) $\dfrac{1}{2}\sec x\tan x + \dfrac{1}{2}\ln|\sec x + \tan x| + C$.

2. (1) $xe^{-x} + C$；　　　　　　　　　　(2) $-x^2 e^{-x} + C$；

(3) $(x^2 + x + 1)e^{-x} + C$.

习　题　3-4

1. $\dfrac{1}{3}x^3 - \dfrac{3}{2}x^2 + 9x - 27\ln|x + 3| + C$.　　　　2. $\ln|x - 2| + \ln|x + 5| + C$.

3. $\dfrac{1}{2}\ln(x^2 - 2x + 5) + \arctan\dfrac{x-1}{2} + C$.　　　　4. $\ln|x| - \dfrac{1}{2}\ln(x^2 + 1) + C$.

5. $\ln|x+1|-\dfrac{1}{2}\ln(x^2-x+1)+\sqrt{3}\arctan\dfrac{2x-1}{\sqrt{3}}+C.$　6. $\dfrac{1}{1+x}+\dfrac{1}{2}\ln|x^2-1|+C.$

7. $2\ln|x+2|-\dfrac{1}{2}\ln|x+1|-\dfrac{3}{2}\ln|x+3|+C.$

8. $\dfrac{1}{3}x^3+\dfrac{1}{2}x^2+x+8\ln|x|-4\ln|x+1|-3\ln|x-1|+C.$

9. $\dfrac{2}{\sqrt{3}}\arctan\dfrac{2}{\sqrt{3}}\left(x+\dfrac{1}{2}\right)+C$　　　　10. $\dfrac{1}{4}\ln\left|\dfrac{x-1}{x+1}\right|-\dfrac{1}{2}\arctan x+C.$

11. $-\dfrac{1}{2}\ln\dfrac{x^2+1}{x^2+x+1}+\dfrac{\sqrt{3}}{3}\arctan\dfrac{2x+1}{\sqrt{3}}+C.$　　12. $\arctan x-\dfrac{1}{1+x^2}+C$

13. $-\dfrac{x+1}{x^2+x+1}-\dfrac{4}{\sqrt{3}}\arctan\dfrac{2x+1}{\sqrt{3}}+C.$　　14. $\dfrac{1}{2\sqrt{3}}\arctan\dfrac{2\tan x}{\sqrt{3}}+C.$

15. $\dfrac{1}{\sqrt{2}}\arctan\dfrac{\tan\frac{x}{2}}{\sqrt{2}}+C.$　　　　16. $\dfrac{2}{\sqrt{3}}\arctan\dfrac{2\tan\frac{x}{2}+1}{\sqrt{3}}+C.$

17. $\ln\left|1+\tan\dfrac{x}{2}\right|+C.$　　　　18. $\dfrac{1}{\sqrt{5}}\arctan\dfrac{3\tan\frac{x}{2}+1}{\sqrt{5}}+C.$

19. $\dfrac{3}{2}\sqrt[3]{(1+x)^2}-3\sqrt[3]{x+1}+3\ln|1+\sqrt[3]{1+x}|+C.$

20. $\dfrac{1}{2}x^2-\dfrac{2}{3}\sqrt{x^3}+x-4\sqrt{x}+4\ln(\sqrt{x}+1)+C.$

21. $x-4\sqrt{x+1}+4\ln(\sqrt{x+1}+1)+C.$

22. $2\sqrt{x}-4\sqrt[4]{x}+4\ln(\sqrt[4]{x}+1)+C.$

23. $\ln\left|\dfrac{\sqrt{1-x}-\sqrt{1+x}}{\sqrt{1-x}+\sqrt{1+x}}\right|+2\arctan\sqrt{\dfrac{1-x}{1+x}}+C.$ 或 $\ln\dfrac{1-\sqrt{1-x^2}}{|x|}-\arcsin x+C.$

24. $-\dfrac{3}{2}\sqrt[3]{\dfrac{x+1}{x-1}}+C.$

25. $27\mathrm{m}.$　　　26. $s=2\sin t+s_0.$　　27. $f(x)=\ln|x|+1.$　　28. $5\mathrm{t},$利润为 15 万元.

习　题　3-5

1. 证明过程从略.

2. (1) $\dfrac{1}{4}$;　　　(2) $\mathrm{e}-1$;　　　(3) $\mathrm{e}^b-\mathrm{e}^a$;　　　(4) $\dfrac{1}{a}-\dfrac{1}{b}.$

3. C.　　　　　4. B.

5. (1) $\displaystyle\int_0^1 x^2\,\mathrm{d}x>\int_0^1 x^3\,\mathrm{d}x$;　　(2) $\displaystyle\int_1^2 x^2\,\mathrm{d}x<\int_1^2 x^3\,\mathrm{d}x.$　　6. $6\leqslant\displaystyle\int_1^4 (1+x^2)\,\mathrm{d}x\leqslant 51.$

习　题　3-6

1. (1) 4;　(2) $\dfrac{\pi}{2}-1$;　(3) $\dfrac{21}{8}$;　(4) $\dfrac{\mathrm{e}+\mathrm{e}^{-1}}{2}-1$;　(5) $\sqrt{3}-\dfrac{\pi}{3}$;　(6) $\dfrac{44}{3}.$

2. (1) 1; (2) 2.

3. (1) $\dfrac{1}{1500}t^{\frac{5}{2}}+C$; (2) $\dfrac{2^8}{375}$ t.

习　题　3-7

1. (1) $4(1-\ln 3)$; (2) $\dfrac{2}{3}$; (3) $\dfrac{e^{\frac{\pi}{2}}+1}{2}$; (4) $\ln 2$;

(5) 4 ; (6) $\dfrac{\pi}{2}$; (7) $\dfrac{1}{2}(e\cos 1-e\sin 1-1)$; (8) $\dfrac{1}{6}$.

习　题　3-8

1. (1) $\dfrac{\pi}{2}$; (2) $\dfrac{\pi}{2}$; (3) π ; (4) -1 ; (5) π ;

(6) $-\dfrac{1}{3}$; (7) 发散 ; (8) $-\dfrac{1}{2}$; (9) $\dfrac{8}{3}$; (10) 发散 .

习　题　3-9

1. $\dfrac{9}{2}$. 2. $\dfrac{4}{3}\pi a^2 b$. 3. $\dfrac{4}{3}\pi R^3$. 4. $-\dfrac{1}{2}+\ln 3$.

5. 1.63×10^6 N. 6. 10m . 7. 53.52 个 .

8. (1) 19 万元，20 万元; (2) 1 万元 .

自　测　题　A

一、1. 1. 2. 8π . 3. $\dfrac{1}{2}-\dfrac{1}{1+e}$. 4. $\dfrac{5}{6}$. 5. $e^{-\frac{1}{2}x^2}$. 6. $\dfrac{\pi}{6}$.

二、1. B. 2. C. 3. D. 4. C. 5. B. 6. D. 7. B. 8. B. 9. B. 10. B.

三、1. (1) $\dfrac{1}{6}e^{3x^2}+C$; (2) $\dfrac{2}{3}(1+\ln x)^{\frac{3}{2}}+C$;

(3) $\dfrac{1}{2}\arcsin\dfrac{x^2}{2}+C$; (4) $\ln|\csc x-\cot x|+\cos x+C$;

(5) $\dfrac{1}{2}\arctan(\sin^2 x)+C$; (6) $\dfrac{1}{3}\sin^3 x-\dfrac{2}{5}\sin^5 x+\dfrac{1}{7}\sin^7 x+C$;

(7) $\dfrac{1}{2}x^2(\ln x)^2-\dfrac{1}{2}x^2\ln x+2\sqrt{x}+C$; (8) $-2\sqrt{1-x}\arcsin\sqrt{x}+2\sqrt{x}+C$.

2. (1) $\dfrac{15}{8}+2\ln 2$; (2) π ; (3) $\dfrac{3e-1}{1+\ln 3}$; (4) $\dfrac{1}{3}$;

(5) $\dfrac{4}{3}+2(2-\ln 3)$ 提示: $\displaystyle\int_0^4\dfrac{x\mathrm{d}x}{1+\sqrt{x}}=\int_0^4(\sqrt{x}-1)\mathrm{d}x+\int_0^4\dfrac{\mathrm{d}x}{1+\sqrt{x}}$;

(6) $2-\dfrac{4}{e}$; (7) 4 ; (8) $-\dfrac{\sqrt{3}+\ln\dfrac{\sqrt{3}-2}{\sqrt{3}+2}}{2}$.

3. $\dfrac{7}{3}-\dfrac{1}{e}$. 4. $a=1,b=0,c=\dfrac{1}{2}$. 5. (1) $0.2Q^2-12Q+80$; (2) 80.

四、1. $\varphi'(x) = \dfrac{xf(x) - \displaystyle\int_0^x f(t)\,\mathrm{d}t}{x^2}$ ，连续．　　　　2. 即连续又可导．

3. 证明过程从略．

自 测 题 B

1. $x\ln\left(1 + \sqrt{\dfrac{1+x}{x}}\right) + \dfrac{1}{2}\ln(\sqrt{1+x} + \sqrt{x}) - \dfrac{1}{2}\ln(\sqrt{1+x} - \sqrt{x}) + C$．

2. $\dfrac{1}{2}(\ln x)^2$．　　　　　　　　　3. $-\dfrac{1}{2}(\mathrm{e}^{-2x}\arctan\mathrm{e}^x + \mathrm{e}^{-x} + \arctan\mathrm{e}^x) + C$．

4. $\dfrac{1}{2}\ln\left|\dfrac{\sqrt{1-\mathrm{e}^{2x}} - 1}{\sqrt{1-\mathrm{e}^{2x}} + 1}\right| + C$．　　　5. $\dfrac{1}{2}\left(\dfrac{x-1}{\sqrt{1+x^2}}\right)\mathrm{e}^{\arctan x} + C$．

6. $\arctan\left(\dfrac{x}{\sqrt{1+x^2}}\right) + C$．　　　　7. $x - (1+\mathrm{e}^{-x})\ln(1+\mathrm{e}^x) + C$．

8. $\dfrac{1}{2}\ln(x^2 - 6x + 16) - 4\arctan\dfrac{x-3}{2} + C$．　9. $-2\sqrt{1-x}\arcsin\sqrt{x} + 2\sqrt{x} + C$．

10. $2\sqrt{x}\arcsin\sqrt{x} + \sqrt{1-x} + C$．

11. $2\sqrt{x}(\arcsin\sqrt{x} + \ln x) + 2\sqrt{1-x} - 4\sqrt{x} + C + 2\sqrt{x}(\ln x - 1) + C$．

12. $\dfrac{\ln 3}{2}$．　　　　13. 可去间断点．　　　　14. 曲线三角形面积．

15. 极值为 $\left(\dfrac{\sqrt{2}}{2}, -\dfrac{\sqrt{2}}{6} + \dfrac{1}{3}\right)$；单调增区间 $\left(\dfrac{\sqrt{2}}{2}, 1\right)$；单调减区间 $\left(0, \dfrac{\sqrt{2}}{2}\right)$，凹区间 $(0, 1)$．

17. $-2xf(x^2)$．　18. $2\mathrm{e}^2 - 2$．　19. $(0, 1)$．　20. $\dfrac{1}{2}$．　21. $\dfrac{4}{3}$．　22. 0．

23. 单调增区间 $(-1, 0)$ 和 $(0, +\infty)$．单调减区间 $(-\infty, -1)$ 和 $(0, 1)$；极大值为 $\dfrac{\mathrm{e}-1}{2\mathrm{e}}$；极小值为 0．

24. -1．　　　　25. -4π．　　　26. $\ln(1+\sqrt{2})$．　　27. $1 < a < 3$．

28. $\displaystyle\int_0^{\frac{\pi}{4}} \ln\sin x\,\mathrm{d}x < \int_0^{\frac{\pi}{4}} \ln\cos x\,\mathrm{d}x < \int_0^{\frac{\pi}{4}} \ln\cot x\,\mathrm{d}x$．

29. $\displaystyle\int_0^{\frac{\pi}{4}} \dfrac{x}{\sin x}\,\mathrm{d}x < \dfrac{\pi}{4} < \int_0^{\frac{\pi}{4}} \dfrac{x}{\sin x}\,\mathrm{d}x$．　30. $\displaystyle\int_0^1 \dfrac{1}{x(1+x)}\,\mathrm{d}x$ 发散；$\displaystyle\int_1^{+\infty} \dfrac{1}{x(1+x)}\,\mathrm{d}x = \ln 2$．

习 题 4-1

1. (1) 一阶；　(2) 一阶；　(3) 一阶；　(4) 二阶；　(5) 二阶；　(6) 五阶．
2. (1) 通解；　(2) 特解；　(3) 特解；　(4) 通解．
3. 特解 $x = A\cos kt$．

习 题 4-2

1. (1) $y = \dfrac{1}{5}x^3 + \dfrac{1}{2}x^2 + C$；　　　　(2) $y = -\dfrac{3}{x^3 + C}$ 及 $y = 0$；

(3) $y = Ce^{\arcsin x}$;

(4) $y = Ce^{x + \frac{x^2}{2} + \frac{x^3}{3}}$ 　特解为 $y = e^{1 + x + \frac{x^2}{2} + \frac{x^3}{3}}$;

(5) $y = e^{c|x|}$;

(6) $\arcsin y - \arcsin x = C$;

(7) $y \sqrt{x^2 + 1} = C$.

2. $V = \dfrac{mg}{k} (1 - e^{-\frac{k}{m}t})$ ，$(0 \leqslant t \leqslant T)$ ，T 为着陆时间 .

3. 经过 2h 要进行第二次注射 .　　　　4. $x_0 e^{kt}$.　　　　5. 5：24 .

习　题　4-3

1. （1）通解 $y = Ce^{-\cos x}$ （C 为任意常数）；　　　（2）特解 $y = \dfrac{1}{2} \left(\ln x + \dfrac{1}{\ln x} \right)$;

（3）通解 $y = e^{-ax} \left[C + \dfrac{b}{a^2 + 1} e^{ax} (a\sin x - \cos x) \right]$;　（4）通解 $y = (x + C) e^{-\sin x}$;

（5）通解 $y = e^{-x}(x + C)$;　　　　　　　　（6）特解 $y = \tan x - 1 + e^{-\tan x}$;

（7）通解 $y = \left(\dfrac{1}{2} x^2 + C \right) e^{-x^2}$;　　　　　　（8）通解 $y = Ce^y - (y^2 + 2y + 2)$.

2. 171.24g.

习　题　4-4

1. $y = -x\cos x + 2\sin x + C_1 x + C_2$.　　　　2. $y = \dfrac{1}{4} e^{2x} + \cos x + \dfrac{1}{2} x - \dfrac{5}{4}$.

3. $y = \dfrac{1}{C_1} e^{C_1 x} + C_2$.　　　　　　　　　4. $y = x^3 + 3x + 1$.

5. $y = \tan \left(x + \dfrac{\pi}{4} \right)$.　　　　　　　　6. $y = \left(\dfrac{3}{2} C_1 x + C_2 \right)^{\frac{2}{3}}$.

习　题　4-5

1. $y = C_1 x + C_2 e^x$.　　　2. $y = (C_1 + C_2 x) e^{x^2}$.　　　3. $y = C_1 e^x + C_2 x^2 + 3$.

习　题　4-6

1. $y = C_1 e^{-3x} + C_2 e^{-4x}$.　　　　　　2. $y = C_1 e^{6x} + C_2 e^x$.

3. $y = e^{6x}(C_1 + C_2 x)$.　　　　　　　4. $s = (C_1 + C_2 t) e^{-t}, s = (4 + 2t) e^{-t}$.

5. $y = e^{-x}(C_1 \cos 2x + C_2 \sin 2x)$;　　　6. $y = C_1 \cos x + C_2 \sin x$.

习　题　4-7

1. （1）$y^* = b_0 e^{3x}$;　　　　　　　　（2）$y^* = x(b_0 x + b_1) e^{-2x}$;

（3）$y^* = x^2 (b_0 x^2 + b_1 x + b_2) e^{-x}$.

2. （1）$y = C_1 e^{-x} + C_2 e^{3x} - x + \dfrac{1}{3}$;　　　（2）$y = C_1 + C_2 e^{-x} + x \left(\dfrac{1}{3} x^2 - x + 2 \right)$;

（3）$y = C_1 e^x + C_2 e^{2x} + x \left(\dfrac{1}{2} x - 1 \right) e^{2x}$;　（4）$y = C_1 \cos x + C_2 \sin x + x + \dfrac{1}{2} e^x$.

3. (1) $y = C_1 \cos x + C_2 \sin x - 2x \cos x$; (2) $y = C_1 \mathrm{e}^x \cos 2x + C_2 \mathrm{e}^x \sin 2x + \dfrac{1}{3} \mathrm{e}^x \sin x$.

习 题 4-8

1. 数学模型为 $\dfrac{\mathrm{d}x}{\mathrm{d}t} = kx(n-x)$ ，通解为 $x = \dfrac{n}{1 + c\mathrm{e}^{-knt}}$ ，特解为 $x = \dfrac{n(n-1)}{n-1+\mathrm{e}^{-knt}}$.

2. $y(t) = \dfrac{(1000 \cdot 3^{\frac{t}{3}})}{9 + 3^{\frac{t}{3}}}$ （尾），放养 6 个月后池塘内的鱼数为 $y(6) = 500$（尾）.

3. $y = 10 \cdot 2^{\frac{t}{10}}$.　　　　4. $y = -\sqrt{a(a-x)} + \dfrac{1}{3\sqrt{a}} \sqrt{(a-x)^3} + \dfrac{2}{3}a$.

自 测 题 A

一、1. C　　2. C　　3. D　　4. C　　5. A

二、1. $y = \tan\left(\dfrac{1}{2}x^2 + x + C\right)$.　　　2. $y = (x+1)^2\left[\dfrac{2}{3}(x+1)^{\frac{3}{2}} + C\right]$.

3. $y = \dfrac{1}{x^2+1}\left(\dfrac{4}{3}x^3 + C\right)$.　4. $y = C_1 + C_2\mathrm{e}^{-x} + \dfrac{1}{2}\mathrm{e}^x$ ，其中 C_1 ，C_2 是任意常数.

5. $y^2 = \mathrm{e}^{y-x}$.

三、1. $y = C_1\mathrm{e}^x + C_2\mathrm{e}^{3x}$.　　　　2. $y = (C_1 + C_2 x)\mathrm{e}^{-\sqrt{2}x}$.

3. $y = \mathrm{e}^{-x}(C_1\cos\sqrt{2}x + C_2\sin\sqrt{2}x)$.

四、1. $y = C_1\mathrm{e}^{-x} + C_2\mathrm{e}^{2x} + (x^2 - x)\mathrm{e}^{-x}$.　2. $y = C_1 + C_2\mathrm{e}^{3x} + x^2, y = 2 - \mathrm{e}^{3x} + x^2$.

五、$y = 4 - 8\mathrm{e}^{x^2-1}$.

自 测 题 B

一、1. $\dfrac{1}{2}(\ln x)^2$;　　　　2. $y = cx\mathrm{e}^{-x}(x \neq 0)$;　　　3. $y = \dfrac{1}{x}$;

4. $y = \dfrac{1}{5}x^3 + \sqrt{x}$;　　5. $y = \dfrac{1}{3}x\ln x - \dfrac{1}{9}x$;　　　6. $y^2 = x + 1$;

7. $y'' - 2y' + 2y = 0$;　8. $y = C_1\mathrm{e}^x + C_2\mathrm{e}^{3x} - 2\mathrm{e}^{2x}$.

二、1. B.　　　　　　2. C.　　　　　　　3. D.

三、1. $x = \sqrt{3 - 2y^2}$.

2. (1) $F'(x) + 2F(x) = 4\mathrm{e}^{2x}$;　　　　　(2) $F(x) = \mathrm{e}^{2x} - \mathrm{e}^{-2x}$.

3. $f(x) = \mathrm{e}^{x^2} - 1$.　　　　　　　4. $y = \dfrac{2}{3}x^{\frac{3}{2}} + \dfrac{1}{3}$.

习 题 5-1

1. A 点位于第 I 卦限；　　　B 点位于第 II 卦限；　　　C 点位于第 III 卦限；
D 点位于 xOz 平面上；　　　E 点位于 z 轴上.

2. (1) A $(-1, -2, 3)$;　　(2) A $(-1, 2, 3)$; (3) A $(-1, 2, -3)$.

3. $|MO| = 5\sqrt{2}$ ；与 x 轴的距离 $\sqrt{41}$ ；与 y 轴的距离 $\sqrt{34}$ ；与 z 轴的距离 5.

4. 提示：利用空间两点间的距离公式证明等腰，利用勾股定理证明直角三角形.

5. P 点坐标为 $(1,0,0),(-1,0,0)$.

习　题　5-2

1. $\overrightarrow{CM} = \dfrac{1}{3}\vec{a} + \dfrac{2}{3}\vec{b}$；$\overrightarrow{CN} = \dfrac{2}{3}\vec{a} + \dfrac{1}{3}\vec{b}$.　　　　　　2. $\dfrac{\pi}{3}$.

3. (1) $\overrightarrow{P_1 P_2} = \{-3,6,2\}$；　　　　　　(2) $|\overrightarrow{P_1 P_2}| = 7$.

4. (1) $2a-b = \{0,-1,1\}$；　　　　　(2) $\left\{0, \dfrac{\sqrt{2}}{2}, -\dfrac{\sqrt{2}}{2}\right\}$ 与 $\left\{0, -\dfrac{\sqrt{2}}{2}, \dfrac{\sqrt{2}}{2}\right\}$.

5. $a \cdot b = -17$；$2a \cdot 3b = 6a \cdot b = -102$.

6. (1) 垂直；　　　　(2) 平行；　　　　(3) $\theta = \arccos\left(-\dfrac{4}{21}\right)$.

7. $s = 9, t = 12$.　　　　　8. $b = \{2,-4,6\}$.

习　题　5-3

1. (1) 球面；(2) 不表示球面，也不表示任何图形.

2. $x + 3z = 0$.

3. 在平面解析几何中：

(1) 一条水平直线；　　　　　　　(2) yOz 平面上的一条抛物线；

(3) xOy 平面上圆心在 $(1,0)$ 的单位圆；　　(4) xOy 平面上 $(1,3)$ 点.

在空间解析几何中：(1) 垂直于 y 轴的一个平面；

(2) 以 yOz 平面上的抛物线 $y^2 - z = 0$ 为准线，以平行于 x 轴的直线为母线的柱面，称为抛物柱面；

(3) 以 xOy 平面上的圆 $(x-1)^2 + y^2 = 1$ 为准线，以平行于 z 轴的直线为母线的圆柱面；

(4) 表示过 xOy 平面上 $(1,3)$ 点的一条平行于 z 轴的直线.

4. (1) 表示垂直于 z 轴且过点 $(0,0,1)$ 的平面；

(2) 表示一个平面；

(3) 表示一个椭球面.

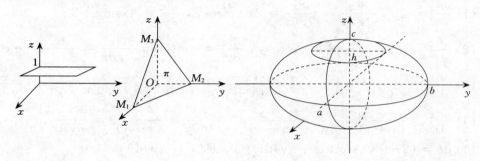

自　测　题　A

1. $M(0,-4,0)$.　　2. 提示：利用余弦定理证明 A 角为钝角.

3. $S_{\triangle ABC} = \dfrac{1}{2}\sqrt{186}$.

4. (1) -2；   (2) $\pi - \arccos\dfrac{2}{3}$；   (3) $\dfrac{\sqrt{2}}{2}$.

5. $(x-3)^2 + (y+1)^2 + (z-1)^2 = 21$.

6. (1) 平面；   (2) 上半球面；   (3) 旋转抛物面.

习 题 6-1

2. 定义域为 $D = \{(x,y) \mid 2 \leqslant x^2 + y^2 \leqslant 4, x > y^2\}$.

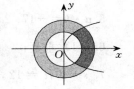

3. (1) $\mathrm{e}^{x^2-y^2} + \sin(x+y) + 1$；   (2) $\dfrac{2xy}{x^2+y^2}$.

4.

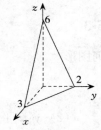 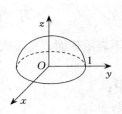

习 题 6-2

1. (1) -2，34；   (2) $\dfrac{1}{2}$；   (3) -1，0.

2. (1) $-\dfrac{2x}{y}\sin x^2$，$-\dfrac{1}{y^2}\cos x^2$；   (2) $\dfrac{1}{x}$，$\dfrac{1}{y}$；   (3) $y + \dfrac{1}{y}$，$x - \dfrac{x}{y^2}$；

   (4) $\dfrac{\partial z}{\partial x} = -\dfrac{y}{x^2+y^2}$，$\dfrac{\partial z}{\partial y} = \dfrac{x}{x^2+y^2}$；

   (5) $\mathrm{e}^{x+y}[\cos(x-y) - \sin(x-y)]$， $\mathrm{e}^{x+y}[\cos(x-y) + \sin(x-y)]$；

   (6) $\cos(x+y^2-\mathrm{e}^z)$，$2y\cos(x+y^2-\mathrm{e}^z)$，$-\mathrm{e}^z\cos(x+y^2-\mathrm{e}^z)$.

3. (1) $\dfrac{\partial^2 z}{\partial x^2} = 2y$，$\dfrac{\partial^2 z}{\partial x\,\partial y} = \dfrac{\partial^2 z}{\partial y\,\partial x} = 2x - 4\cos y$，$\dfrac{\partial^2 z}{\partial y^2} = 4x\sin y + 2$；

   (2) $\dfrac{\partial^2 z}{\partial x^2} = \mathrm{e}^x\sin y$，$\dfrac{\partial^2 z}{\partial x\,\partial y} = \mathrm{e}^x\cos y$，$\dfrac{\partial^2 z}{\partial y^2} = -\mathrm{e}^x\sin y$，$\dfrac{\partial^2 z}{\partial y\,\partial x} = \dfrac{\partial^2 z}{\partial x\,\partial y} = \mathrm{e}^x\cos y$

   (3) $\dfrac{\partial^2 z}{\partial x^2} = -\dfrac{1}{(x+y^2)^2}$，$\dfrac{\partial^2 z}{\partial y^2} = \dfrac{2(x-y^2)}{(x+y^2)^2}$，$\dfrac{\partial^2 z}{\partial x\,\partial y} = -\dfrac{2y}{(x+y^2)^2} = \dfrac{\partial^2 z}{\partial y\,\partial x}$；

   (4) $\dfrac{\partial^2 z}{\partial x^2} = \dfrac{x+2y}{(x+y)^2}$，$\dfrac{\partial^2 z}{\partial y^2} = \dfrac{-x}{(x+y)^2}$，$\dfrac{\partial^2 z}{\partial x\,\partial y} = \dfrac{y}{(x+y)^2} = \dfrac{\partial^2 z}{\partial y\,\partial x}$.

4. (1) $\mathrm{d}z = (2x+y)\sec^2(x^2+xy)\mathrm{d}x + x\sec^2(x^2+xy)\mathrm{d}y$；

   (2) $\mathrm{d}z = \left(1 + \dfrac{x}{y}\right)\mathrm{e}^{\frac{x}{y}}\,\mathrm{d}x - \dfrac{x^2}{y^2}\mathrm{e}^{\frac{x}{y}}\,\mathrm{d}y$；   (3) $\mathrm{d}z = \dfrac{1}{2\sqrt{xy}}\,\mathrm{d}x - \dfrac{\sqrt{xy}}{2y^2}\,\mathrm{d}y$.

5. $\Delta V \approx \mathrm{d}V = 1980\ \mathrm{cm}^3$.   6. $0.2\pi\mathrm{m}^3$.

习　题　6-3

1. (1) 在 (1,1) 处有极小值 −1，在 (0, 0) 处没有极值；

(2) 在 (2, −2) 处有极大值 8；　　　(3) 在 $\left(\dfrac{1}{2}, -1\right)$ 处有极小值 $-\dfrac{e}{2}$.

2. 在 (4,4,4) 处有极大值 64.　　　　3. 在 (6,6,6) 处有极小值 18.

4. 长为 $\sqrt[3]{2V}$，宽为 $\sqrt[3]{2V}$，高为 $\dfrac{\sqrt[3]{2V}}{2}$ 时表面积最小.

5. 甲、乙两种的产量分别是 30 单位与 10 单位时，可取得最大利润 800 万元.

6. 当两种产品的产量分别为 500 件、300 件时，厂商获得的利润最大，最大利润为 169 995 元.

习　题　6-4

1. $y = 0.483x − 2.739$.　　　　2. 二次多项式拟合结果为 $y = 0.0314x^2 − 0.2931x + 1.6$.

3. $y = 0.0227e^{0.2692x}$.

习　题　6-5

1. $\dfrac{\partial z}{\partial x} = e^{xy}(y\sin(x+y) + \cos(x+y))$，$\dfrac{\partial z}{\partial y} = e^{xy}(x\sin(x+y) + \cos(x+y))$.

2. $\dfrac{\partial z}{\partial x} = 8xy^2\ln(x^2 − y^2) + \dfrac{8x^3 y^2}{x^2 − y^2}$；$\dfrac{\partial z}{\partial y} = 8x^2 y\ln(x^2 − y^2) − \dfrac{8x^2 y^3}{x^2 − y^2}$.

3. $\dfrac{dz}{dt} = e^{\cos t + 2t^3}(6t^2 − \sin t)$.

4. $\dfrac{\partial z}{\partial x} = 6x(4x + 2y)(3x^2 + y^2)^{4x+2y−1} + 4(3x^2 + y^2)^{4x+2y}\ln(3x^2 + y^2)$；

$\dfrac{\partial z}{\partial y} = 2y(4x + 2y)(3x^2 + y^2)^{4x+2y−1} + 2(3x^2 + y^2)^{4x+2y}\ln(3x^2 + y^2)$.

5. $\dfrac{\partial z}{\partial x} = \dfrac{\partial z}{\partial u} \cdot y + \dfrac{\partial z}{\partial v} \cdot \dfrac{1}{y}$，$\dfrac{\partial z}{\partial y} = \dfrac{\partial z}{\partial u} \cdot x + \dfrac{\partial z}{\partial v} \cdot \left(-\dfrac{x}{y^2}\right)$.

6. $\dfrac{dz}{dt} = e^t(\cos t − \sin t) + \cos t$.

7. $\dfrac{\partial u}{\partial x} = 2x(1 + 2x^2\sin^2 y)e^{x^2+y^2+x^4\sin^2 y}$；$\dfrac{\partial u}{\partial y} = 2(y + x^4\sin y\cos y)e^{x^2+y^2+x^4\sin^2 y}$.

8. $\dfrac{dy}{dx} = -\dfrac{F_x}{F_y} = -\dfrac{e^x − 2xy}{-x^2 + \cos y} = \dfrac{e^x − 2xy}{x^2 − \cos y}$.

9. $\dfrac{\partial z}{\partial x} = -\dfrac{F_x}{F_z} = -\dfrac{-3yz}{3z^2 − 3xy} = \dfrac{yz}{z^2 − xy}$；$\dfrac{\partial z}{\partial y} = -\dfrac{F_y}{F_z} = -\dfrac{-3xz}{3z^2 − 3xy} = \dfrac{xz}{z^2 − xy}$.

10. $\dfrac{\partial z}{\partial x} = -\dfrac{F_x}{F_z} = -\dfrac{y}{e^z − 1} = \dfrac{y}{1 − e^z}$；$\dfrac{\partial z}{\partial y} = -\dfrac{F_y}{F_z} = \dfrac{x}{1 − e^z}$.

11. $\dfrac{\partial z}{\partial x} = -\dfrac{F_x}{F_z} = -\dfrac{\dfrac{1}{z}}{-\dfrac{z+x}{z^2}} = \dfrac{z}{z+x}$；$\dfrac{\partial z}{\partial y} = -\dfrac{F_y}{F_z} = \dfrac{z^2}{y(x+z)}$.

自 测 题 A

1. (1) $\{(x,y) \mid x+y>0 \text{ 且 } x+y\neq1\}$; (2) $\{(x,y) \mid x^2+y^2\leqslant4\}$; (3) $\{(x,y) \mid -1\leqslant\dfrac{x}{y}\leqslant1\}$.

2. (1) $\dfrac{\partial z}{\partial x}=\dfrac{y^2}{1+x^2y^4}$, $\dfrac{\partial z}{\partial y}=\dfrac{2xy}{1+x^2y^4}$;

(2) $\dfrac{\partial z}{\partial x}=3x^2y+y\sin2xy$, $\dfrac{\partial z}{\partial y}=x^3+x\sin2xy$;

(3) $\dfrac{\partial z}{\partial x}=y(1+x)^{y-1}$, $\dfrac{\partial z}{\partial y}=(1+x)^y\ln(1+x)$;

(4) $\dfrac{\partial u}{\partial x}=\dfrac{y}{z}x^{\frac{y}{z}-1}$, $\dfrac{\partial u}{\partial y}=\dfrac{1}{z}x^{\frac{y}{z}}\ln x$, $\dfrac{\partial u}{\partial z}=\dfrac{-y}{z^2}x^{\frac{y}{z}}\ln x$.

3. (1) $\dfrac{\partial^2 z}{\partial x^2}=\dfrac{1}{x}$, $\dfrac{\partial^2 z}{\partial y^2}=-\dfrac{x}{y^2}$, $\dfrac{\partial^2 z}{\partial x\partial y}=\dfrac{\partial^2 z}{\partial y\partial x}=\dfrac{1}{y}$;

(2) $\dfrac{\partial^2 z}{\partial x^2}=y^x(\ln y)^2$, $\dfrac{\partial^2 z}{\partial y^2}=x(x-1)y^{x-2}$, $\dfrac{\partial^2 z}{\partial x\partial y}=\dfrac{\partial^2 z}{\partial y\partial x}=y^{x-1}(x\ln y+1)$;

(3) $\dfrac{\partial^2 z}{\partial x^2}=\dfrac{2y}{x^3}\sin\dfrac{x}{y}-\dfrac{2}{x^2}\cos\dfrac{x}{y}-\dfrac{1}{xy}\sin\dfrac{x}{y}$, $\dfrac{\partial^2 z}{\partial y^2}=-\dfrac{x}{y^3}\sin\dfrac{x}{y}$

$\dfrac{\partial^2 z}{\partial x\partial y}=\dfrac{\partial^2 z}{\partial y\partial x}=-\dfrac{1}{x^2}\sin\dfrac{x}{y}+\dfrac{1}{xy}\cos\dfrac{x}{y}+\dfrac{1}{y^2}\sin\dfrac{x}{y}$.

4. (1) $\mathrm{d}z=\dfrac{-y}{x^2+y^2}\mathrm{d}x+\dfrac{x}{x^2+y^2}\mathrm{d}y$; (2) $\mathrm{d}z=\dfrac{x}{\sqrt{x^2+y^2}}\mathrm{d}x+\dfrac{y}{\sqrt{x^2+y^2}}\mathrm{d}y$;

(3) $\mathrm{d}z=\dfrac{1}{x}\mathrm{d}x+\dfrac{1}{y}\mathrm{d}y$.

5. (1) $\dfrac{\partial z}{\partial x}=-\mathrm{e}^{-x}\dfrac{\partial f}{\partial u}+\dfrac{\partial f}{\partial v}$, $\dfrac{\partial z}{\partial y}=\dfrac{\partial f}{\partial v}$;

(2) $z_x=y^x\ln y\cdot\ln xy+\dfrac{1}{x}y^x$, $z_y=xy^{x-1}\ln(xy)+\dfrac{1}{y}y^x$.

6. (1) $\dfrac{\partial z}{\partial x}=\dfrac{2-x}{z+1}$, $\dfrac{\partial z}{\partial y}=\dfrac{2y}{z+1}$; (2) $\dfrac{\partial z}{\partial y}=\dfrac{2xyz-1}{1-xy^2}$.

自 测 题 B

一、1. $2\mathrm{e}\mathrm{d}x+(\mathrm{e}+2)\mathrm{d}y$.   2. $4\mathrm{d}x-2\mathrm{d}y$.

3. $2(x-2y)-\mathrm{e}^{-x}+\mathrm{e}^{2y-x}$.   4. $2\ln2+1$.

5. $f_u\cos(x+y)+yf_v\mathrm{e}^{xy}$.   6. 2.

二、1. $\dfrac{\partial z}{\partial x}=y\mathrm{e}^{xy}\cos(\mathrm{e}^{xy}+2y)$, $\dfrac{\partial z}{\partial y}=(x\mathrm{e}^{xy}+2)\cos(\mathrm{e}^{xy}+2y)$,

$\dfrac{\partial^2 z}{\partial x\partial y}=\mathrm{e}^{xy}[(1+xy)\cos(\mathrm{e}^{xy}+2y)-y(x\mathrm{e}^{xy}+2)\sin(\mathrm{e}^{xy}+2y)]$.

2. $\dfrac{\partial z}{\partial x}=2xf_u+y\mathrm{e}^{xy}f_v$; $\dfrac{\partial z}{\partial y}=-2yf_u+x\mathrm{e}^{xy}f_v$;

$\dfrac{\partial^2 z}{\partial x\partial y}=-4xyf_{uu}+2(x^2-y^2)\mathrm{e}^{xy}f_{uv}+xy\mathrm{e}^{2xy}f_{vv}+\mathrm{e}^{xy}(1+xy)f_v$.

3. $dz = (f_u + f_v + yf_w)dx + (f_u - f_v + xf_w)dy$;

$$\frac{\partial^2 z}{\partial x \partial y} = f_w + f_{uu} - f_w + xyf_{ww} + (x+y)f_{uw} + (x-y)f_{vw} .$$

4. 在 (9，3) 点处取得极小值3；在 (-9，-3) 点处取得极大值-3.

5. 极小值 $f\left(0, \frac{1}{e}\right) = -\frac{1}{e}$.

习　题　7-1

1. 答：二重积分与定积分都表示某个和式的极限值，且此值只与被积函数及积分区域有关. 所不同的是：定积分的被积函数是一元函数，积分范围是一个区间；而二重积分的被积函数是二元函数，积分范围是平面上的一个区域.

2. $\displaystyle\lim_{n\to\infty} \frac{1}{n^2} \sum_{i=1}^{n} \sum_{j=1}^{n} e^{\frac{i^2+j^2}{n^2}} = \int_0^1 \int_0^1 e^{x^2+y^2} dx dy$.

习　题　7-2

1. (1) $\frac{1}{6}(b^2 - a^2)(d^3 - c^3)$ ；　　(2) $\frac{9}{8}$ ；　　(3) $\frac{1}{2}$ ；　　(4) $\frac{729}{40}$.

2. (1) $I = \int_0^1 dx \int_{e^x}^{e} f(x,y)dy$, $I = \int_1^e dy \int_0^{\ln y} f(x,y)dx$;

(2) $I = \int_0^2 dx \int_{-\sqrt{2x}}^{\sqrt{2x}} f(x,y)dy + \int_2^8 dx \int_{x-4}^{\sqrt{2x}} f(x,y)dy$, $I = \int_{-2}^4 dy \int_{\frac{1}{2}y^2}^{y+4} f(x,y)dx$;

(3) $I = \int_0^1 dx \int_{x^3}^{2-x} f(x,y)dy$, $I = \int_0^1 dy \int_0^{y^{\frac{1}{3}}} f(x,y)dx + \int_1^2 dy \int_0^{2-y} f(x,y)dx$.

3. (1) $\int_0^1 dx \int_0^{1-x} f(x,y)dy = \int_0^1 dy \int_0^{1-y} f(x,y)dx$;

(2) $\int_0^1 dx \int_{x^2}^{x} f(x,y)dy = \int_0^1 dy \int_y^{\sqrt{y}} f(x,y)dx$;

(3) 积分区域如右图，

原式 $= \int_0^2 dx \int_{4-x^2}^{4} f(x,y)dy + \int_2^4 dx \int_{2x-4}^{4} f(x,y)dy$;

(4) 原式 $= \int_0^1 dy \int_{1-\sqrt{1-y^2}}^{2-y} f(x,y)dx$.

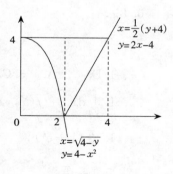

4. (1) 积分区域 D 是个圆心在原点，半径为 a 的圆.

$$\iint\limits_D f(x,y)dxdy = \iint\limits_D f(\rho\cos\theta, \rho\sin\theta)\rho \, d\rho \, d\theta$$
$$= \int_0^{2\pi} d\theta \int_0^a f(\rho\cos\theta, \rho\sin\theta)\rho \, d\rho .$$

(2) 积分区域 D 是个圆心在 (1，0) 点的单位圆.

$$\iint\limits_D f(x,y)dxdy = \int_{-\frac{\pi}{2}}^{\frac{\pi}{2}} d\theta \int_0^{2\cos\theta} f(\rho\cos\theta, \rho\sin\theta)\rho \, d\rho .$$

(3) 积分区域 D 是个圆心在原点，内、外径分别为 a、b 的圆环.

$$\iint\limits_{D} f(x,y)\mathrm{d}x\mathrm{d}y = \int_0^{2\pi}\mathrm{d}\theta\int_a^b f(\rho\cos\theta,\rho\sin\theta)\rho\ \mathrm{d}\rho .$$

5. $(1) -6\pi^2$; $(2)\ \pi(1-\mathrm{e}^{-a^2})$; $(3)\ \dfrac{15}{16}$.

习　题　7-3

1. $\dfrac{1}{12}$.   2. 6π .   3. $\dfrac{16}{3}$.   4. $\dfrac{1}{3}$.   5. $\pi(1-\mathrm{e}^{-a^2})$.

自　测　题　A

1. $(1)\ \displaystyle\int_{-1}^{0}\mathrm{d}y\int_{-y}^{1}f(x,y)\mathrm{d}x + \int_{0}^{1}\mathrm{d}y\int_{y}^{1}f(x,y)\mathrm{d}x$;

   $(2)\ \displaystyle\int_{0}^{1}\mathrm{d}y\int_{\sqrt{y}}^{\sqrt{2-y}}f(x,y)\mathrm{d}x$;

   $(3)\ \displaystyle\int_{-1}^{0}\mathrm{d}y\int_{-\sqrt{1-y^2}}^{\sqrt{1-y^2}}f(x,y)\mathrm{d}x + \int_{0}^{1}\mathrm{d}y\int_{-\sqrt{1-y}}^{\sqrt{1-y}}f(x,y)\mathrm{d}x$;

   $(4)\ \displaystyle\int_{0}^{1}\mathrm{d}y\int_{\sqrt{y}}^{3-2y}f(x,y)\mathrm{d}x$.

2. $(1)\ \dfrac{8}{3}$; $(2)\ \dfrac{20}{3}$; $(3) -\dfrac{3}{2}\pi$;

   $(4)\ \dfrac{6}{55}$; $(5)\ \dfrac{64}{15}$.

3. $(1)\ \displaystyle\int_{0}^{\frac{\pi}{2}}\mathrm{d}\theta\int_{0}^{R}rf(r^2)\mathrm{d}r$; $(2)\ \displaystyle\int_{0}^{\frac{\pi}{2}}\mathrm{d}\theta\int_{0}^{2R\sin\theta}rf(r^2)\mathrm{d}r$.

4. $(1)\ \dfrac{1}{6}(1-\cos1)$; $(2)\ \dfrac{1}{4}(\mathrm{e}^4-1)$.

5. $\dfrac{55}{6}$.

6. 8π .

自　测　题　B

一、1. D.   2. A.   3. C.   4. D.   5. C.   6. B.   7. B.

二、1. $\displaystyle\int_{1}^{2}\mathrm{d}x\int_{0}^{1-x}f(x,y)\mathrm{d}y$.   2. $\displaystyle\int_{0}^{\frac{1}{2}}\mathrm{d}x\int_{x^2}^{x}f(x,y)\mathrm{d}y$.   3. $\dfrac{\pi}{4}$.

三、1. $\dfrac{\pi}{2}(1+\mathrm{e}^\pi)$.   2. $\dfrac{16}{9}(3\pi-2)$.   3. $\dfrac{\pi}{2}\ln2$.   4. $\dfrac{1}{3}+4\sqrt{2}\ln(\sqrt{2}+1)$.

   5. $1-\dfrac{\pi}{4}$.

主要参考书目

Hass J, Weir MD, Thomas GB. 2009. 托马斯大学微积分. 李伯民译. 北京: 机械工业出版社.

大连市工科数学协作组. 1992. 高等数学应用导引. 大连: 大连理工大学出版社.

上海交通大学数学系微积分课程组. 2008. 微积分. 北京: 高等教育出版社.

马殿泉, 刘增玉. 2008. 应用数学. 济南: 黄河出版社.

王绵森, 马知恩. 2010. 高等数学简明教程: 下册. 北京: 高等教育出版社.

方影, 孙庆文. 2009. 高等数学与数学模型. 2版. 北京: 高等教育出版社.

邓俊谦. 2006. 应用数学基础: 第二册. 北京: 华夏出版社.

西北工业大学微积分教材编写组. 2009. 微积分. 北京: 科学出版社.

同济大学应用数学系. 2002. 高等数学: 上册. 5版. 北京: 高等教育出版社.

同济大学应用数学系. 2006. 高等数学: 本科少学时类型. 北京: 高等教育出版社.

同济大学函授数学教研室. 2002. 高等数学. 3版. 上海: 同济大学出版社.

同济大学数学系. 2007. 高等数学. 北京: 高等教育出版社.

朱弘毅. 2007. 高等应用数学: 上册. 2版. 上海: 立信会计出版社.

朱弘毅. 2007. 高等应用数学学习辅导: 上册. 上海: 立信会计出版社.

朱来义. 2004. 微积分. 北京: 高等教育出版社.

华东师范大学数学系. 2001. 数学分析: 上册. 3版. 北京: 高等教育出版社.

刘玉琏, 傅沛仁. 1992. 数学分析讲义. 3版. 北京: 高等教育出版社.

李伶. 2008. 应用数学: 医学类专业适用. 北京: 高等教育出版社.

李超, 赵临龙, 高收茂, 等. 2010. 高等数学. 北京: 科学出版社.

杨纪珂. 1982. 生物数学概论. 北京: 科学出版社.

杨芳霖, 袁志发, 梅福生. 1987. 实用生物数学基础. 西安: 陕西科学技术出版社.

吴志清, 黄玉洁. 2006. 高等应用数学: 上册. 上海: 立信会计出版社.

吴赣昌. 高等数学: 农林类. 北京: 中国人民大学出版社. 2009.

张从军, 王育全, 李辉, 等. 2009. 微积分. 上海: 复旦大学出版社.

张筑生. 1990. 数学分析新讲: 第一册. 北京: 北京大学出版社.

张嘉林. 2000. 高等数学. 北京: 中国农业出版社.

金桂荣. 2009. 高等数学. 北京: 北京出版社.

郑建亚. 1992. 应用数学: 微积分与线性代数初步. 上海: 上海交通大学出版社.

河北农业大学理学院. 2006. 微积分及其应用. 北京: 高等教育出版社.

姜启源, 谢金星, 叶俊. 2003. 数学模型. 3版. 北京: 高等教育出版社.

姜启源, 谢金星, 叶俊. 2006. 数学模型习题参考解答. 3版. 北京: 高等教育出版社.

翁方愚. 2007. 高等应用数学学习指导与技能训练. 北京: 中国铁道出版社.

黄开兴. 2008. 工科应用数学. 北京: 高等教育出版社.

龚德恩, 范培华. 2008. 经济应用数学基础: 微积分. 北京: 高等教育出版社.

章亦华. 2007. 应用数学: 第二册. 苏州: 苏州大学出版社.

隋如彬. 2007. 微积分: 经管类. 北京: 科学出版社.

韩汉鹏, 马少军, 徐光辉. 2010. 大学数学: 微积分. 北京: 高等教育出版社.

蔡光兴, 李子强. 2002. 高等数学应用与提高. 北京: 科学出版社.

图书在版编目（CIP）数据

高等数学及其应用/王建林主编 . —北京：中国
农业出版社，2012.7（2017.6 重印）
ISBN 978-7-109-16947-0

Ⅰ.①高…　Ⅱ.①王…　Ⅲ.①高等数学　Ⅳ.①013

中国版本图书馆 CIP 数据核字（2012）第 157467 号

中国农业出版社出版
（北京市朝阳区农展馆北路 2 号）
（邮政编码 100125）
责任编辑　石飞华
—————————
中国农业出版社印刷厂印刷　　新华书店北京发行所发行
2013 年 7 月第 1 版　　2017 年 6 月北京第 4 次印刷
—————————
开本：787mm×1092mm 1/16　印张：21.25
字数：510 千字
定价：32.00 元
（凡本版图书出现印刷、装订错误，请向出版社发行部调换）

欢迎登录：中国农业出版社网站
www.ccap.com.cn

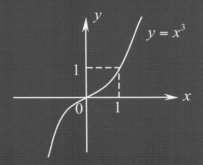

封面设计　陈　嫆

ISBN 978-7-109-16947-0

9 787109 169470 >

定价：32.00元